Informatik-Fachberichte 228

Herausgeber: W. Brauer
im Auftrag der Gesellschaft für Informatik (GI)

A. Jaeschke W. Geiger B. Page (Hrsg.)

Informatik
im Umweltschutz

4. Symposium
Karlsruhe, 6.-8. November 1989

Proceedings

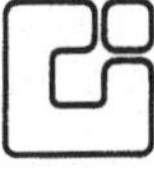

Springer-Verlag
Berlin Heidelberg New York
London Paris Tokyo Hong Kong

Herausgeber

A. Jaeschke
Kernforschungszentrum Karlsruhe GmbH
Institut für Datenverarbeitung in der Technik
Postfach 3640, D-7500 Karlsruhe 1

W. Geiger
Kernforschungszentrum Karlsruhe GmbH
Institut für Datenverarbeitung in der Technik
Postfach 3640, D-7500 Karlsruhe 1

B. Page
Universität Hamburg, Fachbereich Informatik
Schlüterstraße 70, D-2000 Hamburg 13

Veranstalter

Gesellschaft für Informatik GI
Gesellschaft für Informatik in der Landwirtschaft GIL
Kernforschungszentrum Karlsruhe KfK

CR Subject Classification (1987): J.1-3

ISBN-13: 978-3-540-51887-7   e-ISBN-13: 978-3-642-75214-8
DOI:10.1007/ 978-3-642-75214-8

2145/3140 – 543210 – Gedruckt auf säurefreiem Papier

Vorwort

Zum Thema

Sinnvolle Maßnahmen zum Umweltschutz können nur auf der Grundlage vielfältigen und detaillierten Wissens über die Umwelt und ihre Belastungen geplant und durchgeführt werden. Umweltschutz bedingt daher die Beschaffung und Verarbeitung umfangreicher Informationsmengen. Methoden der Informationsbeschaffung sind Beobachtung, Messung, aber auch Simulation und Modellrechnung. Verarbeitung umfaßt Zusammenführen, Speichern, Verknüpfen, Überwachen und Darstellen von Informationen. In allen diesen Aktivitäten finden heute Rechner und die unterschiedlichsten Methoden der Informatik Anwendung. Die Informatik bietet hier die Hilfsmittel und Werkzeuge, ohne die der derzeitige Stand, die derzeitigen Entwicklungen und zukünftige Problemlösungen kaum denkbar erscheinen.

Eine deutliche Diskrepanz zwischen der potentiellen Rolle der Informatik in diesem Anwendungsgebiet und dem gegenwärtig erreichten Entwicklungsstand ist aber nicht zu übersehen. Zum einen werden die Möglichkeiten der Informatik bei weitem noch nicht voll genutzt und die Methoden und Techniken nicht optimal eingesetzt. Zum anderen wird aber auch die Entwicklung methodenintegrierender Informatikwerkzeuge - speziell orientiert an den Anforderungen des Anwendungsbereiches Umwelt - nicht im notwendigen Ausmaß vorangetrieben. Die derzeit geübte Praxis, geeignete Methoden und Werkzeuge aus anderen Anwendungsgebieten zu entlehnen und projektspezifisch zu adaptieren, ist zwar kurzfristig effektiv und gerechtfertigt und führt auch zu einem begrenzten methodischen Fortschritt, sie darf aber keineswegs eine Vernachlässigung der notwendigen grundlegenden und systematischen Weiterentwicklung der methodischen Basis zur Folge haben.

Für die Notwendigkeit dieser Arbeiten parallel und ergänzend zu der Vielfalt spezieller Anwendungsprojekte fehlt jedoch noch das breite Bewußtsein; so führt z.B. keines der nationalen und internationalen Förderungsprogramme der öffentlichen Hand im Umweltbereich die Informationstechnologie unter den zu fördernden Themenbereichen explizit auf. Es ist mit ein Ziel dieser Tagung, dieses Bewußtsein zu wecken und schrittweise die fachliche Basis für zukünftige Entwicklungen auszubauen. Voraussetzung hierfür ist die Kommunikation und Kooperation zwischen den Entwicklern und Anwendern aus Forschung, Verwaltung und Industrie auf breiter Ebene, und gerade dazu kann diese Veranstaltung beitragen.

Das Themenspektrum des Symposiums bietet eine breite Vielfalt hinsichtlich Methoden und Anwendungsfeldern mit dem Ziel, Teilnehmern Einblick in benachbarte Bereiche des eigenen Arbeitsgebietes zu geben. Um jedoch auch die Tiefe und den Detaillierungsgrad einer Fachtagung zu erreichen, werden innerhalb der Gesamtthematik jährlich wechselnde Schwerpunkte gesetzt. Dies wird durch die gemeinsame Veranstaltung mit Tagungen ähnlicher Thematik und Ausrichtung oder durch die Angliederung von Fachtagungen zu Spezialthemen realisiert.

Zur Gliederung

Das diesjährige 4. Symposium 'Informatik im Umweltschutz' wird gemeinsam mit der Gesellschaft für Informatik in der Landwirtschaft GIL durchgeführt, die in diesem Rahmen ihre

10. Jahrestagung der GIL

veranstaltet. Die Beiträge der GIL sind in einem gesonderten Tagungsband zusammengefaßt (Agrarinformatik Band 16, Referate der 10. GIL-Jahrestagung in Karlsruhe, November 1989, Ulmer Verlag 1989).

Des weiteren findet im Rahmen der Tagungsveranstaltung die

1. Fachtagung 'Visualisierung von Umweltdaten in Supercomputersystemen'

statt. Der Tagungsband dieser Fachtagung erscheint ebenfalls in der Reihe Informatik-Fachberichte des Springer-Verlags.

Der vorliegende Tagungsband des 4. Symposiums 'Informatik im Umweltschutz' enthält im Kapitel A Beiträge, die einen Überblick über den Entwicklungsstand und über Projekte in Ländern außerhalb der Bundesrepublik geben. Mit diesen Referaten soll auch versucht werden, einen verstärkten internationalen Erfahrungsaustausch im Bereich der Umweltinformatik zu fördern.

Die weiteren Kapitel des Bandes sind entsprechend der Sitzungseinteilung nach Informatikmethoden geordnet:

- B: Fernerkundung und Bildverarbeitung
- C: Modellbildung und Simulation
- D: Informationssysteme
- E: Meßtechnik, Prozeßdatenverarbeitung
- F: Wissensbasierte Systeme

Um auch eine Orientierung nach Anwendungsbezügen zu ermöglichen, gibt die folgende Matrix eine Zuordnung der Beiträge (Kurzbezeichnung siehe Inhaltsverzeichnis) zu den Teilgebieten des Umweltschutzes:

- Luft, Klima, Meteorologie
- Wasser, Grundwasser, Oberflächengewässer
- Abfall, Altlasten, Gefahrgüter, Boden (siehe auch Tagungsband der GIL)
- Naturraum, Raumplanung, Pflanzen, Wald, Tiere
- Informieren, Dokumentieren, Umweltinformations-, Entscheidungshilfesysteme
- Forschung, Werkzeuge, Methoden.

Kapitel Anwendung	A	B	C	D	E	F
Luft / Klima	A 1		C 1 C 3		E 2	
Wasser			C 2 C 4 C 6	D 7	E 3 E 6	F 8
Abfall / Boden				D 11	E 4 E 5	F 5 F 6 F 7 F 11
Naturraum	A 3	B 1 B 2 B 3 B 4 B 5 B 6 B 7 B 8	C 5	D 9		F 1 F 3 F 10
Informieren / Dokumentieren	A 2 A 3 A 4		C 4 C 5	D 1 D 2 D 3 D 4 D 5 D 10	E 1	F 9
Forschung				D 6 D 8		F 1 F 2 F 4

(nach W. Pillmann)

Literaturhinweis

Die Beiträge der bisherigen Symposien sind in folgenden Tagungsbänden erschienen:

1. Symposium
Jaeschke, A.; Page, B. (Hrsg.); Informatikanwendungen im Umweltbereich. Kolloquium, KfK-Bericht Nr. 4223, Kernforschungszentrum Karlsruhe, 1987.

2. Symposium
Jaeschke, A.; Page, B. (Hrsg.); Informatikanwendungen im Umweltbereich. Proceedings, 2. Symposium, Karlsruhe, November 1987, Informatik-Fachberichte 170, Springer-Verlag, 1988.

3. Symposium
Informatikanwendungen im Umweltbereich. Fachgespräch auf der GI-Jahrestagung 1988. Proceedings, in: Valk, R. (Hrsg.); Informatik-Fachberichte 187, Springer-Verlag, 1988.

Danksagung

Unser Dank gilt allen Autoren, die mit ihren Referaten zum erfolgreichen Verlauf des Symposiums und zur interessanten Gestaltung dieses Tagungsbandes durch ihre engagierte Mitarbeit beigetragen haben. Danken möchten wir auch den Mitgliedern des Programm- und Organisationsausschusses dieser Tagung und der 10. Jahrestagung der GIL sowie der 1. Fachtagung 'Visualisierung von Umweltdaten in Supercomputersystemen'. Besonderer Dank gebührt auch Frau Jung, Frau Schröder und Frl. Baumgärtel für ihre Unterstützung bei der Vorbereitung und Durchführung der Tagung.

Karlsruhe, August 1989   A. Jaeschke, W. Geiger, B. Page

Programmausschuß

F. Arnold, Bundesforschungsanstalt für Naturschutz und Landschaftsökologie, Bonn
H. Benking, Visselhövede
H. Bleiholder, BASF, Ludwigshafen
H. Geidel, Universität Hohenheim
A. Jaeschke, Kernforschungszentrum Karlsruhe
C. Jongeling, Landwirtschaftskammer Hannover
A. Mangstl, Technische Universität München-Weihenstephan
B. Page, Universität Hamburg
W. Pillmann, Österreichisches Bundesinstitut für Gesundheitswesen, Wien
L. Reiner, Technische Universität München-Weihenstephan
J. Seggelke, Umweltbundesamt, Berlin
K.-H. Simon, Gesamthochschule Kassel

Organisation

W. Geiger, Kernforschungszentrum Karlsruhe
H. Geidel, Universität Hohenheim

Inhaltsverzeichnis

Seite

C Modellbildung und Simulation

D Informationssysteme

E   Meßtechnik, Prozeßdatenverarbeitung

F   Wissensbasierte Systeme

Kapitel A
Umweltinformatik international

AIR POLLUTION COMPUTER APPLICATIONS IN FRANCE

J.P. Olier, J.P. Vidal, A. Pigeon
French Air Quality Agency, Paris, France

ABSTRACT

This paper sets out to investigate major French computer applications in the field of air pollution. Four applications are described: (1) a trajectory data bank (BISCOTTE), (2) an air quality data bank, (3) an air pollution modelling application used to study the effects of daylight savings time on photochemical pollution, (4) a public information application involving the use of videotex terminals.

INTRODUCTION

Over the last few years, the amount of information available on air quality has increased significantly. This is largely because of the creation of the air pollution measurement network (in 1988, the total number of ambient air monitoring instruments in use was 1900).

This increase in the amount of information has led to a rapid growth in the use of computer data processing. It would be impossible to mention all computer applications used in France in the field of air pollution, and this paper is therefore intended to focus on the most significant.

THE BISCOTTE TRAJECTORY DATA BANK

Atmospheric scientists, engineers and other researchers have long been interested in the determination of air parcel trajectories at different levels. Such trajectory calculations are not always available from the French National Meteorological Department.

The BISCOTTE project is being carried out by a permanent operational department set up to find ways of calculating forward trajectories from a source, or back trajectories to a receptor site. This will enable the forecasting of trajectories.

The trajectory model is to be simulated twice a day for both back and forward trajectories, for locations determined by the users.

The basic data used would be from the following meteorological models:

- EMERAUDE: forecasting model for the world,
- PERIDOT: forecasting model for France.

The trajectories will be stored in a data base installed in a Cray 2 computer at Palaiseau near Paris, used by the French National Meteorological Department. Real time access to results will be possible.

BISCOTTE should be operational by September 1989.

AIR QUALITY DATA BANK

Air quality in France is monitored by 26 associations in charge of the management of the regional monitoring network. The purpose of the associations is to evaluate the concentration of pollutants in the air, to control compliance with air quality standards, and to take direct preventive action.

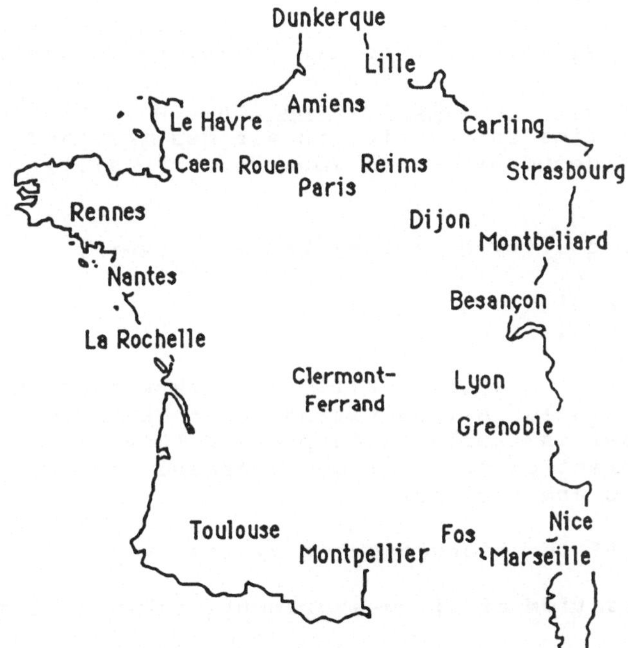

FRENCH AIR MONITORING NETWORKS

The measurement network as it stands today consists of some 2000 analysers.

Some missions - such as public information, scientific studies and the application of European directives - are difficult to perform, and require knowledge of nationwide air pollution phenomena.

For these reasons, the French Environment Department decided to create an air quality data bank.

<u>Main missions</u>

- <u>to collect and store information</u>

This is currently done on a regional basis, using a variety
of methods. The objective is to ensure that all associations
have the same data processing and archive storage
facilities.

- <u>data processing</u>

The data bank is intended to enable nationwide data
processing for purposes which include:

. the study of long-range transport,
. the study of the effect of national preventive actions,
  such as the modification of car fuel,
. the study of forest decline,
. the preparation of a documentary overview,
. the comparative study of the effect of meteorological and
  geographical effects when severe pollution occurs.

- <u>the improvement of public information</u>, in particular by
providing real time information on air quality, and by the
compilation of documents on nationwide air quality
evolutions.

The French air quality data bank has two levels:

- a regional level
- a national level.

At regional level, the air quality data bank runs on a
microcomputer system. All operating programs are menu-
driven. The user is thus able to proceed through the program
by making a selection of the items proposed in a logical
series of menus and submenus.

The functions of the microcomputer system are:

- the centralisation of all measurements taken by the
  network,
- the acquisition of all kinds of information relating to
  the location of the stations, the characteristics of the
  analysers, etc.,
- transmission of the data to the national centre,
- interrogation, data processing and information back-up.

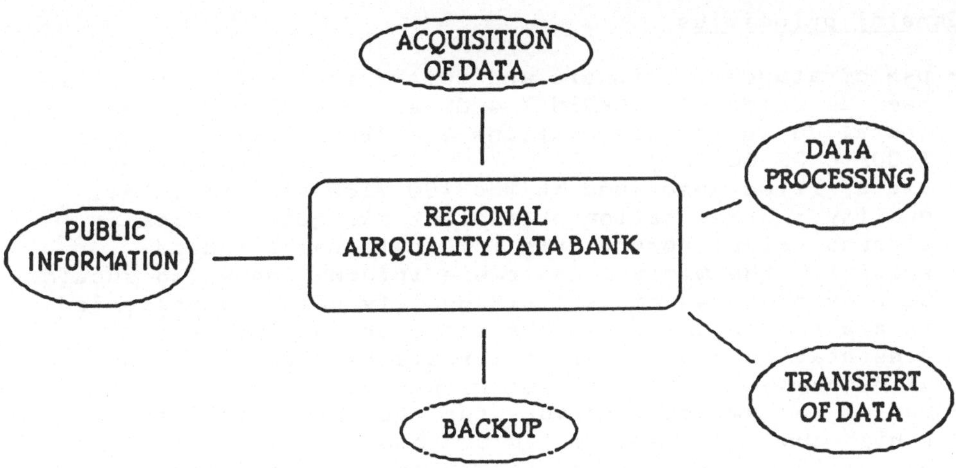

FUNCTIONS OF REGIONAL AIR QUALITY DATA BANK

At national level, the functions of the national retrieval centre are:

- to receive and store data transmitted by the regional networks,
- to transmit data to the above organisations,
- to carry out data processing.

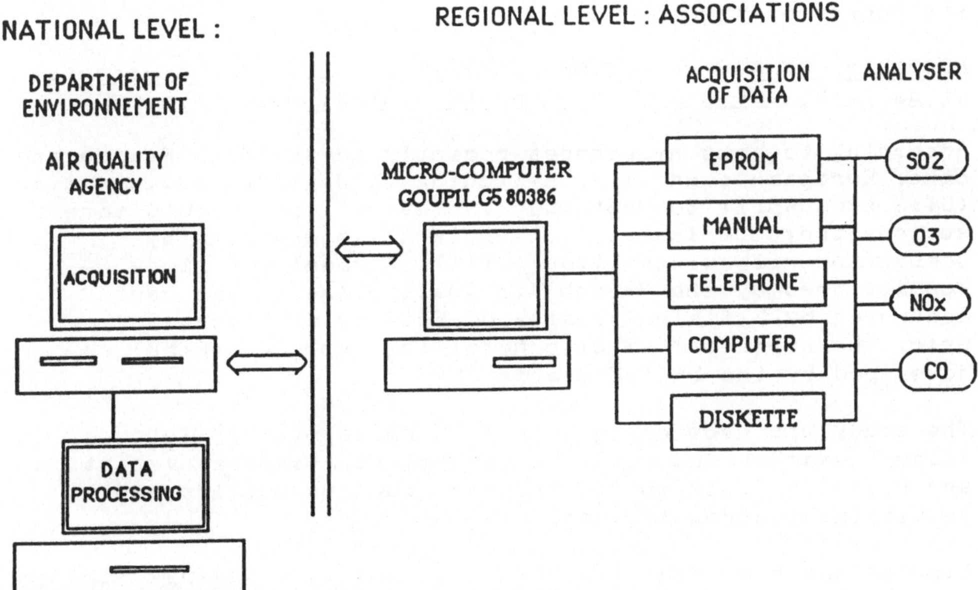

AIR QUALITY DATA BANK

General principles

- use of standard hardware and software: the data bank has been developed in INFORMIX 4 GL and the 20 microcomputers installed in the associations are IBM PC-compatible (GOUPIL G5 80386),
- use of files described in the ISO 7168 standard: "Air quality - Presentation of ambient air quality data in alphanumerical form". This international standard specifies the minimum desirable information which should be provided when ambient air quality data are presented in alphanumerical form. The structure of the data presentation and suggested formats have been chosen to allow readability of direct print-outs,
- use of the switched network for the data transmission with a high quality transmission protocol,
- use of the microcomputer as the central computer of the association. For this reason, a UNIX version will be made,
- preservation of the data history: every modification of the description of the sample is stored.

Advancement of the air quality data bank

The software has been tested at two pilot sites: Paris and Amiens. Most of the associations mentioned above have received their microcomputer. The software will be installed in the associations over the next few months.

The air quality data bank will be operating normally during the course of 1990.

MODELLING OF AIR POLLUTION: modelling study of the effects of daylight savings time on photochemical pollution

According to some hypotheses recently advanced in France and other European countries, switching to daylight savings time (UT+2 from April to September in France) could cause more serious photochemical pollution in the atmosphere by comparison with winter time (UT+1). A modelling study commissioned by the French Air Quality Agency has been conducted by Lille University of Science and Technology using the empirical Kinetic Modelling Approach (EKMA) developed by the United States EPA.

The study was made using data from Paris, taking into account weather and sunlight conditions, temporal variations and emissions from motor vehicles, fuel combustion and industrial sources in Paris.

Simulations show that the change to daylight savings time in the specific case of Paris could lead to increases of up to 11% and 18% respectively in maximum ozone and PAN concentrations. This finding is based on simulations. Additional studies will be needed before definitive conclusions are drawn.

The adoption of daylight savings time can therefore attenuate the beneficial effects of policies intended to prevent nitrogen oxide and hydrocarbon emissions into the atmosphere.

PUBLIC INFORMATION using videotex terminals

Since 1984, about 4 million videotex terminals have been installed in French homes by France Télécom. The terminals, which consist of a screen, keyboard and modem (CCITT V23), can be connected to a retrieval centre.

The air monitoring associations quickly realised how valuable the videotext terminals could be in the dissemination of public information. Up to now, 6 retrieval centres dealing with air pollution issues have been set up.

VIDEOTEX TERMINAL SERVICES ON AIR POLLUTION

TOWN	TELEPHONE	ACCESS CODE
CAEN	31 74 15 40	
PARIS	47 29 30 92 / 36 14	AIR 92 / ASPA*AIR
LYON	36 15	LUMI
DUNKERQUE/LILLE	27 97 60 20	
ROUEN	35 71 35 71	
STRASBOURG	36 15	GRETEL PRO DRIR

Two types of information are provided by the retrieval centre: general information about atmospheric pollution or direct measurement results. In the latter case, the retrieval centre is directly connected to the acquisition computer.

In view of the favourable reactions of all the parties involved, especially the public, this means of information will be developed in the future.

STRONG ACIDITY
DAILY RESULTS

MONDAY 17.07.89	DAILY AVERAGE	MAX.	HOURLY (UT hours)
BLAINVILLE	29	67	14
CAEN CHEM. VERT	33	70	8
CAEN GUERINIERE	32	67	14
CAEN CENTRE	42	77	14
CAEN RUE SAINT OUEN	-	-	-
COLOMBELLES	24	57	18
GIBERVILLE	26	60	21
HEROUVILLE	26	72	14
MONDEVILLE	26	62	14
RANVILLE	27	80	13
NETWORK AVERAGE	30		

Millionths of grams per m3 of air
MONTHLY RESULTS

<u>EXAMPLE OF INFORMATION SUPPLIED BY A RETRIEVAL CENTRE</u>

CONCLUSION

This investigation of four major French air pollution
computer applications shows that:

- the increasing amount of information on air quality means
  that a greater number of computer applications is needed
  for processing purposes,

- data bases are expanding because of the greater amount of
  air quality information,

- the software and the hardware used are increasingly
  complying with generally recognised stanards (eg. UNIX
  and IBM PC-compatible),

- the trend is towards information exchange, for example
  through file transfers, particularly for purposes of
  public information.

UMWELTINFORMATIK IN ÖSTERREICH

Ernst R.Reichl
Institut für Informatik, Johannes-Kepler-Universität,
Linz, Österreich

Es ist noch nicht an der Zeit, eine historische Darstellung des Entstehens und der Entwicklung der Umweltinformatik - oder, wenn man will, der "Informatik im Umweltschutz" - zu versuchen. Eine solche Darstellung würde Abstand zum Thema und Muße zum Betrachten voraussetzen. Beides hat der Umweltinformatiker derzeit noch nicht. Er steht nicht betrachtend, sondern helfend - Angewandte Informatik ist immer "dienende" Wissenschaft - mitten in jenem erregenden Kampf um die Erhaltung einer lebenstauglichen und lebenswerten Umwelt, der zu den wichtigsten Aufgaben unserer Generation gehört.

Die hier versuchte Darstellung kann daher keine Dokumentation der österreichischen Aktivitäten in der Umweltinformatik sein. Sie will bloß einige Entwicklungslinien aufzeigen, die, wie wir glauben, für die österreichische Umweltinformatik charakteristisch sind, und allgemein eingesetzte Anwendungen, Methoden, Datenbanken nur beiläufig erwähnen.

Bereich A: Schadstoffe - Erfassung und Entsorgung.

Zu jenen Einsatzbereichen, die heute schon beinahe Routine geworden sind, gehören Emissions- und Immissions-Informations-Systeme und die zu ihnen gehörigen Alarmsysteme. Hier, bei der Luftverschmutzung, hat sich ja der Umweltschutzgedanke zu allererst artikuliert. Smoggefährdeten Industrieregionen kam hier eine Vorreiter-Rolle zu, in Österreich besonders dem Donauraum um Linz. So hat das Amt für Umweltschutz der Stadt Linz schon seit längerer Zeit ein "Luftinformationssystem Linz" und ein "Emissionsinformaionssystem Linz" (mit den gut österreichischen Kurzbezeichnungen "LISL" und "EMIL") aufgebaut, denen 1988 ein Prognosemodell für die Vorhersage von Smogsituationen gefolgt ist.

Wie sehr die Bewältigung solcher Aufgaben bereits zum Allgemeingut der Informatiker gehört, beweist am besten die Tatsache, daß der Entwurf einer Emissions- und Immissions-Datenbank an der Linzer Universität eine von vielen Übungsaufgaben in der Lehrveranstaltung "Datenorganisation" für Informatik-Studenten im 3. Studiensemester geworden ist.

Österreich als Waldland muß - wenn auch Waldschäden hier zum Glück noch nicht jene katastrophalen Ausmaße angenommen haben wie anderswo - der Gesundheit seiner Wälder besondere Aufmerksamkeit zuwenden. Verfahren zur objektiven Waldzustandserkennung, besonders zur Auswertung von Scanner-Aufnahmen aus Flugzeugen und Satelliten, stellen daher einen wichtigen Beitrag Österreichs zur Umweltinformatik dar (W.PILLMANN u.a., Österr.Bundesinstitut für Gesundheitswesen, Wien).

Neben dem Bemühen um reine Luft gehören der Kampf um sauberes Wasser und um eine effizi-
ente Abfallentsorgung zu den Standardaufgaben des Umweltschutzes "klassischer" Prägung. Auch
dafür sind in Österreich, wie anderwärts, schöne EDV-unterstützte Lösungen entwickelt worden.
Etwa ein Simulationsmodell für Verschmutzung und Sanierung von Grundwasserströmen
(K.FEDRA, IIASA Laxenburg), oder ein Konzept für eine gesamt-österreichische Sonderabfall-
Kontrolle ("Sonderabfall-Datenverbund").

Umweltschutz ist verfassungsgemäß in Österreich Angelegenheit der Bundesländer. Das hat zur
Folge, daß bundesweite Konzepte wie das vorgenannte eher die Ausnahme sind und großer födera-
tiver Vorarbeiten bedürfen. Die Regel ist vielmehr, daß die einzelnen Bundesländer Einzel-
lösungen beschließen und auch die EDV-Realisierung in Eigenregie besorgen. Das Resultat sind
(oft ausgezeichnete) Insellösungen, deren Koordination leider, falls überhaupt, erst im Nachhinein
erfolgen kann.

<u>Bereich B: Landschaftserhaltung.</u>

Besondere Bedeutung hat aber in Österreich - für seine Funktion als Fremdenverkehrsland auch
ökonomisch verständlich - schon seit längerer Zeit die zweite Komponente des Umweltschutzes
und damit auch der Umweltinformatik: Das Bemühen um Landschaftserhaltung.

Die Zielsetzung des Landschaftsschutzes geht heute weit über die Abgrenzung großräumiger
"Raumordnungszonen" hinaus (ohne diese freilich unnötig werden zu lassen). Vielmehr ist es die
kleinräumige Gliederung der Lebensräume, die Mannigfaltigkeit auf engem Raum, die es zu erhalten und zu schützen gilt. Nicht bloß aus Gründen der Ästhetik oder Romantik - obwohl gerade dieser Aspekt für eine Landschaft, in der man sich wohlfühlen soll, auch bedeutungsvoll ist! -, sondern
wegen der Erhaltung von Regenerationszentren, aus denen heraus sich eine gestörte Umwelt wieder erholen, sich wieder ins Gleichgewicht bringen kann.

Es geht also nicht um die Schaffung von "Naturmuseen", in denen die letzten Reste einmaliger Lebensräume so lange konserviert werden, bis sie schließlich, weil viel zu klein und isoliert von einer
natürlichen Umwelt, auch "umkippen", sondern um die Erhaltung eines recht kleinräumigen Mo-
saiks schutzwürdiger Landschaftsteile, die dicht genug verteilt sind, um miteinander noch in biologischen Austausch treten zu können. Eine ganz andere, aber ebenso wichtige Komponente des
Umweltschutzes also, deren Charakteristikum aus der Sicht des Informatiker es ist, ganz besonders
datenintensiv zu sein.

"Biotopkartierung" ist ein gängiger Name dafür, doch ist tatsächlich weitaus mehr zu tun als eine
bloße Kartierung: Nämlich eine Bestandserhebung dieser kleinräumigen Areale an lebender und
unbelebter Umwelt.

Wie gewaltig die dabei anfallenden Datenmengen sind, zeigt eine kleine Überschlagsrechnung
(REICHL 1980): Bei nur 4 unterschiedlichen Biotopen pro km^2 (ein für Österreich, gemessen an

seiner landschaftlichen Diversität, sicher unrealistisch niedriger Wert), ergäben sich in unserem Land mit 84.000 km^2 Fläche 336.000 zu erfassende Einheiten. Mit einem wieder eher zu gering geschätzten Bestand von je 50 Pflanzen- und 500 Tierarten je Biotop ergäbe sich eine Datenmenge von ca. 185 Millionen Einzeldaten nur für die Istzustandsaufnahme einer vollständigen Biotopaufnahme Österreichs! Eine Aufgabe, die aus der Sicht der Informatik lösbar, aus der Sicht der Datenerhebung draußen in der Umwelt aber nicht realistisch erscheint.

Was aber sehr wohl realistisch ist:

a) Alle, oder möglichst viele, schon greifbaren Meldungen über die belebte Umwelt (Pflanzen, Tiere) einer Region zu erheben, zu speichern, um aus ihnen Informationen zu gewinnen, welche Arten mehr, welche weniger schützenswert sind (überhaupt nicht schützenswert ist kein Lebewesen, nicht einmal die Schädlinge).

b) Neuralgische Stellen (etwa für Verbauung, Trockenlegung oder andere menschliche Eingriffe vorgesehene Areale) auf ihren Bestand an schützenswerten Arten zu untersuchen.

c) Wenn sich ein solches Areal angesichts seines Bestands an schützenswerten Arten selbst als schützenswert erweist, auf die Umwidmung - also meist Vernichtung - dieses Areals zu verzichten.

Objektive Verfahren, um die Schutzwürdigkeit zunächst von Arten, dann von Lebensräumen zu quantifizieren (weit über eine Kategorisierung in "Roten Listen" hinaus), sind vorgeschlagen worden (z.B. REICHL 1987). Sie setzen aber das Vorliegen von repräsentativen Vergleichsdaten gemäß a) voraus, und zwar von Vergleichsdaten, die sowohl geographisch wie auch zeitlich adaequant sind. (Als Beispiel mag der Apollofalter dienen, der in den Deutschen Mittelgebirgen fast ausgestorben und daher extrem schützenswert ist, während er im Alpenraum weitverbreitet und oft häufig vorkommt und nicht unbedingt Anzeiger für besonders schützenswerte Lebensräume ist).

Mit dem Aufbau der eben erwähnten repräsentativen Vergleichsdatenbank wurde im Bereich von Österreichs Tierwelt (ca. 30.000 in Österreich existierenden Tierarten stehen nur etwa 3.000 Pflanzenarten gegenüber, daher der Schwerpunkt auf der Tierwelt) bereits 1972 begonnen. Seither sind in ZOODAT ("ZOODAT - Tiergeographische Datenbank Österreichs") etwa 1,3 Millionen Fundmeldungen gespeichert, was zwar noch nicht einmal 1 Prozent einer vollständigen Biotopaufnahme Österreichs bedeutet, doch immerhin bereits eine vernünftige Hintergrundinformation für Detailerhebungen an neuralgischen Punkten liefert (vgl. z.B. REICHL 1975, VALACH 1986).

ZOODAT liefert aber nicht nur die Basisdaten für die Berechnung der Schutzwürdigkeit von Arten (und, über eine einfache Kumulation, auch die Schutzwürdigkeit von Biotopen, in denen diese Arten vorkommen), sondern gleichzeitig auch über das Verschwinden ("Aussterben") bzw. über den Rückgang von Indikatorarten für besondere Umweltzustände (Im Prinzip ist ja jede Art auch Indikatorart, denn ihr Vorkommen oder Fehlen zeigt das Vorkommen oder Fehlen eines Spektrums für sie lebensnotwendiger bzw. das Fehlen oder Vorkommen für sie letaler Umweltfaktoren in einem Biotop an).

Bereich C: Integration der Umwelt-Informationen.

Was in Österreich, wie auch wohl anderswo, noch fehlt, ist die Möglichkeit zur Vernetzung der vielen Datensammlungen zur Umweltproblematik.

Es ist, dank einer ausgezeichneten populärwissenschaftlichen Wanderausstellung, schon zum Allgemeingut geworden, daß unsere Umwelt ein vernetztes System ist; dementsprechend müßten auch die Datenbanken zur Erforschung und zur Kontrolle unserer Umwelt vernetzte Systeme werden und nicht bloß Insellösungen (wenn auch oft faszinierende Insellösungen) bleiben.

Derzeit sind wir von einer Integration der vielen Datensammlungen zur Umweltproblematik allerdings weiter entfernt denn je. Die ständig steigende Leistungsfähigkeit, der rapid fallende Preis von Kleincomputern ermöglicht jeder kleinen Arbeitsgruppe, ihre eigene "Datenbank" (oder was sie dafür hält) anzulegen. Was hier vielfach an Arbeitsleistung investiert und an wertvollstem Informationsmaterial zusammengetragen wird, könnte, ja sollte auch anderen Forschungsteams zur Verfügung stehen.

Dasselbe gilt natürlich auch für die "grenzüberschreitende" Nutzung von Umweltdaten. Weder die Komponenten unserer Umwelt (Luft, Wasser, Pflanzen, Tiere) noch die Komponenten unserer Umweltverschmutzung machen vor Staatsgrenzen halt. Auch eine internationale Vernetzung der Umweltdaten wird nötig sein.

Diese Arbeit wird wohl der Umweltinformatiker, nicht der Fachwissenschaftler, leisten müssen. Sosehr wir uns freuen, daß dem Fachwissenschaftler dank immer verständlicher werdender Basis-Software auch die Möglichkeit zugänglich ist, eigene kleine Datenbanken zu entwerfen und mit Daten zu füllen - die Koordination dieser Datenfülle kann nur Aufgabe des Informatikers sein.

Diese Überlegung war der Hauptgrund, an der Johannes-Kepler-Universität Linz ein "Forschungsinstitut für Umweltinformatik" zu gründen. Seine Aufgaben sollen sein:

- Planung, Beratung und Durchführung der EDV-Komponente bei Projekten für Umweltforschung und Umweltschutz;
- Planung, Errichtung und Betrieb von Umweltdatenbanken, wo eine zentrale Datenbestandsführung gewünscht wird und zweckmäßig ist;
- Planung, Beratung und Hilfe bei der Abstimmung dezentraler Datenbanken, um datenbankübergreifende Auswertungen zu ermöglichen;
- Publikation umweltrelevanter Dokumentationen aus diesen Datenbanken;
- Entwicklung und Programmierung von Simulations- und Prognose- Modellen für Umweltprobleme.

Das Forschungsinstitut soll - die noch ausstehende Zustimmung des Bundesministeriums für Wissenschaft und Forschung vorausgesetzt - noch im Jahr 1989 seinen Betrieb aufnehmen. Wir erwarten uns von ihm gerade für die Gewinnung vernetzter Informationen über unser vernetztes System "Umwelt" viel Positives.

<u>Literatur:</u>

Käferböck W.:
Sonderabfall-Datenverbund. Diplomarbeit; Johannes-Kepler-Universität Linz, 1989.

Pillmann W.:
Luftschadstoff-Ausbreitungsmodelle.
in: Umweltbestansaufnahme durch Fernerkundung und Bodenmessung.
Österreichisches Bundesinstitut für Gesundheitswesen, S 93-112, Wien, 1984

Pillmann W., Laub B.:
Abfallwirtschaftliches Informationssystem
Zielsetzung - Aufbau - Nutzung
in: EDV für Umweltschutz und Energiewirtschaft, S 193-204
Tagung der Arbeitsgemeinschaft für Datenverarbeitung, Wien, 1985

Pillmann W., Zobl Z.:
Objektivierte Ermittlung des Waldzustandes aus Flugzeug-Scannerdaten.
in: Jaeschke A., Page B. (Hsgb.)"Informatikanwendungen im Umweltbereich" 2. Symposium, Karlsruhe, November 1987; Informatik-Fachberichte 170, Springer Verlag, 1988.

Reichl E.R.:
ZOODAT - die tiergeographische Datenbank Österreichs. Verhandlungen des Sechsten Int. Symposiums über Entomofaunistik in Mitteleuropa; Junk, The Hague (1975).

Reichl E.R.:
Umweltforschung als Datenproblem. "Informationssysteme für die 80er Jahre", S.864-870 (1980).

Reichl E.R.:
Ökologische Untersuchungen an der Insektenfauna im Rückstauraum des Traunkraftwerkes Traun-Pucking. OKA-Schriftreihe "Umweltforschung am Traunfluß, Linz 1987.

Valach F.D., Reichl E.R.:
The Retrieval - System of ZOODAT, the zoogeographic database of Austria.
in: E.R. Reichl (Ed.): Computers in Biogeography. Trauner Verlag, Linz (1986).

Informatik im Natur- und Landschaftsschutz am BUWAL

M. Vogler

Bundesamt für Umwelt, Wald und Landschaft, Hallwylstr. 4, CH-3003 Bern

Zusammenfassung

Im Bereich Wald und Landschaft des BUWAL wurde ein Informationssystem,
das die Informationsbedürfnisse aller rund 100 Mitarbeiter möglichst
weitgehend abdecken soll, aufgebaut. Heute verfügen alle Mitarbeiter
über einen Computer-Arbeitsplatz, werden mit Dienstleistungen versorgt
und haben Zugang zu Informationen ihres Fachbereiches. Eine Datenbank,
die geographische Daten des Natur- und Landschaftsschutzes mit flexiblen Abfragemöglichkeiten für alle Benutzer zur Verfügung stellt, ist
im Aufbau.

An der Schwelle zum GIS-Zeitalter

Noch bis vor wenigen Jahren war der Begriff "Geographisches Informationssystem" (GIS) für den Praktiker, z.B. den Raumplaner, den Natur-
oder Landschaftsschutzbeauftragten, ein Fremdwort. Ein geographisches
Informationssystem ist ein computergestütztes Hilfsmittel zur Erfassung, Bearbeitung und Ausgabe raumbezogener Daten.
In den letzten Jahren ist ein zunehmender Einsatz von GIS sowohl in der
öffentlichen Verwaltung als auch in privaten Büros festzustellen; eine
Entwicklung, die hauptsächlich durch
- die zunehmende Selbstverständlichkeit und Akzeptanz von Informatiklö-
  sungen in den verschiedensten Lebens- und Arbeitsbereichen ganz allgemein,

- das Entstehen neuer Aufgaben und Bedürfnisse im Zusammenhang mit der
  zunehmenden Sensibilisierung weiter Bevölkerungskreise für Umwelt-
  und damit auch raumbezogene Fragen,
- das immer günstigere Kosten/Nutzen-Verhältnis bei der Hard- und Software und
- die Entwicklung der Telekommunikation, die z.B. die Vernetzung verschiedener Computer an beliebig weit auseinander liegenden Standorten
  erlaubt,

gefördert wird.

Heute stehen in der Schweiz erst wenige GIS im Einsatz; das lebhafte
Interesse vieler öffentlicher und privater Stellen an den vorhandenen
Installationen lässt jedoch erkennen, dass es in wenigen Jahren zahlreiche GIS für Anwendungen in der täglichen Praxis geben wird. Das GIS-
Zeitalter steht also erst bevor, viele Interessenten warten vorerst
skeptisch ab und versuchen, die spärlich vorhandene Erfahrung im Umgang
mit solchen Systemen für die eigene bevorstehende Konzeptarbeit zu nutzen. Die folgenden Abschnitte sollen am Beispiel des Bundesamtes für
Umwelt, Wald und Landschaft (BUWAL) den Weg von der Festlegung der
Ziele des GIS-Einsatzes bis hin zu den Einsatzerfahrungen illustrieren
und den ungefähren Umfang der künftigen digitalen Datenbasis im Natur-
und Landschaftsschutzbereich auf Bundesebene abgrenzen.

Informatik am BUWAL

Das BUWAL beschäftigt rund 300, die Abteilungen Natur- und Landschafts-
schutz etwa 30 Mitarbeiter. Zu den Hauptaufgaben des Amtes gehört der
Vollzug der Bundesgesetze über den Umweltschutz, die Forstpolizei, den
Natur- und Landschaftsschutz, die Jagd und die Fuss- und Wanderwege. Im
Rahmen dieser Bundesgesetze, v.a. des Forstpolizei- und des Natur- und
Landschaftsschutzgesetzes werden heute jährlich rund Fr. 120 Mio. an
Subventionen für forstliche und Natur- und Landschaftsschutzprojekte
ausbezahlt.
Besonders erwähnt werden soll hier der gesetzliche Auftrag zum Aufbau
und der Umsetzung von Natur- und Landschaftsschutzinventaren, eine
wichtige Aufgabe der Abteilungen Natur- und Landschaftsschutz.

Die sehr junge Entstehungsgeschichte des heutigen BUWAL, das zu Jahres-
beginn aus den ehemaligen Bundesämtern für Umweltschutz und Forstwesen
und Landschaftsschutz zusammengefasst worden ist, widerspiegelt sich
(leider) auch in einer heute heterogenen Informatikumgebung. Für den
Bereich Wald und Landschaft, dem rund 100 Mitarbeiter angehören, wurde
vor rund 3 Jahren mit der Realisierung einer homogenen Informatiklösung
begonnen, die in ihren wesentlichen Zügen demnächst abgeschlossen ist.
Das Ziel des Informatikeinsatzes war, Arbeitsabläufe zu optimieren,
Routinearbeiten zu rationalisieren und v.a. dringenst benötigte fachliche und wissenschaftliche Daten dem Benutzer, der hier mit Vollzugsauf-
gaben betraut ist und damit eine wichtige Funktion in der Realisierung
und Konkretisierung des Natur- und Landschaftsschutzes wahrnimmt, an
seinen Arbeitsplatz zu bringen. Zur Erreichung dieser Ziele wurden alle
Mitarbeiter mit Werkzeugen, Dienstleistungen und Zugang zu Informationen möglichst gut versorgt. Folgende Arbeitsbereiche aller Mitarbeiter
werden etwa abgedeckt:

a) Abwicklung der rund 6'000 Amtsgeschäfte pro Jahr (Subventionen,
    Mitberichte usw.), z.T. sehr komplexer Natur,
b) Aufbau und Verwaltung von geographischen Inventaren,
c) allgemeine Sekretariats-, Datenverarbeitungs- und Kommunikations-
    aufgaben.

Der Bereich a) ist eine für die speziellen Anforderungen des BUWAL entwickelte Datenbankapplikation mit recht hoch entwickelten Features wie
Geschäftskontrolle (Pendenzen- und Terminkontrolle), Buchhaltung mit
automatisierten Auszahlungsverfahren, flexiblen Recherchier- und Daten-
auswertungsmöglichkeiten. Bereich c) umfasst heute weitverbreitete
Standardapplikationen wie Textverarbeitung, Tabellenkalkulation, Grafik, Dokumentation usw.

Die Analyse der Bedürfnisse und Anforderungen im Bereich b), Aufbau und
Verwaltung von Inventaren, der hier etwas näher vorgestellt wird, führte zur Festlegung folgender Ziele des Informatikeinsatzes:

- Zur Verfügungstellen möglichst vieler natur- und landschaftsschutzre-
  levanter Daten an sämtliche am Projekt- und Geschäftsbearbeitungspro-
  zess beteiligten Mitarbeiter zur weiteren Versachlichung und besseren
  datenmässigen Abstützung von Entscheiden,

- Rationalisierung der Erhebung, der Veröffentlichung und Nachführung
  von Inventaren,
- Verbesserung der Vollzugskontrolle: Durch Miterfassen räumlicher Parameter wird die Lokalisierung von Geschäften und Entscheiden möglich
  und erlaubt - zu einem etwas späteren Zeitpunkt - eine raum-zeitliche
  Analyse der Daten (Was haben die in den letzten x Jahren getroffenen
  Massnahmen im Gebiet y bewirkt?),
- flexible Handhabung der Datenaufnahme und -ausgabe: Möglichkeit zu
  Datenaustausch, Ausgabe der Inventare in verschiedenen Massstäben und
  verschieden kombinierten Inhalten.

Benutzerorientiertes Konzept

Am BUWAL wurde ein Konzept entworfen, das den querschnittorientieren
Aufgaben des Amtes und der Vielzahl von Mitarbeitern, die mit raumrele-
vanten Informationen versorgt werden müssen (und die zudem keine EDV-
Profis sind), Rechnung trägt:
- Jeder Mitarbeiter hat von seinem Arbeitsplatz aus Zugang zu allen
  drei Applikationsbereichen (s.o.: a),b), c)),
- die drei Applikationsbereiche sind für den Benutzer voll ineinander
  integriert, so dass er - unter einer einheitlichen Benutzeroberfläche
  mit einfacher Menuführung - von einer Applikation in die andere wechseln kann und
- diejenigen Mitarbeiter, die die leistungsfähigen Software-Instrumente
  vollumfänglich nutzen wollen, können dies an speziellen Arbeitssta-
  tionen tun.

Lösungen: Wenig Erfahrung weit und breit

So wie verschiedene Konzepte denkbar sind, gibt es auch verschiedene
Realisierungsmöglichkeiten für eine Informatikapplikation. Zentrale Da-
tenverwaltung, Multifunktionalität der Arbeitsplätze und die über alle
Applikationsbereiche einheitliche einfache Benutzeroberfläche führten

zu einer zentralen Mainframe-Lösung mit gemischter Terminal/PC-Peripherie für die Bereiche Wald und Landschaft des BUWAL. Heute ist die Entwicklung und Einführung der Applikationsbereiche a) und b) (mit einem Aufwand von gegen 20 Mannjahren ohne Datenerfassung) dem Abschluss nahe, der Applikationsteil c) realisiert und eingeführt.

Wer eine Informatiklösung für die Bearbeitung und Verwaltung raumbezogener Daten für die Praxis realisieren will, betritt heute - zumindest in der Schweiz - weitgehend Neuland. Erfahrungen im GIS-Einsatz sind bis heute insbesondere an Hochschulen gemacht worden. Sie lassen sich nur beschränkt auf den produktiven Betrieb in der Praxis umsetzen.

Bietet die Konzipierung und die technische Realisierung eines GIS für einen beschränkten Aufgabenbereich oder Benutzerkreis heute nicht allzu grosse Probleme, ist die Realisierung einer sehr einfachen aber doch umfassenden Abfragemöglichkeit für geographische Daten für "jedermann" doch etwas schwieriger.

Die angestrebte Lösung geht von zwei Benutzergruppen aus. Die erste umfasst rund 90 % der Mitarbeiter, die gelegentlich eine einfache Abfrage über eine flexible Standardabfragemaske tätigen (Abb. 1) und über keine Kenntnisse über das Funktionieren des GIS verfügen. Die zweite Gruppe sind Benutzer mit Anwenderkenntnissen des GIS und sind fähig, spezielle Abfragen und Auswertungen vorzunehmen.

```
Post: neu: 1              1 August, 89 14:05          731-BE-2002/0
                    GESCHAEFTSABLAEUFE   Karten erstellen

Name der Karte: ______________________________________________

Ausschnitt:
  Kanton(e):_______________________________  Grenzen zeichnen (J/N)_
  Gemeinde(n):_____________________________  Grenzen zeichnen (J/N)_
  Kartenblatt-Nr(n)._______________________  Grenzen zeichnen (J/N)_
  Koordinaten links unten: x______ y____  rechts oben: x______  y_____
  Koordinaten Bildmittelpunkt:  x____ y____  Massstab: 1:___'___

Inventarauswahl: ____________________________________________

Ausgabe (Monochr./Farbe):_____

Nur Objektinformationen anzeigen? (J/N) _
Graphik und Objektinformationen anzeigen? (J/N)_
```

Abb. 1: Abfragemaske für geographische Daten

Wichtigstes Element im produktiven Betrieb: Die Daten

Das beste Konzept und die beste Hard- und Software-Lösung sind nutzlos, wenn keine Daten vorhanden sind. Heute sind in GIS-konformer, d.h. digitaler Form recht wenig Daten im Natur- und Landschaftsschutzbereich greifbar. Heute wird jedoch auf Bundesebene die digitale Aufbereitung der nationalen Inventare forciert. Bei einem verstärkten GIS-Einsatz in den verschiedenen Anwendungsgebieten (Raumplanung, Naturschutz, Umweltschutz usw.) werden bald grosse Datenmengen digital erfasst und gespeichert sein. Insbesondere im Naturschutz werden mit der zu erwartenden Stärkung des Arten- und Biotopschutzes im Rahmen der Revision des Natur- und Heimatschutzgesetzes grosse Datenbestände kartiert, digitalisiert und aufbereitet. Der Aufbau einer geographischen Datenbank für die beschriebenen Zwecke des BUWAL ist ein Geben und Nehmen von Daten: Daten, die von Dritten bereits kartiert und digitalisiert worden sind, werden in die Datenbank eingebaut, Daten die noch nicht in der geeigneten Form vorliegen, werden durch Mitarbeiter des BUWAL oder im Auftrag an Private erfasst und nach Bedarf anderen Nutzern zur Verfügung gestellt. Datenlieferanten für das BUWAL sind Forschungsanstalten, insbesondere die Eidgenössische Forschungsanstalt für Wald, Schnee und Landschaft (WSL) in Birmensdorf, Universitäten, wo im Rahmen von Forschungsarbeiten meist in begrenzten Gebieten Daten erhoben werden, Kantone, die ihre eigenen, kantonalen Inventare erstellen, oder andere Bundesstellen, wie z.B. das Bundesamt für Statistik, das die Arealstatistik, eine auf Hektarraster basierende Flächennutzungsstatistik für die ganze Schweiz, aufbaut.

Die geographische Datenbank des BUWAL wird im Laufe des nächsten Jahres etwa folgende Daten enthalten:

a) Natur- und landschaftsschutzrelevante Daten:
   - BLN (Bundesinventar der Landschaften von nationaler Bedeutung, vorhanden)
   - Naturschutzgebiete (im Aufbau)
   - ISOS (Inventar der schützenswerten Ortsbilder der Schweiz, im Aufbau)
   - IVS (Inventar der historischen Verkehrswege der Schweiz, im Aufbau)

- Jagdbanngebiete der Schweiz (vorhanden)
- Inventar der Auengebiete der Schweiz (vgl. Abb. 2, vorhanden)
- Inventar der Trockenstandorte (im Aufbau)
- Inventare der Hoch- und Flachmoore (im Aufbau)
- Amphibieninventar (im Aufbau)
- Fledermausinventar
- Flachwasserzonen der Schweiz

b) Interne Inventare zur Vollzugskontrolle und zur Projektbegleitung:
    - Inventare der Subventionsprojekte des Forstwesens und des Natur-
      und Landschaftsschutzes
    - Inventar der raumrelevanten Bundesaufgaben
    - Inventar der Fuss- und Wanderwege

c) Orientierungs- und Hintergrunddaten:
    - Kantons- und Gemeindegrenzen der Schweiz (vorhanden)
    - Grenzen von Regionen und Zonen (vorhanden)
    - Gewässer-, Strassen- und Eisenbahnnetz, Ortschaften (nur z.T.
      vorhanden)
    - Daten zur Flächennutzung (wie Wald, bebautes Gebiet usw., z.T.
      vorhanden)

1990 sollte ein wesentlicher Teil der Datenbank aufgebaut sein. Erst
von diesem Zeitpunkt an können die Informationen von der Mehrzahl der
Mitarbeiter auch genutzt werden. Und Nutzen heisst hier, dass ein
Standort mit schützenswerten Pflanzen- oder Tierarten vielleicht vor
der endgültigen Zerstörung bewahrt werden kann, dank der frühzeitigen
und detaillierten Kenntnis der Fakten.

Kommunikation ist entscheidend

Bei der zu erwartenden Zunahme von GIS-Anwendungen spielt die Kommunikation zwischen den Anwendern eine immer wichtigere Rolle. Bereits bei
der Konzipierung von neuen oder beim Ausbau bestehender Lösungen ist
die Absprache mit allen künftigen Datengebern und -nehmern (Bundesstellen, Kantone, öffentliche und private Institutionen, Private) wichtig.

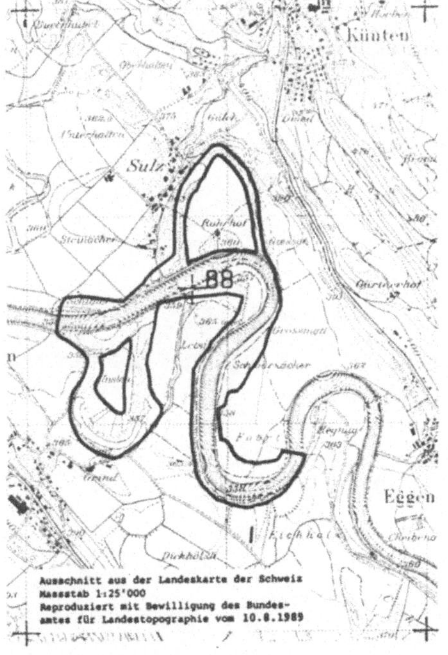

Inventar der Auengebiete von nationaler Bedeutung

Objekt   : Tote Reuss - Alte Reuss   Nr. : 088

Kanton(e)   : Aargau
Gemeinde(n) : Eggenwil, Fischbach - Göslikon, Künten

Ausdehnung :   70 ha   Höhenlage : 360 m

Zusammensetzung: Gewässer:
- Hartholzaue   : 40 %   - Name: Reuss
- Weichholzaue   :   5 %   - Typ : Altlauf, Fluss
- gehölzfreie Aue   : 10 %
- vegetationslos   :   - %
- Wasserfläche   : 40 %
- Nichtauengebiete   :   5 %

Bedeutung

Naturnaher Flussabschnitt der Reuss im Mittelland mit ausgeprägten Mäanderbögen
und zwei abgeschnittenen, neuerdings stellenweise ausgebaggerten Altwässern
(Tote Reuss bei Fischbach, Alte Reuss bei Sulz). Markante Terrassenränder im
Flussschotter an den Mäander-Aussenseiten, teils mit Ausspülungen rezenter
Hochwässer.
In den Teilen des fliessenden Gewässers vorwiegend episodisch überschwemmter
Eschen-Ulmen-Auenwald, andeutungsweise mit einem Mandelweiden- Korbweiden-
Auengebüschmantel. Im Rand- und im Sohlenbereich älterer Rinnen und Ver-
tiefungen, die in das Grundwasser reichen, Schwarzerlen-Eschenwald mit dich-
tem Unterwuchs, unter anderen von Traubenkirschen/Prunus padus.
In den Gebieten der Altwässer Stillwasservegetation und Verlandungsserien mit
Beständen von Röhrichten, Grosseggensümpfen, Pfeifengraswiesen, Sumpfdotter-
blumen-Nasswiesen, nitrophilen Uferstauden-, Saum- und Ruderalfluren, Weiden-
gebüsch aus vorwiegend aschgrauer Weide/Salix cinerea und Fragmenten des
Eschen-Ulmen-Auenwaldes.

Gefährdung

Uferbefestigungen. Anlage von Pappel- und Nadelholzkernkulturen.

Hinweise

Bei Schutz- und Massnahmenplanungen ist unbedingt auf die Reaktivierung der
Altläufe zu achten. Diese bedingt die Oeffnung der Ausflüsse und die Schaffung
von Ueberlaufstrecken in den Dämmen im oberen Teil, so dass bei Hochwasser (und
nur dann) eine Durchspülung stattfinden kann.

Abb. 2: Inventar der Auengebiete von nationaler Bedeutung: Uebersicht
(oben), Einzelobjekt (links) und Objektinformation (rechts)

Nach Möglichkeit sollten die gleichen Produkte (v.a. Software) wie die der wichtigsten Datengeber und -nehmer eingesetzt werden; wenn dies nicht möglich ist, müssen zum vornherein Schnittstellen (Datenaustauschformate) festgelegt werden.

Im Alleingang ist eine Informatiklösung im Natur- und Landschaftsschutz auf Bundesebene nicht zu bewältigen. Kommunikation, hier einmal v.a. das Gespräch über Bedürfnisse, Anforderungen und gemachte Erfahrungen, sind entscheidend. Eine Hard- und Software-Lösung für eine klar definierte Anforderung ist vielleicht einfach zu planen und zu beschaffen, doch bei der Datenerfassung und -pflege beginnen der grosse Aufwand und damit die grossen Kosten. Wir hoffen immer auf neue Erfahrungen von anderer Seite, in wenigen Jahren werden wir sie vielleicht haben. In derselben Zeit werden sich aber auch die Benutzeranforderungen und die technischen Möglichkeiten der Systeme wieder geändert haben. In all dieser Dynamik darf der ursprüngliche Zweck des Informatikeinsatzes im Natur- und Heimatschutz nicht vergessen werden. Die eingesetzten Hilfsmittel müssen - in einem sinnvollen Kosten/Nutzen-Verhältnis - der praktischen Erhaltung und dem Schutz unserer Umwelt dienen.

Informatikanwendungen im Umweltschutz
der UdSSR
Wladimir Mamonow
Elektrotechnische Hochschule
Karl-Marx-Prospekt 20
630092 Nowosibirsk, UdSSR

Zusammenfassung

Dieser Übersichtsbeitrag befasst sich mit dem Stand der Informatikanwendungen im Umweltschutzbereich der Sowjetunion sowohl aus der Sicht der Praxis als auch hinsichtlich möglicher Forschungsrichtungen. In der Darstellung werden zum einen nach Anwendungsformen der Informatik wie Messnetze, Datenerfassung und -auswertung, Modellbildung und Simulation sowie Steuerung, Regelung und Entscheidungsfindung und zum anderen nach Umweltebenen wie globale, nationale, regionale, Betriebs- und Produktionsebene unterschieden. Anschliessend werden einige Forschungsperspektiven für die Umweltanwendungen aus der Sicht "Umwelt-Informatik" aufgezeigt.

1. Einleitung

Es ist bekannt, dass die Hauptsachen für die ökologischen Problemen Produktions- und Lebenstätigkeit der Gesellschaft bilden. In der Produktionstätigkeit kann man folgende Ebene nennen (1,2): Produktionsoperation, Produktionsverlauf, das Betrieb, das Territorium, globale und nationale Ebene. Dieselbe Ebene haben ökologische Probleme, die stark verteilt sind und sehr interdisziplinaren, kurz- und langfristigen Aufgaben sind. Das bedeutet: die Entscheidungsfindung im Umweltschutz im Rahmen hierarchischen integrierten automatisierten Steuerungssystem durchgeführt werden muss.

Die Entscheidungsvorbereitung im Umweltschutz hat solche Phasen (3,4):
- Orientierungsphase
- Wahl passender Entscheidungskriterien
- Auswahl relevanter Umweltfaktoren
- Modellkonstruktion und Modellvalidierung

- Schätzung und Prognose der Modellparameter
- Deduktion von Informationen aus dem Modell
- Entscheidungsvorbereitung
- Implementierung und Kontrolle

Informatik im Umweltschutz muss die Wirksamkeit der sozio-ökologischen Entscheidungen verbessern. Die wichtigsten Anwendungsformen der Informatik sind Messnetze, Datenbanken und Informationssysteme, Modellrechnung und Simulation, Steuerung und Regelung, Expertensysteme. Diese Informatikanwendungen im Umweltschutz, vor allem automatisierte Mess- und Kontrollsysteme, Datenerfassung und -auswertung, Modellbildung und Entscheidungsvorbereitung im Rahmen der langfristigen Planungssystemen, werden heute in der SU intensiv ausgearbeitet. Die operative Entscheidungsvorbereitung,Implementierung der integrierten automatischen Steuerungssystemen und Expertensystemen werden vergleichsweise nicht so gut ausgearbeitet.

2. Messnetze und Kontrollsysteme

In der Sowjetunion beschäftigen sich verschiedene Staatsorgane mit den Kontrollproblemen im Umweltschutz. Es gibt:
- die Organe breiter Kompetenz, die sich mit den Kontrollproblemen der bestimmten Territorium der SU gleichzeitig in verschiedenen Umweltbereichen (Luft, Wasser, Boden usw.) beschäftigen
- die Organe spezieller Kompetenz, die eine bestimmte Kontrollfunktion im bestimmten Umweltkomponente durchführen.

Man kann folgende vier Kontrolltypen im Umweltschutz der SU unterscheiden: territorial, branchen, zwischenbranchen und speziell. Im Zentrum dieses Kontrollsystems befinden sich die Organe, die zu den Staatskomiteen der SU für die Naturschutz und Hydrometeorologie und zu dem staatlichen sanitäts-epidemischen Dienst gehören.
Die Daten in den Umweltkontrollsystemen liefern entweder herkömmliche chemische Proben oder automatische Messgeräte. Im Zentrum des Überwachungssystems im Umweltschutz der SU steht der staatliche Überwachungsdienst der Umweltverschmutzung (OGSNK)(5). Im Rahmen dieses Systems werden folgende Aufgaben gelöst:
- Überwachung der Umweltverschmutzung (Luft, Wasser, Boden)
- Abschätzung des realen Zustandes im Umweltverschmutzung
- Prognoseberechnung und Abschätzung zukünftiges Zustandes im Umweltverschmutzung

- Berichtevorbereitung für die verschiedenen Organisationen.

In OGSNK kann man folgende drei Kontrollebene (Untersysteme) nennen: national, regional und global. Das nationale Untersystem hat als Unterebene Stadt- und Bezirkebene. Für dieses Untersystem sind kurzfristige (20 Min.) und langfristige (Tage usw.) Perioden der Mittelbildung charakteristisch. Das nationale Luftuntersystem bereitet z.B. solche Information wie Mittel- und Maximalwerte der Verschmutzungskonzentration in der Stadt und im Bezirk vor, die sehr wichtig bei der Planung der Massnahmen im Luftschutzbereich, bei der Berechnung zuverlässiger Verschmutzung im Luft und der Umweltschaden als Folge Luftverschmutzung ist.

Das regionale Untersystem verwirklicht das Monitoring der Einzelnen Verschmutzungsstoffen (z.B. SO_2- Schwefeldioxid). Hier werden langfristige Periode für die Mittelbildung ausgenutzt. Als Beispiel kann man hier das Monitoringsystem für die Luftverschmutzung in Europa (EMEP) nennen.

Das globale Untersystem in OGSNK zeigt die Beteiligung der SU im Kontrollsystem der globalen Weltverschmutzung (BAPMON). Dieses System haben die Weltmeteorologische Organisation und das Programm der Vereinigten Nationen im Umweltschutz (UNEP) organisiert. In diesem System wurden als die Perioden der Mittelbildung Wochen und Monate genutzt. Hier werden nur einige Schadstoffen geschätzt.

Das Programm BAPMON hat mehr als 100 Stationen in der Welt. Hier werden die Atmosphärestrübheit, chemische Zusammensetzung der Niederschläge (dazu gehören auch die PH-Werte und das allgemeine Säuregehalt), das Gehalt der kleinen Gasbeimischungen. Im Messprogramm der Basistationen BAPMON steht auch die Konzentrationsmessung der Kohlendioxid. In der SU befinden sich jetzt fünf Stationen, die zu BAPMON gehören. Die Datenerfassung führt das Weltzentrum der Datenverarbeitung im Rahmen Bapmon in der USA durch.

Eine Reihe der Stationen für das komplexe Phonmonitoring des Umweltzustandes (GSMOS) erfüllen die Messung des Phonmonitoring in der Atmosphäre. Die Datenerfassung führt das Koordinationszentrum GSMOS in Moskau durch. Die SU hat zahlreiche breite Klimaszonen mit der verschiedenen ökologischen Verhältnissen. Darum wurde in der SU das breite Messnetz der Phonstationen organisiert. 83 Stationen für die chemische Analyse der Niederschläge, 14 Stationen für die Atmosphä - restrübheit, 8 Phonstationen für die Ozonmessung, 5 Stationen für die Atmosphäreselektrizität, 2 Stationen für die Kohlendioxidmonitoring. Die zukünftige Entwicklung des Messnetzes wird durch Organisa-

tion der neuen Stationen in den Biosphäreschonungen der SU verwirklicht werden. Die Messdaten werden in speziellen Tabellen erfasst und im Weltzentrum WMO verarbeitet und gespeichert.

Als Beispiel für die regionale Luftuntersystem kann man ein System für das Monitoring der Atmosphäreverschmutzung in Europa (EMEP)
anführen. Die Messstationen, die zu diesem System gehören, messen
feuchte und trockene Ausfällungen, einige Gaskomponente, die Konzentration des Natriums, des Kalziums, pH-Werte, die Messperiode ist
1 Monat. Die Datenverarbeitung wird in dem internationalen Zentrum
in Oslo, Norwegen durchgeführt.

Bis heute werden in mehr als 450 Städten der SU Konzentrationsab-
messungen durchgeführt und fast in 350 Städten - regelmässig durchgeführt.

Für die Ortschaften in der SU sind vor allem solche Massenver-
schmutzungen, wie Schwefeldioxid (SO_2), Kohlenmonoxid (CO), Kohlenwasserstoffe, Stickoxide (NO_x), Schwefelwasserstoff (H_2S) kontrollierbar. Es wird auch die Kontrolle solcher spezifischen Verschmutzungen wie Schwefelkohlen (CS_2), Ammoniak (NH_3), Fluorsverbindungen,
Chlor usw. durchgeführt. Die Ozonkontrolle ist auch sehr wichtig.

In einigen Städten der SU (in Moskau, Leningrad, Kemerowo) wurden
automatisierte Luftkontrollsysteme (ANKOS-AG) und Wasserkontrollsys-
teme (ANKOS-WG) in Betrieb genommen. Das automatisierte Kontrollsystem ANKOS-AG hat eine hierarchische Struktur. Dort kann man folgende Ebene für die Datenerfassung und -auswertung nennen:
- erste Ebene - Messstationen, die primäre Daten liefern. Zu den
  Messstationen gehören sowohl stationäre als auch mobile Komplexe
- zweite Ebene - zyklische Steuerung der Stationen, Datenverarbeitung, -ausgabe und -speicherung, operative Tätigkeit: operative
  Berichte
- dritte Ebene - statistische Datenauswertung, Prognosberechnung,
  Datenspeicherung, Monats- und Jahresberichte, Pressemitteilungen;
  Hier wird auch die Aufgabe der Suche der Verschmutzungsquelle gelöst.

Einige grosse Betriebe in der SU besonders chemische und ölchemische haben die Luftkontrollsysteme in der Betriebszone. Sie nutzen
typische Geräte für die Gasmessung aus und die Prinzipen des Aufbaus
dieser Systeme sind sehr ähnlich mit den Prinzipen des Systemaufbaus
ANKOS-AG.

Eine der wichtigsten Aufgaben ist heute der Aufbau staatliches Informationssystems im Rahmen eines neues Staatskomitees UdSSR für den
Naturschutz. Es werden 27 Republiks- und regionale, 166 Gebiets-

und regionale, 3200 Bezirksinformationszentren organisiert. Um das
zu verwirklichen, muss man schon in der näheren Zukunft eine grosse
Arbeit erfüllen.

2. Informationstechnologien. Datenerfassung und -auswertung

Die Information, die in den Umweltkontrollsystemen gespeichert
wird, ist sehr oft noch nicht leicht benutzbar. Das bedeutet - viele Benutzer haben noch viele Schwierigkeiten, um die Information
zu benutzen. Diese Schwierigkeiten sind nicht nur organisatorische
und politische, sondern auch technische. Um das zu verändern, wurde in der SU eine grosse Arbeit angefangen. Das gehört vor allem
zur Einführung der neuen Rechentechnik und Datenbanksysteme. Es
gibt schon die Beispiele des Aufbaus und der Ausnutzung der verteilten Datenbanksystemen.
Um die reguläre Datenverarbeitung im Rahmen OGSNK zu unterstützen, wurde im Hauptgeophysischen Obserwatorium in Leningrad das
automatisierte System der Datenverarbeitung für die Luftverschmutzung ausgearbeitet. Das System führt solche Funktionen durch,
wie Datenerfassung, Datenverarbeitung und -speicherung im allgemeinen Datenstruktur der Staatsphond der SU für den Umweltzustand.
Das universale Datenverwaltungssystem, das im Rahmen Staatliches
Komitees für Hydrometeorologie gewählt wurde, unterstützt den
automatisierten Zugriff in den Informationsbasis.
Die Benutzer der Information von der Luftverschmutzung sind
staatliche Organisationen sowohl an der nationalen, als auch an
der regionalen Ebene. Weil im System die Konzeption der verteilten
Datenverarbeitung gewählt wurde, werden die regionale Datenerfassung und -verarbeitung in den territorialen (regionalen) Rechen-
zentren durchgeführt. Für die lokalen Datenbanken wird hier die
allgemeine Struktur für die Informationsbasis genutzt.
Territoriale Ebene hat gewöhnlich die folgende Struktur der lokalen Datenbanken:
- die Datenbank der Luftverschmutzung
- die Datenbank der Wasserverschmutzung
- die Datenbank der Luftverschmutzungsemissionen
- die Datenbank der Wasserverschmutzungsemissionen
- die Datenbank der Umweltschutzmassnahmen
- die Datenbank der Alarmsituationen
- die Datenbank der Kontrollmassnahmen usw.

Der Datenaustausch zwischen verschiedenen Ebenen in den Informationssystemen in der SU ist häufiger unautomatisiert und geschiet durch die Magnetspeichersmittel. Einige Informationssysteme nutzen die lokale Rechnernetze, die verteilte Rechnersysteme. Die Vereinigung dieser Systemen im regionalen und nationalen Netz der Datenverarbeitung im Umweltschutz ist heute in der SU die wichtigste praktische und wissenschaftliche Aufgabe.

Der Programmkomplex der Datenverarbeitung in den Informationssystemen der Organen des Staatskomitees für Hydrometeorologie der SU hat gewöhnlich folgende Struktur:
- die Programme für die statistische Datenerfassung
- die Programme für die statistische Prognose
- die Programme für die Modellbildung
- die Programme für die Berichtevorbereitung
- spezielle wissenschaftliche Programme

Alle Programme wurden auf der Basis des Modulprinzips ausgearbeitet. Im Rahmen des Staatskomitees der SU für die Hydrometeorologie, in vielen wissenschaftlichen und Informationszentren dieses Komitees wurde die Arbeit, deren Ziel der Aufbau vieler Naturkataster ist, angefangen. Diese Kataster werden wichtige Rolle in dem Wiederaufbau und im Schutz Naturökosystemen spielen.

3. Informatik im Umweltschutz und die mathematische Modellierung

Die Programme für die Datenerfassung und -verarbeitung in den Informationssystemen im Umweltschutz haben solche wichtige Teile, wie die Programme für Modellbildung und Prognose. Als Basis haben diese Programme ein breites Spektrum der mathematischen Modelle, die für die verschiedenen Aspekten des Umweltschutzproblems vorgeschlagen werden. Die sowjetischen Wissenschaftler Martschuk G.I., Penenko W.W., Moisejew N.N., Berljand M.E. u.a. haben die Grundlage für die Modellierung im Umweltschutz ausgearbeitet. Es wurden folgende Modelle ausgearbeitet:
- die Produktions/Emissionsmodelle mit technologischen Daten und Produktionsmengen als Inputgrössen und dem Verlauf der räumlichen Schadstoffemissionen in Luft und Wasser als Modelloutput
- die Transmissionsmodelle für Schadstoffemitenten/Immissionen in Luft und Wasser mit meteorologischen Angaben und berechneten Emissionen aus Emissionsmodell als Inputparameter sowie dem räumlichen Verlauf der Immissionskonzentration als Output

- die Modelle für die Schätzung der komplexen Immissionswirkungen
- die Modelle der biologischen Systeme u.a.

In der SU wurden wesentliche wissenschaftliche Ergebnisse im Bereich der globalen Modellierung der Verschmutzungsprozessen in Atmosphäre und Hydrosphäre der Welt bekommen. Die Forschungen, die in der Akademie der Wissenschaften der UdSSR in Moskau, Leningrad und Nowosibirsk durchgeführt wurden, gaben die theoretische Basis für die Berechnungen der globalen Verschmutzungsprozessen. Einige Ergebnisse dieser Arbeit sind an der nationalen und regionalen Ebene verwendbar (5 - 7). Der mathematische Grund dieser Modelle bilden die partiellen Differentialgleichungssysteme. Um diese Modelle gut zu nutzen, haben sowjetische Wissenschaftler eine Reihe spezialer numerischen Methoden ausgearbeitet.

Der grösste Teil der mathematischen Modelle der kurzfristigen Prognosen und Regelung der Luftverschmutzung hat die wissenschaftliche Schule in Leningrad (Professor Berljand M.E. als Leiter) vorgeschlagen. Die von dieser Schule ausgearbeitete numerische und statistische Methoden der kurzfristigen Prognosen der Luftverschmutzung bilden heute in der SU einen wissenschaftlichen Grund für die zahlreichen Betriebs- und Stadtbaunormen, die vor allem die Berechnungen der Emissionsnormen gewährleisten.

In der SU gibt es grosse Erfahrung der Ausarbeitung der Modelle für die Schätzung der komplexen Immissionswirkungen. Als Beispiel kann man, erstens, die Arbeit der Wissenschaftler aus Rostow und Odessa nennen, in der ein Modellkomplex für die Auswahl der optimalen Alternativen der Wassersausnutzung des Asowmeersgebiets(8), zweitens, die Arbeit der Wissenschaftler aus Sibirien, die als Ergebniss ein Modellkomplex für die Schätzung der Alternativen der Weitentwicklung des Ökologiesystems des Baikalsees und zu dem Baikalsee gehörendes Territorium (9). Die Hauptprobleme, die in diesen und anderen Arbeiten getroffen sind, haben traditionellen Charakter. Man muss hier gleichzeitig die erforderliche Genauigkeit und Glaubwürdigkeit, einerseits und maximale Einfachheit und das Bequemlichkeit anderseits gewährleistet. Das letzte bedeutet die Notwendigkeit der Lösung des Problems der automatisierten Modellbildung.

Die Emissionsmodelle werden heute in der SU für die verschiedenen Industriezweige, vor allem für chemische, ölchemische, die Energetik und den Stadtautotransport ausgearbeitet. Das Ziel der Modellausnutzung - die Berechnung der optimalen im Sinne des Öko-

zustandes Parameter der Fertigungsprozessen, der optimalen möglichen operativen Einwirkungen in Prozess der Umweltverschmutzung.
Die Umweltverschmutzung hat die medizinische und soziale Wirkungen.
In der SU wurden verschiedene Versuche gemacht, um das mathematisch
zu beschreiben. Es gibt auch die Beispiele im Bereich des Aufbaus
der biologischen und Naturmodellen.

4. Wesentliche Trends der Informatik im Umweltschutz

Wesentliche Trends der Informatik im Umweltschutz der SU kann
man kurz so darstellen:
- die Angewandte Informatik muss jedoch Softwarekonzepte anbieten,
  die den hohen Anforderungen an die Flexibilität und Benutzer-
  freundlichkeit bei der Anwendung von Methoden und Modellen im
  Umweltbereich wesentlich besser gerecht werden, die breite PC-
  Technik Ausnutzung
- die Ausarbeitung der gegenwärtigen Modelle und Methoden für die
  optimale Entscheidungsvorbereitung im Umweltschutz, vor allem
  für die operativen Umweltschutzaufgaben, der Übergang von den
  Aufgaben der Datenerfassung und -auswertung zu den Aufgaben der
  Entscheidungsfindung, die breite Ausnutzung der Dialogsysteme
  und multidimensionale Optimirung als Mittel der Entscheidungsvorbereitung
- der Übergang zu der Ausarbeitung und breiter Anwendung Expertensysteme.

Literatur:

1. Mamonow W.I.
   Die Grundlagen der Ausarbeitung der automatisierten Steuersys-
   teme der Stadtatmosphärequalität. Nowosibirsk, 102 S. (1987)
2. Markow I.G., Mamonow W.I. u.a.
   Die sozio-ökosysteme als die Steuerungsobjekte. Nowosibirsk,
   Nauka (1989)
3. Hanssmann F.
   Einführung in die Systemforschung. Methodik der modellgestützten
   Entscheidungsvorbereitung. 1 Aufl. - München, Oldenbourg (1978)

4. Hanssmann F.
   Systemforschung im Umweltschutz: praktikable Methoden zur Beurteilung von Gestaltungsalternativen in Systemzusammenhang.
   Berlin, E.Schmidt (1976)
5. Saizew A.S.
   Die Probleme der Kontrollautomatisierung der Atmosphäreverschmutzung im Messnetz. In: Methoden und Mittel der Kontrolle der Luftverschmutzung und Verschmutzungsemissionen und ihrer Ausnutzung.
   II nationale Tagung, Leningrad, Hydrometeoverlag (1988)
6. Martschuk G.I.
   Die mathematische Modellierung im Umweltschutz. Moskau, Nauka,
   319 S. (1982)
7. Penenko W.W., Alojan A.E.
   Die Modelle und Methoden im Umweltschutz. Nowosibirsk, Nauka(1985)
8. Worowitsch I.I. u.a.
   Die rationale Ausnutzung der Wasserressoursen der Asowmeersregion.
   Moskau, Nauka (1981)
9. Galkin L.M., Moskalenko A.I. u.a.
   Die Dynamik der ökologisch-ökonomischen Systeme. Nowosibirsk, Nauka (1981)

Kapitel B

Fernerkundung und Bildverarbeitung

Satellitenfernerkundung als Grundlage für Raumplanung und Umweltüberwachung

Hans-Peter Bähr, Jürgen Baumgart

Institut für Photogrammetrie und Fernerkundung
Universität Karlsruhe

Zusammenfassung

Im Zusammenhang mit umfangreichen Verkehrsplanungen im stark belasteten Naturraum "Filder", z.B. Ausbau des Flughafens Stuttgart-Echterdingen, erfolgten zahlreiche Erhebungen und Studien ökologischer Art. Da die Datenerfassung und -auswertung rein manuell durchgeführt wurde, war die Studie (Bericht der Filderraumkommission) erst nach vier Jahren abgeschlossen. Besonders die Veränderungen der Landnutzung konnten nur unbefriedigend erfaßt werden.

Mit heutigen Fernerkundungsaufnahmesystemen, wie z.B. LANDSAT-Thematic Mapper oder SPOT, sollte es möglich sein, Veränderungen einer Landschaft nicht nur regional, sondern auch lokal festzustellen. Unter Verwendung der genannten Satellitendaten wird die Veränderung der Landnutzung auf der Basis von Klassifizierungen gezeigt. Die Ergebnisse werden auf definierte Rasterdatenebenen entzerrt, damit sie mit Informationen, die aus vorhandenen Karten entnommen wurden (Digitizer-Vektordaten), überlagert werden können. Beispielhaft werden Anwendungsmöglichkeiten aus den Bereichen Raumordnung, Landnutzungsstatistik und ökologische Beurteilung des Naturraumes vorgestellt.

1 Einleitung

Die Landes- und Regionalplanung war in der Vergangenheit weitgehend bestimmt von den Aufgaben der Siedlungs-, Verkehrs- und Infrastrukturplanung. Sie befaßte sich hauptsächlich mit den Bereichen der Flächenplanung, die das Bebauen von Flächen vorbereitend zum Ziele haben. Die nicht zur Bebauung anstehenden Flächen standen weniger im Brennpunkt des Interesses.

Die Einschätzung der Landschaft hat sich mittlerweile grundlegend geändert und die Landschaftsplanung hat eine hohe und noch zunehmende Bedeutung bekommen. Die Planungsaufgaben werden vielschichtiger und schwieriger, und es bedarf neben einer möglichst detaillierten Kenntnis des jeweiligen Raumes und seiner Nutzung, der Überwachung von Nutzungsänderungen, um frühzeitig Nutzungskonflikten begegnen zu können.

Mit LANDSAT- Thematic Mapper und SPOT bietet die Satellitenfernerkundung heute Bilddaten an, aus denen sich vielfältige Informationen über die Bodenbedeckung der Erdoberfläche ableiten lassen. Am Beispiel einer Auswertung im Naturraum "Filder" sollen die Möglichkeiten und Grenzen der Anwendung von Satellitenbilddaten zur Raumplanung und Umweltüberwachung aufgezeigt werden.

2   Untersuchungsgebiet: Naturraum "Filder"

Der etwa 200 qkm große Naturraum "Filder" schließt sich südlich an den Stuttgarter Talkessel
an und umfaßt das weit nach Nordwesten ausgreifende Lias-Albvorland im Bereich des Plochinger
Neckarknies.

Der Raum wird u.a. durch folgende Eigenschaften charakterisiert:

- unmittelbarer Einzugsbereich der Landeshauptstadt und dadurch bedingte lebhafte
  Bautätigkeit,

- hohe Verkehrsbelastung durch die Bundesautobahn Stuttgart-München und den Flughafen
  Stuttgart-Echterdingen,

- aus landesweiter Sicht in hohem Maße schützenswerte Böden,

- intensive landwirtschaftliche Nutzung,

- wenig naturnahe Flächen.

Aufgrund eines Regierungsbeschlusses zur Sanierung des Landesflughafens Stuttgart-Echterdingen
wurde vom Ministerrat des Landes Baden-Württemberg Ende 1979 die sog. Filderraumkommission
eingesetzt, die folgende Aufgaben hatte:

- Grundlagen für die ökologisch vertretbare Nutzung des Filderraumes zu erarbeiten,

- die Möglichkeiten der baulichen Nutzung und der Gemeindeerweiterung zu beurteilen,

- das Verkehrskonzept für den Filderraum zu überprüfen.

Die umfangreichen Untersuchungen, die zuletzt ausschließlich Behörden der beteiligten Ministerien
und das Regierungspräsidium Stuttgart ausführten, kamen Ende 1984 zum Abschluß und liegen als
Bericht der Filderraumkommission [MELUF 85] vor. Die Verknüpfung und Auswertung der erhobenen Daten war relativ zeitaufwendig, da sie rein manuell durchgeführt wurden.

Diese Studie war daher u.a für das Institut der Anlaß, digitale Methoden zur Feststellung von
Veränderungen der Landnutzung unter Verwendung von gebietsbezogenen Gelände- und Fernerkundungsdaten im Rahmen des DFG-SPP "Digitale Geowissenschaftliche Kartenwerke" zu entwickeln.

3   Verwendete Daten

Die vorhandenen Erhebungsdaten bestanden aus Karten zur ökologischen Beurteilung des
Raumes, die von der Landesanstalt für Umweltschutz, Karlsruhe, angefertigt wurden. Grundlage
dieser Karten ist ein Auszug aus dem Raumordnungskataster (ROK) des Regierungspräsidiums Stuttgart, das alle raumbedeutsamen Nutzungsbestände, Planungen und Maßnahmen im Maßstab 1:25.000
enthält.

Dazu gehören u.a. folgende Daten:

      Siedlungsflächen   Naturschutz   Bio-ökologisches Potential
      Geologische Karte Wasserschutz Klimatisches Regenerationspotential

Als **Fernerkundungsdaten** standen Aufnahmen der amerikanischen LANDSAT-Reihe und des französischen SPOT zur Verfügung:

1. LANDSAT 2 - MSS - Daten vom 8. August 1975

2. LANDSAT 5 - TM - Daten vom 7. Juli 1984

3. LANDSAT 5 - TM - Daten vom 17. August 1987

4. SPOT - HRV - Daten vom 13. September 1987

Bezeichnung	Spektralbereich	Bodenelement	Bildgröße	Bahndaten	Wiederholung
LANDSAT	0.5-0.6 μm	79 m×79 m	3200 × 2300	h=920 km	starr
MSS	0.6-0.7 μm		Elemente	i=99°	18 Tage
	0.7-0.8 μm		185 km×185 km		(seit 1972)
USA	0.8-1.1 μm				
LANDSAT	0.45-0.52 μm	30 m×30 m	7020 × 5760	h=705 km	starr
TM	0.52-0.60 μm		Elemente	i=98°	16 Tage
	0.63-0.69 μm		185 km×185 km		(seit 1982)
	0.76-0.90 μm				
	1.55-1.75 μm				
	10.40-12.50 μm	(120 m×120 m)			
USA	2.08-2.35 μm				
SPOT	0.50-0.59 μm	20 m×20 m	3000 × 3000	h=832 km	flexibel
	0.61-0.68 μm		Elemente	i=99°	26 Tage
	0.79-0.89 μm		60 km×60 km		(seit 1986)
F	0.51-0.73 μm	10 m×10 m	6000 × 6000		

Tabelle 1: Technische Daten der verwendeten Abtastersysteme (nach: Bähr 85)

Es handelt sich um einen Datensatz mit verschiedenen Aufnahmesystemen und vor allem großen Unterschieden in der Bodenauflösung (siehe Tabelle 1). So beinhaltet etwa ein Bildelement des LANDSAT-MSS etwa 7 LANDSAT-TM- oder 16 bzw. 64 SPOT-HRV-Bildelemente.

Zur Verküpfung mit anderen Daten ist eine **geometrische Entzerrung der Satellitenbilddaten**, z.B. auf das Gauß-Krüger-Koordinatensystem erforderlich. Zum Vergleich verschiedener Zeitpunkte müssen diese mit hoher Genauigkeit überlagert werden, um z.B. Veränderungen in der Landnutzung feststellen zu können.

Bei der Paßpunktmethode werden aus den Soll-(Karte) und Ist-Koordinaten (Bild) der Paßpunkte zwei über das gesamte Abtastbild gültige Interpolationspolynome 1.-3. Grades berechnet. Entscheidend für die Genauigkeit ist die Auswahl und Identifizierung von geeigneten natürlichen Paßpunkten, wie Waldecken, Flußmündungen u.ä., in Karte(TK 25) und Bild. Die Restfehler der Entzerrung liegen hier bei 0.5 - 0.7 Bildelementen, das entspricht bei einer Kantenlänge von 30 m des Bildelementes bei TM-Daten, einer Größe zwischen 15 m und 21 m.

Mit einem Verfahren der digitalen Bildkorrelation nach der Methode der kleinsten Quadrate wurde zur relativen Entzerrung der Datensätze ein mittlerer Koordinatenfehler von 0.4 - 0.5 Bildelementen, also 12 m bis 15 m am Boden, erreicht.

Relativ auf das Referenzbild LANDSAT-TM (1984) wurden LANDSAT-MSS (1975), LANDSAT-TM (1987) und SPOT-HRV (1987) entzerrt. Dann erfolgte eine absolute Entzerrung auf das Gauß-Krüger-Koordinatensystem. Jedes digital vorliegende Bildelement umfaßt nun eine Fläche von 25 m x 25 m.

Nach einer **multispektralen Klassifizierung der Satellitendaten** mit dem Verfahren der größten Wahrscheinlichkeit (Maximum Likelihood) wurden folgende Landnutzungsklassen getrennt:

Laubwald	Wein-/Obstbau	lockere Siedlung	Gewässer
Nadelwald	Grünland	dichte Siedlung	(Wolken)
Mischwald	Ackerland	Industrie/Gewerbe	
	Hackfrüchte		

Zur repräsentativen Beschreibung der spektralen Merkmale der einzelnen Klassen wurde ein einheitlicher Datensatz von Trainingsgebieten verwendet. Davon ausgenommen sind natürlich die landwirtschaftlich genutzten Flächen, da — abgesehen vom Dauergrünland — ein ständiger Fruchtwechsel stattfindet.

Die Genauigkeit, d.h. die prozentuale Häufigkeit der richtig klassifizierten Bildelemente kann über Kontrollgebiete bestimmt werden und beträgt je nach Objektklasse zwischen 80 und 95 Prozent. Kontrollgebiete sind Areale bekannter Nutzung wie die Trainingsgebiete. Größere Abweichungen treten nur in solchen Klassen auf, die zu Mischklassen gerechnet werden müssen, wie Mischwald oder Wein-/Obstbau.

Bei der multispektralen Klassifizierung soll hier nicht versucht werden, alle denkbaren Landnutzungsklassen zu erkennen, sondern nur solche Nutzungen, die für eine weitere Bearbeitung verläßlich, also mit hoher Genauigkeit zu verwenden sind.

4 Verknüpfung der Daten in einem GIS

Die aufgrund der Studie vorhandenen Erhebungsdaten wurden digitalisiert und zur Verknüpfung mit den Satellitendaten einer Vektor-Raster-Konvertierung unterzogen.

Sind nun die verschiedenen Datenebenen in ein **Geographisches Informationssystem (GIS)** integriert, können durch geeignete Auswerteverfahren eine Vielfalt von Informationen gewonnen werden [Göpfert 87].

Eine **geometrische Selektion** der Datenebenen kann **durch logische Beziehungen** erreicht werden. Hierzu zählen:

- die geometrische Durchschneidung mit dem logischen UND
- die geometrische Vereinigung mit dem inklusiven ODER
- die geometrische Ausschließung mit dem exklusiven ODER
- die geometrische Unterscheidung mit dem logischen NICHT

5 Anwendung in der Raumplanung

Da die Klassifizierungsergebnisse der Satellitenbilddaten in einem festdefinierten Raster grauwert-kodiert abgelegt sind, können sie zu einer Flächenbilanzierung herangezogen werden. Die Grau-werthäufigkeiten multipliziert mit der entsprechenden Bildelementfläche ergeben die absoluten Flächenwerte für die entsprechende Klasse. Diese Flächenstatistik kann wiederum sowohl als Tabelle als auch als graphische Darstellung ausgegeben werden.

Zur Erfassung der **Landnutzungsänderung** werden die klassifizierten Datensätze der LANDSAT-bzw. SPOT-Aufnahmen verglichen. Die prozentuale Häufigkeit je Klasse für die drei Gebietskategorien Gesamtgebiet "Filderraum", "Siedlung-Bestand" und "Siedlung-Planung" gibt Tabelle 2 wieder.

Klasse	Filderraum				Siedlung -Bestand-				Siedlung -Planung-			
	MS75	TM84	TM87	SP87	MS75	TM84	TM87	SP87	MS75	TM84	TM87	SP87
Laubwald	5	4	5	5	0	0	0	1	0	0	0	1
Nadelwald	2	2	3	3	0	0	0	1	0	0	0	0
Mischwald	6	8	5	6	1	1	1	1	0	1	0	0
Wein/Obst	5	7	8	12	7	7	8	15	5	11	10	17
Grünland	35	35	28	20	14	10	13	8	43	37	32	20
Ackerland	23	7	20	20	13	4	4	6	29	11	24	25
Hackfrüchte	2	11	6	8	0	1	1	2	0	9	2	4
Siedl., locker	16	17	16	18	45	48	45	40	18	17	18	25
Siedl., dicht	4	2	3	5	12	9	11	19	3	1	2	4
Industrie	2	7	6	3	7	20	17	7	2	13	12	4
Siedl., gesamt	22	26	25	26	64	77	73	66	23	31	32	33

Tabelle 2: Prozentuale Häufigkeiten der Landnutzungsklassen im Naturraum "Filder" bezogen auf das Gesamtgebiet, die bestehenden und geplanten Siedlungsflächen

Das Gesamtgebiet betreffend liefern die einzelnen Klassifizierungen recht ähnliche Ergebnisse, wie dies besonders an den Waldflächen deutlich wird. Die landwirtschaftlich genutzten Flächen sind aufgrund der jeweiligen Aufnahmezeitpunkte (Juli bis September) erwartungsgemäß verschieden, jedoch als Gruppe kompakt. Zählt man die Siedlungsflächen zusammen, ist zwischen Aufnahmedatum 1975 und 1984/87 ein Zuwachs von etwa 4 Prozent zu verzeichnen. Bei den bestehenden und geplanten Siedlungsflächen betragen die Unterschiede sogar über 10 Prozent. Allerdings liegen hier auch ganz andere Raumeinheiten vor. Die bestehenden Siedlungsflächen haben an der Gesamtfläche des Naturraumes einen Anteil von 31 Prozent, die geplanten Siedlungsflächen von 4 Prozent. Der für den Gesamtraum gefundene Trend kann somit auch hier festgestellt werden.

Obwohl für alle Aufnahmezeitpunkte nahezu gleiche Trainingsgebiete verwendet wurden, sind die Klassifizierungsergebnisse doch etwas verschieden. Die Differenzen liegen vorwiegend bei der Trennbarkeit der Klassen, insbesondere für Industrie und Acker. Die Ursachen sind wohl in den unterschiedlichen spektralen und vor allem geometrischen Auflösungen der Aufnahmesysteme zu suchen. Desweiteren die völlig anderen Aufnahmebedindungen, wie Atmosphäre, Sonnenstand, Phänologie, die das spektrale Verhalten der Objekte stark beeinflussen können.

Die Abweichungen im Jahr 1987 zwischen LANDSAT-TM und SPOT-HRV dürften weniger in der Bodenauflösung, als vielmehr in den Aufzeichnungsbereichen der jeweiligen Spektralkanäle begründet sein. Zur Klassifizierung wurde für SPOT-HRV ein Kanal im sichtbaren Licht (1 oder 2) und der

Infrarot-Kanal (3) verwendet, während bei LANDSAT-TM die Kanäle 5 und 7 im mittleren Infrarot noch hinzukommen. Sollen "versiegelte" und "nicht versiegelte Flächen", wobei der Anteil der Vegetation maßgebend sein soll, voneinander getrennt werden, so ist LANDSAT-TM vorzuziehen.

Nach der amtlichen Statistik des Statistischen Landesamtes Baden-Württemberg [StaLa 86] haben zwischen den Erhebungsjahren 1981 und 1985 im Naturraum "Filder" die sog. "Gebäude- und Freiflächen" von 16.4 Prozent auf 17.2 Prozent Flächenanteile im Gesamtgebiet zugenommen. An Flächen für "Straßen, Wege und Plätze" wurden um 9 Prozent benötigt. Zusammengerechnet ergibt dies etwa 26 Prozent und entspricht damit dem Klassifizierungsergebnis. Bei einer mittleren Zunahme der genannten Flächen um 1 Prozent innerhalb von vier Jahren ist die o.a. Differenz von 4 Prozent zwischen 1975 und 1984/87 durchaus realistisch.

Unterschiede in den Begriffsdefinitionen der Landnutzungsklassen lassen aber einen direkten Vergleich zwischen amtlicher Statistik und klassifizierten Satellitendaten nur unter Vorbehalt zu. Während beispielsweise bei der Flächenerhebung eindeutige Begriffe zugrunde gelegt werden, kann das Aufnahmesystem des Erderkundungssatelliten nur unterschiedliches Reflexionsverhalten der Erdoberfläche registrieren.

Für eine Status-quo-Flächenbilanzierung sind demnach die Ergebnisse der Auswertung von Satellitendaten auf regionaler Ebene nur bedingt geeignet. Bei der Erstellung von Zeitreihen werden jedoch bei gleichbleibender Aufnahmetechnik die jeweiligen Bezugsbasen gleichsinnig bilanziert, so daß die Differenzwerte als brauchbare Grobindikatoren für großräumige ökologische Veränderungen in Betracht kommen.

Ein weiterer Vorteil der Landnutzungskartierung aus Satellitendaten gegenüber dem Zahlenwerk der amtlichen Statistik für die Zwecke der Landschaftsplanung liegt vor allem darin, daß für planungsrelevante Flächen aktuelle Daten bilanziert werden können. Der Anwender ist bezüglich der Datenzuordnung nicht mehr an politische bzw. administrative Grenzen gebunden. Er weiß nicht nur, wieviel Fläche die jeweilige Nutzung einnimmt, sondern auch, wo sie sich befindet.

6 Anwendung in der Umweltüberwachung

Ziel der ökologischen Beurteilung des Naturraumes "Filder" war es, die ökologischen Verhältnisse im Naturraum darzustellen und Entscheidungsgrundlagen für eine ökologisch vertretbare Nutzung des Filderraumes zur Verfügung zu stellen. Neben anderen sog. Naturraumpotentialen wurde das **bio-ökologische Potential** (Naturschutzpotential) untersucht, das die Pflanzen- und Tierwelt mit ihren Lebensstätten in Abhängigkeit von den natürlichen Gegebenheiten beschreibt [MELUF 85].

Wegen der weiteren Zunahme der Siedlungsflächen und der intensiven landwirtschaftlichen Nutzung sollen Landschaftsstrukturen, wie Streuobstwiesen, Grünlandbereiche und Waldflächen, soweit als möglich erhalten bleiben. Dabei soll mit Hilfe eines Entscheidungsbaumes die Einteilung der einzelnen Flächenkategorien (z.B. Obstwiesen) je nach Ausprägung (naturnah, extensiv benutzt ?) in eine der drei Zonen ökologischer Wertigkeit erfolgen (siehe Abbildung 1).

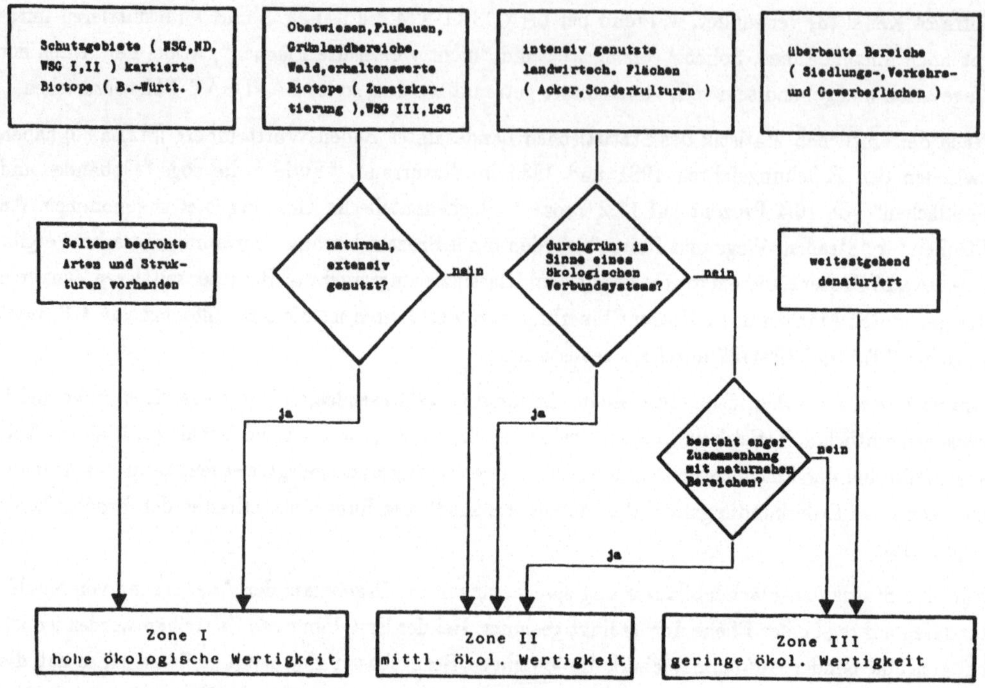

Abbildung 1: Zuweisung von Flächenkategorien (Kriterien) für das bio-ökologische Potential zu Zonen ökolgischer Wertigkeit (aus: MELUF 85)

Grundlagen für die Bewertung waren u.a. Flächennutzungspläne, Landschaftspläne und Luftbildinterpretationen. Statt der Luftbilder könnten klassifizierte Satellitenfernerkundungsdaten in Betracht kommen. Man denke hier nur an regionale oder landesweite Naturraumbewertungen, wo aufgrund des personellen, finanziellen und zeitlichen Aufwandes Luftbilder nicht in Frage kommen.

Durch Überlagerung der Karten ökologischer Wertigkeit mit Daten über geplante Maßnahmen, wie sie z.B. in Flächennutzungsplänen enthalten sind, werden dann Konfliktbereiche deutlich erkennbar. Solche Darstellungen geben Informationen darüber, inwieweit ein vorgesehener Standort ökologisch wertvolle Bereiche in Anspruch nimmt.

Darüber hinaus könnten im Hinblick auf Schaffung einer Biotopvernetzung fehlende naturnahe Landschaftselemente ergänzt werden, da klassifizierte Satellitenaufnahmen einen guten Überblick über Gebiete vermitteln, in denen in Feldlagen noch·Büsche und Baumgruppen (ähnliches spektrales Verhalten wie die Klasse "Wein/Obst") vorkommen oder in denen sie praktisch fehlen.

7 Schlußfolgerungen

Der Vorteil in der Nutzung von Satellitenfernerkundungsdaten für Zwecke der Raum- und Umweltplanung ist die wiederholbare, synchrone und synoptische Erfassung eines größeren Raumes in digitaler Form. Dagegen bestehen z.T. noch Bedenken auf der Seite der Anwender hinsichtlich der Verwendbarkeit klassifizierter Daten, die natürlich von deren Zuverlässigkeit bestimmt wird. Zudem sind die Anforderungen und Gliederungen an Landnutzungskartierungen recht unterschiedlich, z.B. das AdV-Nutzungsartenverzeichnis oder der Kartierschlüssel der Bauleitplanung.

Der rechnergestützten Klassifizierung liegt zugrunde, daß jedes Bildelement durch die spektrale Eigenschaft der Erdoberfläche, d.h. durch den Anteil verschiedener Farbintensitäten vom sichtbaren Bereich bis zum Infrarot des elektromagnetischen Spektrum, gekennzeichnet wird. Es handelt sich um "Reflexionsklassen"der Landnutzung, und zwar als zusammenfassender Begriff für die Bedeckung von Bodenflächen und ihre Nutzung. Je nach Anteil der Vegetation werden beispielsweise Siedlungsbereiche abgegrenzt, wogegen landwirtschaftlich genutzte Flächen als Acker- und Grünland bezeichnet werden.

Eine Basisklassifikation soll daher für den Einsatz in möglichst allen Statistiken geeignet sein. Für Erhebungen bedeutet dies, daß beide Merkmalskomponenten — das Erscheinungsbild und die Zweckbestimmung — in diese Grundsystematik eingehen müssen [Radermacher 88].

Abgesehen von den Fragen der Klassendefinition sind die Trennbarkeit der Klassen ("was") und der richtig abgebildete geometrische Ort ("wo") eines Boden- bzw. Bildelementes für die Anwendung von Satellitendaten entscheidend.

Die bisher angewandten Klassifizierungsalgorithmen arbeiten meist bildelementorientiert nach relativ einfachen statistischen Verfahren. Benachbarte Bildelemente werden nicht in die Auswertung mit einbezogen. Auch könnten Daten aus einem Geographischen Informationssystem als Hintergrundinformation zur Unterstützung und Kontrolle der Klassifizierung eingesetzt werden. Das Ziel wäre eine wissensbasierte Bildanalyse. Diese Ansätze ermöglichen zwar eine Verbesserung der Klassifizierung, sind aber mit einem erheblichen Aufwand an der Bereitstellung zusätzlich verfügbarer Information und der Entwicklung entsprechender Software verbunden.

Auch die geometrischen Probleme zur Überlagerung und Kombination der Daten sind noch nicht alle gelöst. Unterschiedliche Abbildungsgeometrien der Aufnahmesysteme erfordern neue Lösungsansätze, z.B. unter zusätzlicher Verwendung eines Digitalen Geländemodells.

Diese und andere Gründe mögen vielleicht dafür verantwortlich sein, daß der Einsatz von Satellitenfernerkundungsdaten das experimentelle Stadium noch nicht überwunden hat. Viele Beiträge aus Wissenschaft und Praxis lassen aber erkennen, daß in der (nahen) Zukunft solche Daten in der Informationsbeschaffung für die Raumplanung und Umweltüberwachung eine hohen Stellenwert einnehmen werden.

Literatur

[Bähr 85] Bähr, Hans-Peter (Hrsg.) :
Digitale Bildverarbeitung -
Anwendung in Photogrammetrie und Fernerkundung
Wichmann-Verlag, Karlsruhe, 1985, 401 S.

[Göpfert 87] Göpfert, Wolfgang :
Raumbezogene Informationssysteme
Wichmann-Verlag Karlsruhe, 280 S., 1987

[MELUF 85] Ministerium für Ernährung, Landwirtschaft, Umwelt und Forsten
Baden-Württemberg :
Bericht der Filderraumkommission, EM 12-84
Stuttgart, 1985

[Radermacher 88] Radermacher, Walter :
Gedanken zu einer Basisklassifikation der Bodennutzungen
Wirtschaft und Statistik 2/1988

[StaLa 86] Statistisches Landesamt Baden-Württemberg :
Gemeindestatistik - Heft 2
Ergebnisse der Flächenerhebung 1985 nach Naturräumen,
Gemeinden und Planungsräumen
Stuttgart, 1986

Möglichkeiten der Fernerkundung

zur Feststellung und Bewertung von Umwelteinflüssen

Georg Altrogge
EFTAS Fernerkundung Technologietransfer GmbH
Steinfurter Straße 107, 4400 Münster

Zusammenfassung

Dicht besiedelte Gebiete sowie die fortgesetzte Zersiedelung von
ländlichen Regionen und die Zerstörung von Vegetationsflächen beeinflussen in einem erheblichen Maße die Umwelt. Dies führt zu der
Notwendigkeit, Lösungen und Planungsstrategien für die Beurteilung
der Auswirkungen auf die Umwelt zu finden, die den spezifischen
regionalen, physiogeographischen und wirtschaftlichen Eigenschaften der Regionen angepaßt sind.
Aufgrund der Verfügbarkeit und Zugriffsmöglichkeit auf die Daten
der permanent aufzeichnenden satellitengestützten Sensoren sind
neben der traditionellen Photointerpretation (CIR - Bilder für
vegetationskundliche Zwecke, Umweltverträglichkeitsprüfungen) weitere Anwendungen unter Verwendung rechnergestützter Auswertemethoden möglich. Gerade im Hinblick auf umweltrelevante Einflüsse
sind die Satellitenbilder, die in einem zeitlichen Turnus das
gleiche Teilstück der Erdoberfläche erneut abbilden, besonders geeignet, Veränderungen festzustellen und auf diese Weise als Um-
weltwächter zu dienen.
Durch die Verknüpfung der Fernerkundungsdaten und ihrer abgeleiteten Daten mit geographischen und administrativen Informationen
kann ein geographisches Informationssystem als Entscheidungshilfe
aufgebaut werden.

Einleitung

Fernerkundungsdaten, von Flugzeugen und Erdbeobachtungssatelliten
aufgenommen und mit am Boden erhobenen Daten verknüpft, können
für die aktuelle Erfassung, permanente Überwachung und für die
Planung der Erdoberfläche genutzt werden.
Neben der Beschaffung von Kartenmaterial - lange Zeit das Haupt-
gebiet der photogrammetrischen Auswertung - kommt gerade in jüng-
ster Zeit aufgrund der immer größer werdenen Umwelteinflüsse und
der Notwendigkeit ihrer Registrierung der Interpretation der Fernerkundungsdaten ein wachsender Stellenwert zu. Dabei bieten sich
Luftbilder wegen der höheren Auflösung der Objektinformation
gerade für großmaßstäbliche Untersuchungen an, während digitale
Satellitendaten für die Erfassung und Analyse von größeren Räumen
geeignet sind.

Photogrammetrie und Photointerpretation

Einführung

Die Datenerfassung über Luftbilder hat sich für viele Bereiche zu
einem unentbehrlichen Instrumentarium entwickelt, da der große Informationsgehalt der Bilder und die Erfassung des jeweils aktuell-
sten Standes von keiner anderen Erhebungsmethode übertroffen wird.
Dabei wird auf die gleiche Aufnahmetechnik zurückgegriffen, wie
sie für die Erstellung von Karten verwandt wird. Die Nutzung von
Reihenmeßkammern, die fest in Flugzeugen installiert sind, gewährleistet die metrische Auswertung der annähernd parallel zur
Erdoberfläche aufgenommenen Bilder. Die Bildmaßstäbe liegen in der
Regel für Planungsaufgaben zwischen 1:25000 und 1:2000. Dies entspricht bei einem Bildformat von 23*23 cm² einer Fläche von
5.7*5.7 km² bis 0.46*0.46 km²· Durch die Verwendung von Pan-,
Color- und Colorinfrarot-Emulsionen ist ferner eine differenzier-
te Auswertung gewährleistet. Colorinfrarotemulsionen besitzen
ähnlich wie Farbfilme drei Schichten, wobei der Spektralbereich
von 0.7 - 0.9 nm als Rot dargestellt wird. In diesem Bereich, der
vom menschlichen Auge nicht wahrnehmbar ist, weist gesunde Vegetation ein zweites Reflektionsmaximum auf (von 10% auf 50% Reflexion) (1). Mit den beiden ebenfalls abgebildeten, benachbarten
Spektralbereichen rot und grün und speziellen Filtern wird eine
maximale Differenzierung der Vegetation in den Rottönen erreicht.
Somit können Aussagen zur Vegetationsvitalität, zum Artenreichtum
und zur Bodenfeuchte gemacht werden.
Im folgenden werden anhand von Beispielen die Möglichkeiten der
Photointerpretation in der Forstwirtschaft, Verkehrs- und Stadtplanung erläutert.

a) Forstwirtschaft

In Mitteleuropa sind seit Beginn der 80er Jahre in zunehmendem
Maße Waldschäden festgestellt worden, die regional mit unterschiedlicher Stärke auftreten. Nadelbaumarten sind dabei besonders
betroffen, jedoch nimmt die Schädigung von Laubbäumen inzwischen
ebenfalls besorgniserregende Maße an. Der Schädigungsgrad ist unter anderem abhäng vom Alter der Bäume, ihrer Höhenlage und der
Zusammensetzung der Bestände (2).
Seit 1983 werden in der Bundesrepublik Deutschland jährlich Waldschadensinventuren durch stichprobenartige Erfassung der Bäume
terrestrisch durchgeführt. Dabei erfolgt eine Einteilung der Schädigung in 5 Stufen je nach relativem Nadel- oder Blattverlust. Die
gleiche Einteilung wird für die seit 1982 aufgenommenen Color-
Infrarotluftbilder zur landesweiten Inventur verwandt. Ähnlich wie
bei der terrestrischen Erfassung werden an Stichprobenorten jeweils eine Anzahl von Bäumen erfaßt, der Gesamtumfang ist jedoch
erheblich größer und dadurch ist eine umfassendere Aussage möglich.
Kranke Bäume weisen sowohl eine spektrale als auch eine strukturelle Reflexionseigenschaft auf, die sich von gesunden Bäumen unterscheidet. Somit kann über die Form, Struktur, Textur und die

Farbe der abgebildeten Baumkronen eine Einteilung der Schädigung durchgeführt werden. Zu berücksichtigen ist jedoch, daß durch die Anzahl und Verteilung der geschädigten Bäume innerhalb eines Bestandes oder durch zusätzliche Reflexion der Bodenvegetation in Bestandeslücken Veränderungen der Reflexionscharakteristik auftreten.
Von besonderer Bedeutung für die erfolgreiche Bestimmung der Waldschäden ist der Aufnahmezeitpunkt der Luftbilder. Von Anfang Juli bis Mitte September können unter Berücksichtigung der Bewölkung und des Sonnenstandes (Schattenbildung) etwa in der Zeit von 10^{00} - 14^{00} h Luftaufnahmen gemacht werden.
Durch die jährliche Wiederholung der Waldschadensinventuren besteht die Möglichkeit, neben der Erfassung des Zustandes auch Aussagen über die Entwicklung der Wälder (Trendanalyse) zu treffen und die Wechselwirkung zwischen dem Auftreten der Schäden und ihrer Bekämpfung zu beurteilen.

b) Verkehrsplanung

Um die Einflüsse eines Ausbaus des Verkehrnetzes auf die Ökologie zu beurteilen, kann die photogrammetrische Interpretation zur Erfassung der Landschaftsdaten eingesetzt werden. Ziel ist nach der Datenbeschaffung und der Darstellung der Ergebnisse in thematischen Karten die Bewertung des geplanten Eingriffs in die Natur. Dabei können Aussagen über die Umweltverträglichkeit dieser Maßnahme getroffen und eventuell die Erstellung von alternativen Trassen vorgenommen werden. Der Ablauf dieser Auswertung ist in Abb. 1 schematisch dargestellt.
Nach der Befliegung und der Kontrolle der Luftbildaufnahmen erfolgt eine Vorinterpretation zur Festlegung von Testgebieten für eine erste Feldbegehung. Desweiteren werden vorhandenes Kartenmaterial und weitere schon bestehende Unterlagen für die anschließende Erstellung der Schlüsselinformationen genutzt. Dies sind Informationen zur Beschreibung der abgebildeten und für die Auswertung interessierenden Merkmale z.B. Geologie und Geomorphologie, Vegetation, Boden, Klima, Hydrologie, Fauna, Bebauung, weitere Verkehrseinrichtungen und Maßnahmen zur Freizeitgestaltung. Anschließend erfolgt eine stereoskopische Auswertung der Luftbilder in Kombination mit bestehenden Karten, um die Landschaftsdaten zu erfassen und in Manuskriptkarten einzutragen. Zur Kontrolle und zur Ergänzung der Auswertung wird abschließend ein gezielter Feldvergleich durchgeführt, die Manuskriptkarte aktualisiert und je nach Aufgabenstellung werden die thematischen Karten erstellt.
Mit diesen Karten erhalten die Planer aktuelle Unterlagen über ihr Projektgebiet und die umliegenden Bereiche. Sie können damit und mit den bestehenden Modellen z.B. für Lärmbelästigung, Emissionen u.a. eine Abwägung vornehmen und eventuelle Alternativen für die Trassenplanung aufzeigen.

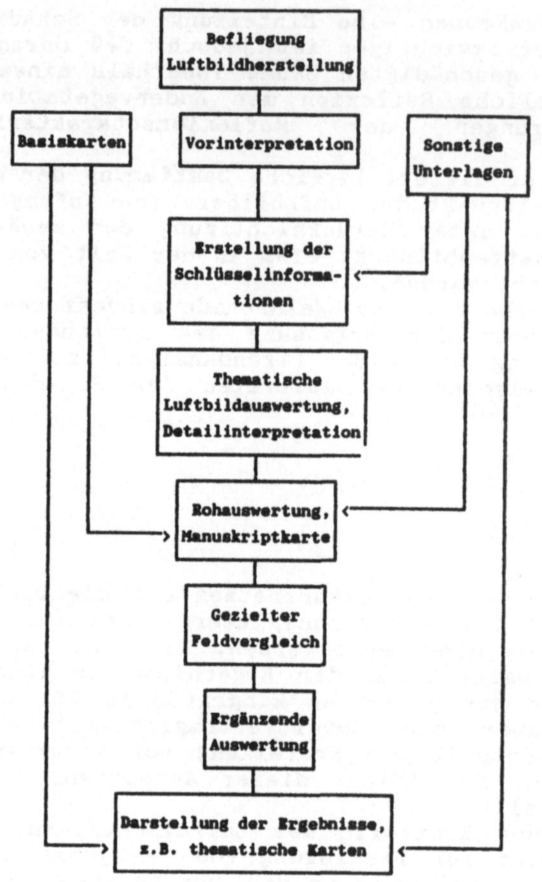

Abb. 1: Arbeitsverfahren der Thematischen Luftbildauswertung (aus (3))

c) Stadtplanung

Das folgende Beispiel soll die Problematik des Umweltschutzes in den Entwicklungsländern aufzeigen. Denn das ständige und unkontrollierte Wachsen der Städte, ausgelöst durch die Bevölkerungsexplosion und den Zuzug von Teilen der Landbevölkerung, hat negative Auswirkungen auf die dort lebenden Menschen wegen der Gefahr der Verslumung. So ist eine schnelle Ausweisung und Erschließung von Baugebieten notwendig, jedoch unter Berücksichtigung von Flächen zur Versorgungsgewährleistung (Landwirtschaft, Wasserwirtschaft, Grünzonen) und dem Bau von notwendigen Infrastruktureinrichtungen. Da jedoch nicht genügend genaue Karten und auch andere Daten (Thematische Informationen, Statistiken) nur unzureichend vorliegen, können Luftbilder genutzt werden, um aktuelle Planungsunterlagen zu erhalten. Durch eine Realnutzungskartierung werden bebaute und freie Flächen entsprechend ihrer Nutzung

klassifiziert. Dabei ist der Arbeitsablauf mit dem in Abb. 1 vergleichbar.
Auf diese Weise schaffen die detaillierten Informationen in den Luftbildaufnahmen die passende Datenbasis für eine interdisziplinäre Analyse zur Stadtentwicklung.

Satellitenfernerkundung

Einführung

Der Bau satellitengestützter Sensoren ermöglichte die Auswertung der Fernerkundungsdaten mit Methoden der digitalen Bildverarbeitung. Mit dem Start des amerikanischen Erderkundungssatelliten LANDSAT-1 im Jahre 1972 und den Nachfolgern LANDSAT-2 und LANDSAT-3 (1975 und 1978) wurden digitale Multispektraldaten der Erdoberfläche mit einer Bodenauflösung von 79m aufgenommen (4). Durch die technische Weiterentwicklung der multispektralen Scanner und dem Bau des 7-Kanal-Multispektralscanners TM (Thematic Mapper) standen in den Jahren 1982 und 1984 mit LANDSAT-4 und LANDSAT-5 Systeme zur Verfügung, die eine höhere Bodenauflösung von 30m sowie einen thermalen Kanal mit 120m Auflösung besitzen. Die abgebildete Fläche beträgt etwa 34200 km^2 (30m-Auflösung) bei einer Flughöhe von 705 km .
Daneben steht mit dem französischen SPOT-Satelliten, der neben drei multispektralen Kanälen (20m Auflösung) auch einen panchromatischen Kanal mit 10m Auflösung besitzt, ein System zur Verfügung, das aus zwei schwenkbaren Sensoren besteht. Damit ist es möglich, Schrägaufnahmen für eine stereoskopische Auswertung der Daten zu erzeugen und somit digitale Geländemodelle abzuleiten. Bei senkrechter Scanner-Ausrichtung wird sowohl im XS als auch im panchromatischen Modus eine Fläche von 3600 km^2 erfaßt (Flughöhe ungefähr 830 km)
In Tabelle 1 ist eine Übersicht über die Spektralbereiche der Aufnahmesysteme LANDSAT TM und Spot dargestellt:

```
             TM                              SPOT  XS
Kanal 1:   0.45 -   0.52 µm blau
Kanal 2:   0.52 -   0.60 µm grün         Kanal 1: 0.50 - 0.59 µm
Kanal 3:   0.63 -   0.69 µm rot          Kanal 2: 0.61 - 0.68 µm
Kanal 4:   0.76 -   0.90 µm Photogr. IR  Kanal 3: 0.79 - 0.89 µm
Kanal 5:   1.55 -   1.75 µm nahes IR
Kanal 6: 10.50 - 12.50 µm therm. IR        SPOT  PAN
Kanal 7:   2.08 -   2.35 µm mittl. IR
                                         Kanal 1: 0.51 - 0.73 µm
```

Tab.1: Übersicht über die Spektralbereiche von LANDSAT TM und SPOT

Die Umlaufperiode für die vollständige Erdüberdeckung beträgt beim LANDSAT-Satelliten 16 Tage, bei SPOT 26 Tage. Damit ist die Möglichkeit gegeben, Veränderungen auf der Erdoberfläche durch Verwendung von Aufnahmen verschiedener Zeitpunkte zu detektieren.
Neben der Entwicklung der Satellitensensoren wurde gleichzeitig auch an der technischen und wissenschaftlichen Lösung zur Auswertung dieser Daten gearbeitet. Es existieren heute verschiedene operationelle Auswertesysteme, die neben einer Grundsoftware auch

spezielle Prozessoren für den schnellen Durchsatz der großen Datenmengen besitzen.

Nach grundlegenden Auswertungsschritten wie Bildverbesserung und Bildfilterung und nach geometrischer Entzerrung (Bezug zwischen Satellitenbild und übergeordnetem Koordinatensystem (Gauß-Krüger, UTM u.a.) ((5),(6),(7)) können die Daten für die interpretatorische Analyse genutzt werden. Dabei ist im Gegensatz zu der manuellen Interpretation der Filmaufnahmen eine rechnerunterstützte Auswertung möglich.

Durch einfache Differenzbildung von zwei Satellitenaufnahmen, aufgenommen zu unterschiedlichen Zeitpunkten, können Veränderungen detektiert werden. Aufwendiger dagegen ist die digitale Klassifizierung, weil Informationen der Landnutzung an definierten Stellen des Auswertegebietes notwendig sind. Diese werden dem Auswerteprogramm als Trainingsflächen zur Verfügung gestellt. Damit ist eine automatische Klassifizierung möglich, deren Genauigkeit von der Güte und der Anzahl der Trainingsflächen abhängt. Die erreichbare Anzahl der Klassen hängt jedoch von dem radiometrischen und geometrischen Auflösungsvermögen der Satellitensysteme ab. Ferner reduziert die natürliche Variation innerhalb einer Klasse die Anzahl der möglichen Klassen und bestimmt auch die Genauigkeit der Klassifizierung.

Eine weitere Möglichkeit der digitalen Bildverarbeitung ist durch die Kombination der einzelnen Kanäle zu Farbbildern gegeben. Diese werden durch Zuordnung von drei Bildkanälen zu den drei Grundfarben Rot, Grün, Blau erhalten. Durch Ratiobildungen und Differenzbilder können jedoch mehr Informationen kombiniert und somit neue "Kanäle" erzeugt werden, die für die weitere visuelle Interpretation eingesetzt werden können.

Die Möglichkeit der Anwendung dieser beschriebenen Verfahren wird im folgenden durch ein Beispiel aus Ägypten belegt.

Monitoring

Da die Satellitensysteme in festgelegten Zeitabständen gleiche Gebiete erfassen, können durch die Kombination von Aufnahmen zu unterschiedlichen Zeitpunkten Landnutzungsänderungen bestimmt werden. So ist in Kairo/Ägypten nach der Entzerrung der Daten in ein übergeordnetes Koordinatensystem und in ein einheitliches Grauwertsystem durch Differenzbildung einzelner Kanäle und Kanalkombinationen die Veränderung zu früheren Aufnahmezeitpunkten detektiert worden. Auf diese Weise war eine qualitative Aussage über den Rückgang von Vegetationsflächen und die Ausweitung von Siedlungsflächen möglich.

Für weitergehende Analysen war zunächst eine Klassifizierung des Gebietes notwendig, um nach verschiedenen Nutzungsklassen differenziert, eine Aussage über die Veränderungen treffen und statistische Angaben über jede Klasse machen zu können.

Schlußbemerkung

Mit den Möglichkeiten, die die Fernerkundung zur Verfügung stellt, ist eine wichtige Hilfe zur Erfassung und zur Bewertung von Um-

welteinflüssen gegeben. Mit den Luftbildaufnahmen sind Auswertungen im Maßstab 1:5000 möglich, während Satellitenaufnahmen den Maßstabsbereich ab 1:50.000 (mittel- und kleinmaßstäblicher Bereich) abdecken. Beide Aufnahmesysteme stehen somit nicht in Konkurrenz zueinander, vielmehr ergänzen sie sich bei vielen Anwendungen. So können z.B. aus Luftbildern die Testflächen abgeleitet werden, die für die Klassifizierung notwendig sind.
Multispektrale Satellitenaufnahmen bieten somit die Möglichkeit, Erhebungen für große Untersuchungsgebiete unter Verwendung der spektralen Differenzierung durchzuführen, während konventionelle Luftaufnahmen in regionalen Gebieten bei hoher geometrischer Auflösung eingesetzt werden.
Für eine vom Rechner automatisch durchgeführte Auswertung von Satellitendaten bedarf es jedoch noch, neben einer Verbesserung der Aufnahmesysteme in geometrischer und radiometrischer Sicht, der Weiterentwicklung spezieller Software, um kausale Zusammenhänge analysieren zu können (Bildverstehen).

Literaturverzeichnis

1. Bähr, H.-P.: Digitale Bildverarbeitung. Herbert Wichmann Verlag Karlsruhe, ISBN 3-87907-149-7, 1985

2. Tzschupke, W.: Erfassung neuartiger Waldschäden durch rechner gestützte Auswertung von Luftbildern und anderen Fernerkundungsaufzeichnungen. Bildmessung und Luftbildwesen 57(1989), S. 158-167

3. Köthe,K. u. Komp,K.U.: Thematische Luftbildauswertung - ökologische Beurteilung von Umwelteffekten bei der Planung neuer Strecken. Eisenbahntechnische Rundschau, H. 5/1985, S.365-372

4. Endlicher, W. u. Gossmann,H.: Zur Bedeutung der Fernerkundung in der geographischen Forschung und Lehre. Herbert Wichmann Verlag Karsruhe, ISBN 3-87907-156-X, 1986

5. Pratt, W.: Digital Image Processing. John Wiley and Sons, 1978

6. Ehlers, M.: Increase in Correlation Accuracy by Digital Filtering. Photogrammetric Engineering and Remote Sensing, Vol. 48, Nr. 3, S.415-420

7. Ehlers, M.: Untersuchung von digitalen Korrelationsverfahren zur Entzerrung von Fernerkundungsaufnahmen. Wissenschaftliche Arbeiten der Fachrichtung Vermessungswesen der Universität Hannover, Nr. 121, 1983

VERSCHNEIDUNG VON VORORT- UND SATELLITENBILD-DATEN
FÜR PLANUNGEN ZUM ARTEN- UND BIOTOPSCHUTZ

M. Kleyer[1], H.-G. Klaedtke[2] und H. Ziemann[2,3]
[1] Institut für Landschaftsplanung, Universität Stuttgart
[2] Institut für Navigation, Universität Stuttgart
Postfach 106037, 7000 Stuttgart 10
[3] auch Institutionen för Fotografi & Sensorfysik,
Königlich Technische Universität, S-100 44 Stockholm

Zusammenfassung

Am südlichen Stadtrand von Stuttgart wurden Nutzungs- und Biotoptypen
durch Klassifizierung von Satellitenbilddaten kartiert. Die dabei bestimmten Klassen können nicht mit administrativen Nutzungskategorien
gleichgesetzt werden, sondern müssen sich an den Reflexionseigenschaften der Vegetation orientieren. Dabei können ökologische Unterschiede
teilweise feiner wiedergegeben werden. Für zwei Klassen wurde die Auswertegenauigkeit durch Überlagerung mit einer Vergleichskartierung
über das gesamte Gebiet bestimmt.

Einführung

Die vorliegende Arbeit befaßt sich mit der Klassifizierung digitaler
Bilder von Erderkundungssatelliten. Aus den Aufnahmen der Erdoberfläche sollen robuste, im Jahresrhythmus unveränderliche Klassen so bestimmt werden, daß die Verteilung des Nutzungsmusters einer Landschaft
in den Grenzen der aufnahmebedingten Auflösung möglichst exakt wiedergegeben wird. Das Untersuchungsgebiet umfaßt einen Teil des Naturraums
Fildern am südlichen Rand von Stuttgart.

Auswertegebiet und -vergleichsdaten

Das Fildergebiet ist eine fruchtbare Beckenlandschaft, die von bis zu
4 m hohen Lößauflagerungen über Lias geprägt wird. Flüsse und Bäche
wie Neckar, Körsch und Aich haben sich in den weichen Keuper-Unter-
grund eingegraben und relativ weite Täler geschaffen, deren Hänge aus
Tonböden bestehen. Die Höhenunterschiede im ausgewerteten Gebiet be-

tragen etwa 250 m. Die Jahresmitteltemperatur liegt bei 8° bis 9°. Die
mittleren Jahresniederschläge betragen zwischen 650 bis 750 mm.

Die flächenmäßige Darstellung aller Lebensräume einer Landschaft nimmt
für den Naturschutz eine immer größere Bedeutung ein. Bis vor wenigen
Jahrzehnten legte der Naturschutz seine Hoffnungen in die Ermittlung
und Ausweisung von Naturschutzgebieten, also Flächen, in denen sich
besonders schutzwürdige Arten lokal konzentrieren. Heute setzt sich
die Erkenntnis durch, daß diese Strategie für eine große Zahl von
Pflanzen- und Tierarten nicht ausreichend ist, sondern daß auch außerhalb der Naturschutzgebiete für ihr Überleben gesorgt werden muß. Dazu
muß bekannt sein, wo in der gesamten Kulturlandschaft Lebensmöglich-
keiten für die verschiedenen Ansprüche der unterschiedlichen Arten
vorhanden sind. Aus der Kartierung der Lebensraumtypen lassen sich Be-
lastungs- und Entlastungsbereiche erkennen, womit Verbesserungsmög-
lichkeiten erkennbar werden. Eine entsprechende Analyse unternahm die
Arbeitsgruppe Biotopverbundsystem Stuttgart (1988), deren Bestandskar-
ten im Maßstab 1:10000 eine Grundlage für die Kontrolle der Satelli-
tenbildklassifizierung darstellen. Im Auftrage des Nachbarschaftsverbandes Stuttgart und des Regionalverbandes Mittlerer Neckar wurden von
der Arbeitsgruppe räumliche Beziehungen zwischen den für den Arten-
schutz wichtigen Lebensräumen und ihrem Umland für einen großen Teil
(12000 km²) des Verdichtungsgebietes Mittlerer Neckar untersucht. Die
Erfassung der Biotoptypen erfolgte in einer ersten Phase über das
Luftbild (Orthophotos 1:10000, Stand 1983). Dabei kamen nur solche Typen zur Darstellung, die dem Maßstab angemessen sind und die im Luftbild eindeutig zu erkennen waren:

- Wälder   - Parks   - Wohngebiete mit hohem Baumanteil
- Friedhöfe   - Hecken   - Streuobstwiesen
- große Böschungen   - Gärten im Außenbereich
- flächenhafte Gehölze   - strukturreiche Weinberge in Steillagen
- Einzelgehölze   - Gehölzsäume an Fließgewässern
- stehende Gewässer   - mehrjährige ruderale Brachen
- Fließgewässer   - periodisch wasserführende Gräben

Die Ergebnisse der Luftbildauswertungen wurden anschließend im Gelände
kontrolliert. Für das Gebiet Stuttgart-Süd/Fildern lag mit der Biotopverbundplanung Ostfildern (1986) eine weitere Bestandserhebung und
Planung mit ähnlichen Zielen im Maßstab 1:5000 vor.

Unabhängig von den vorstehenden Erhebungen wurden weitere Geländear-
beiten zur Aufnahme der Feldfrüchte auf den Äckern und der sonstigen
Landschaftselemente im westlichen Teil des Untersuchungsgebietes auf

der Gemarkung des Stadtkreises Stuttgart im Juli und August 1987 durch einen der Autoren in Vorbereitung auf Satellitenbildauswertungen durchgeführt.

So ergab sich nicht nur eine sichere Datenbasis für die Auswahl von Trainingsgebieten für die Satellitenbildauswertung innerhalb der einzelnen Biotopklassen, sondern die Ergebnisse der Klassifizierung konnten im ganzen Gebiet überprüft werden.

Definition von Klassen für die Satellitenbildauswertung

Der Vergleich von Flächenberechnungen aus amtlichen statistischen Daten und aus der Auswertung von aus Satellitenaufnahmen erhaltenen Daten zeigte, daß die in der Verwaltung und amtlichen Statistik verwendeten Nutzungsarten nicht auf die Bestimmung von Biotoptypen oder Vegetationsformationen durch Klassifizierung von Satellitenbilddaten übertragbar sind. Während amtliche flächenstatistische Daten an Eigentums- und Verwaltungseinheiten orientiert sind, werden aus Satellitenbilddaten bestimmte Klassen durch das Reflexionsverhalten der Vegetations- oder Erdoberflächen bestimmt, also auch durch Struktur- und Oberflächenformen beeinflußt.

Das Reflexionsverhalten von Pflanzendecken und anderen Objekten wird wesentlich durch Dichte, Form und Höhe der einzelnen Landschaftselemente (Struktur) sowie durch die Oberflächenform von Elementaraggregationen bestimmt. Weiterhin wird die Klassifizierung der Einzelelemente von den standörtlichen Umweltbedingungen beeinflußt; zu diesen Einflüssen gehören Bodenwassergehalt, Bodennährstoffgehalt, Temperatur, Neigung, Hangorientierung und Immissionen, die sich zu komplexen, häufig nur durch andere, zusätzliche Daten analysierbaren Wirkungsmustern verketten.

Man kann zunächst eine Einteilung in vier Hauptklassen treffen: (1) Wolken, (2) Wasser, (3) offene Böden und versiegelte Flächen und (4) Flächen mit Vegetation.

Wolken verhindern bei optischer Aufnahme, das heißt in allen Kanälen mit Ausnahme des Kanals 6 (thermalen Infrarot), bei dem verwendeten Satellitenbildmaterial eine Aufnahme des darunterliegenden verdeckten Geländeteils. Wolken traten im ausgewerteten Gebiet nicht auf.

Für die Klasse 'Wasser' ist von Interesse, ob am Ufer hohe Bäume stehen, weil es dann zu einer Mischreflexion Wasser/Vegetation kommen kann. Deshalb wurden folgende zwei Klassen definiert:

- 'Wasser' bezeichnet offene, nicht durch dichte Belaubung überdeckte Wasserflächen, die breiter sind als eine Bildelementseite (d.h. > 30 m).

- Die Klasse 'Uferrandgebiete des Neckars mit hohen, schattenwerfenden Bäumen' wurde eingeführt, um eine bessere Abgrenzung der schmalen Wasserflächen durch diese Klasse mit Mischreflexionen zu erhalten.

Es gibt verschiedenartigste Flächen mit Vegetation. Von diesen wurden nachfolgend als Klassen definiert:

- Die Klasse 'dichter Baumbestand' wird anstelle des eigentums- und verwaltungsspezifischen Begriffs 'Wald' eingeführt. Damit sind Bestände gemeint, die schon über ein oder wenige zusammenhängende Bildelement(e) (1000 - 3000 m^2) eine gleiche dichte tiefgestaffelte Belaubung (10 - 40 m hoch) besitzen.

- Die Klasse 'lockerer Baumbestand' wird anstelle einer Nutzungsart 'Streuobstwiese' oder ähnlichem eingeführt. Diese Klasse integriert über alle Bestandstypen, die eine tiefgestaffelte Belaubung in lockerer Verteilung (z.B. Obst- und Gartenbäume, Hecken) über einer ansonsten flach belaubten Fläche (z.B. Wiese) oder über teilweise offenem Boden (z.B. Gartenland) aufweisen. Sie spannt den Bereich zwischen den Klassen 'dichter Baumbestand' und 'offenes Grasland'.

- Mit der Klasse 'offenes Grasland' werden Flächen erfaßt, die ganz überwiegend flach belaubt sind (Wiesen, Weiden, Magerrasen, Sport- und Zierrasen).

Die Hauptklasse 'versiegelte Flächen und offene Böden' faßt eine Vielzahl von Oberflächen mit ähnlichen Reflexionseigenschaften zusammen. Als Beispiele seien genannt: vollversiegelte Flächen wie Dachflächen, Straßen oder Rollbahnen, teilversiegelte Flächen wie Neubaubereiche oder Bahnanlagen, offene Böden (wie frisch gepflügte Äcker), oder auch bebaute Flächen mit örtlich begrenztem Vegetationsanteil. Es wurde eine Klasse definiert:

- 'Versiegelte Flächen' sind solche, in denen kaum Belaubung vorhanden und die Oberfläche hart und steingeprägt ist.

Als 'nicht klassifiziert' sollen Flächen bereits von der Größe eines oder weniger zusammenhängender Bildelemente (> 1000 m^2) angesehen werden, die über einen Teil des Jahres offenen Boden bzw. zum Aufnahmezeitpunkt eine flache, lockere Belaubung (grün oder gelb) über offenem Boden aufweisen (Ackerfrüchte). Solche Flächen unterliegen im Regelfall Nutzungsänderungen von Jahr zu Jahr.

Die Auswertung von Satellitenbilddaten kann als Interpolation zwischen bereits stichprobenweise bekannten Ergebnissen angesehen werden. Im vorliegenden Falle wurden als bekannt eine größere Anzahl sogenannter Trainingsgebiete mit bekannter Nutzung im Sinne der vorstehend definierten Klassen ausgewählt, die für das auszuwertende Gebiet repräsentativ sind und möglichst nur aus Bildelementen gleicher multispektraler Eigenschaften bestanden:

- Wasser: Verschiedene Bereiche im Neckar und in angrenzenden Seen,

- Uferrandgebiete mit schattenwerfenden hohen Bäumen: Trainingsgebiete wurden entlang des Neckars und einiger kleiner Seen gewählt,

- dichter Baumbestand: Trainingsgebiete im Stadtwald von Stuttgart; dabei wurden Laub-, Nadel- und Mischwaldbestände zu etwa gleichen Flächenanteilen verwendet und sonnenbeschienene und beschattete Hänge berücksichtigt,

- lockerer Baumbestand: Bekannte Obstwiesen und Obstgärten im Filderraum,

- offenes Grasland: Trainingsgebiete wurden in der unmittelbaren Nachbarschaft von Baumwiesen (zur genaueren Trennung zwischen lockerem Baumbestand und offenem Grasland), in der Nähe von Birkach (Fettwiesen) und im Bereich des Stuttgarter Flughafens (drainiert) gewählt,

- versiegelte Gebiete: Trainingsgebiete wurden in verschieden strukturierten Ortsgebieten (Ortskern, lockerer Baubestand, Industriegebiete, Giebel- und Flachdachgebiete, Pflaster, Asphalt- und Betonflächen) und im Flughafengelände gewählt.

Satellitenbildauswertung

Die Satellitenbildauswertungen wurden an dem am Institut für Navigation der Universität Stuttgart installierten ARIES-III-Auswertesystem für multispektrale Bilddaten im Rahmen einer Studie für das Umweltbundesamt Berlin durchgeführt, die sich mit Gesichtspunkten der Erstellung einer Methodendatenbank Umwelt (genannt UMPLIS) befaßt.

Folgende Bilddaten wurden ausgewertet:

```
Landsat-5-TM   194/26 Q3   03.07.1985   Kanäle 1 - 6
Landsat-5-TM   195/27 Q1   17.08.1987   Kanäle 1 - 7
SPOT           54/252      13.09.1987   Kanäle 1 - 3
```

Diese Daten waren vom Vertreiber geometrisch zur Beseitigung von Aufnahmefehlern und mit Hilfe vorliegender Kalibrierdaten radiometrisch vorkorrigiert worden.

Eine zweite Landsat-TM-Aufnahme wurde herangezogen, um eine bessere Klassifizierung für in ihrer Nutzung unveränderte Flächen (insbesondere 'offenes Grasland') und eine bessere Ausscheidung der für landwirtschaftliche Zwecke genutzten offenen Böden aus den anderen Klassen zu erzielen.

Eine SPOT-Aufnahme wurde zusätzlich in die Auswertung einbezogen in der Hoffnung, durch Aufteilung der Landsat-TM-Mischpixel (d.h. Bildelemente mit Werten, die sich als Mittel aus verschiedenartigen Reflexionswerten ergeben) entlang der Landnutzungsgrenzen zu einer genaueren Grenzziehung zu gelangen.

Eine gemeinsame Auswertung verschiedener Aufnahmen erfordert, daß diese aufeinander geometrisch eingepaßt werden. In diesem besonderen Falle wurden die Landsat-5-TM-Aufnahmen zunächst auf eine Auflösung von $(10\ m)^2$ umgerechnet, da zwei der drei SPOT-Kanäle mit dieser Auflösung vorlagen. Dann wurden geeignete Bildpunkte als Paßpunkte ausgewählt, mit diesen eine Transformation der Landsat-Aufnahmen in die SPOT-Aufnahmen mit Hilfe eines Polynomes zweiter Ordnung durchgeführt und schließlich die Landsat-Aufnahmen mit Hilfe des "cubic convolution"-Algorithmus umgerechnet.

Die flächenmäßige Nutzungsbestimmung wurde mithilfe einer Klassifizierung nach einem Verfahren der maximalen Wahrscheinlichkeit ('maximum likelihood classification') unter Verwendung der maximal möglichen 16 Kanäle durchgeführt. Dabei werden zunächst aus den Daten der Trainingsgebiete für jeden Kanal und für jede Klasse aus den aufgezeichneten Reflexionswerten ein Mittelwert und dessen Standardabweichung bestimmt. Diese beiden Werte dienen dann zur Definition mehrdimensionaler Ellipsoide, die durch Eingabe von Wahrscheinlichkeitswerten in ihrer Größe variiert werden können; somit ist bei sich schneidenden Ellipsoiden eine gewisse Kontrolle über die Zuweisung (nur eindeutige Zuweisungen sind gestattet) zu diesen möglich. Danach erfolgte die eigentliche Klassifizierung für alle Bildelemente unter Benutzung der statistischen Daten; dieser Vorgang kann als Interpolation zwischen den bereits vorliegenden Trainingsgebietsdaten angesehen werden.

<u>**Klassifizierungsergebnisse**</u>

Tabelle 1: Klassifizierungsergebnis

Klasse	Flächenanteil	
	(%)	Bildelemente (100m^2)
dichter Baumbestand	16,88	337 026
lockerer Baumbestand	14,77	295 399
offenes Grasland	7,21	143 946
versiegelte Gebiete	22,2	445 027
Wasser	0,49	9 811
Uferrandgebiete	0,54	10 861
nicht klassifiziert	37,61	748 659

Die Klasse 'Wasser' wurde in bezug auf den Neckar gut erfaßt.

Die Klasse 'versiegelte Fläche' ist die Summe von sieben Unterklassen, fünf mit überwiegender Versiegelung und zwei mit Versiegelung und höheren Vegetationsanteilen. Fünf Unterklassen wurden auf der Grundlage verschiedener, oben genannter Oberflächeneigenschaften gewählt. Die zwei Unterklassen mit höherem Vegetationsanteil sind durch Mischpixel gekennzeichnet und repräsentieren z.B. Gebiete mit Einzelhausbebauung mit Hausgärten und Gebiete mit höherem Gras- oder Gebüschbestand (Flughafengelände, manche Industriegebiete). Die Klasse ist im allgemeinen gut erfaßt.

Die Klasse 'lockerer Baumbestand' ist die Summe zweier Unterklassen. Beide sind durch Mischpixel gekennzeichnet, die eine durch die Kombination Baum/Wiese und die andere durch die Kombination Baum/Garten. Die Trennung sowohl zur Klasse dichter Baumbestand als auch zur Klasse offenes Grasland ergibt sich aus der Wahrscheinlichkeitszuweisung während der Klassifizierung und ist daher in gewissem Umfange willkürlich. Die für die Klasse 'lockerer Baumbestand' erzielten Ergebnisse werden nachfolgend eingehender besprochen.

Die Klasse 'offenes Grasland' ist die Summe aus sieben Unterklassen, sechs aus mehr oder weniger reinem Grasland und eine aus Mischpixeln in der Nähe von Straßen; letztere schließt jeweils einen geringen Anteil versiegelter Flächen ein und erfaßt z.B. Straßenböschungen. Beim reinen Grasland bewirken Faktoren wie Wuchshöhe, Bodentrockenheit und Nutzung (als Wiese oder Weide) große Unterschiede in den Reflexionseigenschaften. Als Extremfälle können die Fettwiesen um Birkach einer-

seits und die Rasenflächen im Gelände des Stuttgarter Flughafens andererseits angesehen werden.

<u>Zur Auswertegenauigkeit</u>

Ein Teil der verwendeten Satellitenbilddaten, das Klassifizierungsergebnis und der für Vergleichszwecke gewählte Ausschnitt aus der Biotopkartierung wurden in das Programmsystem SICAD-HYGRIS (kurz für <u>SI</u>e-
mens <u>C</u>omputer <u>A</u>ided <u>D</u>esign - <u>HY</u>brides <u>G</u>raphisches <u>I</u>nformations-<u>S</u>ystem)
der Firma Siemens AG übertragen. Dieses System dient zur gemeinsamen
Verarbeitung von Raster- und Vektordaten auf einem graphischen Arbeitsplatz.

Die Karten der Biotopkartierung wurden im Vektorverarbeitungsteil des
Systems digitalisiert und anschließend in Rasterform überführt. Die
Satellitenbilddaten und das Klassifizierungsergebnis wurden von der
ARIES direkt als Rasterdaten übertragen. Damit konnten die digitalisierten Ergebnisse der Biotopkartierung und die aus den Satellitenbilddaten erhaltenen Klassifizierungsergebnisse miteinander verschnitten und ein direkter Flächenvergleich durchgeführt werden.

Eine Analyse der Klassifizierungsergebnisse zeigt, daß die Grenzen der
bestimmten Landnutzungsflächen im wesentlichen durch die 30 m * 30 m
Bodenauflösung der Landsat-TM-Aufnahmen bestimmt werden. Dies bedeutet
auch, daß kleinere flächige oder schmale lineare Objekte bei der Klassifizierung nicht oder nicht korrekt erfaßt wurden.

Registrierungenauigkeiten zwischen den einzelnen verwendeten Kanälen
machen sich vor allem bei der Klasse 'Uferrandgebiete des Neckars mit
hohen, schattenwerfenden Bäumen' durch die Entstehung einer großen
Zahl von Mischpixeln bemerkbar: sowohl die Kanäle der beiden Landsat-
TM-Aufnahmen untereinander, als auch die drei Aufnahmen miteinander
sind nicht genau registriert. Insbesondere bei der auf die höhere Auflösung von 10 m * 10 m umgerechnetem Landsat-TM-Aufnahme machten sich
bei der routinemäßigen Vorverarbeitung der Aufnahme durch den Vertreiber eingefügte Doppelzeilen und -spalten nachteilig bemerkbar. Weiterhin erwies sich eine genaue Einpassung auf die SPOT-Aufnahme auch deshalb als schwierig, weil zuvor keine Entzerrung der Aufnahmen zur Beseitigung projektiver, durch Höhenunterschiede verursachter Versetzun-
gen durchgeführt wurde. Außerdem war die Genauigkeit der Festlegung

der Einpaßpunkte durch die ursprüngliche Landsat-Bildelementgröße 30 m
* 30 m beschränkt.

Von der gesamten Klassifikation wurden die Klassen 'dichter Baumbestand' und 'lockerer Baumbestand' auf die Auswertegenauigkeit geprüft.
Dazu ist in einem Gebietsausschnitt die digitalisierte Biotoptypenkar-
te mit den Ergebnissen der Satellitenbildklassifikation überlagert und
ein Differenzbild erzeugt worden.

Der besiedelte Bereich ist ausgeblendet worden, da der Schwerpunkt der
Vergleichskartierungen im Außenbereich lag. Von den aus den Vergleichskartierungen übernommenen Biotoptypen wurden Wälder, Feldgehöl-
ze und Teile der Hohenheimer Parkanlagen zusammengefaßt, um einen Vergleich mit der Klasse 'dichter Baumbestand' zu geben. Hecken, Gehölzsäume an Fließgewässern, Streuobstwiesen, Baumreihen, Einzelbäume,
Obstgärten und Obstplantagen wurden für den Vergleich mit dem 'lockeren Baumbestand' zusammengefaßt.

Nimmt man die aus Luftbildern übertragenen Flächenanteile der Biotoptypen als Bezugsbasis, so zeigt sich in Tabelle 1, daß Wald und die
Klasse 'dichter Baumbestand' zu 90% übereinstimmen, weitere 8% sind
als 'lockerer Baumbestand' ausgewiesen. Dieser liegt zum Teil am Wal-
drand, wo die Grenze von Feldflur und Wald zu einer Mischung der Reflexion führt, die zur Klasse 'lockerer Baumbestand' gesetzt wird. Im
Bereich der Hohenheimer Parkanlagen stehen viele Bäume weiter auseinander als im benachbarten Weidach-Wald; in der Klassifikation der Satellitendaten sind diese auch als 'lockerer Baumbestand' klassifiziert.

Die Klasse 'lockerer Baumbestand' stimmt mit den aus den Biotopkartierungen übernommenen Biotoptypen flächenmäßig zu 66% überein. Dabei
handelt es sich um Streuobstwiesen und Obstgärten mit gleichmäßig verteilten Baumbestand. In anderen Obstwiesen sind auch im Luftbild hin
und wieder größere Bereiche zu finden, in den keine oder nur sehr
kleine Obstbäume stehen. Entsprechende Bildpunkte wurden im Satellitenbild zur Klasse 'offenes Grasland' (10,5%) gestellt, obwohl die
Parzelle als Streuobstwiese genutzt wird. An anderen Stellen, aber
auch in Hecken und Gehölzsäumen an Bächen stehen die Bäume sehr dicht.
Hier wurde 'dichter Baumbestand' klassifiziert (8,9%). An diesem Beispiel zeigt sich, daß die Klassifikation aus Satellitenbildern die
ökologische Situation zumindest in flächenhaften Biotoptypen detail-

reicher wiedergeben kann als eine an den Nutzungsgrenzen orientierte
Kartierung. Denn auch für die Planzen der Krautschicht, Vögel und Insekten ist das Verteilungsmuster der Bäume in der Wiese ein entscheidender Faktor der Habitatsqualität.

Fehler bei der Klassifikation, des 'lockeren Baumbestandes' treten im
Bereich der Hohenheimer Versuchsanlagen auf. Die Spalierobstbäume mit
einer Größe von etwa 2 Metern und einem Reihenabstand bis von 3 - 4
Metern über teilweise offenen Böden sind auch als 'offenes Grasland'
oder als 'nicht klassifiziert' bestimmt worden. Insbesondere die linearen Biotoptypen Hecken, Baumreihen und Gehölzsäume an Bächen sind
für den hohen Anteil an Bildelementen verantwortlich, die als 'nicht
klassifiziert' eingestuft werden (14.8%). Ein systematischer Grund für
die Nichterfassung liegt in der Mischpixelbildung von Strukturen mit
ihrer Umgebung, wenn die Strukturen weniger breit sind als die Bildelemente (10 - 20 Meter). Dazu kommen als verfahrenstechnische Fehler
Ungenauigkeiten bei der Überlagerung von digitalisierter Karte und Satellitenbild, welches bezüglich der Topographie nicht entzerrt

Tabelle 2: Flächenvergleich von digitalisierter Biotopkartierung
und Klassifikation von Satellitenbilddaten.

ausgewiesene Fläche	Fläche	
	(%)	Bildelemente ($100m^2$)
aus Biotopkartierung digitalisiert Wälder + Feldgehölze	100	32 535
aus Satellitenbilddaten klassifiziert		
dichter Baumbestand	89,3	29 037
lockerer Baumbestand	7,8	2 529
offenes Grasland	0,3	95
nicht klassifiziert	2,7	874
aus Biotopkartierung digitalisiert Hecken, Streuobstgebiete Gehölzsäume an Fließgew.	100	31 287
aus Satellitenbilddaten klassifiziert		
dichter Baumbestand	8,9	2 778
lockerer Baumbestand	65,9	20 606
offenes Grasland	10,5	3 280
nicht klassifiziert	14,8	4 623

ist. Die Nichtberücksichtigung der Höhenunterschiede auch bei der Entzerrung der multitemporalen und multisensoralen Satellitenbilder führt zu Lageungenauigkeiten und dies wiederum zu Fehlern in der Klassifizierung, die sich besonders in linienhaften Strukturen bemerkbar machen. Die Lageungenauigkeiten liegen in diesem Bildausschnitt bei einem SPOT-Bildelement (10 Meter). Desweiteren entsteht ein inhaltlicher Fehler durch den ausgeprägten Schattenwurf hoher Bäume in den Gehölzsäumen an Bächen, der zur Klasse 'nicht Klassifizierung' führt.

<u>Schlußfolgerungen</u>

Biotopkartierungen hängen in ihrer Qualität erheblich von eingesetzten Aufnahmeverfahren ab. Geländeerhebungen haben eine hohe Genauigkeit und bieten die Möglichkeit zur Aufnahme umfangreicher Zusatzinformationen; sie sind aber für die Aufnahme eines größeren Gebietes sehr arbeitsintensiv. Die Interpretation monochromer panchromatischer Luftbilder (im Maßstab 1:10000) liefert eine relativ hohe Genauigkeit bei der Erfassung von Gehölzstrukturen und Bebauungsmustern, während bei anderen Strukturen durch größere Interpretationsfehler eine geringere Genauigkeit erzielt wird. Außerdem ist sie für die Aufnahme größerer Gebiete arbeitsintensiv, insbesondere wenn die Ergebnisse manuell in Karten zu übertragen sind. Die Satellitenbildauswertung liefert wegen der geringen geometrischen Auflösung nur eine begrenzte Genauigkeit (lineare Biotoptypen sind schlecht erkennbar), kann aber beim Vorliegen geeigneter, lokal begrenzter Vergleichsdaten schnell durchgeführt werden.

Die Untersuchung hat die Grenzen der Satellitenbildauswertung für heute kommerziell verfügbare Bilddaten gezeigt. Während solche Auswertungen zur Zeit in Detailreichtum und -genauigkeit mit vor Ort erhobenen Daten nicht konkurrieren können, scheinen sie gut geeignet, lokal erhobene Daten hoher Qualität mit hinreichender Genauigkeit und wichtig, in verhältnismäßig kurzer Zeit auf große Flächen zu erweitern. Für die Landschaftsanalyse auf der Ebene Regional- und Landschaftsrahmenplanung kann die Satellitenbildauswertung somit einen Überblick über die Verteilung der Vegetationstrukturen bzw. Versiegelungstypen im Gelände geben.

Digital vorliegende Daten können nach Einbringung in eine geeignete Datenbank schnell abgerufen und auf verschiedene Art weiterverarbeitet werden. Dabei ist eine Aggregation ebenso möglich wie die Verknüpfung mit anderen Daten (z.B. Standorts- und Nutzungsdaten).

<u>Literatur</u>

1986: Biotopverbundplanung Ostfildern: Erhaltenswerte Naturbestände. Unveröffentlichtes Gutachten, Projektleitung B. Schmelzer. Im Auftrage der Stadt Ostfildern.

1988: Biotopverbundsystem: Untersuchung für ein Biotopverbundsystem im Gebiet des Nachbarschaftsverbandes Stuttgart und in angrenzenden Teilen der Region Mittlerer Neckar.
Herausgeber: Nachbarschaftsverband Stuttgart und Regionalverband Mittlerer Neckar, Projektbearbeitung: Arbeitsgruppe Biotopverbundsystem Stuttgart.

1989: Weiterentwicklung der Technik und aktuelle Nutzanwendung der Fernerkundung im Bereich Umweltschutz. 5., unveröffentlichter Zwischenbericht im Auftrage des Umweltbundesamtes Berlin, Projektleitung Dr. D. Fischer.

GROSSFLÄCHIGE LANDNUTZUNGSBESTIMMUNG AUS LANDSAT-5-TM-DATEN

H.-G. Klaedtke[1], Qi Li[2] und H. Ziemann[3]

[1] Institut für Navigation, Universität Stuttgart
Postfach 106037, 7000 Stuttgart 10

[2] Gast vom Geographischen Institut der Universität Peking,
Beijing, VR China (Dezember 1987 bis April 1989)

[3] wie [1] und Institut für Photographie & Sensorphysik
Königlich Technische Universität, S-100 44 Stockholm

Zusammenfassung

Es wird über eine experimentelle Auswertung von Landsat-5-TM-Daten be-
richtet. Ziel dieser Arbeit war es, mit einem Ansatz für ein größeres
Gebiet Landnutzungsarten gleichzeitig zu bestimmenen. Die Nutzungsarten sollten aus dem Reflexionsverhalten in übergeordneten und jahres-
zeitlich unveränderlichen Klassen festgelegt werden. Ein Vergleich der
erhaltenen Werte mit der amtlichen Flächenstatistik wurde für eine
Klasse durchgeführt.

Einführung

Am Institut für Navigation laufen seit einiger Zeit Untersuchungen mit
dem Ziel nachzuweisen, inwieweit mit Hilfe von Satellitenbildern Land-
nutzungen für größere Flächen gleichzeitig bestimmbar sind. Diese Aufgabenstellung ist Teil einer Studie im Auftrage des Umweltbundesamtes
Berlin [1]. Wertvolle Impulse und Anregungen erhielt diese Arbeit aus
einer von der Regierung des Landes Baden-Württemberg, die im Oktober
1987 einen internationalen Architektur- und Städtetag [2] in Stuttgart
abhielt, veranlaßten Studie. Ziel dieser Studie war es, den Berichten
der Arbeitsgruppen und dem Vortragsprogramm eine Sammlung anschauli-
cher und konkreter Beispiele für Analysen, Zukunftsbilder und Pla-
nungskonzepte in unterschiedlichen Raumkategorien mit unterschiedlichen Anfangsbedingungen und Zukunftserwartungen beizugeben.

In diesem Sinne wurde eine "zufällige" Folge von 56 Gemeinden auf einige der wichtigsten planungsrelevanten Besonderheiten hin untersucht.
Als sehr aufwendig erwiesen sich die umfangreichen Erkundigungen hinsichtlich der Verfügbarkeit von Informationen, die für alle Gemeinden
vergleichbar sind. Einen Großteil der schließlich verwendeten Daten

lieferten das Landesinformationssystem des Statistischen Landesamtes, der Landkreistag und der Gemeindetag. Es mußten zusätzliche Erhebungen durchgeführt werden; dies geschah vor allem durch Luftbildinterpretation. Wichtige Daten, insbesondere bezüglich der Flächennutzung zu einem einheitlichen Zeitpunkt sowie der Boden- und Klimadaten, waren für alle Gemeinden nur sehr eingeschränkt verfügbar.

Zum Auswertegebiet

Das im folgenden beschriebene Auswertegebiet (Bild 1) entspricht der vorstehend genannten Folge von 56 Gemeinden, die einen Siedlungsstrukturschnitt (im folgenden kurz "Schnitt" genannt) darstellen. Dieser verläuft in Nord-Süd-Richtung von Mudau bis Konstanz und erfaßt eine Fläche von rund 6 600 km^2.

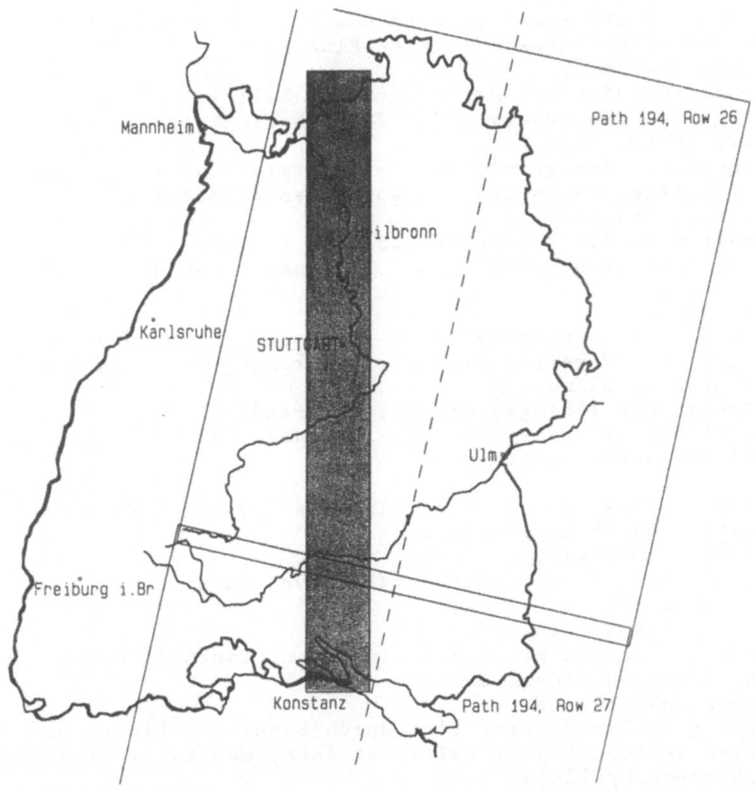

Bild 1: Siedlungsstrukturschnitt von Baden-Württemberg

Das Gebiet des "Schnitts" schließt eine Vielfalt von Landschaftstypen ein, zum Beispiel dichtbesiedelte Stadtgebiete mit großen Industrieflächen, dünnbesiedelte Hochflächen mit Wald, landwirtschaftlich genutzte Flächen, größere und kleinere Wasserflächen, Flußläufe und einen Teil des steil abfallenden Gebirgsrandes der Schwäbischen Alb.

Im folgenden soll in Form einer Aufstellung ein Überblick über die im "Schnitt" enthaltenen Naturräume und ihrer Eigenschaften gegeben werden, wobei die betroffenen Gemeinden durch ihre in der folgenden Tabelle 1 gegebene Nummer (lfN) gekennzeichnet werden:

<pre>
- Naturräume: lfN der Gemeinde
  Landschaftsform / Nutzungseignung
- Odenwald-Randplatten: 1 - 4
  Flachwellige Hochflächen mit eingeschnittenen Tälern /
  Wald, Grünland, Ackerbau;
- Bauland: 5 - 8
  Hügelige, stark gewellte Landschaft mit weiten Bachtä-
  lern und tief eingeschnittenen Flußtälern / Ackerbau,
  Obstbau;
- Neckarbecken, Teil 1:   9 - 12
  Hügelige, stark gewellte Landschaft mit weiten Bachtä-
  lern und tief eingeschnittenen Flußtälern / Ackerbau,
  Obstbau, Weinbau;
- Keuperrandstufen des Neckarbeckens, Teil 1:   13
  Abhänge des Keuperberglandes / Weinbau, Obstbau;
- Neckarbecken, Teil 2:   14 - 28
  Flachwellige Ebenen mit weiten Bachtälern und tief ein-
  geschnittenen engen und kurvenreichen Flußtälern /
  Ackerbau, Obstbau;
- Keuperrandstufen des Neckarbeckens, Teil 2:   29
  Abhänge des Keuperberglandes, Talkessel / Wald, Weinbau,
  Obstbau;
- Filder: 30 - 31
  Flachwellige Hochflächen, von steil eingeschnittenen
  Bachtälern und weiten Flußtälern durchzogen / Ackerbau,
  in Senken Grünland;
- Schönbuch und Tübinger Keuperstufenrand: 32 - 36
  Hochflächen mit terassenartig fallenden Tälern / Wald,
  Grünland, Obstbau, Ackerbau;
- Albvorland: 37 - 38
  Teilweise terassenartig übereinanderliegende Ebenen /
  Ackerbau, Obstbau, Grünland;
- Mittlere Kuppenalb: 39 - 41
  Kuppenlandschaft mit Trockentälern und Karstwannen /
  Wald, Grünland, Ackerbau;
- Mittlere Flächenalb: 42 - 46
  Ebene Hochflächen mit steil eingeschnittenen Tälern /
  Wald, Grünland, Ackerbau;
- Altmoränenhügelland: 47 - 51
  Leicht gewellte Ebenen, tlw. durch Bäche und Flüsse zu
  Platten zerschnitten / Wald, Grünland, Hochterr.-Ackerbau;
- Jungmoränenhügelland: 52 - 53
  Bergrücken, Hügel, Senken, tiefe Täler / Wald, Grünland,
  Ackerbau;
- westl. Bodenseegebiet   54 - 56
  Beckenlandschaft mit herausragendem Bergrücken / Wald,
  Grünland, Ackerbau;
</pre>

Die Aufstellung wurde [3] und [4] entnommen.

Die Skala der Wärmestufen im betrachteten Gebiet reicht von "kühl -
kalt" (mittlere Jahrestemperatur: 5,5 - 7° auf der Mittleren Flächen-
alb) bis "warm - mäßig warm" (mittlere Jahrestemperatur: 8 - 9° im
Neckarbecken).

Tabelle 1:   Aufstellung der 56 Gemeinden des "Schnitts"

lfN	Gemeinde	lfN	Gemeinde	lfN	Gemeinde
1	Mudau	20	Gemmrigheim	39	Sonnenbühl
2	Limbach	21	Hessigheim	40	Burladingen
3	Fahrenbach	22	Mundelsheim	41	Trochtelfingen
4	Eltztal	23	Besigheim	42	Gammertingen
5	Mosbach	24	Ingersheim	43	Neufra
6	Billigheim	25	Pleidelsheim	44	Hettingen
7	Neckarzimmern	26	Freiberg	45	Winterlingen
8	Gundelsheim	27	Ludwigsburg	46	Veringenstadt
9	Offenau	28	Kornwestheim	47	Sigmaringen
10	B.Friedrichsh.	29	Stuttgart	48	Inzigkofen
11	B.Wimpfen	30	Leinf.-Echterd.	49	Meßkirch
12	Untereisesheim	31	Filderstadt	50	Krauchenwies
13	Neckarsulm	32	Aichtal	51	Wald
14	Heilbronn	33	Schlaidtdorf	52	Pfullendorf
15	Flein	34	Walddorfhäslach	53	Herdw.- Schönach
16	Talheim	35	Pliezhausen	54	Owingen
17	Lauffen	36	Kirchentellingsf.	55	Überlingen
18	Neckarwestheim	37	Reutlingen	56	Konstanz
19	Kirchheim a.N.	38	Pfullingen		

Da die Auswertung flächenmäßig durch Gemeindegrenzteile bestimmt wird,
variiert die tatsächliche Breite erheblich. Es wurde daher entschieden, das zwischen den Längengraden 9° und 9° 20′liegede Gebiet auszu-
werten. Die für die Flächenstatistik benötigten Gemeindegrenzen wurden
vom Landesvermessungsamt Baden-Württemberg als Vektordaten erworben.

<u>Verwendetes Bildmaterial</u>

Der amerikanische Landsat-5-Satellit trägt verschiedene Aufnahmegerä-
te. Eines davon ist der sogenannte Thematic Mapper (TM), der in den
folgenden sieben spektralen Bändern an der Erdoberfläche reflektiertes
Licht aufzeichnet:

- Kanal 1: 0,45 - 0,52 μm   - Kanal 4: 0,76 - 0,90 μm
- Kanal 2: 0,52 - 0,60 μm   - Kanal 5: 1,55 - 1,75 μm
- Kanal 3: 0,63 - 0,69 μm   - Kanal 7: 2,08 - 2,35 μm
- Kanal 6: 10,40 - 12,50 μm (thermales infrarot)

Die Kanäle 1 - 5 und 7 haben eine Bodenauflösung von 30 m * 30 m, der
Kanal 6 eine von 120 m * 120 m.

Für eine erste Auswertung standen weitgehend wolkenfreie Bilddaten von einen Überflug zur Verfügung (siehe Bild 1). Das Bildmosaik setzte sich wie folgt zusammen:

$$
\begin{array}{llll}
194/26 & Q1^{*)} & 03.07.1985 & \text{Kanäle 1-5, 7} \\
194/26 & Q3 & 03.07.1985 & \text{Kanäle 1-5, 7} \\
194/27 & Q1 & 03.07.1985 & \text{Kanäle 1-5, 7}
\end{array}
$$

*)Q1 ... Quadrant 1 von der Vollszene 194/26

Um die zu verarbeitende Datenmenge zu reduzieren, wurde die Fläche des "Schnitts" quadrantenweise aus vorliegenden Satellitenaufnahmen herausgeschnitten. Die so erhaltene auszuwertende Fläche ergab ein Gebiet, das wesentlich größer als die von "Schnitt" bedeckte Fläche von etwa 25km * 220km (etwa 550000 ha) war. Weil die Aufnahmerichtung des Satelliten um etwa 12° von der Nordrichtung abweicht, müßte über eine Eindrehung mit Umrechnung ('resampling') bewirkt werden, daß die Bildelemente parallel zu den Koordinatenrichtungen verlaufen. Die zu bearbeitende Bildfläche könnte dabei zwar auf über die Hälfte reduziert werden, allerdings würden beim 'resampling' die ursprünglichen Daten in ihrer radiometrischen Auflösung verändert. Aus diesem Grunde wurde die Eindrehung in das Landeskoordinatennetz erst nach der Klassifizierung vorgenommen.

Das verwendete Bildmaterial bestand aus vom Deutschen Fernerkundungsdatenzentrum (DFD) bezogenen, bei der ESA/Earthnet-Behörde in Frascati aufbereiteten und vorverarbeiteten Bilddaten. Geometrisch wurden die Bilddaten auf eine Transversale Mercatorprojektion umgerechnet, deren Achse der Satellitenbahn angepaßt ist. Die Umrechnung wird mit Hilfe des nächsten Bildnachbars durchgeführt; im Ergebnisbild kommt es in gewissen regelmäßigen Abständen (etwa 62 Zeilen) zur Wiederholung von Zeilen, um nach Angabe von ESA/Earthnet Frascati eine bessere geometrische Korrektur der Daten zu gewährleisten. Außerdem kommt es bei der Umrechnung auch zu Wiederholungen von Teilspalten, also zu einer Verdoppelung von Bildelementen.

Es wurden bewußt keine radiometrischen Korrekturen an den gelieferten Bilddaten vorgenommen, d.h. die folgenden Bildfehler bzw. Aufnahmebesonderheiten blieben unkorrigiert:

- unzureichende Kalibrierung des Aufnahmegerätes,
- Aufzeichnungsfehler,
- atmosphärische Einflüsse,
- Beleuchtungsunterschiede im Gelände,
- Beleuchtungsunterschiede als Ergebnis der Aufnahmeblickrichtung und
- naturraumbedingte Unterschiede im phänologischen Zustand der Vegetation.

Definition der Reflektionsklassen

Die flächenmäßige Nutzungsbestimmung wurde mit Hilfe einer Klassifizierung nach einem Verfahren der maximalen Wahrscheinlichkeit durchgeführt. Mit multispektralen Satellitenbilddaten werden mit diesem Verfahren grundsätzlich nur Reflexionswerte der Erdoberfläche zu Klassen zusammengeführt, die dann für die Nutzung interpretiert werden müssen. In der Auswertung des südlichen Stadtrandes von Stuttgart [5] wurden auf der Grundlage von Reflexionseigenschaften Klassendefinitionen erarbeitet, die für diese Auswertung übernommen wurden. Sie betreffen die folgenden Klassen:

- Wolken und Wolkenschatten   - dichter Baumbestand
- Wasser   - lockerer Baumbestand
- versiegelte Flächen   - offenes Grasland

Flächen mit jährlich wechselnder Vegetation (Ackerflächen, reine Gartenbaugebiete) wurden nicht berücksichtigt und als 'nicht klassifiziert' bezeichnet.

Im Unterschied zu [5] waren bei dieser Auswertung im nördlichen Bereich des "Schnitts" kleinere Gebiete mit Wolkenbedeckung und Wolkenschatten vorhanden.

Um die Weinbaugebiete im Auswertegebiet zu erfassen, wurde die Klasse 'Wein' zusätzlich aufgenommen. Sie läßt sich in ihren Reflexionswerten zwischen den Klassen 'versiegelte Fläche' und 'lockerer Baumbestand' einordnen.

Satellitenbildauswertung

Die Fernerkundung liefert großräumige flächendeckende Daten. Mit Hilfe von Trainingsgebieten, die aus Einzelflächen mit bekannter Nutzung und Vegetationsstruktur bestehen, kann die Gesamtfläche durch Interpolation ausgewertet werden.

Das gewählte Klassifizierungsverfahren der maximalen Wahrscheinlichkeit ('maximum likelihood classification') geht für jede mit Hilfe von Trainingsgebieten definierte "Landnutzungsklasse" (im folgende Klasse genannt) und für jeden benutzten Spektralkanal von dem berechneten Mittelwert und der berechneten Standardabweichung aus und definiert mit deren Hilfe mehrdimensionale Ellipsoide für jede Klasse. Diese Ellipsoide schneiden sich, wenn Nutzungsarten im spektralen Verhalten ähnlich sind. Eine Gewichtung sich schneidender Ellipsoide kann durch Multiplikation der Standardabweichungen mit geeigneten Faktoren erfolgen. Für manche Klassen, bei denen die Daten zwar streuen, aber schlecht durch ein Ellipsoid beschreibbar sind, kann es empfehlenswert sein, zunächst verschiedene Klassen (sogenannte Unterklassen) einzuführen und die Ergebnisse für diese Klassen anschließend zusammen zu fassen.

Im vorliegenden Falle ist versucht worden, zunächst mit nur im Stuttgarter Raum gelegenen Trainingsgebieten eine Landnutzungsbestimmung für den gesamten "Schnitt" durchzuführen. Für die Klassen 'Wasser', 'offenes Grasland' und 'Wein' konnten im Stuttgarter Raum keine für das gesamte Auswertegebiet ausreichend repräsentativen Trainingsgebiete, gefunden werden. So konnte mit Trainingsgebieten für 'Wasser' im Bereich des Neckars und weiterer kleinerer Seen nicht die gesamte Wasserfläche des Bodensees erfaßt werden. Für 'offenes Grasland' wurden zusätzliche Trainingsgebiete im westlichen Bodenseegebiet und für 'Wein' im Heilbronner Gebiet gewählt.

Im Auswerteprozeß führte die Definition von Unterklassen zu einer Verbesserung der Ergebnisse, z.B. bei der Klasse 'offenes Grasland'. Hier verursachten regionale Unterschiede Änderungen in den Reflexionswerten: die aus unterschiedlicher Höhenlage innerhalb des "Schnitts" resultierenden Entwicklungsunterschiede konnten durch die Einführung von Unterklassen zu besser erfaßt werden.

Die Klasse 'versiegelte Fläche' wurde ebenfalls in Unterklassen aufgeteilt. Der Grund dafür war die Überlagerung der Klasse 'Wein' mit einer Mischsignatur aus Reflexionen von Hausdächern und Vegetation, wobei die Vegetation einen sehr hohen Anteil in dieser Mischsignatur besitzt, die vereinzelt in den Randbereichen von Gemeinden vorkommt.

Für Wasserflächen und sehr stark versiegelte Flächen wurde eine weitere Verbesserung der Klassifizierungsergebnisse durch eine Reduzierung der Spektralkanäle erreicht. Dies bewirkt übrigens auch eine wünschenswerte Reduktion in der Rechenzeit.

Die Ergebnisse für die verschiedenen Unterklassen und die verschiedenen Klassifizierungsansätze wurden schließlich zu einem Gesamtergebnis zusammengefaßt.

Ergebnis und Genauigkeitsabschätzung

Nach Beendigung der Klassifizierung erfolgte eine Eindrehung der beiden verwendeten Satellitenbilder und des Klassifizierungsergebnisses in das Landesnetz mit Hilfe einer Affintransformation. Hierzu wurden etwa 40 gleichmäßig über das gesamte Gebiet des "Schnitts" verteilte Paßpunkte verwendet. Sodann erfolgte ein Herausschneiden jeder einzelnen Gemeinde aus dem Gesamtbild. Es bleibt hier zu bemerken, daß die Gemeindegrenze bei ihrer Darstellung in Rasterdatenform eine endliche Breite hat und damit die Gemeindefläche reduziert.

Aus Platzgründen ist es hier nicht möglich, die Ergebnisse für jede Gemeindefläche auszugeben. Für eine naturräumliche Betrachtung wie sie eingangs skizziert wurde, wurden die klassifizierten Flächen der Gemeinden pro Naturraumeinheit zusammengefaßt (Tab. 2).

Tabelle 2: Anteile von 5 Klassen an Gemeideflächen, bezogen auf Naturräume.

Summe der Gemeinde-flächen im Naturraum	dichter Baumbestand [%]	lockerer Baumbestand [%]	offenes Grasland [%]	versiegelte Fläche [%]	nicht klassifiziert [%]
Odenwald Randplatten	40,1	3,5	3,1	2,9	50,4
Bauland	36,4	4,6	2,0	5,7	49,8
Neckarbecken, Teil 1	5,7	3,4	2,8	13,3	71,4
Keuperstufenrand des Neckarbeckens, Teil 1	12,0	4,9	3,2	23,3	51,7
Neckarbecken, Teil 2	10,5	7,7	4,0	18,0	50,9
Keuperstufenrand des Neckarbeckens, Teil 2	23,2	10,4	3,2	39,4	22,8
Filder	24,4	11,7	7,4	18,0	38,6
Schönbuch und Tübinger Keuperstufenrand	32,1	14,0	9,4	7,0	36,9
Albvorland	30,5	20,3	9,5	14,5	25,4
Mittl.Kuppenalb	39,9	7,6	8,2	1,8	42,5
Mittl.Flächenalb	41,2	5,5	7,6	1,5	44,2
Meßkirch-Saulgauer Altmoränenhügelland	39,4	5,2	2,9	2,3	50,5
Jungmoränenhügelland	27,8	7,5	5,1	2,7	57,0
westl.Bodenseegebiet	26,9	9,5	6,8	8,7	47,5

Aus Tabelle 2 ist ersichtlich, daß die Flächennutzungen von den naturräumlichen Vorraussetzungen geprägt sind. In kälteren Regionen (Odenwald-Randplatten, Schwäbische Alb) liegt der Anteil des 'dichten Baum-

bestandes' bei 40% der Gesamtfläche, während davon auf den ertragrei-
chen Lösebenen des Neckarbeckens nur 6 - 10% zu finden sind. Dagegen
ist hier der Ackeranteil ('nicht klassifiziert') und die 'versiegelte
Fläche' besonders hoch. Einen hohen Grünlandanteil ('offenes Grasland') weisen die relativ regenreichen Gebiete von Schönbuch, Albvorland und Kuppenalb auf, die für den Ackerbau nicht so gut geeignet
sind wie die tieferliegenden Teile Baden-Württembergs. Im Albvorland
wurde besonders viel 'lockerer Baumbestand' klassifiziert. Die tonigen
Böden des Braun- und Schwarzjura und das relativ milde Klima begünsti-
gen den traditionellen, großflächigen Streuobstanbau. In den Naturräumen südlich der Schwäbischen Alb tritt der Streuobstanbau wegen der
Spätfrostgefährdung zurück.

Der Versiegelungsgrad zeigt den Verstädterungsgrad der Naturräume im
Gebiet des "Schnitts". Ländliche Regionen, wie die Alb, das Altmorä-
nen- und das Jungmoränenhügelland oder die Odenwald-Randteile sind nur
zu 2-3% versiegelt. In der Nähe des Neckars steigt der Versiegelungsgrad stark an, wobei die Zentren Reutlingen (Albvorland), Stuttgart
einschließlich Vororten und Heilbronn (Keuperrand des Neckarbeckens)
naturgemäß die größte Rolle spielen. Auch die zwischen Stuttgart und
Heilbronn liegenden Gemeinden, die bis vor wenigen Jahrzehnten noch
von der Landwirtschaft geprägt waren, weisen heute einen wesentlichen
höheren Versiegelungsgrad auf als die ländlichen Teile im Norden und
Süden des Landes.

Tab. 3 zeigt eine Gegenüberstellung der Gebäudeflächen, Freiflächen
und Betriebsflächen aus der Landesstatistik mit den Flächenanteilen
der Klasse 'versiegelte Fläche'. In den Gebieten, in denen die Versiegelung unter 10% der Gesamtfläche liegt, wurde weniger klassifiziert
als die Landesstatistik ausweist. Dagegen sind die 'versiegelten Flächen' in verstädterten Naturräumen größer als in der Landesstatistik
angegeben. Für die ländlichen Gebiete läßt die Betrachtung der klassifizierten Bilder darauf schließen, daß die Differenz zwischen den Werten durch die Nichterfassung der Straßen zustande kommt. Sobald diese
in Landschaften verlaufen, die sonst nicht weiter versiegelt sind,
werden sie als lineare Strukturen im Bereich einer Bildelementgröße
(30 m * 30 m) nicht mehr sicher erkannt. In Gebieten mit generell hohen Versiegelungsgrad (z.B. im Naturraum Keuperstufenrand des Neckarbeckens mit Stuttgart oder Heilbronn) steigt der Anteil der Versiegelung über die Angaben der Landesstatistik, da die Straßen in den be-
bauten Gebieten aufgehen. Allerdings muß auch gesagt werden, daß amtliche statistische Daten für Vergleiche teilweise wenig geeignet sind.

Tabelle 3: Statistische Werte von Versiegelungen
bezogen auf Naturräume.

Summe der Gemeinde- flächen im Naturraum	amtl.stat.Wert Gebäude-Frei- und Betriebsfl. [%]	versiegelte Fläche [%]
Odenwald Randplatten	2,9	2,9
Bauland	6,5	5,7
Neckarbecken, Teil 1	11,1	13,3
Keuperstufenrand des Neckarbeckens, Teil 1	18,2	23,3
Neckarbecken, Teil 1	15,9	18,0
Keuperstufenrand des Neckarbeckens, Teil 1	26,3	39,4
Filder	15,5	18,0
Schönbuch und Tübin- Keuperstufenrand	7,9	7,0
Albvorland	8,0	14,5
Mittl.Kuppenalb	3,0	1,8
Mittl.Flächenalb	2,8	1,5
Meßkirch-Saulgauer Altmoränenhügelland	4,5	2,3
Jungmoränenhügelland	4,6	2,7
westl.Bodenseegebiet	7,3	8,7

Das liegt oft an der funktionsorientierten Definition und anderen ver-
waltungstechnischen Abgrenzungskriterien dieser Daten (vergl. [5] in
diesem Band).

Schlußfolgerungen

Umweltrelevante Planungen und Aussagen setzen die Kenntnis der aktuellen und flächendeckenden Nutzungsmuster einer Landschaft voraus.

Das erzielte Ergebnis dieser Auswertung zeigt, daß die Satellitenbildauswertung im Rahmen ihrer Auflösung und bei geeigneter Definition von
auszuwertenden Nutzungsklassen großflächig verhältnismäßig schnell
brauchbare Ergebnisse liefern kann. Wenn die Parameter für die Klassifikation vorliegen, können Momentaufnahmen häufig wiederholt und damit
die Veränderung der Landnutzung dokumentiert werden. Die Daten liegen
für die Aufnahme in eine Datenbank bereit und können dort weiterverarbeitet werden.

Auswertungen von Aufnahmen optischen Satellitenbildaufnahmesystemen liefern nur brauchbare Ergebnisse, wenn Wolkenfreiheit zwischen Aufnahmegerät und Erdoberfläche herrscht. Wie diese Auswertung zeigte, können für die Auswertung großer Flächen nur dann Trainingsgebiete aus einem lokalen Bereich benutzt werden, wenn über dem gesamten Auswertegebiet in der Atmosphäre keine großen Störungen vorhanden sind. Der Einfluß der naturräumlichen Unterschiede machte sich entgegen ursprünglicher Erwartungen nur bei der Klasse 'offenes Grasland' bemerkbar. Für die anderen Klassen zeigte sich die Klasseneinteilung für den Zeitpunkt der Datenaufnahme und für das gesamte Auswertegebiet als sehr robust.

Eine Veröffentlichung der Ergebnisse auf Gemeindebasis ist in Vorbereitung.

Literatur

[1] 1989: Weiterentwicklung der Technik und aktuellen Nutzanwendung der Fernerkundung im Bereich Umweltschutz. 5., unveröffentlicher Zwischenbericht im Auftrag des Umweltbundesamtes Berlin, Projektleitung Dr. D. Fischer.

[2] "Schnitt" Beispiele aus der Siedlungsstruktur in Baden-Württemberg. Architektur- und Städtekongress der Landesregierung Baden-Württemberg; Oktober 1987

[3] Weller F., Schreiber K.F., Agrarökologische Gliederung des Landes Baden-Württemberg.- Hrsg.: Ministerium für Ernährung, Landwirtschaft und Umwelt Baden-Württemberg.

[4] Geologische Karte von Baden-Württemberg M 1:200 000; Hrsg.:Landesvermessungsamt Baden-Württemberg, Stuttgart.

[5] Kleyer M., Klaedtke H.-G., Ziemann H.,Verschneidung von Vorort- und Satelliten-Daten für Planungen zum Arten- und Biotopschutz. (Bericht in diesem Band)

Raumplanung mit Hilfe von Satellitendaten:

Ökologische Klassifizierung aus dem Raum Stuttgart

Dieter Fischer
Umweltbundesamt
Bismarckplatz 1
1000 Berlin 31

1. Einleitung

Bei allen zur Zeit in Entwicklung befindlichen Umweltinformationssystemen ist der Raumbezug von zentraler Bedeutung. Die Beobachtung des Zustandes unserer Umwelt und dessen zeitliche Änderung mit Hilfe von Meßnetzen und Monitoring-Programmen dient zwei Zielen: Einerseits der Frühwarnung wie z.B. beim Auftreten von Smogepisoden oder der Zunahme der Waldschäden. Andererseits werden sie benötigt für die Dokumentation der Umweltbelastung, wie dies in der im Aufbau befindlichen Umweltprobenbank des Umweltbundesamtes der Fall ist. Sie werden benötigt, um schwerwiegende Veränderungen festzustellen. Der Raumbezug ist dabei ein Parameter, der für die Umweltdaten unverzichtbar ist. Er spielt bei der Verarbeitung dieser Daten eine wesentliche Rolle. Die bisher genutzten und verfügbaren geographischen Informationssysteme (GIS) zu Erfassung, Speicherung und Bearbeitung von raumbezogenen Daten zeichnen sich durch ihre vektorielle Datenstruktur aus. Durch die Nutzung neuer Datenquellen wie z.B. von Daten aus der Satelliten-Fernerkundung müssen jedoch Pixel-Daten

verarbeitet und mit Vektordaten kombinierbar sein. Hybride geographische Informationssysteme, die der Markt bereits zur Verfügung stellt, können diese Aufgabe übernehmen. Dadurch wird es
möglich, neue Aussagen mit Hilfe von GIS zu erhalten, wie dies
im Bereich der Landschaftsplanung der Fall ist.

2. Untersuchungen für ein Biotopverbundsystem

Die Arbeitsgruppe Biotopverbundsystem Stuttgart/mittlerer Neckar
hat in Zusammenarbeit mit dem Institut für Landeskultur und
Pflanzenökologie der Universität Hohenheim umfangreiche Untersuchungen durchgeführt, mit dem Ziel, planerische Empfehlungen
an Entscheidungsträger abzugeben (1). Zur Bestandserhebung des
Planungsgebietes wurden arten- und biotopschutzrelevante Daten
gesammelt. Sie umfassen Luftbildauswertungen, die Landesbiotop-
kartierung, Landschaftspläne, forstwirtschaftliche Standart-
karten, Planungen der Gemeinden und Stichproben im Gelände.
Die Kartierung der ermittelten Biotoptypen erfolgte in einer
Bestandskarte im Maßstab 1:10.000.

Aus der Bestandskarte wurde mit dem Instrument der Landschaftsanalyse und der Historischen Analyse eine Funktionenkarte im
Biotopverbundsystem im Maßstab 1:25.000 abgeleitet, in der in
Wertstufen die Größe und Dichte des Biotopbestandes, die
Habitatbausteinanalyse der Biotoptypen und die besonderen
Artenvorkommen des Lebensraumes dargestellt werden. Die auf
diesen Aussagen basierenden thematischen Karten weisen planerische Empfehlungen aus für Sicherungsflächen, Ergänzungs-
flächen und Mangelflächen. Betrachtet man die Inhalte dieser

Auswertungsschritte, so kann zusammenfassend festgehalten werden:
Über die Art der Bodenbedeckung (die Waldflächen und Gehölze, die
Wasserflächen, die Feuchtgebiete, die Trockenstandorte und die
Brachflächen) werden die Nutzungsfunktionen (z.B. Biotoptypen-
auswahl, Habitatbausteinanalyse) abgeleitet. Die so erarbeiteten
Karten wurden durch Digitalisierung in vektorelle Strukturen
überführt und abgespeichert. Sie stehen zur Weiterverarbeitung,
wie der Verknüpfung mit anderen Daten, die z.B. aus einem Digitalen Höhenmodell gewonnen werden können, zur Verfügung.

3. <u>Satellitenbildauswertungen für planerische Empfehlungen</u>

Für dasselbe Beobachtungsgebiet wurden Satellitenbildauswertungen im Auftrag des Umweltbundesamtes am Institut für Navigation an der Universität Stuttgart durchgeführt (2). Die verwendeten Spektralbereiche erstreckten sich vom sichtbaren
Bereich bis hin zum fernen Infrarot und zum thermalen Bereich.
Die geometrische Auflösung betrug 30 x 30 m bzw. 10 x 10 m.
Folgende Bilddaten wurden für die Klassifizierungen herangezogen: Landsat 5 TM Kanäle 1 bis 7 und SPOT Kanäle 1 bis 3,
Monate Juli, August und September. Mit Hilfe dieser Spektralbereiche konnte eine 9-stufige Klassifizierung mit 23 Unterklassen durchgeführt werden. Diese gibt insbesondere Auskunft
über die Art der Bodenbedeckung (landcover) des beobachteten
Gebietes.

Analog zur Datenaquisition der Arbeitsgruppe Biotopverbund-
systeme, die aus Luftbildauswertungen Datenmaterial gewonnen
hat, wurden basierend auf den Klassifizierungsergebnissen

über die Art der Bodenbedeckung die Biotoptypen abgeleitet.
Deshalb wurde ein quantitativer Vergleich zwischen beiden Datenquellen möglich und auch durchgeführt. Die klassifizierten
Satellitendaten, die in Pixelform vorliegen, wurden in einem
hybriden Graphiksystem (SICAD-Hygris der Firma Siemens) mit den
Vektor-Planungsdaten überlagert und verschnitten. Dieses Overlay-
und Verschneidungsverfahren führte zu dem Ergebnis, daß beide
Erfassungs- und Auswerteverfahren in ihren Aussagen gut übereinstimmen.

4. Zusammenfassung

Als Folgerung kann festgehalten werden:

- Auch auf der Basis von Satellitendatenauswertungen - stets in
  Kombination von anderen raumbezogenen Informationen - lassen
  sich Maßnahmen für landschaftsplanerische Vorschläge ableiten,
  die die Schutzwürdigkeit und die Entwicklungspotentiale von
  Flächen berücksichtigen.

- Die Extrapolation von Aussagen, die in Trainingsgebieten
  gewonnen wurden, auf Räume innerhalb desselben Wuchsgebiets
  bzw. -bezirkes ist möglich.

5. Ausblick

Wie gezeigt wurde, können Fernerkundungsdaten wichtige Beiträge
zur Erarbeitung landschaftsplanerischer Empfehlungen leisten.
Die Übertragbarkeit dieser Methode auf urbane Ökosysteme sollte
geprüft werden. Bei den Untersuchungen wurde gezeigt, daß

Grundgeometrien der Landbedeckung mit Hilfe von Satellitendatenauswertungen exakt und aktuell erfaßt werden können. Eine weitergehende Fragestellung sollte jedoch untersucht werden: Welche
zusätzlichen Informationen können durch Ausnützung der Kanäle
hinsichtlich der Spektralbereiche und durch periodische Auf-
nahmemöglichkeiten gewonnen werden? Hierfür ist die Periodizität
im Nutzungssystem, die Feuchtestufen und ihre Dynamik im Zeit-
gradienten, die Kopplung mit Informationen aus anderen Datensätzen bei unterschiedlich scharfer Grundgeometrie zu untersuchen.
Somit würde es möglich, innerhalb der Hauptnutzungen (Wald,
Acker, Grünland, Obstwiesen u.s.w.) weitere feinere ökologische
Differenzierungen aufzuzeigen.

Literatur:

(1) Dr. H. Roweck, G. Bray, A. Ehol, G. Matthäus:
Biotopverbundsystem; Untersuchung für ein Biotopverbundsystem
im Gebiet des Nachbarschaftsverbandes Stuttgart und in
angrenzenden Teilen der Region Mittlerer Neckar
Band 1: Biotopverbundsystem
Band 2: Vorschläge für Maßnahmen in den Städten und Gemeinden
Nachbarschaftsverband Stuttgart, 1987

(2) Prof. Dr. Ph. Hartl, M. Kleyer, H.-G. Klaedtke, Dr. H. Ziemann:
Weiterentwicklung der Technik und aktuelle Nutzanwendung der
Fernerkundung im Bereich Umweltschutz

Das RESEDA-Projekt:
Ein wissensbasierter Ansatz
zur Auswertung von Rasterbilddaten
im Rahmen eines Umweltinformationssystems

Wolf-Fritz Riekert

FAW, Oberer Eselsberg, Helmholtzstraße 16, Postfach 2060, D-7900 Ulm
Siemens AG, Unternehmensbereich Kommunikations- und Datentechnik,
Otto-Hahn-Ring 6, Postfach 830951, D-8000 München 83

Das Projekt RESEDA (der Name steht für Remote Sensor Data Analysis, auf deutsch: Analyse von Fernerkundungsdaten) zielt ab auf die Überwachung von Umweltzustandsdaten mit Hilfe einer wissensbasierten Auswertung von Rasterbilddaten. Das Projekt wird am Forschungsinstitut für anwendungsorientierte Wissensverarbeitung (FAW) an der Universität Ulm durchgeführt. Förderer des Projekts sind das Land Baden-Württemberg und die Siemens AG.

Es wird ein System entwickelt, das aus Fernerkundungsdaten (Satellitenbilddaten bzw. digitalisierten Luftaufnahmen) ökologische Zustandsdaten ableitet, die in einem Umweltinformationssystem benötigt werden. Derartige Zustandsdaten sind z.B. Temperaturen, Vegetationsanteil, Versiegelungsgrad oder die Landnutzung geographischer Regionen und die Veränderungen dieser Eigenschaften im zeitlichen Verlauf. Solche Basisdaten können von einem Umweltinformationssystem verwendet werden, um z.B. Umweltzustände anzuzeigen, zu erklären oder vorherzusagen oder um die Landnutzung zu überwachen, zu simulieren oder zu planen.

Die Architektur des Systems folgt einem wissensbasierten Ansatz: Symbolisch repräsentiertes Expertenwissen über Bildauswertungsverfahren wird vom System genutzt und Vorwissen aus geographischen Datenbasen wird in die Analyse einbezogen.

Symbolische Verarbeitung
vs. ikonische Verarbeitung

Die Auswertung von Rasterbilddaten beruht auf zwei Arten von Verarbeitungsprozessen:

- Die erste Art von Verarbeitungsprozessen, auch ikonische Bildverarbeitung genannt, umfaßt die Entzerrung der Bilddaten, das Ausfiltern von Bildstörungen, und die radiometrische Korrektur der gemessenen Intensitäten. Ein schwieriges Problem ist die Bereinigung der gemessenen Spektraldaten von Einflüssen, die auf Expositionsunterschiede oder athmosphärische Gegebenheiten zurückgehen. Die ikonische Bildverarbeitung beruht in hohem Maße auf klassischen Bildverarbeitungsverfahren. Im Rahmen von RESEDA ist beabsichtigt, für diese Art von Verarbeitungsprozessen weitgehend auf vorhandene Hard- und Software zurückzugreifen.

- Die zweite Art von Verarbeitungsprozessen, die auch als symbolische Bildverarbeitung bezeichnet wird, umfaßt die Extraktion relevanter Information aus den Daten, die Ableitung von umweltbezogenen Eigenschaften und deren Zuordnung zu geographischen Einheiten. Diese Teilaufgabe erfordert ein hohes Maß an fachlicher Erfahrung und widersetzt sich derzeit noch einer vollautomatischen Bearbeitung. Die Einschaltung eines menschlichen Experten ist in den meisten Fällen erforderlich. Die Modellierung derartigen Expertenwissens mit Hilfe von Techniken der künstlichen Intelligenz ist das Hauptforschungsziel des RESEDA-Projekts.

Die meisten existierenden Bildverarbeitungssysteme vollführen nur ikonische Bildverarbeitung. Diese Systeme stellen Operatoren zur Verfügung, welche Bilddaten als Eingabe nehmen und ein anderes Bild als Ausgabe erzeugen. Die vom Benutzer abrufbaren Auswertungsergebnisse beziehen sich letztlich immer nur auf eine Matrix von Bildelementen. Es bleibt dem Benutzer des Bildverarbeitungssystem überlassen, die geeigneten Operatoren auszuwählen und dann zu bewerten, was die erzeugten Bilder bedeuten.

Wissensbasierte Bildauswertung

Mit dem RESEDA-Projekt wird versucht, das Augenmerk von den zweidimensionalen Bildinhalten auf die tiefen Wissensstrukturen hinter den Bildern zu lenken. Ziel der Forschung ist es, ein Softwaresystem zu entwickeln, das anstelle des Experten ein Bild "betrachtet" und die Fakten explizit macht, die durch das Bild impliziert werden.

Es hat sich gezeigt, daß die Analyseergebnisse häufig unbefriedigend sind, wenn die Fernerkundungsdaten die einzigen Eingabewerte für den Auswertungsprozess darstellen [2]. Es ist deshalb sinnvoll, über die Fernerkundungsdaten hinaus noch weitere Daten in Betracht zu ziehen. In RESEDA wird deshalb einer auf Vorwissen gestützten Analyse der Vorzug gegeben. Es ist geplant, vorhandenes Wissen über das zu beobachtende Gebiet in die Analyse mit einzubeziehen. Derartiges Wissen ist typischerweise in der Datenbasis eines Geoinformationssystems (GIS) repräsentiert [1]. Es besteht unter anderem aus:

- einer digitalen Landkarte, in der geographische Einheiten und deren Typ, Lage und Grenzen in Form von Objekten und Attributen beschrieben sind;

- topologischen Beziehungen zwischen geographischen Einheiten;

- einem digitalen Höhenmodell;

- aus In-Situ-Messung gewonnene oder anderweitig erhobene Sachdaten in Form von Objektattributen.

Das Bildauswertungsverfahren kann dieses Vorwissen auf verschiedene Weisen nutzen:

- Ein kontinuierlich über die Fläche verteilter Datenbestand, wie z.B. die Höheninformation aus dem digitalen Höhenmodell kann als zusätzlicher virtueller Bilddatenkanal in die Analyse mit einbezogen werden.

- Wissen über unterschiedliche Landschaftsarten kann zur Stratifizierung des Auswertungsgebiets in einzelne Teilflächen genutzt werden, die dann getrennt analysiert werden.

- Wissen über Gebietsgrenzen (z.B. Verwaltungsgrenzen oder Nutzungsartengrenzen) kann dazu genutzt werden, um eine gebietsweise (anstatt bildpunktweise) Auswertung zu ermöglichen.

Ziel der Auswertung ist die Ermittlung von umweltrelevanten Eigenschaften der betrachteten geographischen Einheiten und deren Abspeicherung als Objektattribute in der geographischen Datenbasis. Die Auswertungsergebnisse können einerseits als Basisinformation für ein Umweltinformationssystem dienen. Andererseits können sie auch als Vorwissen für künftige Auswertungsvorgänge genutzt werden.

Eine Aufgabe, für die der wissensbasierte Ansatz von Vorteil ist, soll im folgenden genauer betrachtet werden. Es ist dies die Aufgabe der Klassifizierung geographischer Gebiete, etwa mit dem Ziel, die Landnutzung zu ermitteln. Hierzu gibt es Algorithmen, die durch Vorgabe typischer Beispiele darauf trainiert werden können, bestimmte Klassen von Gebieten zu erkennen [3]. Diese Art von Auswertung wird als überwachte Klassifikation bezeichnet. Für eine vorgegebene Klasse muß eine Reihe von charakteristischen Gebieten angegeben werden, die dann als Trainingsgebiete für den Klassifizierungsalgorithmus dienen. Die durchschnittlichen Spektralwerte aller Bildelemente aus den Trainingsgebieten werden ermittelt und dienen fortan als charakteristisches Merkmal für die betrachtete Klasse von Gebieten. Ein zu klassifizierendes Gebiet gehört zu einer bestimmten Klasse, wenn die Spektralwerte innerhalb des Gebiets nicht zu sehr vom Durchschnittswert der entsprechenden Trainingsgebiete abweichen. Durch die verschiedenen Metriken, die zur Messung dieser Abweichung verwendet werden, unterscheiden sich die verschiedenen gängigen Klassifikationsmethoden. Alle diese Methoden setzen voraus, daß die Wertebereiche der einzelnen Klassen um einen zentralen Wert gleichmäßig verteilt sind (z.B. normalverteilt) und sich gegenseitig nicht überlappen. Wenn diese Bedingungen nicht erfüllt sind, ist eine detailliertere Untersuchung erforderlich und es muß zusätzliches Wissen in die Analyse einbezogen werden:

-   Wenn die Werteverteilung durch lage- oder sachbezogene Einflüsse verzerrt ist, kann der Einbezug von Vorwissen aus einer geographischen Datenbasis Abhilfe bringen, z.B. indem eine Stratifizierung vorgenommen wird oder indem die Bilddaten durch Verrechnung mit einem virtuellen Datenkanal von den störenden Einflüssen bereinigt werden.

-   Bei der Klassifizierung kleinräumiger Einheiten, die insbesondere für Mitteleuropa typisch sind, ist mit einem hohen Anteil von sogenannten Mischpixeln zu rechnen, die sich auf den Grenzen zwischen den Gebieten unterschiedlicher Klassen ergeben. Wenn Vorwissen über die Grenzen von Gebieten vorhanden ist, die in sich als homogen angenommen werden können (z.B. Flurstücke), bietet es sich an, gebietsweise (und nicht pixelweise) zu klassifizieren. Dabei besteht die Chance, Mischpixel aufgrund ihrer Grenzlage bzw. ihrer fremdartigen Spektralwerte zu erkennen und zu korrigieren.

- In anderen Fällen wiederum ist ein einzelner Spektralwert prinzipiell nicht ausreichend, um eine bestimmte Klasse zu charakterisieren. Um ein solches Gebiet zu klassifizieren, muß die Werteverteilungsfunktion innerhalb des Gebiets analysiert werden. Zum Beispiel eine Obstwiese zeigt eine breite Verteilung unterschiedlicher Spektralwerte. Alle diese Werte sind Mischungen der charakteristischen Werte der Bäume und des Bodenbewuchses, jedoch in wechselnden Anteilen. Dieser Effekt, der auch als Salz-und-Pfeffer-Effekt bezeichnet wird, zeigt sich insbesondere dann, wenn hochauflösende Sensoren verwendet werden. Wenn dieser Effekt nicht berücksichtigt wird, können manche Landklassen überhaupt nicht erkannt werden, da ihre Werte sich mit anderen Klassen zu sehr überlappen [2].

Geübte Bildverarbeitungsexperten wissen, welche Bildverarbeitungs- und -auswertungsmethoden unter welchen Randbedingungen angebracht sind. Im Rahmen des RESEDA-Projekts wird untersucht, bis zu welchem Grade derartiges Expertenwissen in ein automatisiertes Bildverarbeitungssystem einbezogen werden kann.

Die RESEDA-Entwicklungsumgebung

Die folgende Hard- und Software wird für die Entwicklung des Systems genutzt:

- Ein graphischer Rechnerarbeitsplatz WS 2000 der Firma Siemens mit SICAD(R)-HYGRIS-Software dient als Zielsystem für die zu entwickelnde Software. In der Entwicklungsphase wird dieser Rechner schwerpunktmäßig für die ikonische Bildverarbeitung genutzt.

- Verschiedene Arbeitsplatzrechner vom Typ WS 30 der Firma Siemens werden für die Entwicklung der Symbolverarbeitungs komponenten benutzt.

- Das System wird in den Sprachen C und Common LISP programmiert.

- Die einzelnen Computer sind durch ein lokales Netz (Ethernet) miteinander gekoppelt.

Zusammenfassung

Die Eigenschaften des Bildauswertungssystems, das im Rahmen des Projekts RESEDA entwickelt wird, stellen sich zusammenfassend folgendermaßen dar:

- Durch Fernerkundung gewonnene Rasterbilddaten stellen die primäre Informationsquelle für die Auswertung dar.

- Vorwissen aus geographischen Datenbasen wird genutzt, um die Qualität der Auswertung zu verbessern.

- Expertenwissen über Konzepte und Methoden der Bildverarbeitung ist im System repräsentiert.

- Es werden umweltbezogene Daten ermittelt, die als Attribute geographischer Einheiten in einer Datenbasis abgelegt werden.

Das Ziel von RESEDA als einzelnes Projekt ist die Entwicklung vonautomatisierten Verfahren zur Ermittlung von möglichst genauer Umweltinformation aus Fernerkundungsdaten. Das umfassende Ziel im Rahmen der Gesamtkonzeption der Umweltprojekte am FAW ist darüber hinaus der Entwurf interaktiver Anwendungssysteme, die von derartiger Umweltinformation Gebrauch machen. Typische Einsatzgebiete solcher Anwendungssysteme sind beispielsweise:

- die Erklärung von Umweltzuständen,

- die Vorhersage von Umweltzuständen,

- die Planung und Simulation verschiedener Szenarien der Landnutzung.

Fernerkundung macht umfangreiche, umweltbezogene Datenbestände implizit verfügbar. Um diese Daten auch nutzen zu können, ist ein Analysevorgang erforderlich, der neben einem großen rechnerischen Aufwand auch ein hohes Maß an Wissen vorausetzt. Dieses Wissen ist jedoch nur bei wenigen Experten vorhanden. Das wissensbasierte Softwaresystem, das im Rahmen des Projekts RESEDA entwickelt wird, soll dazu beitragen, diesen Mangel zu beheben und die Produktivität der Fernerkundung als Technik der Datenakquisition im Umweltbereich zu verbessern.

Literatur

[1] Burrough P.A.: *Principles of Geographical Information Systems for Land Resources Assessment.* Clarendon Press, Oxford, 1986.

[2] Schmullius Ch.: *"Klassifizierung einer Region mit Landsat-TM-Daten für Planung und Statistik".* In: *Untersuchungen über grundsätzliche Möglichkeiten zur Nutzung von Fernerkundungsdaten im Umweltbereich.* Studie im Auftrag des Umwelt-ministeriums Baden-Württemberg. Stuttgart, 1988.

[3] Swain P.H., Davis S.M. (Hrsg.): *Remote Sensing: The Quantitative Approach.* McGraw-Hill, New York, 1978.

Die Gewinnung, Auswertung und Archivierung verläßlicher Umweltinformationen am Beispiel von TOPOGRAMM

Ullrich B. Kampffmeyer
ACS Systemberatung GmbH
Poststraße 3, D-2000 Hamburg 36

Heiner Benking
Gerhart-Hauptmann-Str. 19, D-2722 Visselhövede

Abstract:

Collection, Processing, and Documentation of Reliable Environmental Informations -

Airborne close-range sensing data volumes require new data management concepts

Computer-aided methods provide today the possibility to handle, process, analyse, and retrieve large information volumes. Both, remote and close-range sensing, collect extreme quantities of data, but with different focus. Therefore, different processing strategies need to be developed to combine and handle 2-dimensional spectral data covering wide areas or analog stereo models of small regions. TOPOGRAMM uses both, digital and analog acquisition and, merges local and global scopes combining conventional aerial photogrammetry with high precision measurements.

The session is focussing on processing of vector and raster data, mass information storage, data banks, archiving, analysis, and documentation procedures. It describes existing projects and pilot applications.

The term TOPOGRAMM stands for an innovative system to collect and process environmental and geo-scientific data. After the first close-range metric sensing proved workable, specialized computer assisted procedures were developed to handle the new quality of data. Acquisition and stereo processing, combining micro-and meso-scales and different disciplines, requires new approaches and the exploitation of visual inspection and differentiation powers. Digital and analog superimposition in high fidelity environments is another challenge.

A navigated sensor-platform acquires point and area, raster and density informations. Their combination promises new insights and allows interdisciplinary approaches. The outstanding quality of the collected data results from repetition, selection, and measurements. This "reliable" information is object and milieu related and can be obtained at any time by a visual "stereo" access to the archived models.

Objective dimensional informations are processed in computer systems to portray the spatial variability and analyse, model, map, and archive. Specific procedures are governed by media restrictions. Film, as one source media with high data capacity, competes with digital storage media, holding raster data and data-bases of geographic information systems (GIS).

The system is suitable for engineering surveys and quantity surveying. The given accuracy can be favourably used for other mapping tasks or environmental applications like bio-monitoring or erosion protection.

Inhaltsverzeichnis

1. Einführung und zum Begriff TOPOGRAMM

Der Begriff TOPOGRAMM steht für ein neuartiges Verfahren zur Gewinnung von naturräumlichen Informationen. Er leitet sich vom Topographen her, der im Gelände oder bei der Bildauswertung ein TOPOGRAMM erstellt. Entsprechend der Definition von "Topos" in den vergleichenden Geschichtswissenschaften wird er hier als Orts- und Situationsbeschreibung im Sinne einer zielgerichteten Umfeldaufnahme verstanden. Die Nachsilbe "gramm" deutet auf das Einschreiben und Festhalten von Daten hin. Der Begriff wird im deutschsprachigen Raum synonym zur Bezeichnung Naturraumkartierung verwendet. Das TOPOGRAMM bzw. die Naturraumkartierung schließt übergreifend als methodischer Ansatz die Erhebung von Informationen durch Nahbefliegung und deren rechnergestützte Verarbeitung, Archivierung und Auswertung ein.

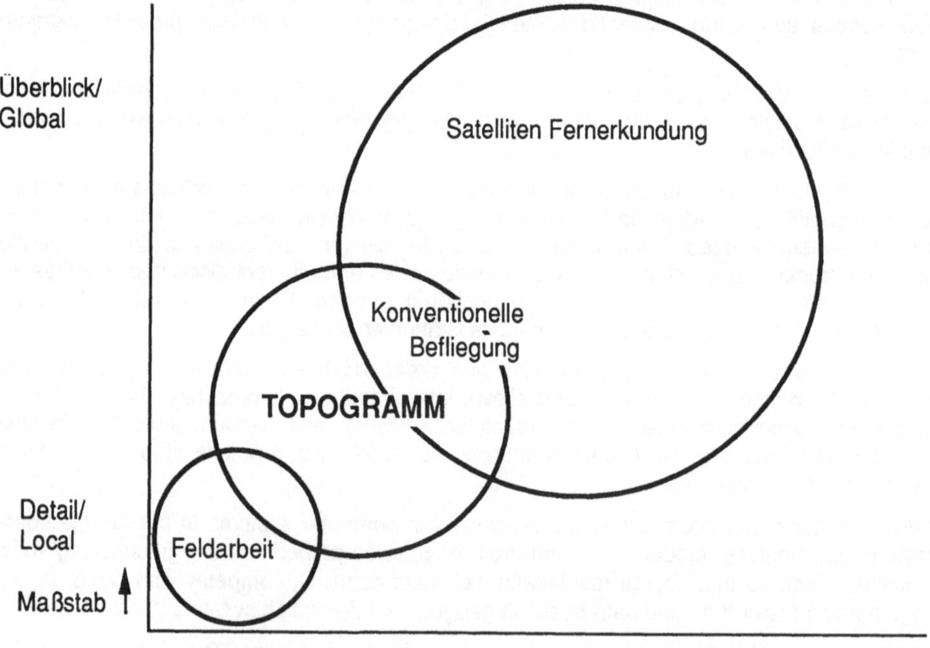

Abb.1 : Die Positionierung des TOPOGRAMM-Verfahrens im Vergleich mit herkömmlichen Erhebungsverfahren

Das Verfahren TOPOGRAMM erlaubt die zielgerichtete Ansprache und Analyse belebter sowie unbelebter Strukturen auf der Erdoberfläche und in den angrenzenden Sphären (Biosphäre, Lithoshäre, etc.). Es basiert auf einer wesentlichen Erweiterung der Schärfentiefe von optischen Systemen für großmaßstäbliche Abbildungen. Diese werden durch ein spezielles Kamerasystem bei Nahbefliegungen gewonnen. Das Verfahren ist zwischen der Fernerkundung und der Mikroerkundung einzuordnen (Abb.1). Es umfaßt dabei den gesamten Bereich der physischen Erkundung durch Begehung und einen Großteil der Fernerkundung. Als Vermittler und Bindeglied zwischen den herkömmlichen optischen Aufnahmemethoden für Umweltdaten schließt das TOPOGRAMM Lücken, die sich bei diesen verfahrenstechnisch ergeben. Das TOPOGRAMM kann durch Informationen, die mit den herkömmlichen Erkundungsverfahren gewonnen wurden, kalibriert, verifiziert und ergänzt werden. Wesentliche Eigenschaften des TOPOGRAMMs sind die hohe Qualität der Informationen, die Detailauflösung und Mehrseitbetrachtung auch kleinräumiger Strukturen, die mit einem äußerst schnellen und wirtschaftlichen Aufnahmeverfahren erfaßt und ausgewertet werden können.

Ziel des Verfahrens ist zunächst die Gewinnung von objektiven Daten. Alle Informationen können dabei als Meßgrößen aufgenommen und mit Hilfe von Rechnersystemen entsprechend unterschiedlichen Fragestellungen ausgewertet werden. Damit steht für verschiedene Disziplinen ein Verfahren zur Verfügung, das einerseits in der Lage ist, fachspezifische Informationen zu erheben, diese aber auch bei Bedarf mit Daten verknüpfen kann, die aus anderen Fachbereichen stammen oder mit anderen Methoden gewonnen wurden.

2. Das TOPOGRAMM-Systemkonzept

Das TOPOGRAMM-Systemkonzept (Abb. 2) ist in drei Ebenen gegliedert:

1. die Bildaufnahme

2. die fotogrammetrische Erfassung und

3. die Datenverarbeitung mit angeschlossener Langzeitarchivierung.

Die erste und zweite Ebene können als Methode zur Datengewinnung zusammengefaßt werden (Abb. 3). Die Datenerhebung basiert auf Fotografien, die durch Nahbefliegung mit einem Flugzeug gewonnen werden (vgl. Abschnitt 3).

Bereits bei der Aufnahme der Fotografien wird auf rechnergestützte Techniken zurückgegriffen. Mit Hilfe eines Navigationssystems ist es möglich, nicht nur die genaue Flugbahn in Fortbewegungsrichtung, sondern auch die Neigung des Flugkörpers festzustellen und parallel mit den Bildaufnahmen aufzuzeichnen. Hierdurch wird die notwendige hohe Genauigkeit für die Vermessung zeitgleich mit verschiedenen Kameras in unterschiedlichen Winkeln aufgenommener Bilder erleichtert.

Die Navigation kann in Zukunft durch ein Rechnerprogramm zur Flugplanung vorbereitet werden, das auf Basis bereits bestehender Geländemodelle optimale Befliegungsrouten errechnet. Die notwendigen Informationen hierfür können durch Fernerkundungsdaten oder aus digitalisierten Karten gewonnen werden. Hinzu kommen die spezifischen Daten der Kameraausrichtung und des Flugzeuges, von dem besonders Flugeigenschaften wie Steigfähigkeit in die der Flugplanung zugrunde liegende Modellrechnung eingehen. Besonders nutzbringend ist die Flugplanung für die vollständige und trotzdem mit geringstmöglichen Aufwand zu betreibende Aufnahme von Gelände mit starkem Relief. Das Verfahren garantiert außerdem das ausreichende Vorhandensein von Referenzmeßpunkten in Bildserien, die aus niedriger Flughöhe aufgenommen werden, und erleichtert damit die fotogrammetrische Auswertung.

Die analogen Bildinformationen werden mit Hilfe von handelsüblichen Planicomp-Geräten stereofotogrammetisch ausgewertet und in digitale Koordinaten- und Strecken-informationen umgesetzt. Zusätzlich werden zu den Koordinatenwerten identifizierende, klassifizierende und beschreibende Informationen gespeichert. Die Auswertung wird durch spezielle, fehlertolerante Programme unterstützt, die vom Benutzer kein spezielles EDV-Wissen erfordern. Dies hat den

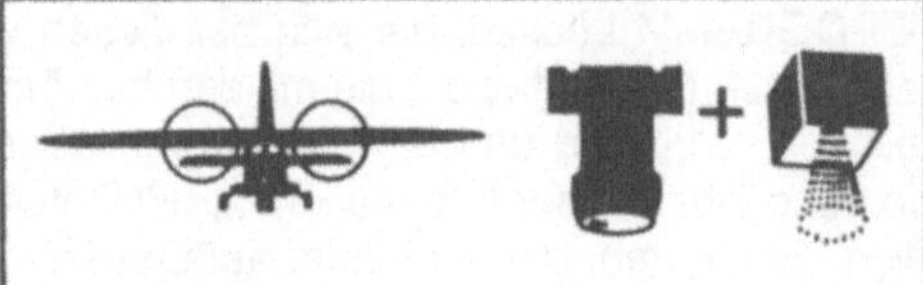

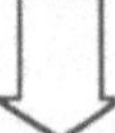

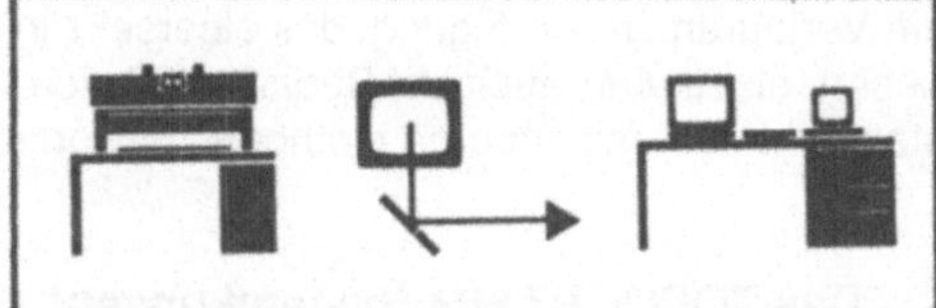

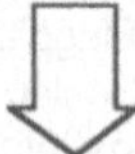

Abb.2: Das TOPOGRAMM-Erfassungs- und Auswertungsverfahren

Vorteil, daß Fachwissenschaftler nach einer kurzen Einführung in die Benutzung des Planicomp die Bildauswertung vornehmen können. Integrierte Plausibilitätskontrollen sorgen darüberhinaus auch bei verschiedenen Bearbeitern für eine gleichbleibende Datenqualität. Für die unterschiedlichen Fachgebiete werden entsprechende spezialisierte Benutzerprogramme bereitgestellt.

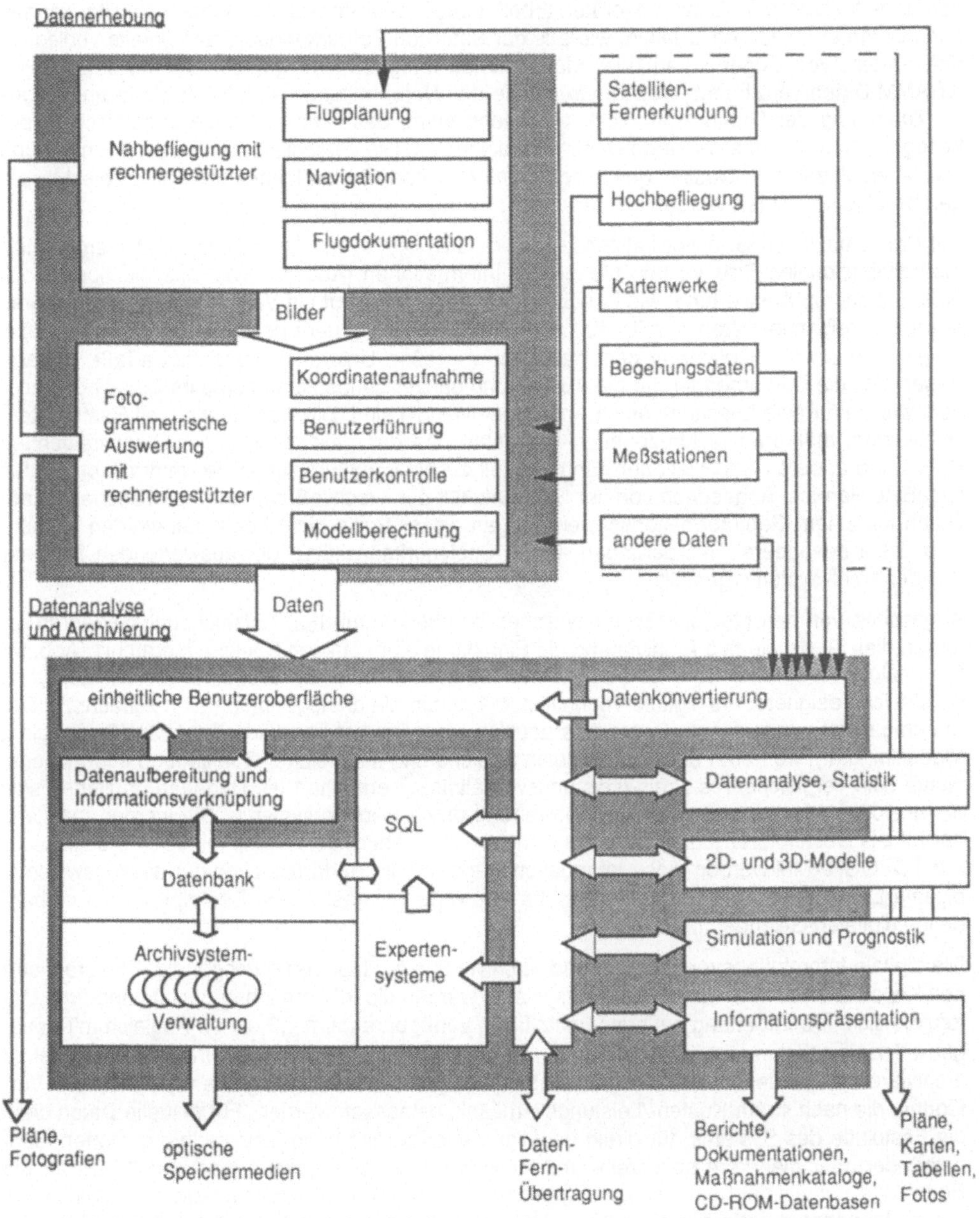

Abb.3: Das TOPOGRAMM-Systemkonzept

Die dritte Ebene basiert auf einem vernetzten Rechnersystem mit spezialisierten Arbeitsplatz-rechnern (Workstation) zur Verwaltung und Analyse großer Datenmengen (Abb. 3). Als Eingangsinformation werden hauptsächlich die mit dem TOPOGRAMM-Erhebungsverfahren gewonnenen Daten benutzt.

Die vom Planicomp übernommenen kleinräumigen Modelle und deren Zusatzinformationen werden zunächst so aufbereitet, daß sie in das Datenverwaltungssystem übernommen werden können. Eine Vielzahl von Auswertegeräten arbeitet dabei dem Verwaltungssystem zu. Hier können auch Daten aus anderen Quellen, wie aus der Satelliten-Fernerkundung, aus bereits vorliegenden Karten, von Begehungen oder Meßstationen integriert und gemeinsam mit den TOPO-GRAMM-Daten verarbeitet werden. Grundlage des Datenhaltungssystems ist die raumbezogene Zuordnung der Daten zum Weltkoordinatensystem, das zusätzlich eine dynamische, zeitbezogene Komponente als vierte Dimension beinhaltet. Die verschiedenen Fragestellungen und aus unterschiedlichen Quellen gewonnenen Informationen sollen koordinaten- und objekt-bezogen beliebig kombiniert werden können.

Die Problematik von Geoinformationssystemen (GIS) liegt in der Mehrdeutigkeit, Heterogenität, mehrdimensionalen Struktur und Menge der Informationen (Abb. 4). Das einschichtige Modell einer Planicomp-Auswertung, wie in Abbildung 6 gezeigt, belegt als Vektorinformation ohne weitere beschreibende Daten bereits 400 KiloByte Speicher. In dem gezeigten Modell sind dabei lediglich knapp 400 Objekte in dem ca. 20 qKm großen Untersuchungsgebiet erfaßt. Hieraus lassen sich die Datenmengen für die Auswertung ganzer Landschaftsräume im Detail hochrechnen, wie sie für eine aussagekräftige Analyse notwendig sind. Die Kombination mit Rasterdaten, Meßwerten, mehreren fachbezogenen Intepretationen des gleichen Raumes, beschreibenden Daten und anderen Informationen führt schnell zu einer Akkumulation der Information in den GigaByte-Bereich. Abgesehen von der Schwierigkeit der Erschließung raum- und zeitbezogener Daten mit einem Geoinformationssystem, die an dieser Stelle nicht behandelt werden können, sind damit besondere Anforderungen an die Speicherkapazitäten der auswertenden Rechner und der Archivsysteme gestellt.

Abgesehen von den Medienbrüchen zwischen den herkömmlichen Aufzeichnungsverfahren erfordert dies für die digitale Archivierung die Einhaltung einer strikten Speicherhierarchie (Abb. 5). Die analogen Verfahren sind für die Speicherung großer Bildinformationsmengen zur Zeit noch wesentlich geeigneter als digitale Techniken, bei denen die analoge Information zunächst in Daten umgesetzt werden muß. Besonders deutlich wird dies bei Farbbildsequenzen (Fotografien, Videofilm, u.ä.), wo heute bei einer digitalen Speicherung mit gleicher Qualität und Informationsdichte kein vergleichbares Preis-/Leistungsverhältnis zu erreichen ist. Dagegen entziehen sich die analogen Medien einer direkten Auswertung durch Rechnersysteme. Sie werden meistens nur mittels Deskriptoren durch Datenbanken verwaltet, aber keineswegs inhaltlich erschlossen. Für TOPOGRAMM werden diese Informationsträger nur im Bedarfsfall und nur auszugsweise in digitale Daten überführt (fotogrammetrische Auswertung, ergänzende Deskriptoren zu vorhandenen digitalen Geländemodellen).

Die digitale Informationsverarbeitung und -archivierung ist dagegen durchgängig. Entsprechend den Kapazitäten der benutzten Rechnersysteme werden die Informationen nach temporären Daten, die sich in Bearbeitung befinden, mittelfristig verfügbaren, um z.B. einen Abgleich mit Vorlagen oder eine Einbindung in großräumigere Modelle zu erzielen, und langfristig, irreversibel zu archivierenden, unterschieden. Dafür stehen auf jeder Ebene geeignete Speicher zur Verfügung, die nach ihrem Kosten-/Leistungsverhältnis bemessen werden. Für aktuelle Daten dient die Festplatte des Systems, für direkt benötigte, aber bereits fertiggestellte Informationen Magnetbänder oder mehrfach beschreib- und löschbare magneto-optische Speicher (M/O), für die Endablage nur einmal beschreibbare optische Speicher (WORM). Besonders die Kombination der letztgenannten optischen Speicher erlaubt auch bei großen Datenmengen den direkten Zugriff. Bereits am Markt verfügbare Plattenwechselautomaten (Jukebox), die mit löschbaren und nur einmal beschreibbaren Speicherplatten gemischt bestückt werden können, erlauben die temporäre Veränderbarkeit und die fälschungssichere Endablage in einem System mit wahlfreiem Zugriff.

Die Problematik von
Geoinformationssystem-Datenbanken:

- heterogene räumliche Information in mehreren Schichten

- zeitliche Veränderung mit Aufzeichnung der Historie

- unterschiedliche Interpretationsdaten zur gleichen Informationsgrundlage

- koordinaten-, zeit- und objektbezogener Zugriff

- Raster- und Vektordaten in einem Bezugssystem

- Medienbrüche durch analoge und digitale Archivierungstechniken

- große, manuell nicht mehr erschließbare Datenmengen.

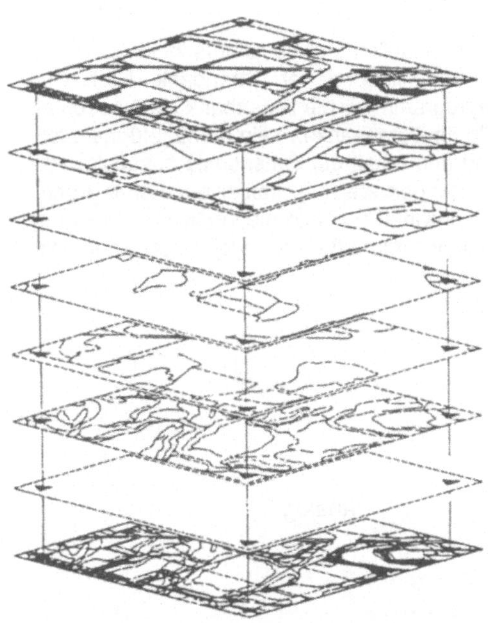

Quelle: F. Arnold, BFANL, Bonn

Abb.4: Die Problematik von Geoinformationssystem-Datenbanken

Für M/O-Speicher wird zur Zeit eine Lebensdauer von mindestens 10 Jahren, für WORM eine von 30 bis 100 Jahren garantiert. Beide Verfahren sind erprobt und verfügbar. Für M/O-Medien und Aufzeichnungsverfahren existiert bereits eine internationale ISO-Norm. Hinderungsgründe für den Einsatz von WORM-Speichern waren bisher die fehlende Standardisierung und mangelnde Programmsysteme zur Ansteuerung der Laufwerke.

Der Einsatz von WORM-Medien erfordert in der Regel eine spezielle Anpassung des Datenhaltungssystems. WORM-Speicher sind auf Grund ihrer Eigenschaften mit herkömmlichen Betriebssystemen und Datenbanken unverträglich. Da WORM-Medien nur einmal beschreibbar sind, ist eine einmal aufgebrachte Information physikalisch nicht zu löschen. Änderungen, Ergänzungen, Datenbankreorganisationen und andere dynamische Schreibvorgänge stellen, abgesehen von möglichen Inkonsistenzen durch automatisierte Dateibezeichnungsvergaben, für das WORM-Medium Neueinträge dar, die sehr schnell zu einer unwirtschaftlichen Ausnutzung des Mediums führen. Andererseits ist es unerläßlich, auf dem WORM-Medium auch einen Teil der dynamischen Informationen abzulegen: um die Medien wechseln zu können und um im Fall eines Verlustes von Verwaltungsinformationen, die üblicherweise auf magnetischen Plattenspeichern gehalten werden, die Datenbank reorganisieren zu können, ist es sinnvoll, einen Teil der Verwaltungsinformationen zusammen mit der Datenbasis auf dem optischen Medium abzulegen. Bei einem Wechsel einer Speicherplatte muß das System in der Lage sein, die benötigten Informationen über den Inhalt und den Aufbau der Daten auf dem optischen WORM-Medium von diesem selbst einzulesen. Nur so ist die Entnahme selten benötigter Speicherplatten und der Austausch von Medien zwischen verschiedenen Auswertungssystemen realisierbar sowie die Menge der auf teuereren, magnetischen Medien zu haltenden Informationen reduzierbar. Dies stellt an die strukturelle Organisation der Datenbank hinsichtlich der Optimierung des Zugriffs und des Änderungsdienstes besondere Anforderungen. Die Struktur der Informationen selbst, die mehrdimensionale Modelle abbilden, ist ein zusätzliches Datenhaltungsproblem. Herkömmliche Standard-Datenbanken sind daher für das TOPOGRAMM-System nicht einsetzbar.

Die große Menge der Daten, die Verschiedenheit der Quellen und der unterschiedliche, fachbezogene Inhalt der Informationen erfordert die Erschließung der Datenbank durch eine wissenbasierte Benutzerschnittstelle. Das Abfrageprogramm für die Datenbank sieht neben einer SQL-Schnittstelle (Standard Dialogschnittstelle für Datenbanken) ein menügeführtes, fehlertolerantes und mit Wissen über die Struktur und den Inhalt der Datenbasis ausgestattetes Expertensystem vor (Abb. 3). Dies soll dem auswertenden Wissenschaftler auch ohne Kenntnis des Systems die für weiterführende Analysen notwendigen Informationen zur Verfügung stellen. Das die Datenbank überlagernde Programmsystem muß daher auch in der Lage sein, die hierfür notwendigen Datenformate zu generieren.

Speicherhierarchie

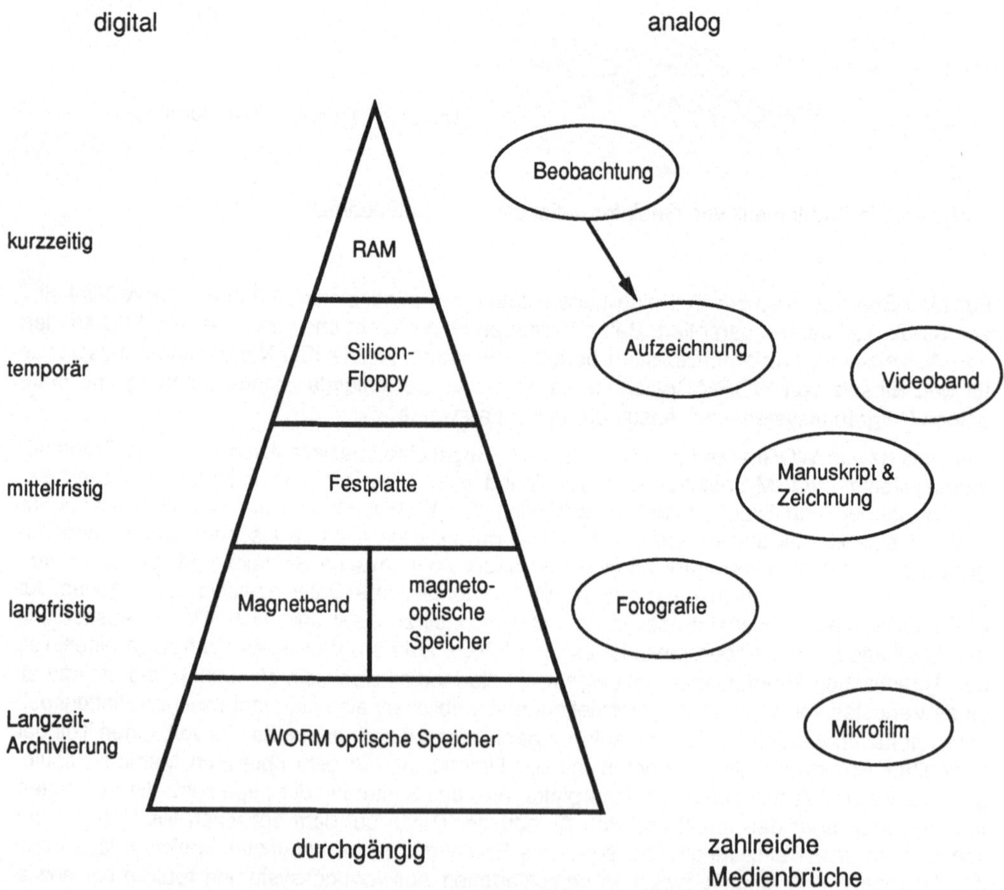

Abb.5: Digitale und analoge Medien für die Speicherung
von Umweltinformationen

Kern des Systems ist eine Datenbank, die ein Langzeitzeitarchiv verwaltet und erschließt. Es muß folgenden Anforderungen gerecht werden:

- größte mögliche Datenbankkonsistenz auch bei heterogenen Informationen

- Verwaltung multimedialer Archive

- Archivierungszeitraum größer als 20 Jahre

- Datenbestand im Endausbau im TeraByte-Bereich

- Unveränderbarkeit und Revisionssicherheit der Originalinformationen

- Unterstützung der Informationserschließung durch wissenbasierte Programm-systeme

- Gewährleistung der Verfügbarkeit der Informationen auch bei zukünftigem Aus-tausch von Hard- und Software

Die selektierten und vorbereiteten Informationen können mit dem Rechner des Datenverwaltungssystems selbst oder ihm angeschlossenen, spezialisierten Arbeitsplatzrechnern weiterverarbeitet werden. Hier kommen, soweit sinnvoll und verfügbar, Standardprogramme zum Einsatz, die ihre Daten aus dem TOPOGRAMM-System beziehen. Folgende Hauptanwendungsfelder sind vorgesehen (Abb. 3):

- Datenanalyse und Statistik

  Für dieses Aufgabenfeld wird auf bereits eingeführte Techniken und Programme zurückgegriffen. Hierfür stehen käufliche Programmsammlungen (z.B. SPSS, SAS u.a.) zur Verfügung, die in Ergänzung oder als Basis für die TOPOGRAMM-Analyseprogramme benutzt werden.

- Modelle

  Der Begriff Modell wird hier im Sinne der Fotogrammetrie benutzt. Auf Basis der koordinatenbezogenen Daten werden Karten (2D-Modelle) und dreidimensionale Modelle erstellt. Durch Überlagerungen, den Einsatz von Farbe und zeitlich verschobene Sequenzen können weitere Dimensionen einbezogen werden. In den Modellen werden die aus verschiedenen Quellen gewonnenen Informationen mit den Ergebnissen der Datenanalyse verknüpft. Für diese vorrangig darstellende Auswertungsmethode sind z.T. Programmsammlungen (z.B. ESRI, UNIRAS u.a.) verfügbar, die allerdings an die TOPOGRAMM Daten angepaßt, erweitert und mit neuen Komponenten ergänzt werden müssen.

- Simulation und Prognose

  Hier wird mit Modellen im mathematischen Sinn gearbeitet. Auf Basis der räumlichen Informationen aus dem TOPOGRAMM und dem in mathematische For-

  meln gefaßten Wissen um Abläufe und Regelkreise in der Natur sind Simulationen von der großräumigen Tektonik bis zur kleinräumigen Ökologie vorgesehen. Auf der Grundlage von Geländemodellen wird auch die zuvor erwähnte Flugplanung mit Simulationsprogrammen durchgeführt. Ziel der Simulationen ist eine möglichst genaue Prognose über zu erwartende Entwicklungen zu erhalten und, gegebenenfalls auf ein Expertensystem gestützt, Vorschläge zur Einflußnahme auf die zu erwartenden Vorgänge zu geben. Auf diesem Gebiet ist noch im großen Maßstab Grundlagenforschung zu betreiben.

- Informationspräsentation

  Um die überaus komplexen und großen Datenmengen verständlich darbieten zu können, sind spezielle Programme zur Erstellung von Druckprodukten wie Berichte, Maßnahmenkataloge, Illustrierte Dokumentationen, etc. erforderlich. Die Zusammenstellung wird ebenfalls auf Basis der zuvor erwähnten räumlichen Grundinformationen und den daraus gewonnenen Ergebnissen vom Fachwissenschaftler für sein Anwendungsgebiet kompiliert. Dafür kommen sogenannte "DeskTop-Publishing"-Techniken zum Einsatz, deren Erzeugnisse sowohl als Druckmedium, aber auch zusammen mit einer Datenbank und Originaldaten auf einem Datenträger wie CD-ROM angeboten werden können.

Bei allen Auswertungsvorgängen ist von ausschlaggebener Wichtigkeit, daß der Fachwissenschaftler entsprechend seinem Spezialgebiet ohne besondere Rechnerkenntnisse die Auswertung vornehmen kann und daß gewährleistet ist alle Ergebnisse an Hand der unveränderbaren Originalformationen verifizieren zu können. Ein wesentliches Kennzeichen des durchgängigen TOPOGRAMM-Konzeptes ist die Wahrung der sehr hohen Qualität der Eingangsinformationen bis zum fertigen Produkt einer Analyse. Eine Überprüfungsmöglichkeit ist dadurch gegeben, daß die TOPOGRAMM-Daten auch für die Auswertung mit anderen Programmsystemen zur Verfügung stehen.

3. Das TOPOGRAMM-Informationserfassungsverfahren

Das Verfahren der Naturraumkartierung basiert auf der Auswertung von Luftbildern mit einer sehr hohen Auflösung. Kameras und Objektive als auch das Filmmaterial wurden angepaßt, weiterentwickelt oder erstmals in der Luftbilderstellung eingesetzt. Dabei wird eine wesentliche Erweiterung der Tiefenschärfe von optischen Systemen für großmaßstäbliche Abbildungen erreicht. Das TOPOGRAMM-Aufnahmesystem arbeitet mit mehreren kombinierten, orientierten Meßkammern, die auch bei Hoch- und Niedrigbefliegungen eine Auflösung am Boden erreichen, die die Erkennung von Feinstrukturen erlaubt. Da das Verfahren eine sehr genaue Absolutorientierung besitzt, können diese Strukturen in beliebigen Koordinatensystemen mit bisher noch nicht erreichter Genauigkeit eingemessen werden. Die Bildqualität erlaubt auch die bis zu 100-fache Vergrößerung zu vermessender Strukturen. Darüberhinaus können problemspezifisch Kamera und Film der Aufgabenstellung angepaßt werden.

Da vorzugsweise mit hochauflösenden Spezialfilmen im Bereich des sichtbaren Lichts gearbeitet wird, ist das TOPOGRAMM-Verfahren im Gegensatz zu anderen Techniken äußerst witterungsunempfindlich und einfach zu handhaben. Der Einsatz von Infrarot- und Infrarotfalschfarbenfilmen erlaubt zwar eine kontrastreiche, fachbezogene Aufklärung, ist aber nur bei ausgeprägten Schönwetterlagen und Sonnenhöchststand sinnvoll einsetzbar. Die möglichen Flugtermine reduzieren sich auf wenige Wochen im Jahr und machen damit das Verfahren für eine kontinuierliche, großräumige Aufnahme unrentabel. Gleiches gilt auch für die Infrarot-Scann-Methode, deren Einsatz auf wenige Tage im Jahr beschränkt ist. Das TOPOGRAMM-Aufnahmeverfahren dagegen ist sehr wirtschaftlich, da Flugzeuge, Auswertegeräte und Fachpersonal kontinuierlich ausgelastet werden können und Befliegungen unterhalb der Wolkendecke bei konstanter Beleuchtung sehr gute Ergebnisse liefern. Herkömmliche Luftbilder lassen auf Grund des Maßstabfaktors keine kleinräumige Detailanalyse zu. TOPOGRAMM-Aufnahmen erlauben die Identifizierung von Einzelteilen im Zentimeterbereich. Das TOPOGRAMM-Aufnahmeverfahren ist im Vergleich mit anderen preisgünstig, aktueller und erheblich leistungsfähiger.

Das Verfahren ist daher für das Arbeitsgebiet "Umwelt-Monitoring" besonders geeignet. Die zielgerichtete Momentaufnahme erlaubt die Erkennung, Verfolgung und kontinuierliche Kontrolle von Umweltveränderungen. Es eignet sich gut für Zeituntersuchungen, wobei gezielt in einem

Turnus das zu untersuchende Gelände abgeflogen werden kann. Das durchgängige, koordinatenbezogene Datenhaltungskonzept von TOPOGRAMM erlaubt anschließend den Vergleich der zu verschieden Zeitpunkten gewonnenen oder nach unterschiedlichen Kriterien ausgewerteten Daten. Mit dem TOPOGRAMM können sichere Informationen auch in unzugänglichen Gebieten gewonnen werden. Dies ist in Hochgebirgs-, Regenwald-, Sumpf- und Wüstenregionen von besonderer Bedeutung.

Die Positionierung des TOPOGRAMM-Verfahrens im Vergleich mit den herkömmlichen Verfahren der Begehung (Ortserkundung) und der Fernerkundung (Satellitenbilder) ist bereits auf Abb. 1 angedeutet. Das TOPOGRAMM dringt weit in die Aufnahmebereiche der herkömmlichen methodischen Ansätze ein.

Ortsbegehung und Geländeansprache sind kalibrierende Wege zum Informations-erwerb. Physische Einschränkungen für die Begehung, wie z.B. Klima, Gelände, Zeitaufwand usw., und die Problematik der subjektiven, nicht verifizierbaren Ansprache bestehen für das TOPOGRAMM nicht. Bei der Geländebegehung sind großräumige, periodische oder aktuelle Aufnahmen kaum realisierbar.

Hochbefliegung und Satellitenerkundung liefern ebene, großräumige Darstellungen. Erkennungsprobleme bei Satellitenbildern sind der sphärischen Aufbau der Erde, Witterungsbedingungen, das kalibrierende Meßverfahren, welches keinen Objektbezug herstellen kann, und durch der großeAufnahmeabstand. Letzterer führt besonders bei den Höhenwerten von Objekten zu Ungenauigkeiten. Satellitenaufnahmen sind außerdem von der Flugbahn sowie Umlaufzeit abhängig und damit nicht für zielgerichtete Untersuchungen im Nahbereich geeignet.

Das TOPOGRAMM ist in der Lage, die herkömmlichen Methoden miteinander zu verbinden. Beide ergänzen in ihren Extrembereichen (Mikro/Makro) die Naturraumkartierung, die ihrerseits die Begehung zur Normierung und Überprüfung ihrer Ergebnisse und die Fernerkundungsaufnahmen zur Erstellung von großräumigen Orientierungsplangrundlagen und globaler flächiger Veränderungen benutzt.

Neben der sehr genauen, objektiven Aufnahme mit dem TOPOGRAMM-Nahbefliegungssystem liegt der Schwerpunkt der Informationsgewinnung auf der Bildauswertung. Hierzu dienen Planicomp-Geräte mit angeschlossenen Rechnern (vgl. Abschnitt 2.). Die Programme zur Erfassung von Koordinaten, Strecken und zusätzlichen klassifizierenden Informationen sind so ausgelegt, daß sie von Fachleuten aus den betroffenen Fachgebieten ohne Rechnerkenntnisse bedient werden können. Für den Erfasser bedeutet dies, daß er für die Auswertung nur sein Spezialgebiet beherrschen muß (z.B. Forstwirtschaft, Geologie, u.ä.). Zur Zeit wird hierfür das Programmsystem PHOCUS von ZEISS eingesetzt. Die Benutzerschnittstelle ist so ausgelegt, daß offensichtliche Fehlinformationen zurückgewiesen werden. Da die Bildjustierung und die Ermittlung der Koordinatenreferenzpunkte nicht vom wissenschaftichen Auswerter vorgenommen werden muß, können hier bei der Einmessung der Modelle und späteren Kombinationen mit angrenzenden Teilen keine Fehler auftreten. Damit wird eine Fachgebiet-spezifische, äußerst genaue und verifizierbare Datenbasis geschaffen. Da sowohl die Originalbilder, als auch die extrahierten Originaldaten archiviert werden und rechnergestützt erneut erschlossen werden können, ist jederzeit eine Überprüfung, Korrektur und Ergänzung möglich.

Die manuelle Auswertung von analogen, stereogrammetrischen Aufnahmen ist derjenigen von digitalen, gescannten Bildern zur Zeit noch deutlich überlegen. Der Scanvorgang des Bildes ist zeitintensiv, die Bildvorlage verliert erheblich an Auflösung und auch die Ansteuerung von einzelnen, auf dem Monitor dargestellten Punkten, stellt keinen Fortschritt zur Koordinatenerfassung an einem herkömmlichen, rechnergestützten Planicomp dar.

Ein wesentlicher Faktor der manuellen, analogen Auswertung ist die Datenreduktion und die schnelle visuelle Differenzierung und Inspektion, die durch die Auswahl nur bestimmter Strukturen und Objekte sowie deren Umsetzung in Koordinaten, Strecken und Formen entsteht. Das TOPOGRAMM-Aufnahmeverfahren liefert Informationsmengen, die mit herkömmlichen Techniken, sowohl in manuellen Auswertungsbereichen, wie auch in der rechnergestützten Verwaltung, Analyse und Erschließung kaum zu bewältigen sind. Dem Rechner des Planicomp kommt aus diesem Grund eine zweifache Bedeutung zu: In ihm können kleinere Modelle vollständig aufgebaut, geprüft und komprimiert werden, ehe sie im Verwaltungssystem auf optischen Speichern dauerhaft archiviert werden.

Die Datenerhebung und die Auswertung sind im TOPOGRAMM-Verfahren nicht zu trennen. Erst durch die Kombination dieser bereits erprobten Techniken wird die hohe Qualität und die Reproduzierbarkeit der Informationen erreicht.

4. Anwendungen

Das TOPOGRAMM-Verfahren läßt sich nicht nur in den Geo- und Umweltwissenschaften einsetzen. Folgende Tabelle gibt einen Überblick zu den Grundlagenfächern und zu den Fachgebieten:

Grundlagenfächer	Übergreifende Fächer
• Botanik	• Landwirtschaft
• Zoologie	• Forstwirtschaft
• Morphologie	• Viehzucht
• Geophysik	• Ingenieurwesen
• Geodäsie	• Landschaftsbau
• Petrographie	• Gefahrenzonenkartierung
• Archäologie	• Versicherungswesen
• Geographie	• Ressourcenerschließung
• u.v.a.	• u.v.a.

Wesentliches Kennzeichen des TOPOGRAMM´s ist dabei die zielgerichtete, problembezogene Datenerhebung, die im Datenverwaltungs- und Auswertungssystem mit den Informationen anderer Fachgebiete verknüpft werden kann. Das TOPOGRAMM geht dabei über die reine Dokumentation hinaus und liefert reproduzierbare sowie verifizierbare Informationen, die konkrete Maßnahmen erlauben.

Als konkrete Beispiele sei hier auf zwei Projekte hingewiesen: in Österreich wird eine weiträumige Waldbefleigung und in Niedersachsen ein Vorhaben zum Biomonitoring durchgeführt. Abb. 6 zeigt eine mit TOPOGRAMM erstellte Auswertung aus Österreich. Da an dieser Stelle keine Farbbilder wiedergegeben werden können, sei auf die Beispiele in BILD DER WISSENSCHAFT (Heft 6, 1989, dort besonders Abbildungen Seite 40 und 41) und den Aufsatz von H. Benking und W. Lessing, 1989, verwiesen.

Die in BILD DER WISSENSCHAFT beschriebene Situation ist ein gutes Beispiel für eine Anwendung im Hochgebirge. In diesem Bereich besteht die Notwendigkeit, auch kleinräumige naturräumliche Veränderungen mit hoher Genauigkeit und in kurzem Zeitabstand zu erfassen. Großmaßstäbliche Luftbilder aus verschieden Aufnahmerichtungen erlauben dem Forstwissenschaftler eine sichere Feststellung des Alters und der Vitalität von Bergwäldern. Die Informationsgrundlage des fotogrammetrisch ausgewerteten Luftbildes gibt dem Praktiker die Möglichkeit, im voraus und ohne eine Geländebegehung Massenberechnungen durchzuführen. Die Verbindung von groß- und kleinmaßstäblichen, genau vermeßbaren Bildern erlaubt die zweifelsfreie Bestandsausscheidung.

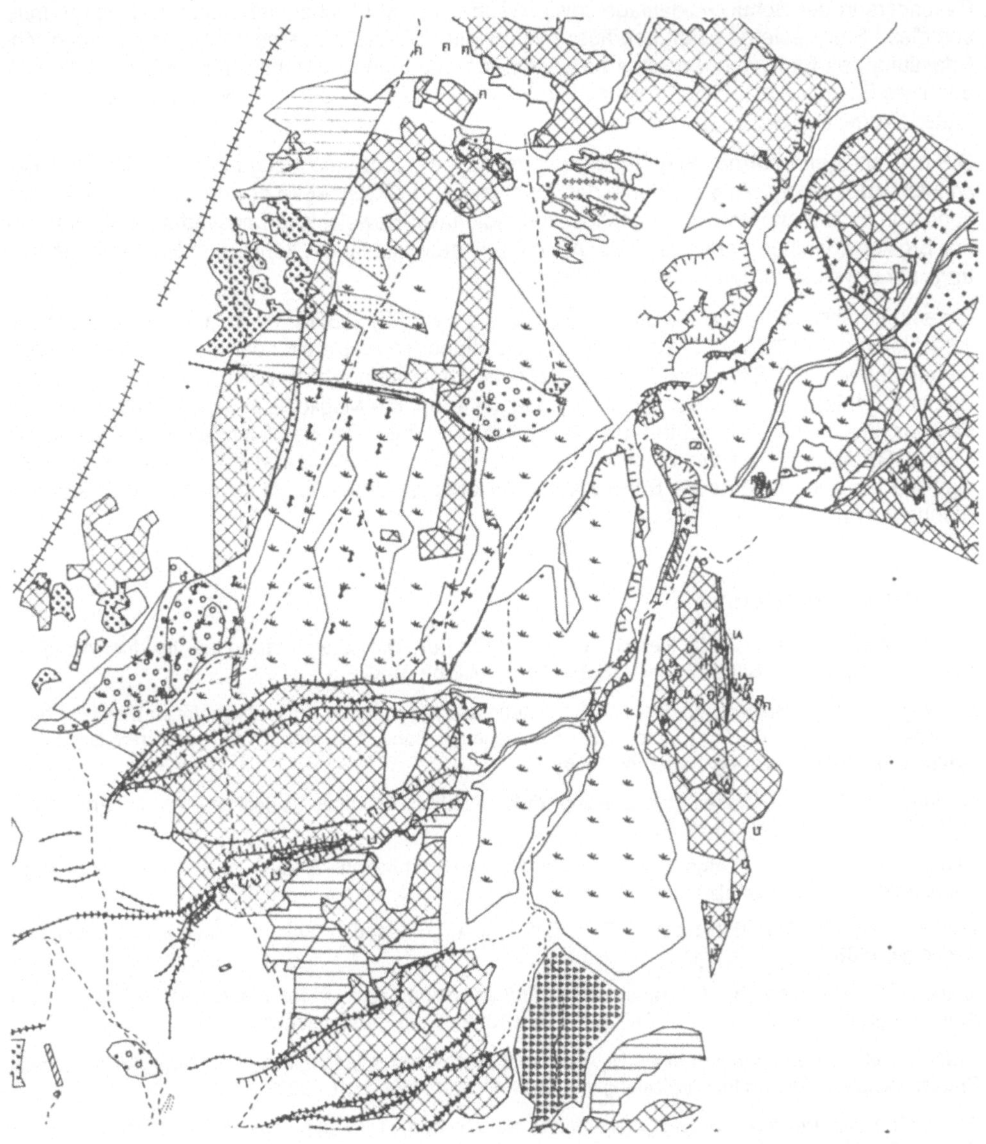

Abb.6: Beispiel einer fotogrammetrischen Auswertung von TOPOGRAMM-Aufnahmen

Gefahrenherde morphologischer Ar t im Bereich der unbegehbaren Waldkrone im Gebirge (Waldgrenze) sind durch die TOPOGRAMM Aufnahme überhaupt erst sicher erfaßbar. Die Kombination der Auswertungen, die von verschiedenen Fachwissenschaftlern an den gleichen Aufnahmen durchgeführt wird, erlaubt konkrete Planungsmaßnahmen. Dabei ergibt sich eine Fächerkombination von Geologie, Morphologie, Metereologie, Hydrologie, Almwirtschaft, Forstwirtschaft, Ingenieurgeologie, Bauwesen, Raumplanung und Versicherungswirtschaft, die erst durch die rechnergestützte Zusammenführung und Auswertung zu greifbaren Ergebnissen führt.

Besonders in der Schutzwaldanlage sowie Wildbach- und Lawinenverbauung im Gebirge müssen diese Fachgebiete zusammen ausgewertet werden. Dafür ist eine sehr präzise tektonische Erfassung des fraglichen Gebietes notwendig, um die ingenieurtechnisch relevanten Informationen wie Bewegungsabfolge, Versatz, Fließgeschwindigkeit, Kluftigkeit, Wasserführung, Lockermaterialverteilung etc. zu ermitteln.

Die notwendigen Informationen konnten in dem schwer oder nicht zugänglichen Gebiet sicher, schnell und kostengünstig nur durch den Einsatz von TOPOGRAMM gewonnen werden. Die besonderen Verfahren des Biomonitorings, von regionalen Beweissicherungsverfahren im Rahmen der Erosionsforschung oder der Planung von Sicherungsanlagen, können im Rahmen des Vortrags nur erwähnt werden.

Zusammenfassend ist die besondere Bedeutung von TOPOGRAMM in der Verknüpfung der verschiedenen Maßstäbe, Themen, Zeiten und Methoden im Bereich der Umweltdokumentation hervorzuheben. Die Genauigkeit des Verfahrens führt zu einer bisher nicht erreichten Objektivität der Ergbnisse. Der Zuschnitt der Methodenkette auf die Möglichkeiten und Erfahrungen des Fachwissenschaftlers erleichtert die Akzeptanz und führt zu vergleichbaren Aussagen. Mit TOPOGRAMM soll eine verläßliche Datenbasis geschaffen werden, die sowohl kurzzeitige Ereignisse als auch langfristige Entwicklungen in unserer Umwelt aufzeichnen und für konkrete Planungen aufbereiten wird.

Literaturverzeichnis

Beerenwinkel, R., Bonjour, J.D., Hersch, R.D., Kölbl, O.: Real-Time Stereo Image Injection for Photogrammetric Plotting, IAPRS, Band 26, Teil 4, S.99-109, Edinburgh, 1986.

Benking, H. : Möglichkeiten und Grenzen der Datenpräsentation durch Computergrafik im Umweltbereich, Jaeschke, A; Page, B. (ed.), Informatik Fachberichte Band 170, Informatik im Umweltschutz, 2. Symposium, Springer Verlag, Karlsruhe 1988.

Benking, H.: Airborne Close-range Sensing Yields Analysis of Local Ecological Change, Proc. ECO-INFORMA Bayreuth, May 16-19, 1989.

Benking, H., Lessing, W.: Large Scale Biomonitoring for Renaturation - A New Geo-Biosphere Data Acquisition, Analysis, Documentation and Processing Concept. Geoökodynamik, Heft 9, 1989.

Bestenreiner, F.: Vom Punkt zum Bild - Entwicklung, Stand und Zukunftsaspekte der Bildtechnik. Karlsruhe, 1988.

Borg, H. R., Rhodenburg, H.: Transferable Parametrization Methods for Distributed Hydrological and Agroecological catchment models, CATENA, Band 13, S. 99-117, Braunschweig 1986.

Braedt, J. et al.: Komponenten eines Umweltinformationssystems für Bayern. Arge Alp, 1. Sitzung, Bayr. Staatsministerium für Landesentwicklung und Umweltfragen, München, 1988.

Burrough, P. A.: Principles of Geographic Information Systems for Land Resources Assessment. Oxford Science Publications, Clarendon Press, Oxford, Utrecht 1986.

Carol, H.: Zur Theorie der Geographie. Mitteilungen der österreichischen Gesellschaft, Band 105. Heft I/II, Wien 1963.

Castri, di, F.; Hadley, M.: Enhancing the Credibility of Ecology: Interacting Along and Across Hierarchical Scales. GEO-JOURNAL, Band 17.1, S. 5-35, Kluwer Academic Publishers, Dordrecht,Boston,London, July 1988.

Dangermond, J.: A Review of Digital Data Commonly Available and Some of the Punctial Problems of Entering them into a GIS. ESRI publication, Redlands, 1987.

Ebner, H., Reinhardt, W.: Progressive Sampling and DEM Interpolation by Finite Elements, S. 172-178, BuL 3a/84, Wichmann Verlag Karlsruhe, 1984.

Ebner, H., Reinhardt, W., Hößler, R. : Generation, Management, and Utilization of High Fidelity Digital Terrain Models. Proc. IAPRS, Badn 27, B11 Teil III, S. 556-566, Kyoto, 1988.

Glawion, Rainer: Geoökologische Kartierung und Bewertung. Geowissenschaften 6, 287-295, 1988.

Göpfert, W.: Raumbezogene Informationssysteme. Wichmann Verlag, Karlsruhe 1987.

Hobbie,D., Rüdenauer, H.: The ZEISS PLANICOMP Family: A User Oriented Solution for Practical Requirements. S. 134-142, BuL 3a/84, Wichmann Verlag Karlsruhe, 1984.

Kampffmeyer, U,; Optimierte Archivierung als Basis für die Informationsverarbeitung der Zukunft. Symposium "Informationen speichern und nutzen", Landesamt für Elektronische Datenverarbeitung, Berlin, 1989.

Lee, H., Wade, G.: Imaging Technology. IEEE Press, New York, 1986.

Meentemeyer, V.; Box, E. O.: Scale effects in landscape studies. Goigel Turner, M. (ed.), Landscape hetereogeneity and disturbance, S. 15-34. Ecological Studies 64. Springer Verlag, New York 1987.

Molenaar, M.: Single Valued Vector Maps - A concept in Geographic Information Systems GIS, Band 2, Nummer 1, S. 18-26, Wichmannn Verlag, Karlsruhe 1989.

Mounsey H., Tomlinson, R.: Building Databases for global science, Taylor & Francis, London, New York, Philadelphia, 1988.

Odual, P.A., Muraya, P., Fernandes, E.C.M., Nair, P.K.R.: The Agroforestry Systems Database at ICRAF. Agroforestry Systems 6, S. 253-270, Dordrecht, 1988.

Raper, J.F.: Designing an integrated two- and three dimensional geoscientific mapping system. Proceedings of EUROCARTO SEVEN, Environmental Applications of Digital Mapping, ITC Publications Nr. 8, S.3-10, Enschede, 1988.

Schmidt-Falkenberg, H.: Datenfluß und Geo-Information. Geo-Informations-Systeme, Wichmann Verlag, Karlsruhe, 1988.

Schmidt v. Braun, H., Kampffmeyer, U.: TOPOGRAMM, ein System zur Gewinnung verläßlicher Umweltdaten aus der Sicht der Datenverarbeitung. Proceedings der Konferenz EDV & DOKUMENTE, S. 24.1- 24.12, München, Rödermark, 1988.

Uffenkamp, D.: Improvement of Digital Mapping with Graphics Image Superimposition, IAPRS, Band 26. Teil 3/2, S. 665-671, Rovaniemi, 1986.

Vinken, R.: Digital geoscientific maps: a priority program of the German Society for the Advancement of Scientific Research. Mathematical Geology 18, S. 237-246, 1986.

Wester-Ebbinghaus, W. et. al. (Hrsg. Deutsches Bergbau-Museum Photogrammetrie): Luftaufnahmen aus geringer Flughöhe. Schriftenreihe Nr. 41, Bochum 1987.

Wittmann, O.: Der Bodenkataster Bayern: Bodeninformationssystem für Standortkunde, Boden- und Umweltschutz. Proc. ISSS-AISS-IBG, XIII. CONGRESS, Hamburg 1986.

Wrobel, B.: Digitale Bildzuordnung durch Facetten mit Hilfe von Objektraummodellen. BuL, Wichmann Verlag, Karlsruhe 1987.

EINSATZ DIGITALER GELÄNDEDATEN ZUR VERBESSERUNG COMPUTERGESTÜTZTER WALDSCHADENSINVENTUREN

Steffen Kuntz, Helmut Schneider

Abteilung für Luftbildmessung und Fernerkundung
Universität Freiburg
Werderring 6, D-7800 Freiburg i.Br.

Die Abteilung für Luftbildmessung und Fernerkundung der Forstwissenschaftlichen Fakultät, Universität Freiburg, beschäftigt sich seit Mitte der sechziger Jahre mit der Problematik großflächiger Waldschadensinventuren mit Methoden der Fernerkundung. Der Einsatz von Farbinfrarotluftbildern konnte in dieser Zeit zu einem operationellen Hilfsmittel entwickelt werden, das seit 1983 weite Verwendung findet.
Ein Forschungsschwerpunkt lag darin, den Problemen, die durch die visuelle Interpretation der Luftbilder, dem Stichprobendesign, dem Zeit- und Kostenaufwand sowie der Logistik entstehen durch moderne nichtphotographische Fernerkundungsmethoden zu begegnen.

Seit 1983 werden jährlich von der DLR Oberpfaffenhofen über verschiedenen Testgebieten in Deutschland multispektrale Scanneraufnahmen aus dem Flugzeug aufgezeichnet.
Mit dem Ziel, diese Daten für großflächige Waldschadensinventuren zu nutzen, wird in der Abteilung für Luftbildmessung und Fernerkundung seit dieser Zeit daran gearbeitet, durch computergestützter Bildauswertemethoden den Informationsgehalt der Scannerdaten für thematische Kartierungszwecke auszunutzen und für die Forstverwaltungen aufzuarbeiten.

Da die Flächen mit den höchsten Waldschäden in Deutschland in den Mittelgebirgen und den Alpen lokalisiert sind, ist i.d.R. mit kleinräumlich stark variierenden Beleuchtungssituationen zu rechnen.

Während in den Tallagen durch die Verminderung des oberen Halb-
raums und zunehmende Schattenanteile die Objekte relativ dunkel
erscheinen, verbessert sich mit zunehmender Geländehöhe die
Beleuchtungssituation. Gleichzeitig mit dem sich verringerndem Abstand vom Objekt zum Sensor (Tal bzw. Bergkuppe) vermindert sich
auch der atmosphärische Einfluß. Diese bildort- und geländeab-
hängigen Beleuchtungsunterschiede natürlicher Objekte führen bei
dem Versuch der computergestützten Klassifizierung häufig zu Fehlklassifizierungen.

Eine Möglichkeit zur Reduzierung dieses Parameters ist der Einsatz
eines digitalen Geländemodells, der es erlaubt, die unterschiedlichen Geländehöhen, Neigungsverhältnisse und Expositionen
und damit auch die Beleuchtungsunterschiede während der Klassifizierung zu berücksichtigen.

Mit dem Ziel, multispektrale Klassifizierungen unter Berücksichtigung von (in synthetischen Kanälen abgelegten) Zusatzdaten
durchzuführen, wurde an der Abteilung das Klassifizierungssystem
CML entworfen, das sogenannte bedingte Klassifizierungen ermöglicht.

Unter einer bedingten Klassifizierung soll die überwachte Klassifizierung multispektraler Bilddaten nach den Standartverfahren
(Maximum-Likelyhood-Verfahren) verstanden werden, wobei die Bildpunkte, die klassifiziert werden sollen, _bedingt_ ausgwählt werden
können (unter Zuhilfenahme von _globalen Bedingungen_). Sodann können die statistischen Merkmale, die zur Klassifizierung dieses
Punktes herangezogen werden sollen, mit _lokalen Bedingungen_ ausgewählt werden.

Beide Bedingungstypen sind optional, d.h. eine bedingungslose
Klassifizierung liefert die gleichen Ergebnisse wie die Standardverfahren.

Bei einer bedingungslosen Klassifizierung wird jeder einzelne
Bildpunkt durch eine Trennungsfunktion einer von mehreren vorgegebenen Musterklassen zugeordnet. In diese Trennungsfunktion geht
die Statistik der Musterklasse (Mittelwert und Kovarianzmatrix)
und der Pixelvektor ein. Eine solche Vorgehensweise erscheint

fraglich, wird doch bei jedem Bildpunkt zwischen denselben (zwischen allen) Klassen ausgewählt. Jedoch können gleiche Objekte z.B. aufgrund bildort- oder geländeabhängiger Illumination unterschiedliche Statistiken aufweisen.

Durch lokale Bedingungen, die der Statistik einer oder mehrerer Musterklassen zugeordnet werden, wird die Trennungsfunktion nur bei solchen Bildpunkten wirksam, bei denen diese Bedingungen erfüllt sind.

Es entsteht folgender Ablauf der Klassifizierung:

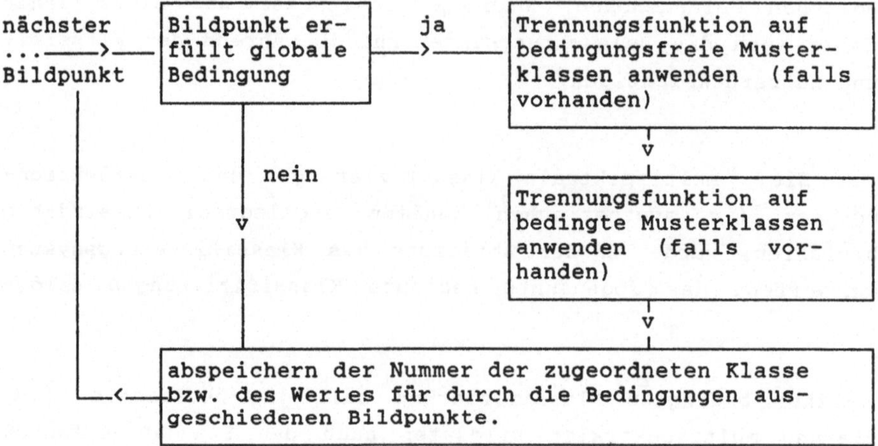

Das Freiburger Bildformat, das in Zusammenarbeit mit dem Institut für Physische Geographie entwickelt wurde, beinhaltet in einem Datenfile bis zu 28 spektrale oder synthetische Kanäle. Es existieren u.A. Programme zum Zusammenführen ('mosaicing') von Bildfiles, zum Erstellen von thematischer Masken und zur beliebigen arithmetischen bzw. logischen Verknüpfung von Kanälen.

Es genügt also, folgende globale bzw. lokale Bedingungen zuzulassen:

    a) Das Kriterium des Spaltenbereichs
       (liegt der zu klassifizierende Punkt im Spaltenbereich
       [a,b])
       Syntax: S,a,b

    b) Das Kriterium des Zeilenbereichs
       (liegt der zu klassifizierende Punkt im Zeilenbereich
       [a,b])
       Syntax: Z,a,b

    c) Das Kriterium des Kanalinhaltes
       (besitzt der zu klassifizierende Punkt im Kanal X
       den Wert im Intervall [a,b])
       Syntax: Name,a,b
          Hierbei ist unter 'Name' der Name eines der multi-
       spektralen oder synthetischen Kanälen zu verstehen.

    d) die Negation von a) - c).

Die Bedingungen a) - d) können durch die Konjunktion 'UND' bzw. die Disjunktion 'ODER' beliebig miteineinander verknüpft werden.

Um 1) die Eingabe für den Anwender übersichtlich zu gestalten,
    2) die ohnehin hohe Rechenzeit der Maximum-Likelyhood-Klassifizierung nicht weiter zu erhöhen,
   3) das Programm möglichst übersichtlich zu gestalten und
   4) die zusätzliche Hauptspeicherbelastung möglichst gering zu halten,

wurde eine klammerfreie, hierachielose Interpretation eines Bool'schen Ausdruckes eingeführt:
Es seien hierzu x_i logische Variablen der Form a) - d) und T,T' logische Ausdrücke der Form

$$T = x_i \text{ oder } T = x_i \text{ UND } T' \text{ oder } T = x_i \text{ ODER } T'.$$

Mit dieser rekursiven Definition erhält man Ausdrücke der Form

$$T = x_1 * x_2 * x_3 * \ldots * x_n, \quad * \in \{UND, ODER\}$$

Der logische Wert ε {wahr,falsch} von T ist nun wie folgt definiert:

$$T_0 := wahr.$$
$$T_1 := T_0 \; UND \; x_1 .$$
$$T_2 := T_1 * x_2 .$$
$$\cdot \qquad \cdot \qquad \cdot$$
$$\cdot \qquad \cdot \qquad \cdot$$
$$T_n := T_{n-1} * x_n =: T. \qquad\qquad * \; \varepsilon \; \{UND,ODER\}$$

Mit den Bedingungen a) - c) und der Negation sind insgesamt 6 verschiedene Bedingungstypen 1 - 6 gegeben. Addiert man zum Bedin-
gungstyp die Zahl 0, falls die Bedingung mit einer vorhergehenden
Bedingung konjugiert werden soll, und die Zahl 6, falls die Bedingung mit einer vorhergehenden Bedingung disjungiert werden soll,
so werden pro Bedingung insgesamt 4 Speichereinheiten benötigt:

1) Bedingungstyp	(1-12)
2) ggf. Nummer des Bedingungskanals	(1-28)
3) unterer Wert	(beliebig)
4) oberer Wert.	(beliebig)

Bei den Werteangaben wird davon ausgegangen, daß im Freiburger
Bildformat maximal 28 Kanäle in einem Bildfile enthalten sind.

Gegenüber einem Speicherplatzbedarf in der Grössenordnung $O(n^2)$
für die Statistik ist der Speicherplatzbedarf für diese Form der
Bedingungen vernachlässigbar. Die Bedingungen können unter
Zuhilfenahme der obigen Rekursionsformel bequem nach der Kodierung
des Bedingungstyps abgearbeitet werden.

Das Verfahren wurde bei der computergestützten Waldschadensklassi-
fikation multispektraler Flugzeugscannerdaten mit Erfolg eingesetzt. Hierzu wurde vom Landesvermessungsamt Baden-Württemberg
freundlicherweise ein digitales Höhenmodell (DHM) des Untersu-
chungsgebiets Bad-Peterstal-Griesbach zur Verfügung gestellt, aus
dem Exposition und Hangneigung berechnet und diese Informationen
kanalweise als künstlicher Kanal abgespeichert wurden. In einem
weiteren Schritt wurde daran anschließend eine Maßstabsanpassung
des DHM an die Scannerdaten durchgeführt.

Um diese Zusatzinformation nutzen zu können, mußte auch das Originalscannerbild geometrisch entzerrt und maßstabstransformiert werden, damit die Scannerdaten sich bildortgleich mit den DHM-Daten deckten. Diese Korrektur wurde nach dem rechnerischen Scanwinkelausgleich mit Hilfe von Paßpunkten über ein Polynom 2. Grades als Ausgleichsfunktion durchgeführt.

Der für die weiteren Auswertungen zur Verfügung stehende Datensatz (Abb. 1) bestand somit aus:

- vier geometrisch entzerrten Scannerkanälen (K 1 - 4),
- drei Kanälen für die Höhenlage (H 1), die Exposition (E 1) und die Hangneigung (HN 1),
- dem digitalisierten Wegenetz (W 1),
- den digitalisierten Stichprobenflächen (S 1) zur Überprüfung der Klassifizierung
- der Klassifizierung selbst (CML 1).

Das Scannerbild wurde nun in drei Höhenstufen, drei Expositionen und zwei Geländeneigungen unterteilt (Tab. 1) und für jede Geländelage spezifische Trainingsgebiete für die Computerklassifizierung definiert.
Die Auswahl der drei Höhenstufen (H 1 - 3) wurde .auf Grund der Geländemorphologie und der vorherrschenden Waldformationen durchgeführt. Dabei muß natürlich berücksichtigt werden, daß jede derartige Einteilung willkürlich ist und scharfe Grenzen der Beleuchtung zwischen den Expositionen und Höhenlagen in natura nicht existieren.

Abb. 1: Schematische Darstellung des für die weiteren Auswertungen benutzten Datensatzes mit den geometrisch entzerrten Scannerkanälen (Flughöhe 1.000 m) sowie den Zusatzinformationen.

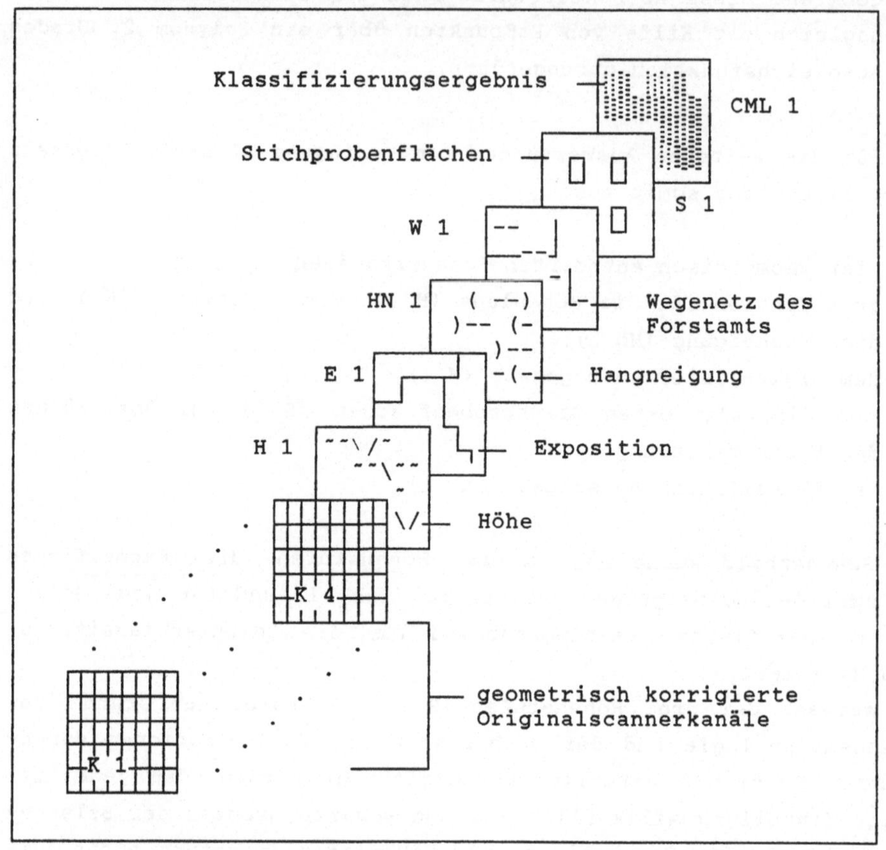

Tab. 1: Höhenstufen, Expositionen und Geländeneigungen, für die jeweils spezifische Trainingsgebiete für die Computerklassifizierungen festgelegt wurden. GW = Grauwertkodierung im digitalen Datensatz

Höhenstufe	GW	Exposition	GW	Geländeneigung	GW
H 1 < = 750 m	0 - 168	W - NW	3 - 4	eben bis leicht geneigt	0 - 6
H 2 <750<900 m	169 - 227	N - NO - O	5 - 7	stark geneigt bis steil	> 6
H 3 >= 900 m	228 - 255	SO - S - SW	8 - 10	—	—

Die statistische Überprüfung der Klassifizierung (detailliert beschrieben in Kuntz, 1989, S. 79 ff.) ergab folgendes Bild:
Bei der Aufgliederung der Klassifizierungsergebnisse nach Exposition und Höhenlage wird die Verbesserung des Ergebnisses vor allem in den unteren Hanglagen deutlich (Tab. 3). In der Höhenlage H 3 blieb das zahlenmäßige Ergebnis gleich. Dies war auch auf Grund der optimalen Ausleuchtung sowie der Lage (in der Mitte des Scanstreifens) zu erwarten.

Tab. 2: Zusammenstellung der Anzahl der Stichprobenflächen nach der statistischen Übereinstimmung (p = 0,1) der Klassenhäufigkeiten zwischen der zweiten Klassifizierung und der CIR-Luftbildanalyse in Abhängigkeit von Exposition und Höhenlage. In der Summenspalte sind in Klammern die Ergebnisse der ersten Klassifizierung (ohne Berücksichtigung des digitalen Geländemodells) angegeben.

	statistisch signifikant	Exposition				Summe
		Osten	Süden	Westen	Kuppe	
Höhenstufe 1 (< 750 m)	nein	7	2	4	0	13 (6)
	ja	0	1	2	0	3 (10)
Höhenstufe 2 751 – 899m)	nein	1	2	6	1	10 (8)
	ja	0	2	3	0	5 (7)
Höhenstufe 3 (>= 900 m)	nein	7				7 (7)
	ja	5				5 (5)
Summe	nein					30 (21)
	ja					13 (22)

<u>**Zusammenfassung:**</u>

Seit 1983 werden jährlich von der DFVLR Oberpfaffenhofen über verschiedenen Testgebieten in Deutschland multispektrale Scanneraufnahmen aus dem Flugzeug aufgezeichnet.
Mit dem Ziel diese Daten für großflächige Waldschadensinventuren
zu nutzen, wird an der Abteilung für Luftbildmessung und Fernerkundung, Universität Freiburg seit 1984 daran gearbeitet durch
computergestützter Bildauswertemethoden den Informationsgehalt der
Scannerdaten für thematische Kartierungszwecke auszunutzen und für
die Forstverwaltungen aufzuarbeiten.

Da bildort- und geländeabhängige Beleuchtungsunterschiede bei der
Verwendung des überwachten Maximum-likelihood-Klassifizierungs-Al-
gorithmus häufig zu Fehlklassifizierungen führen, wurde ein Klas-
sifizierer implementiert, der es erlaubt, während des Klassifizie-
rungsablaufs vom Nutzer gesetzte Bedingungen zu berücksichtigen
und in Abhängigkeit von diesen Bedingungen die Trainingsgebiete
selektiv auszunutzen.

Im vorliegenden Fall wurde ein digitales Geländemodell eingesetzt
um die computergestützte thematische Kartierung zu verbessern. Es
konnte gezeigt werden, daß sich die Ergebnisse der Waldschadens-
klassifizierungen mit dieser Methode signifikant verbessern lassen.

<u>**Literatur:**</u>

S. Kuntz, 1989:
> Untersuchung zur Analyse computergestützter Waldscha-
> densklassifizierungen, Forschungsbericht, DFVLR-FB 89-16

Kapitel C

Modellbildung und Simulation

LUFTSCHADSTOFF – PROGNOSEMODELLE
Stand der Anwendung, Fortentwicklung und operationeller Einsatz

Werner Pillmann
Österreichisches Bundesinsitut für Gesundheitswesen
Stubenring 6, A–1010 Wien

Zusammenfassung

Zur Analyse und Prognose von Schadstoffkonzentrationen in der freien Atmosphäre werden Luft-schadstoff–Ausbreitungsmodelle eingesetzt. Anhand zweier Beispiele werden die Fortschritte in der Rechnerrealisierung von Gauß'schen Diffusionsmodellen dargestellt.

- Ein Ausbreitungsmodell für die Umgebung eines 700 MW Kraftwerkes wird aufgrund von Transmissionsmessungen und Tracermessungen optimiert.
- Ein Vielquellen–Ausbreitungsmodell in Verbindung mit einer Immissionsdatenbank er-möglicht die Berechnung von Immissionskarten.

Ausgehend von den Datengrundlagen – als Voraussetzung für die Modellbildung, werden ein Ver-gleich der softwaretechnischen Realisierung auf einer VAX 3500 und dem Parallelrechnersystem Impuls T 2400 von Ein- und Vielquellen–Ausbreitungsmodellen gezeigt sowie ein Anwendungsbe-zug zum operationellen Bereich der Luftreinhaltung hergestellt.

1. Einsatz von Ausbreitungsmodellen

Luftschadstoff-Ausbreitungsmodelle ermöglichen die Simulation des Transportes, der Diffusion, der chemischen Umwandlung und der Deposition von gas- und aerosolartigen Luftschadstoffen. Neben Emissionskatastern und Immissionsmessungen zählen Ergebnisse aus Modellrechnungen zur Immissionsprognose zu den wichtigsten Informationsgrundlagen im Bereich der Luftreinhal-tung.

Die Ausbreitungsmodelle stellen ein Bindeglied zwischen Emissionsdaten und möglichen Immis-sionssituationen dar. Sie ermöglichen die quantifizierte Ermittlung von Immissionskonzentrationen unter vereinfacht definierten meteorologischen Ausbreitungsbedingungen und gegebenen Emis-sionssituationen (Pillmann, 1984). Bild 1 zeigt den Systemzusammenhang zwischen Emittenten, Emissionen, der Schadstoffausbreitung (Transmission, Umwandlung, Diffusion), Immissionen und den Wirkungsträgern. Die im Modell berechneten Immissionskonzentrationen werden im Hin-blick auf die geltenden gesetzlichen Regelungen (z.B. Luftreinhaltegesetz für Kesselanlagen in Österreich, Bundesimmissionsschutzgesetz in der BRD) interpretiert werden.

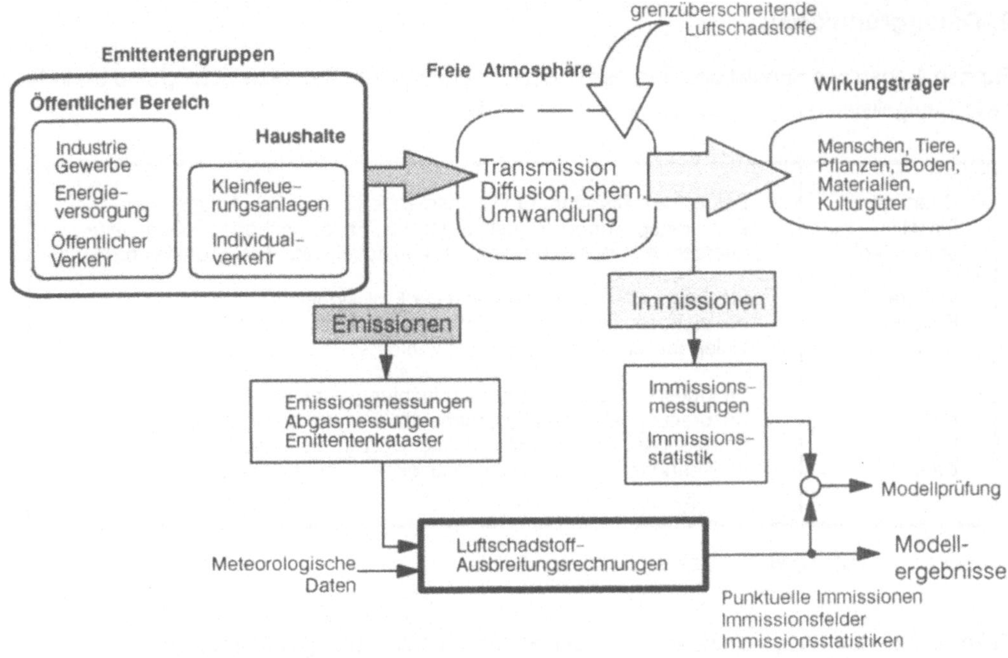

Bild 1: System der Enstehung, Ausbreitung und Wirkung von Luftschadstoffen: Informationsgewinnung mit Ausbreitungsmodellen für Zwecke der Luftreinhaltung

Informationen für Zwecke der Luftreinhaltung liefern vorwiegend Emissionsmessungen, Emissionskataster und Immissionsstatistiken. Modelle erlauben darüber hinaus die Simulation möglicher Immissionssituationen unter vielfältigen Randbedingungen. Eingesetzt werden Ausbreitungsmodelle u.a.

- Überprüfung der Einhaltung von Grenzwerten bei der Anlagenplanung
- Analyse der Immissionssituation aufgrund der Emissionsentwicklung
- Entwicklung von Szenarien der Belastungssituation als Folge emissionsmindernder Maßnahmen (z.B. Anlagenerweiterung, Brennstoffumstellung)
- zur Risikobeurteilung der Immissionen für Menschen, Tiere, Pflanzen und Materialien bezüglich Grenz– und Richtwerten.

Mit dem Ausbreitungsmodell wird die Schadstoffkonzentration an einzelnen Punkten in der Emittentenumgebung berechnet. Zur Ermittlung flächenhafter Immissionsverteilungen wird ein Rasterfeld berechnet und zwischen den Rasterpunkten interpoliert. Veranschaulicht werden die Ergebnisse der berechneten Schadstoffkonzentrationen als Farbflächenkarte, in Form von Isolinien oder axonometrisch als Immissionsgebirge. Mit leistungsfähigen Rechnern sind zusätzlich zu stationären Ausbreitungsverhältnissen auch die Berechnung von Immissionsstatistiken möglich.

Die Ausbreitungsmodelle dienen der Ermittlung wahrscheinlicher Immissionsbelastungen. Bei Durchführung der Simulationsberechnungen können verschiedene Schadstoffe oder Schadstoffgruppen sowie unterschiedliche meteorologischer Ausbreitungsbedingungen bei beliebiger Wahl des Emittentenstandortes und der Emissionssituation angenommen werden. Dadurch sind Aussagen über Schadstoffkonzentrationen möglich, anhand derer die Einhaltung von Grenz– und Richtwerten der Schadstoffkonzentrationen geprüft bzw. prognostiziert werden kann.

2. Datengrundlagen

Für den Aufbau des Simulationsmodells zur Berechnung der Immissionsbelastung sind die in Tabelle 1 aufgelisteten Modellausgangsdaten erforderlich.

Daten der Einzel-emittenten	Betriebsart, Standort, Emissionsmenge (SOx, NO_x); Anlagedaten: Emissionsperioden, Betriebsrhythmus, Emissionshöhe, Schornstein-querschnitt, Abgastemperatur, Brennstoffeinsatz, Emissionsfaktoren u.a.
Weitere Emissions-daten	Flächenquellen: Summenwerte der Emissionen der nicht einzeln erfassten Emittenten (z.B. Hausbrand) Linienquellen: Emissionen des Verkehrs
Meteoro-logische Daten	Windgeschwindigkeit- und Windrichtungsverteilungen, Ausbreitungsklassen (Gesamtmerkmal für Windgeschwindigkeit, Strahlungsbilanz, bzw. Monat, Tag, Uhrzeit, Bedeckungsgrad, Wolkenhöhe u.a.), Inversionshäufigkeit, Windvektorfelder u.s.w

Tabelle 1: Ausgangsdaten des Immissionsmodells

Beim vorliegenden Ausbreitungsmodell können vom Benutzer u.a. gewählt werden:

- Windgeschwindigkeits- und Windrichtungsklassen bzw. Calme
- Summarische Angabe der meteorologischen Ausbreitungsbedingungen durch die Ausbreitungsklasse
- Emissionswahrscheinlichkeiten festgelegt durch den Tagestyp (Montag–Freitag, Samstag, Sonn- und Feiertag) Belastungstyp (Spitzenemission, durchschnittliche und niedrige Emission im Tagesverlauf) Temperaturtyp (Anzahl der Eis-, Frost-, Übergangs- und Sommertage im Jahr) und die
- Immissions-Backgroundbelastung.

Andere Parameter wie beispielsweise die Abbruchschranke für die Rechengenauigkeit der Immissionskonzentration in der ferneren Emittentenumgebung beeinflussen die Rechenergebnisse und die Laufeigenschaften des Ausbreitungsmodells so wesentlich, daß sie nur im Quellprogramm änderbar sind.

3. Modellbeschreibungen

3.1 Einzelemittenten

Werden Ausbreitunsmodelle zur Anlagengenehmigung oder als Bestandteil eines Immissions-schutzplanes verwendet, so werden meist hohe Anforderungen an die Gültigkeit und Genauigkeit des Modells gestellt. Einerseits müssen die Beeinträchtigung bzw. die Gefährdung der menschlichen Gesundheit und die Schädigung der Umwelt ausgeschlossen sowie die Minderung von Risken (z.B. im Störfall) gewährleistet werden. Andererseits ist aus wirtschaftlichen Gründen die unbedingte Notwendigkeit gesetzter Maßnahmen (z.B. Betriebseinschränkungen) zu beweisen.

Der Ausbreitungsvorgang eines Abgasstromes kann mit Hilfe der Diffusionsgleichung beschrieben werden. Für die Lösung dieser Differentialgleichung wird die Kenntnis des Windvektorfeldes und des Diffusionstensors vorausgesetzt. Die aufwendige numerische Berechnung des Systems partieller Differentialgleichungen kann unter vereinfachenden Annahmen als geschlossene Lösung angegeben werden. Strukturell entspricht die Lösungsgleichung einer zweidimensionalen Gaußverteilung, die das stationäre, dreimensionale Konzentrationsfeld in der Emittentenumgebung näherungsweise beschreibt.

Zur Berechnung der Schadstoffkonzentrationen C in den den Punkten (x,y,z) wird das Modell

$$C\,(x,\,y,\,z,\,H_{eff}) = \frac{Q}{2\,\Pi u\,\sigma_y\,\sigma_z}\,\exp\!\left(\frac{-y^2}{\sigma_y{}^2}\right)\left\{\exp\left[\frac{-(z-H_{eff})^2}{\sigma_z{}^2}\right] + \exp\left[\frac{-(z+H_{eff})^2}{\sigma_z{}^2}\right]\right\}$$

verwendet, mit Q als Quellstärke des Emittenten, u als mittlere Windgeschwindigkeit und H_{eff} als effektive Emissionshöhe. Die Streuungsfunktionen σ_y und σ_z werden unterschiedlich einerseits als Funktion des Ausbreitungsweges x der Schadstoffe in Windrichtung, andererseits als Funktion der Diffusionszeit meist als Potenzfunktion angesetzt. Modelle dieses Typs werden in vielen Industriestaaten eingesetzt (z.B. ÖNORM M 9440, TA Luft, Rhoads 1983).

In einem umfangreichen Arbeitsprogramm wurden in der Umgebung eines kalorischen, 700 MW Kraftwerks (in Dürnrohr, westlich von Wien) eine Vielzahl von Messungen der Schadstoffausbreitung durchgeführt. Gemessen wurden u.a.:

- SO_2-, NO-, NO_2- und Staub-Emissionen
- Abgasmenge und Abgastemperatur
- Meteorologische Daten
  an neun Standorten: Windrichtung, Windgeschwindigkeit, Temperatur, relative Feuchte und Niederschlag; an Einzelstandorten Strahlungsbilanz und Temperaturgradient
- Immissionsdaten in einem Meßnetz mit sieben ortsfesten Meßstationen.

Weiters wurden zwei Meßkampangen während zweier Winterhalbjahre durchgeführt. Es waren dies Transmissions- und Immissionsmessungen an 21 Meßtagen und SF_6-Tracermessungen an zehn Meßtagen.

Die Daten aus den Transmissionsmessungen wurden zur Optimierung der Parameter eines Gauß'schen SO_2/NO_x-Ausbreitungsmodells herangezogen (Pillmann, Scheiber, et.al., 1988). Weiters wurden Schätzgleichungen zur Berechnung der aktuellen Maximalimmission entwickelt.

Das parameteroptimierte Modell zeigt hinsichtlich eines Optimalitätskriteriums die bestmögliche Anpassung von Modellrechenergebnissen an die gemessenen Werte. Für den konkreten Emittentenstandort liefert damit das Modell wirklichkeitsnähere Immissionsprognosen als dies mit standardisierten Prognosemodellen zu erreichen ist.

3.2 Vielquellen-Ausbreitungsmodell - Aufbau und Betriebsverhalten

Für die Immissionsprognose in Belastungsgebieten wurde ein Vielquellen-Ausbreitungsmodell entwickelt. Auf der Grundlage eines Emissionskatasters ermöglicht das Modell die Berechnung der Immissionsbelastung für stationäre meteorologische Ausbreitungssituationen. Die Ergebnisse der rechenzeitintensiven Simulationsläufe werden in einer Immissionsdatenbank abgelegt.

Bild 2 zeigt die strukturelle Gliederung des Simulationssystems in ein Dialogsystem, die Berechnungsprozeduren (Gauß-Modelle) und die Datenverwaltung. Utilities wie z.B. zweidimensionale Filter zur Glättung der Immissionsfelder und das Grafiksystem komplettieren das Modell.

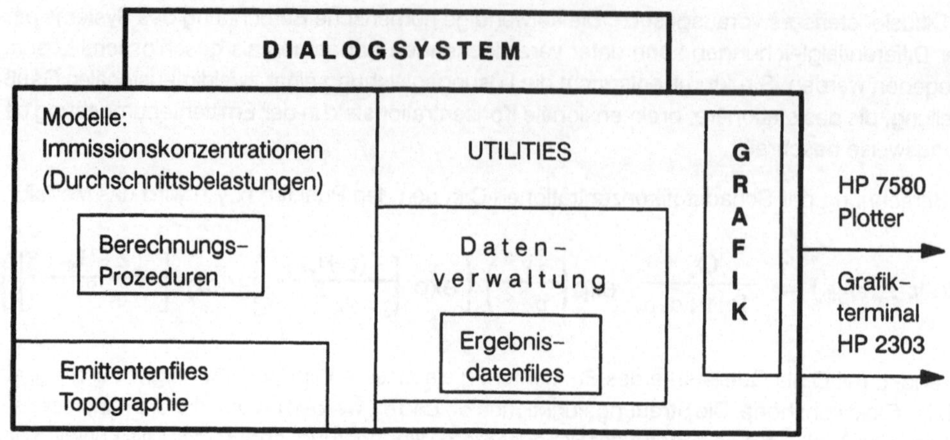

Bild 2: Struktur des Simulationssystems zur Berechnung von Vielquellen–Ausbreitungsmodellen

Das für den Benutzer komfortable Ausbreitungsmodell ist an einer VAX 3500 unter dem Betriebssystem VMS in der Programmiersprache PASCAL verfügbar. Die Darstellung der Ergebnisse in Form von Linien konstanter Immissionskonzentration erfolgt an einem grafischen Arbeitsplatz wahlweise auf einem 8–Farben Plotter bzw. auf dem Farbgrafikbildschirm HP 2703, der die Adressierung von Vektoren in einem Raster von 32000 x 32000 Punkten ermöglicht. Ein Beispiel berechneter Immissionsfelder zeigt das Bild 3 als Immissionsgebirge in axonometrischer Projektion und Bild 4 in Form von Iso–Immissionslinien.

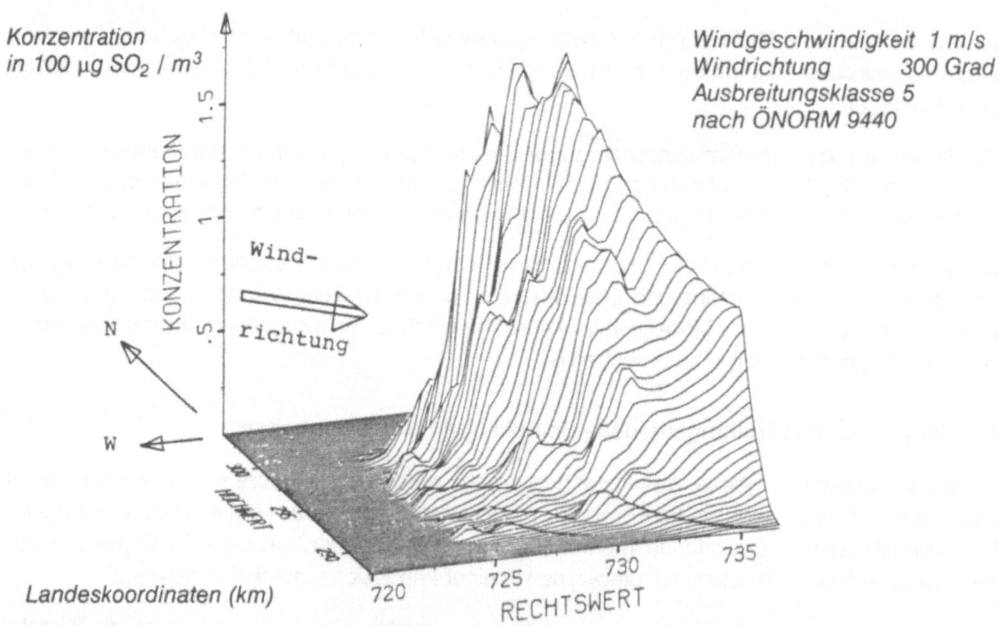

Bild 3: Veranschaulichung der Immissionsbelastung in axonometrischer Darstellung

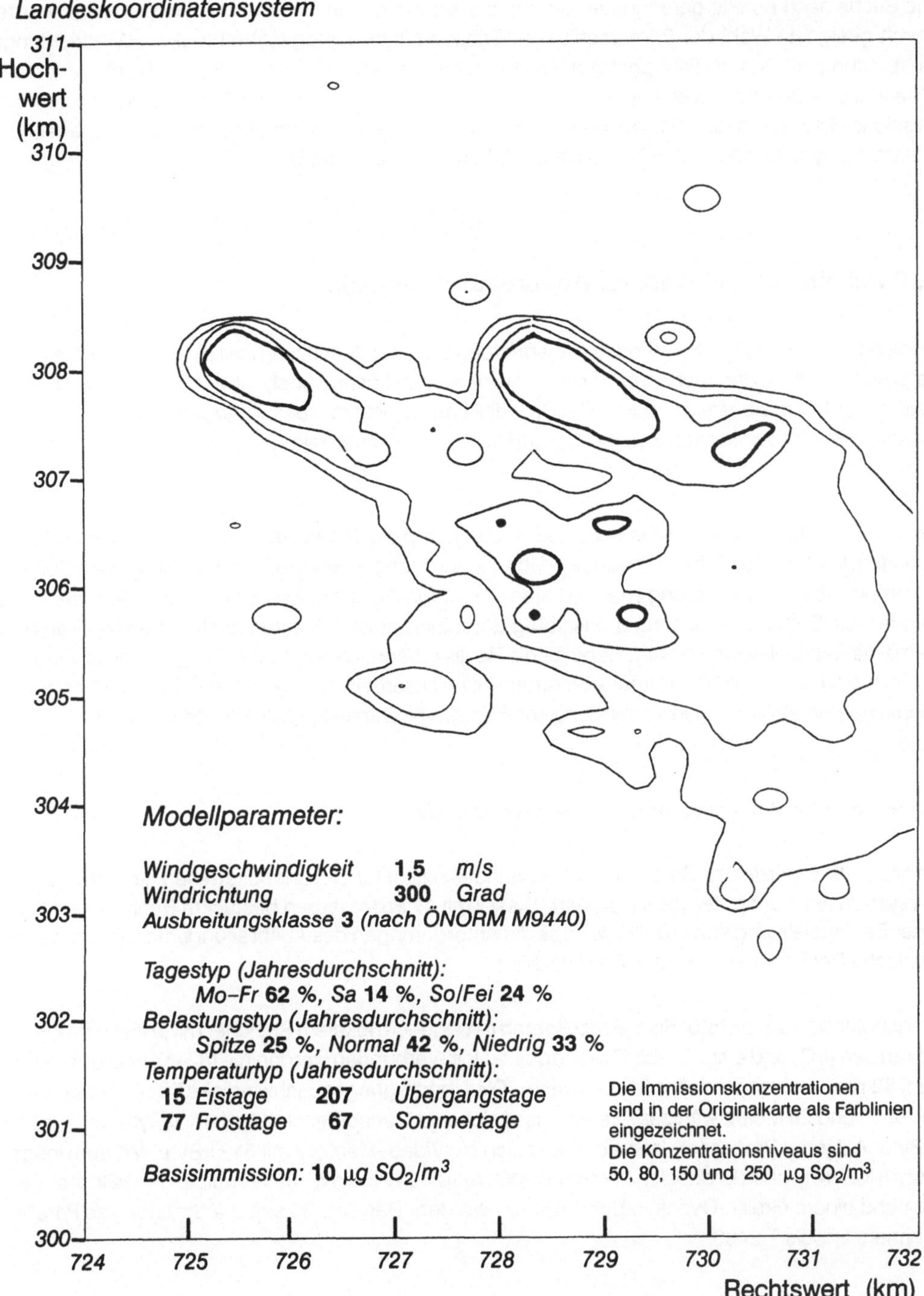

Bild 4: SO$_2$ – Immissionsfeld in Isolinien Darstellung für eine windschwache Ausbreitungssituation

Die Suche nach bereits berechneten Schadstoffverteilungen in der Immissionsdatenbank wurde durch geeignete Wahl der Primärschlüssel (Schadstofftyp, Windgeschwindigkeit, Windrichtung, Ausbreitungsklasse) effizient gestaltet. Die Suchstruktur lehnt sich an die Hash–Verfahren an. Mit Hilfe eines 4–dimensionalen Hash–Feldes wird mit einem einzigen Schritt zum gewünschten Immissionsfeld zugegriffen. Alle weiteren Felder mit verschiedenen Sekundärschlüsseln (Tagestyp, Belastungstyp, Temperaturtyp) sind linear verkettet (Kuntze, 1983).

4. Parallelrechnereinsatz für Ausbreitungsmodelle

Erfolgt die Berechnung der Schadstoffausbreitung von Einzelemittenten mit Hilfe partieller Differentialgleichungen, ist der Rechenaufwand zur numerischen Lösung hoch. Aber auch die Berechnung stationärer Immissionsfelder durch Gaußmodelle an mehreren tausend Aufpunkten eines Immissionsfeldes erfordert je nach Rechnertyp und Modelltyp Rechenzeiten im Minuten– bis Stundenbereich.

Bei der Entwicklung des Modells ist es notwendig, komplexe Modellmodule zu entwickeln und auszutesten. Die für diese Arbeit notwendige Übersetzungszeit, Rechenzeit und nachfolgende Softwarekorrektur bzw. –erweiterung machen Modellentwicklung praktisch nur dann möglich wenn zumindest ein Entwicklungsschritt pro Halbtag durchführbar ist. Für einen bestimmten Modelltyp ist damit die Rechenleistung bestimmend für die Realisierbarkeit eines Ausbreitungsmodells. Parallelrechner sind daher ein willkommenes Instrument in diesem Anwendungsbereich, in dem hohe numerische Rechenleistung in Verbindung mit Farbgrafik–Darstellungen erforderlich sind.

4.1 Rechnerkonfiguration und Softwarewerkzeuge

Im März 1988 wurde am Österreichischen Bundesinstitut für Gesundheitswesen ein Parallelrechnersystem auf Transputerbasis installiert. Dieser mit 17 Prozessoren bestückte Rechner erfüllt mit einer Betriebsleistung von etwa 20 MFlops die Anforderungen des Ausbreitungsmodells an die numerische Rechnerleistung einer Zielmaschine.

Transputer sind 32–bit VLSI Risc–Prozessoren mit eigenem lokalem Speicher mit je vier Ein/Ausgabekanälen (I/O) und einer 64–bit Floatingpoint–Unit. Verbunden werden die I/O–Kanäle über einen 32 x 32 Kreuzschinenverteiler (Link–Switch). Die Übertragungsgeschwindigkeit der I/O Kanäle ist mit 5, 10 und 20 Mbit/s wählbar. Die Arbeitsspeicher je Transputer sind 8 mal 1 MByte und 9 mal 2 MByte. Auf jeder Prozessorplatine befindet sich ein Video–Memory mit 512 kByte. Mit dem insgesamt 8 MByte großen Bildspeicher können 2000 mal 2000 Pixel mit 4096 simultan darstellbaren Farben und einem Grafik–Overlay abgespeichert werden. Das Bild 5 zeigt die Struktur des Parallelrechners Impuls T 2400.

Um die Rechnerarchitektur optimal zu nutzen erfolgte die Modellerstellung in Occam 2, einer höheren Programmiersprache, die für die Programmierung und die Synchronisation paraller Prozesse geeignet ist. Die Programmentwicklung erfolgt unter TDS, dem Transputer Development System mit einem Fold–Editor unter den die Programmerstellung, das Compilieren und die Programmdurchführung erfolgt.

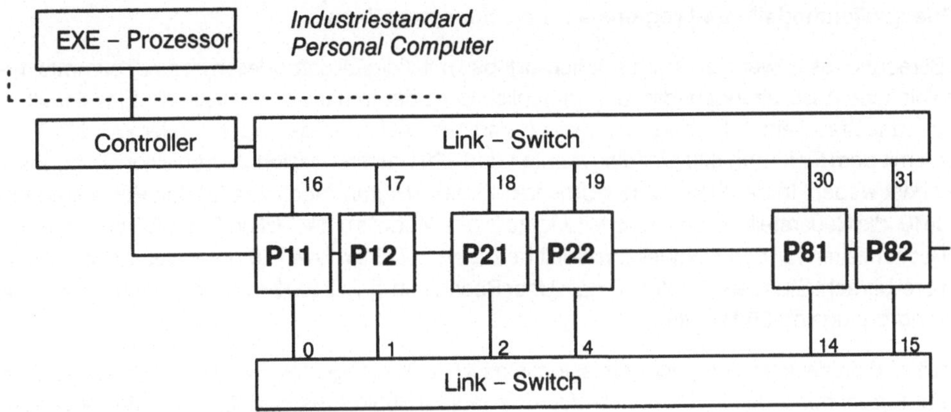

Controller und Prozessoren Pxy: Transputer T800/20,
Px1 mit 1 Mbyte, Px2 mit 2 MByte Arbeitsspeicher;
EXE-Prozessor Typ T414.
Alle Verbindungslinien symbolisieren bidirektionale, asynchrone
Übertragungsleitungen mit 5, 10 oder 20 MBit/s Übertragungsgeschwindigkeit

Bild 5: Struktur des Transputer-Parallelrechners Impuls T 2400

4.2 Immissionsprognose für ein Großkraftwerk

Für die Realisierung des Ausbreitungsmodell bestehen eine Vielzahl von Lösungsmöglichkeiten. Einerseits für die Entwicklungsumgebung (TDS, Toolset, Parallel-C, -Fortran, -Pascal, Helios), andererseits für die Rechnerkonfiguration. Aufgrund allgemeiner Überlegungen bezüglich Programmänderbarkeit und künftiger Geräteerweiterungen, praktischer Untersuchungen (May, Shepherd, 1987) und den speziellen Erfordernissen des Ausbreitungsmodells bezüglich Aufteilung der Rechen-, Kommunikations- und Grafikleistung, erfolgte die Programmentwicklung für eine Pipelinestruktur. Andere Strukturen können mit Hilfe des Link-Switches realisiert werden.

Bei Berechnung der Schadstoffkonzentrationen in der Umgebung eines Emittenten, wird mit dem Modell das Immissionsfeld partitioniert von den Einzelprozessoren berechnet. Die simultane grafische Darstellung der Immissionsberechnung läßt dabei online in einer beliebigen Schnittebene ein anschauliches Bild der Schadstoffausbreitung entstehen. Die Rechen- und Darstellungszeit beträgt in Abhängigkeit von den Modellannahmen zwischen 2 und 10 Sekunden.

Das Ausbreitungsmodell wird derzeit zur Berechnung der Immissionsstatistik eingesetzt. Dazu werden in der Simulation über 4000 Meßwerte (Halbstundenmittelwerte eines Halbjahres) der meteorologischen Daten und der Emissionen von SO_2, und NO_x vom Entwicklungsprozessor (EXE) von Platte gelesen. Der nächste freie Prozessor übernimmt einen Datensatz und berechnet für den Emittenten das gesamte Immissionsfeld. Die im Arbeitsspeicher der Einzelprozessoren abgespeicherten Immissionsfelder werden lokal aggregiert und je nach Art der gewünschten Statistik im folgenden Berechnungsschritt vom EXE-Prozessor zu einer Gesamtstatistik zusammengesetzt. Das Ergebnis der Berechnungen ist eine Immissionskarte mit farbkodierten Zonierungen oder Tages-, Monats- oder Halbjahreswerten des Mittelwertes, des Maximalwertes bzw. der Überschreitungshäufigkeiten von Grenzkonzentrationen. Die Diskretisierung der Windrose mit 2 Winkelgrad verursacht einen hohen Rechenaufwand für Calmen, führt andererseit jedoch zu qualitativ hochwertigen Immissionsbildern.

4.3 Vielquellenmodelle und regionale Immissionsstatistiken

Der Berechnungsaufwand zur Immissionsprognose mit Vielquellenmodellen ist für bestimmte meteorologische Ausbreitungsbedingungen ähnlich dem der Immissionsstatistik für Einzelemittenten. Für das Stadtgebiet Salzburg wurde ein derartiges Ausbreitungsmodell auf der VAX 3500 entwickelt mit dem für knapp 500 Einzelemittenten und 320 Rasteremissionen Immissionsprognosen berechnet weden. In der Planung der Umsetzung des Programmpaketes für den Parallelrechner wurde für die Neuerstellung des Ausbreitungsteils des Modells unter TDS in Occam 2 entschieden. Die Rechenzeiten für das Vielquellenmodell betrugen auf einer VAX 750 unter Betriebsbelastung etwa drei bis acht Stunden. Auf dem Single User Rechner Impuls 2400 beträgt die Rechenzeit in der Größenordnung von 20 Minuten.

Derzeit wird an der Erstellung der Immissionsstatistik für das regionale Vielquellenmodell gearbeitet. Zur Berechnung des Immissionsfeldes des Jahresmittelwertes sind für jeden der etwa 2000 Emissionspunkte rund 8000 Immissionsfelder mit im Durchschnitt 30.000 Rasterpunkten zu berechnen. Für die zusätzlich noch notwendige Berechnung von Calmen kommt für jede Calmensituation noch das Äuivalent von 180 Einzelemittenten hinzu.

5. Ausblick

Ausbreitungsmodelle sind ein wesentliches Hilfsmittel im Verwaltungsbereich Luftreinhaltung des Bundes und der Länder. Sie ermöglichen die punktuelle oder flächenhafte Prognose von Immissionen und unterstützen oder begründen damit Entscheidungen über Anlagengenehmigungen oder Sanierungsstrategien.

Um realitätsnahe Modellergebnisse zu gewinnen, ist auf die Primärdatenerhebung im Emissionskataster, auf meteorologische Statistiken, auf die Auswahl der Simulationsmodelle sowie die Softwareerstellung und Validierung des Ausbreitungsmodells gleichermaßen Sorgfalt zu verwenden. Sicher wird durch den hier dargestellten Einsatz von Hochleistungsrechnern die Simulation von Ausbreitungssituation und die Berechnung von Immissionsstatistiken mit praktisch relevantem Aussagewert qualitativ verbessert.

Sollten Ergebnisse der derzeit ausgeführten Ausbreitungsrechnungen befriedigende Übereinstimmung mit Daten aus Meßstationen zeigen,

- ist dies ein bedeutender Schritt zur Objektivierung regionaler oder
  internationaler Vergleiche der Immissionsbelastung mit Ausbreitungsmodellen und
- ein Durchbruch zur Reduktion der hohen Investitions- und Betriebskosten
  für Luftgüte-Meßnetze.

6. Literatur:

Kuntze B. R.: "Aufbau eines modularen Programmsystems zur Berechnung von Luftschadstoff-Ausbreitungsvorgängen"
Diplomarbeit am Institut für Regelungstechnik der Technischen Universität Wien, 1983

Mattos Ph.: Program Design for Concurrent Systems
Inmos Ltd., Colorado Springs, USA, Technical Note 5, 1987

May D., Shepherd R.: Communicating Process Computers
Inmos Ltd., Colorado Springs, USA, Technical Note 2, 1987

Occam 2 Reference Manual
Inmos Limited, Prentice Hall, 1988

ÖNORM M 9440: Ausbreitung von Schadstoffen in der Atmosphäre;
  Ermittlung von Schornsteinhöhen und Berechnung von Immissionskonzentrationen
  Österreichisches Normungsinstitut, Wien, 1982

Pillmann W.:
  Parameteroptimierung eines Luftschadstoff-Ausbreitungsmodells
  in: Umweltbestandsaufnahme durch Fernerkundung und Bodenmessung
  Österreichisches Bundesinstitut für Gesundheitswesen, S 93–112, Wien, 1984

Pillmann W., Scheiber J.:
  Optimierung der Parameter eines Ausbreitungsmodells für das Kraftwerk Dürnrohr
  Bericht des Österreichischen Bundesinstituts für Gesundheitswesen, Wien, 1988

Rhoads R. G.: Regulatory Application of Ais Quality Simulation Models
  Journal of the Air Pollution Control Association, 33 (1983) S 195–197

TA Luft:
  Kalmbach S., Schmölling J.:
  Technische Anleitung zur Reinhaltung der Luft und Verordnung über Großfeuerungsanlagen
  Erich Schmidt Verlag, Berlin, 1983

Transputer Development System
  Prentice Hall, New York, Toronto, Sydney, Tokyo, 1988

SOFTWARE ZUR MODELLIERUNG, ANALYSE UND STEUERUNG DER WASSERQUALITÄT

A.Sydow , P.Rudolph

Zentralinstitut für Kybernetik und Informationsprozesse,
Akademie der Wissenschaften der DDR
1086 Berlin, Kurstraße 33

Einleitung

In der wasserwirtschaftlichen Praxis spielen Probleme der Wassergütebewirtschaftung eine immer bedeutendere Rolle. Deshalb besteht der
dringende Wunsch, die im Gewässer ablaufenden Güteprozesse quantitativ
zu beschreiben, um die Konsequenzen von Bewirtschaftungsmaßnahmen an
einem Gewässer am Computer studieren zu können.
Die komplexen Zusammenhänge der ablaufenden physikalischen, biologischen und chemischen Prozesse sind analytisch nicht mehr zu überschauen und deshalb nur mit Hilfe der Computersimulation und Analyse-
hilfsmitteln zu untersuchen. Bei aquatischen Ökosystemen handelt es
sich um energetisch und stofflich offene Systeme, die durch nicht-
lineare Dynamik und schwankende stochastische Umwelteinflüsse charakterisiert sind. Das bedeutet, daß nur ein stark reduziertes Zustands-
modell entworfen und parametrisiert werden kann, das aber dennoch die
wesentlichen Seiten des dynamischen Verhaltens widerspiegeln soll.
Trotz gewisser prinzipieller Gemeinsamkeiten unterschiedlicher aqua-
tischer Ökosystemmodelle, z.B. der Typ des substratabhängigen
Wachstums als Monod-Kinetik, ist die Aufstellung der lokalen Massen-
bilanzen im wesentlichen empirisch.
Bei den Güteprozessen spielen in Abhängigkeit von den konkreten Nutzungsprozessen, die Eutrophierungs- bzw Selbstreinigungsprozesse eine
erhebliche Rolle. Hierunter versteht man die Wechselwirkung zwischen
dem Wachstum planktischer Algen (Kiesel-,Blau- und Grünalgen) durch

physiologisch   unverzichtbare Nährstoffe (Phosphor- und Stickstoffver-
bindungen,Silikate u.a.) unter dem Einfluß äußerer Triebkräfte (Strahlung,Temperatur). Ziel der   Modellierung und der   damit verbundenen
Simulation sollte es sein,   die Dynamik dieses komplizierten Zusammen-
wirkens physikalischer,   chemischer und biologischer Prozesse möglichst
gut zu erfassen,   um den Prozeß der   wasserwirtschaftlichen Entscheidungsfindung zu unterstützen. Viele typische Probleme der   Wasserbe-
wirtschaftung entstehen durch die Mehrfachnutzung der Wasserressourcen.
Dabei überlagern sich natürliche und anthropogene Veränderungen   von
Wassermenge und -beschaffenheit.   Entscheidungen unter ökonomischen und
ökologischen Randbedingungen (Wasserbereitstellung unter ausreichender Qualität,   Erhöhung der Selbstreinigungsfähigkeit,   Sanierungsmaßnahmen u.a.) sind erforderlich. Das Ziel besteht darin,   effektive
Bewirtschaftungsmaßnahmen zu finden,   die das System stabilisieren und
robust   gegen Umweltveränderungen reagieren.   Vorgestellt werden
Methoden der Systemanalyse in ihrer Anwendung für die Analyse ,   Simulation und Entwurf von Bewirtschaftungsmaßnahmen für konkrete Gewässer-
systeme/1/ :

-computergestützte Modellierung und Simulation SONCHES
 (Modellierung einfach vernetzter Strukturen,   Sensitivitätsanalyse,
 komfortable Resultatauswertung),
-computergestützte Modellierung und Analyse des dynamischen Verhaltens
 und Prognose CANDYS
 (Analyse unkonventioneller Steuermaßnahmen, Risikoanalyse) und
-computergestützte Entscheidungshilfe REH
 (Entwurf von mehrkriteriellen Entscheidungen für Planung und
 Management).

Ein Eutrophierungsmodell für Flachlandgewässer

Basis für die Beschreibung der Dynamik von Eutrophierungprozessen in
langsam fließenden Flachlandgewässern ist das Modell ERNA /2/,   das als
gewöhnliches   parameterabhängiges Differentialgleichungssystem entwickelt wurde.
Das Modell ist ein parametrabhängiges input-output Modell,   bei dem die
Triebkräfte als Zeitreihe gegeben sind ,   mit bis zu 65 nichtlinear
verkoppelten Parametern. Eine typische Nichtlinearität ist die Wachs-

tumsrate für eine Algengruppe

$$\mu_{eff} = \mu_{max} \ \prod_j f_j(N_j) \ H(T) \ F(L)$$

(F,H Strahlungs- bzw Temperaturabhängigkeit, f Monod-Kinetik des j-ten
Nährstoffes).
Das Modell ist in Verbindung mit der Analysesoftware CANDYS Grundlage
für eine Beratung zu Entscheidungssituationen bei konkreten Gewässern.
Deshalb kommt einesteils der Parameteradaption auf Grund von Gewässer-
daten und auch einer Charakterisierung des Modells nach wesentlichen
qualitativen Eigenschaften (z.B. Ableiten des Bifurkationsdiagramms)
grundlegende Bedeutung zu. Auf Grund der hohen Komplexität und der
großen Anzahl nichtlinear verkoppelter Parameter ist dies simulativ
nicht mehr möglich (/2/ Abb.1)

Simulation von Sanierungsmaßnahmen für Berliner Gewässer

Der methodisch relativ fortgeschrittene Stand der Modellierung erfordert z.Z. vorrangig Techniken der Modellüberprüfung zur Szenarienana-
lyse und die Auswahl von Steuerstrategien. Das Simulationssystem
SONCHES wurde vorrangig zur Durchführung von Simulationsexperimenten
benutzt, da diese quasi automatisch erfolgen und grafisch aufbereitet
werden können.   Mit dem Simulationssystem SONCHES wurde durch Verkop-
peln zweier für unterschiedliche Gewässersysteme entwickelter Modelle
die hypothetische Zuführung von stark nährstoffbelasteten Wassers simuliert und die Auswirkungen bezüglich der Algen- und Nährstoffbelastung
abgeschätzt (/3/ Abb.2 und Abb.3).

Risikoanalyse für Potsdamer Gewässer

Das deterministische Modell ist in Abhängigkeit zur Durchflußgeschwindigkeit für Kurzzeitprognosen und Szenarienanalysen geeignet. Will man
längerfristige mit Signifikanzwahrscheinlichkeiten belegte Prognosen
erzeugen, so ist es notwendig, Ersatzmodelle für die als Zeitreihen

gegebenen Inputprozesse zu erstellen, so daß die Verteilung bzw. ein Konfidenzschlauch für einen wahrscheinlichen Verlauf angegeben werden kann. Das System CANDYS unterstützt die Entwicklung von Ersatzmodellen (z.B. für Strahlung,Temperatur und Durchfluß /4/ Abb.4), die in codierter Form in einer Modellbank mit den statistischen Aussagen für eine weitere Bearbeitung abgelegt werden.

Das Modell hat beschreibenden Charakter. Das heißt, es vermag die hohe Komplexität der beteiligten Prozesse nur ausschnitthaft wiederzugeben. Zusammen mit der unterlegten nichtlinearen Dynamik bedeutet das, daß die Umweltparameter (die Modellparameter) in Grenzen variieren können, daß also Steuermaßnahmen sensibel auf kleine (möglicherweise nicht meßbare) Änderungen reagieren. Beim Entwurf der Steurmaßnahmen ist deshalb eine Änderung der Umweltparameter mit ins Kalkül zu ziehen. Mit Hilfe der Analysesoftware CANDYS wurde für das mit Periode 1 Jahr getriebene Differentialgleichungssystem die Auswirkung der nachfolgenden unkonventionellen Steuermaßnahmen untersucht:
Der Aufbau zusätzlicher algenzehrender Prozesse (z.B. durch Aussetzen von Fischen),
Erhöhung der Selbstreinigungsfähigkeit (Staumaßnahmen , Reduzierung des Eintrags, Belüftung) und
Verändern der physikalischen Einflußgrößen (/5/ Abb.5).

Investitionsfolgen für die Sanierung der oberen Spree

Entscheidungen für die Steuerung von Prozessen in der Wasserwirtschaft werden in Abhängigkeit von subjektiven, situationsbedingten Wertungen einander widersprechender Ziele getroffen, zwischen denen ein Kompromiß gefunden werden muß. Mit dem Entscheidungshilfesystem REH kann die Menge aller (Pareto-optimalen) Handlungsmöglichkeiten berechnet werden bzw. nach verschiedenen Verfahren ein problem- bzw. nutzerspezifischer Pfad durch die Pareto-Menge, der Menge aller optimalen Handlungsstrategien, interaktiv gefunden werden.
Auf der Basis eines Sauerstoffbilanzmodells (ein Differentialgleichungssystem für das in Segmente geteiltes Fließgewässer) werden optimale Investitionsfolgen bei konkurierenden Zielen, der Maximierung des gelösten Sauerstoffes (Minimierung des biologischen Sauerstoffbedarfs) und Minimierung der Investitionskosten bestimmt (/6/ Abb.6).

Literatur

/1/ Rudolph,P;   Sydow,A.;   Kaden,S.: Computer Aided Water Quality Management, Proceedings "Internationaler Umweltkongress", Hamburg 1989

/2/ Braun,P.;Rudolph P.;   Albrecht K.-F.:   Computer Aided Decision for Water Quality Management ,In Sydow,A.;Tzafestas,S.G.; Vichnevetsky,R.: System Analysis and Simulation 1988, Akademie-Verlag Berlin

/3/ Matthäus,E.;   Mohaupt,   V; Gnauck,A.:Rechnergestützte Wassergütebewirtschaftung von Oberflächengewässern mit der Simulationssoftware SONCHES, IWTK der TH Ilmenau 1987

/4/ Funke,R.:CANDYS/CM- A Dialogue System for Modelling Continuous Dynamical Systems with Chain Structure by Differential Equations, In Sydow,A.;Tzafestas,S.G.;Vichnevetsky,R.: System Analysis and Simulation 1988, Akademie-Verlag Berlin

/5/ Jansen,W.;   Feudel,U.: CANDYS/QA-A Software System for Qualitative Analysis of the Behaviour of the Solutions of Nonlinear Dynamical Systems, In Sydow,A.;Tzafestas,S.G.; Vichnevetsky,R.: System Analysis and Simulation 1988, Akademie-Verlag Berlin

/6/ Gnauck,A.;   Rathke,P.; Straubel,R.; Wittmüß,A.: Pareto-Optimal Cost Division for the Design of Sewage Water Treatment Plants by means of the   DSS REH, In Sydow,A.;Tzafestas,S.G.; Vichnevetsky,R.:   System Analysis and Simulation 1988, Akademie-Verlag Berlin

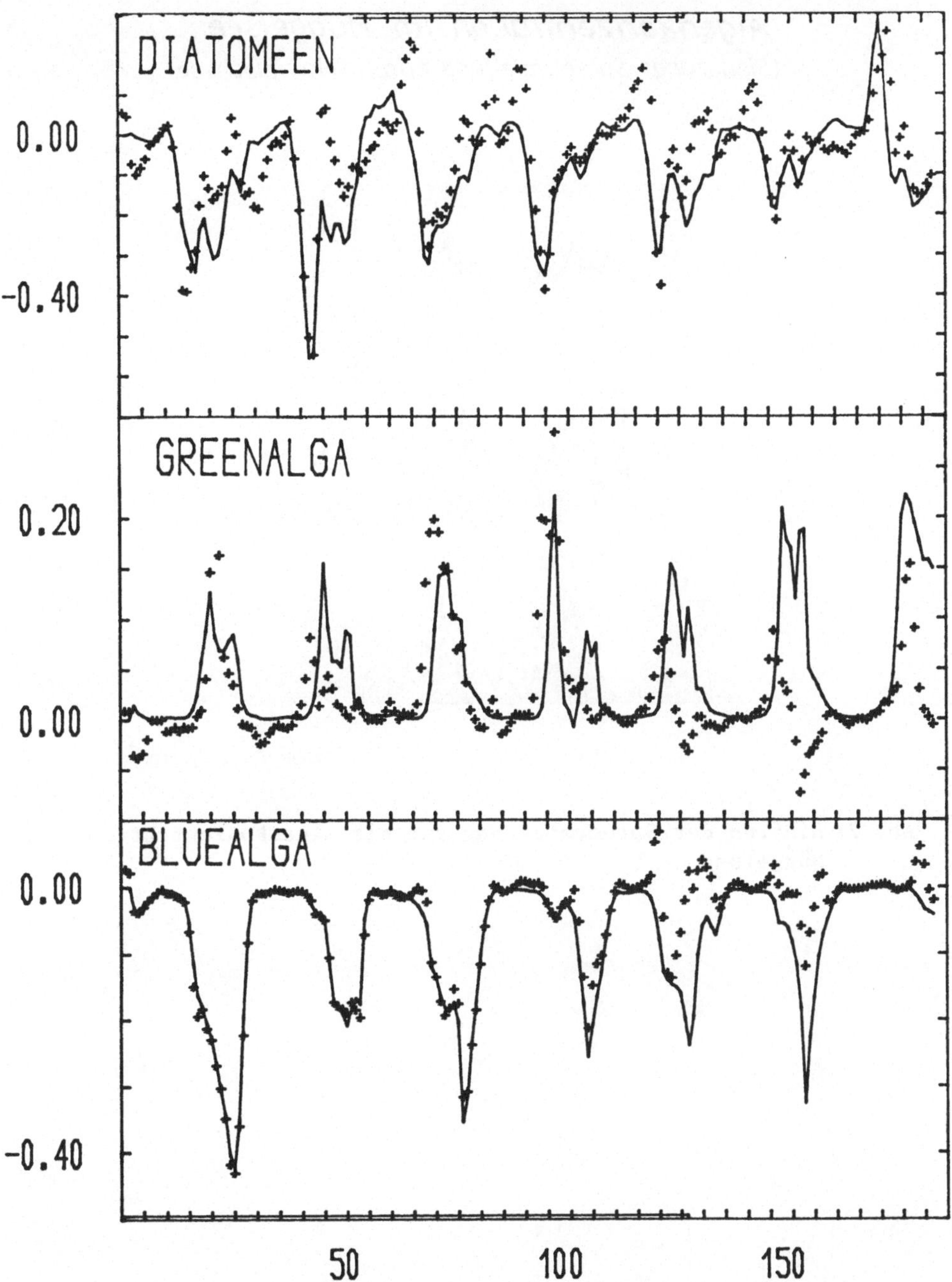

Abb.1: Anpassung von 55 freien Parametern des Modells ERNA an die Wachstumsraten gemessen am Schwielowsee

Algenkonzentration im Müggelsee

(Steuerung: Spreeumleitung durch Schwielochsee)

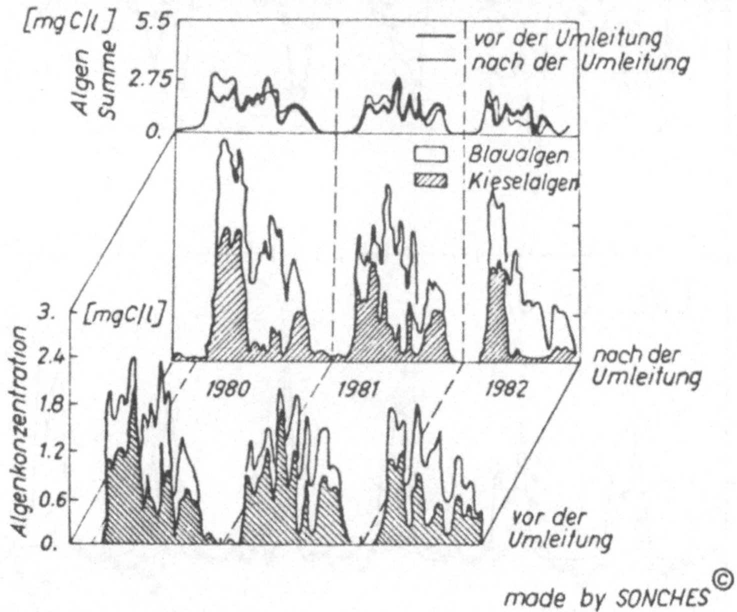

Abb.2: Einfluß der Spreeumleitung auf die Algenkonzentration im Müggelsee

SUM OF ALGAE IN LAKE MUEGGELSEE

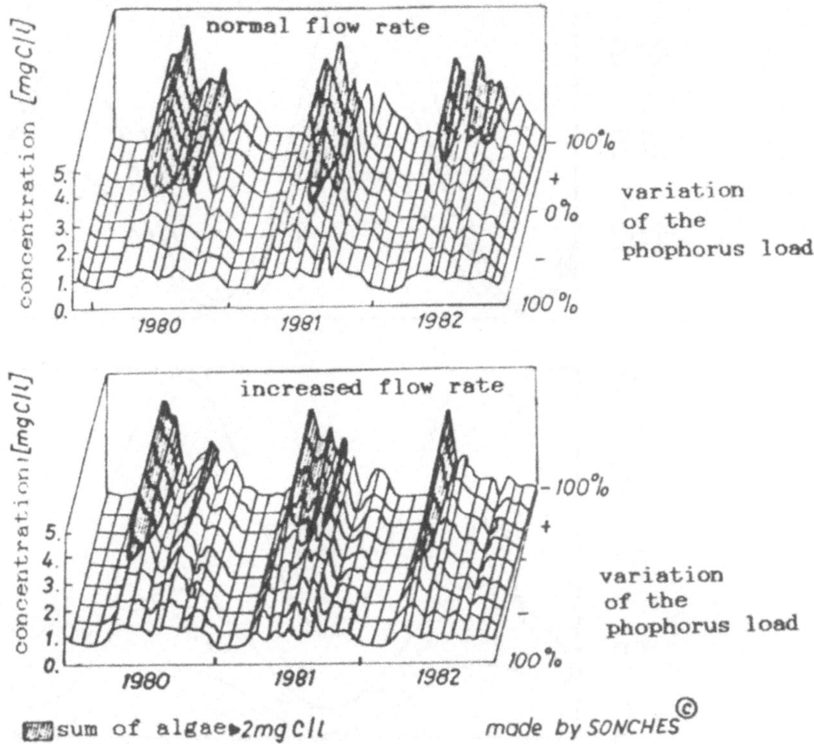

Abb.3: Einfluß variierter Phosphatbelastung bei unterschiedlichen Durchflußgeschwindigkeiten

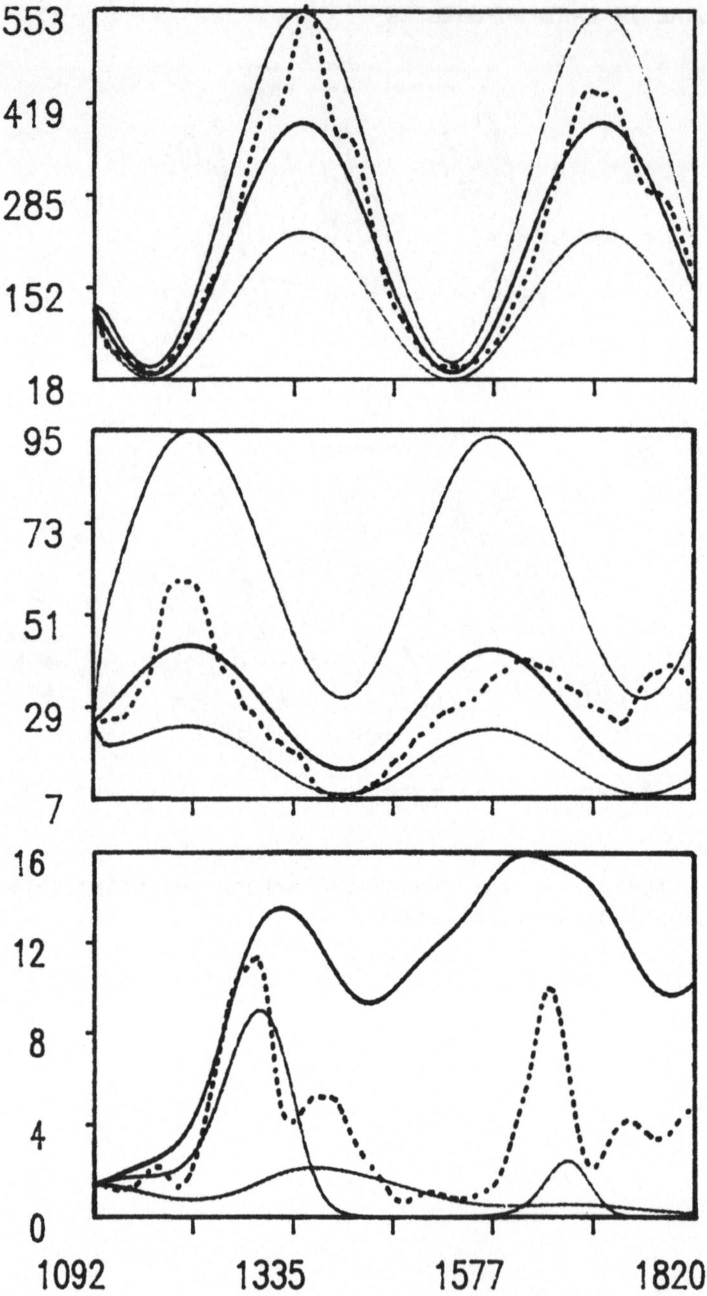

Abb.4: Zuverlässigkeitsschläuche für den wahrscheinlichen Verlauf (95% Signifikanz) von Temperatur, Strahlung und Durchflußgeschwindigkeit

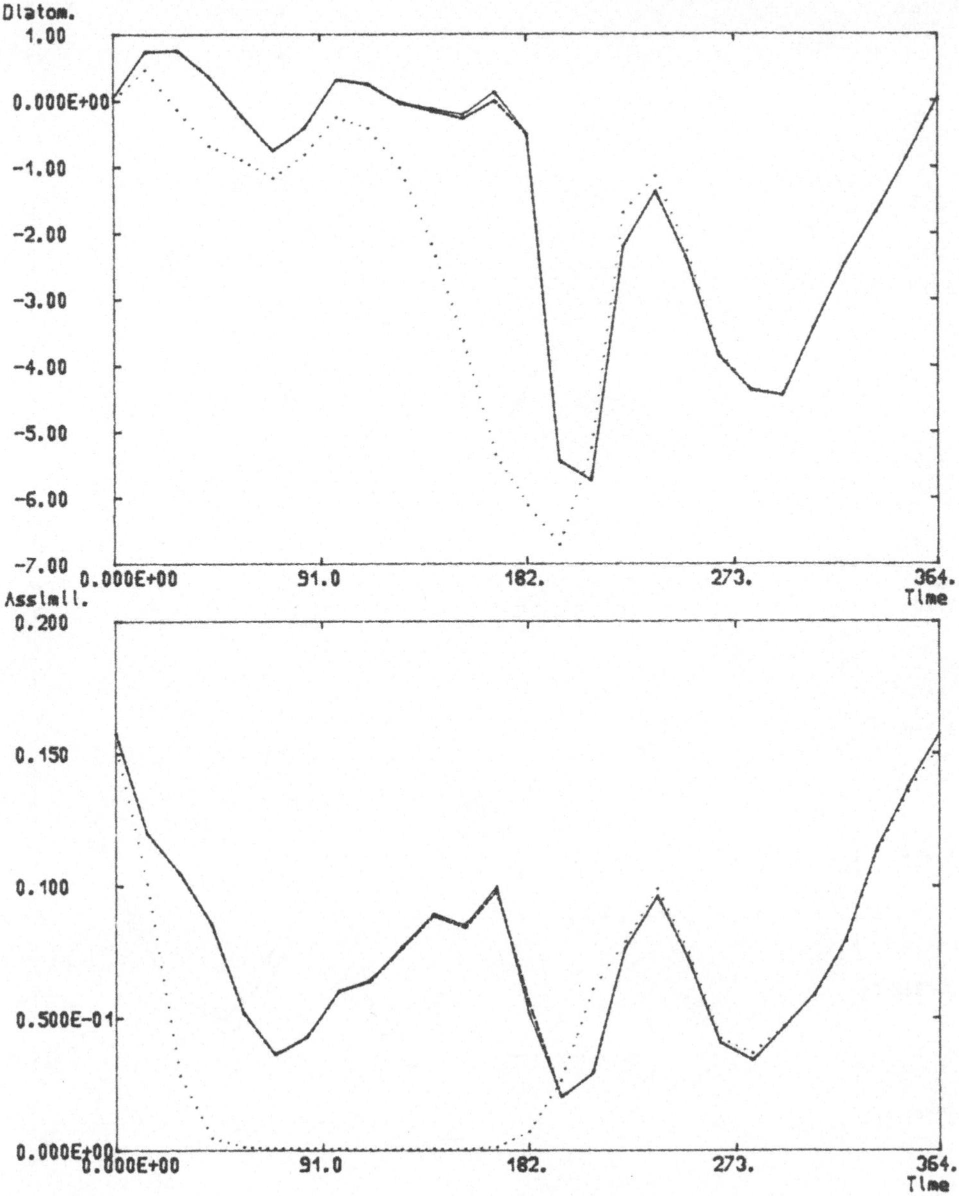

Diatom.
1.00
0.000E+00
-1.00
-2.00
-3.00
-4.00
-5.00
-6.00
-7.00
0.000E+00
91.0
182.
273.
364.
Time
Assimil.
0.200
0.150
0.100
0.500E-01
0.000E+00
0.000E+00
91.0
182.
273.
364.
Time
100 % phosphate-Input
80 % phosphate-Input
0 % phosphate-Input

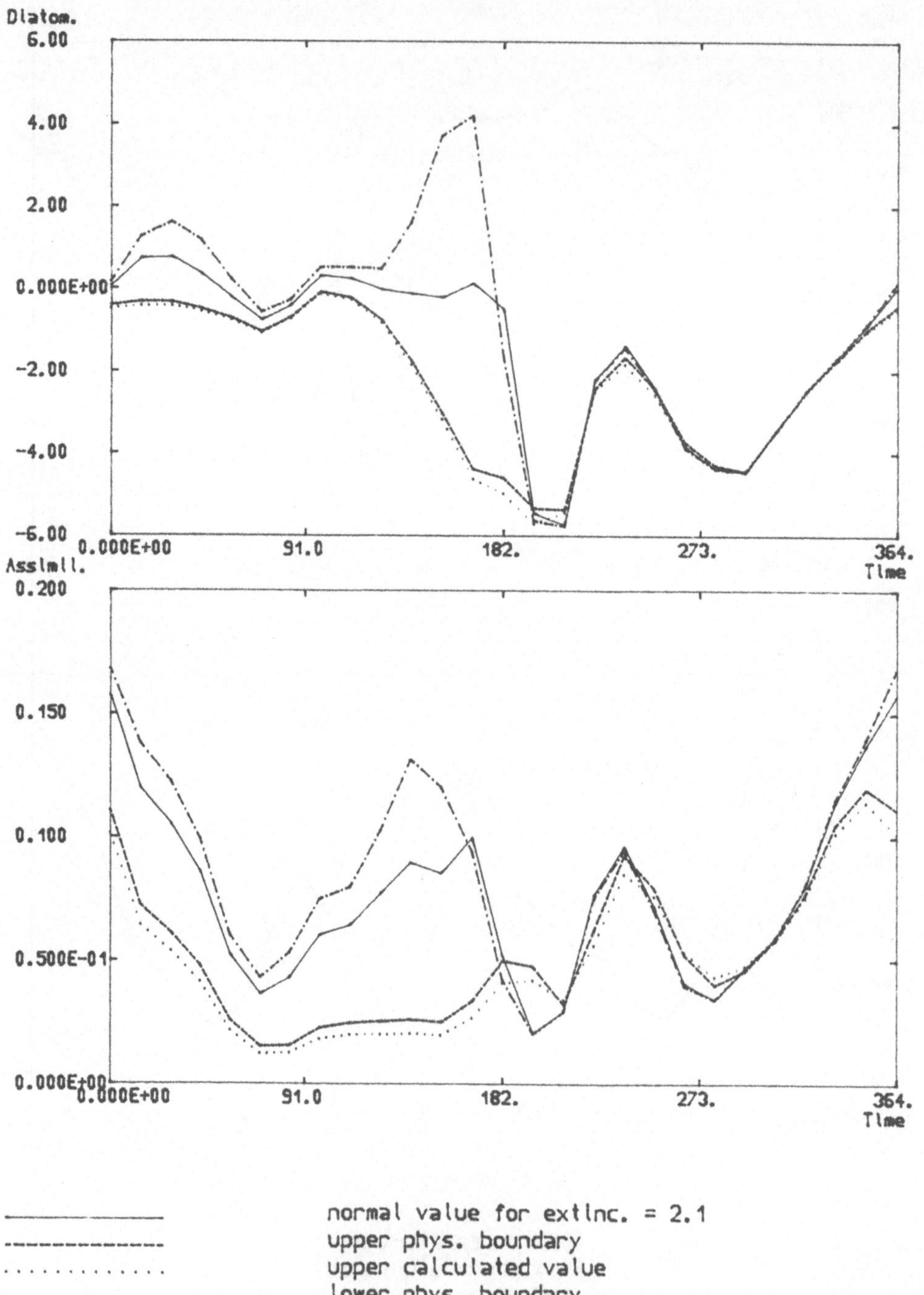

Abb.5: Einfluß einer Reduzierung des Silikateintrages auf das Selbst-
reinigungsvermögen. Die periodischen Lösungen sind stabil mit
kaum veränderten Einschwingzeiten

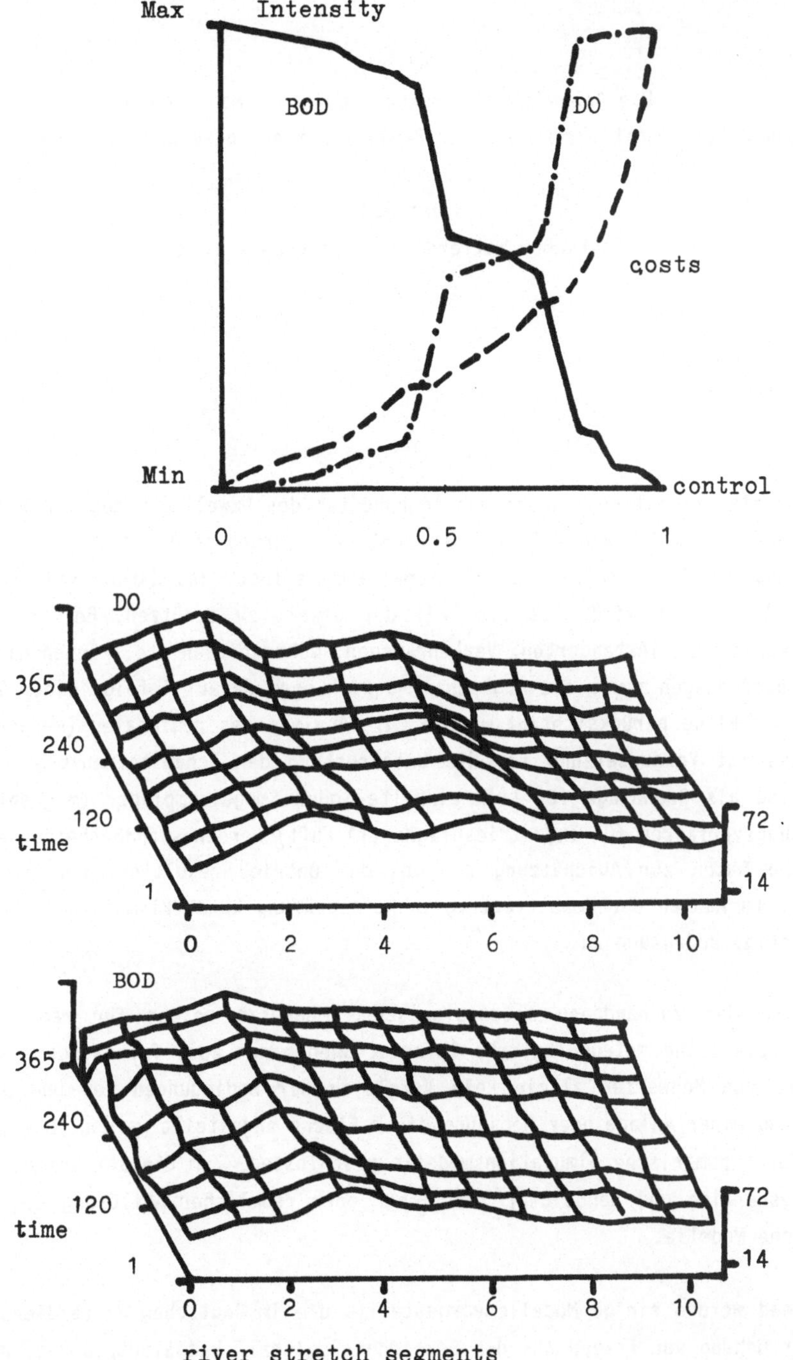

Abb.6: Kompromißstrategie, um eine hohe Wasserqualität bei geringen Kosten zu erreichen und der Einfluß von Abwassereinleitungen

Die Anwendung von meteorologischen Modellen im
Deutschen Wetterdienst für Fragen der Regionalklimatologie und des Umweltschutzes

Bruno Rudolf
Deutscher Wetterdienst, Offenbach a. M.

1   Einleitung

Das Regionalklima ist bei vielen Angelegenheiten des Umweltschutzes von Bedeutung.
So sind beispielsweise Windfeld und Temperaturschichtung steuernde Faktoren bei der
Ausbreitung von Schadstoffen. Das Regionalklima selbst, das durch Aktivitäten der
Menschen beeinflußt wird, ist als Teil der Umwelt zu schützen. Bereits bei der
Planung von Industriestandorten, Verkehrswegen, Wohngebieten etc. können die klima-
tischen Bedingungen sowie die möglichen Auswirkungen darauf infolge einer Verwirk-
lichung der Pläne berücksichtigt werden. Die Analyse des regionalen (mesoskaligen)
Windfeldes ist Voraussetzung für die Untersuchung der Schadstoffausbreitung beispielsweise als Grundlage für Luftreinhalte- oder Smogalarmpläne. Im gesetzlichen
Genehmigungsverfahren für Industrieanlagen (TA Luft) werden standortbezogene klima-
tologische Daten zur Abschätzung der aus dem Betrieb resultierenden Immissionen
benötigt. Im Rahmen der Umweltverträglichkeitsprüfung kommt klimatologischen Daten
eine wichtige Bedeutung zu.

Die Dichte der vorhandenen meteorologischen Meßnetze reicht für regional- und
standortspezifische meteorologische Informationen nicht aus. Insbesondere kann auf
der Basis von Meßwerten allein kein Vergleich der Bedingungen vor und nach der
Einrichtung einer Anlage oder Bebauung einer Fläche angestellt werden. Diese Lücken
werden durch numerische Simulationsmodelle geschlossen. Zum Einsatz kommen je nach
Anwendungsbereich und benötigter zeitlicher oder räumlicher Auflösung sehr unterschiedliche Modelle.

Nachfolgend werden einige Modelle vorgestellt, die im Deutschen Wetterdienst (DWD)
zur Untersuchung von Fragen aus den Bereichen Regional- und Stadtplanung, Abwärme-
auswirkungen, Schadstoffausbreitung, Windenergienutzung, Bodenerosion u. a. eingesetzt werden. Die Modelle wurden an meteorologischen Instituten der Hochschulen
entwickelt und vom DWD zur Anwendung übernommen.

2   Strömungsmodelle

Die Luftströmung in der Atmosphäre, der Wind, steht in komplexer Wechselwirkung mit anderen meteorologischen Größen, nämlich mit Luftdruck, Temperatur, Feuchte und deren Verteilung, worauf wiederum Strahlungs- und Wärmeumwandlungen, auch die Phasenänderung des Wassers Einfluß nehmen. Zudem ist der einzige feste Rand der Atmosphäre, die Bodenoberfläche sehr unregelmäßig gestaltet, woraus eine große räumliche Variabilität des Windes resultiert.

Daher ist die Simulation des Windfeldes über unebenem Gelände unter Berücksichtigung aller wirksamen physikalischen Prozesse eine schwierige Aufgabe. Die Simulation erfolgt in dreidimensionalen Gittermodellen; deren räumliche Auflösung ist durch die Maschenweite des Gitters und die erfaßbare Gebietsgröße ist durch die Computerkapazität begrenzt.

Physikalische Vereinfachungen der Modelle sind je nach Problemstellung zulässig; zur Untersuchung der Umströmung eines Gebäudes beispielsweise müssen Phasenumwandlungen des Wassers nicht berücksichtigt werden. Auch die notwendige Maschenweite richtet sich nach dem Anwendungszweck. Den unterschiedlichen Anforderungen der Regionalklimatologie entsprechend werden also verschiedene Strömungsmodelle bereitgehalten.

Die Anwendung eines Windfeldmodells im regionalen Bereich setzt die Einbettung des Modells in eine supraskalige Strömung voraus, sei es, daß diese vorgegeben oder durch ein grobmaschigeres Modell bereitgestellt wird.

2.1   Das mesoskalige Windfeldmodell "REWIMET"

Der Name REWIMET bedeutet "Regionales Windmodell einschließlich Transport". Das Modell wurde von HEIMANN am meteorologischen Institut der Universität München entwickelt /1/. Es enthält die prognostischen Gleichungen einer hydrostatischen, divergenzfreien und trockenen Atmosphäre. Der vorzugebende geostrophische Wind dient als äußerer, supraskaliger Antrieb. Die subskaligen turbulenten Flüsse von Impuls und fühlbarer Wärme werden parametrisiert.

134

Der Anwendungsbereich liegt bei horizontalen Ausdehnungen des Modellgebietes bis zu
200 km mal 200 km. Eine Maschenweite zwischen 2 und 10 km sollte verwendet werden.
Wegen der Annahme der Gültigkeit der statischen Grundgleichung müssen die auftretenden Vertikalbeschleunigungen um mindestens eine Größenordnung kleiner sein als
die Horizontalbeschleunigungen. Dies ist in der Regel dann erfüllt, wenn die Maschenweite nicht kleiner als 2 km und das Verhältnis der Höhenunterschiede benachbarter Gitterpunkte zum Gitterpunktsabstand nicht größer als 1 : 10 ist.

Im Modell wird die untere Atmosphäre vertikal in drei Schichten unterteilt. Die
unterste Schicht hat eine konstante Dicke von 50 m. Die mittlere Schicht reicht bis
zur Mischungsschichthöhe und besitzt eine räumlich und zeitlich variierende Mäch-
tigkeit. Die beiden genannten Schichten repräsentieren zusammen die turbulent
durchmischte Grundschicht der Atmosphäre, die bei starker Erwärmung des Bodens bis
in mehr als 1000 m Höhe über Grund reichen kann, sich in Nächten mit stabiler
Schichtung aber nur bis etwa 100 m Höhe erstreckt. Oberhalb der Mischungsschichthöhe befindet sich eine bis zur Modellobergrenze (variabel, in ca. 4000 m Höhe)
reichende Schicht, die mit der mittleren Schicht Luftmasse austauschen kann. An der
Trennfläche zwischen der untersten und der mittleren Schicht treten dagegen nur
turbulente Flüsse von Impuls und fühlbarer Wärme auf.

Neben dem supraskaligen Druckgradienten bzw. geostrophischen Wind sind die vertikale Temperaturverteilung einer Hintergrundatmosphäre sowie der zeitliche Verlauf der
Bodentemperatur vorzugeben.

Das Modell ist in der Lage, den zeitlichen Verlauf des Wind- und Temperaturfeldes
in den drei Modellschichten sowie den Gang der Mischungsschichthöhe für eine 24
Stunden oder noch länger andauernde charakteristische Wetterlage darzustellen, wie
beispielsweise die Simulation der Land-/Seewindzirkulation zeigt /2/ (vgl. Bild 1,
nächste Seite).

Aus der Anwendung des Modells können interessante Unterlagen für Luftreinhaltepläne-
ge gewonnen werden, indem Smogwetterlagen mit unterschiedlich verteilten und teilweise reduzierten Emissionen untersucht werden /3/.

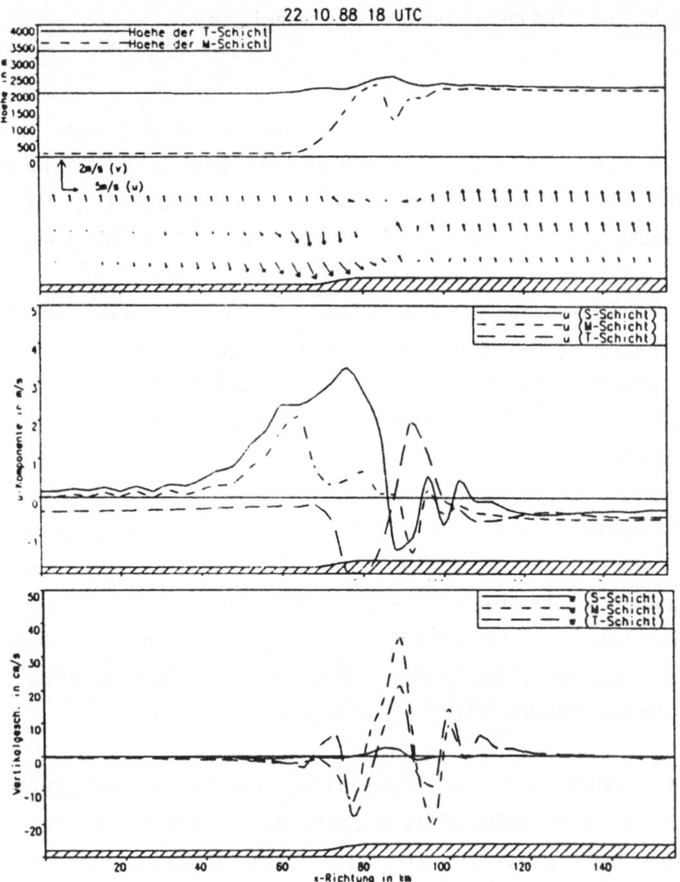

Bild 1: Beispiel zur Simulation des Seewindes mit dem Modell REWIMET

Das obere Bild zeigt oben die Höhe der Mischungsschicht (M-Schicht) und der Modellobergrenze (T-Schicht) über Grund, darunter die horizontalen Windvektoren der drei
Schichten sowie das Geländeprofil normal zum Küstenverlauf.

Das mittlere Bild zeigt die horizontale Komponente des Windvektors normal zum
Küstenverlauf, das untere Bild den Vertikalwind, jeweils für die drei Schichten (S-
Schicht = untere Schicht).

In der unteren Schicht ist deutlich an der Küste ein landeinwärts gerichteter Wind
(Seewind) zu erkennen. Ebenso werden die Aufwärtsbewegung der Luft über Land sowie
die ausgleichenden Strömungen wirklichkeitsnah simuliert.

2.2   Das einfache diagnostische Strömungsmodell MKW

MKW (Massenkonsistentes Windfeldmodell) ist ein dreidimensionales Gitterpunktmodell zur Simulation einer stationären bodennahen Luftströmung über orographisch gegliedertem Gelände mit inhomogener Verteilung der Bodenrauhigkeit. Das Modell basiert auf der von SHERMAN beschriebenen Theorie /4/ und wurde im DWD erweitert /5/.

Als horizontale Gitterpunktabstände können je nach Anwendungsbereich Werte zwischen einigen Dekametern und einigen Kilometern gewählt werden. Die Vertikale ist in bis zu 15 nicht äquidistante Schichten aufgeteilt; die dünnste Schicht berührt den Boden, die Dicke der darüberliegenden Schichten wächst nach oben mit geometrischer Progression an.

Das Modell berechnet zuerst aus an beliebigen Orten vorgegebenen Winddaten ein Initial-Windfeld, in dem alle Gitterpunkte mit einem Wind belegt werden. Dabei kann die ortsabhängige Bodenrauhigkeit berücksichtigt werden. Im Initialfeld enthaltene Divergenzen werden durch ein iteratives, das gesamte Windfeld erfassendes Rechenverfahren entfernt, wobei das Windfeld durch die Überlagerung einer Potentialströmungskomponente dem Geländerelief angepaßt wird.

Die Anpassung erfolgt unter den Bedingungen, daß die Geländeoberfläche sowie die Obergrenze des Modells undurchlässig sind, die seitlichen Ränder dagegen durchströmt werden. Durch Verwendung eines stabilitätsabhängigen Wichtungsfaktors zwischen horizontaler und vertikaler Potentialströmungskomponente wird bei stabiler Schichtung die horizontale Umströmung von Hindernissen (Erhebungen), bei labiler Schichtung dagegen deren Überströmung begünstigt.

Das Ergebnis ist ein divergenzfreies, d. h. massenkonsistentes Windfeld, in welchem auch die mit der Divergenzfreiheit vereinbaren Eigenschaften des vorgegebenen Windfelds enthalten sind.

Durch eine geeignete Initialisierung unter Verwendung gemessener oder von einem gehaltvolleren Modell berechneter Daten und/oder physikalisch sinnvoller Zusammenhänge (Rauhigkeitseinfluß) können auch durch das Modell nicht simulierbare Windfeldstrukturen im Ergebnis dargestellt werden. Daher ist das Modell besonders zur Interpolation der Daten eines Meßnetzes oder der Ergebnisse eines Modells mit größerem physikalischen Gehalt geeignet.

Plausible Windfelder liefert das Modell schon mit einer einfachen Initialisierung (Vorgabe eines einheitlichen Windes für das ganze Gebiet an der Modellobergrenze) unter topographischen und meteorologischen Bedingungen, bei denen das Windfeld durch Leit- und Düseneffekte dominierend geprägt wird. Dies ist bei mittleren bis hohen supraskaligen Windgeschwindigkeiten in guter Näherung erfüllt. Deshalb kann das Modell für statistische Auswertungen, z. B. zur Ermittlung von Windrosen (Häufigkeitsverteilungen der Windrichtung) über einem mäßig bis stark ausgeprägten Geländerelief oder für einfache Fallstudien ohne Meßdaten oder andere Modellergebnisse angewandt werden. Zur Berechnung eines Windrosenfeldes muß nur eine Höhenwindrose vorgegeben werden (vgl. Bild 2).

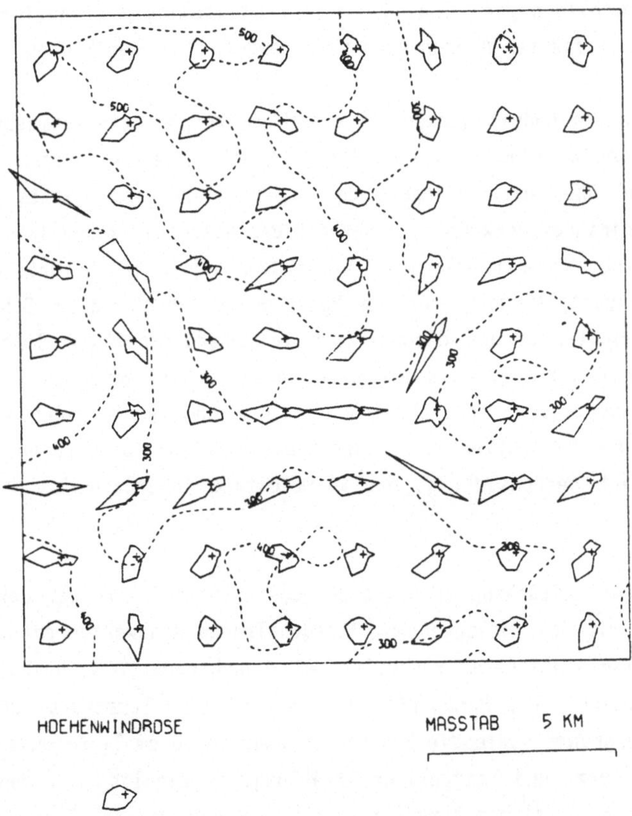

Bild 2: Mit dem diagnostischen Modell MKW für stabile Schichtung für 10 m Höhe über Grund berechnete Windrosen

2.3   Das mikroskalige Modell MUKLIMO

Das Modell MUKLIMO (Mikroskaliges Urbanes Klima-Modell) ist ursprünglich zweidimensional formuliert /6/. Mittlerweile wurde von SIEVERS auch die dreidimensionale Version verwirklicht.

Beide Modelle sind mit einer Gitterauflösung von einigen Metern bis zu wenigen Dekametern im mikroskaligen Bereich angesiedelt. Charakteristisch für beide Modelle ist die Verwendung kartesischer Koordinaten und die Aufteilung des Integrationsgebietes in rechteckige bzw. quaderförmige Gitterzellen. Dabei ist die untere Grenzfläche des Modellgebiets blockförmig strukturiert, so daß nicht alle Gitterzellen zum eigentlichen atmosphärischen Integrationsvolumen gehören. Die außerhalb gelegenen Gitterzellen bilden die "Gebäudeblöcke", die beliebig arrangiert und zu mehr oder weniger komplizierten Anordnungen zusammengefaßt werden können.

Im zweidimensionalen Modell wirken mehrere Modellkomponenten (atmosphärische Dynamik, Strahlung sowie Erdboden und Wände) in komplexer Weise zusammen. Die Modellkomponenten sind über die Bedingung des Energieflußgleichgewichts an der Bodengrenzfläche miteinander verknüpft. Innerhalb des atmosphärischen Teilmodells werden Bewegungsgleichung, Wärmegleichung und Wasserdampfbilanz integriert, gegebenenfalls auch eine Transportgleichung für im Modellgebiet produzierte Schadstoffe. Die Austauschkoeffizienten werden diagnostisch in Abhängigkeit vom lokalen Wind- und Temperaturfeld mit Hilfe eines Mischungswegansatzes bestimmt. Das Strahlungsmodell berechnet die geometrische Modifikation der kurz- und langwelligen Strahlung durch Abschirmung und Mehrfachreflektion an den Gebäudewänden und am Boden. Das Erdbodenmodell schließlich berücksichtigt die Wärmeleitung innerhalb des Bodens bzw. der Wände.

Das Modell rechnet zeitabhängig, bis sich quasi-stationäre Felder der atmosphärischen Variablen mit den vorgegebenen, festgehaltenen Randwerten eingestellt haben. Ein näherungsweise stationärer Endzustand wird nach einer etwa halbstündigen Integrationszeit erreicht. Die Randwerte für den Wind, die Temperatur und die Feuchte an der Modellobergrenze sowie die Bodentemperatur in 10 cm Tiefe müssen, ebenso wie die einfallende kurz- und langwellige Strahlung, im Einklang mit den angenommenen synoptischen und mesoskaligen Verhältnissen vorgegeben werden. Dazu passende Felder am Einströmrand werden von einem eindimensionalen Vorschaltmodell erzeugt.

Vom zweidimensionalen Modell werden das Wind- und Temperaturfeld in der Umgebung einer in einer Richtung unendlich ausgedehnten Gebäudeanordnung (z. B. Häuserreihe, Straßenschlucht) simuliert.

Anwendungsbereiche des Modells sind Simulationen der Wind-, Temperatur- und Strahlungsverhältnisse, aber auch die Schadstoffkonzentration in Straßenschluchten in Abhängigkeit von Straßenbreite und Häuserhöhe für unterschiedliche Wind- und Austauschverhältnisse /7/. Weitere Einsatzmöglichkeiten des Modells sind Untersuchungen zum Einfluß einer Dachbegrünung auf das Mikroklima oder von Lärmschutzwänden auf die Verteilung der Schadstoffkonzentration im Lee von Autobahntrassen.

Die dreidimentionale Modellversion beruht auf einer auf drei Dimensionen verallgemeinerten Stromfunktionsmethode. Durch Verzicht auf die Forderung nach Homogenität in einer horizontalen Richtung können Wind- und Temperaturfeld in der Umgebung beliebig geformter Gebäude(gruppen) simuliert werden (vgl. Bild 3).

Diese Modellversion enthält darüber hinaus eine Transportgleichung, mit deren Hilfe sowohl das Feuchtefeld als auch Schadstoffkonzentrationen bei vorzugebender Quellverteilung berechnet werden können. Einschränkend ist allerdings zu bemerken, daß noch kein Modell für das Energieflußgleichgewicht der unteren Grenzfläche existiert, so daß die Temperatur am Boden sowie an den Gebäudewänden und Dächern zur Zeit noch vorgeben werden muß.

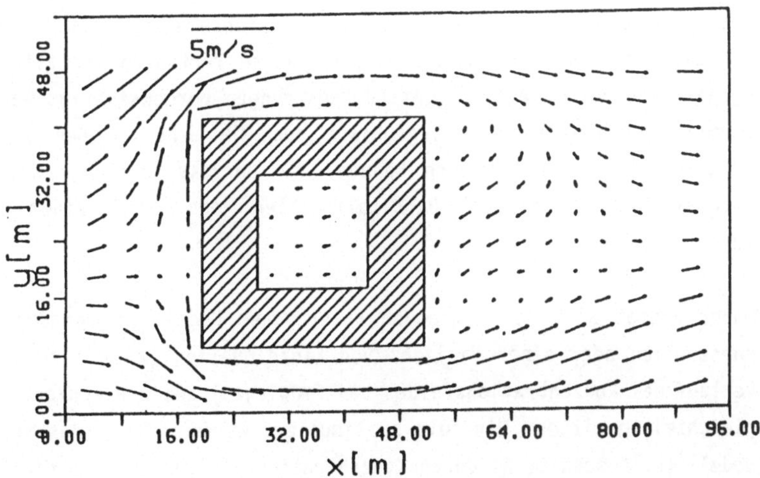

Bild 3: Horizontales Windfeld in 2 m Höhe über Grund für eine Gebäudeanordnung mit eingeschlossenem Hof bei leicht schräger Anströmung (Anströmwinkel 11.3 Grad)

3 Ausbreitungsmodelle

Ausbreitungsmodelle beschreiben den Transport von Luftbeimengungen in der Atmosphäre. Vorgegeben werden für eine Modellanwendung die Emissionsbedingungen und die für den Transport entscheidenden meteorologischen Felder und Parameter; das Ergebnis ist eine Konzentrations- oder Depositionsverteilung.

Die Transportvorgänge sind im wesentlichen Advektion durch den Wind, turbulente Diffusion sowie Ausfallen, Ausregnen und Auswachsen der Luftbeimengungen. Auch chemisch-physikalische Umwandlungen und radioaktiver Zerfall gehören dazu. Sind die Emissionen mit großer Wärme- oder/und Feuchteabgabe verbunden (z. B. bei Rauchgaswäsche im Kühlturm), so kommt der Behandlung der Thermodynamik der sich ausbreitenden Fahne im Modell besondere Bedeutung zu.

Bei einer Euler'schen Modellformulierung werden eine oder mehrere Konzentrationsgleichungen in einem ortsfesten Gitternetz gelöst. Chemisch-physikalische Wechselwirkungen können als Term in den Konzentrationsgleichungen aufgenommen werden. Probleme bestehen bei der Modellskalierung bei Einzelfahnen: soll z. B. ein Bereich bis 10 km Entfernung von der Quelle simuliert werden, so wird man vielleicht eine Gitterweite von 50 m realisieren können, was zur Erfassung der turbulenten Transporte am Rand einer schmalen Fahne nicht ausreicht.

Die Anwendung eines Lagrange'schen Partikelmodells (Berechnung der turbulenten Trajektorien einer Vielzahl kleiner Emissionselemente bzw. Partikeln) bietet die Vorteile, daß ohne problematische iterative Verfahren instationäre und dreidimensional inhomogene meteorologische Bedingungen berücksichtigt werden können und daß räumlich hoch aufgelöste Ergebnisse auch in einem großen Simulationsgebiet vom Prinzip her erreicht werden können. Die Berücksichtigung chemisch-physikalischer Wechselwirkungen ist bei Partikelmodellen jedoch mit einem sehr hohen Aufwand verbunden.

Daher bietet sich die Anwendung Euler'scher Modell bei größeren inhomogenen Flächenquellen oder einer Vielzahl von Einzelquellen (z. B. Szenarien zum zeitlichen Verlauf des Konzentrationsfeldes bei Smoglagen) an; die Konzentrationsfelder können gleichzeitig mit dem Windfeld zu simuliert werden, indem das verwendete Strömungsmodell (s. Abschnitt 2) durch Konzentrationsgleichungen für die betrachteten Stoffe ergänzt wird. Zur Untersuchung einzelner punktförmiger Emissionsquellen (z. B. Schornsteine) ist meist ein Partikelmodell vorzuziehen; dann ist es zweckmäßig, zuerst die meteorologischen Felder zu berechnen und mit diesen als Eingabedaten die Ausbreitung zu rechnen.

3.1 Das Lagrange'sche Partikelmodell LAPAMO

In einem Lagrange'schen Partikelmodell wird die Trajektorie (Zugbahn) eines emittierten Partikels in sehr kleinen Zeitschritten berechnet, wobei sich die Bewegungsschritte jeweils aus einer advektiven und einer turbulenten Komponente, gegebenenfalls auch noch aus einer schwerebedingten Absink- oder Hebungskomponente zusammensetzen. Zu einem betrachteten Zeitschritt kann ein Partikel die dann an seinem momentanen Ort geltenden meteorologischen Bedingungen aus einem instationären dreidimensionalen Feld für seinen nächsten Bewegungsschritt entnehmen. Die individuelle turbulente Bewegung wird aus den atmosphärischen Windfluktuationen in Verbindung mit einem Zufallsansatz berechnet.

Zeitabhängige dreidimensionale Konzentrationsfelder können ermittelt werden, indem eine Vielzahl (10.00 bis 100.000) Partikeltrajektorien berechnet und die Partikelpositionen in einem Zeit-Raum-Raster gezählt werden. Anwendungen dieser Art setzen eine Großrechenanlage voraus.

Für die Modellanwendung werden die Komponenten des mittleren Windes (Kurzzeitmittel) und der Windfluktuation in den drei Raumrichtungen benötigt. Diese Daten können zeit- und ortsabhängig sein. Ein dreidimensionales Windfeld kann durch eines der in Abschnitt 2 beschriebenen Modelle berechnet werden. Vertikalverläufe der turbulenten Fluktuationen können aus SODAR-Meßdaten oder näherungsweise aus empirischen Ansätzen gewonnen werden.

Bild 4 (nächste Seite) zeigt eine Fallstudie für die Ausbreitung der Fahnen zweier unterschiedlich hoher Quellen in einer Situation mit starker vertikaler Winddrehung. Die meteorologischen Bedingungen dafür wurden angenommen, ähnliche Fälle treten aber auch tatsächlich auf.

Das vom DWD verwendete Modell beruht auf der Formulierung von GLAAB /8/.

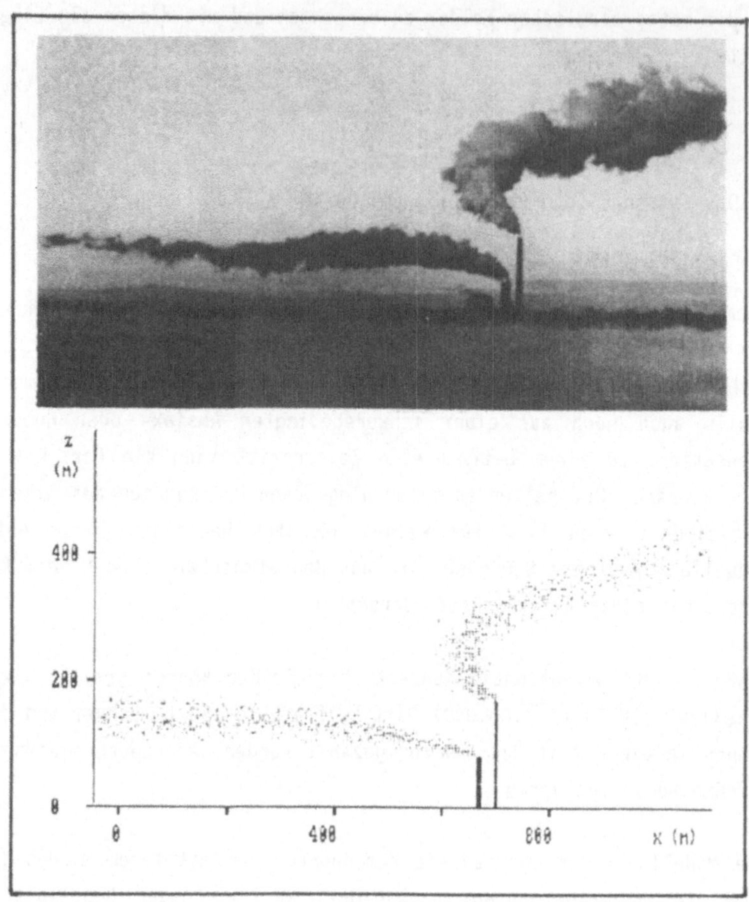

Bild 4: Ausbreitung von Fahnen bei mit der Höhe drehender Windrichtung
(oben ein beobachteter Fall, unten die Simulation mit einem
Partikelmodell bei für diesen Fall angenommenen Winddaten)

3.2   Das Feuchtluftfahnenmodell SMOKA

Das Modell wurde als Simulationsmodell für Kühlturmauswirkungen konzipiert /9/, ist aber auch zur Simulation anderer warmer oder kalter feuchter Fahnen geeignet. Es beruht auf Differentialgleichungen für die horizontale und vertikale Komponente der Bewegung, für die Enthalpie sowie für den Gesamtwasser-, den Flüssigwasser- und den Regentropfengehalt und beschreibt den Zustand der Luft längs der Ausbreitungsachse einer stationären Fahne. Die Lage der Fahnenachse selbst ist das Ergebnis der Integration der Bewegungsgleichungen, womit das Aufsteigen und Absinken der Fahne berechnet wird.

Durch die Vorgabe einer empirischen Verteilung der Zustandsgrößen normal zur Fahnenachse und mit den Annahmen der Stationarität sowie einer horizontal homogenen, hydrostatischen Umgebung sind die Modellgleichungen aus den allgemeinen Grundgleichungen der Physik der Atmosphäre herleitbar. Berücksichtigt werden bei der Modellrechnung Auftriebs- und Reibungskräfte, Wärmeumwandlungen, Verdunstung, Kondensation und Ausregnen sowie turbulente Vermischung.

Zur Simulation einer feuchten Fahne müssen dem Modell Geometrie, Wärme- und Feuchteemissionsströme der Quelle sowie Vertikalverläufe von Lufttemperatur, -feuchte und Wind der Umgebung eingegeben werden. Anwendungsbereiche sind z. B. die Untersuchung der meteorologischen Auswirkungen von Kühltürmen /10, 11/ oder der Beeinträchtigung des Luftverkehrs durch Schwaden (Sicht und Turbulenz). Auch die Berechnung der Aufstiegshöhe warmer oder nasser Schornsteinfahnen ist möglich.

4   Empirische Regionalklimamodelle

Empirische Modelle kommen da zur Anwendung, wo Regionalklimaelemente für Gebiete von großer Ausdehnung bei gleichzeitig hoher räumlicher Auflösung darzustellen sind oder wo in Anbetracht der komplexen Wechselwirkungen eine numerische Simulation der physikalischen Vorgänge nicht möglich ist. Modellgrundlage ist die Auswertung klimatologischer Meßdaten.

Eine objektive empirische Methode zur Erzeugung von regionalen Klimakarten wurde vom DWD im Rahmen des nationalen Klimaforschungsprogramms entwickelt /12/. Dabei wird die Abhängigkeit an Stationen gemessener Klimaelemente von der Geländehöhe über dem Meeresspiegel unter Berücksichtigung der Geländenutzung statistisch analysiert, woraus für die betrachteten Klimaelemente Regressionsfunktionen bezüglich der Geländehöhe, getrennt für die Nutzungsarten, resultieren. Mittels dieser Funktionen und einer topographischen Datei, die Geländehöhe und Nutzungsart in einem Raster enthält, können gerasterte Klimakarten erzeugt werden.

Ergänzt wird dieses Verfahren durch ein empirisches Modell zur räumlichen Eingrenzung von Kaltluftfluß-, -stau- und -sammelgebieten. Jedem Rasterfeld der topographischen Datei werden entsprechend der Nutzungsart angenommene Kaltluftproduktionsraten zugeordnet, die bei schwachgradientigen Strahlungswetterlagen gelten und durch Messungen ermittelt wurden. Unter Wahrung der Massenerhaltung wird die während einer vorgegebenen Zeitspanne produzierte Kaltluft entsprechend der Geländeneigung zum kleinstmöglichen Höhenniveau verlagert.

Auswirkungen einer Flächennutzungsänderung auf das Regionalklima können dargestellt werden, indem Klimakarten für die dem ursprünglichen Zustand entsprechenden und für die veränderten topographischen Daten berechnet werden.

5   Schlußbemerkung

Die Palette der Strömungsmodelle soll im kommenden Jahr um ein nicht-hydrostatisches, mesoskaliges Modell ergänzt werden. Die Bundesbehörde Deutscher Wetterdienst mit dem Zentralamt in Offenbach und den Wetterämtern in den Ländern erstellt Gutachten zu klimatologischen Fragen der Stadt- und Regionalplanung, des Umweltschutzes, der Wasserwirtschaft, des Verkehrs- und Bauwesens, der Energiewirtschaft sowie zur Bioklimatologie - gestützt auf die Daten der Meßnetze des DWD und die o.g. Modelle.

Den Autoren der Modelle sei für die Bereitstellung von Material für die obigen Kurzbeschreibungen gedankt.

Literaturverzeichnis:

/1/ HEIMANN, D.: Estimation of Regional Surface Layer Wind Field
Characteristics Using a Three-Layer Mesoscale Model.
Beitr. Phys. Atmosph. Vol. 59, No. 4, Nov. 1986, S. 518 - 537

/2/ PFLÜGER, U.: Sensitivitätsuntersuchungen mit dem Modell REWIMET-A
am Beispiel der Land-Seewind-Zirkulation.
Referendararbeit K, Deutscher Wetterdienst - Zentralamt - Abt.
Klimatologie, Offenbach a.M., Nov. 1988

/3/ HEIMANN, D., BALTRUSCH, M.: Fallstudie zur numerischen Simulation
einer Smogperiode. Umweltplanung, Arbeits- und Umweltschutz, Schriftenreihe der Hessischen Landesanstalt für Umweltschutz No. 57,
Wiesbaden, Dez. 1986

/4/ SHERMANN, C. A.: A Mass Consistent Model For Wind Fields Over
Complex Terrain. J. Appl. Meteor. 17, 1978.

/5/ ULBRICHT-EISSING, M., SCHMIDT, H.: Using The NOA-Boundary Layer
Model For Wind Climatology. Interim Report, DWD-SWA 0099-1, 1985.

/6/ SIEVERS, U., ZDUNKOWSKI, W. G.: A Microscale Urban Climate Model.
Beitr. Phys. Atmosp. Vol. 59, No. 1, Feb. 1986, S. 13 - 40

/7/ SIEVERS, U., JENDRITZKY, G.: Numerical Simulation of Heat Exchange
Conditions of Man in Urban Canopy Layers.
In: International Symposium on Urban and Local Climatology,
Freiburger Geogr. Hefte Nr. 26, Institut für Physische Geographie
der Albert-Ludwigs-Universität Freiburg im Breisgau, 1986

/8/ GLAAB, H.: Lagrange'sche Simulation der Ausbreitung passiver
Luftbeimengungen in inhomogener atmosphärischer Turbulenz.
Dissertetion, TH Darmstadt, 1986

/9/ RUDOLF, B.: The Cooling Tower Model SMOKA And Its Application
To A Large Set Of Data. In: Air Pollution Modeling And Its Application III, Editor C. DeWispelaere, Plenum Press, New Yorkand London, 1984

/10/ RUDOLF, B. u. HOFFMANN, K.: Modellrechnungen zur Sonnenschein-
verminderung durch Kühlturmschwaden. Staub - Reinh. Luft 45/9, 1985

/11/ Abwärmekommission: Auswirkungen von Kühltürmen - Grundlagen für die
Beurteilung der meteorologischen Auswirkungen von Naturzug-Naßkühl-
türmen großer Leistung. Bericht der Abwärmekommission 82-1, Herausgeber Umweltbundesamt, Erich Schmidt Verlag, Berlin, 1983

/12/ GERTH, W.-P.: Klimatische Wechselwirkungen in der Raumplanung bei
Nutzungsänderungen. Berichte des Deutschen Wetterdienstes Nr. 171,
Offenbach a. M., 1986

EIN GEOGRAPHISCHES INFORMATIONSSYSTEM ALS BASIS FÜR EIN ENTSCHEIDUNGSHILFESYSTEM FÜR WASSERWIRTSCHAFTLICHE PROBLEME - KOPPLUNG EINES GIS MIT EINEM GRUNDWASSERMODELL

J. Fürst, S. Haider, H.P. Nachtnebel
Institut für Wasserwirtschaft, Hydrologie und Konstruktiven Wasserbau
Universität für Bodenkultur
A-1180 Wien, Gregor Mendelstraße 33

Kurzfassung

Der vorliegende Beitrag befaßt sich mit der Nutzung eines Geographischen Informationssystems (GIS) als Grundlage für ein Entscheidungshilfesystem für wasserwirtschaftliche Probleme. Besonders betont wird der Vorteil der gemeinsamen Datenbasis für raumbezogene Daten beim Einsatz des Systems in interdisziplinären Studien. Als Beispiel für die Integration von existierenden hydrologischen Modellen in das konzipierte Entscheidungshilfesystem wird die Kopplung eines numerischen Grundwassermodells mit dem GIS ARC/INFO gezeigt.

1 Einleitung

Viele der heute auftretenden gesellschaftlichen Probleme haben ihre Ursache in der Gefährdung unserer Umwelt. Probleme wie Waldsterben, Auswirkungen von Kraftwerksstandorten, Mülldeponien und Umweltverschmutzung betreffen komplexe, durch menschliches Handeln beeinflußte Natursysteme.

Strategien zur Sanierung, zum Schutz und zur nachhaltigen Bewirtschaftung erfordern durchwegs einen interdisziplinären Ansatz. Fachleute aus so verschiedenen Bereichen wie Ökologie, Zoologie, Botanik, Hydrobiologie, Geologie, Verkehrsplanung, Raumplanung, Sozioökonomie oder Wasserwirtschaft müssen gemeinsam und aufeinander abgestimmt an Lösungen dieser Probleme arbeiten.

Zur Bewältigung der ungeheuren Datenmengen wird in zunehmendem Maß in fast allen Disziplinen die EDV eingesetzt. Während in der traditionellen Bearbeitungsweise auch spezifische Softwarelösungen für jede Disziplin entstanden sind, erfordern interdisziplinäre Projekte zunehmend eine Softwarebasis, die den Informationsaustausch zwischen den Disziplinen, besonders aber die synoptische Betrachtung und logische Verknüpfung von Daten verschiedener Fachbereiche, unterstützt.

Der größte Teil der Daten für die angeführten Probleme läßt sich als "raumbezogen" klassifizieren. Für deren Verarbeitung haben sich geographische Informationssysteme (GIS) etabliert. Da wasserwirtschaftliche Probleme eine Schlüsselrolle im Rahmen interdisziplinärer Ökosystemstudien spielen, liegt es nahe, ein Informationssystem und in der Folge ein Entscheidungshilfesystem für wasserwirtschaftliche Probleme auf der Basis eines GIS zu konzipieren. Der Schwerpunkt dieses Beitrages liegt hierbei auf der Kopplung des GIS mit einem numerischen Grundwassermodell.

2 Wasserwirtschaftliche Problemstellungen im Rahmen interdisziplinärer Ökosystemstudien

Im Rahmen von Ökosystemstudien sind häufig folgende wasserwirtschaftliche Fragestellungen zu behandeln:

Grundwasserhaushalt: Veränderungen des Grundwasserstandes (Mittel-, Extremwerte, Grundwasserdynamik), der Strömungsrichtung, der Durchsatzmengen. Dabei sind sowohl beobachtete Veränderungen zu analysieren als auch geplante Maßnahmen zu simulieren.

Bodenwasserhaushalt: Grundwasserbeeinflussung der Böden, Versickerung, Verdunstung, Wasserversorgung der Pflanzen.

Grundwasserqualität: Ausbreitung von Schadstoffen, Auffinden von Schadstoffquellen, Sanierungsmaßnahmen.

Oberflächengewässer: Überflutungshäufigkeit und Dauer, überflutete Flächen, ...

Bei den Eingangsdaten, aber auch bei den Ergebnissen, handelt es sich durchwegs um raumbezogene Daten, die üblicherweise als Karten darstellbar sind. Die Informationen können dabei auf einzelne Punkte bezogen sein (Meßstellen, Bohrungen,...), auf Linien (Straßen, Flüsse,...) oder Flächen (Nutzungsart, Geologie,...). Zeitreihen von hydrologischen Größen sind zwar auf jeweils eine Meßstelle im Raum bezogen, haben aber durch ihre vierte Dimension, die Zeit, eine Sonderstellung inne.

Anhand einer Auswertung der Karten, die in der Ökosystemstudie Donaustau Altenwörth (HARY, NACHTNEBEL, 1989) verwendet wurden, soll die interdisziplinäre Verwendung dargestellt werden. Ein Forschungsteam von über 100 Mitarbeitern, gegliedert in 8 Fachgruppen und eine Projektleitung, hatte die Aufgabe, die Auswirkungen der Errichtung und des Betriebes des Donaukraftwerkes Altenwörth auf das Ökosystem zu analysieren und Managementvorschläge zu entwickeln. Für die Ablage und Darstellung der flächenbezogenen Informationen wurde das GIS ARC/INFO eingesetzt. Thematische Karten zu 26 Themen wurden erstellt, wobei von einigen Themen (z.B. Grundwasserspiegellagen, Flurabstand) mehrere Karten zu verschiedenen Zuständen vorliegen, sodaß insgesamt ca. 100 Karten verwendet wurden. Praktisch alle Karten wurden von mindestens zwei Fachgruppen verwendet. Mehr als die Hälfte der Karten wurde vom Fachbereich Wasserwirtschaft erstellt oder als Grundlage verwendet.

Damit wird die Wichtigkeit einer gemeinsamen Datenbasis für verschiedene Disziplinen und geeigneter Schnittstellen zu den fachspezifischen Modellen deutlich.

3 Elemente eines Entscheidungshilfesystems für wasserwirtschaftliche Probleme

Durch die komplexen Problemstellungen sind auch innerhalb der Wasserwirtschaft die traditionellen Softwarelösungen nach dem Prinzip Eingabe - Verarbeitung - Ausgabe nicht mehr ausreichend. Erforderlich sind integrierte Systeme, bei denen Datenbasis und Modelle aufeinander abgestimmt sind und die direkt von den Sachbearbeitern benutzt werden können. Computergestützte Entscheidungshilfesysteme (Decision Support Systems, DSS) entsprechen diesen Ansprüchen bereits in vielen Aspekten.

Ein DSS besteht aus drei Teilsystemen (SCHOG, 1988):
Datenkomponente für Datenerfassung, Verwaltung
Modellkomponente für Datenanalyse, Prognose und Entscheidungsunterstützung
Dialogkomponente für die interaktive Mensch-Maschine-Kommunikation

Die Datenbasis eines DSS für wasserwirtschaftliche Probleme muß vor allem raumbezogene Daten ("Karten") und Zeitreihen verwalten.

Die Modellkomponente kann eine Vielzahl hydrologischer Modelle beinhalten. Von besonderer Bedeutung sind numerische Grundwassermodelle, Bodenwasserhaushaltsmodelle, Hochwasserabflußmodelle.

Mithilfe der Dialogkomponente muß der Benutzer das DSS bedienen. Sie sollte den Benutzer in der sinnvollen Anwendung des DSS unterstützen. Umfangreiches Wissen über die eingesetzten Modelle muß daher in die Benutzeroberfläche integriert sein. Sie muß aber auch die Antworten des Systems, die Modellergebnisse, in möglichst effizienter und leicht erfaßbarer Form darstellen. Interaktive Graphik ist daher ein wesentliches Element der Benutzerschnittstelle.

4 Konzept eines DSS auf der Basis eines GIS

Das GIS ARC/INFO wurde als Basissoftware für ein wasserwirtschaftliches DSS ausgewählt. Es beinhaltet eine Reihe von wichtigen Komponenten, die die Entwicklung eines DSS sehr vereinfachen.

Ein Großteil der Datenbasis sind raumbezogene Daten, für deren Erfassung, Verwaltung und Darstellung GIS ja entwickelt wurden. Durch die Nutzung des GIS für die Datenkomponente des DSS ist gleichzeitig die eingangs gestellte Forderung nach leichtem Informationsaustausch zwischen verschiedenen Disziplinen erfüllt, sofern auch diese ihre raumbezogenen Daten und Ergebnisse damit verwalten. Zu ergänzen ist die Datenkomponente durch ein Datenbanksystem für hydrologische Zeitreihen.

Auch für die Modellkomponente enthält das GIS ARC/INFO einige wichtige Module. Dazu zählen die Verschneidung und logische Verknüpfung von thematischen Karten, die Erzeugung von Pufferflächen oder zweidimensionale Interpolationsverfahren.

Die Dialogkomponente des DSS kann ebenfalls viele im GIS enthaltene Möglichkeiten nutzen. Am wichtigsten sind sicherlich die vielfältigen graphischen Darstellungsmöglichkeiten von raumbezogenen Daten. Punkt- und Linienkarten, flächenhafte Darstellungen von thematischen Karten, Isoliniendarstellungen, Profilschnitte sind Darstellungsformen, die ein wasserwirtschaftliches DSS unbedingt benötigt. Die Benutzerführung kann bei ARC/INFO mithilfe der Makrosprache AML komfortabel gestaltet werden. Sie ermöglicht sowohl die einfache Entwicklung einer voll menügeführten Benutzeroberfläche als auch interaktive Graphik mit Koordinateneingabe über Maus oder Tablett. Zusätzlich ist die Integration externer Programme möglich, sodaß die Modellkomponente des DSS mit beliebigen Programmen erweiterbar und frei gestaltbar ist.

Bei Benutzung des GIS ARC/INFO kann sich die Entwicklungsarbeit daher auf die Erweiterung der Modellkomponente durch Einbindung der gewünschten Modelle und die Gestaltung der Benutzeroberfläche konzentrieren.

Die Struktur des in diesem Beitrag vorgestellten Systems ist in
Abb. 1 dargestellt. Die Modellkomponente ist derzeit auf den Schwerpunkt Grundwasserwirtschaft ausgerichtet. Fortgeschrittene Methoden
zur Entscheidungsunterstützung, wie Mehrzieloptimierung oder Expertensysteme zur Unterstützung bei der Auswahl und Anwendung der Modelle
sind noch nicht enthalten. Ansätze dazu sind in die Dialogkomponente
integriert. Die angebotenen Darstellungsformen erlauben einen raschen
Variantenvergleich und beinhalten dabei auch durch die grafische Gestaltung ausgedrückte Bewertungen.

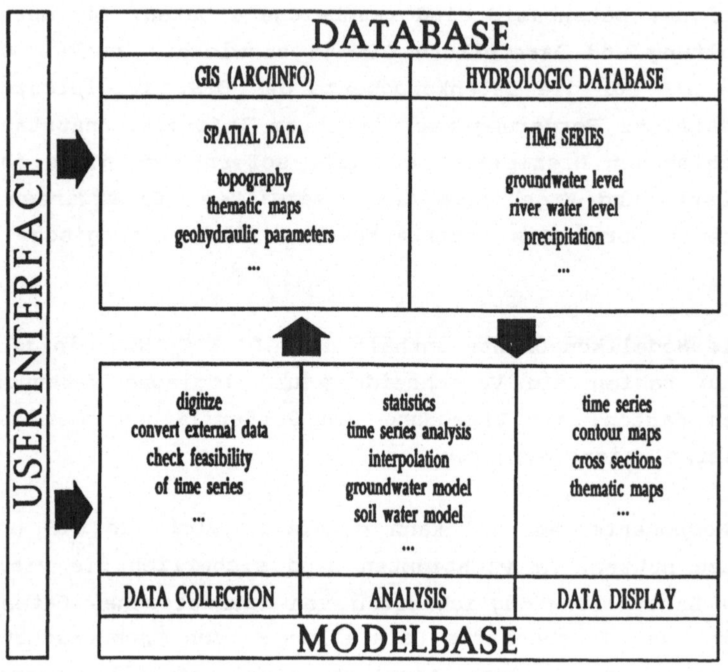

Abb. 1: Struktur des Entscheidungshilfesystems

Im folgenden wird beispielhaft als wesentlicher Teil des DSS die Kopplung eines numerischen Grundwassermodells mit dem GIS ARC/INFO dargestellt.

5 Kopplung eines numerischen Grundwassermodells mit dem GIS ARC/INFO

Numerische Grundwassermodelle werden zur Simulation regionaler Grund-
wasserströmungen verwendet. Die Eingangsdaten bestehen aus Aquiferpa-
rametern (Durchlässigkeit, Lage des Grundwasserstauers und der Deckschicht, Speicherkoeffizient, ...) und hydrologischen Systeminputs
(Niederschlag, Grundwasserneubildung, Entnahmen, ...), die im unter-

suchten Gebiet bekannt sein müssen. Die vorhandenen Rohdaten sind meist sehr heterogen. Sie liegen als Punktinformation (Bohrlöcher, Meßstellen, ...), Profile (geophysikalische Profile, Flußläufe, ...) oder in bearbeiteter Form als Schichtenpläne oder thematische Karten vor.

Zur Anwendung des Grundwassermodells ist das untersuchte Gebiet mittels eines regelmäßigen oder unregelmäßigen Rasters zu diskretisieren. Die Aquiferparameter und Systeminputs müssen für die Knoten des Rasters bekannt sein. Als Ergebnis liefert das Modell für die gewünschten Zeitpunkte an jedem Knoten den berechneten Grundwasserspiegel. Damit können die Auswirkungen von Eingriffen in das Grundwassersystem (Stauhaltungen, Entnahmen, ...) simuliert werden.

Die Kopplung des Grundwassermodells mit dem GIS ARC/INFO als Bestandteil eines DSS beinhaltet daher folgende Elemente:
  Datenbank für hydrologische Zeitreihen
  Datenbank für raumbezogene Daten (GIS)
  Grundwassermodell
  Vorprozessor für Modellentwurf und Inputerstellung aus der Datenbank
  Postprozessor zur Darstellung der Ergebnisse
  Benutzerschnittstelle

Datenbank für hydrologische Zeitreihen

Zeitreihen von hydrologischen Daten (Grundwasserstand, Niederschlag, ...) werden durch eine speziell entwickelte Datenbank verwaltet. Die Beobachtungen sind im Gebiet unregelmäßig verteilt, ebenso sind die Ableseintervalle meist unregelmäßig. Der Zugriff zu den Daten muß jedoch nach räumlichen und zeitlichen Kriterien möglich sein, was in kommerziellen relationalen Datenbanken nicht effizient lösbar ist. Die hydrologische Datenbank ermöglicht die Selektion beliebiger Meßstellen und beliebiger zeitlicher Ausschnitte einer Zeitreihe. Eine sehr häufig benötigte Funktion ist die Selektion der Spiegellage in einem Gebiet zu einem bestimmten Zeitpunkt. Da Beobachtungen zu diesem Zeitpunkt nicht an allen Punkten vorhanden sind, müssen die Werte an diesen Stellen interpoliert werden.

Datenbank für raumbezogene Daten

Die raumbezogenen Daten werden als Punkt-, Linien- oder Flächenkarten im GIS ARC/INFO erfaßt und verwaltet. Jene Daten, die als Parameter im Grundwassermodell benötigt werden, werden als sogenanntes TIN (triangulated irregular network) aufbereitet. Dadurch wird eine durch Dreiecke approximierte Fläche im Raum definiert, die eine Interpolation an den Knotenpunkten eines Modellnetzes ermöglicht.

Grundwassermodell

Ein weit verbreitetes Differenzenmodell zur 2-dimensionalen Simulation der Grundwasserströmung (TRESCOTT et. al., 1976) wurde in dieses System integriert. Seine Charakteristika sind: rechteckiges Elementraster mit variabler Maschenweite, stationäre und instationäre Simulation, Möglichkeit zur lokalen Netzverdichtung in Teilgebieten, wo eine bessere Auflösung verlangt wird.

Die Aquiferparameter, Systeminputs (Grundwasserneubildung, Entnahmen, ...), und Ergebnisse (Grundwasserstände) sind an den Knoten des Modellrasters definiert und werden im Programm als Matrizen repräsentiert.

Das ursprüngliche Programm mit seiner für Stapelverarbeitung konzipierten Ein- und Ausgabestruktur wurde nahezu unverändert belassen. Die Integration erfolgt über einen Vorprozessor zur Inputerzeugung und einen Postprozessor zur Aufbereitung der Ergebnisse (LOUCKS, 1985).

Vorprozessor für Modellentwurf und Inputerstellung

Abhängig von den Simulationsoptionen benötigt das Grundwassermodell bis zu 15 Inputmatrizen der Aquiferparameter und Systeminputs für eine einzige Simulation. Typische Knotenzahlen für ein Modell liegen heute bei 2000 bis 5000 Knoten. Es ist offensichtlich, daß ein komfortabler Entwurf der Modellgeometrie und die automatische Interpolation der Parameterwerte in den Knotenpunkten Hauptanforderungen an einen komfortablen Vorprozessor sind.

Folgende Möglichkeiten bietet der entwickelte Vorprozessor:
  - Graphisch interaktiver Entwurf der Modellgeometrie (Position, Größe und Struktur des Rasters, Ränder, lokale Netzverdichtung). (Abb. 2)
  - Plausibilitätstest des entworfenen Rasters und Erzeugung einer geeigneten Datenstruktur
  - Interpolation der Modellparameter aus TIN-Strukturen der Datenbank. Exakte lineare oder 2-dimensionale Polynominterpolation sind standardmäßig vorhanden. Andere Interpolationsverfahren wie Kriging und fortgeschrittene geostatistische Verfahren können ebenfalls leicht angewandt werden.
  - Editieren der Daten mit voller graphischer Unterstützung.

- Zusammenstellung der Inputdaten und Ausführung des Grundwassermodells.

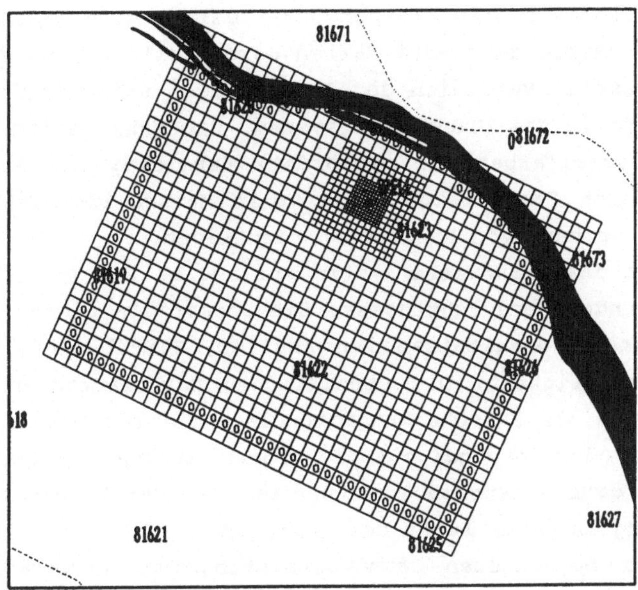

Abb. 2: Beispiel eines Modellrasters mit lokaler Netzverdichtung

Postprozessor

Das Grundwassermodell berechnet die Grundwasserspiegel an den Knotenpunkten des Elementrasters. Ohne aussagekräftige graphische Darstellung würde ein Zahlenfriedhof verbleiben. Graphikpakete, die zur Darstellung der Ergebnisse von Grundwassermodellen geeignet sind, sind in
verschiedener Qualität verfügbar. Sie bieten meist eine rasche Darstellung der unmittelbaren Modellergebnisse. Das bedeutet aber auch,
daß diese Ergebnisse nur dem Grundwasserhydrologen zugänglich sind und
die Verknüpfung mit anderen Informationen eher mühsam ist.

Zwei Ziele waren daher für die Entwicklung des Postprozessors relevant: Er muß rasch und aussagekräftig die Ergebnisse einer Simulation
darstellen und ausgewählte Ergebnisse in die Datenbank übergeben, um
Verknüpfungen mit anderen raumbezogenen Daten zu ermöglichen.

Zur Visualisierung der in den Modellergebnissen enthaltenen Information enthält der Postprozessor folgende Optionen:
Isolinienkarten der beobachteten und berechneten Grundwasserspiegellagen. Sie sind die gebräuchlichste Darstellungsform für Grundwasser-

spiegellagen. Neben dem Grundwasserstand zeigen sie auch die Gradienten und Fließrichtungen an.

Farbkodierte Karten der Spiegeländerung und der Flurabstände: Flächen gleicher Differenzen (in Klassen unterteilt) werden nach einer Farbskala durch färbig angelegte Karten dargestellt. Diese Karten erlauben einen raschen Vergleich der Auswirkungen verschiedener simulierter Eingriffe in das Grundwassersystem. Die Wahl geeigneter Farbskalen, z.B. Signalfarben für gefährdete Bereiche, und die Ausweisung der betroffenen Fläche ergibt wertvolle Entscheidungshilfen zur Bewertung und Reihung von Handlungsalternativen.

Schnitte durch das Grundwassersystem entlang beliebiger Linien mit Angabe des Grundwasserdurchflusses. Sie vermitteln einen Eindruck über die Mächtigkeitsverhältnisse von Aquifer, Flurabstand, Deckschicht, Grundwassermächtigkeit. Die spezifischen Durchsatzraten entlang des Profils dienen als Entscheidungsgrundlage für die Anordnung von Entnahmebrunnen oder notwendige Abdichtungen im Zuge von Baumaßnahmen.

Karten der Strömungsvektoren ergeben ein Bild der Fließgeschwindigkeit und -richtung in jedem Punkt des Gebietes.

Zeitreihen der berechneten Grundwasserstände an ausgewählten Punkten werden zur Darstellung der instationären Vorgänge verwendet.

Durch Verknüpfung der Modellergebnisse mit anderen Daten können verschiedene thematische Karten dargestellt werden, wie z.B. Beeinflussung des Oberbodens durch das Grundwasser oder Verfügbarkeit des Grundwassers für Pflanzen.

Für die Darstellung werden zum Teil direkt Funktionen von ARC/INFO verwendet, zum Teil wurden neue, spezifische Programme entwickelt unter Verwendung der in ARC/INFO enthaltenen grafischen Grundsoftware, sodaß die Darstellungen auch einheitlich gestaltet sind.

<u>Die Benutzeroberfläche</u>
Durch die Benutzeroberfläche des Systems erfolgt die Kommunikation zwischen DSS und Benutzer. Die grafischen Elemente, die zum Modellentwurf und zur Darstellung von Ergebnissen notwendig sind, wurden bereits in den vorigen Absätzen (Vorprozessor, Postprozessor) beschrieben. Die Benutzeroberfläche im engeren Sinn stellt praktisch das Schaltpult des DSS dar. Sie sollte eine sichere Handhabung ermöglichen, selbsterklärend und ergonomisch gestaltet sein.

Die von kommerziellen Softwarepaketen für Personal Computer bekannten Oberflächen mit hierarchisch strukturierten Pulldown Menüs und Koordinateneingabe mit Maus und Tablett stellen den Stand der Technik dar. Obwohl die Hardware von PC's und grafischen Workstations speziell für solche Oberflächen geeignet ist, sind sie auch auf Minicomputern mit angeschlossenen Terminals realisierbar.

ARC/INFO stellt hierfür die sogenannte Arc Macro Language (AML) zur Verfügung, die die geräteunabhängige Entwicklung von Menüsystemen ermöglicht. Alle benötigten Module des DSS, ARC/INFO-interne Funktionen, Systemprogramme und die hinzugefügten Modelle konnten mittels AML-Prozeduren unter eine einheitliche, bequeme Benutzeroberfläche gebracht werden.

6 Zusammenfassung

Geographische Informationssysteme und wasserwirtschaftliche DSS weisen gemeinsame Elemente auf, sodaß die Entwicklung eines DSS auf der Basis eines GIS zweckmäßig ist. Ein wichtiger Aspekt ist die Verwendung des GIS als Datenbank für die raumbezogenen Daten, um den Austausch von Daten und Ergebnissen verschiedener Disziplinen bei interdisziplinären Studien zu ermöglichen. Die Nutzung der graphischen Darstellungsmöglichkeiten des GIS und die Möglichkeiten zur flexiblen Gestaltung der Benutzeroberfläche erbringen wesentliche Einsparungen bei der Entwicklung des DSS. Mit der Integration eines numerischen Grundwassermodells in ein wasserwirtschaftliches DSS durch Kopplung mit dem GIS ARC/INFO konnte die Zweckmäßigkeit des vorgestellten Konzepts gezeigt werden.

Literatur

HARY, N. und NACHTNEBEL, H.P. (1989). Ökosystemstudie Donaustau Altenwörth - Veränderungen durch das Donaukraftwerk Altenwörth. Veröffentlichungen des österreichischen MaB Programms, Band 14, Universitätsverlag Wagner, Innsbruck.

LOUCKS, D.P., TAYLOR, M.R. and FRENCH, P.N. (1985). Interactive data management for resource planning and analysis. Water resources research. Vol. 21/2, 131-142.

SCHOG, Ch. (1988). HYDAMOS - Ein Informationssystem für die Wasserwirtschaft. Mitteilungen des Instituts für Wasserbau und Wasserwirtschaft, Band 68, RWTH Aachen.

TRESCOTT, P.C., PINDER, G.F. and LARSON, S.P. (1976). Finite difference model for aquifer simulation in two dimensions with results of numerical experiments. USGS.

DESSTERR

EIN ENTSCHEIDUNGSBERATUNGSSYSTEM FÜR

TECHNOLOGISCH-ÖKOLOGISCHE KOEXISTENZ IM

TERRITORIUM

Wolfgang Lausch, Robert Ackermann, Jörg-R. Strehz
Institut für Geographie und Geoökologie der
Akademie der Wissenschaften der DDR
Rudower Chaussee 5, Berlin, DDR - 1199

1. Zielstellung

"Die Gesamtheit aller Entscheidungsprobleme muß so zerlegt
werden, daß die Interdependenzen zwischen den Komponenten
minimiert werden, und das ganze System muß so strukturiert
werden, daß mit der knappen Ressource Aufmerksamkeit (der
Manager) sparsam umgegangen wird" (SIMON 1945, S. 306).
Dieser Prämisse entsprechen erste Grundlagenforschungen am
Institut für Geographie und Geoökologie, um die vernetzten
Zusammenhänge und mehrdimensionalen Kausalitäten im System
Technologie-Ökologie unter Beachtung territorial spezifischer
Bedingungen einem Steuerungsprozeß zugänglich zu machen. Ziel-
stellung ist es, für folgende Problemkategorien ein wissens-
basiertes, modular strukturiertes interaktives Beratungssystem
mit PC-Technik zu entwickeln:

* Welche Möglichkeit besteht, eine bestimmte Stoff-/Substanz-
  art in den Material- und Stoffflüssen im Anwendungsbereich
  zu reduzieren oder zu eliminieren?

* Welche Notwendigkeiten und Möglichkeiten bestehen zur Reduzierung der Umweltbelastung im Anwendungsbereich?

* Welche Auswirkungen hat die Errichtung zusätzlicher Produk-
  tionsanlagen auf die Umwelt im Anwendungsbereich?

Im Ergebnis der Systemanwendung sollen dem Nutzer technologisch realisierbare, ökologisch akzeptable und wirtschaftlich
beurteilte Steuerungsvarianten aufgezeigt werden. Diese führen
grundsätzlich auch zur Verminderung des Anfalls von Abpro-
dukten/Abfällen im Territorium.

über das theoretische und methodische Konzept, Modelle und Systemanalyse, die der Entwicklung eines solchen Entscheidungsberatungssystems DESSTERR (Decision support system on low-waste territories) zugrunde liegen, sowie über erste Ansätze wird im folgenden informiert.

2. Technologisch-ökologische Koexistenz

2.1. Umwelt und Entwicklung

Weltweit besteht zunehmende Übereinstimmung, daß die Erhaltung der natürlichen Umwelt als Lebens- und Existenzgrundlage der Menschheit zu den herausragenden und dringenden globalen Problemen gehört, die im Kontext mit ihrer weiteren Entwicklung zu lösen sind.

Bei aller Bedeutung des globalen Charakters der Umweltproblematik - zu verwirklichen ist eine solche mit der Umwelt im Einklang stehende Entwicklung nur durch praktische Maßnahmen unterhalb der globalen Betrachtungsebene. Das Hauptaugenmerk ist dabei auf die Energie- und Stoffflüsse zu richten, die durch wirtschaftliche Aktivitäten von Mensch und Gesellschaft verursacht werden. Sie werden aus der Umwelt entnommen und gelangen über eine endliche Anzahl von Stufen mit unterschiedlicher Verweilzeit letztendlich wieder in die Umwelt. Sie sind entscheidend sowohl für die Effizienz von Produktions-, Transport- und Nutzungsprozessen von Erzeugnissen, die der Befriedigung tatsächlicher oder angenommener Bedürfnisse dienen, als auch für den Grad der Inanspruchnahme und Belastung der natürlichen Umwelt.

Eben diese Energie- und Stoffflüsse, die gegenwärtig fernab technologischer, ökologischer und wirtschaftlicher Optima verlaufen, gilt es, konkret im Sinne einer stabilen Entwicklung zu steuern: Notwendig ist die Einbeziehung immer größerer Ausschnitte aus dem gesamten Energie- und Stoffflußpfad in die Steuerungsentscheidungen. Ihnen müssen zunehmend technologische *und* ökologische Anforderungen und Möglichkeiten zugrundeliegen. Dabei wird auch die Berücksichtigung territorialer Spezifika (z.B. Bevölkerungsdichte, Flächennutzung für Land-, Forst- der Wasserwirtschaft, Erholungswesen und Tourismus, Industrie oder Bergbau, Schutzgebiete und anderes)

wegen der entstandenen und sich weiterentwickelnden differenzierten natürlichen Umwelt- und Nutzungsbedingungen und daraus
resultierender Ansprüche unverzichtbar (LAUSCH 1989).

Durch eine derartige technologisch-ökologische Koexistenz
werden konkrete Beiträge für die angestrebte globale stabile
Entwicklung erreicht, die verstanden wird als "Wandlungs-
prozeß, in dem die Nutzung der Ressourcen, die Verwendung von
Investitionen, die Orientierung der technologischen Entwicklung und institutionelle Veränderungen miteinander im Einklang
stehen und sowohl das derzeitige als auch künftige Potential
zur Befriedigung menschlicher Bedürfnisse und Wünsche
vergrößern" (Unsere gemeinsame Zukunft, S. 60).

2.2. Grundmodell

Abgeleitet aus einem umfassenderen Modell (siehe LAUSCH 1987
a, b) ist im Sinne der technologisch-ökologischen Koexistenz
ein System zu steuern, bestehend aus:

- Produktion (hier zu verstehen als Herstellung und Transport
  von Erzeugnissen sowie deren produktive Anwendung)

- Umwelt (repräsentiert durch Naturressourcen und ökosysteme,
  die das Nutzungs- und Erhaltungspotential darstellen,
  schließt den Menschen ein)

- Konsumtion (Ge- und Verbrauch von Erzeugnissen).

Innerhalb dieses Systems sind alle Elemente und Teilsysteme
durch Energie-/Stoffflüsse verbunden: Produktions-, Konsum-
tions- und Naturprozesse haben jeweils energetische/stoffliche
Inputs und Outputs. Ihre Steuerung kann unter folgenden Prämissen erfolgen:

- Minimierung der Entnahme von Naturressourcen aus der Umwelt
  und der Einträge von Emissionen (als nichtverwertbarer und
  nichtbeseitigter Anteil der Abprodukte) in die Umwelt

- Erhöhung der Effektivität der Naturressourcen-Nutzung bei
  Herstellung, Ge- und Verbrauch von Erzeugnissen.

Konkrete potentielle Steuerungspunkte liegen vor allem im Teilsystem Produktion.

Geht man kategorisierend davon aus, daß in jedem Produktionsprozeß aus Produktionsverbrauch (Prozeßinput) grundsätzlich Produkte (als gewollte Erzeugnisse) und Abprodukte (alles, was nicht Produkt ist) als Prozeßoutput entstehen, sind die Steuerung des Produktionsprozesses, des Produktionsverbrauches, der Qualität und/oder Quantität von Produkten und/oder Abprodukten als Steuerungsvarianten denkbar.

2.3. Territoriale Aspekte

Territoriale Spezifika für eine technologisch-ökologische Koexistenz zu berücksichtigen, erfordert das obige System auf das entsprechende Territorium zu projizieren, d.h. alle relevanten Elemente und Prozesse werden territorial zugeordnet. Als Ordnungssystem werden dabei sowohl die administrative Gliederung (sog. territorialer Grundschlüssel) als auch ein quadratisches 1 x 1 km^2 Rasternetz verwendet.

So wird es möglich, relevante Energie-/ Stoffflüsse qualitativ, quantitativ, orts- und zeitbezogen darzustellen:

Das Teilsystem Produktion besteht aus im betrachteten Territorium lokalisierten Betrieben ("territoriale Produktionseinheiten"), die rasterbezogen durch ihren Input (Produktionsverbrauch, dabei zunächst nur Rohstoffe betrachtet) und Output (Produkte und Abprodukte), gekennzeichnet sind.

Aus der Kenntnis von unter anderem Bevökerungs- und Siedlungsverteilung und Infrastruktur können rasterbezogen ebenfalls energetisch/stoffliche In- und Outputs des Teilsystems Konsumtion abgeleitet werden. Diese werden in einer ersten Projektphase nicht explizit berücksichtigt.

Rasterbezogen können Informationen über das Nutzungs- und Erhaltungspotential der Umwelt, z.B. über den Zustand der Umwelt einschließlich Flächennutzung, Belastungszustand, Immissionen, ökosystemausstattung und -funktionsfähigkeit, über die Verfügbarkeit von regenerierbaren und nichtregenerierbaren Naturressourcen und über deponierte potentielle Sekundärrohstoffe dem Territorium zugeordnet werden (Teilsystem Umwelt).

Zu berücksichtigen ist, daß die einzelnen energetisch/stofflichen Inputs und Outputs der Rasterelemente durch Transport-, Ausbreitungs-/ Umwandlungsprozesse miteinander verbunden sind, die sich durch die Anwendung des geometrischen Rasternetzes beschreiben lassen (KASCHENZ u.a. 1988).

2.4. Energie-/ Stofffluß- und Informationsflußkonzepte

Der Systemansatz bietet die Voraussetzung, die von der Produktion aktivierten Stoffflüsse ganzheitlich zu betrachten und der Systemsteuerung zugrunde zu legen. Voraussetzung ist die einheitliche Anwendung von Energie-/Stofffluß- und Informationsflußkonzepten: Quellen und Senken von Informationsflüssen so zu gestalten, daß sie eine zuverlässige, redundanzarme Grundlage sind für den Entscheidungs- und Steuerungsprozeß für die Energie-/Stoffflüsse, die sie qualitativ und quantitativ abbilden. Grenzen und Entwicklungsziele des zu steuernden Systems werden vom jeweiligen Anwender vorgegeben, damit auch die relevanten Quellen und Senken sowohl der Energie-/Stoffflüsse als auch der Informationsflüsse.

Die Analyse verfügbarer Informationen sowie einiger pragmatischer Versuche zur Herausbildung abproduktarmer Territorien zeigt, daß die vertikale und horizontale Informationsbasis, d.h. über Quellen, Verlauf und Senken, über Qualität und Quantität von relevanten Energie-/Stoffflüssen, für einen objektivierten Entscheidungs- und Steuerungsprozeß unzureichend ist.

Zur Schaffung einer ausreichenden Datenbais für die Analyse, Bewertung und Steuerung von produktionsverursachten Energie-/Stoffflüssen wird das Teilsystem Produktion als verfahrenstechnisches System in drei Ebenen unterteilt:

- Verbundsystem der Betriebe als territoriale Produktionseinheiten (Standorte der Betriebe)

- Verbundsystem der Produktionslinien in einer territorialen
  Produktionseinheit und

- Verbundsystem der Prozeßstufen in einer Produktionslinie.

Die Systemgrenzen ergeben sich aus dem betrachteten Territorium als Bilanzraum (Abbildung 1).

Der einzelne Prozeß und seine Wechselbeziehungen mit dem
Gesamtsystem werden unter Verwendung von Prozeß- bzw. Struk-
turmodellen dargestellt. Bei der Beschreibung der System-
ebenenelemente wird vom stationären Zustand ausgegangen und
ein statischer Modellansatz gewählt. Zur Datenerfassung und
-aktualisierung werden Prozeßanalysen für das jeweilige
Systemebenenelement durchgeführt.

Methodik und Software für die Prozeßanalyse territorialer
Produktionseinheiten sowie für die Prüfung der Datensicherheit
als Basis für Steuerungsvarianten wurden von ACKERMANN (1988)
vorgestellt.

3. Entscheidungsberatungssystem

3.1. Struktur

DESSTERR entspricht in seiner Grundstruktur dem allgemeinen
Aufbau von Expertensystemen (vgl. z.B. SCHWABL 1986, WEIDEMANN
u.a. 1988, GVC 1988).

Im Gegensatz zu den eng eingegrenzten Aufgabenbereichen, für
die heute Anwendungslösungen für Expertensysteme herangereift
sind (BMFT 1988, S. 35) und auch entgegen der These, daß
Expertensysteme überhaupt nur für eng begrenzte Aufgabenbereiche lohnen (Computer 1989), soll DESSTERR die Experten-
system-Technologie für ein sehr komplexes System im Sinne von
Diagnose, Prognose und Steuerung nutzen.

Gegenwärtig liegt eine Forschungs- und Realisierungskonzeption
für DESSTERR vor, die bereits in einer Grundversion als Demon-
strationsprototyp der Wissensbasis KNOWTERR (Knowledge base on
low-waste territories) als Kernstück und einigen Zusatzmodulen
(Abbbildung 2) auf PC-Technik umgesetzt worden ist:

Der Startmodul ermöglicht den Aufruf des Gesamtsystems, bei
dem die notwendigen Programme geladen und der Problemer-

kennungsmodul aktiviert werden. Dieser hat die Aufgabe, das vom Nutzer herangetragene Problem "lösbar" zu machen (Einordnung in eine der drei o.g. Problemkategorien, Bestimmung der Lösbarkeit mit dem gespeicherten Wissen, ...) sowie die Zielfunktionen des Nutzers zu formalisieren. Weitere Problemspezifikationen werden in den disziplinorientierten Modulen vorgenommen.

Mit dem Ausgabemodul erfolgt die Ergebnisdarstellung, in der gegenwärtigen Version über Bildschirm und/oder Drucker. Erklärungs- und Lernen-Module sind in Anlehnung an SAVORY (1985) konzipiert.

Der Modul Programmkopplung realisiert auf Zugriffssystemebene die Datenbank-Unterstützung für DESSTERR sowie die erforderlichen Schnittstellen zu anderen Programmen.

3.2. Wissensbasis KNOWTERR

Als Bedingungen und Voraussetzungen der Wissensbasis wurden von STREHZ (1987) notwendig zu beschaffende Informationen für den Steuerungsprozeß formuliert. Das wesentliche Grundprinzip ist ihre territorial bezogene Anwendbarkeit durch Einhaltung des Bausteinprinzips, Kompatibilität und Vergleichbarkeit im Rahmen des theoretischen Gesamtkonzepts. Unverzichtbar ist die horizontale wie auch vertikale Paßfähigkeit, d.h. zwischen den Territorien und zwischen den Systemelementen.

Diesen Forderungen wird durch den modularen Aufbau der Wissensbasis entsprochen, durch den das o.g. Grundmodul widergespiegelt werden kann. Dabei werden disziplin- und methodenorientierte Module sowie die Datenbasis unterschieden (vgl. Abbildung 3).

Die Wissensrepräsentation für die Module zur Problemlösung erfolgt im wesentlichen mit PROLOG. Ihre Differenzierung erfolgt nach dem Inhalt der jeweils erarbeiteten Wissensdomäne.

Zu den disziplinorientierten Modulen gehören diejenigen, die das für die technologisch-ökologische Koexistenz unmittelbar verfügbare Wissen enthalten, das leider bei weitem noch nicht dem tatsächlich notwendigen Wissen nahekommt. Die Repräsentation des Wissens aus Verfahrenstechnik (Modul Produktion), Ökologie im weitesten Sinne (Modul Umwelt), Territorialplanung

(Modul Territorium) und Wirtschaftslehre (Modul Ökonomie) erfolgt in Form von Regeln und Fakten, die in Algorithmen zur Problemerkennung und -lösung verarbeitet werden. Dabei werden sowohl einfache Graphen als auch Entscheidungs- oder Petri-Netze aufgebaut. Heuristiken für "vages Wissen" werden später integriert.

Die methodenorientierten Module beinhalten Wissen über die Verarbeitung von Wissen und/oder Daten für die Problemlösung. Das heißt, allgemein anwendbare Heuristiken als Modelle oder Szenarios werden bereitgestellt und abgearbeitet. Regeln, Fakten und mathematische Modelle stehen zur Verfügung.

Die Datenbasis gliedert sich in eine Relationale und PROLOG-Datenbasis.
Die Relationale Datenbasis verwendet das bekannte relationale Datenbank-Konzept und dBASE als Software-Werkzeug.
Die PROLOG-Datenbasis enthält aktuelle Datenlisten und vom System erarbeitete Lösungen. Die letzteren ermöglichen den Zugriff zu diesen Informationen durch andere Module im Prozeß der Problemlösung bzw. erlauben, auf bereits früher gefundene Lösungen zurückzugreifen.

3.3. Funktionsweise

Unter Einbeziehung der o.g. Zusatzmodule werden gegenwärtig die Konzipierung, Forschungen und Tests auf die Funktionsfähigkeit der Wissensbasis konzentriert, d.h. auf die Gewährleistung der erforderlichen Informationsflüsse zwischen Modulen und Datenbanken. Input (Zielgrößen), Übergabe (Schnittstellen) und Output (Lösungsfelder) sind so zu gestalten, daß der Informationsoutput eines jeden Moduls kompatibel zum Informationsinput jedes anderen Moduls ist. Diese Forderung erlaubt nicht nur die Kopplung der Module in jeweils erforderlicher Reihenfolge, sondern unterstützt auch die relative Eigenständigkeit der disziplinorientierten Module und schließt deren autonome Funktionsfähigkeit als selbständige Expertensysteme nicht aus.

Unabhängig von der Art der potentiell zu behandelnden Problem-
kategorie kann für das System eine Zielgröße Z formuliert
werden:
Es sind Lösungsvarianten L_x ($x = 1...n$) für Energie-/Stoff-
flußsteuerungen S_x ($x = 1...n$) zu erarbeiten, die das abgebildete System von einem Zustand Z^{ist} in einem Zustand Z^{neu}
überführen, der dem gewünschten Zustand Z^{soll} möglichst nahekommt. Die Zielgröße kann (in Abhängigkeit von der Problem-
kategorie) sowohl die territorialen Produktionseinheiten
(Z_{TPE}) als auch die Umwelt (Z_U) bzw. das Territorium (Z_T)
betreffen. Grundsätzlich ist anzunehmen, daß jede Steuerung S_x
zu Wirkungen W_x in der Umwelt und zu Veränderungen T_x im
Territorium führt, die zusammen mit Modellergebnissen ME_x und
ökonomischen Beurteilungen O_x die Gesamtheit jeder raum-zeit
bezogenen Lösungsvariante L_x bilden.
Die Lösungsmatrix, die sich aus der Funktion der einzelnen
Module ergibt, wird für den interaktiven Nutzerbetrieb und den
internen Systemzugriff in PROLOG-Listen bereitgestellt.

Abbildung 4 zeigt den Algorithmus des konzipierten Systems zur
Abarbeitung der Anwenderproblematik: Reduzierung komplexer
Umweltbelastungen im Territorium durch Steuerung von Material-
und Stoffflüssen. Die Dialogmöglichkeiten Nutzer – System sind
nicht gesondert gekennzeichnet.

Im Ergebnis liegen technologisch realisierbare, ökologisch
akzeptable und wirtschaftlich beurteilte Steuerungsvarianten
zur Reduzierung bestimmter Stoff-/Substanzarten, d.h. territorial spezifische Szenarios der technologisch-ökologischen
Koexistenz im vom DESSTERR-Nutzer vorgegebenen Anwendungsbereich vor.

4. Stand und Ausblick

Bisherige Forschungs- und Testergebnisse haben die grundsätzliche Möglichkeit nachgewiesen, auch für eine solche komplexe
Problematik, wie das technologisch-ökologische Koexistenz-
konzept, ein Beratungssystem auf PC-Technik unter Nutzung von
Expertensystemtechnologien aufzubauen. Notwendig sind neben
der bereits konzipierten Erweiterung auch weitere Grundlagen-
und Anwendungsforschungen zur effektiveren Gestaltung der

internen Informations- und Wissensverarbeitung in einem
solchen komplexen Expertensystem als Netz miteinander verkoppelter Expertensysteme mit teilweise gemeinsamer Wissensbasis.

Dabei wird es für ein akzeptables Aufwand-Nutzen-Verhältnis
des Beratungssystems unumgänglich sein, einerseits die Art und
Zahl der technologisch-ökologischen Zustands- und Entschei-
dungsparameter eindeutig herauszuarbeiten und dabei auf ein
unbedingt notwendiges Maß weiter zu reduzieren und gleichzeitig das System mit Systemen der Informationsgewinnung, -spei-
cherung und verarbeitung in Produktion (z.B. Prozeßleitsysteme
und Stoffdatenbanken) und Umwelt (z.B. Umweltmonitoring, öko-
toxikologische und umwelthygienische Datenbanken) zu ver-
koppeln.

Andererseits sind die wissenschaftlichen Grundlagen für
technologisch-ökologische Entscheidungen wesentlich zu erweitern und für den Entscheidungsprozeß in der notwendigen Aggre-
gationsebene in den entsprechenden Modulen des Systems zu
integrieren.

Dann, wenn die aus der prinzipiellen Informatik-Anwendbarkeit
für die technologisch-ökologische Koexistenz erwachsenden
qualitativ neuen Anforderungen an Wissen- und Datenverfügbarkeit schrittweise erfüllt werden, werden auch die damit verbundenen neuen Möglichkeiten und Vorteile tatsächlich nutzbar.
Und hier gibt es keinen Unterschied zu enger orientierten
Expertensystemen: Die Effizienz solcher Systeme für den Nutzer
wächst mit ihrer möglichst oftmaligen Anwendung.

5. Literatur

ACKERMANN, R.
Abproduktarme Territorien: Erste Auswertung einer Prozeß-
analyse - durchgeführt an ausgewählten Beispielen. Studie.
Institut für Geographie und Geoökologie der AdW der DDR,
Berlin 1988

BMFT
Künstliche Intelligenz: Wissensverarbeitung und Muster-
erkennung. Bonn 1988

KASCHENZ, H.; LAUSCH, W.; WOHLFAHRT, J.
Zielstellung abproduktarmes Territorium: Berechnung und Auswertung der SO_2-Immissionsverteilung für beliebige Emittenten-Varianten. Nachrichten Mensch-Umwelt, Berlin 16(1988)2, S. 4-8

LAUSCH, W. (a)
Abproduktarme/-freie Technologie - Strategie zur Nutzung, Gestaltung und zum Schutz der Umwelt. Diss. B. Akademie der Wissenschaften der DDR, Berlin 1987

LAUSCH, W. (b)
Abproduktarme/-freie Technologie - Systemanalyse und Modellierung. Nachrichten Mensch-Umwelt, Berlin 15(1987), S. 2-61

LAUSCH, W.
Abproduktarme Territorien: Entscheidungen für Technologie und Ökologie. Zeitschrift für Angewandte Umweltforschung, Berlin (-West) 2(1989)2, S. 1-10

SAVORY, S. F. (Hrsg.)
Künstliche Intelligenz und Expertensysteme. München, Wien 1985

SCHWABL, A.
Diskussion einer Darstellungsmethodik eines entscheidungsunterstützenden Systems für den Umweltbereich. In: PAGE, B. und HILTY, L.M. (Hrsg.): Informatik im Umweltschutz. München, Wien 1986, S. 378-419

SIMON, H. A.
A Study of Decision-Making Processes in Administrative Organization. New York 1945, S. 306 (zitiert nach HARTMANN 1988, S. 370)

STREHZ, J.-R.
Erste Ansätze für ein Expertensystem zum Abproduktarmen Territorium. Nachrichten Mensch-Umwelt, Berlin 16(1988)2, S. 62-77

WEIDEMANN, R.; GEIGER, W.; EITEL, W.
Entwurf eines Expertensystems zur Beurteilung von Abfallstoffen. In: JAESCHKE, A.; PAGE, B.: Informationsanwendungen im Umweltbereich. Berlin (-West) 1988

Unsere gemeinsame Zukunft.
Bericht der Weltkommission für Umwelt und Entwicklung. Berlin 1988

GVG
Expertensysteme für Ingenieure. Düsseldorf 1988

HARTMANN, W. D.
Handbuch der Managementtechniken. Berlin 1988

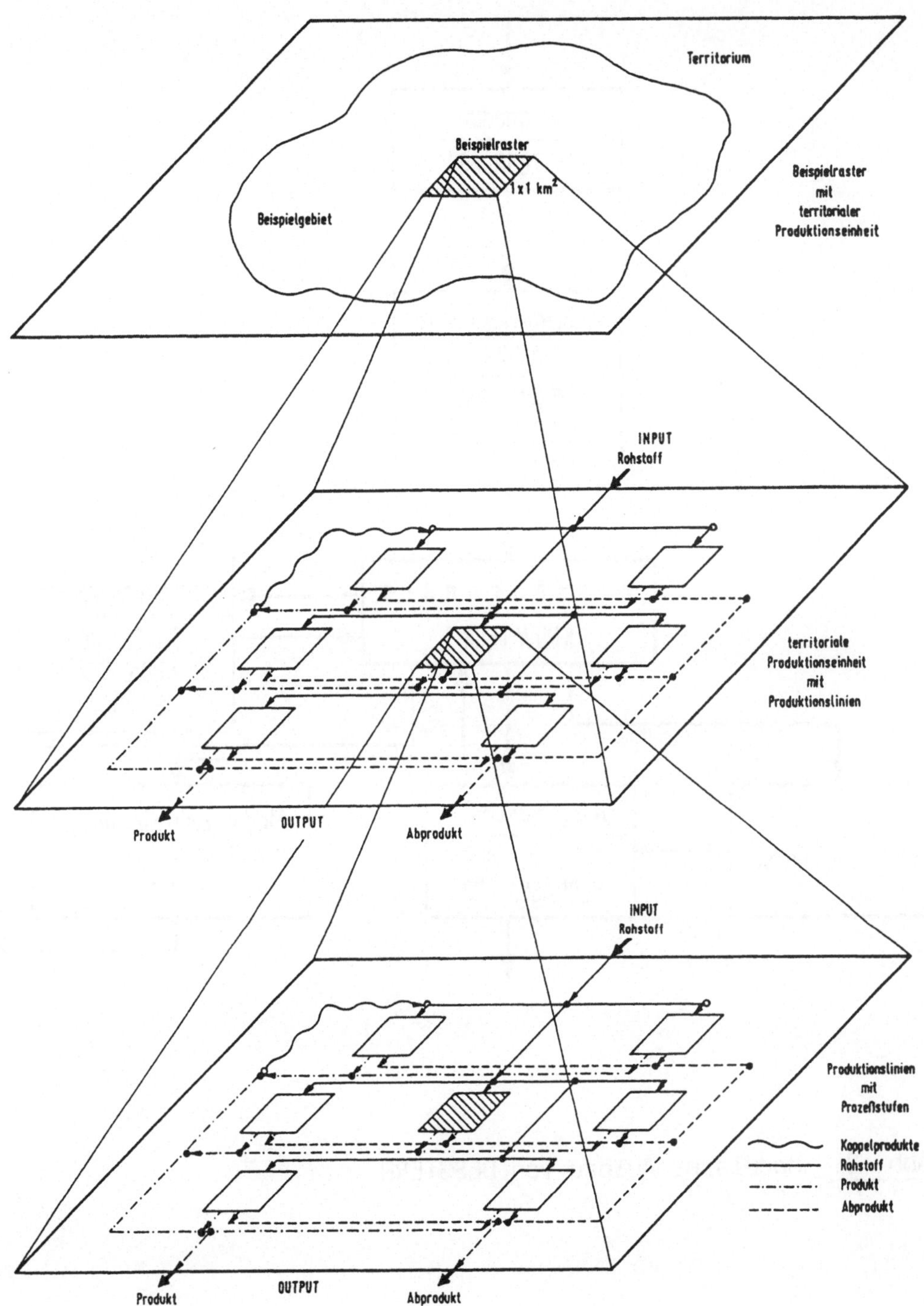

Abb. 1: Bilanzebenen für die Prozeßanalyse

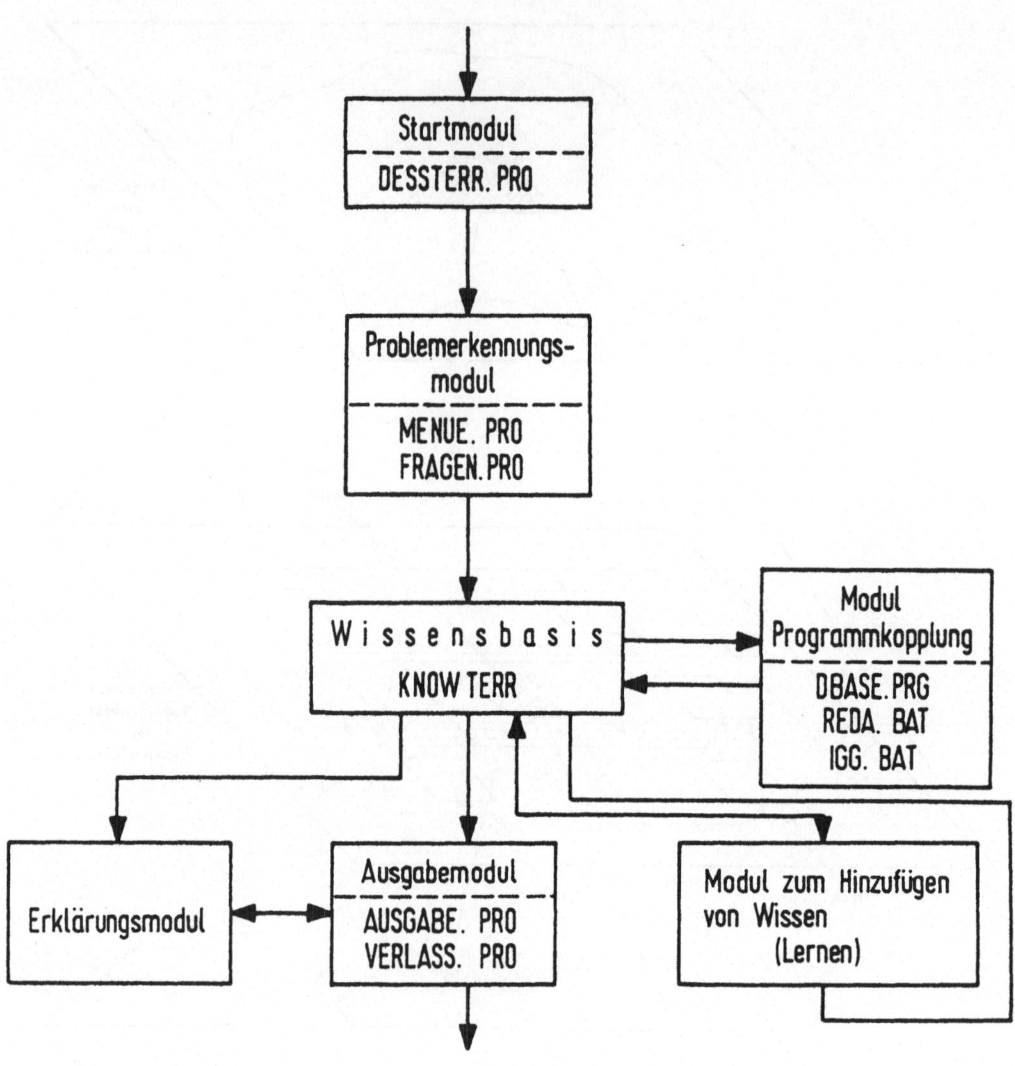

Abb. 2: Modularer Aufbau von DESSTERR

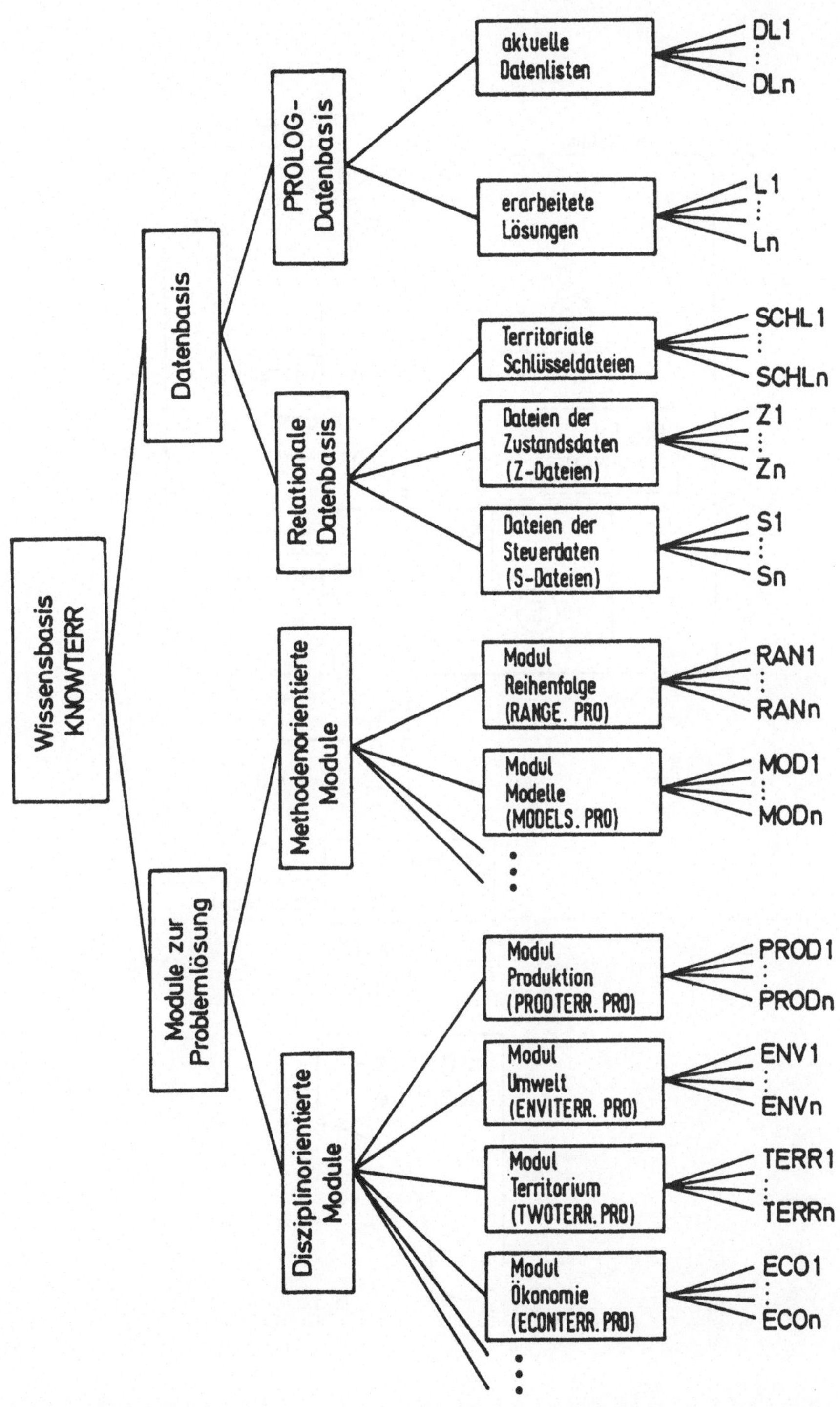

Abb. 3: Modularer Aufbau der Wissensbasis KNOWTERR

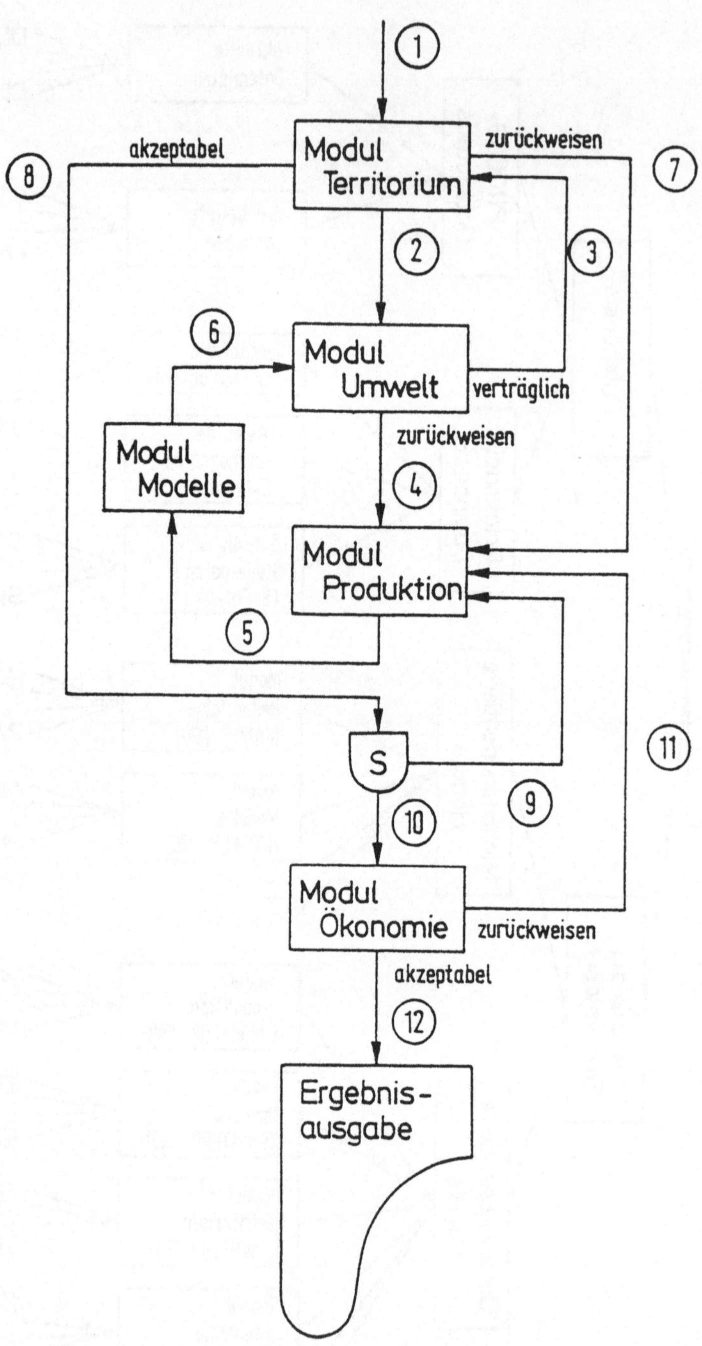

Abb. 4: Algorithmus zur Problemlösung: Reduzierung komplexer Umweltbelastung

Thermodynamische Simulation von Flußsystemen

Fritz D. Ehlers

Holinger AG

St.-Verena-Str. 7, CH-5401 Baden

Zusammenfassung

Ein Programm zur Simulation der Thermodynamik von Fließgewässern zur
Beurteilung der thermischen Auswirkungen wasserbaulicher Einrichtungen (z.B. flußwassergespeister Wärmepumpen, Kühlwasserentnahmen und
-rückleitungen) wird vorgestellt. Es ist als Hilfe für Behörden bei
der Behandlung von Konzessionierungsanträgen konzipiert. Nach Vorgabe
von (kritischen und normalen) Referenzsituationen und Grenzwerten für
erlaubte Abweichungen werden alte und neue Temperaturverläufe und
Grenzlinien dargestellt (graphisch und in Tabellen).

Einleitung

Einer der wichtigsten Parameter für verschiedene chemische, bio-
chemische und biologische Kreisläufe in natürlichen Gewässern ist die
Wassertemperatur. Eingriffe in den Wasserkreislauf, die auch Einfluß
auf Wassertemperaturen haben, können empfindliche Auswirkungen auf
Qualität und Ökologie der Gewässer haben. Für Bewilligungsbehörden ist
daher die Folgenabschätzung für geplante Anlagen von großer Bedeutung.
Die größte Beachtung finden anthropogene thermische Belastungen von
Gewässern, die durch Rückleitung von Kühlwasser - etwa aus größeren
Kraftwerken - Temperaturen erhöhen. Für solche Fälle ist in der Vergangenheit eine Reihe von Simulationsmodellen entwickelt und angewendet worden.

Wärmepumpen kühlen das ihnen zugeführte Wasser (nach dem Prinzip eines
in umgekehrter Richtung laufenden Kühlschrankes) ab. Bei Entzug von
Wärme aus Grundwasser kommt es in der Folge gelegentlich zu Beeinträchtigung von Pflanzenwachstum. In der Schweiz ist der Einsatz von
Grundwasser-Wärmepumpen Gegenstand mehrerer Forschungsprojekte.
Im Fall von Fließgewässern ist der Wärmeaustausch mit der Umgebung
stärker als bei Grundwasserströmen; lokale Temperaturschwankungen
klingen schneller wieder ab. Aber kleine Flüsse können durch Wärmepumpen doch auch kritisch unterkühlt werden. Schon geringe Abkühlungen
im Winter, wenn Wärme am stärksten nachgefragt ist, können etwa durch
Verlängerung der Winterperiode die Oekologie stören.

Im Kanton Bern wird zur Zeit der Einsatz von Wärmepumpen in kleinen
Fließgewässern am Jura-Fluß La Suze untersucht, die als beispielhaft
für andere Flüsse angesehen wird, die ebenfalls durch Wärmepumpen ge-
nutzt werden können.
Dieses Projekt steht im grösseren Rahmen des Ziels des kantonalen
Wasser- und Energiewirtschaftsamts, einen besseren Überblick über den
gesamten Wasserkreislauf und die entsprechenden Parameter (Hydrologie,
Gewässerqualität) zu erhalten. Im Einzelprojekt werden nicht nur über-
tragbare Aussagen vom vorliegenden Jura-Fluss erwartet, sondern ein
Simulationsprogramm, das in kurzer Zeit nach geringem Aufwand gute
Aussagen über Auswirkungen neuer Anlagen macht.
Dieses Programm, das inzwischen vorliegt, soll im folgenden kurz be-
schrieben werden.

Programm THEDYS

Ausgehend von der Geometrie und den hydraulischen Eigenschaften eines
Flußsystems, den gemessenen meteorologischen Daten sowie der Wärmezufuhr oder -abfuhr durch technische Wärmequellen oder -senken berechnet
das Programm den zeitlichen Verlauf der Flußwassertemperaturen an
allen Stellen des Flußsystems.
Der Fluß wird durch den Benutzer in Segmente eingeteilt. Als Segments-
grenzen werden Punkte am Fluß gewählt,
- wo sich dessen hydraulische Charakteristiken stark ändern, also bei
  der Mündung von Nebenflüssen, bei signigikanten Querschnitts-
  änderungen, etc.;

- an denen Abflußmessungen vorgenommen werden oder Abflußwerte als bekannt angenommen werden.

Während der Simulation werden im Zeittakt - das ist in der Regel eine
Stunde - entlang des Flusses von oben nach unten
- zunächst aus den Abflüssen wichtige hydraulische Parameter (mittlere
  Geschwindigkeiten, mittlere Höhen),
- anschließend Wärmeströme zwischen Flußwasser und der Umgebung und
  daraus Wassertemperaturen
berechnet.
Die Segmenteinteilung wird vom Programm während der hydraulischen Berechnungen selbständig verfeinert, um eine ausreichende Rechengenauigkeit zu erzielen.

Die wichtigsten Wärmeströme sind
- Der Strahlungsaustausch mit der Atmosphäre
- Der Wärmeaustausch durch Verdunstung und Kondensation
- Der Wärmeaustausch durch freie Konvektion
- Der Wärmeaustausch mit dem Flußbett
- Wärmezufuhr durch Wasser aus Nebenflüssen
- künstliche Erwärmung oder Abkühlung
Der langwellige Anteil des Strahlungsaustausches wird durch Approxima-
tion des Wassers bzw. der Atmosphäre durch schwarze Strahler behan-
delt. Für die kurzwellige Einstrahlung können, falls vorhanden, Meß-
werte verwendet werden. Sind keine Meßwerte vorhanden, berechnet das
Programm den kurzwelligen Anteil. Es muß dann die Wolkenbedeckung bekannt sein. (Ebenfalls Jahres- und Tageszeit zur Ermittlung des Sonnenstandes.)
Die Wärmeströme durch Verdunstung, Kondensation und freie Konvektion
werden über empirische Formeln berechnet.
Für die Wärmediffusion im Flußbett werden eine Bodenschicht mit
variabler und eine tiefere Schicht mit fester Temperatur eingeführt.
Die Koeffizienten des entsprechenden Differentialgleichungssystem hängen von der Wärmekapazität und -leitfähigkeit des Bodens ab. Für diese
Parameter - wie auch für andere, die in den Austausch mit der Atmosphäre eingehen - gibt es im Programm Default-Werte, die in der Eingabe leicht abzuändern sind. Der Einfluß des Flußbettes ist nur bei
sehr geringem Wasserstand (wenige dm) merklich und äußert sich dann in
einer Phasenverschiebung und einer Dämpfung der Amplitude.

Einsatz des Programms

Es ist daran gedacht, für das Fließgewässer eine Reihe von Referenzsituationen zu erstellen, die repräsentativ für die auftretenden
meteorologischen und hydrologischen Zustände sind. Hier sind mögliche
kritische Situationen - insbesondere Niederabflußsituationen - besonders zu berücksichtigen. Dafür läuft zur Zeit am Jura-Fluß eine umfangreiche Meßkampagne. Im gegebenen Fall müssen dann nur noch die
geplanten Änderungen am Fluß in den Eingangsdaten angepaßt werden, und
das Programm reagiert mit der vergleichenden Darstellung der Temperaturverläufe für die neue und die Referenzsituation.

Erforderliche Daten:
- fixe Daten: geometrische Flußaufteilung, Parameter für den Wärmeaustausch mit der Atmosphäre und dem Flußbett, hydraulische Parameter;
- Daten, die für die verschiedenen Referenzsituationen variieren:
  Abflüsse, Temperaturen von Zuflüssen, meteorologische Daten;
- Leistung alter und neuer (geplanter) Anlagen.
Am aufwendigsten sind die hydraulischen Parameter zu ermitteln, da für
möglichst viele verschiedene Abflußsituationen neben den Abflüssen
mittlere Fließgeschwindigkeiten und Pegelstände zu messen sind. Für
die Parameter des Wärmeaustausches mit der Umgebung gibt es Default-
Werte, die in in der Regel übernommen werden können.

Erforderliche Hardware: IBM - kompatibler PC, möglichst mit Fp-
Koprozessor.

Ergebnisdarstellung

Nach Abschluß der Berechnungen können interaktiv Punkte am Fluß spezifiziert werden, für die zeitliche Temperaturverläufe graphisch dargestellt werden, oder Zeitpunkte, für die die entsprechenden Kurven entlang des Flusses gezeigt werden. Es werden jeweils die alte und die
neue Situation und, falls gewünscht, Grenzkurven für erlaubte Abweichungen angezeigt. Je nach Graphik-Bibliothek des zur Verfügung stehenden Fortran-Compilers können auch die sich zeitlich verändernden räumlichen Temperaturverläufe als Film gezeigt werden. Anschließend werden

interessante Raum- oder Zeitpunkte für die Ausgabe in Tabellenform
eingegeben. Die graphische Darstellung auf Papier kann auch mit
Standard-Software erfolgen.

Vergleich der Wassertemperaturen zu festem Zeitpunkt

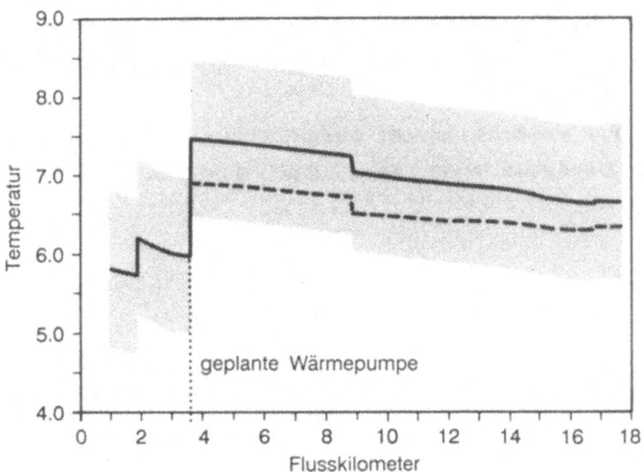

Vergleich der Wassertemperaturen bei km 17. 67

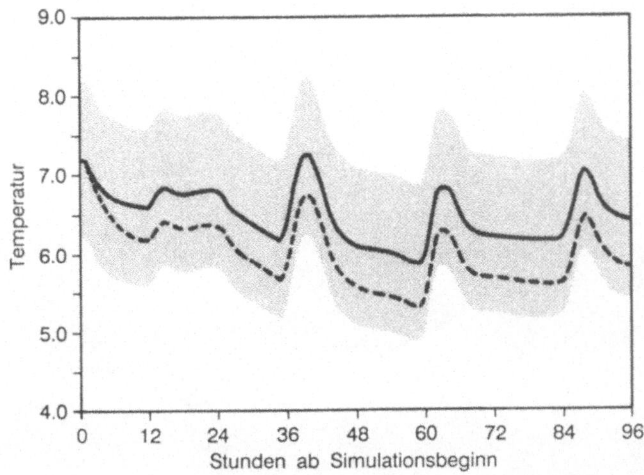

Literatur

1   Bogh/Zünd: Ein Programm zur digitalen Simulierung des instation-
    nären Wärmehaushalts von Flusssystemen, Neue Technik 2 (1970).

2   Joss, J. / Resele, G.: Mathematical modelling of the heat exchange
    between a river and the atmosphere, Boundary-Layer Meteorology 41
    (1987) 27-40.

3   Kuhn W.: Physikalisch-meteorologische Überlegungen zur Nutzung von
    Gewässern für Kühlzwecke, Arch. Met. Geoph. Biokl. Ser. A. 21
    (1972), 95-122.

4   Raphael J.: Prediction of temperature in rivers and reservoires,
    J. Power Division,Proc. Amer. Soc. Civ. Eng., (1962)157-181.

Kapitel D
Informationssysteme

KONZEPTION DES RESSORTÜBERGREIFENDEN
UMWELTINFORMATIONSSYSTEMS BADEN-WÜRTTEMBERG

Roland Mayer-Föll
Ministerium für Umwelt Baden-Württemberg
Kernerplatz 9, D-7000 Stuttgart 1

Zusammenfassung: Das Ministerium für Umwelt, die Landesanstalt für
Umweltschutz und an der Umweltpolitik beteiligte Ressorts haben gemeinsam mit dem Beratungsunternehmen McKinsey eine umfassende Konzeption für Baden-Württemberg erarbeitet. Das Umweltinformationssystem
(UIS) ist der aufgabenorientierte informationstechnische und organisatorische Rahmen für die Bereitstellung von Umweltdaten und die Bearbeitung von fachbezogenen und fachübergreifenden Aufgaben im Umweltbereich in der Landesverwaltung. Das UIS wird als Teil des Landessystemkonzepts Baden-Württemberg entwickelt, realisiert und betrieben.
Summary: The Environmental Information System provides a task-
oriented, technical and organizational framework for supplying environmental data and handling specialized and general tasks. It will be
developed, implemented and operated as a part of the Land system concept.
Resumé: Le système d'information sur l'environnement est un cadre
d'ordre fonctionnel, technique et organisateur qui sert à fournir des
informations sur l'environnement et à traiter des tâches spéciales et
générales. Il sera dévelopé, realisé et opéré comme part du concepti-
on du système du Land.

1. Einführung

1.1 Vorbemerkung

Die Qualität der Umwelt als Lebensgrundlage für Mensch, Tier und
Pflanze ist in den letzten Jahren nicht zuletzt aufgrund einiger ge-

fahrenträchtiger und spektakulärer Umweltereignisse zunehmend in den Mittelpunkt des Interesses von Öffentlichkeit, Politik und Verwaltung gerückt. Physikalische, chemische, meteorologische und biologische Daten mit Raumbezug beschreiben Zustand und Geschehen in der Umwelt. Die große Bedeutung der Informations- und Kommunikationstechnik (IuK) für eine wirkungsvolle Unterstützung von Umweltaufgaben wurde erkannt. Die Vielfalt und Menge von Informationen läßt sich nur mit IuK-Einsatz bewältigen und überschauen. Der Ministerrat beauftragte am 23.06.1986 das frühere Ernährungsministerium, das damals für seinen Geschäftsbereich konzipierte Umweltinformationssystem zu realisieren und auf seiner Grundlage bis Ende 1988 eine ressortübergreifende UIS-Konzeption auszuarbeiten. Diese Aufgabe ging am 01.07.1987 auf das neugebildete Umweltministerium über.

Mit dem UIS wurde eine neue Phase der Umweltpolitik begonnen. Parallel zum Aufbau einer leistungsfähigen Forschungsinfrastruktur werden die administrativen und technischen Voraussetzungen für die Erfassung, Zusammenführung und Umsetzung umweltpolitischer Erkenntnisse geschaffen. Das UIS ist ein wichtiger Schritt für eine koordinierte und vorsorgende Umweltschutzpolitik.

1.2 Aufgaben und Ziele

Die Aufgaben und Ziele des Umweltinformationssystems sind:
- Information von politischer Führung, Landtag, Verwaltung und Öffentlichkeit
- Ermittlung und Analyse der punktuellen und landesweiten Umweltsituation
- Unterstützung der Bewältigung von Not- und Vorsorgefällen insbesondere durch Nachrichtenübermittlung und -verarbeitung
- Einsatz der Informationstechnik zur effektiveren Erledigung von Verwaltungsaufgaben mit Umweltbezug
- Koordination und möglichst Integration der vorhandenen Verfahren zur Umweltinformation.

1.3 Erstellung der Konzeption

Die Landesverwaltung Baden-Württemberg und die Beratungsfirma McKinsey haben gemeinsam das umfassende UIS-Konzept in drei Phasen erstellt. Die Untersuchungsphase I - Bestandsaufnahme und inhaltliche Konzeption - konnten am 29.04.1988 abgeschlossen werden. Die Phasen II - Systemkonzeption - und III - Umsetzungsplanung - wurden am 15.12.1988 beendet. Der Ministerrat hat in seinen Sitzungen am 24.10.1988 und 05.06.1989 die Konzeption gebilligt und das Umweltministerium und die berührten Ressorts mit deren Umsetzung beauftragt.

1.4 Nutzen und Leistung

Das Umweltinformationssystem des Landes Baden-Württemberg soll laufende Umweltaufgaben auf allen Ebenen von Politik und Verwaltung - und soweit sinnvoll und technisch möglich - die Störfallbewältigung unterstützen. Aufgabe des UIS wird sein, Systeme, die primär der Informationsversorgung der Führung dienen, mit Systemen für den Vollzug zu koppeln.

Die im UIS vorhandenen Daten sollen dem Landtag, dem kommunalen Bereich und der Öffentlichkeit zugänglich gemacht werden, soweit sie fachlich geprüft, bewertet und wo nötig anonymisiert sind. Hierzu bedient sich das UIS möglichst des Landesinformationssystems beim Statistischen Landesamt Baden-Württemberg. Die Umweltverwaltung greift bereits heute über das Landesverwaltungsnetz (LVN) auf umweltrelevante statistische Daten des LIS zurück.

Das UIS birgt einen hohen Nutzen für den Vollzug und die Führungsebene in Politik und Verwaltung. So können mit Hilfe des UIS Schwachpunkte, die heute noch bestehen, bei der Wahrnehmung von Aufgaben mit Umweltbezug zumindest teilweise ausgeglichen werden. Bei entsprechendem Einsatz kann das UIS Umfang und Qualität von Umweltinformationen verbessern, eine schnellere Datenbereitstellung gewährleisten und der Verwaltung eine insgesamt effizientere Aufgabenerledigung ermöglichen.

2. Regeln und Standards

Da das UIS als fach- und ressortübergreifendes Informationssystem
ausgelegt ist, sind Regeln und Standards erforderlich, die die einzelnen Komponenten des UIS verbinden und ein reibungsloses Zusammen-
spiel zwischen ihnen ermöglichen. Diesem Zusammenwirken wird zum
einen durch die Entwicklung eines durchgängigen Berichtswesens, zum
anderen durch eine abgestimmte Systemarchitektur für alle UIS-Komponenten Rechnung getragen.

- Leitgedanke der UIS-Berichtsphilosophie ist der Grundsatz der Füh-
  rungsorientierung: Informationen für Führungskräfte sind situa-
  tions- und bedarfsgerecht zur Verfügung zu stellen, d. h. es sollen
  nur diejenigen Informationen bereitgestellt werden, die zur Lösung
  einer Führungsaufgabe unbedingt notwendig sind. Das Berichtswesen
  ermöglicht ein zielorientiertes Erkennen von Handlungsbedarf und
  unterstützt die laufende Erfolgskontrolle von Umweltmaßnahmen. Es
  erleichtert Rückkoppelungen zwischen Legislative und Exekutive sowie zwischen verschiedenen Führungsebenen der Verwaltung. Berichts-
  inhalte sind alle umweltrelevanten Informationen von der politischen Vorgabe über administrative Maßnahmen und technische Umsetzung bis hin zur Auswirkung auf Schutzgüter und Lebewesen (technologisch-ökologische Wirkungskette).

- Grundlegende Architekturmerkmale des UIS sind die Durchgängigkeit
  von Daten (der "vertikale Zugriff" auf Daten innerhalb der Verwal-
  tungs- und Systemhierarchie) und ihre Verknüpfbarkeit (die Möglichkeit "horizontaler Verschneidungen" von Daten gleicher Aggregationsstufen) unter einer benutzerfreundlichen Bedieneroberfläche.
  Verknüpfbarkeit und Durchgängigkeit setzen einen einheitlichen Aufbau von UIS-Komponenten im Hinblick auf Anwendungssoftware, Datenmodell, systemnahe Software und Hardware voraus.

Die definierten Rahmenbedingungen sind so angelegt, daß sie auch für
die Realisierung ähnlicher Systeme in anderen Ressorts Verwendung
finden können. Daneben ermöglicht es die Systemarchitektur, Ergebnisse aus Forschungsarbeiten, wie sie beispielsweise beim Forschungs-

institut für anwendungsorientierte Wissensverarbeitung (FAW) in Ulm
in enger Kooperation mit dem Land und den Stifterfirmen vorangetrieben werden, schrittweise in das UIS zu integrieren. Hier finden bereits im Vorfeld der Forschungsarbeiten enge Abstimmungen statt.

Hervorzuheben wäre, daß die Systemarchitektur speziell auf die Wahrnehmung von Umweltaufgaben eingerichtet ist. Damit ist das UIS weitestgehend offen für mögliche organisatorische Veränderungen im Zuge
des vom Umweltministerium in Gang gesetzten Projekts "Überprüfung der
Organisation der Umweltschutzverwaltung" im Rahmen des Reformvorha-
bens "Verwaltung 2000".

Das UIS unterscheidet generell drei System-Kategorien:
- übergreifende UIS-Komponenten
- UIS-Grundkomponenten und
- Basissysteme.

Diese werden nachfolgend beschrieben.

3. Übergreifende UIS-Komponenten

Übergreifende Komponenten des UIS sind Systeme mit aggregierten Umweltdaten sowie mit umweltpolitischen, technisch-wissenschaftlichen
fach-, ressort- und landesübergreifenden Umweltinformationen, die für
die Dienststellen und für die umfassende Unterstützung der politischen Planungs- und Entscheidungsebene von Bedeutung sind. Informationen der übergreifenden UIS-Komponenten werden im wesentlichen aus
den Daten der Grundkomponenten und Basissysteme abgeleitet.

In den Phasen II und III wurden exemplarisch fünf Schwerpunktprojekte
ausgearbeitet. Sie sind "Kristallisationskerne" für die schrittweise
Umsetzung der gesamten Rahmenkonzeption.

3.1 Das **Umwelt-Führungs-Informationssystem** (UFIS) versorgt die Führung der Ministerien des Landes mit bedarfsgerecht aufbereiteten Informationen über den Zustand von Schutzgütern, die Technosphäre und
die Wirkung von Maßnahmen in allen Umweltbereichen. Die Realisierung
des UIS am Beispiel des UFIS im Prototyping gemeinsam mit den Firmen

McKinsey und Digital Equipment in der Landesverwaltung wird im Beitrag von Projektleiterin Inge Henning, Ministerium für Umwelt, Baden-
Württemberg, dargestellt.

3.2 Das Arten-, Landschafts-, Biotop-Informationssystem (ALBIS) soll
die mittlere Führungsebene der Referats- und Dienststellenleiter des
Umweltministeriums, des Ministeriums Ländlicher Raum und der LfU sowie der Regierungspräsidien bei ihren Führungsaufgaben im Bereich Arten, Landschaft und Biotope unterstützen. Die erarbeitete Grobkonzeption sieht vor, daß ALBIS in einer ersten Ausbaustufe Bindeglied zwischen dem UFIS (für die Führungsspitze) und dem in Vorbereitung befindlichen System der Bezirksstellen für Naturschutz und Landschaftspflege (BNL) auf Amts- bzw. Sachbearbeiterebene ist. Dadurch soll ein
durchgehender IuK-gestützter Datenpfad von den Grundkomponenten des
Vollzugs bis zur Führungsebene entstehen.

3.3 Das Technosphäre und Luft-Informationssystem (TULIS) dient – wie
ALBIS – der mittleren Führungsebene im Bereich Luft. Auch hier wird
ein Bindeglied geschaffen zwischen dem Informationssystem für die
Führung und den Abwicklungssystemen auf Amts- bzw. Sachbearbeiterebene. Das im Aufbau befindliche System der Gewerbeaufsichtsämter wurde
bei der Erarbeitung der Grobkonzeption als Grundkomponente einbezogen, um auch solche Maßnahmen durch IuK zu unterstützen, die in der
Technosphäre ansetzen.

3.4 Die datenbankgestützen Hintergrundinformationen, die das UIS den
Nutzern zur Verfügung stellt, ergänzen bei der Wahrnehmung von Umweltaufgaben anfallende Fachinformationen. Hintergrundinformationen
sind meist "Nachschlagewerk"-ähnliche Informationen zu Gesetzen, Ver-
ordnungen, Forschungsergebnissen usw. Sie können weitgehend über
Schnittstellen zu externen Datenbanken bezogen werden.

3.5 Das Räumliche Informations- und Planungssystem (RIPS) ist das
Herzstück des UIS. Ein großer Teil des UIS-Nutzens ergibt sich erst
aus der Verknüpfung von Fachinformationen mit räumlichen Informationen. Die Graphikanwendungen im Umweltbereich werden im "Räumlichen
Informations- und Planungssystem" (RIPS) zusammengefaßt, welches auf
der Basis des landeseinheitlichen Graphikkonzeptes entwickelt wird.
Die Nutzer des RIPS finden sich in allen Ressorts und auf allen Ebenen der Landesverwaltung, wobei auf den Führungsebenen die Informa-

tionsanwendungen, auf den Ausführungsebenen die operativen, interaktiven Planungsanwendungen größere Bedeutung haben.

Die große Schnittmenge gleicher raumbezogener Informationsbedürfnisse
der einzelnen Aufgabenträger und die Notwendigkeit der Verknüpfung
von Informationen machen ein koordiniertes Vorgehen beim Aufbau graphischer Informationssysteme erforderlich. Das Räumliche Informations-
und Planungssystem besteht aus dezentralen Graphikanwendungen und
zentralen Komponenten, die sich in ein Gerüst organisatorischer und
technischer Regeln einfügen.

Umweltrelevante (alphanumerische) Fachinformationen können mit Hilfe
der dazu definierten (graphischen) raumbezogenen Basisinformationen
visualisiert werden. Nur diese raumbezogenen Basisinformationen (Geo-
metrie-Informationen) und die zu ihrer Verknüpfung mit Fachinformationen notwendigen Verknüpfungsmerkmale ("Identifikatoren") sind Inhalte von RIPS, nicht jedoch die Fachinformationen selbst. Damit die
Forderung nach einer Austausch- und Verknüpfungsmöglichkeit von geometrischen Informationen unterschiedlicher Graphikanwender erfüllt
werden kann, müssen Regeln für Schlüsselsysteme und Objektidentifika-
tionen definiert und die geometrischen Bezugsräume vereinheitlicht
werden.

Kern des RIPS ist der Aufbau eines Informations-Pools für wichtige,
von einem größeren Kreis von Nutzern (auch außerhalb des Umweltberei-
ches) häufiger benötigte geometrische Informationen. Der RIPS-Pool
ist keine physische Sekundärdatei, sondern ein Regelwerk zur logischen Datenhaltung. Das Informationsangebot des Pools soll die seitens der "Arbeitsgemeinschaft der Vermessungsverwaltungen der Länder
der Bundesrepublik Deutschland" konzipierten Systeme Automatisierte
Liegenschaftskarte (ALK, großmaßstäblich) und Amtliches Topogra-
phisch-Kartographisches Informationssystem (ATKIS, kleinmaßstäblich)
erweitern.

4. UIS-Grundkomponenten

Grundkomponenten des UIS sind im wesentlichen Systeme zur Unterstützung der einzelnen Aufgaben mit Umweltbezug wie die Meßnetze für Bo-

den, Wasser, Luft und Radioaktivität, die informations- und kommunikationstechnischen Verfahren in Fachbereichen wie Wasser- und Abfallwirtschaft, Gewerbeaufsicht, Lebensmittelwesen, Veterinärwesen, Flurbereinigung, Naturschutz und Landschaftspflege, Landwirtschaft und Forsten. Diese Systeme haben einen sehr unterschiedlichen Bearbeitungsstand. Ihr Aufbau erfolgt teilweise seit vielen Jahren.

Die erforderliche Weiterentwicklung von Luftmeßnetz, Bioindikatorenmeßnetz, Emissionskataster, Radioaktivitätsmeßnetz, Kernreaktorfernüberwachungssystem, Bodenmeßnetz, Bodenbelastungskataster, Bodendatenbank, Grundwassermeßnetz, Grundwasserdatenbank, Gewässergütemeßnetz, Trinkwasserdatenbank, Wasser- und Abfallwirtschaftliche Arbeitsdatei, Altlastenkataster, DV-Flurbereinigung und sonstigen Umweltdatenbanken und Verfahren zur Umweltinformation erfolgt zügig unter Zugrundelegung der UIS-Systemarchitektur.

Beim Aufbau neuer Komponenten wie IuK-Systemen der Gewerbeaufsicht, für Naturschutz und Landschaftspflege, im Veterinärwesen werden die Vorgaben aus der UIS-Konzeption von Anfang an beachtet. Die UIS-Grundkomponenten sind einerseits die wichtigsten "Datenquellen" für die übergreifenden Komponenten, andererseits bedienen sie sich der Basissysteme.

5. Basissysteme

Basissysteme für das UIS sind Systeme, die nicht nur der Erledigung von Umweltaufgaben dienen. Sie sind aber notwendige Infrastrukturvoraussetzungen für das UIS, wie beispielsweise das Amtliche Topographisch-Kartographische Informationssystem (ATKIS), die Automatisierte Liegenschaftskarte (ALK), das Automatisierte Liegenschaftsbuch (ALB), das Landesverwaltungsnetz (LVN) und das Informationssystem Ländlicher Raum (ILR). Die mehrfachen Nutzungmöglichkeiten der Basissysteme tragen wesentlich zum wirtschaftlichen IuK-Einsatz bei.

6. Umsetzung der UIS-Rahmenkonzeption

6.1 Zeitplanung

Die vollständige Umsetzung der UIS-Rahmenkonzeption mit ihrer Vielzahl von Komponenten ist eine "Generationenaufgabe". Besonders aufwendig ist - neben der eigentlichen Systementwicklung für die Schwerpunktprojekte (übergreifende Komponenten) - der Aufbau der UIS-Grundkomponenten und der Basissysteme einschließlich der Erhebung, Aufbereitung und Fortführung von Daten für die IuK-gestützte Informationsverarbeitung.

Die übergreifenden Schwerpunktprojekte des UIS sind so angelegt, daß sie schrittweise jeweils innerhalb von drei Jahren umgesetzt werden können. Die Systementwicklung erfolgt im Prototyping.

- Für das UFIS wurde eine Version bereits entwickelt. Auf den Beitrag von Inge Henning wird verwiesen.

- ALBIS und TULIS sollen Ende 1990 in einer fortgeschrittenen Prototypversion vorliegen.

- VETIS (Veterinär-Informationssystem) soll in einer ersten Prototypversion bis Ende 1990 geschaffen werden. Die notwendigen Grundkomponenten der Staatlichen Veterinärämter sowie der Staatlichen Tierärztlichen Untersuchungsämter werden bis Anfang 1990 vorliegen. Spätestens ab 1990 sollen den Planungen entsprechend übergreifende UIS-Komponenten zur Laborautomatisierung, zur Gesundheitspolitik, im Bereich Radioaktivität und der Wasserwirtschaftsverwaltung konzipiert und umgesetzt werden.

- RIPS und die Bereitstellung der notwendigen Basissysteme und der datenbankgestützten Hintergrundinformationen sind begleitende, sich über Jahre erstreckende Vorhaben. Sie wurden inzwischen begonnen.

- Ab 1990 sollen übergreifende UIS-Komponenten zur Wasser- und Abfallwirtschaft, zum Boden, zur Laborautomation, zum Lebensmittel-

wesen und zur Gesundheitspolitik im Bereich Radioaktivität konzipiert und umgesetzt werden.

Der jährliche Gesamtaufwand für die Umsetzung der UIS-Rahmenkonzeption hängt insgesamt ab von dem Umfang und dem Tempo der Umsetzung
der einzelnen Systemmodule.

Zwar wachsen mit jeder Realisierungsstufe Leistungsfähigkeit und Nutzen des UIS. Soll jedoch das jeweils mögliche Potential erschlossen
werden, so müssen wichtige Voraussetzungen geschaffen und auf Dauer
aufrechterhalten werden. Dazu gehört, daß für das UIS ein bedarfsge-
rechtes Budget zur Verfügung steht. Ebenso muß das Engagement der
Führungsspitzen in Politik und Verwaltung diesem Großvorhaben gegenüber erhalten bleiben.

6.2 Organisatorische und personelle Rahmenbedingungen

Um die herausragende Stellung, die das UIS im Hinblick auf Konzeption
und Anspruch einnimmt, auch bei der Realisierung zu gewährleisten,
muß eine Reihe von organisatorischen und personellen Voraussetzungen
geschaffen werden.

Die Einzelvorhaben müssen in einer Projektorganisation mit Projektteam, Arbeitsgruppen und einem ressortübergreifenden Lenkungsausschuß
- also nicht nur "nebenbei" in der Verwaltungsorganisation - umgesetzt werden. Dazu sind die Beschäftigten fortzubilden und neue qua-
lifizierte Mitarbeiter zu gewinnen. Anreize z. B. in Form von lei-
stungsorientierter Bezahlung sollten geschaffen werden. Die Einführung neuer Techniken erfordert eine vertrauensvolle Zusammenarbeit
mit der Personalvertretung. Nur eine rechtzeitige Beteiligung sichert
die Akzeptanz bei den Betroffenen.

Projektteam und Arbeitsgruppen sollten bei Entwicklungsaufgaben und
beim Projektmanagement durch Externe unterstützt werden, um vom dort
vorhandenen Spezialwissen zu profitieren und deren Personalressourcen
zu nutzen. Auch kann der Betrieb von Grundkomponenten teilweise pri-
vatisiert werden. So soll eine Gesellschaft für Umweltmessungen und
-erhebungen gegründet werden, die das Luft- und Radioaktivitätsmeß-

netz des Landes betreiben und später auch Messungen in den Bereichen
Boden und Wasser übernehmen soll.

Zur Pflege eines einheitlichen Informationsbestandes im UIS und zur
laufenden Versorgung der Führung mit geeigneten Informationen wird im
Bereich der Umweltverwaltung ein Informationsmanagement aufgebaut. Zu
dessen Aufgaben gehört auch die Verfolgung von Maßnahmen und Programmen hinsichtlich ihres Abwicklungsstandes und ihrer Wirksamkeit
sowie deren Abstimmung mit Umweltplanungen und -maßnahmen bzw. den
Umweltinformationssystemen anderer Länder, des Bundes und der Euro-
päischen Gemeinschaft sowie des kommunalen Bereichs.

Damit schutz- und interpretationsbedürftige Daten nicht weitergegeben
werden, muß bei Bedarf jeweils geklärt werden, welche Informationen
in welcher Form den Nutzergruppen (Politik, Landesverwaltung, kommunaler Bereich, Öffentlichkeit) überlassen werden können. Der Abgleich
zwischen Verfügbarkeit und Schutzwürdigkeit von Informationen und damit das "Management von Transparenz" wird auch im Umweltbereich zu
einer wichtigen Aufgabe.

Entscheidende Voraussetzung für den fach- und ressortübergreifenden
Aufbau und Betrieb eines Umweltinformationssystems ist die ständige
Zusammenarbeit aller beteiligten Ministerien, Dienststellen, Bera-
tungsfirmen, Ingenieurbüros und Forschungseinrichtungen.

Quellen

- McKinsey and Company Inc.: Konzeption des ressortübergreifenden Umweltinformationssystems im Rahmen des Landessystemkonzepts Baden-
  -Württemberg, Phase I: Bestandsaufnahme und inhaltliche Konzeption,
  29.04.1988
- McKinsey and Company Inc.: dito, Phasen II/III: Systemkonzeption
  und Umsetzungsplanung, 15.12.1988
- Arbeitsgemeinschaft Diebold-Dornier-Ikoss: Erstellung eines Landessystemkonzepts für einen rationellen und wirtschaftlichen Einsatz
  der Informations- und Kommunikationstechniken in der öffentlichen
  Verwaltung des Landes Baden-Württemberg, 12.1984

- Ministerium für Ernährung, Landwirtschaft, Umwelt und Forsten
  Baden-Württemberg: Konzeption für das Umweltinformationssystem Ba-
  den-Württemberg, 09.05.1986
- Dornier GmbH: Vorstudie zur technischen Integration der Meßnetze
  und sonstiger apparativer Ausstattung in das Landesverwaltungsnetz
  Baden-Württemberg. Ergänzende Untersuchung zum Umweltinformations-
  system, 30.10.1986
- Forschungsinstitut für anwendungsorientierte Wissensverarbeitung
  (FAW) Ulm: Höhere Funktionalitäten in Umweltinformationssystemen,
  09.1988
- Mayer-Föll, Roland: Fachtagung 1986 der Flubereinigungverwaltung
  Baden-Württemberg: Zielsetzung und Entwicklungsstand des Umweltinformationssystems Baden-Württemberg, 01.07.1986
- Jaeschke, A. und Page, B.: Informatikanwendungen im Umweltbereich,
  KfK 4223, März 1987
- Dokumentation der Landesregierung Baden-Württemberg über die Aus-
  wirkungen und Maßnahmen zum Kernkraftunfall in Tschernobyl, März
  1987
- Döring-Kuschel, Schmidtke, Schmitt-Fürntratt, Schmullius: Unter-
  suchung über die grundsätzlichen Möglichkeiten zur Nutzung von Fer-
  nerkundungsdaten im Umweltbereich sowie in der Land- und Forstwirtschaft, März 1988
- Heiland, Karl: Umweltinformationssystem im Rahmen des Landessystem-
  konzepts Baden-Württemberg, Agrarinformatik, Band 13, Verlag Eugen
  Ulmer, Stuttgart
- Landtag von Baden-Württemberg, Drucksache 10/101, Antrag der Abg.
  Günter Öttinger u. a. und Stellungnahme des Ministeriums für Umwelt
  zum Umweltinformationssystem (Zwischenbilanz) 22.06.1988/21.10.1988
- Baumhauer, Werner: Grundsätzliche und politische Aspekte raumbezo-
  gener Informationssysteme, Mitteilung des DVW-Landesverein Baden-
  Württemberg, Mai 1989
- Mayer-Föll, Roland: Das Umweltinformationssystem Baden-Württemberg,
  Zeitschrift für Vermessungswesen (ZfV) 07/08.1989

REALISIERUNG DES UMWELTINFORMATIONSSYSTEMS
BADEN-WÜRTTEMBERG (UIS) AM BEISPIEL DES
PROJEKTES UMWELT-FÜHRUNGS-INFORMATIONSSYSTEM (UFIS)

Inge Henning
Ministerium für Umwelt, Baden-Württemberg
Kernerplatz 9, D-7000 Stuttgart 1

Zusammenfassung: Das Umweltinformationssystem (UIS) ist als Rahmenkonzeption entwickelt worden für die Bereitstellung von Umweltdaten
und für die Wahrnehmung von fachbezogenen und fachübergreifenden Aufgaben im Umweltbereich in der Politik und Verwaltung Baden-Württembergs. Eines der Schwerpunktprojekte der UIS Gesamtkonzeption ist das
ressortübergreifende Berichtswesen mit dem Umwelt-Führungs-Informationssystem (UFIS), das die Führungskräfte der Ministerien des Landes
mit bedarfsgerecht aufbereiteten Daten versorgt. Ein Prototyp des
UFIS wurde in Zusammenarbeit mit den Firmen McKinsey und Digital
Equipment im Umweltministerium realisiert und eingerichtet.

1. Einführung

1.1 Allgemeines

Eine vernünftige Umweltpolitik ist nur möglich, wenn die notwendigen
Entscheidungsgrundlagen stimmen, denn politische Entscheidungen dürfen nicht auf Gefühlen und Mutmaßungen aufbauen. Nur zeitnahe Informationen über die Sachverhalte auf der Basis fundierter technisch-
wissenschaftlicher Daten der Umweltbehörden bieten die Möglichkeit,
Argumentationen zu unterstützen und ein gezieltes, sachgerechtes Handeln zu erwirken. Das Umweltinformationssystem (siehe Beitrag "Konzeption des ressortübergreifenden Umweltinformationssystems Baden-
Württemberg" von Dipl.-Ing. Roland Mayer-Föll, Ministerium für Umwelt, Baden-Württemberg) soll ein informations- und kommunikationsge-
stütztes Werkzeug für die Entscheidungsfindung bei der Wiederherstel-
lung bzw. Erhaltung der Umweltqualität sein.

Informationen für Führungskräfte im politischen Management sind situationsgerecht bereitzustellen, d. h. es sollen nur soviele Informationen zur Verfügung gestellt werden, wie zur Bewältigung einer Führungsaufgabe unbedingt notwendig sind (keine "Informationsflut"). Dazu werden aggregierte, entscheidungsorientiert aufbereitete Informationen aus dem strategischen und operativen Bereich zusammengestellt. (Am Beispiel Wasserwirtschaft: Während für die Führungsspitze im Umweltministerium in der Regel ein Überblick über die Wasserqualität im Lande ausreicht, benötigt die Verwaltungsebene der Wasserwirtschaft detaillierte Angaben über einzelne Belastungsstoffe und Flußabschnitte.)

Das Umwelt-Führungs-Informationssystem (UFIS) bildet somit die Spitze der Gesamtpyramide des Umweltinformationssystems (UIS) – nicht nur im Hinblick auf die hierarchische Ebene der künftigen Nutzer sondern auch hinsichtlich des Aggregationsgrades der Informationen.

1.2 Zielsetzung

Die Gestaltung des UFIS orientiert sich an folgender Aufgabenstellung:

- **Inhaltliche Ausgestaltung**: Durch periodische Managementberichte sollen der politischen Führungsspitze bedarfsgerechte, vorstrukturierte Informationen und Steuerungsinstrumente an die Hand gegeben werden.

- **Systemtechnische Realisierung**: Der Nutzerkreis verfügt bisher nicht über umfassende Kenntnisse in der Handhabung solcher Informationssysteme. Daher müssen alle technischen Möglichkeiten von Hard- und Software genutzt werden, um die Benutzeroberfläche so bedienungsfreundlich wie möglich zu gestalten.

- Angesichts mangelnder Infrastruktur in den Fachbereichen der Landesverwaltung müssen durch den **Aufbau eines Informationsmanagements** Lösungen zur Weiterentwicklung, Pflege und Nutzung des Systems entwickelt werden.

- Viele umweltrelevante Informationen haben einen <u>räumlichen Bezug</u>.
  Die Aussagekraft dieser Informationen steigt mit der visuellen Darstellung in verschiedenen Maßstäben. UIS und UFIS werden voll auf
  die seitens der Arbeitsgemeinschaft der Vermessungsverwaltung der
  Länder konzipierten landeseinheitlichen Systeme ATKIS und ALK aufsetzen, die ggf. um umweltrelevante Daten zu erweitern sind. Dabei
  werden in UFIS die kleinmaßstäblichen Grundrißinformationen eine
  größere Rolle spielen.

- Inhalte des Berichtwesens sollen über Managementberichte oder gezielte Auswertungen und Abfragen zugänglich gemacht werden (Abb. 1)

Abb. 1

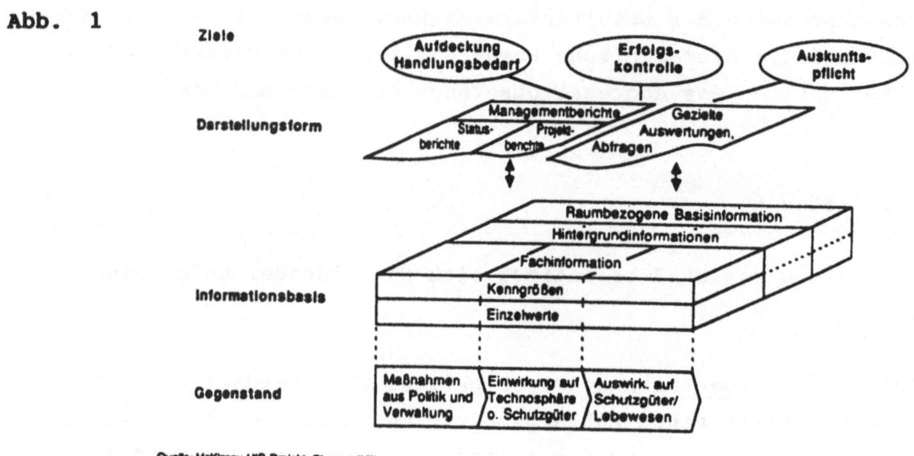

- Die <u>Transparenz</u> von umweltbezogenen Sachverhalten soll gewährleistet sein durch die Möglichkeit, aktuelle Bestands- und Zustandsin-
  formationen einzelner Umweltbereiche einschließlich Informationen
  zu Umweltstörfällen abzufragen.

- <u>Rückkoppelungen</u> sollen durch Gegenüberstellung von Soll- und Ist-
  Zuständen (Wirkungskontrolle) bzw. von eingesetzten Ressourcen und
  Wirkungsgrößen (Effizienzmessungen) entstehen.

- <u>Erkenntnisgewinnung</u> durch Kombination einzelner Informationen, die
  erst in ihrer Verbindung Sachverhalte sichtbar machen und die Ableitung von allgemeinen Zielen erlauben, soll unterstützt werden.

- Angesichts der hohen Komplexität des Umwelt-Führungs-Informations-
  systems soll ein Prototyp die <u>schnelle Umsetzung der UFIS-Konzep-
  tion</u> sicherstellen und allen Beteiligten die Möglichkeit bieten,
  bei begrenztem finanziellen Einsatz Erfahrungen im Umgang mit neuen
  Technologien zu sammeln. Der Prototyp ist ein ausbaufähiger Ausschnitt aus der Gesamt-UFIS-Lösung, keine "Wegwerflösung". Benutzeroberfläche, Funktionalitäten und Datenmodell sollen auch in weiteren Ausbaustufen Verwendung finden.

Abb. 2: Der UFIS-Prototyp soll die schnelle Umsetzung der UFIS-
Konzeption sicherstellen

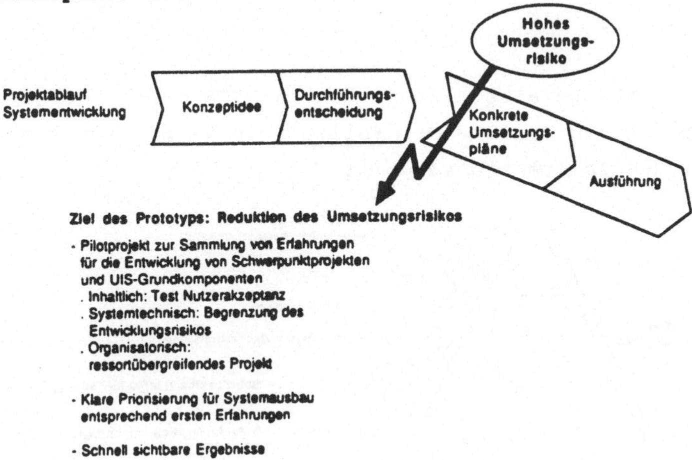

2.   Konzeption des Umwelt-Führungs-Informationssystems

Das Umwelt-Führungs-Informationssystem, eines der Schwerpunktprojekte
im Rahmen der UIS-Konzeption, soll wegen seines besonders hohen Stel-
lenwertes mit Priorität verwirklicht werden. Die Arbeit am UFIS liefert wichtige Erkenntnisse für den Auf- und Ausbau des gesamten UIS.

Die UIS-Bausteine (UIS-Grundkomponenten und Basissysteme) müssen als
Datenlieferanten für UFIS dienen und in das UFIS Grundraster integrierbar sein.

Die Fragestellungen, die in der Umweltpolitik und -verwaltung auftreten, haben fast ausschließlich fach- und ressortübergreifenden Charakter. Dem muß informationstechnisch entsprochen werden. Für die Informationstransparenz innerhalb der Hierarchien von Politik und Verwaltung auf allen Ebenen ist eine Durchgängigkeit der Daten erforderlich. Die Führungsspitze muß sowohl über Daten auf der Vollzugsebene (z. B. aktuelle Meßwerte aus den Bereichen Luft, Wasser etc.) informiert sein als auch über Zusammenhänge auf der Vollzugsebene, um Ressourcen effizient einzusetzen und wirksame politsche Maßnahmen durchzuführen. Die nachgeordneten Bereiche benötigen klare Vorgaben und Zielsetzungen der vorgesetzten Stellen, um die Aufgaben im Vollzug zielgerichtet ausführen zu können.

Abb. 3: Die Datenbereitstellung für das UFIS erfolgt über die operativen Systeme des Vollzugs im Rahmen eines einheitlichen Informationsmodells

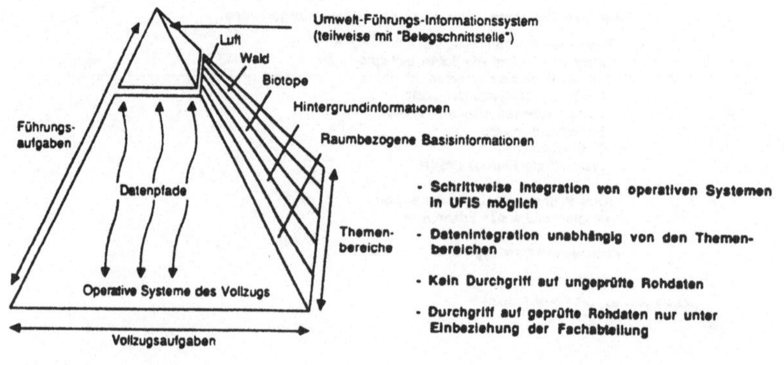

Die Durchgängigkeit der Daten muß logisch und physisch gegeben sein. Dies erfordert Datenstrukturen für die unterschiedlichen Aggregationsstufen der einzelnen Informationsebenen. Die einzelnen Datenstrukturen müssen untereinander kompatibel sein.

Abb. 4: Eine einheitliche Struktur der Primärdatenbasis bildet die Voraussetzung für Datenaufbereitungen und -auswertungen

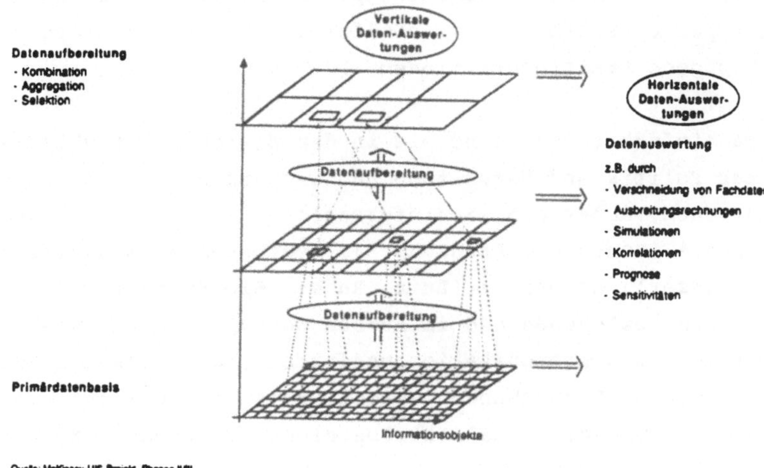

2.1 Einbindung in die UIS-Rahmenkonzeption

Einheitliche Regeln und Standards für Bausteine der logischen UIS-Systemarchitektur stellen Kompatibilität der UIS-Komponenten sicher (Abb. 5).

Abb. 5

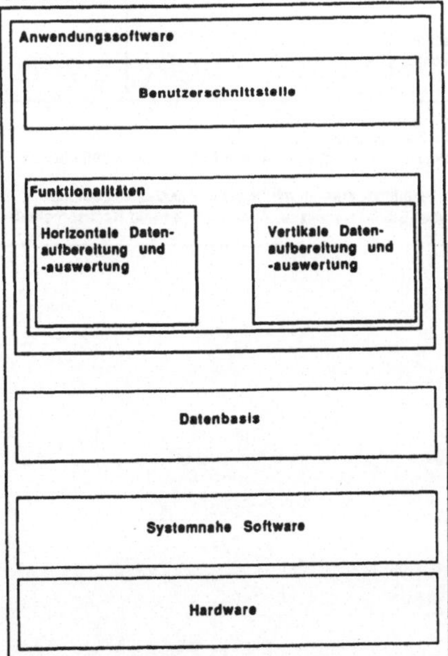

Regeln und Standards für UIS-Komponenten

Benutzerschnittstelle:

Menüführung:
- Standardisiertes Einstiegsmenü
- Menüführung über "Maus-Eingabe"
- Windowtechnik
- Integrierte "HILFE-Funktionen"

Datenausgabe: Integration von
- Text
- Präsentationsgrafik
- Tabellen
- Kartographie

Funktionalitäten:
- Ausrichtung auf marktgängige Standardprodukte für laufende Aufgaben: . Portierbarkeit zu unterschiedlichen
. Betriebssystemen
. Einfache und komplexe Statistik
. SQL für Datenbankabfragen
- Individuelle Anwendungen für wissenschaftliche Zwecke

Datenbasis:
- Einheitliche Datenstruktur durch Entity-Relationship-Modell
- Führung eines einheitlichen Umweltdatenkatalogs (Data Dictionary)
- Definition von Leitsystemen zur Sicherstellung konsistenter und vergleichbarer Daten

Systemnahe Software:
- Betriebssysteme: . Ausrichtung auf bestehende Systeminstallationen
. möglichst herstellerunabhängige Systeme
- Datenbankmanagementsysteme:
. Relationale Systeme
. Herstellerunabhängige Systeme
. Verteilte Datenbanken, offene Systeme

Hardware:
Drei Konfigurationen:
- Workstationkonzept mit Server
- Mehrplatzkonzept über Abteilungsrechner
- Terminalkonzept über Hintergrundrechner

Quelle: McKinsey UIS-Projekt, Phasen II/III

2.2 Informationsstruktur

Im UFIS - wie in der Gesamtkonzeption des UIS - lassen sich Informationstypen unterscheiden: Fachinformationen sowie hintergrund- und raumbezogene Basisinformationen.

Die Fachinformationen sind wie in den Berichten strukturiert nach Daten aus Politik und Verwaltung und Technosphäre- und Schutzgüter-Informationen. Außer den Fachinformationen in den Umweltthemenbereichen Pedosphäre (Boden und Landschaft), Hydrosphäre (Grundwasser, Oberflächengewässer), Atmospäre (Luft, Ruhe), Biosphäre (Wald, Arten, Biotope) sollen bestehende und im Aufbau befindliche Datenbestände und Informations- und Kommunikationsverfahren (IuK-Verfahren) verwendet bzw. an das UFIS angebunden werden. Beispiele hierfür sind Altlastenkataster, Grundwasserqualitätsübersicht, Trinkwasserdatenbank, Immissionsökologisches Wirkungskataster, Waldschadensinventur etc.

Abb. 6: Informationsangebot UFIS

	Verwaltungsmanagement-Informationen	Technosphäre-Informationen	Schutzgüter-Informationen
Fachinformationen	- Führungsinformationen z.B. über Personalstärke, Haushaltsmittel - Führungsinformation über Forschungs- und Förderungsprogramme und spezielle politische Maßnahmen - Überwachung der Effizienz von Programmen und des Realisierungsgrads politischer Aussagen (Soll-Ist-Vergleich)	- Aufbereitung von Informationen aus dem Vollzug zu Führungsinformationen über die Technosphäre	- Aufbereitung verfügbarer Informationen über Zustand und Bestand von Schutzgütern bzw. Schutzobjekten
Hintergrund- und raumbezogene Basisinformationen	- Informationen aus externen Datenbanken - Raumbezogene Basisinformationen für Darstellung von Führungsinformationen mit räumlichem Bezug - Zusammenfassungen von Veröffentlichungen mit umweltpolitischer Bedeutung - Aggregierte Übersichten über Störfallereignisse, Auswirkungen und Nachsorgemaßnahmen		

2.3 Datenmodell

Abb. 7: Das UIS-Datenmodell enthält alle Aspekte von Umweltpolitik
und -verwaltung

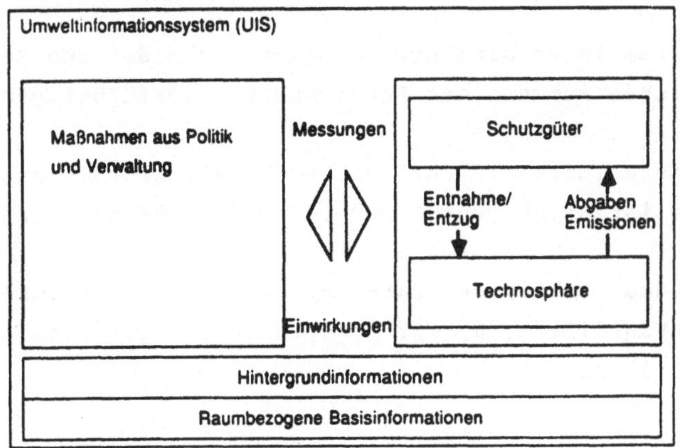

Quelle: McKinsey-UIS-Projekt, Phasen II/III

Zum Entwurf eines Datenmodells werden Sachverhalte in einzelne Informationsobjekte zerlegt. Z. B. wird die Aussage "Die SO2-Konzen-
tration der Luft hat in den vergangenen Jahren im Raum Mannheim abge-
nommen" zerlegt in die Informationsobjekte (Entities) Stoffparameter
(SO2), Schutzgut (Luft), Zeit (vergangene Jahre, Jahreszahlen), Ort
(Mannheim), Meßwerte (Meßreihe) und Maßeinheit (μg/m³).

Abb. 8: Die Verknüpfung zwischen Informationsobjekten kann in einem
Entity-Relationship-Modell dargestellt werden. Daneben muß
ein Umweltdatenkatalog aufgebaut werden

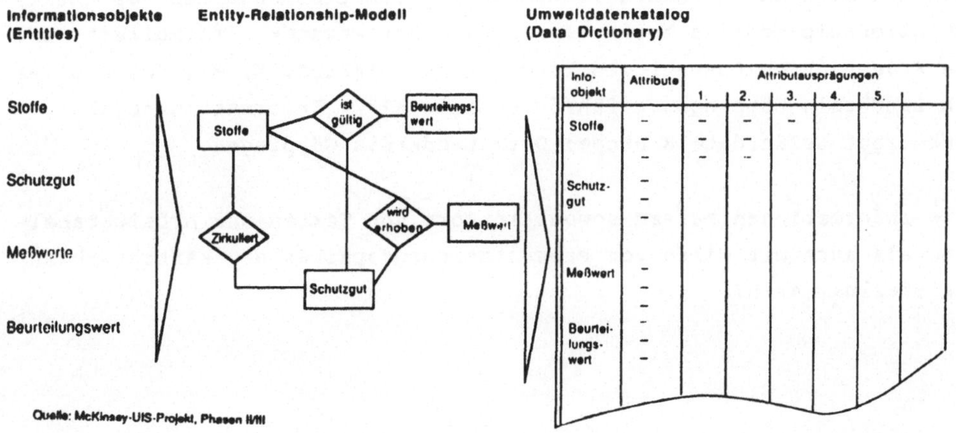

Quelle: McKinsey-UIS-Projekt, Phasen II/III

Bei der Realisierung des UFIS werden folgende Probleme der Datenverfügbarkeit auszuräumen sein:

- Eine erste Gruppe von Daten ist zwar IuK-gestützt lesbar, jedoch ist die Datenstruktur nicht kompatibel zum UFIS-Datenmodell.

- Andere Informationen sind nur in Akten vorhanden und können lediglich mit großem Aufwand der Führungsebene verfügbar gemacht werden.

- Eine geeignete Infrastruktur zur laufenden Informationsbeschaffung und -pflege ist nicht vorhanden und muß aufgebaut werden.

Außerdem ist das Problem der Datenhaltung (verteilte Informationen) und des Datenzugriffs z. B. auf ungeprüfte und geprüfte Rohdaten sehr sorgfältig zu lösen.

2.4 Nutzeranforderungen

An die Gestaltung der Benutzerschnittstelle zwischen Mensch und Computer sind im UFIS besonders hohe Anforderungen zu stellen, da die Nutzergruppe so schnell wie möglich mit dem System arbeiten möchte, aber nur geringe Vorkenntnisse im Umgang mit IuK-Anwendungen hat.

Hier gilt es, die hard- und softwaretechnischen Möglichkeiten der Benutzerführung (mausgesteuerte Menüs, Windowtechnik etc.) zu nutzen. Auch die Abwicklung von Einzelfragen an das System soll die Ansprüche an eine komfortable Benutzerführung erfüllen.

Die große Vielfalt möglicher Fragestellungen muß standardisiert werden und sich durch Kombinationen von Informationsobjekten des Entity-Relationship-Modells herleiten lassen. Der Anwender "formuliert" seine Fragen durch Auswahl von Informationsobjekten. Z. B.: "Wo gibt es im Landkreis Göppingen gefährdete Biotope?" - Informationsobjekt: Schutzgut gefährdete Biotope; Ort: Landkreis Göppingen.

Die Informationen müssen sowohl in Form von Texten und Arbeitstabellen als auch mit Hilfe von Präsentationsgraphiken und Kartographien darstellbar sein.

3.   Der UFIS-Prototyp (Version 1.0)

Mit dem Prototyp verbindet sich der Anspruch, einen ausbaufähigen
Ausschnitt mit den wichtigsten Leistungsmerkmalen der UFIS-Gesamt-
konzeption zu realisieren. Dadurch wird auch sehr schnell ein konkreter Dialog mit den eigentlichen Nutzern möglich.

Bei der technischen Realisierung der UIS-Komponenten bestand die Möglichkeit, zwischen drei alternativen Lösungen zu wählen (Abb. 9).

Die Entscheidung fiel zugunsten des Workstationkonzepts, da hier für
die graphischen Anforderungen (Kartographie) die besten Lösungen nach
dem heutigen Stand der Technik zu erwarten sind und Standards wie
X-Window Herstellerunabhängigkeit und komfortable Benutzerschnitt-
stellen ermöglichen. Die Systemarchitektur des UFIS vereint bereits
Fachinformationen mit Basisdaten aus der Vermessungsverwaltung.

Abb. 9:

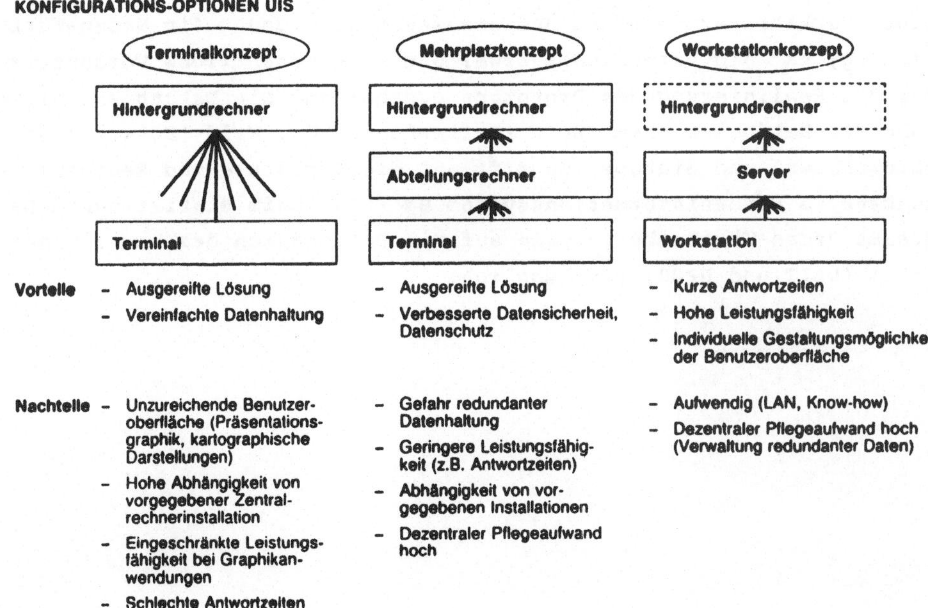

Abb. 10: Grobarchitektur des UFIS in der Pilotversion

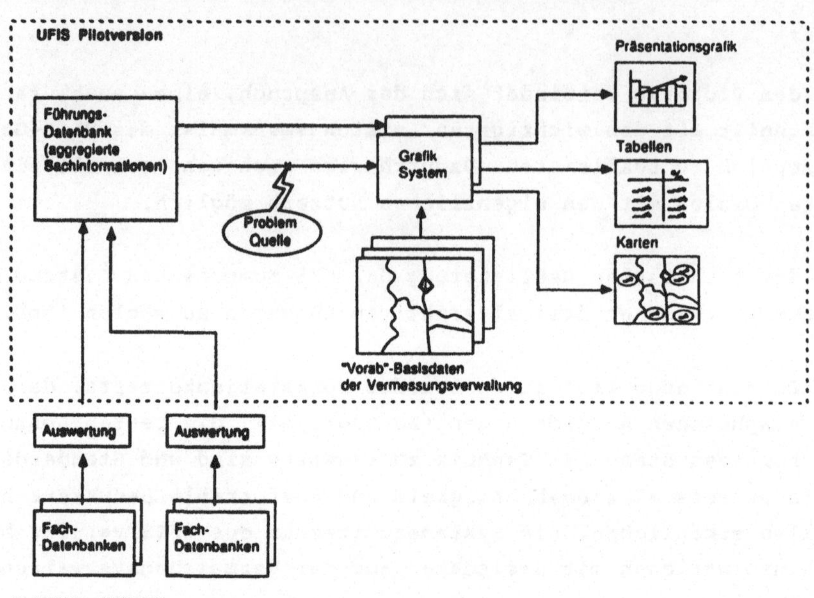

Durch eine vorgezogene Digitalisierung von Verwaltungsgrenzen, wichtigen Verkehrsverbindungen und Gewässern 1. Ordnung (in Baden-Württemberg) hat die Vermessungsverwaltung eine wesentliche Voraussetzung für die Realisierung des Prototyps geschaffen. Die Datenbasis bilden außerdem Daten zum Thema Luft (Luftmeßnetz BW), Wald (Entwicklung von Waldschäden) und Biotope. Zugriff auf die Struktur- und Regionaldatenbank im Landesinformationssystem BW (LIS) beim Statistischen Landesamt Baden-Württemberg sowie auf die Datenbanken des Umweltbundesamtes (ULIT und UFOR) sind möglich.

Abb. 11: Mit dem UFIS-Prototyp werden wichtige inhaltliche und technische Leistungsmerkmale der UFIS-Konzeption realisiert

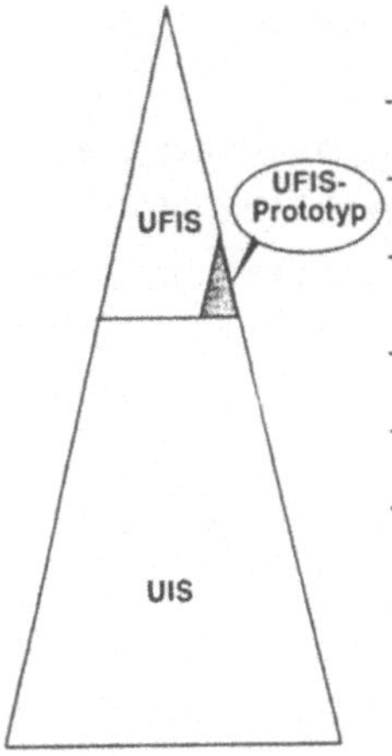

Dateninhalte Prototyp	Leistungsmerkmale:	
	Inhaltlich	Technisch
– Struktur- und Regionaldatenbank: Baden-Württemberg: Verfügbares Datenmaterial des StaLa – Meßstellenverzeichnis	Regionalbezug	Zooming Menüsteuerung
– Meßdaten aus Luftmeßnetz und ev. KFÜ; Langfristmeßzeiten	Langfristige Trends (Monatsbericht)	Business Grafik; Spread-Sheet
– Aktuelle Luft-Meßwerte	Aktualität	Doppelfenster; (nicht in UFIS-Benutzerschnittstelle integriert)
– Waldschadensinventur-Daten (FVA, Freiburg) – Biotopkarte	Kartographie, Verschneidungs-möglichkeiten	Kartographie, Overlay-Technik
– WADIS	Radioaktivitäts-meßdaten	Interpolationen, Isolinien-Darstellung
– Anschluß ausgewählter Datenbanken mit Umwelt-Hintergrundinformationen	Datenbank-Informationen	Benutzeroberfläche; technische Schnittstelle
– Verfügbare. aggregierte Informationen aus GAA, WWA-Systemen (Demos): . Anlagen aus Altanlagensanierung . Verzeichnis wasserwirtschaftlicher Objekte	Logische Integration UIS-Komponenten; Information über Elemente der Technosphäre	Technische Schnittstelle zu UIS-Komponenten
– Basiskarten	Kartographie,Verschneidungsmöglichkeiten	Kartographie, Overlay-Technik
	Kombination zahlreicher Themen und Informationskategorien	Flexible Menuführung

Quelle: McKinsey UIS-Projekt, Phasen II/III

4. Weiteres Vorgehen

UFIS soll bis Ende 1991 zu einem vollständig funktionsfähigen System stufenweise entwickelt werden. Die weiteren Aufgaben beinhalten bis dahin folgende Schwerpunkte:

- Konzeption für den Prototyp Version 2 aufbauend auf der Erfahrung mit der ersten Version.

- Laufende Einbeziehung und Abstimmung mit den Fachabteilungen bei den weiteren Entwicklungsschritten.

- Beschaffung und Aufnahme von weiteren Datenkörpern z. B. zu den Umweltbereichen Wasser und Boden und von der Vermessungsverwaltung.

- Integration neuer Funktionalitäten z. B. Aggregationsalgorithmen
  und Einführung von Musterberichten.

- Aufbau eines Umweltdatenbankkataloges.

- Schulung und Information.

Darüber hinaus muß im Umweltbereich ein Informationsmanagement aufgebaut werden, zu dessen Aufgaben es gehört, einen Überblick über Inhalt, Quellen und Verwendungszweck von Daten zu erarbeiten und auf
einem aktuellen Stand zu halten.

Quellen

- McKinsey and Company Inc.: Konzeption des ressortübergreifenden Umweltinformationssystems im Rahmen des Landessystemkonzepts Baden-
Württemberg, Phase I: Bestandsaufnahme und inhaltliche Konzeption,
29.04.1988

- McKinsey and Company Inc.: dito, Phasen II/III: Systemkonzeption
und Umsetzungsplanung, 15.12.1988

DIM, Daten- und Informationssystem für den Minister für Umwelt, Raumordnung und Landwirtschaft des Landes Nordrhein-Westfalen (MURL)

Anton Diening
Ministerium für Umwelt, Raumordnung und Landwirtschaft
des Landes Nordrhein-Westfalen
Schwannstr. 3, 4000 Düsseldorf 30

Ziel

Mit dem Aufbau des DIM soll ein umfassendes computergestütztes Informationssystem zur Verbesserung der Entscheidungsfindung im MURL geschaffen werden. Die Zuständigkeit des MURL umfaßt die Bereiche

- Umweltschutz
- Lebensmittelüberwachung, Veterinärwesen
- Gewässerschutz, Wasserwirtschaft, Abwasser
- Abfallwirtschaft
- Umweltradioaktivität
- Gewerbeaufsicht, Immissionsschutz
- Landschaftspflege, Naturschutz
- Raumordnung und Landesplanung
- Agrarwirtschaft, Agrarordnung
- Forst- und Holzwirtschaft, Waldökologie.

Ausgangssituation

Aufgrund der Aufgabenvielfalt obliegt dem MURL die Aufsicht über insgesamt 138 nachgeordnete Behörden und Einrichtungen sowie die Fachaufsicht über zahlreiche andere Behörden und Einrichtungen. Von den nachgeordneten Behörden sind insgesamt 100 mit DV-Systemen (teilweise Mehrrechnerinstallationen) ausgestattet, dabei sind Personalcomputer nicht mit eingerechnet.

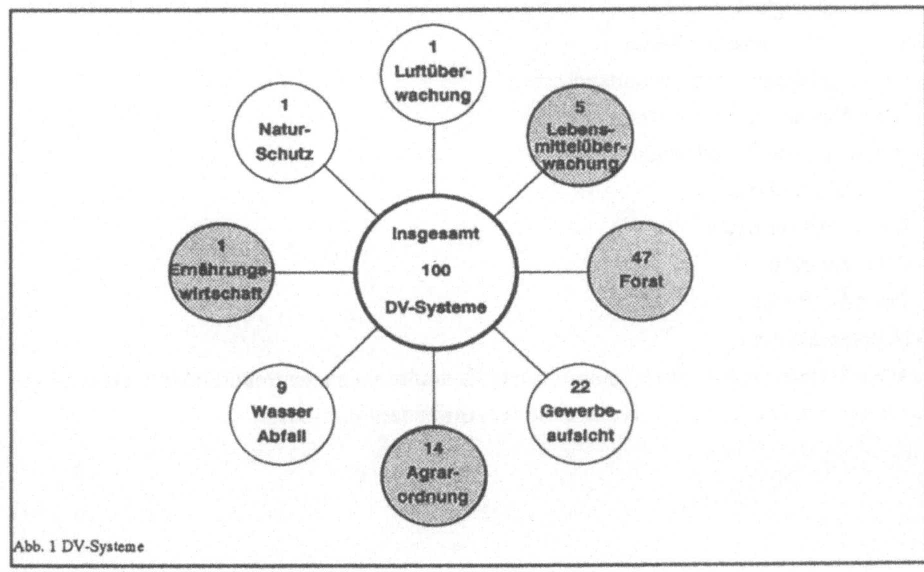

Abb. 1 DV-Systeme

Obwohl der MURL bereits frühzeitig auf das einheitliche Betriebssystem UNIX gesetzt und in 1987 und 1988 insgesamt 67 Behörden (in Abb. 1 dunkel hinterlegt) mit UNIX-Systemen ausgestattet hat, gibt es noch wichtige Bereiche, in denen eine Umstellung erst nach und nach vollzogen werden kann, weil viele, viele Mannjahre Programmierarbeit nicht von heute auf morgen ersetzt werden können. In diesen Bereichen sind unterschiedliche Hard- und Software eingesetzt.

Realisierung

Mit der Bündelung aller Umweltschutzaufgaben im MURL im Jahre 1985 waren die Voraussetzungen geschaffen worden, die anstehenden Probleme fachbereichsübergreifend zu lösen. Für die im Geschäftsbereich des MURL vorhandenen politik- und fachrelevanten Daten sollte daher ein Informationssystem aufgebaut werden, mit dem fachbereichsübergreifende Auswertungen kurzfristig möglich sind.

Nutzung der vorhandenen Ressourcen

Ein direkter Zugriff auf die Originaldatenbestände der datenführenden Stellen schied wegen der Vielzahl der eingesetzten unterschiedlichen Systeme aus. Der Aufbau eines eigenen Rechenzentrums hätte viel Zeit und Geld gekostet. Deshalb entschloß sich der MURL im Landesamt für Datenverarbeitung und Statistik NRW (LDS) eine einheitliche Datenbank einzurichten, in der ausgewählte Daten der datenführenden Stellen gespeichert werden.

Nutzerfreundliches System

Neben den verfahrenstechnischen Zielen wie
- leichte Bedienbarkeit des Systems
- hohe Qualität und Integration der Daten
- große Darstellungsbreite
- Datenschutz und Datensicherheit
- Ausbaufähigkeit
- Kostengünstigkeit
und den DV-technischen Zielen
- Leistungsfähigkeit und Zukunftssicherheit
- bestmögliche Funktionsabdeckung
- Robustheit und Zuverlässigkeit
- Sicherheit der Daten
- Korrektheit der Daten
- Erweiterbarkeit
- Instandsetzbarkeit
- Netzwerkfähigkeit

war ein Planziel unabdingbare Voraussetzung: **Es mußte ein nutzerfreundliches System aufgebaut werden, daß keine DV- Kenntnisse des Anwenders voraussetzt.**

Datenbank DB2

Der MURL entschied sich die Realisierung auf der Grundlage von DB2 durchzuführen, denn:

- DB2 ist ein relationales Datenbanksystem für große Anwendungen.
- DB2 garantiert Zukunftssicherheit, da die Zahl der Installationen weltweit steigt und die Datenbank ein strategisches Produkt der Firma IBM ist
- die bestehende Hard- und Software im Rechenzentrum des LDS (IBM 3090/600) konnte genutzt werden und
- die standardisierte Abfragesprache SQL stand zur Verfügung,

so daß Hard- und Software aus einer Hand einsetzbar waren.

Datenauswahl

Da für Führungs- und Leitungsfunktionen nicht der Zugriff auf die gesamte Fülle der im nachgeordneten Bereich vorhandenen Daten erforderlich ist, erfolgte die Auswahl der einzustellenden Daten durch die einzelnen Fachabteilungen des MURL. Die fachliche Verantwortung für die Dateninhalte verbleibt bei den datenführenden Stellen.

Beteiligungsebenen

Wie die nachfolgende Abbildung zeigt, gibt es im DIM drei Ebenen:

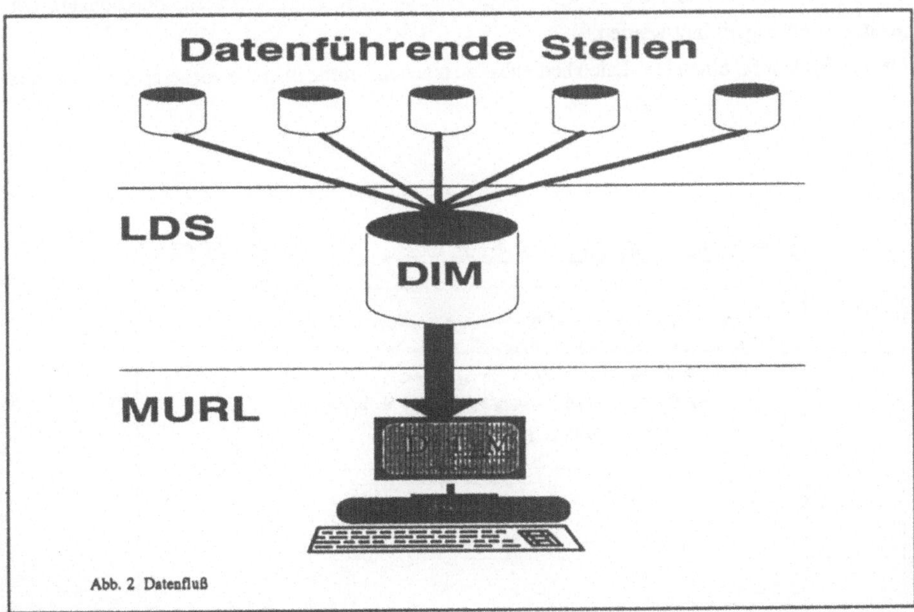

Abb. 2 Datenfluß

1. Datenführende Stellen

Den datenführenden Stellen obliegt die Aggregation und Bereitstellung der vom MURL ausgewählten Daten, die Durchführung der Plausibilitäten,die Erstellung von Informationsbeschreibungen und die regelmäßige Übermittlung der Daten in festgelegten Zeitabständen und in einem einheitlichen Format.

2. LDS

Das LDS überwacht die Datenübertragung, stellt die Daten in die Datenbank ein und leistet die notwendige technische Unterstützung. Daneben ist es an der Erstellung von Auswertungen und am Datenbankdesign beteiligt. Technische Grundlage für die Datenübermittlung an das LDS ist das Datenvermittlungssystem Nordrhein-Westfalen.

3. MURL

Dem DIM-Nutzer im MURL und ggf. in anderen Stellen stehen einfache Abfragemöglichkeiten für flexible parametergesteuerte Standardberichte auf der Basis einer eigenen einheitlichen Benutzeroberfläche zur Verfügung. Auswertungen in Form von Tabellen, Geschäftsgrafiken und thematischen Karten können auf Knopfdruck erstellt werden. Die Standardberichte wurden von den Fachabteilungen definiert und decken alle zur Zeit realisierbaren Auswertungswünsche ab.

Die Daten können unterschiedlichen Bezugseinheiten z.B. administrativen, funktionalen oder geodätischen zugeordnet werden.

Um das System für einen DV-Laien bedienbar zu machen, wurde über die vorgesehene Oberfläche

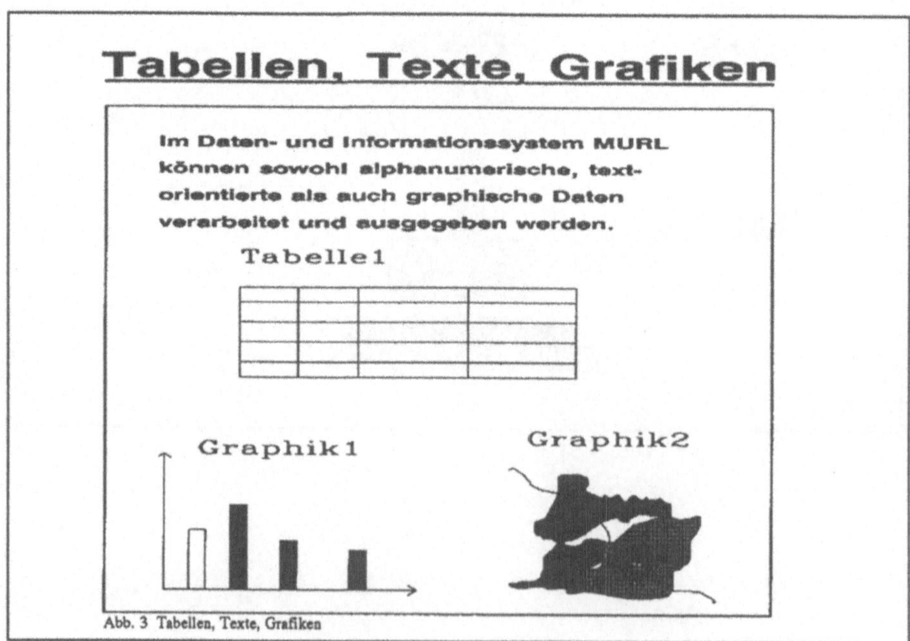

Abb. 3 Tabellen, Texte, Grafiken

des QMF / SQL eine einheitliche, sehr einfach handhabbare Benutzeroberfläche gelegt. Die Funktionstastenbelegung ist einheitlich, die aktiven Funktionstasten werden am Bildschirm angezeigt. Der Benutzer wird ohne Umwege gleich zu den Abfragen geführt, für die er zugelassen ist. Ein- und Ausgabemasken sind durchgehend einheitlich aufgeteilt.

Nutzergruppen

Dem Standardnutzer im MURL wird die Möglichkeit geboten, parametergesteuerte Abfragen durchzuführen sowie die entsprechenden Grafikauswertungen zu erstellen. Dem erfahrenen Benutzer (Abteilungsspezialist) stehen QMF / SQL und weitere Tools direkt zur Verfügung, mit denen er aus dem vorhandenen Datenbestand Abfragen durchführen kann, die den vorgedachten Rahmen überschreiten. Darüber hinaus steht ein Nutzerservice zur Unterstützung bereit, um Abfragen durchzuführen, für die z.B. der Zugriff auf zusätzliche Datenbestände erforderlich ist. Ziel ist es, die Standardnutzer allmählich an den Kenntnisstand des Abteilungsspezialisten heranzuführen.

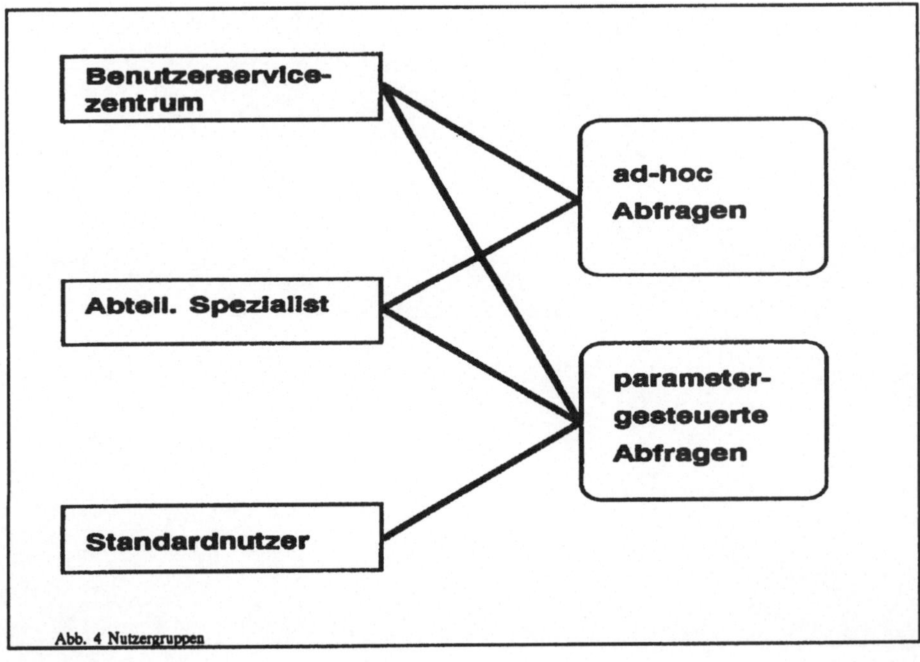

Abb. 4 Nutzergruppen

Realisierungsstufen

Die Vor- und Hauptuntersuchung für das DIM wurde im 2. Halbjahr 1987 durch die Firma Kienbaum durchgeführt. Die Erstellung des Prototyps erfolgte in der 1. Jahreshälfte 1988 durch die Firma IBM unter Mitwirkung des LDS, des MURL und der datenführenden Stellen. Bis Ende 1989 wird eine erweiterte Version des DIM (Teil2) mit zusätzlicher Funktionalität (z.B. bildschirmbezogene Hilfefunktion, benutzerbezogene Dialogstrukturen) auf der Grundlage einer komplettierten Datenbasis realisiert sein.

Zusammenfassung

Mit dem DIM steht dem MURL ein umfassendes computergestütztes Instrument zur Verbesserung der Entscheidungsfindung zur Verfügung. Das System ermöglicht fachbereichsübergreifende Auswertungen und zeichnet sich durch leichte Bedienbarkeit und einheitliche und einfache Maskenführung aus. Abfragen sind im Sekundenbereich möglich. Die Business-Grafik und thematische Kartierung sind bereits im Prototyp integriert. Der Ausdruck der Ergebnisse erfolgt am Arbeitsplatz. Bis Ende 1989 erfolgen weitere Verbesserungen und die Einbeziehung des restlichen Datenbestandes. Das System ist offen und flexibel genug für später notwendig werdende Ergänzungen und Erweiterungen.

UMWELTINFORMATIONSSYSTEME

Anforderungen und Möglichkeiten am Beispiel Niedersachsens

H. Lessing
Niedersächsiches Umweltministerium
Referat für Umweltinformation, Management und Statistik
Archivstraße 2
3000 Hannover 1

Keywords: Umweltinformationssysteme, Netze, Datenbanken, Stichprobenerfassung, Kommunikationsrechner, Grunddatenkatalog, Umweltschäden, Simulation, heterogene Systemarchitekturen, Informationsmanagement, Umweltbeobachtung, Umweltplanung, Risikoabschätzung, Niedersachsen

ZUSAMMENFASSUNG

Interdisziplinär angelegte Umweltinformationssysteme entstehen in den Bundesländern und zunehmend auch auf ihren kommunalen Ebenen.

Diese Entwicklung erfordert Abstimmung und Koordination, soll sie nicht in einen dem Babylonischen Sprachwirrwar vergleichbaren Informationswirrwar münden. Um Insellösungen aufzuheben, ihre Einbindung in den Informations- und auch Methodenaustausch unter vorhandenen Systemen zu erreichen und um den Aufbau und die Entwicklung neuer Umweltinformationssysteme zu harmonisieren, erscheinen besondere Strategien notwendig.

Planer, Informatiker und Organisatoren stehen dabei vor komplexen Aufgaben, die nicht allein durch die Umweltproblematik geprägt werden. In Niedersachsen wird eine landesspezifische System-Architektur mit besonderen "TOOLS" zum Einsatz kommen; vieles allerdings ist dennoch übertragbar.

1. EINLEITUNG

Die Situation unserer Umwelt verändert sich unter menschlichem Einfluß bedrohlich. Schadensprozesse an den natürlichen   Ressourcen und an den technisch-kulturellen Gütern sind - soweit nicht irreversibel - kaum noch beherrschbar /10/.

Eine Ursache dieser Hilflosigkeit und Ohnmacht ist, daß die Informationsgrundlagen zum Ist-Zustand   der Umwelt ungenügend differenziert sind und eine konkrete Risikoabschätzung   bezüglich der weiteren Entwicklungen heute i.d.R. nicht möglich ist. Den globalen Aussagen über Gefährdungen immenser Größenordnungen stehen keine differenzierten Informationen gegenüber, die lokale Gegenmaßnahmen begründen und operabel machen. Die hohe Komplexität der naturräumlichen und auch der urbanen Ökosysteme und ihre Dynamik bedingen einen schweren Zugang zu ihnen. Für ihre anwendungsorientierte Abbildung fehlen heute i.d.R. die Modelle und valide Datenbestände. Vorsorgliches Handeln muß somit häufig orientierungslos und u.U. sogar riskant erscheinen.

Umwelt-Informationssysteme können dieses Defizit vermindern. Als Instrumente zur Abbildung der Umwelt und als Planungs- und Kontrollinstrumentatrium im weiten Sinne stellen sie sich heute als einzige Werkzeuge dar, um der Entwicklung im Umweltbereich adäquat begegnen zu können. Es verwundert deshalb nicht, daß sich z.Z. neben bundesweiten Überwachungsnetzen und Fachsystemen Umwelt-Informationssysteme auf Länderebene, aber auch zunehmend auf kommunaler Ebene ausbilden. Die Investitionen sind enorm /9/.

2. ANFORDERUNGEN UND EINFLUßFELDER

Die logistischen und datentechnischen Anforderungen an Umwelt-Informationssysteme leiten sich vor allem aus den Aufgaben ihrer Einsatzfelder ab; bedingt durch die Komplexität des Gegenstandes "Umwelt" und "Umweltschutz" sind sie zwangsläufig sehr hoch. Die rasche und valide Information für die Entscheidungsebenen besitzt in diesem Kontext hohe Priorität. Landschafts-Informationssysteme werden als wesentliche Komponenten /2/ in Umwelt-Informationssysteme zu integrieren sein /1/, doch können sie die Anforderungen nur teilweise abdecken. Bei der Analyse der möglichen und sinnvollen Architekturen zeichnen sich unterschiedliche Einflußfelder ab, die gleichermaßen zu berücksichtigen sind (Abb. 1 und 2):

2.1. Die Systeme sollten den Aufgabenfeldern (Dokumentation und Präsentation, Informationsverarbeitung im Verwaltungsvollzug, Datenerfassung- und Aktualisierung, Planung und Simulation, Prognose, Kommunikation mit anderen Systemen) gleichermaßen genügen. In jedem Aufgabenfeld kommen dabei u.U. unterschiedliche Instrumente der Informationstechnik zum Einsatz /3,5,6,7/ und müssen integrativ zusammengefügt werden. Komplexe Datenbanken, interaktive grafische Instrumente, Desk-Top Publishing, betriebssystemunabhängige Programmierwerkzeuge, Instrumente der KI wie z.B. Expertensysteme zum Gefahrstofftransport-Leitsystem - um nur weniges zu nennen - ergänzen einander in modularer Weise .
Neben den oben aufgeführten Aufgabenfeldern sind Datenbankretrievel in internationalen Datenbanken, Umweltüberwachung (z.B. Biomonitoring) und Controlling-Funktionen im Segment Störfall- und Katastrophenmanagement zu berücksichtigen.

2.2. Die interdisziplinäre, fachübergreifende Betrachtung erfordert valide Datenbestände aus allen Umweltbereichen. Ferner muß der sinnvolle Einsatz effektiver Methoden gewährleistet werden.

Allein die Fachwissenschaften, die zuständigen Experten in den Fach-Informationssystemen, gewährleisten auf Dauer die erforderliche Sachkenntnis und fachliche Routine, um Validität, Aktualität, Integrität und Konsistenz in den Datenbeständen und deren fachlich zulässige Interpretation - ein Problem des Methodeneinsatzes - sicherzustellen.
Dem interdisziplinärer Anspruch der Umweltbetrachtung steht die Notwendigkeit, die Fachwissenschaften einzubinden, in einem scheinbaren Widerspruch entgegen, da eine Zusammenführung der Fachwissenschaften schlicht nicht praktikabel ist. Informationstechnisch allerdings kann und muß sie gelingen.

Die fachübergreifende Integration valider Informationsbestände sprengt die Fachinformationssysteme, erfordert neue Instrumente und Strukturen und stellt zusätzliche Anforderungen an die Kommunikation, sowie an Datenerfassung, Verarbeitung und Aufbereitung /3,6/. Dieser Anspruch erfordert zudem neue Methoden, um die Daten aus unterschiedlichen Fachdisziplinen miteinander in Bezug zu setzen. Dabei tritt das theoretische Problem der Abbildung der Umwelt hervor. Die Ökologie besitzt heute noch keine Modelle, die der Komplexität naturräumlicher und urbaner Systeme gerecht werden können. U.U. sind Verfahren der strategischen

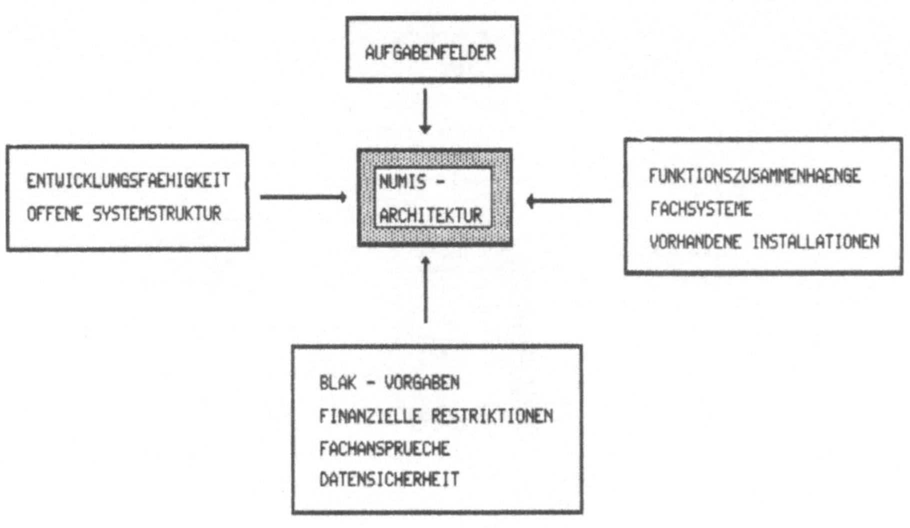

Abb. 1:   Einflußfelder der Systemarchitektur von NUMIS

Unternehmensführung zu übertragen /5/. In jedem Fall ist z.Z. ein deskriptives,
fachwissenschaftlich orientiertes   Vorgehen bei der   EDV-technischen Abbildung der
Umwelt der einzig gangbare Weg.

2.3.   Die Integration vorhandener EDV-Anwendungen   stellt eine   problematische
Anforderung an die Systemarchitektur dar, da i.d.R. Kommunikation unter heterogenen
Strukturen zu realisieren ist. Dennoch erzwingt der Anspruch der Sicherung der
Kontinuität der Arbeit und der Wertschöpfung vorhandener Leistungen und
Funktionsbereiche dieses Vorgehen. Für Niedersachsen sind vor allem die
Fach-Informationssysteme aus den Bereichen Boden, Landesvermessung,
Wasserwirtschaft, Immissionsschutz und Statistik bedeutsam.

2.4. Der Aufbau von Umweltinformationssystemen vollzieht sich auf allen
Organisationsebenen. Auf den unteren Ebenen der   Verwaltung hat die Ausbildung und
Entwicklung Kommunaler Umweltinformationssysteme begonnen. Diese Entwicklungen können
wegen der Vollzugshoheit der Kreise und Gemeinden seitens des Landes unmittelbar
überhaupt nicht beeinflußt werden; andere nur schwer. Eine Synchronisation und
Abstimmung der Gesamtentwicklungen erscheint aber nicht nur aus Gründen der Wert-
schöpfung erbrachter Leistungen (z.B. in der Erfassung topografischer
Informationsbestände) zwingend notwendig, sondern auch um die Funktionalität der
Systeme auch für die Zukunft zu sichern, da diese unter kommunizierenden - Daten und
Methoden austauschenden - Systemen eine wesentlich höhere sein kann.

Unter dem Aspekt der Wirtschaftlichkeit - aufbauend auf dem   Interesse am Geben und
Nehmen von Informationen - kann eine "Kompatibilität" der in den unterschiedlichen
Ebenen entstehenden Systeme angebahnt werden. Vorhandene Fachssysteme und sich

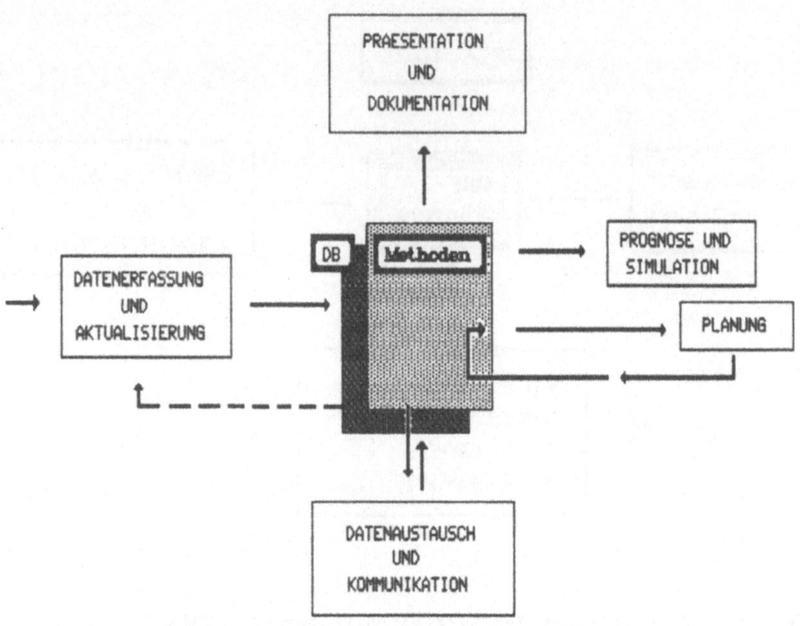

Abb. 2: Informationsfluß zwischen den Aufgabenfeldern eines Umwelt-Informationssystems und den grundlegenden Informations- und Methodenbanken

entwickelnde Umwelt-Informationssysteme auf allen Ebenen werden bei der Chance der arbeitsteiligen Differenzierung, z.B. im kostenträchtigen Bereich der Datenerfassung, auf Kommunikationfähigkeit achten. Informationstechnisch werden sie sich in ihrer weiteren Ausbildung annähern, auch wenn die direkte Einflußnahme nicht möglich oder nicht praktikabel ist. Voraussetzung für diese Entwicklung ist allerdings eine systemübergreifende Daten- und auch Methodentransparenz. Auf dieser Grundlage können "Insellösungen" auch in heterogenen Hard- und Software-"Welten" mit der Zeit aufgehoben und künftig vermieden werden.

"Insellösungen" stellen ein Kommunikationsproblem, insbesondere ein Problem des Daten- und Methodenaustausches, aber u.U. auch des Methodeneinsatzes dar. Standards, Richtlinien und Empfehlungen erwiesen sich bislang als Instrumente, an denen sich der Aufbau und die Entwicklung von Informationssystemen orientieren und auf deren Grundlagen Kommunikation funktionieren konnte. Doch können diese Instrumente auch ein "Einfrieren" der Entwicklungen zur Folge haben, wenn sie zu eng ansetzen. Heute gilt UNIX z.B. als Standard in der Verwaltung - doch die Zukunft kann anders aussehen /6/. Da der Aufbau von Umweltinformationssystemen von der Entwicklung einer neuen Generation von Methoden der Umweltabbildung begleitet sein wird /8/, wäre ein "Einfrieren" unakzeptabel. Aber welche Empfehlungen und Richtlinien sichern die Kommunikation ohne die Entwicklung der Einzelsysteme und die Nutzung künftiger Marktpotentiale unnötig einzuengen; auf welchen Ebenen sind die Grenzen zu ziehen?

2.5. Weitere Problemfelder mit Bedeutung für die Architektur von Umwelt-Informationssystemen kommen hinzu: Hier sind die Umsetzungen der Empfehlungen aus den Bund-Länder Arbeitskreisen (BLAK) zu nennen, finanzielle Restriktionen zwingen zur zeitlichen Staffelung der Innovationen, Ansprüche aus den Fachressorts und Ansprüche des Datenschutzes sind zu berücksichtigen.

Vereinfachend läßt sich das Spektrum der Integrationskriterien durch folgende Fragen aufspannen: Mit welcher Architektur, mit welchen Funktionen und informationstechnischen Instrumenten muß ein Umwelt-Informationssystem ausgestattet sein,

♦ um bestehende Installationen und Anwendungen einbinden zu können,

♦ um unabhängig von organisatorischen und politischen Veränderungen in seiner Funktionalität Bestand zu haben,

♦ um sich über die Zeiträume dynamisch entwickeln, Marktchancen nutzen, sich veränderten Anforderungen anpassen und anderen Systemen Orientierungshilfe geben zu können,

♦ um den einzelnen Fachwissenschaften zu genügen und dennoch eine interdisziplinäre Umweltbetrachtung zu ermöglichen und

♦ um den Ansprüchen an Aktualität, Integrität, Validität und Sicherheit der Informationen (und EDV-Methoden) auch bei interdisziplinären Ansätzen zu genügen?

Diese Gesamtproblematik bildet sich in Niedersachsen besonders ausgeprägt ab, da dieses Land über leistungsstarke Fach-Informationssysteme mit einer heterogenen Soft- und Hardware-Welt verfügt. Eine mögliche Konzeption für NUMIS zeichnet sich dennoch ab.

3. DAS NIEDERSÄCHSICHE UMWELT-INFORMATIONSSYSTEM

Niedersachsen besitzt eine EDV-Systemlandschaft mit heterogenen, organisch gewachsenen Systemkomponenten. Die Konzeption zum Niedersächsichen Umwelt-Informationssystem (NUMIS) baut hierauf, vor allem auf den hoch entwickelten Fach-Informationssystemen, auf und sieht ihre Integration als Komponenten von NUMIS vor, ohne dabei die bestehenden Eigenständigkeiten einzuschränken. Eine Vereinheitlichung unter den informationstechnischen Systemkomponenten kann, wenn überhaupt, nur Ziel einer langfristigen Entwicklung sein.

Für NUMIS ergibt sich damit eine dezentrale System-Architektur: Die Primär-Informationen sollen auch künftig in den Fachinformationssystemen, in den Regionalen Informationssystemen auf Regierungsbezirksebene und auch in den Kommunalen Informationssystemen auf der Ebene der Landkreise und Kommunen erhoben, aktualisiert und fachkundig aufbereitet werden. Vorsorglich, oder auf Anfrage, werden sie über ein Kommunikationsnetz anderen Systemen verfügbar gemacht und dort u.U. redundant als Kopie vorgehalten. In der frühen Entwicklungphase von NUMIS werden keine verteilten Datenbanken im informationstechnischem Sinn angestrebt.

NUMIS wird eine wachsende Funktionalität gewinnen, wenn es gelingt, die Leistungsfähigkeit der Fach-Informationssysteme und der Regionalen Informationssysteme zu entwickeln, ein neu zu schaffendes Führungsinformationssystems aufzubauen und die Kommunikation (den Daten- und auch Methodenaustausch) unter diesen Systemen zu sichern. In der Stärkung der vorhandenen

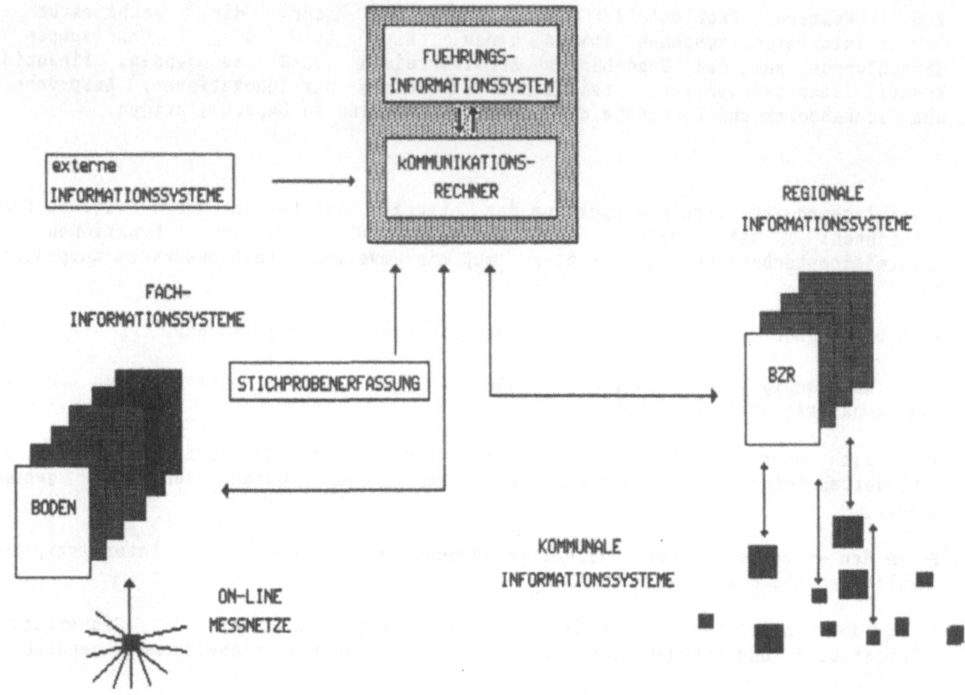

Abb. 3: Kommunikationsstruktur unter den wesentlichen Komponenten von NUMIS. Querverbindungen können über den Kommunikationsrechner bestehen oder sind unabhängig zu realisieren.

Systeme, in der Installation eines Führungsinformationssystems und in der Realisierung von Kommunikationsstrukturen liegen die besonders bedeutsamen Operationsfelder (Abb. 3).

3.1. Das Führungsinformationssystem setzt sich modular aus unterschiedlichen Hard- und Softwarekomponenten zusammen. Grundsätzlich sind diese Instrumente denen anderer Umwelt-Informationssysteme vergleichbar; sie sind aber entsprechend den besonderen Aufgaben eines Umweltministerium zu differenzieren und zu spezifizieren (Abb. 2). Die Hard- und Softwarekomponenten können Funktionseinheiten bilden und verteilt ausgelegt über ein hausinternes Netz verbunden werden. Ein leistungsstarkes Datenbank- und Controlling-System erscheint allerdings in jedem Fall erforderlich, um die Informationsmengen bewältigen und die Informationsflüsse kontrollieren zu können.

Die Inkompatibilitäten unter den Systemen in Niedersachsen wird zunächst ein Kommunikationsrechner als Bestandteil des Führungsinformationssystems auffangen (siehe Abb. 3). Mit seiner Hilfe kann schon früh der Informationsaustausch unter den Informationssystemen EDV-technisch realisiert und allmählich ein automatisierter Datenabgleich entwickelt werden.

Die Fach-Informationssysteme und die Kommunalen Informationssysteme werden nicht immer in der Lage sein, die notwendigen Informationen kurzfristig und auch mittelfristig zur Verfügung zu stellen. Zu aufwendig und umfangreich sind i.d.R. die flächendeckende Erfassung valider Datengrundlagen. NUMIS wird deshalb über ein Instrument zur Stichproben- oder gezielten Einzelerfassung verfügen, welches flexibel und rasch bei Bedarf zum Einsatz kommen kann. Funktionen und Aufgaben zur Umweltüberwachung und Beobachtung können so wahrgenommen werden, auch wenn on-line Überwachungssysteme noch nicht installiert sind. Unterschiedliche statistische und technische Verfahren, auch Verfahren der Fernerkundung per Flugzeug, werden in diesem Feld Bedeutung erlangen. Ein Pilotprojekt "Biomonitoring" wird z.Z. abgeschlossen, um die Übertragbarkeit und Leistungsfähigkeit eines dieser Instrumente zu prüfen.

3.2. Detailierte Kenntnisse über Informationsbestände und auch über die eingesetzten Methoden sind die Grundvoraussetzung zur Kommunikation. Der Grunddatenkatalog (GDK) zu NUMIS - er liegt in seiner ersten Fassung vor - soll diese vermitteln. Seine Struktur leitet sich z.Z. aus den bestehenden Anwendungsfeldern landesintern und auf Bundesebene ab. Der GDK stellt sich schon heute als ein zentraler Bestandteil von NUMIS dar. Drei zentrale Funktionen wird er wahrnehmen (Abb. 4):

♦ Er soll die erforderliche Transparenz über Informations- und Methodenbestände in allen Informationssystemen mit Umweltbezug in Niedersachsen schaffen. Auf dieser Grundlage kann jederzeit die Frage beantwortet werden, welche Informationen wo verfügbar sind, und auf welchem Weg mit welchem Verfahren sie wie schnell zu beschaffen sind. Auf dieser Grundlage wird Kommunikation unter den Systemen angebahnt und möglich.

♦ Aus dem Abgleich des im Grunddatenkatalog verzeichneten Informationsbedarfs mit den vorhandenen Informationsbeständen, den Methoden und den technischen Kommunikationseinrichtungen, werden vorhandene Defizite sichtbar und bilden so die Grundlage für die prioritätsgesteuerte Weiterentwicklung der Informationssysteme. Damit kann der Grunddatenkatalog die Funktion eines Analyse- und Planungsinstruments für DV-Innovationen im gesamten Umweltbereich erfüllen.

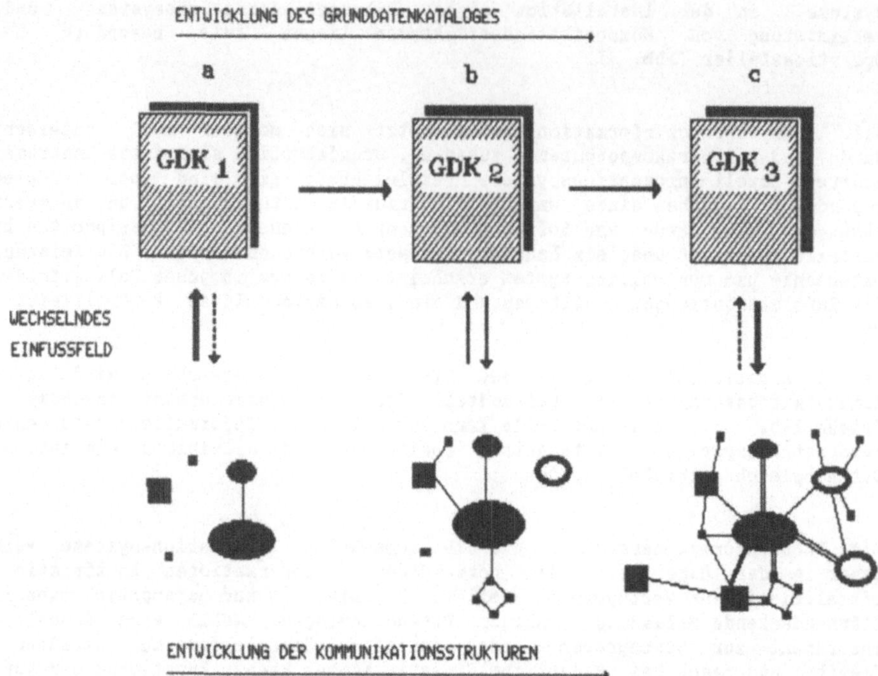

Abb. 4:
Entwicklungsverlauf der Kommunikationsstrukturen unter den Informationssystemen mit Umweltbezug unter dem wechselseitigen Einfluß mit dem Grunddatenkatalog

♦ Für den Aufbau neuer Umwelt-Informationssysteme fehlen Orientierungsgrößen. Die Effizienz z.B. der Kommunalen Informationssysteme hängt entscheidend von validen Informationen und effektiven Methoden ab. Der Grunddatenkatalog weist gesicherte Informationsbestände und taugliche Methoden aus. Sich entwickelnde Informationssysteme können hieran orientiert aufbauen – sie werden dadurch zunehmend zu kompatiblen Kommunikationsstrukturen konvergieren unabhängig von der zugrundeliegenden Hard- und Software (Abb.: 4 a bis c).

Der Grunddatenkatalog ist als ein dynamisches Instrument entworfen worden. Seine Aktualisierung und Fortschreibung wird turnusgemäß in den Informationssystemen erfolgen, die zuständig für die jeweiligen Teilbereiche zeichnen. Die Struktur des Grunddatenkataloges kann auf diese Weise optimiert und beliebig veränderten Bedürfnissen angepaßt werden.

4. PERSPEKTIVEN

Die Komplexität der von Politik und Gesellschaft zu bewältigenden Aufgaben nimmt in unserer Zeit nicht ab, sondern erheblich zu. Um den Anforderungen zu entsprechen, sind Informationen vollständig, weitgehend erschöpfend und vor allem rasch erforderlich und müssen vernetzt betrachtet werden können.

EDV-gestützte Informationssysteme mit Umwelt- und Raumbezug werden mit Sicherheit nicht nur Risiken vermeiden helfen, sondern auch zur Lösung bestehender Probleme beitragen /4,10/. Umwelt-Informationssysteme können helfen, unsere Umweltveränderungen auch in ihrer komplexen Dynamik zu erfassen, können helfen, Schadensprozesse rechtzeitig zu erkennen und geeignete Gegenmaßnahmen zu ergreifen. Planung und vorausschauendes Handeln werden damit auf fundierter Basis möglich.

Niedersachsen steht erst am Anfang der Entwicklung komplexer Informationssysteme mit Umweltbezug. Auf der Grundlage der bestehenden Installationen und Anwendungen wird ein kontinuierlicher, schrittweiser Aufbau angestrebt. NUMIS wird dabei eine dezentrale Systemstruktur annehmen. In diesem Prozeß, der sicher mehr als ein Jahrzehnt in Anspruch nehmen wird, soll sukzessiv, in definierten und abgestimmten Etappen eine immer höhere Funktionalität erreicht werden.

Die Funktionalität von Umwelt-Informationssystemen wird maßgeblich durch die Informationsbasis, durch effektive Methoden und Kommunikation bestimmt. Transparenz ist hier notwendig, aber auch EDV-Standards und Empfehlungen sind zu finden. Es werden umfangreiche Erfassungssysteme und Software-Entwicklungen hinzukommen.

Der Gesamtproblematik begegnet Niedersachsen mit einer dezentralen Architektur für NUMIS, wobei die Differenzierung des Führungsinformationssystems (inklusiv dem Kommunikations- rechner), die dynamische Fortschreibung des Grunddatenkataloges und die Stärkung der Fach- und Regionalen Informationssysteme zentrale Elemente darstellen. Die besonderen Landesbedingungen werden auf diese Weise berücksichtigt.

LITERATUR

/1/
Arbeitsgemeinschaft Alpenländer(1988):
Komponenten eine Umweltinformationssystems; Hrsg: Bayerisches
Staatsministerium für Landesentwicklung und Umweltfragen, Mai
1988
/2/
Arnold, F.(1988):
Landschafts-Informationssystem, ein Instrument zur räumlichen
Umweltplanung; Bundesforschungsanstalt für Naturschutz und
Landschaftsökologie; in: Informatikanwendungen im Umweltbereich,
2. Symposium, Karlsruhe, Nov. 1987
/3/
Bräutigam, K.-R.; Kupsch, Ch.; Sardeman, G.(1988):
Rechenmodell und erforderliche Eingangsdaten zur Unterstützung
der Vorhersage von ferntransportiertem Smog;
Kernforschungszentrum Karlsruhe: in: Informatikanwendungen im
Umweltbereich, 2. Symposium, Karlsruhe, Nov. 1987
/4/
Henkel, Hans-Olaf(1989):
Informationstechnik und Umweltschutz: Konflikte und Chancen; Rede
vor der Landesvertretung Hamburg in Bonn am 15. Juni 1989
/5/
Nobs, A.(1989):
Modernes Informationsmanagement in Dienste strategischer
Unternehmensführung; Computer Magazin Wissen Heft 101
/6/
Pietsch, J.(1989):
Kommunale Umweltinformationssysteme; Beitrag zur GI-Tagung 1988,
Fachgespräch Umweltinformatik, Hamburg, Okt. 88
/7/
Pillmann, W.; Zobl, Z.(1988):
Objektivierte Ermittlung des Waldzustandes aus
Flugzeug-Scannerdaten; Österreichisches Bundesinstitut für
Gesundheitswesen; in: Informatikanwendungen im Umweltbereich, 2.
Symposium, Karlsruhe, Nov. 1987
/8/
Schmitt, R.(1989):
UNIX oder SAA; Computer Magazin 6-7/89
/9/
Seggelke, J.(1988):
Stand und Perspektiven der Umweltinformationssysteme;
Umweltbundesamt; in: Informatikanwendungen im Umweltbereich, 2.
Symposium, Karlsruhe, Nov. 1987
/10/
Weizäcker von, E.U.(1988):
Ganzheitlicher Umweltschutz - eine Herausforderung für Politik
und Informatik; Institut für Europäische Umweltpolitik; in:
Informatikanwendungen im Umweltbereich, 2. Symposium, Karlsruhe,
Nov. 1987

MONUFAKT - Ein Informationssystem für Umweltschäden
an Monumenten und Kulturdenkmälern

Jürgen Seggelke, Annette Schmidt
Umweltbundesamt Berlin
Bismarckplatz 1, D-1000 Berlin 33

1. Ausgangslage

Im Umweltbundesamt in Berlin wird seit 1974 das Umweltplanungs- und
-informationssystem UMPLIS aufgebaut und betrieben /1//2/. Die Haupt-
aufgabe des Umweltbundesamtes besteht in der wissenschaftlichen Po-
litikberatung beim Umweltschutz; diesem dient daher auch das System
UMPLIS. Nach mühsamen Start in den siebziger Jahren führten der Zuwachs an theoretischen Grundlagen der Informatik (z.B. Übergang zum
relationalen Datenmodell nach Codd), dem vermehrten Angebot an Standardsoftware (z.B. Datenbankverwaltungssystem ADABAS) und dem wachsenden Know How dazu, daß eine Reihe von Datenbanken zur Praxisreife
und Akzeptanz gebracht werden konnten. Einige der bekannteren und in
größerem Umfang genutzten Systeme sind: Umweltliteraturdatenbank
ULIDAT, Datenbank für Forschungs- und Entwicklungsvorhaben UFORDAT,
Smogfrühwarnsystem /3/, Gefahrstoffschnellauskunft als Teilsystem
des Umwelt-Schadstoffsystems INFUCHS, Methodenbank Umwelt und das
Grafische Umweltsystem GRAFU, das eine wesentliche Grundlage für die
Publikation "Daten zur Umwelt" des Umweltbundesamtes darstellt /4/.
Erwähnenswert ist auch das gemeinsam mit dem Land Berlin entwickelte
Planungsinstrument "Umweltatlas Berlin". Ein besonderes Gewicht wur-
de auf optimale Benutzeroberflächen gelegt, die eine an die Benutzergruppen angepaßte Komplexität nach dem Prinzip der größtmöglichen
Einfachheit (im Umweltbundesamt "Einfachdialog" genannt) aufweisen
/5/. Entsprechend hatten sich die Benutzerzahlen seit Anfang der
achtziger Jahre positiv entwickelt; ein besonders hoher Zuwachs war
1984 (breite Nutzung von GRAFU) sowie 1987 und 1988 (ULIDAT;
UFORDAT, Smogfrühwarnsystem und Gefahrstoff-Schnellauskunft) zu
verzeichnen (Abb. 1).

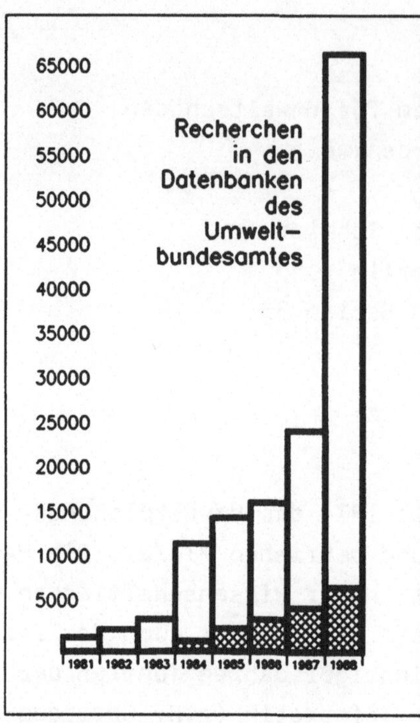

<u>Abb. 1:</u> Recherchen in den
Datenbanken des
Umweltbundesamtes

UMPLIS-Selbstwähldienst
bei DATA STAR seit
Jan. 1984/bei STN seit
Sept. 1988

Die genannten Systeme weisen zwar einen gewissen Grad von Vernetzung
auf (z.B. Kopplung von ULIDAT und UFORDAT) und sind als multifile-
Architektur ausgelegt, sie sind aber weitgehend selbständige Datenbanken mit z.T. sehr großem Datenvolumen, die lose unter dem Dach
UMPLIS zusammengefügt sind.

Demgegenüber weist das System MONUFAKT ein hoch vernetztes komplexes
Datenmodell auf, das für das Aufgabenfeld "Umweltschäden an Monumenten und Kulturdenkmälern" die verschiedensten files und Datentypen
(einschließlich Graphiken und Photos) mit einheitlicher Benutzeroberfläche zusammenfaßt /6/. Bereits vorhandene Datenbanken wurden
dabei eingekoppelt und so in die thematische Vernetzung einbezogen.

MONUFAKT weist damit Charakteristika für die an mehreren Stellen in
Konzeption oder Entwicklung befindlichen modernen integrierten Umweltinformationssysteme auf. Der Stellenwert von MONUFAKT soll im
folgenden anhand eines idealtypischen Referenzmodells beschrieben
und eingeordnet werden.

Wegen der Neuigkeit dieses DV-Systems wurde die Entwicklung des Prototyps, die Ende 1989 abgeschlossen wird, vom Bundesministerium für
Forschung und Technologie gefördert.

2. Referenzmodell für ein Umweltplanungs-, informations- und -expertensystem

Die neuere Entwicklung der Umweltinformatik ist gekennzeichnet durch
den weiteren theoretischen, aber auch praktischen Auf-und Ausbau von
Umweltplanungs- und Informationssystemen, von Umweltmodellen sowie
eine rasante Entwicklung bei Expertensystemen, die sich überwiegend
im Stadium der Konzeption und des Tests befinden. Dabei ist eine
Durchdringung und Verbindung beider Systemsätze zu beobachten, so
daß z.B. Informationssysteme über funktionale Sprachen und Regel-
basen verfügen, die neben masken- und menügesteuerten Benutzeroberflächen typisch für Expertensysteme einzuschätzen sind. Daß der geografische Raumbezug ein wesentliches Moment eines Referenzmodells
sein muß, ergibt sich schon daraus, daß die abzubildende Umwelt-
realität ohne geografische Dimension unvollständig ist (z.B. Umwelt-
monitoring). Da Umweltprobleme eine hohe Komplexität und einen hohen
Grad von Vernetzung aufweisen, kommt der Visualisierung eine nicht
zu unterschätzende Bedeutung zu, so daß nicht nur Umweltkarten (z.B.
Waldschadenskarten), Managementgraphiken (z.B. Tortendiagramme und
Zeitreihendarstellungen), sondern auch Pikselbilder (z.B. Photos von
Monumenten und remote sensing) wesentlich sind. Für Umweltinformationssysteme wird darüber hinaus zunehmend die Methode des proto-
typings eingesetzt, die ebenfalls typisch für Expertensysteme ist.
Aus dem Gesagten kann das Referenzmodell im wesentlichen abgeleitet
werden (Abb. 2).

3. Konzeption und Struktur von MONUFAKT

Das Informationssystem MONUFAKT soll eine bessere Informationsver-
mittlung und Kooperation zwischen Forschung, den mit Denkmalschutz
beauftragten Behörden und den mit der praktischen Ausführung von Sanierungsmaßnahmen befaßten Handwerkern ermöglichen.

Referenzmodell für ein Umweltplanungs-, Informations- und -expertensystem

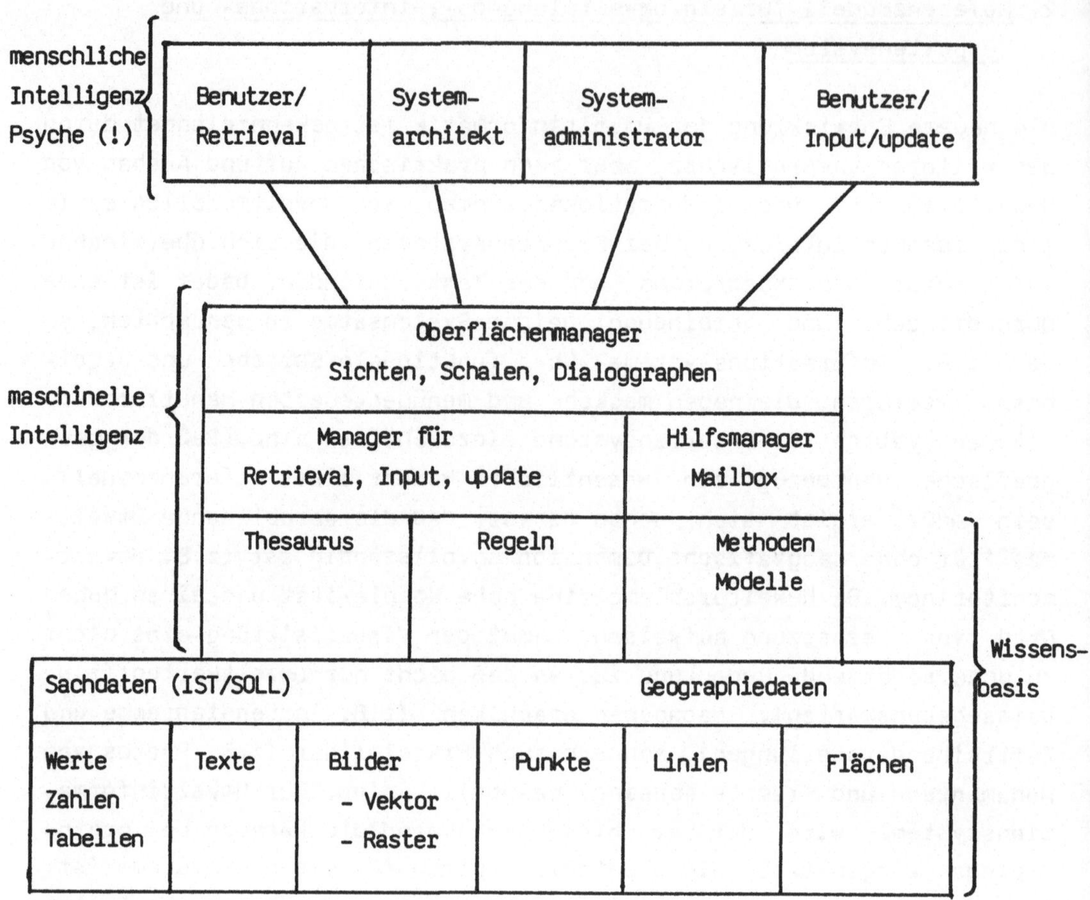

Abb. 2

Dabei ist es wichtig, daß das Informationssystem umfassende Fakten aus allen die Denkmalspflege betreffenden Wissensgebieten enthält und auch den Nutzern ohne EDV-Kenntnisse besonders einfache Formen des Dialoges mit der Datenbank angeboten werden (Einsatz eines Oberflächenmanagers für Benutzersichten und -schalen sowie für vorstrukturierte Dialogablauf-Graphen).

Das Informationssystem MONUFAKT wurde auf Basis des relationalen Datenbanksystems ADABAS mittels der Software aDIS ("adaptierbares Dokumentations- und Informationssystem" der Fa. Angewandte Systemtechnik GmbH aStec) konzipiert, da ein umfangreiches Informationsspektrum zu verarbeiten war, dessen einzelne Informationskategorien durch ganz unterschiedliche Datenstrukturen - wie strukturierte und umstrukturierte Texte, Meß- und Faktendaten, Bilder und Graphiken (Vektor- und Rastergraphiken) -gekennzeichnet sind. Mit den obengenannten Datensystemen ist es möglich, die verschiedenartigen Datentypen in einheitlicher Architektur und Benutzeroberfläche zusammenzufassen.

Neben den unterschiedlichen Datenstrukturen mußte im Bereich der Faktendaten aufgrund der sehr unterschiedlichen Themenbereiche eine weitere Strukturierung vorgenommen werden, wobei die Vernetzung der einzelnen Fakten untereinander nicht verloren gehen durften. Dies führte dazu, daß ein Netz von Faktendatenbanken erstellt wurde, und die dort jeweils enthaltenen Informationen sowohl auf Feldebene als auch auf File-Ebene entsprechend den fachlichen Vorgaben verknüpft werden können. Insgesamt ergab sich daraus ein Informationssystem, das aus neun unterschiedlichen, je nach Art des Inhalts mehr oder weniger strukturierten, Datenbanken - nämlich DENKMÄLER, WERKSTOFFE (unterteilt in Natursteine, Glas, Holz, Mineralische Bindemittel, Metalle, Kunststoff und Ziegel/Keramik), SCHÄDEN, MASSNAHMEN/ ANALYSEN, PRODUKTE, UMWELT, EXPERTEN/ADRESSEN, BILDER und TEXTE - besteht. Diese einzelnen Files sind untereinander verknüpft bzw. gekoppelt und weisen zusätzlich noch Koppelungen zu weiteren im Umweltbundesamt bestehenden Datenbanken (Literaturdatenbank ULIDAT, Datenbank der Forschungsvorhaben UFORDAT, ADRESSEN-Datenbank) auf (vgl. Abb. 3). Eine Besonderheit bildet dabei die integrierte Bilddatenbank, die u.a. digitalisierte Fotografien von Denkmälern und Schadensbildern sowie Graphiken enthält, die als standardisierte

CGM-Metafiles gespeichert sind und wie jede andere Information im Rahmen des Benutzerdialoges recherchierbar sind (z.B. mit Deskriptoren und Verknüpfung mit der Booleschen Algebra).

Die Graphiken werden dabei vorwiegend aus anderen Datenbanken des Umweltbundesamtes (Luftimmissionsdatenbank LIMBA, Emissionsursachenkataster EMUKAT) übernommen und in aDIS kommentiert. Die abgespeicherten Fotografien wurden bislang zu Testzwecken mit Hilfe einer Videokamera in einer Auflösung von 512 x 512 Bildpunkten und 256 Farb- bzw. Graustufen digitalisiert.

Zur Wiedergabe der Bilder und Graphiken wird eine Micro Vax GPX II eingesetzt. Die Darstellung der Graphiken erfolgt über die GKS-Schnittstelle. Als Zentralrechner wird Siemens mainframe unter BS 2000 eingesetzt.

Der Aufbau des Informationssystems MONUFAKT mit ADABAS und aDIS ermöglicht weiterhin eine flexible Gestaltung des Systems, die gewährleistet, daß Benutzeranforderungen im Rahmen der Prototypversion schnell umgesetzt und in der Praxis erprobt werden können. Diese Flexibilität besteht in allen Bereichen der Systementwicklung, da Änderungen in aDIS ohne Programmieraufwand realisiert werden können (Veränderung von files, Feldern, Regeln, Sichten, Schalen, Dialoggraphen usw.).

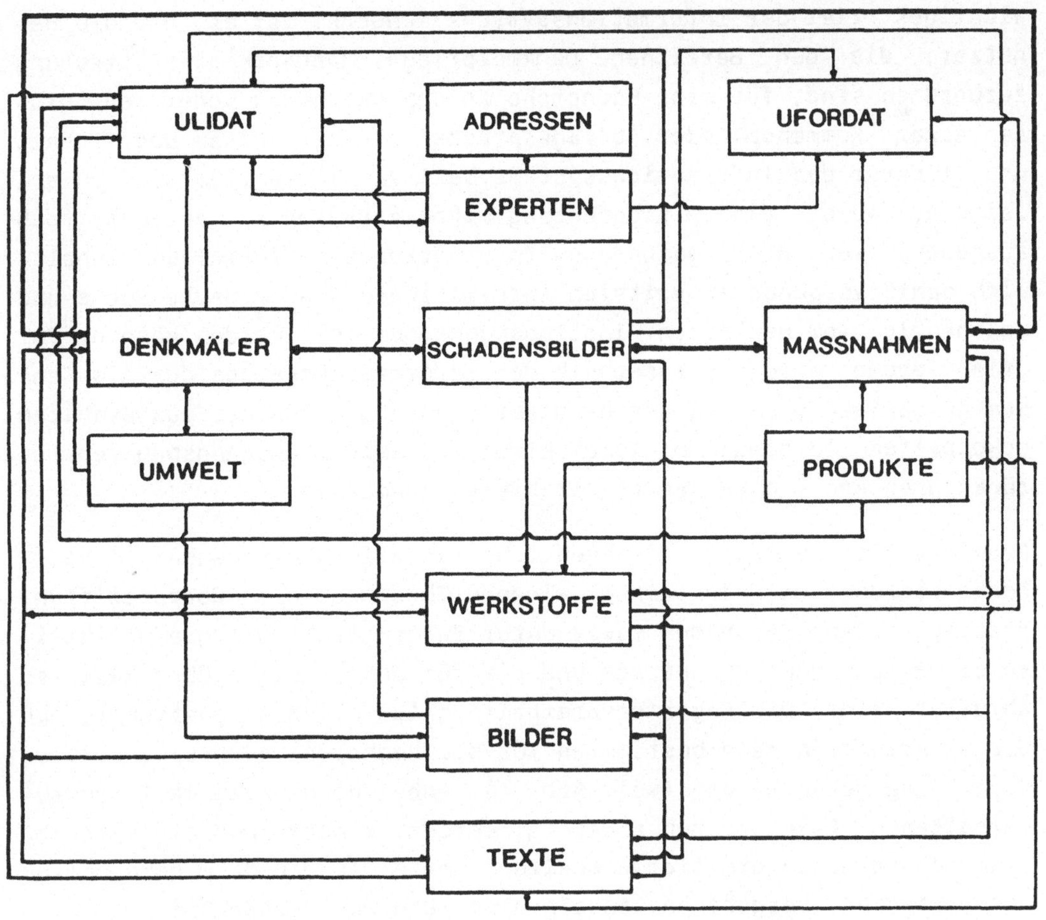

<u>Abb. 3:</u> Struktur und Verknüpfungen des Informationssystems MONUFAKT

Wichtiges Ziel des Informationssystems MONUFAKT ist es, daß die Benutzer, die den Bereichen Denkmalpflege, Handwerk oder Forschung zuzuordnen sind, für eine Recherche in der Datenbank weder Kenntnisse einer Kommando- oder Abfragesprache noch Kenntnisse über Inhalt und Struktur des Informationssystems besitzen müssen. Um dies zu erreichen, wurde die Dialogführung mittels Masken so gesteuert, daß ausgehend von einer gefundenen Information alle formal und inhaltlich damit verbundenen weiteren Informationen ohne erneute Suche und unabhängig vom gewählten Einstiegspunkt erreicht werden können. Zur Orientierung wird der innerhalb des Informationsnetzes durchlaufene Weg ausgewiesen, so daß der Benutzer unabhängig von der ausgewählten gekoppelten Information immer wieder zu seinen Ausgangspunkten zurückkehren kann, ohne neu recherchieren zu müssen.

Grundsätzlich erfolgt die Recherche in allen Datenbanken mittels Deskriptoren, die in einem eigenen Thesaurus mit Oberbegriffen, Unterbegriffen, Synonymen sowie unter Berücksichtigung grammatikalischer Regeln gepflegt werden und die für den Benutzer über Register abrufbar sind. Die Registerverarbeitung ist dabei so gesteuert, daß die Deskriptoren nach bestimmten für die Recherche sinnvollen Kriterien ausgegeben werden (vgl. Abb. 4), wobei nicht alle im Thesaurus enthaltenen Deskriptoren angezeigt werden, sondern nur die tatsächlich in den Informationseinheiten sowie in den dazu gekoppelten Informationen vergebenen Deskriptoren. Dadurch werden bei Benutzung der Register diejenigen Recherchen ausgeschlossen, die zu keinem Suchergebnis führen.

```
DENKMAELER                  Register (Suchhilfen)              Bildschirm: - R -
- - - - - - - - - - - - - - - - - - - - - - - - - - - - - - - - - - - - - - - - 
Folgende Register stehen Ihnen als Suchhilfen zur Verfügung. In den Registern
können Sie Informationen für die Suche auswählen.

            OB  =  Register der Denkmäler bzw. Objekte
            OT  =  Register der Objekttypen
            OR  =  Register der Standorte
            AS  =  Allgemeines Schlagwortregister
            BT  =  Schlagworte zu Bauteilen
            SB  =  Schlagworte zu Schadensbilder/Ursachen
            SM  =  Schlagworte zu Maßnahmen




       (__) <-- Hier Buchstaben für das gewählte Register eintippen.
       (________________________________) <-- Wo wollen Sie anfangen?


- - - - - - - - - - - - - - - - - - - - - - - - - - - - - - - - - - - - - - - - 
       (__) <-- S= Suchbildschirm   A= Andere DB     B= Beginn     E= Ende
                                                      26/07/1989  09:15:12
```

Abb. 4: Registerauswahl im Bestand DENKMÄLER

Für die Recherche ist die Dialogführung so eingestellt, daß der folgende Ablauf eingehalten wird:

1. Auswahl des Themenbereiches entsprechend Interessenschwerpunkt (vgl. Abb. 5)

2. Suche in der ausgewählten Datenbank durch Eingabe von Suchbegriffen in speziell für den jeweiligen Bestand entwickelten Suchmasken (vgl. Abb. 6); zusätzliche Suchhilfen über Register

3. Ausgabe des Rechercheergebnisses in einer Fundliste und Auswahl der gewünschten Information/en durch den Benutzer

4. Ausgabe der Zielinformation/en mit Auflistung der verknüpften Fakten und Informationen, die je nach Bedarf durch Ankreuzen zusätzlich abgerufen werden können. Der dabei durchlaufene Weg innerhalb des Informationsnetzes wird in der unteren Bildschirmhälfte angezeigt.

5. Je nach Wunsch Ausdruck der selektierten Information in unterschiedlichen Formaten und Umfang.

```
 UMPLIS                    Auswahl der Datenbank              Bildschirm: A
 -----------------------------------------------------------------------------
 Sie koennen nun waehlen, in welcher Datenbank Sie suchen wollen.
 (Massnahmen          )<-- Hier eine der folgenden Datenbanken eintippen.
 (_)<-- Hier "j" eintippen, wenn Sie eine Beschreibung der Datenbank wuenschen.

 DENKMAELER          Datenbank der Denkmaeler (Objekte und Teilobjekte)

 WERKSTOFFE          Datenbank der an Denkmaelern verwendeten Werkstoffe

 SCHADENSBILDER      Datenbank der Schadensbilder (z.B. Verwitterungs-
                     erscheinungen)
 MASSNAHMEN          Datenbank der Massnahmen (z.B. Restaurierungen)

 PRODUKTE            Datenbank der Produkte zum Bautenschutz und fuer
                     Restaurierungen
 UMWELT              Datenbank mit Angaben zur regionalen und lokalen
                     Umwelt- und Klimasituation
 EXPERTEN            Datenbank der bei der Erforschung, Erfassung und
                     Behebung von Schaeden an Denkmaelern taetigen Experten


 -----------------------------------------------------------------------------
 (__)<-- Abweichen vom Standardablauf: E= Ende   B= Beginn/andere Version
 Fortsetzungsmaske                                 26/07/1989   09:11:36
```

Abb. 5: Auswahl des Themenbereichs

```
 MASSNAHMEN                    Suche nach Maßnahmen              Bildschirm: ▶ S -
 ----------------------------- Eine Angabe ist ausreichend! ---------------------

                         Schlagworte zum Suchthema
 Maßnahme/Analyse -->  (Festigung_________________________________________________)
  zB Rissbehandlung,   (__________________________________________________________)
     Injektion

 Bauteile -----------> (Mauerwerk________________________________________________)
  zB Mauerwerk         (__________________________________________________________)


 Produkte und ------->  (_________________________________________________________)
  Werkstoffe            (_________________________________________________________)
  zB Epoxiharz,
  Eisen
                           Suche nach Denkmal/Objekt
 Denkmal/Objekt ---->  (__________________________________________________________)
  zB Kölner Dom        (__________________________________________________________)


 --------------------------------------------------------------------------------
    (__) <--   ? = Auskunft   K = Kurzinfo    F = Fundliste        B = Beginn
               R = Register   V = Vollinfo    A = Andere Datenbank  E = Ende
                                                          26/07/1989  09:12:00
```

Abb. 6: Suche im Bestand MASSNAHMEN

Die einzelnen Informationseinheiten, wie sie für die Eingabe in die
Datenbank bereitgestellt werden können, sind sowohl in ihrer Quantität als auch in ihrer Qualität unterschiedlich.

3. Einordnung von MONUFAKT in das Referenzmodell

Das System MONUFAKT umfaßt die Komponenten Oberflächenmanager, Retrieval (einschließlich komplexer Koppelung von einzelnen Datenbanken), input, update, helpdesk (Hilfsmanager), Regelbasis, Thesaurus
sowie die Datenbasis, die aus mehreren Datenbanken für Werte/Zahlen,
Texte und Bilder (vor allem degetalisierte Pikselbilder von Fotos)
besteht. Dabei werden die Bilder dezentral auf der workstation gehalten, während die übrige Datenbasis zentral auf der mainframe-
Anlage gespeichert sind (verteiltes System). Auf diese Weise werden
bei der Datenfernverarbeitung im multiuser-Betrieb die großen Datenmengen der Pikselbilder dezentral und die gepflegten übrigen Daten,
die sich problemlos mit den Datenübertragungsraten von Datex-P
transportieren lassen, zentral vorgehalten.

Zusammengefaßt ist folgender Beitrag für das Referenzmodell hervor-
zuheben:
- Komplexes relationales Datenmodell (Koppelung auch zu anderen
  Datenbanken)
- Vielfältige Datentypen (einschließlich Bilder und Graphiken)
- Komplexe Koppelungsmöglichkeiten auf Benutzeroberfläche
- Retrievalhilfen durch Suchregister und helpdesk
- Regelbasis für retrieval, input und update
- Hohe Konsistenz der multifile-Datenbasis
- Verteilte Datenbasis (zentral/dezentral)
- Einheitliche ergonomisch/arbeitspsychologisch gestaltete Benut-
  zeroberflächen

Wichtige noch nicht im Prototyp realisierte Komponenten sind:
- Einbeziehung von Geographiedaten (außer einfachen Umweltkarten)
- Einbeziehung von komplexen Methoden und Modellen
- Integration einer Expertenshell unter Verwendung der files in der
  Wissensbasis.

Ausblick

Wesentliches Ziel für den Dauerbetrieb von MONUFAKT ist der Ausbau
der Datenbasis; dabei kommt der Bilddatenbank eine große Bedeutung
zu. Die letztere soll vermutlich auf CD-ROM- oder WORM-Speichern
untergebracht werden, da das Bildarchiv schon bald mehrere Gigabyte
an Speicherplatz benötigt.

Der Ausbau für Geographiedaten ist vorgesehen, da die räumliche Dimension der Umweltschäden an Kulturdenkmälern z.B. für Luftschad-
stoffe wesentlich ist. Wichtig sind auch die Standorte der Denkmäler
sowie die Herkunftsorte der verwendeten Natursteine (Steinbrüche).

Von großem Interesse wäre der Aufbau von Expertenshells etwa für
Sanierungsmaßnahmen und zu verwendende Produkte. Hier wird allerdings die Integration in das System eine besondere Herausforderung
bedeuten.

Literatur

/1/ Page, B., Seggelke, J.:
UMPLIS - Ein umfassendes Informationssystem für den Umweltschutz. In: Informatik im Umweltschutz. Anwendungen und Perspektiven, B. Page (Hrsg.), München, Wien 1986; S. 178-192

/2/ Die DV-Strategie des Umweltbundesamtes.
In: Software Report, Software AG (Hrsg.), 1/89, S. 10-13

/3/ Reichert, H.:
Frühwarnsystem der Bundesrepublik Deutschland für ferntranspor-
tierten Smog - Informationstechnisches Konzept -
In: Informatikanwendungen im Umweltbereich, 2. Symposium,
Karlsruhe 1987,
A. Jaeschke, B. Page (Hrsg.),
Berlin, Heidelberg, New York 1988

/4/ Daten zur Umwelt 1988/89
Umweltbundesamt (Hrsg.),
Berlin 1989

/5/ Seggelke, J.:
Ein Schalenmodell für den Einfachdialog verschiedener Benutzer-
gruppen beim Umweltinformationssystem UMPLIS.
In: Informatikanwendungen im Umweltbereich,
A. Jaeschke, B. Page (Hrsg.),
Kernforschungszentrum Karlsruhe, KfK 4223, März 1987,
S. 87 - ?

/6/ Scholz, K.:
Verknüpfung von Text, Fakten, Graphik und Bild zu einer Wis-
sensbasis mit dem Informationssystem aDIS.
In: Nachrichten zur Dokumentation 40 (1989), S. 15-19

Datenbankunterstützung für ein langfristiges Umwelt-Forschungsprojekt

Leonore Neugebauer[*]

IPVR, Universität Stuttgart, Azenbergstr. 12, D-7000 Stuttgart 1

Kurzfassung

In diesem Papier wird ein integriertes Datenhaltungssystem vorgestellt , das Teil eines kooperativen Umwelt-Forschungsprojekts ist. Zwei der Komponenten werden genauer beschrieben: Zur Überwindung der räumlichen Distanz zwischen den Anwenderinstituten wird ein Konzept für ein verteiltes System vorgestellt, das ohne Interaktionen des Benutzers aktuelle Daten auf allen Knoten bereit hält und gleichzeitig die Unabhängigkeit der Projektdatenbanken gewährleistet. Zweitens wird ausgehend von den besonderen Eigenschaften von Meßwerten, wie sie überwiegend im Datensystem gehalten werden, eine Erweiterung der Anfragemöglichkeiten vorgeschlagen, die es erlaubt, nach Meßwerten zu fragen, ohne genau den Ort und Zeitpunkt einer Messung zu kennen.

1. Einleitung

Es ist heute allgemein anerkannt, wie wichtig Umweltschutz und auch das Beheben von Umweltschäden ist. Neue Projekte mit neuen Aufgaben und Zielsetzungen wurden eingerichtet, die an vielen Stellen neue, moderne Meßgeräte aufstellen, um zunächst die Zusammenhänge zwischen verschiedenen natürlichen Abläufen zu erkennen und zu erforschen. Diese Meßgeräte liefern große Mengen Daten, zur deren Verwaltung, Auswertung und Archivierung sich die Verwendung eines Datenbanksystems (DBS) anbietet. Die bisher im Handel erhältlichen DBSe sind jedoch nur für die Bearbeitung von kommerziellen Daten entwickelt worden und berücksichtigen die besonderen Eigenschaften von Meßwerten und Umweltdaten nicht. In diesem Papier werden nun Erweiterungen und deren Integration in ein Gesamtsystem mit dem DBS vorgestellt, die speziell auf die Verarbeitung von Meßwerten in Forschungsprojekten zugeschnitten sind.

Im nächsten Kapitel wird das Projekt beschrieben und die besonderen Eigenschaften von Umwelt-Meßwerten und deren Verarbeitung werden herausgestellt. In den Kapiteln drei und vier werden zwei in diesem Projekt wichtige Aspekte, die verteilte Datenhaltung und Konzepte für die Verarbeitung von kontinuierlichen Meßreihen näher vorgestellt. Im fünften Kapitel werden die Erweiterungen in ein Gesamtsystem integriert. Kapitel sechs gibt einen Ausblick auf die nächsten anstehenden Aufgaben.

2. Das Projekt "Naturmeßfeld Horkheimer Insel"

Das Projekt "Naturmeßfeld Horkheimer Insel" ist ein interdisziplinäres Projekt zur Erforschung natürlicher Vorgänge in Grundwasser und Boden. Es besteht aus drei - aus Informatiker-Sicht - Anwenderprojekten in den Gebieten Geohydrologie, Pflanzenbau/Bodenkunde

[*] Gefördert durch das PWAB-Projekt Wasser-Abfall-Boden unter Kennzeichen PW 87 045

und Hydrochemie und einem Datenbankprojekt zur Verwaltung der anfallenden Meßwerte.

Das Naturmeßfeld selbst, gelegen auf einer Neckarinsel in der Nähe von Heilbronn (Baden-Württemberg), und die Institute, die die verschiedenen Projekte durchführen, liegen alle räumlich voneinander entfernt. Jedem beteiligten Institut steht für dieses Projekt ein Rechner der Workstation-Klasse unter dem Betriebssystem Unix[1] mit dem relationalen DBS Ingres[2] zur Verfügung. Die Workstations sind (oder werden in Kürze) an das Forschungsnetz des Landes Baden-Württemberg (BeLWü), eine 10 mbit/sec Glasfaserstrecke angeschlossen, so daß sie wie in einem lokalen Netzwerk betrieben werden können. Das Meßfeld selbst ist nicht vernetzt, deshalb werden die Meßwerte auf Disketten, Dataloggern oder einfach Papier aufgezeichnet und in regelmäßigen Abständen in die jeweiligen Projektrechner eingegeben.

2.1 Zielsetzung des Gesamtprojekts

Die Hauptziele des Gesamtprojekts sind die Erforschung der Schadstoffbelastung und des Schadstofftransports im Boden, Grund- und Sickerwasser. Dazu werden der Grundwasserfluß erforscht sowie die Einflüsse von Düngemitteln, Herbiziden und Insektiziden auf Boden und Grundwasser. Für diese Untersuchungen werden zunächst Meßmethoden ausgewählt, verglichen und geeicht; anschließend wird ein Grundwasserflußmodell aufgestellt.

Ein weiteres langfristiges Ziel ist es, alternative landwirtschaftliche Anbauverfahren zu finden, die Boden und Grundwasser minimal belasten und trotzdem keine erheblichen ökonomischen Nachteile bedeuten. Genauere Beschreibungen des Gesamtprojekts werden in [Kobu88] und [Teut89] gegeben.

2.2 Das Datenbank-Teilprojekt

Die Hauptaufgaben des Datenbankprojekts sind die Unterstützung und Vereinfachung des Datenaustauschs zwischen den Anwenderprojekten und die Verarbeitung von Meßwerten, dabei insbesondere die Unterstützung interaktiver, spontaner Anfragen. Daneben sollen Werkzeuge bereitgestellt werden, die Datenerfassung, Datensicherung und Archivierung erleichtern und eine einheitliche Benutzerschnittstelle muß angeboten werden. Außerdem muß es möglich sein, einerseits alte (evtl. ungenauere) Daten und Anwendungen sowie später neue Meßreihen oder ganz neue Teilprojekte zu integrieren.

Innerhalb dieses Projekts soll also ein Gesamtsystem entstehen, daß zugeschnitten ist auf

• die Unterstützung von verteilter Meßwerterhebung und -verarbeitung,

• die Verarbeitung von Meßwerten und Umweltdaten,

• die Unterstützung von Forschungsprojekten, d.h. Projekten mit Zielsetzungen, die sich über die Projektlaufzeit ändern.

2.3 Eigenschaften von Meßwerten und Umweltdaten

In diesem Projekt fallen überwiegend Meßwerte an, die sich durch eine Reihe von Eigenschaften auszeichnen, die andere Daten nicht oder nicht so ausgeprägt aufweisen und die entscheidenden Einfluß auf die weitere Verarbeitung haben:

• Zu jedem einzelnen Meßwert gehört genau ein Zeitpunkt, eine (dreidimensionale) Ortsan-

---

[1] Ingres ist ein Warenzeichen von RTI   [2] Unix ist ein Warenzeichen von AT&T

gabe und ein Versuchskontext. Z.B. wird eine Bodenprobe zu einem bestimmten Zeitpunkt an einer bestimmten Stelle bis zu einer festgelegten Tiefe genommen. In einigen Fällen sind Orts- oder Zeitangaben nicht relevant: Wetterdaten gelten für das gesamte Versuchsfeld und die geologischen Formationen ändern sich nicht während der Versuchslaufzeit.

- Umweltbezogene Meßwerte sind i.a. punktuelle Momentaufnahmen eines kontinuierlichen Vorgangs. Die zugehörigen Orts- und Zeitattribute identifizieren den Wert bezüglich der Funktion, die diesen Vorgang beschreibt. (Wenn es undefinierte Werte gibt, bedeutet dies, daß ein ungeeigneter Wertebereich gewählt wurde.) Für jede Ort-/Zeitkombination gibt es genau einen Wert innerhalb des Meßvorgangs. Häufig existieren bekannte Algorithmen, die nicht explizit erfaßte Werte auf der Basis vorhandener Meßpunkte berechnen können.

- Gemessene Werte ändern sich nicht und veralten auch nicht. In vielen Fällen gewinnen Meßwerte im größeren (zeitlichen) Zusammenhang, etwa über eine Versuchslaufzeit von zehn Jahren, an Bedeutung.

- Wenn Meßwerte verlorengehen, sind sie, soweit sie in einem zeitlichen Zusammenhang stehen, endgültig verloren. Sie können nicht wiederholt oder nachträglich erhoben werden.

- Um einen natürlichen Vorgang vollständig und genau zu erfassen, ist eine größere Anzahl von Meßgeräten, die Daten in vielen unterschiedlichen Formaten liefern, notwendig. Die Anzahl der einzelnen Werte ist bei den meisten Messungen relativ gering, es gibt aber auch einige Meßgeräte, die große Mengen Daten liefern wie z.B. eine Wetterstation.

2.4 Gemeinsamkeiten von Anwendungen im Umweltbereich

Typische, häufige Anwendungen auf Meßwerten sind die folgenden

- Statistiken und graphische Ausgaben, Schaubilder;

- Simulationsprogramme, um Umweltmodelle zu überprüfen wie z.B. Grundwasser- flußmodelle oder Schadstoffausbreitungsmodelle in Boden, Luft oder Grundwasser;

- Untersuchungen, wie die verschiedenen Meßparameter voneinander abhängig sind oder sich gegenseitig beeinflussen.

Diese Anwendungen verändern die gespeicherten Daten nicht. Sie erzeugen neue Daten, die aber in den meisten Fällen nicht gespeichert werden (müssen), weil sie reproduzierbar sind, solange die Originaldaten vorfügbar sind.

Eine wichtige Anwendung anderer Art ist Kompression, Zusammenfassung oder Archivierung älterer Meßwerte. Wenn jedoch Meßwerte, die in kurzen Zeitintervallen oder sehr kleinen räumlichen Entfernungen aufgezeichnet wurden, komprimiert werden, ist das keine echte Änderung des Inhalts der Datenbank, sondern nur der Darstellung (s. auch [LSBM83]).

2.5 Merkmale dieses Projekts

Ein wesentliches Merkmal dieses Projekts ist die räumliche Entfernung der Institute, die die verschiedenen Teilprojekte mit den verschiedenen Aufgabenstellungen bearbeiten. Jede Messung wird zwar von genau einem Projektpartner verantwortlich aufgezeichnet und in die Datenbank geladen; manche Daten werden aber in verschiedenen Teilprojekten intensiv genutzt.

Im wesentlichen werden innerhalb der Projektdatenbank Meßwerte gehalten, es gibt aber auch konventionelle Daten wie landwirtschaftliche Ertragsberechnungen und Beschreibungen von Versuchsaufbauten und Meßgeräten. Diese verschiedenen Klassen von Daten müssen unterschieden und entsprechend behandelt werden.

Innerhalb eines Forschungsprojekt sind die Projektziele ständigen Veränderungen wie Anpassung an bereits erzielte Ergebnisse und Erweiterungen unterworfen. Entsprechend müssen auch die Datenstrukturen flexibel sein, um die jeweils neuen Zielsetzungen wirkungvoll zu unterstützen. Hier muß die starre Struktur des Datenbankschemas, wie sie bisher in kommerziellen DBSen üblich ist, aufgegeben werden.

Eine frühe Bereitstellung von Hilfsmitteln und Werkzeugen ist notwendig, damit die Verarbeitung bereits anfallender Daten schon effektiv unterstützt werden kann. Sowohl die so erfaßten Daten als auch diese Werkzeuge müssen später in ein Gesamtsystem integriert werden können.

3. Datenaustausch durch Replikationsmechanismen

Um den Austausch von Daten zwischen den Teilprojekten einfach und effizient zu gestalten, wird ein Konzept vorgestellt, das

- die Eigenschaften von Meßwerten und Anwendungen darauf berücksichtigt,

- hohe Verfügbarkeit der Projektdatenbanken gewährleistet,

- flexibel an geänderte DB-Schemata angepaßt werden kann.

Dies kann erreicht werden, indem auf allen Knoten, die Daten über eine Meßreihe benötigen, diese aber nicht selbst erheben, Kopien der Originaldaten, sog. *Replikate*, gespeichert werden. Diese müssen dann regelmäßig aktualisiert werden, damit man mit ihnen arbeiten kann.

Für die Aktualisierung der Replikate gibt es grundsätzlich vier verschiedene Strategien, die entweder nur auf Betriebssystemebene arbeiten oder Protokollfunktionen des DBS einbeziehen:

• Kopieren der betroffenen Dateien auf Betriebssystemebene, ohne das DBS einzubeziehen,

• Geänderte Originaltupel mit Zeitmarken zu versehen und kopieren der markierten Tupel in die Replikate,

• Wiederholung von Einfüge-, Änderungs- und Löschtransaktionen auf den Replikaten, die auf den Originalen durchgeführt wurden,

• Halten von separaten Log-Dateien (Protokollen) mit den Zuständen vor und nach Änderungsoperationen.

Ein für dieses Projekt geeigneter Replikat-Aktualisierungmechanismus sollte mindestens folgenden Anforderungen genügen:

• Replikat-Aktualisierung sollte dann stattfinden, wenn das Netz wenig belastet ist (z.B. nachts). Normalerweise sollte die Aktualisierung ohne Benutzereingriffe ablaufen, aber z.B. nach längeren Netzausfällen muß sie auch explizit aufrufbar sein.

• Jeder Knoten hält nur von den Relationen Replikate, die dort wirklich benötigt werden.

• Netzwerkausfälle müssen kompensiert werden können, d.h. daß Replikate auf verschiedenen Knoten nicht immer gleichzeitig aktualisiert werden.

• Änderungen des Datenbankschemas müssen erkannt und selbständig verarbeitet werden.

• Änderungen von Anwendungen dürfen nicht notwendig werden, weil in vielen Fällen die Quellen nicht verfügbar sind.

• Die Aktualisierung muß hardwareunabhängig laufen.

3.1 Replikat-Aktualisierung auf Betriebssystemebene

Bei dieser Methode werden die Dateien, die die Originaldaten enthalten, überprüft, ob sie seit der letzen Aktualisierung geändert wurden. Wenn das der Fall ist, werden die Dateien, die Daten, Indexe und evtl. Statistiken enthalten, auf die Replikatknoten kopiert.

Wesentliche Nachteile dieser Methode sind, daß die Aktualisierung bei unterschiedlicher Hardware, die eine unterschiedliche Organisation der Datenbank auf physischer Ebene erzwingt, nicht funktioniert und daß bei sehr großen Relationen auch eine sehr hohe Netzbelastung entsteht.

3.2 Setzen von Zeitmarken auf geänderten Tupeln

Bei diesem Ansatz, der auch von [LHPM86] vorgeschlagen wird, bekommt jedes geänderte Tupel eine Zeitmarke. Hierzu muß das DBS einbezogen werden, weil Tupel auf Betriebssystemebene nicht zu trennen sind. Zur Aktualisierung werden dann nur die geänderten Tupel auf die Replikate kopiert.

Vorteilhaft ist hier, daß nur wirklich benötigte Daten über das Netz geschickt werden. Ein wesentlicher Nachteil ist aber, daß jedes Tupel um eine Zeitmarke erweitert werden muß. Eine Reduzierung des Speicherplatzes kann errreicht werden, wenn, wie von [KuDG87] vorgeschlagen, eine Bitliste eingeführt wird, die jedes geänderte Tupel markiert. Hier treten jedoch Probleme auf, wenn Replikate auf verschiedenen Knoten nicht gleichzeitig aktualisiert werden können.

3.3 Wiederholen von Änderungstransaktionen auf den Replikatknoten

Bei dieser Methode werden alle Änderungstransaktionen aufgezeichnet und auf den entsprechenden Replikatknoten wiederholt. Vorteilhaft ist hier die Unabhängigkeit vom DBS und die geringe Netzwerkbelastung; Probleme bereitet jedoch das Aufzeichnen der Transaktionen insbesondere innerhalb von Anwenderprogrammen. Weitere Probleme entstehen, wenn Änderungen mehrere Relationen einbeziehen, die nicht alle auf einem Knoten repliziert sind.

3.4 Erzeugen von separaten Log-Dateien

Für dieses Verfahren, das in ähnlicher Weise auch von [KaRi87] vorgeschlagen und analysiert wird, werden spezielle Protokolle, hier *separate Log-Dateien* genannt, benötigt, die die Zustände der Tupel vor und nach erfolgreich abgeschlossenen Änderungstransaktionen für eine bestimmte Relation enthalten. Diese Dateien werden dann zur Aktualisierung an die entsprechenden Replikatrechner verschickt, wo die Änderungen anhand der Logs nachvollzogen werden.

Die separaten Log-Dateien können leicht aus den allgemeinen Log-Dateien (Protokollen nach denen ein Recovery der gesamten Datenbank möglich ist) eines relationalen DBS abgeleitet werden, weil das DBS Funktionen zur Auswertung des Logs bereits zur Verfügung stellt (z.B. "auditdb" von Ingres [RTI86] oder "AIJ" von ORACLE [Orac86]. Für dieses Verfahren benötigt man lediglich zwei Module, eins zur Erzeugung der separaten Protokolldateien und eins zu deren Interpretation. Die Erzeugung separater Log-Dateien aus dem allgemeinen Log erfolgt

– separat für jeden Replikatknoten,

– separat für jede Relation

– und berücksichtigt nur Änderungen seit der letzten erfolgreich durchgeführten Replikat-Aktualisierung, die dem Heimat-Knoten jeweils durch eine Quittung mitgeteilt wird.

So wird hohe Flexibilität, hohe Aktualität auch wenn einzelne Knoten ausgefallen sind, geringe Netzbelastung, Unabhängigkeit von der Hardware und relative Unabhängigkeit vom verwendeten DBS garantiert.

Es genügt, die Aktualisierung in größeren Zeitabständen durchzuführen, weil fast nur IN-SERT-Operationen stattfinden, so daß auch auf den Replikatknoten niemals ungültige Werte liegen. Normalerweise sollte eine Aktualisierung einmal täglich, am besten nachts stattfinden.

Dieser vierte Ansatz ist für unser System am besten geeignet. Da wir den sog. "Primary Copy"-Ansatz verwenden, bei dem jedes Datum einen definierten Heimatknoten hat, werden keine aufwendigen Verfahren zum Abgleich verschiedener Änderungen benötigt wie der "Epidemische Algorithmus" [DGHi87] oder "komplexe Protokolle" [SaLy87].

In Bild 3.1 sind der Daten- und Kontrollfluß während der Replikat-Aktualisierung dargestellt. Die Aktualisierung wird i.a. automatisch durch einen zeigesteuerten Unix-Daemon gestartet.

4. Verarbeitung von kontinuierlichen Messungen

Eine wichtige Eigenschaft von Umwelt-Meßwerten ist, daß sie nur punktuelle Momentaufnahmen von kontinuierlichen Vorgängen sind. Deshalb werden sie im weiteren als *kontinuierliche Attribute* bezeichnet. Da Kontinuität sowohl zeitlich als auch räumlich sein kann, gehören immer ein oder mehrere Attribute, die die zeitliche und räumliche Meßbasis bilden, zu einem kontinuierlichen Attribut. Diese Attribute werden als *Basisattribute* bezeichnet. Die Notwendigkeit einer besonderen Behandlung von Zeitattributen wurde bereits von [SnAh85] und [JaMa86] herausgestellt.

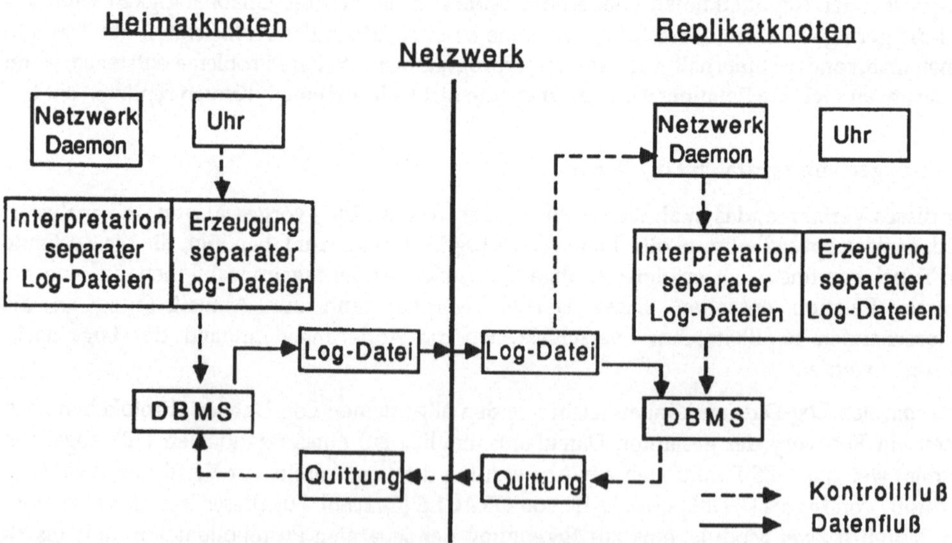

Bild 3.1: Daten- und Kontrollfluß während der Replikat-Aktualisierung

In den Anwendungen unseres Projekts repräsentieren kontinuierliche Attribute mit ihren Basisattributen eine stetige mathematische Funktion, die die Basis auf die Meßwerte abbildet. Dabei ändern sich kontinuierliche Attributwerte innerhalb geringer Änderungen der Basis auch nur wenig. Zur Implementierung werden Interpolationsverfahren benötigt, die Zwischenwerte abhängig von den sie umgebenden Meßwerten berechnen.

4.1 Probleme bei Anfragen auf kontinuierlichen Attributen

In einem konventionellen DBS kann man einen Meßwert, z.B. den Grundwasserstand, an einem bestimmten Punkt aus dem Feld nur dann abfragen, wenn er genau an diesem Punkt (zu dieser Zeit) aufgezeichnet wurde. Andernfalls muß man Intervallanfragen absetzen, die aber keine präzisen Ergebnisse liefern.

Weiterhin kann man nicht zwei Meßreihen vergleichen, wenn die Aufzeichnungspunkte (Basisattribute) nicht genau die gleichen Werte haben, was praktisch nie der Fall ist. Ebenso können nicht einfach beliebige äquidistante Wertefolgen von Meßattribute generiert werden, als Eingabe für Simulationen und andere Auswertungsprogramme.

Wenn jedoch Interpolationsverfahren für Zwischenwerte bekannt sind, kann hier Abhilfe geschaffen werden, indem diese als Funktionen in das DBS integriert werden.

4.2 Verarbeitung kontinuierlicher Attribute

Die Integration von Interpolationsverfahren stellt eine Erweiterung des DBS dar und zwar nach [LiMP87] eine sog. *Datenerweiterung* (data extension). Verschiedene Ansätze zur Erweiterung von DBS wurden bereits vorgestellt: Das EXODUS-System [CDFG86] bietet eine offene Architektur, die an spezielle Anwendungen angepaßt werden kann. Andere DBS, die für Non-Standard-Anwendungen entwickelt wurden, sind z.B. Starburst [SCLF86] und POSTGRES [Sell87]. Weitere Ansätze werden in [CaDe85], [LiMP87], [StAH87] und [WSSH88] untersucht.

Die benötigten Erweiterungen des DBS sind folgende: Zuerst muß eine Unterscheidung zwischen Meßwertrelationen und 'normalen' Relationen ermöglicht werden, (wobei aber Meßwertrelationen weiterhin auch alle Eigenschaften 'normaler' Relationen aufweisen). Dann muß dem DBS bekannt gemacht werden, welche Attribute Meßwerte enthalten, welches die Basisattribute dazu sind und welche Interpolationsverfahren zur Verfügung stehen. Dazu müssen geeignete zusätzliche Systemrelationen eingerichtet werden.

Um die Anwendung der Interpolationsverfahren ausdrücken zu können, müssen neue Sprachkonstrukte zur Verfügung gestellt werden. Hier bieten sich Erweiterungen der Sprache SQL an, (die u.a. von RTI angeboten wird,) weil SQL eine weit verbreitete und von vielen Benutzern beherrschte und akzeptierte Anfragesprache ist.

Als Beispiel sei eine Relation **grundwasserstaende** mit den Attributen **pegel_nr** (Nummer des Meßpegels, Teilschlüssel), **zeitpunkt** (Meßzeitpunkt) und **gw_stand** (gemessener Grundwasserstand), sowie ein Verfahren zur linearen Interpolation der Grundwasserstände, **lin_interpol**, gegeben. Eine Anfrage in erweiterter Syntax, die den Grundwasserstand an einem bestimmten Meßpegel zu beliebigen, äquidistanten Zeitpunkten abfragt, sieht dann so aus:

```
SELECT pegel_nr, zeitpunkt, gw_stand
FROM   grundwasserstaende BY METHOD lin_interpol
          ENTRY "01/05/88:12:00:00"
          STEP    7 days
WHERE pegel_nr = "P5"
```

Mit 'BY METHOD' wird hier ein bestimmtes Verfahren festgelegt, falls mehrere zur Verfügung stehen. 'ENTRY' gibt einen festen (Zeit-) Punkt für die Interpolation an und 'STEP' die Schritte, mit denen die "Meßreihe" von diesem Punkt aus berechnet werden soll. (Die 'STEP'-Spezifikation kann entfallen, dann wird nur ein Wert berechnet.) Für Details zur Syntax dieses erweiterten SQLs, zur Einbettung in Standard-SQL und zu Implementierungsaspekten sei auf [Neug89] verwiesen.

5. Das Gesamtsystem

Das DBS, die Replikat-Aktualisierung und die Einbettung der Interpolationsprozeduren sind drei sehr unterschiedliche Komponenten, die unter einer einheitlichen Benutzerschnittstelle integriert werden müssen, damit die Anwender sie effektiv handhaben können.

5.1 System-Design

Für den Benutzer sollte die Schnittstelle zum integrierten Datenhaltungssystem genauso aussehen wie die Oberfläche des DBS, d.h. Ingres Bildschirmmasken, nur mit neuen, zusätzlichen Möglichkeiten. Die Übergänge vom integrierten Datensystem zum DBS und zurück sollen für den Benutzer transparent sein.

Einige der neuen Komponenten werden durch zusätzliche Kommandos vom Hauptmenü aus aufgerufen, während andere automatisch an der benötigten Stelle aufgerufen werden.

Das Ingres DBS selbst hat eine modulare Struktur, so daß es möglich ist, Ingres-Komponenten aus Anwendungsprogrammen heraus aufzurufen und die Oberflächen von Ingres-Komponen-

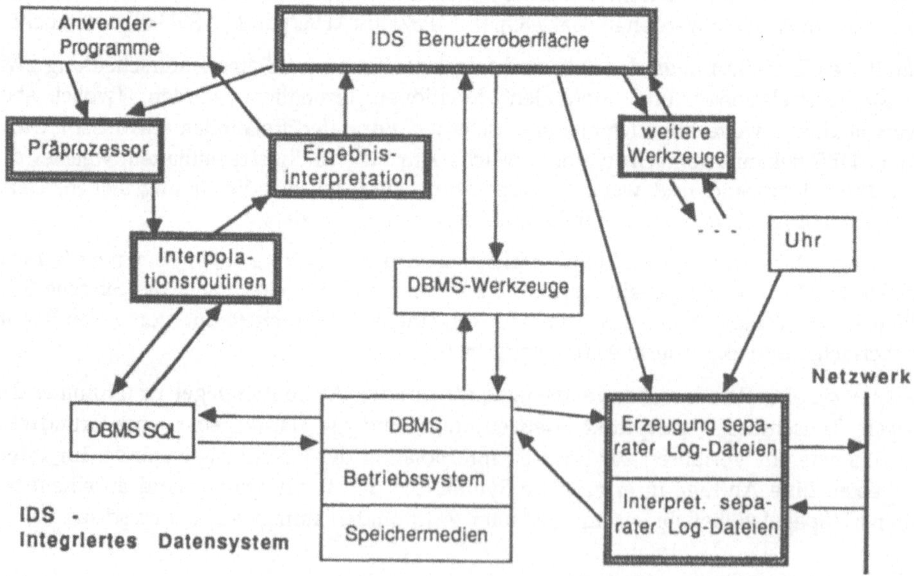

Bild 5.1: Komponenten des integrierten Datensystems

ten oder sogar die Komponenten selbst neu zu implementieren, ohne den Kern des DBS zu verändern. Das Design des Gesamtsystems ist in Bild 5.1 veranschaulicht.

5.2 Zusätzliche Werkzeuge und Komponenten

Folgende zwei weitere, wichtige Komponenten sind z.Zt. geplant:

1) Eine Datensicherungskomponente, die zeitgesteuert ohne Interaktion von Benutzern regelmäßig Datensicherungen auf eine größere Platte durchführt. Hier können ähnliche Mechanismen wie zur Replikat-Aktualisierung und angewendet werden.

2) Ein erweiterter View-Mechanismus, der erlaubt, Daten aus verschiedenen Projektphasen mit unterschiedlichen Formaten ineinander umzurechnen und einheitlich anzusprechen.

Neben den oben beschriebenen Erweiterungen des DBS werden z.Zt. noch einige kleinere Software-Werkzeuge implementiert, die es ermöglichen sollen, daß auch ein gelegentlicher Benutzer die Vorteile des DBS voll nutzen kann:

- Es wird eine maskenorientierte Schnittstelle zu den Systemrelationen implementiert, die dem Benutzer Auskunft erteilen kann über die verfügbaren Relationen, deren Heimat- und Replikatknoten und über die Eigenschaften (Meßwerte, kommerzielle Daten).

- Ein komfortabler, programmierbarer Massenlader wird bereitgestellt, der es u.a. erlaubt, Daten gleichzeitig in verschiedene Relationen zu laden und Schlüssel zu generieren.

- Ein interaktiver Anwendungsgenerator wird implementiert, der es erlaubt, schnell Masken für manuelle Eingaben von Daten, z.B. aus Laborversuchen, zu erstellen.

6. Ausblick

Mit den hier skizzierten Komponenten soll ein integriertes Datenhaltungssystem entstehen, das Anwender in kooperativen Projekten, in der Umweltforschung bei der Verarbeitung von Meßwerten durch den Einsatz von Datenbanken wirkungsvoll unterstützt.

Für die Zukunft steht zunächst die Fertigstellung und Integration aller Komponenten unter einer Ingres-artigen Benutzeroberfläche an. Danach muß insbesondere die Performance des erweiterten Datenhaltungssystems untersucht werden und durch die Erweiterung des DBS um geeignete Datenstrukturen für räumliche Objekte, wie sie z.B. von [Guen88] vorgeschlagen werden, verbessert werden. Damit kann das System dann auch in größeren Projekten eingesetzt werden.

Da die Möglichkeit offen gehalten wird, bei Bedarf weitere Systemkomponenten einzubetten, kann dieses System für viele weitere Anwendungen, z.B. aus Bereichen der Umweltforschung, Geographie, Chemie und Ingenieurwesen, angepaßt werden.

7. Literatur

[CaDe85] Michael J. Carey, David J. DeWitt: "Extensible Database Systems"; in: Proc. of the Islamorada Workshop on Large Scale Knowledge Bases and Reasoning Systems, Feb., 1985, Islamorada, Florida, pp. 335-352

[CDFG86] Michael J. Carey, David J. DeWitt, Daniel Frank, Goetz Graefe, Joel E. Richardson, Eugenie J. Shekita, M. Muralikrishna: "The Architecture of the EXODUS Extensible DBS: A Preliminary Report"; Computer Science Technical Report #644, May 1986, University of Wisconsin-Madison

[DGHI87] Alan Demers, Dan Greene, Carl Hauser, Wes Irish, John Larson, Scott Shenker, Howard Sturgis, Dan Swinehart, Doug Terry: "Epidemic Algorithms for Replicated Database Maintenance"; in: Proc. of the 6th Annual ACM Symposium on Principles of Distributed Computing, Vancouver, British Columbia, Canada, 1987, pp. 1-12

[Guen88] Oliver Günther: "Efficient Structures for Geometric Data Management"; Lecture Notes in Computer Science, No. 337, Springer Verlag, Berlin 1988

[Herl86] Maurice Herlihy: "A Quorum Consensus Replication Method for Abstract Data Types"; in: ACM Transactions on Computer Systems, Vol. 4, No. 1, 1986, pp. 32-53

[JaMa86] Donald A. Jardine, Aviram Matzov: "Ontology and Properties of Time in Information Systems"; in: Proc. IFIP Working Conf. Knowledge & Data (DS-2), Algarve, Portugal 1986, pp. F1-F16

[KaRi87] Bo Kaehler, Oddvar Risnes: "Extending Logging for Database Snapshot Refresh"; in: Proc. of the 13th VLDB Conference, Brighton, England 1987, pp. 389-398

[Kobu88] H. Kobus: "Das PWAB-Testfeld Wasser und Boden"; in: Bericht über das 1. Statuskolloquium, 23. Februar, Karlsruhe, Projekt Wasser-Abfall-Boden, KfK-PWAB 1, 1988, pp. 96-116

[LHPM86] Bruce Lindsay, Laura Haas, C. Mohan, Hamid Pirahesh, Paul Wilms: "A Snapshot Differential Refresh Algorithm; in: Proc. of ACM SIGMOD 1986, Washington D.C., pp. 53-60

[LiMP87] Bruce Lindsay, John McPherson, Hamid Pirahesh: "A Data Management Extension Architecture"; in: ACM SIGMOD Record, Vol. 16, No. 3, Dec 1987, pp. 220-226

[LSBM83] Guy M. Lohmann, Joseph C. Stoltzfus, Anita N. Benson, Michael D. Martin, Alfonso F. Cardenas: "Remotely-Sensed Geophysical Databases: Experience and Implications for Generalized DBS"; in: ACM Sigmod'83 Proceedings of Annual Meeting, San Jose, 1983 (SIGMOD Record Vol. 13, No. 4), pp. 146-160

[Neug89] Leonore Neugebauer: "Extending a Database to Support the Handling of Environmental Measurement Data; in: Symp. on the Design and Implementation of Large Spatial Databases, Santa Barbara, Cal., July 17-18, 1989, erscheint im Springer-Verlag

[Orac86] Oracle Corp.: "The ORACLE Database Administrator's Guide, Version 5.1", Oracle Part Number: 3601-V5.1, 1986

[RTI86] Relational Technology Inc.: "INGRES/SQL Reference Manual"; Release 5.0, UNIX, 1986

[SCFL86] P. Schwarz, W. Chang, J. C. Freytag, G. Lohman, J. McPherson, C. Mohan, H. Pirahesh: "Extensibility in the Starburst Database System"; in: Proc. of 1986 Int. Workshop on Object-Oriented Database Systems, Asilomar, Pacific Glore, Cal., pp. 85-92

[SaLy87] Sunil K. Sarin, Nancy A. Lynch: "Discarding Obsolete Information in a Replicated Database System"; in: IEEE Transactions on Software Engineering, Vol. SE-13, No. 1, 1987, pp. 39-47

[Sang87] Sang Hyuk Son: "Synchronization of Replicated Data in Distributed Systems"; in: Information Systems, Vol. 12, No. 2, 1987, pp. 191-202

[Sell87] Timos K. Sellis: "Efficiently Supporting Procedures in Relational Database Systems"; in SIGMOD Record, Vol. 16, No. 3, Dec. 1987, pp. 220-226

[SnAh85] Richard Snodgrass, Ilsoo Ahn: "A Taxonomy of Time in Databases"; in: Proc. of ACM-SIGMOD'85 Int. Conf. on Management of Data, Austin, Texas, 1985, pp. 236-246

[StAH87] Michael Stonebraker, Jeff Anton, Eric Hanson: "Extending a Database System with Procedures"; in: ACM ToDS, Vol. 12, No. 3, September 1987, pp. 350-376

[Teut89] G. Teutsch et.al.: "The Experimental Field Site 'Horkheimer Insel': Research Program, Instrumentation and First Results"; submitted to: IAHR Journal of Hydrolic Research, 1989

[WSSH88] P. F. Wilms, P. M. Schwarz, H.-J. Schek, L. M. Haas: "Incorporating Data Types in an Extensible Database Architecture"; in: Proc. of 3rd Int. Conf. on Data and Knowledge Bases, Jerusalem, Israel, June 1988, pp. 180-192

PC-Datenbanken für Projekte im maritimen Umweltschutz

A.M. Heinecke,
Universität Hamburg, FB Informatik, Troplowitzstr. 7, 2000 Hamburg 54

H.-J. Golchert
Forschungsstelle für die Seeschiffahrt zu Hamburg (FSSH) e.V.,
Institut an der Fachhochschule Hamburg, Elbchaussee 43, 2000 Hamburg 50

Zusammenfassung

Eine Hauptgefahrenquelle für die maritime Umwelt stellt die Freisetzung wassergefährdender Ladungen oder Betriebstoffe von Seeschiffen dar, die sowohl durch Unglücksfälle als auch vorsätzlich geschehen kann. Zur Unterstützung von Umweltschutzmaßnahmen gegen derartige Verschmutzungen lassen sich mikrocomputer-gestützte Datenbanken u.a. einsetzen zur Gefährdungsermittlung, indem Daten über Transporte und Umschlagsvorgänge erfaßt werden, zur Beurteilung der Wirksamkeit spezifischer Maßnahmen, indem z.B. Daten über Entsorgungsvorgänge erhoben und analysiert werden, sowie als Informationssysteme zur Beurteilung von Maßnahmen bei Unfällen. Am Beispiel dreier solcher Datenbankanwendungen wird der Einsatz von Standard-PC-Datenbanksystemen für derartige Projekte diskutiert, wobei insbesondere auf Fragen des Arbeitsaufwandes für Implementation und Änderungen, der Leistungsfähigkeit des Datenbanksystems bei größeren Anwendungen und der benutzungsfreundlichen Gestaltung der Anwendungs-Software eingegangen wird.

Abstract

The maritime environment is severely endangered by the spill of marine pollutants from cargo or engines of sea-going ships that may be caused by accidents or even voluntarily. In order to support counter-measures against such pollution databases on micro-computers can be used for evaluating risks by gathering data of transports and transhipments, for judging the effectiveness of certain measures by gathering and analysing data, e.g. concerning waste disposals, or as information systems for indicating counter-measures in case of accidents. Presenting three of such database applications we shall discuss the use of standard database systems on personal computers in the field of maritime environmental protection. Special attention will be paid to topics like the amount of work for implementation and alteration, the efficiency of the database system in larger applications, and the user-friendly design of the application software.

Problemstellung

In den letzten Jahren ist die Bedeutung des Schutzes der maritimen Umwelt durch Ereignisse wie spektakuläre Tankerunfälle und Havarien von Frachtschiffen, vermehrtes Algenwachstum oder das Robbensterben zunehmend in das Bewußtsein der Öffentlichkeit gerückt. Neben Schadstoffeinträgen durch die Flüsse, aus der Atmosphäre und von Land aus bestehen beträchtliche Gefahren für die maritime Umwelt durch den Transport gefährlicher Güter mit Seeschiffen, die bei Unfällen freigesetzt werden können, sowie durch das Einleiten von Rückständen aus dem Schiffsbetrieb und von Ladungsresten.

Zur Beurteilung der Gefahren, die vom Transport gefährlicher Güter mit Seeschiffen ausgehen, ist es zunächst einmal nötig zu wissen, welche Stoffe in welchen Mengen wo umgeschlagen oder transportiert werden. Solche *stoffbezogenen Statistiken* waren für den Bereich der Bundesrepublik Deutschland bis Anfang der achtziger Jahre nicht vorhanden. Eine erste Datensammlung, bei der nur der Transport von Flüssigchemikalien als Bulk-Ladung betrachtet wurde, ist von der FSSH 1982 durchgeführt worden [1]. Mit Hilfe eines in BASIC geschriebenen Programms CHEMDAT auf einem Mikrocomputer Commodore MMF 9000 wurde ermittelt, daß im Untersuchungszeitraum 64 der 300 gespeicherten Stoffe in insgesamt 1180 Partien umgeschlagen wurden. Für die Folgeuntersuchung unter dem Titel "Meeresverschmutzung durch den Transport wassergefährdender Stoffe auf See - Bestandsaufnahme und Maßnahmeempfehlungen" [2] wurde diese Fragestellung auf *alle transportierten wassergefährdenden Stoffe* ausgeweitet.

Als flankierende Maßnahme zum Verbot der Einleitung von Rückständen aus der Ladung oder dem Schiffsbetrieb zum Schutze der Nordsee werden seit Juni 1988 Seeschiffe in den Häfen der Bundesrepublik Deutschland kostenlos von derartigen Stoffen entsorgt. Zur Beurteilung dieser Maßnahme sind Daten über die *durchgeführten Entsorgungen*, die entsorgten Schiffe und die bei der Entsorgung für den Staat anfallenden Kosten nötig. Derartige Daten werden im Rahmen der wissenschaftlichen Begleitung des Demonstrationsvorhabens "Kostenlose Schiffsentsorgung" erhoben [3].

Während derartige statistischen Daten der längerfristigen Planung von Maßnahmen gegen die maritime Umweltverschmutzung dienen, ist bei Unfällen mit gefährlicher Ladung ein entscheidungsunterstützendes *Informationssystem* vonnöten, daß den vor Ort mit der Schadensbekämpfung betrauten Personen angibt, welche spezifischen Gefahren von den freigesetzten Stoffen ausgehen und welche Maßnahmen ergriffen werden können. Ein derartiges System wird zur Zeit für die Rufbereitschaft des Amtes für Umweltschutz - Überwachung - der Umweltbehörde Hamburg erstellt [4].

Verwendete Hardware und Software

Für die Erweiterung des CHEMDAT-Systems auf alle transportierten wassergefährdenden Stoffe reichte die Speicherkapazität und die Rechenleistung der vorhandenen Hardware nicht aus. Es wurde deshalb ein 16-bit-Mikrocomputer COMPAQ Deskpro 286 mit 30 MByte Plattenkapazität und einem Backup-Bandlaufwerk beschafft. Der Farbgrafik-Bildschirm erlaubt eine Darstellung von 16 Farben in einer Auflösung von 350×640 Punkten (EGA). Der Rechner läuft unter dem Betriebssystem MS-DOS. Als System-Software für die geplanten Projekte wurde das Datenbanksystem dBASE III gewählt. Für die später begonnenen Projekte stand dessen Weiterentwicklung dBASE III plus zur Verfügung, für die dann auch einige Hilfsprogramme zur Generierung von Masken und Menüs ("The UI Programmer" von WallSoft) sowie für grafische Ausgaben ("dGE" von Gebhard Heiler GmbH und "Tools für dBASE III plus: Grafik" von Ashton-Tate/Markt&Technik) benutzt werden konnten. dBASE III verfügt über eine eigene Befehlssprache, mit der sowohl interaktive Datenbankabfragen als auch die Programmierung von größeren Datenbank-Anwendungen möglich sind.

dBASE III ist ein Datenbanksystem, daß sich am relationalen Datenbankmodell orientiert. Im folgenden wird deshalb die bei relationalen Datenbanken übliche Terminologie benutzt (vgl. z.B. [5]): Seien W_1, W_2, ..., W_n beliebige Mengen, so ist jede Teilmenge X des kartesischen Produktes eine *(n-stellige) Relation* über den *Wertebereichen (domains)* W_1, ..., W_n. n ist der *Grad* der Relation. Eine Relation läßt sich als Tabelle darstellen. Jede Zeile enthält dabei ein Tupel der Relation, das jeweils ein Objekt (*Entity*) der realen Welt repräsentiert. Die Spalten repräsentieren die *Attribute* der Relation, so daß jedes Tupel durch seine Attributwerte bestimmt ist, die jeweils dem Wertebereich des Attributs entstammen. Attribute müssen, im Gegensatz zu Wertebereichen, verschieden sein. Während entsprechend der Definition zwischen den Tupeln der Relation (bzw. den Zeilen der Tabelle) keine Ordnung besteht, ist die Reihenfolge der Attribute (bzw. der Spalten der Tabelle) eindeutig festgelegt. Da aber Attribute im allgemeinen durch Namen und nicht anhand ihrer Reihenfolge bezeichnet werden, kann auch die Anordnung der Spalten vernachlässigt werden. Andererseits ist in dBASE III die Reihenfolge der Tupel nicht zufällig, da jedes Tupel eine (interne) Satznummer besitzt, die allerdings nur für die interne Verarbeitung benutzt werden sollte.

Jedes Tupel ist durch seine Attributwertekombination eindeutig bestimmt, d.h. die gesamte Attributmenge ist *identifizierend* für die Entities. Gilt diese Eigenschaft auch für eine Teilmenge der Attribute, die minimal in dem Sinne ist, daß bei Weglassen eines Attributes die identifizierende Eigenschaft verloren geht, so nennt man eine solche Attributkombination einen *Schlüssel.* Innerhalb einer Relation kann es verschiedene Schlüssel geben. Ist ein bestimmter Schlüssel dadurch ausgezeichnet, daß er ein bestimmtes Entity während seiner ganzen Lebensdauer identifiziert und nicht verändert werden kann, so nennt man ihn einen *Primärschlüssel.*

Da Schlüssel zum Auffinden von bestimmten Tupeln dienen, ist es häufig von Vorteil, sich die Relation als nach Schlüsseln geordnet vorzustellen (also die Tabelle entsprechend umzuordnen). In dBASE III erhält man eine solche Sicht, indem eine *Indexdatei* in Bezug auf einen Schlüssel erzeugt wird. Ist ein solcher Index aktiviert, verarbeitet dBASE III die Tupel in der entsprechenden Reihenfolge, so daß z.B. Operatoren wie "nächstes Tupel" oder "vorheriges Tupel" verfügbar sind. Darüberhinaus erlaubt dBASE III auch die Indizierung nach Attributen oder Attributkombinationen, die keine Schlüssel sind.

Eine Datenbank enthält im allgemeinen mehrere solcher Relationen, die über gemeinsame Attribute verbunden werden können. Dies geschieht durch den *Verbund (Join)*, eine Zusammensetzung zweier Tabellen bezüglich der Spalten, die sich auf dasselbe Attribut beziehen, wobei immer die Zeilen zusammengesetzt werden, bei denen die Werte in den ausgewählten Spalten gleich sind. Allerdings erzeugt dBASE III bei solchen Joins keine neuen Relationen, sondern stellt nur eine zeitweise Verbindung zwischen den Ursprungsrelationen her (vgl. unten bei Implementationserfahrungen).

Erstellte Datenbanken

Mit Hilfe von dBASE III wurden zu den eingangs genannten Projekten Datenbanken erstellt, die im folgenden in chronologischer Reihenfolge vorgestellt werden sollen.

TWASS [6] ist eine Datenbank zur Speicherung und Auswertung von Umschlag- und Transportdaten wassergefährdender Stoffe. Der Umschlag bzw. die Beförderung gefährlicher Güter auf Seeschiffen ist meldepflichtig, so daß als Rohdaten die schriftlichen Meldungen an die Hafenbehörden mit dem Stoffnamen des Gefahrguts, der UN-Nummer (international gültige Kennzahl), der Gefahrgutklasse, der Anzahl und dem Gewicht der Versandstücke und dem Namen des befördernden Schiffes zur Verfügung stehen. In der Untersuchung wurden diese Schiffszettel für das erste Halbjahr 1984 herangezogen. Da aus den Schiffszetteln nicht hervorgeht, ob das gemeldete Gefahrgut wassergefährdend ist, muß anhand einer Stoffliste entschieden werden, ob die Daten zu speichern sind.

Diese *Stoffliste* wird durch eine Relation TWSL repräsentiert, die als wichtigste Attribute die UN-Nummer, den Stoffnamen, die Gefahrgutklasse und die Gefahrenkategorie bezüglich der Gefährdung der maritimen Umwelt enthält. Diese Attribute zusammen identifizieren ein Entity; daneben gibt es noch eine Reihe weiterer Attribute, die hauptsächlich Stoffeigenschaften beschreiben. Um eine einfache Verbindung zu den gespeicherten Umschlagdaten zu ermöglichen, wurde darüber hinaus ein künstlicher Primärschlüssel in Form einer Stoffnummer eingeführt.

Die *Umschlagdaten* sind in der Relation TWTR84 enthalten, deren Hauptattribute Umschlagort, Herkunft, Ziel und Masse einer Ladungspartie sowie die eben genannte Stoffnummer sind. Diese Daten werden zur Auswertung für einen beliebigen Zeitraum aufaddiert in eine Relation TWTR84UM, die dann für jeden umgeschlagenen Stoff für jeden Umschlagort ein Tupel enthält mit den Haupt-Attributen Stoffnummer, Umschlagort, Import-Menge, Export-Menge, Transit-Menge, Anzahl umgeschlagener Partien. Eine Aktualisierung während der Dateneingabe erfolgt nicht, da im allgemeinen bei der nächsten Auswertung ein anderer Zeitraum betrachtet wird.

Die in TWTR84UM gespeicherten Daten können noch einmal verdichtet werden, indem die Relation TWHAE erstellt wird, die für jeden Hafen ein Tupel enthält, das für alle Stoffe zusammengefaßt Import, Export, Transit und Anzahl der Partien angibt.

Darüber hinaus enthält diese Relation für jeden Hafen einen Code aus drei Ziffern, der bei der Eingabe von Umschlagdaten zur Abkürzung des Eingabevorganges benutzt wird. Entsprechend zu TWTR84UM und TWHAE gibt es Relationen TWTR84RV und TWREV, die statt der hafenbezogenen Umschlagdaten wasserstraßenbezogene *Transportdaten* enthalten.

Da bei der Auswertung der Umschlag- und Transportdaten eine Verbindung zu der Stofflisten-Relation über den Schlüssel «Stoffnummer» besteht, kann ein *Filter* über der Relation TWSL in Bezug auf bestimmte Stoff-Attribute gesetzt werden. Die Datenbank bearbeitet dann nur Datensätze mit vorzugebenden Attributwerten, etwa nur solche zu Stoffen einer bestimmten Gefahrenkategorie. Neben einer Ausgabe der Stoffliste bietet das System die Möglichkeit, detaillierte Umschlaglisten für jeden Hafen sortiert nach UN-Nummern, Stoffnamen oder Gesamtumschlag anhand der Relation TWTR84UM auszugeben oder Übersichtslisten mit den Gesamtangaben für jeden Hafen anhand der Relation TWHAE, die aufgrund der großen Unterschiede zwischen den betrachteten Stoffen allerdings nur sinnvoll sind, wenn sie mit einem Filter erstellt werden. Analog zu den Umschlaglisten gibt es eine detaillierte Transportliste anhand der Relation TWTR84RV, die für jedes Revier für jeden Stoff u.a. Angaben über die mittlere Masse einer Partie, die Transporthäufigkeit und das relative Risiko enthält und nach UN-Nummern, Stoffnamen oder Risiken sortiert sein kann. Die Transport-Übersicht enthält zu jedem Stoff eine Zeile mit Stoffnamen, Gefahrenkategorie und relativem Risiko für jedes der betrachteten Reviere.

Das Informationssystem **RESY** (Rufbereitschaft-Einsatzleit-System) baut auf der in TWASS enthaltenen Relation TWSL auf, die durch zahlreiche weitere den *Stoff* beschreibende Attribute erweitert wurde. Eine zusätzliche Relation RS_SYN enthält die *Synonyme* der Stoffnamen, weitere Relationen spezielle Gefahrenhinweise und Zusatzinformationen. Diese Relationen sind über den Schlüssel «Stoffnummer» mit den RESY-Stoffstammdaten verknüpfbar. Bestimmte im System häufig verwendete Texte, z.B. für das Erscheinungsbild eines Stoffes, sind in Relationen als Tupel mit den Attributen Text und Code abgelegt, so daß in den Stoffstammdaten nur der für den jeweils zutreffenden Text identifizierende Code als Attributwert angegeben ist.

RESY ist als ein Informationssystem konzipiert, daß bei Unfällen mit Gefahrgut am Unfallort eingesetzt werden soll. Es erlaubt die Suche nach Stoffen anhand von UN-Nummern, Stoffnamen oder deren Synonymen und bestimmten äußeren Eigenschaften von Stoffen wie Aussehen und Geruch. Stoffeigenschaften sowie Gefahren und Abwehrmaßnahmen werden auf mehreren Bildschirmseiten ausgegeben oder als Bildschirmkopien gedruckt. Die Pflege des Datenbestandes findet in einem eigenen Programmteil statt, der nur mit einer besonderen Zugangsberechtigung benutzt werden kann. So sind Datenänderungen während des Einsatzes nicht möglich.

Die Datenbank **KESS** enthält Daten über die Entsorgung von Seeschiffen in Häfen der Bundesrepublik Deutschland. Sie gliedert sich in zwei Hauptrelationen, von denen eine die *Schiffsdaten* (Rufzeichen, Name, Größe, technische Ausrüstung etc.) enthält, die andere die eigentlichen *Entsorgungsdaten* (Ort, Datum, Mengen der einzelnen Entsorgungsgüter, Entsorgungskosten etc.). Eine weitere Relation enthält für jeden Hafen und jeden Monat des Untersuchungszeitraums ein Tupel, in dem für jedes der neun verschiedenen Entsorgungsgüter die Gesamtmenge, die Gesamtkosten sowie die Anzahl der entsorgten Schiffe aufaddiert ist. Diese Relation wird bei der Eingabe von Entsorgungsdaten aktualisiert.

Diese verdichteten Daten können in Listenform für beliebig ausgewählte Monate jeweils für einzelne Häfen, für alle Häfen einer Hafenbehörde, für alle Häfen eines Bundeslandes oder für das gesamte Untersuchungsgebiet ausgegeben werden. Eine Summierung über den Monaten jeweils eines Jahres oder über allen ausgewählten Monaten ist ebenso möglich wie für alle Häfen einer Hafenbehörde oder eines Landes. In der Bearbeitung befindet sich die Erweiterung um eine grafische Ausgabe dieser Daten mit der Möglichkeit, auch Filter über der Schiffsrelation zu setzten, um z.B. Auswertungen nach Schiffsgrößen oder Schiffstypen zu ermöglichen. Weitere Auswertungen in Bezug auf Kostenanteile und Transport der entsorgten Güter zur Endbeseitigung sollen hinzukommen.

Gestaltung der Benutzungsoberfläche

Alle drei Datenbanken werden von Personen benutzt, die im allgemeinen keine EDV-Vorkenntnisse besitzen. Um eine leichte Bedienbarkeit zu gewährleisten, arbeiten die Systeme menügesteuert. Fehler- und Hinweismeldungen erscheinen in Klartext. Eingaben erfolgen in Formulare und werden in der Regel auf Konsistenz geprüft. Darüberhinaus sind zusätzliche Hilfen vorhanden. So kann in KESS zu jedem Menü und zu jeder Meldung, die eine Ja-Nein-Entscheidung erfordert, durch Drücken der Funktionstaste-Taste F1 ein Hilfetext abgerufen werden. Durch eine konsistente Tastenbelegung soll die Arbeit erleichtert werden. So dient etwa die F9-Taste in jedem Menü zur Rückkehr in das hierarchisch höher liegende und ebenso zum Abbruch längerer Druckausgaben, bei Formularen ist die PgDown-Taste für den Abschluß einer Gruppe von Eingabefeldern vorgesehen, die Kombination Ctrl-End zum (vorzeitigen) Abschluß der Gesamtmaske, Ctrl-Home für Neuanfang der Maskenbearbeitung und so fort.

Eine Statuszeile am oberen Bildschirmrand gibt den durchlaufenen Menü-Pfad sowie bestimmte Voreinstellungen wie z.B. Parameter für die Sortierung an, um die Orientierung im System zu erleichtern. Während bei TWASS im wesentlichen nur Programmteile zur Bearbeitung der Stoffliste, zur Dateneingabe und zur Auswertung vorhanden sind und zwischen diesen eine strikte Trennung besteht, da für die Stoffliste andere Personen verantwortlich sind als für die Eingabe der Umschlagdaten, kommt es in KESS häufig vor, daß bei der Eingabe von Entsorgungsdaten ein Schiff auftritt, daß noch nicht im System gespeichert wurde, oder daß bei der Angabe des Ortes der letzten Entsorgung ein noch nicht gespeicherter Hafen auftritt. Hier ist dann der Durchgriff auf den Programmteil zu Bearbeitung der Schiffsrelation oder der Relation der Hafencodierungen erforderlich. Dabei legen sich die für einen solchen Nachtrag nötigen Formulare über das bereits auf dem Bildschirm befindliche Formular, und die Orientierungszeile wird entsprechend geändert. Dies erspart das Wechseln auf einen anderen Ast des Menü-Baumes und erlaubt die sofort anschließende Fortführung der eigentlichen Eingabe.

In allen Systemen werden Eingaben in möglichst natürlicher Weise getätigt. So ist die bei der Beschreibung der Datenbanken TWASS und RESY genannte Stoffnummer für den Benutzer/die Benutzerin nicht sichtbar, stattdessen wird die aus den Unterlagen ersichtliche UN-Nummer eingegeben und das System bietet dann bei Mehrdeutigkeiten eine weitere Auswahl (z.B. anhand der Gefahrenkategorie) an. Da allerdings Namenseingaben (für Häfen oder Schiffe) lang und fehleranfällig sind, werden derartige Daten in codierter Form eingegeben. Die gängigen Codes werden dabei schnell erlernt (z.B. HAM für Hamburg, den am häufigsten auftretenden Hafen in KESS), selten vorkommende müssen nachgeschlagen werden können. In TWASS waren hierzu Listen erforderlich, in KESS ist es dagegen möglich, ein Auswahlmenü aufzurufen, in dem z.B. die Häfen in alphabetischer Reihenfolge aufgeführt sind. Durch Auswahl eines Hafens über die Cursor- und Seiten-Tasten kann dann der entsprechende Code in das gerade bearbeitete Formular übernommen werden.

Implementationserfahrungen

Alle drei Projekte haben gemeinsam, daß zu Beginn nur eine grobe Konzeption des Anwendungssystems bestand, die während der Implementation vielfach geändert und erweitert wurde. Dies hängt damit zusammen, daß erst im Verlauf der Projekte und häufig auch erst nach dem Vorliegen der ersten Datenauswertungen bestimmt werden konnte, zu welchen Fragestellungen nach welchen Kriterien Ausgaben erforderlich sind. So wurde bei TWASS und KESS der Eingabeteil bereits genutzt, als für die Auswertung noch nicht einmal das Konzept erstellt war. Eine solche Vorgehensweise führt dazu, daß häufig die Relationen im Nachhinein durch zusätzliche Attribute erweitert werden müssen und entsprechende Änderungen in den Formularen erforderlich sind. In eingeschränkter Form gilt dies auch für RESY, da auch hier Änderungswünsche des Auftraggebers nach Fertigstellen des Prototyps eingearbeitet wurden.

dBase III bietet für eine solche flexible und schnelle Programmierung eine recht gute Unterstützung. Durch den Makro-Befehl der Programmiersprache kann der zur Ausführungszeit in einer Variablen stehende Text als Programmbefehl interpretiert und ausgeführt werden. Dadurch ist es möglich, alle Menüs eines Programms in einer Relation zu speichern. Die Tupel entsprechen einzelnen Menüs und enthalten zu jeder Funktionstaste ein Attribut mit dem anzuzeigenden Beschreibungstext der Funktion und eines mit dem als Makro verwendeten Prozeduraufruf. So kann durch eine einzige (rekursive) Prozedur für die Menüauswahl und die Menü-Relation die Struktur des Programms festgelegt und leicht wieder geändert werden.

Ebenso können alle vom Programm auszugebenden Meldungen und Hilfetexte durch entsprechende Relationen mit jeweils einer zugehörigen Prozedur behandelt werden. Ein großer Teil des Mensch-Maschine-Dialogs läßt sich so außerhalb des eigentlichen Programms halten. Verbunden mit dem Einsatz des "UI Programmer" zur interaktiven Erzeugung von Formularen und halbautomatischen Generierung der zugehörigen Eingabe-Prozeduren wird nicht nur die Programmierung erleichtert, sondern auch die Möglichkeit geschaffen, das System ohne großen Aufwand beispielsweise von deutscher auf englische Sprache umzustellen.

Allerdings hat die Speicherung der Menüs, Meldungen und Hilfetexte sowie bestimmter Codierungen als Relationen den Nachteil, das jede Relation in der Benutzung eine offene Datei bedeutet. Ist für die Relation eine Indexdatei aktiviert, etwa um Meldungen über Kenncodes als Primärschlüssel aufrufen zu können, so zählt auch diese Indexdatei als offene Datei. Da dBase III die Zahl der offenen Dateien auf 15 limitiert, kann so die zulässige Anzahl offener Dateien schnell überschritten werden. Wird dagegen jede Datei nur vor einem Zugriff geöffnet und danach wieder geschlossen, erfordert das einen größeren Programmieraufwand und verlangsamt die Ausführung deutlich.

Einige bei der Programmierung von TWASS in dBase III aufgetretene Probleme wie das Fehlen einer Funktion, die jeden beliebigen Tastendruck auswerten kann, sind in dBase III plus behoben. Geblieben ist die Beschränkung der Anzahl von Prozeduren innerhalb einer Programmdatei auf 32. Grundsätzlich kann man zwar zwischen verschiedenen Prozedurdateien umschalten, nicht jedoch bei direkt oder indirekt rekursiven Prozeduren. Dadurch werden dem modularen Aufbau von Programmen enge Grenzen gesetzt. Als Alternative könnte zwar jede Prozedur in einer eigenen Datei gehalten werden, aber dann erzeugt jeder Aufruf eine zusätzliche offene Datei. Allerdings sind auch innerhalb einer Prozedurdatei Aufrufe nur bis zu einer Schachtelungstiefe von 20 möglich. Abgesehen von diesen Beschränkungen besteht die Hauptschwäche der Programmiersprache im Fehlen strukturierter Datentypen und in unzureichenden und teilweise irreführenden Fehlermeldungen bei Programmfehlern. Dafür sind aber keinerlei Fehlfunktionen im System aufgetreten.

Das Datenbanksystem dBase III selbst besitzt neben der Beschränkung der Anzahl offener Dateien (und damit gleichzeitig benutzbarer Relationen) nur einen wesentlichen Nachteil: Da keine echten Joins gebildet werden und immer eine Relation als im aktiven Arbeitsbereich befindlich ausgezeichnet ist, ist es nicht möglich, die Verbund-Relation sortiert nach Attributen der zweiten Ursprungsrelation oder anhand eines Filters über diesen Attributen zu verarbeiten, ohne dazu den aktiven Arbeitsbereich umzuschalten. Dies führt bei bestimmten Verarbeitungsvorgängen zu ständigem Hin- und Herschalten des Arbeitsbereiches und entsprechend langsamer Ausführung. Als letzter kleiner Nachteil ist zu erwähnen, daß bei Vorliegen zweier Indexdateien zu je einem Attribut einer Relation (z.B. UN-Nummer und Stoffname) auch durch Aktivieren von beiden keine mehrstufige Sortierung (nach UN-Nummern, bei gleicher UN-Nummer nach Namen) möglich ist, sondern eine weitere Index-Datei über beiden Attributen hierfür erzeugt werden muß.

Betriebserfahrungen

TWASS enthielt nach Abschluß der Untersuchung etwa 2600 Tupel in der Stoffdaten-Relation und etwa 133000 Tupel in der Umschlagdaten-Relation. Die Eingabe der Umschlagdaten erfolgte durch studentische Hilfskräfte ohne EDV-Erfahrung und erforderte etwa 7 Menschmonate für alle Daten des ersten Halbjahres 1984 (ca. 90 Datensätze pro Stunde). Die Relation TWSL benötigt etwa 560 kByte Speicherplatz (+950 kByte für Index-Dateien). TWTR84 ist 4,6 MByte groß (+3,9 MByte Index-Dateien). Insgesamt belegt TWASS mit allen Hilfsrelationen ohne das dBase-Systemprogramm und ohne das TWASS-Anwendungsprogramm 11,5 MByte. Das Programm besteht aus 3000 Zeilen dBase-Befehlen. Die Erzeugung der Auswertungsdatei TWTR84UM (maximal ca. 4700 Tupel entsprechend 600 kBytes inklusive Indexdateien) für einen beliebigen Zeitraum dauert 15 oder mehr Stunden, die Erstellung der Häfenübersicht dauert 2 bis 5 Stunden, wobei die Zeiten jeweils vom gewählten Stoffdaten-Filter abhängig sind. Eine komplette Umschlagliste ist etwa 300 Seiten lang, der Druck dauert 3 Stunden.

KESS befindet sich noch im Aufbau, so daß über Speicherplatzbedarf und Verarbeitungszeiten nur Schätzungen angegeben werden können. Ausgegangen wird von etwa 500 Entsorgungen pro Monat, so daß in der Entsorgungsrelation etwa 18000 Tupel zusammenkommen werden, was inklusive Index-Dateien zu einem Speicherbedarf von etwa 14 MByte führen wird. Da sich bei der Benutzung von TWASS gezeigt hat, daß Auswertungen für beliebige Zeiträume nicht verlangt werden und eine monatliche Auflösung ausreicht, werden Auswertungsrelationen in KESS möglichst bereits bei der Eingabe fortgeschrieben, so daß nur für Spezialauswertungen die bei TWASS üblichen sehr langen Verarbeitungszeiten erforderlich sind.

RESY ist ein einsatzreifer Prototyp, dessen Stoffdaten-Relation allerdings noch erweitert werden muß, da bisher nur 300 Stoffe gespeichert sind. In diesem Stand benötigt das System mit allen Relationen, Indexdateien und Programmen etwa 2,1 MByte. Da ein Tupel der Stoffstammdaten-Relation nur etwa 550 Byte benötigt und die übrigen Relationen bei Hinzukommen neuer Stoffe nur in Einzelfällen erweitert werden müssen, ist der Betrieb eines vollständigen Systems auf einem tragbaren Rechner mit 20MByte-Festplatte kein Problem.

Schlußfolgerungen

Die dargestellten Anwendungen zeigen, daß sich auch größere Datenbestände auf Mikrocomputern bei Einsatz eines geeigneten Datenbanksystems verarbeiten lassen. Trotz der oben angesprochenen Probleme kann festgestellt werden, daß dBase hierfür gut geeignet ist, zumal einige der angesprochenen Probleme in der neuen Version dBase IV nicht mehr auftreten. Die relativ langen Verarbeitungszeiten bei der Auswertung hängen im wesentlichen von den zahlreichen Plattenzugriffen ab. Bei Systemen, die lediglich statistische Daten liefern sind kurze Antwortzeiten nicht erforderlich. Anders ist es bei Informationssystemen wie RESY. Da hier aber nur relativ einfache Suchen durchgeführt werden, sind die Antwortzeiten akzeptabel.

Die Programmierung läßt sich, auch durch die mittlerweile zahlreich vorhandenen Hilfsprogramme wie z.B. Maskengeneratoren, mit vertretbarem Aufwand durchführen. Funktionen, die von dBase selbst nicht zur Verfügung gestellt werden, wie etwa Grafik-Ausgaben, sind in ausreichender Zahl als Zusatzprogramme am Markt erhältlich. Bei geeigneter Gestaltung der Anwendungs-Software können auch Personen ohne EDV-Kenntnisse und teilweise auch ohne spezielle Kenntnisse des Anwendungsgebietes (bei TWASS und RESY z.B. ohne besondere chemische Ausbildung) weitgehend problemlos mit einer solchen Datenbank arbeiten.

Literatur

[1] FSSH/Dornier (Hrsg.) (1983). Transport von Chemikalien auf See, Forschungsbericht 04 00204 100 140 0150, Bundesminister für Forschung und Technologie, Bonn.

[2] Jacobi, H. und Golchert, H.-J. (Hrsg.) (1987). Meeresverschmutzung durch den Transport wassergefährdender Stoffe auf See - Bestandsaufnahme und Maßnahmeempfehlungen -, Forschungsbericht Wasser 102 03 212, Bundesminister für Umwelt Naturschutz und Reaktorsicherheit, Bonn.

[3] Golchert, H.-J. (1989). Zwischenbericht zum Demonstrationsvorhaben "Kostenlose Schiffsentsorgung" in den Häfen der Bundesrepublik Deutschland, FSSH, Hamburg.

[4] Golchert, H.-J. und Aschendorf, M. (1989). RESY - Ein Datenbank-Informations- und Entscheidungshilfe-System für den Einsatz bei Unfällen mit gefährlichen und/oder wassergefährdenden Chemikalien, FSSH, Hamburg.

[5] Schlageter, G. und Stucky, W. (1983). Datenbanksysteme: Konzepte und Modelle, Teubner Studienbücher, Stuttgart.

[6] Heinecke, A.M. und Golchert, H.-J. (1988). TWASS - A Database for the Transport of Dangerous Goods by Sea, in: P. Zanetti (Ed.), Computer Techniques in Environmental Studies, ENVIROSOFT 88 - 2nd International Conference, Computational Mechanics Publications, Southampton und Springer-Verlag, Berlin.

Erfassung, Verwaltung und Auswertung von Daten im Projektzentrum Ökosystemforschung der Christian-Albrechts-Universität zu Kiel

W. Windhorst, W. Schaefer, A. Salski, M. Meyer
Schauenburgerstr.112, 2300 Kiel

Zusammenfassung

Ziel des Vortrages ist die Darstellung der Anforderungen und derzeitigen Lösungswege bei der Erfassung, Sicherung, Verwaltung und Auswertung der im Projektzentrum Ökosystemforschung erfaßten Daten.
Zur Zeit beteiligen sich ca. 50 Wissenschaftler, 15 Techniker und über 100 Studenten von mehr als 20 verschiedenen Lehrstühlen der Universität Kiel, der Universität Hamburg, des Max-Planck-Institutes für Limnologie in Plön, des Deutschen Wetterdienstes in Quickborn und des Gewerbeaufsichtsamtes Itzehoe an der Datenerfassung im Gelände und der Auswertung im Projektzentrum Ökosystemforschung.
Der erfolgreiche Verlauf des Gesamtvorhabens hängt u. a. davon ab, inwiefern es gelingt, allen beteiligten Wissenschaftlern die gesamte vorhandene Datenbasis möglichst frühzeitig zur Verfügung zu stellen. Dies ist nur durch eine durchgängige Datenerfassungs- und Datenverarbeitungskonzeption von der Messung im Feld bis zur Darstellung der Ergebnisse in Dokumentationen und Veröffentlichungen realisierbar.
Die Aufgaben der EDV-Konfiguration lassen sich wie folgt zusammenfassen:
1   Datenerfassung in Feld
2   Datenerfassung im Labor
3   Dateneingabe am Arbeitsplatz (in der Regel im Projektzentrum)
4   Datenauswertung (in der Regel im Projektzentrum)
5   Datendokumentation im Feld, am Arbeitsplatz und Projektzentrum
6   Bereitstellung der Daten und Dokumentationen in der zentralen Datenbank
7   Verbindung der zentralen Datenbank mit dem Geographischen Informationssystem ARC/INFO des Projektes Umweltbeobachtung

1 Einführung

Zielsetzung der Arbeiten im "Projektzentrum Ökosystemforschung" ist die Erfassung und Interpretation der Struktur und Dynamik repräsentativer Ökosysteme, um so die Wirkungen gegenwärtiger und zukünftiger Belastungen unserer Umwelt bewerten zu können.

Aus der Erkenntnis heraus, daß die immer stärker auftretenden Umweltbelastungen mit den herkömmlichen Methoden einzelwissenschaftlicher Forschung nur unzureichend behandelt werden können, ergibt sich die Notwendigkeit einer interdisziplinär organisierten Ökosystemforschung.

Der erfolgreiche Verlauf der Arbeiten hängt wesentlich davon ab, inwiefern es gelingt, allen am Projekt beteiligten Wissenschaftlern die gesamte vorhandene Datenbasis möglichst frühzeitig und langfristig zur Verfügung zu stellen.

Die Planung der EDV-Konfiguration erfolgte unter Berücksichtigung der Erfahrungen im "Long Term Ecological Research Programm" in den USA (Michener et al 1986), dem MAB 6 Projekt in Berchtesgaden "Der Einfluß des Menschen auf Hochgebirgsökosysteme" (MAB-Mitteilungen Nr 16. 1983) und berücksichtigt ebenfalls Anforderungen von Ebenhöh, (1988) zur Planung eines Ökosystemforschungsvorhabens im niedersächsischen Wattenmeer.

1.1 Grundsätzliche Anforderungen an die EDV-Konfiguration

Der geforderte Datenaustausch innerhalb des Vorhabens und mit externen Forschungsvorhaben ist nur dann langfristig zu realisieren, wenn Maschinen mit konventionellen Datenformaten und betriebssystemunabhängiger Standardsoftware eingesetzt wird. Sowohl auf PC's unter DOS als auch auf Hostrechnern muß dem Anwender eine einheitliche Benutzeroberfläche angeboten werden. Weiterhin müssen zwischen den verschiedenen Softwarepaketen Schnittstellen vorhanden sein, die sowohl einen einfachen Datentransfer **auf** einer Hardwareplattform als auch **zwischen** verschiedenen Hardwareplattformen ermöglichen.

1.2 Ebenen der Datenverarbeitung

Neben diesen allgemeinen Kriterien lassen sich die Aufgaben, die von der EDV-Konfiguration im Projektzentrum Ökosystemforschung bewältigt werden müssen, in fünf Ebenen mit unterschiedlichen Anforderungen an die Soft-, Hardware und Dokumentation gliedern (siehe auch Abb 1).

2 Datenerfassung im Versuchsgelände

Zu unterscheiden sind zunächst Meßstationen, die autark in größerer Entfernung vom Kern-Untersuchungsgebiet aufgebaut sind und fest verbundenen Meßstationen (siehe Abb.2). Die folgenden Abschnitte behandeln zunächst die vom Umfang größte Gruppe der Meßeinrichtungen, die sich im Kern-Untersuchungsgebiet fest eingebunden befinden.

2.1 Konzeptfragen

Wichtig ist eine technische Lösung der elektronischen Meßdatenerfassung, die durch modularen Aufbau schnelle Anpassung an neue Meßaufgaben gewährleistet.

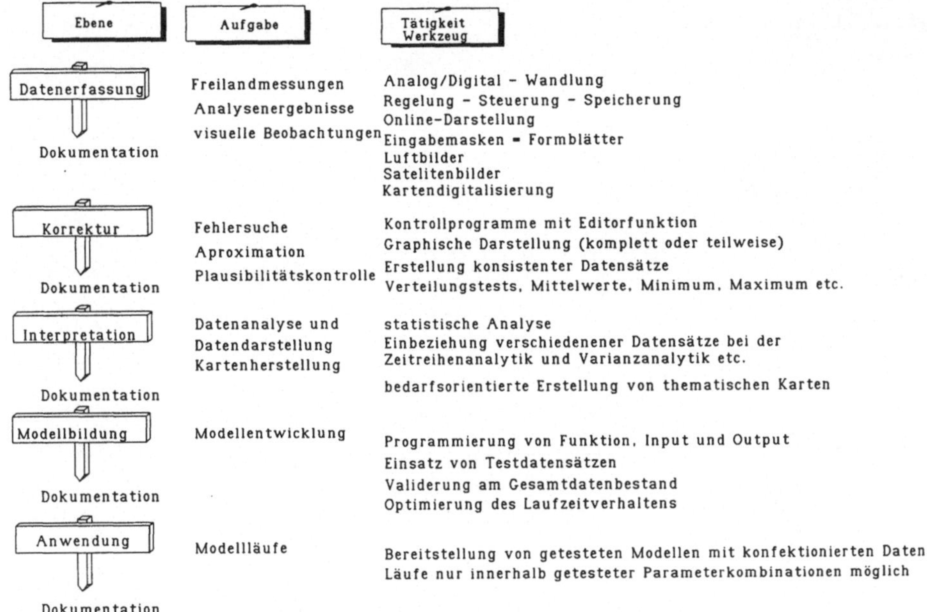

Abbildung 1: Ebenen der Datenverarbeitung

Dazu kommt ein service- und wartungsfreundlicher Aufbau, der bei Ausfällen einen ungestörten Betrieb der übrigen Meßeinheiten und den Austausch von Baugruppen mit eigenem Personal und technischen Mitteln ermöglicht.

Das Konzept sieht daher vor, daß bei Ausfall übergeordneter Einheiten oder der Datenleitungen dorthin, jeweils die untergeordneten ungestört weiterarbeiten und die auflaufenden Daten auf der noch intakten Ebene bis zu 14 Tagen zwischengespeichert werden. Ebenso ist im Stromversorgungsbereich durch Akkumulatoren und unterbrechungsfreie Stromversorgungen (UPS) Vorsorge für eine temporäre Pufferung gegeben.

2.2 Sensoren

Nach der Installierungsphase sind z.Zt. ca. 500 Sensoren im gesamten Untersuchungsraum an das automatisch arbeitende Netz der elektronischen Datenerfassung angeschlossen. Die Sensoren erfassen u.a. folgende Größen: Temperatur (Luft, Boden), Luftfeuchte, Windgeschwindigkeit u. -richtung, Sonnenstrahlungsdauer und -intensität, Niederschlag, Grundwasserstände, Bodenwassergehalt, Fließgeschwindigkeitsmessung mit Ultraschallmessung, Wassertemperaturen.

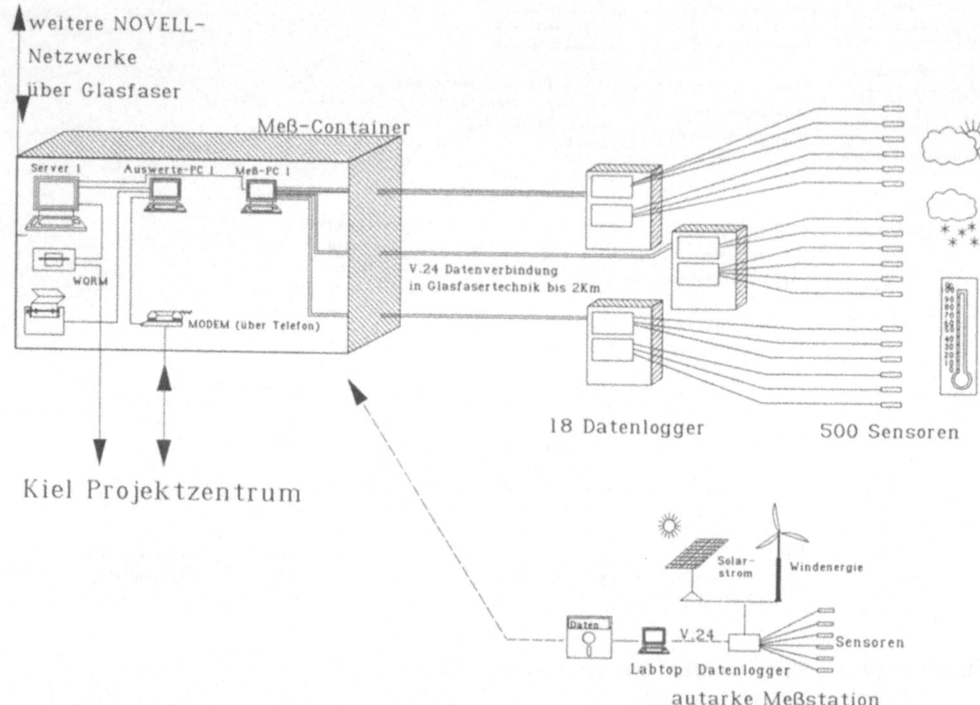

Abbildung 2: Aufbau der Meßdatenerfassung im Versuchsgelände

Die von den Sensoren erzeugten elektrischen Signale (Elektr. Spannung, Strom, Widerstand, Kapazität, Ereigniszählung, Frequenzen) werden den Datenloggern über Datenkabel zugeführt.

2.3 Datenlogger

An die im Forschungsprojekt verwendeten Datenlogger können je bis zu 60 Sensoren angeschlossen werden. Die Sensoren werden je nach Konfiguration in Zeitabständen von 0,6 sec bis Tagesrhythmus abgefragt und ihre Meßwerte in internen Arbeitsspeichern abgelegt.

Die Arbeitsspeicher können je bis 256kByte aufgerüstet werden und so maximal 128.000 Meßwerte zwischenspeichern.

Die Logger verfügen über eine V.24-Schnittstelle, über die ein Labtop oder PC angeschlossen werden kann, um Daten abzurufen oder den Logger für eine andere Meßaufgabe neu zu konfigurieren.

Insgesamt sind 4 unterschiedliche Loggertypen im Untersuchungsgebiet im Einsatz, deren Bedienung und Datenformat aber durch entsprechende Software vereinheitlicht wird.

2.4 Funktion der PC`s bei der Datenerfassung

Die Datenlogger sind über bis 500m lange Lichtwellenleiter mit seriellen Schnittstellen der PC's in den Meß-Containern verbunden. Jeder PC kann in unserer Konfiguration bis zu 8 Logger bedienen. Eine Softwareschale sorgt für eine komfortable Bedienung der Logger und einen automatischen periodisch eingeleiteten Abruf der in den Loggern aufgelaufenen Daten.

Alle Daten werden auf Festplatten zwischengespeichert und können mit Auswerte-PC's (Farbgraphik) vorab ausgewertet und überprüft werden. Ebenso ist eine ONLINE-Darstellung auflaufender Daten einzelner Datenlogger und Kanäle bzw. Sensoren möglich.

Der Ausfall von PC's beeinträchtigt nicht die Meßtätigkeit, da die Logger die Daten solange speichern, bis ein erneuter Datenabruf (Polling) durch die PC's erfolgt oder die Daten mit einem Labtop "zu Fuß" ausgelesen werden.

2.5 NOVELL-Netzwerk und Server-Festplatte

Die auf den Festplatten der Meß-PC zwischengespeicherten Daten werden in Intervallen auf eine zentrale Festplatte übertragen. Dazu sind alle Meß-PC's in ein NOVELL-Netzwerk eingebunden. Insgesamt existieren 3 getrennte NOVELL-Netzwerke in 3 Meß-Containern. Die Netzwerke bestehen jeweils aus einem Netzwerk-File-Server sowie div. Meß-PC's und Auswerte-PC's. Die 3 Meßcontainer und damit die Netzwerke sind untereinander mit Lichwellenleitern zum Datenaustausch verbunden.

Ein Ausfall des NOVELL-Netzwerks beeinträchtigt nicht die Datensammlung durch die Meß-PC's mit ihren angeschlossenen Loggern. Die Daten werden weiterhin auf die PC-Festplatten geschrieben.

2.6 Datensicherung/Archivierung mit WORM

Die zentrale Datensammlung auf einer Server-Festplatte dient u.a. der Vereinfachung einer regelmäßigen Datensicherung. Sowohl zur dauerhaften Archivierung als auch zum "Primärdatentransport" zum Projektzentrum Kiel zur weiteren Datenbearbeitung wird eine WORM-Station (800MB opt. Platte) eingesetzt. Damit stellt die optische Platte die hauptsächlich genutzte Daten-Schnittstelle nach Außen dar.

2.7 Datenfernübertragung mit MODEM

Ein installiertes MODEM mit dahintergeschalteter intelligenter Remote-Software läßt vielfältige Fernbedienungsfunktionen zu. Sowohl einfacher Meßdatentransfer zur Vorabkontrolle als auch die Fernkonfiguration von Datenloggern und Sensoren ist realisierbar. Dazu kommen die Möglichkeit der Fehler-Ferndiagnose und Fernwartung für die

Meßtechniker und Netzwerk-Betreuer.

Die Einrichtungen zur Datenfernübertragung stellen die 2. Daten-Schnittstelle nach Außen dar.

2.8 Autark arbeitende Meßstationen

Auch bei den autark arbeitenden Meßstationen, die wegen ihrer örtlichen Entfernung in das Datennetz nicht per Kabel eingebunden sein können, ist das modulare Konzept verwirklicht worden. Einheitliche Hardware gewährleistet auch hier den raschen Austausch von defektem Gerät. Die Daten werden hier einheitlich per V.24-Schnittstelle durch Anschluß eines Labtops periodisch gesichert und· fließen dann in den Gesamtdatenstrom mit ein.

Hervorzuheben ist die auf die Autarkiesituation der Meßstationen abgestimmte Gestaltung der Stromversorgung mit Akkumulatoren, die durch die Nutzung regenerativer Energien, wie Sonnen- und Windenergie, ständig ergänzt wird.

3 Datenverwaltung im Projektzentrum

3.1 Hardware

Die Anforderungen an die EDV-Konfiguration im Projektzentrum Ökosystemforschung ergeben sich aus den Aufgaben der Ebenen zwei bis fünf (Korrektur, Interpretation, Modellbildung und Anwendung, siehe auch Abb.1) der Datenverarbeitung.

Unter Berücksichtigung der Situation, daß nur die Hälfte aller Mitarbeiter der betreuten Ökosystemforschungsvorhaben ihren Arbeits-platz im Projektzentrum haben, ergibt sich die Notwendigkeit, die Kapazitäten der EDV zu dezentralisieren, ohne ein zentrales Management der erfaßten Daten aufzugeben. Um beiden Forderungen nachzukommen, wurde als Lösung die Kopplung eines PC-Netzwerkes mit einem Minirechner im Netzwerk des Rechenzentrums der Universität Kiel gewählt (siehe Abb.3).

Durch den Einsatz von PC's war es kostenmäßig möglich, alle externen Arbeitsgruppen mit mindestens einem PC auszustatten. Außerdem können so PC-Kapazitäten, die schon in vielen Instituten installiert waren, ohne Probleme für Projektaufgaben mitgenutzt werden.

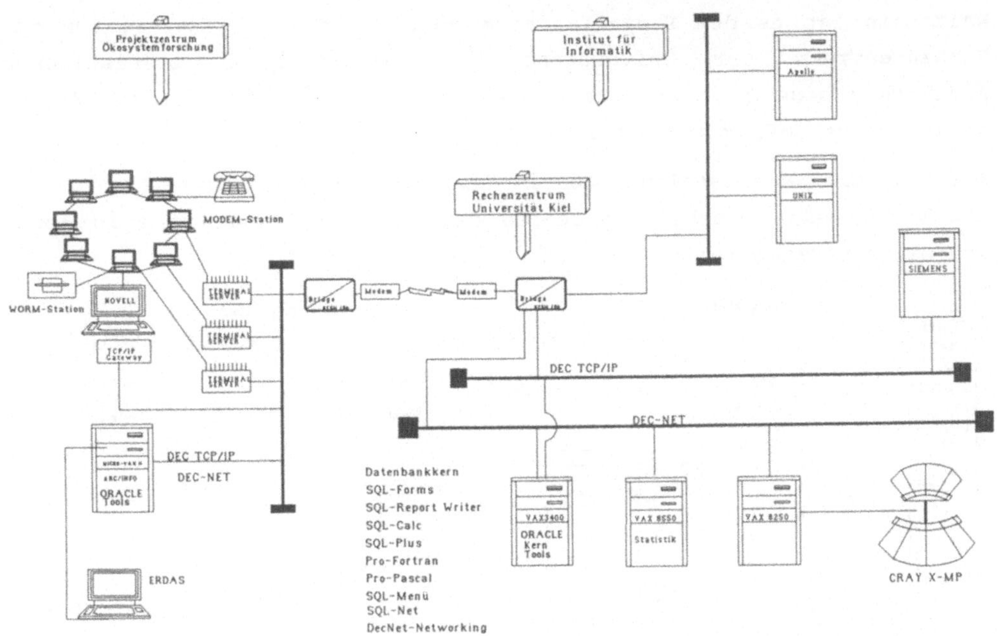

Abbildung 3: EDV-Anbindung des Projektzentrums Ökosystemforschung

Für die Vernetzung der PC's im Projektzentrum Ökosystemforschung wird, wie bei der Datenerfassung im Feld, das ARCNET-System von Novell eingesetzt. Der Einsatz von zwei PC-Netzen gleichen Typs ist mit folgenden Vorteilen verbunden:

- Software- und Hardwarelösungen, die für das Feld konzipiert und erarbeitet werden, können im Projektzentrum in vollem Umfang getestet werden.

- Fallen Teile der EDV-Konfiguration im Feld bei der besonders wichtigen Datenerfassung aus, können PC's, Netzkarten etc. aus dem Projektzentrum ohne Probleme ersatzweise installiert werden.

- Der Personalaufwand zur administrativen und technischen Betreuung der PC-Netzwerke wird ebenso minimiert wie der Schulungsaufwand.

Die Verbindung der verschiedenen Ethernets ermöglicht neben den Mitarbeitern im Projektzentrum auch anderen Instituten der Universität Kiel wie z.B. dem Institut Informatik über Ethernet und externen Universitäten über Datex-P den dezentralen Zugriff auf die zentrale Datenbank ORACLE, die auf der MICROVAX3400 im VAX-Cluster des Rechenzentrums installiert ist.

Weiterhin ist es dem Projektzentrum möglich, die CPU-Kapazitäten des Rechenzentrums der Universität bei umfangreichen statistischen Analysen (Ebene 3 : Interpretation) und bei der Modellbildung (Ebene 5) in vollem Umfang zu nutzen.

3.2 Zentrale Bereitstellung der im Feld registrierten Daten

Die verschieden Bearbeitungsstufen der erfaßten Daten sind in Abb.4 schematisch dargestellt.

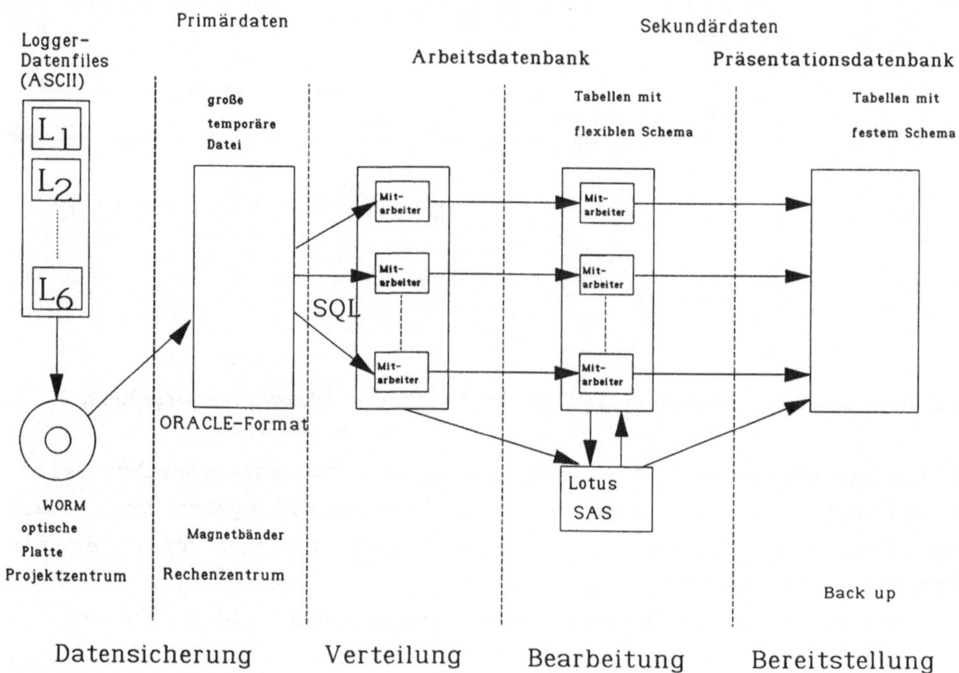

Abbildung 4: Stufen der Datenbearbeitung

Um gegen unvorhersehbare Ereignisse gewappnet zu sein, werden die Meßdaten direkt nach Ankunft im Projektzentrum von der optischen Platte in die Datenbank auf dem Rechner im Rechenzentrum eingelesen. Nach Abschluß dieser Arbeit erfolgt dann die zweite Sicherung der unveränderten Meßdaten auf Magnetbändern, die im Rechenzentrum gelagert werden. Die optischen Platten verbleiben im Projektzentrum.
Im Anschluß an die Sicherung der Daten auf den Magnetbändern erfolgt die Verteilung der Meßdaten auf die verantwortlichen Mitarbeiter, die daraufhin z.B. mit der Korrektur der Daten beginnen.
Die Bearbeitung der Daten ist dabei so durchzuführen, daß eine Rekonstruktion der ursprünglichen Meßdaten jederzeit möglich ist (siehe auch Reuter 1988). Für die Datensicherung bedeutet dies, daß

nicht verschiedene Datenzustände zu sichern sind, sondern die verschiedenen Korrekturalgorithmen etc. langfristig bereitgehalten werden müssen. Die Werkzeuge, die zu diesem Zweck zur Verfügung stehen, werden im Abschnitt 4 näher beschrieben.

Nach Abschluß der Korrekturen sind alle Mitarbeiter verpflichtet, die Daten für Auswertungen und Interpretationen durch andere Wissenschaftler zur Verfügung zu stellen. Um die Nutzung der Daten durch Dritte zu erleichtern wurde zu Beginn der Forschungsvorhaben ein Datenkatalog erarbeitet, der zugleich Grundlage für die Strukturierung der aufzubauenden Datenbank ist.

Die Präsentationsdatenbank wird regelmäßig gesichert und soll den Mitarbeitern des Projektzentrums auch langfristig ONLINE zur Verfügung stehen.

Neben der Sicherung der Daten und der Aktualisierung des Datenkataloges, ist der Aufbau einer strukturierten Dokumentation der zur Verfügung stehenden Daten erforderlich. Als Leitlinie hierzu wird wiederum Abb. 1 (Ebenen der Datenverareitung) herangezogen. Die Abfassung der Dokumentation erfolgt kapitelweise entsprechend der bearbeiteten Ebene.

4 Instrumente zur Auswertung und Darstellung der Ergebnisse

4.1 Einsatz der relationalen Datenbank ORACLE

Das relationale Datenbanksystem ORACLE, das sich bekanntlich auf Rechnertypen der unterschiedlichsten Bauart, vom PC bis zum Mainframe, installieren läßt, wird im Projektzentrum auf einer MICROVAX 3400 eingesetzt. Mitarbeitern von auswärtigen Instituten wird das Standard-PC-ORACLE zur Verfügung gestellt.

Von WEIß (1989) wurde ein Datenkatalog der im Ökosystemprojekt anfallenden Daten unter besonderer Berücksichtigung ihrer Speicherung in der Datenbank angefertigt. In leichter Abwandlung ihrer Ausführungen lassen sich vier Datentypen kategorisieren:

Das Gros der Meßdaten entfällt auf den Typ I, den schon ständig erwähnten Meßreihen der Datalogger. Mit dem ORACLE-Programm ODL können die auf Disk im ASCII-Format gespeicherten Daten in die Datenbank übertragen werden. Wie die Abb. 4 demonstriert, sind die Meßwerte nach der Erfassung noch nicht in der endgültigen Form und müssen bis zur endgültigen Aufnahme in die Präsentationsdatenbank weiterbearbeitet werden. Eine automatisierte Protokollführung der Korrekturschritte mit den Tools von ORACLE ist in Vorbereitung.

Typ II wird durch das "einfache" Meßprotokoll repräsentiert. Als Beispiel hierfür sei die chemische Analyse der Stoffe in einem Liter Wasser genannt. Der Bearbeiter schreibt zunächst seine Analysenergebnisse in ein vorbereitetes Formblatt und überträgt dieses dann manuell in den Computer. Für einen Projektmitarbeiter mit Daten dieses Typs läßt sich mit SQLFORMS eine Maske entwickeln, die in ihrer Struktur dem Formblatt gleicht und damit dem Anwender eine bequeme Übertragung seiner Werte in die Datenbank erlaubt. Da keine Verknüpfungen zwischen unterschiedlichen Tabellen der Datenbank erfolgen, gestaltet sich die Generierung einer solchen Maske als einfach und kann im Prinzip vom Anwender selbst vorgenommen werden.

Den Datentyp III kann man als "floristisches oder faunistisches Protokoll" bezeichnen. Als Beispiel sei die Aufzeichnung eines Vegetationskundlers genannt, der sich für einen Quadratmeter Acker die dort wachsenden Pflanzen in ihren Mengenanteilen aufschreibt. Ein Protokoll, die sogenannte Vegetationsaufnahme, enthält neben der Auflistung der Arten und deren Mengenanteilen auch Angaben zur allgemeinen Charakterisierung der Untersuchungsfläche. Als Schlüsselvariablen einer Vegetationsaufnahme können z.B. die geographische Ortsangabe und das Untersuchungsdatum verwendet werden. Im Normalisierungsprozeß wird die Vegetationsaufnahme in einen Kopfteil mit den charakterisierenden Angaben und die eigentliche Artenliste aufgeteilt und in der Datenbank in zwei Tabellen eingeordnet. Dies ist zunächst einmal für relationale Datenbanksysteme nichts Ungewöhnliches. Kompliziert wird jedoch die Datenstruktur durch die Codierung der Artenliste, da aus der Sicht der Datenverarbeitung eine Zahlencodierung der Arten am einfachsten wäre. Für den Anwender würde dies allerdings bedeuten, daß er im Extremfall die Zahlencodes aller in Schleswig-Holstein vorkommenden Pflanzenarten kennen bzw. ständig in einer Codeliste die Nummern suchen müßte. Dieser Suchvorgang läßt sich jedoch automatisieren. Die Eingabemaske für den Datentyp II inclusive Suchalgorithmus wurde im Projektzentrum mit SQLFORMS unter Einbezug der Trigger-Technik entwickelt.

Vom Typ IV sind die Meßwerte, die kartographisch dargestellt werden sollen. Hinsichtlich der Eingabe gilt das für die Typen II und III dargelegte. Die Daten des Typs IV sollen als "Attributdaten" bezeichnet werden. Auf diese soll später im Zusammenhang mit dem Geographischen Informationssystem (GIS) noch weiter eingegangen werden.

Abgesehen von Dateien, die den Bestimmungen des Datenschutzes unterliegen, sollen die Meßwerte in der Datenbank allen Projektmitarbeitern zugänglich gemacht werden. Zur Präsentation der Daten in unterschiedlichen Themenkreisen wird intensiv Gebrauch von der View-Technik gemacht.

4.2 Anbindung weiterer Software

Die Datenbank kann als zentrale Sammelstelle der Meßwerte und als Informationsstelle für einfache oder komplexe Anfragen angesehen werden. Die Auswertung der Daten muß jedoch in den meisten Fällen von anderen Programmsystemen übernommen werden:

4.2.1 SAS

Zur statistischen Auswertung von Daten und Zeitreihen sowie zur graphischen Darstellung der Ergebnisse kann die SAS/ETS-Software, die das Rechenzentrum der Universität auf der VAX 8550 zur Verfügung stellt. Zwischen SAS und ORACLE kommuniziert eine im Handel erhältliche Schnittstelle.

4.2.2 GIS

Die kartographische Darstellung von Meßergebnissen soll von dem Kartographiesystem ARC/INFO übernommen werden. Die ARC/INFO-Software bietet die Möglichkeit, flächenbezogene Daten zu speichern, zu bearbeiten und in Form von geographischen Karten darzustellen. Sie besteht aus zwei Teilen, dem Graphikteil ARC, der die räumlichen Daten der Karten speichert und einer Hilfsdatenbank INFO, die die Attributdaten der Karte verwaltet. HAMER (1988) hat in einer Diplomarbeit nachgewiesen, daß die INFO-Datenbank nicht den Erfordernissen eines modernen DBS genügt. Deshalb mußte sie ohne Aufgabe der guten ARC-Software durch eine andere Datenbank ersetzt werden, die allerdings befähigt ist, mit ARC per Schnittstelle zu kommunizieren. Mit der ARC-ORACLE-Software kann dies realisiert werden.

4.2.3 Lotus/Freelance/Manuscript

Im PC-Verbund des Projektes werden sehr intensiv die LOTUS-Produkte 123, Freelance und Manuscript genutzt. Im Projektzentrum werden PC-Auswertung und Hostrechner-Datenverarbeitung nebeneinander gestellt und für Datentransfers vom Host-Rechner auf PC's und umgekehrt, alle hardware- und softwaretechnischen Voraussetzungen geschaffen. Für den Transfer zwischen den PC-Spreadsheets von LOTUS 123 und der ORACLE-Datenbank auf dem Host-Rechner wird eine im Projektzentrum entwickelte Schnittstelle verwendet. Der Daten- und Graphiktransfer im

PC-Bereich zwischen den Programmen 123 (Tabellenkalkulation und Businessgraphik), Freelance (Graphikprogramm) und Manuscript (Textverarbeitung mit Graphikeinbindung) bereitet keine Konvertierungsprobleme, da die 3 Programme vom Hersteller als Einheit konzipiert worden sind.

4.2.4 Andere Software

Das Ziel des Projektes liegt unter anderem in der Modellierung von Partialökosystemen und deren Validierung anhand der realen Meßdaten. Zum Teil sollen schon bestehende Modellbildungsprogramme verwendet, zum Teil müssen aber auch projekteigene Modellprogramme entwickelt werden. Auf Host-Rechner-Ebene ermöglichen Präcompiler den Direktzugriff zur Datenbank im Programm, PC-Programme benötigen einen Export der Meßwerte aus der Datenbank im ASCII-Format.

Die Untersuchungsdaten sind in Bezug auf Genauigkeit sehr unterschiedlicher Natur. Sehr exakten Meßwerten stehen subjektive Schätzungen gegenüber, die sich auch nicht so ohne weiteres objektivieren lassen. Weil jedoch bei der Ökosystemanalyse auch diese subjektiven Schätzungen von Wert sind, müssen spezielle Auswerteverfahren wie z.B. Methoden der 'Fuzzy-Set-Theorie' angewendet werden.

Literatur

EILERS, H., W. JANSEN, H. de VOLDER (1986) : SQL in der Praxis.
        Addison-Wesley
EBENHÖH, W. (1988) : Überlegungen zu einem Forschungsprojekt
        "Wattenmeer"
        Texte des Umweltbundesamtes 11/89
HAMER, U. (1988) : Untersuchungen zum Info-Teil des
        Kartographiesystems "ARC-INFO".
        Diplomarbeit, Univ. Kiel
MAB-MITTEILUNGEN 16 (1983): Der Einfluß des Menschen auf Hoch-
        gebirgsökosysteme im Alpen- und Nationalpark Berchtesgaden
        Deutsches Nationalkomitee für das UNESCO-Programm
        "Der Mensch und die Biosphäre", Bonn
McFADDEN, F.R., J.A. HOFFER (1988) : Data Base Management.
        Benjamin/Cummings Publishing Company, 680 S.
MICHENER, W.K. et al (1986) : Research Data Management in the
        Ecological Sciences
        University of South Carolina Press
PERRY, J.T., J.G. LATEER (1987) : Understanding Oracle.
        Sybex, San Francisco
Reuter, A. (1988) : Datenbanken als Grundlage für große verteilte
        Meß-, Kontroll-, Analyse- und Simulationssysteme.
        in:Tagungsband I der 18. GI-Jahrestagung.
        Springer, Berlin, Heidelberg
SAS/ETS (1984) : User's Guide.
        SAS Institute, Cary NC.
Weiß, W. (1989) : Konzeptueller Entwurf einer Ökosystemdatenbank.
        Diplomarbeit, Univ. Kiel

Waldschäden und Standortcharakteristika – eine Untersuchung auf der Grundlage eines rasterorientierten geographischen Informationssystems

Franz–Josef Behr
Institut für Photogrammetrie und Fernerkundung (IPF),
Universität Karlsruhe (TH), Englerstr. 7, D-7500 Karlsruhe

Zusammenfassung

Im Rahmen des Vorhabens *„Aufbau eines geographischen Informationssystems zur Ermittlung von Waldschäden und ihrer Veränderung"* werden Waldschadensdaten mit anderen Informationen innerhalb eines rasterorientierten geographischen Informationssystems verknüpft. Ziel ist die Ermittlung von Abhängigkeiten zwischen der räumlichen Verteilung der Schäden und verschiedenen Stressfaktoren.

Dazu wurde auf der Grundlage eines unverzerrten Stichprobenrasters mit ca. 25 Meter Maschenweite eine Waldschadens–Intensivinventur für zwei Gebiete im südlichen Schwarzwald durchgeführt. Voraussetzung für die Verknüpfung mit weiteren Daten ist die Bestimmung der Landeskoordinaten der Stichprobenorte. Dazu entwickelte Verfahren werden beschrieben und bezüglich ihrer Genauigkeit verglichen.

Angewandte Verfahren zur Verknüpfung mit Standortsparametern (Alter, Bestandesaufbau u.s.w.), Reliefeigenschaften (Höhe, Neigung, Exposition) sowie topographischen Gegebenheiten (Straßen, Siedlungen, Gewässer) werden dargestellt.

Über die kombinierte Auswertung von Schadensdaten und Forstwirtschaftsdaten kann – nach Elimination von Altersabhängigkeiten – der Einfluß von Bewirtschaftungsmaßnahmen auf die Schäden untersucht werden.

Die Ergebnisse gestatten Deutung und Hypothesenprüfung in Hinblick auf mögliche Ursachen neuartiger Waldschäden. In Verbindung mit Bildverarbeitungstechniken erlaubt der rasterorientierte Ansatz die digitale kartographische Ergebnispräsentation.

1 Einleitung

Im Rahmen des Projektes *„Aufbau eines geographischen Informationssystems zur Ermittlung von Waldschäden und ihrer Veränderung"* werden mit rasterorientierten Ansätzen und statistischen Analysen neuartige Waldschäden untersucht. Im Rahmen des Vorhabens, das gemeinschaftlich vom Institut für Photogrammetrie und Fernerkundung der Universität Karlsruhe und dem Institut für Physische Geographie der Universität Freiburg bzw. dem Institut für Geographie der Universität Würzburg bearbeitet wird, werden flächenhaft vorliegende Standorteigenschaften erfaßt und mit dem jeweiligen Schadbild an den entsprechenden Standorten in Beziehung gesetzt werden. Neben den Daten zu Topographie (Digitales Geländemodell (DGM) und daraus abgeleitet Größen) sind Informationen über forstliche Standortsbedingungen, Boden, Geologie, Strahlungstemperatur und lokalen Besonderheiten (Straßen, Eisenbahn, Siedlungen, Gewässer) vorhanden.

2 Erfassung des Schadbildes

Grundlage des Informationssystems bilden die Schadensdaten des Jahres 1985, die in unterschiedlichen Auflösungen vorhanden sind. Neben Daten der terrestrischen Inventur mit vier Kilometer Rasterweite für Baden–Württemberg und IR-Luftbildinventurdaten mit einem Kilometer Rasterweite im Hochschwarzwald ist Kernstück der Datenbasis das Ergebnis einer Infrarot–Luftbild–Intensivinventur. Durch die Forstliche Forschungs- und Versuchsanstalt (FVA) Baden-Württemberg erfolgte die Ansprache von etwa 45000 Einzelbäumen nach Baumart und Schadstufe in einem regelmäßigen Raster der Seitenlänge 0.5 cm. Bei einem Luftbildmaßstab von ca. 1:5000 entspricht dies einer Maschenweite im Gelände von etwa 25 m. Baumart und Schadstufe der einzelnen Stichprobenbäume wurden auf Inventurfolien eingetragen.

2.1 Aufbereitung zur digitalen Weiterverarbeitung

Voraussetzung für die weitere Verarbeitung und Verknüpfung ist die Digitalisierung der Daten und der Bezug auf ein einheitliches Koordinatensystem. Insgesamt wurden drei Verfahren zur Bestimmung von Landeskoordinaten untersucht [Behr 88b], nämlich

- projektive Entzerrung,
- Entzerrung über Bildkoordinaten und Geländehöhe,
- Entzerrung durch Interpolation in einem verzerrtem Raster,

deren Genauigkeit in *Tab. 1* zusammengestellt ist. Sie entspricht in etwa der halben Größe der für die thematische Auswertung gewählten Rasterweite von 25 m.

Tab. 1: Genauigkeit der untersuchten Entzerrungsverfahren

Verfahren	$m_{Lage}(m)$	$m_{Höhe}(m)$
Projektive Entzerrung	20.6	—
Bildkoordinaten und Geländehöhe	10.5	5.0
Interpolation in verzerrtem Raster	9.1	4.9

Beim genauesten Verfahren, der *Bestimmung der Landeskoordinaten durch Interpolation in einem verzerrtem Raster*, wird ein indirekter Ansatz gewählt: Die Punkte des DGM's werden über die Abbildungsgleichungen der Zentralprojektion (Gl. 1) – d.h. über die Parameter der äußeren Orientierung – ins Bildkoordinatensystem transformiert.

$$x_B = -c \cdot \frac{a_1(X_i - X_0) + a_2(Y_i - Y_0 + a_3(Z_i - Z_0)}{c_1(X_i - X_0) + c_2(Y_i - Y_0 + c_3(Z_i - Z_0)}$$

$$y_B = -c \cdot \frac{b_1(X_i - X_0) + b_2(Y_i - Y_0 + b_3(Z_i - Z_0)}{c_1(X_i - X_0) + c_2(Y_i - Y_0 + c_3(Z_i - Z_0)} \tag{1}$$

X_0, Y_0, Z_0 beschreiben die Lage des Projektionszentrums, c bezeichnet die Kammerkonstante. Die Koeffizienten a_i, b_i, c_i sind die Elemente der Drehmatrix. Diese Parameter werden durch räumlichen Rückwärtsschnitt [Finst 68, S. 216] bestimmt.

Durch diese Transformation erhält man ein perspektiv verzerrtes Raster der DGM–Punkte. Für jeden Stichprobenort sind seine Landeskordinaten durch Interpolation (z.B. Affintransformation oder Streckengewichtung) zwischen den benachbarten verzerrten DGM–Punkten zu berechnen (*Abb. 1*).

Für die eigentliche Entzerrung werden die Daten jeder Inventurfolie entsprechend dem Inventurraster in Matrixform in einer Textdatei abgelegt. Jedem Stichprobenort sind hierbei Rasterkoordinaten (Zeile, Spalte) innerhalb dieser Datenmatrix zugeordnet.

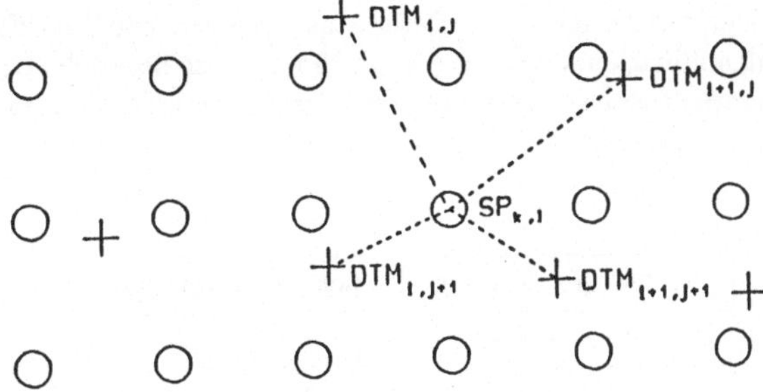

Abb. 1: Interpolation in verzerrtem DGM-Raster: Die Lage eines Stichprobenortes SP (durch Kreis gekennzeichnet) wird durch Interpolation zwischen den umliegenden DGM–Punkten (durch Kreuze gekennzeichnet) bestimmt.

Die Entzerrung selbst erfordert drei Schritte:

- Bestimmung der inneren Orientierung,
- Bestimmung der äußeren Orientierung,
- Transformation der Stichproben.

Nach dem Anbringen des Luftbildes auf einem Digitalisiertisch wird die Inventurfolie auf das Meßbild eingepaßt. Durch Digitalisieren der Rahmenmarken wird die *innere Orientierung* bestimmt.

Die *äußere Orientierung* beschreibt die Beziehung zwischen Bild- und Landeskoordinaten und kann über Paßpunkte bestimmt werden. Aus ihren Bild- und Landeskoordinaten errechnen sich über räumlichen Rückwärtsschnitt die Parameter der äußeren Orientierung.

Zur *Transformation* der in Matrixform abgelegten Inventurdaten werden durch Digitalisieren zunächst Bildkoordinaten von vier Stichproben bestimmt. Daraus erhalten wir die Koeffizienten einer Affintransformation einzelner Matrixelemente in entsprechende Bildkoordinaten.

Nun liegen alle zur Entzerrung notwendigen Parameter vor. Für jedes Tupel der Datenmatrix werden zunächst Bildkoordinaten bestimmt, aus denen über das oben beschriebene Entzerrungsverfahren Landeskoordinaten gewonnen werden. Die Lage der Stichproben ist nunmehr bekannt und die Verknüpfung mit weiteren geocodierten Datensätzen kann erfolgen.

3 Zur Methodik geographischer Informationssysteme

Beim Einsatz geographischer Informationssysteme ist grundsätzlich zwischen vektor- und rasterorientierter Datenstruktur zu unterscheiden [Burrough 87,Behr 88a]. Vektororientierte Systeme eignen sich besonders für Anwendungen in den Bereichen Planung, Grundstücksverwaltung und Kartographie. Rasterorientierte Systeme hingegen bieten sich an für thematische Auswertungen flächenbezogener Daten. Die noch häufig genannten Nachteile gegenüber dem erstgenannten Ansatz – hoher Speicherbedarf und unscharfe Darstellung punkt- bzw. linienhafter Informationen – stellen bei vorliegender Untersuchung keine Probleme dar. Der erstgenannte Kritikpunkt ist angesichts der immer günstiger und leistungsfähiger Speichermedien von geringer Bedeutung. Der zweite Einwand verliert an Wert bei Untersuchung *flächenhafter* Objekte, wie z.B. Bestandesflächen oder Gebieten bestimmter Höhenlage. Die geometrische Auflösung eines Rasterelementes kann problembezogen der Genauigkeit des Datenmaterials angepaßt werden.

Bezieht man die Vorteile einer rasterorientierten Datenbank ein – schnelle Zugriffsmöglichkeiten auf ein Datum oder eine Datenkombination, einfachere Algorithmen – , so liegen die Gründe für die Wahl einer im wesentlichen rasterorientierten Anwendung im Bereich der Waldschadensforschung auf der Hand. Eine Übersicht über die realisierten Systemkomponenten gibt *Abb. 2*.

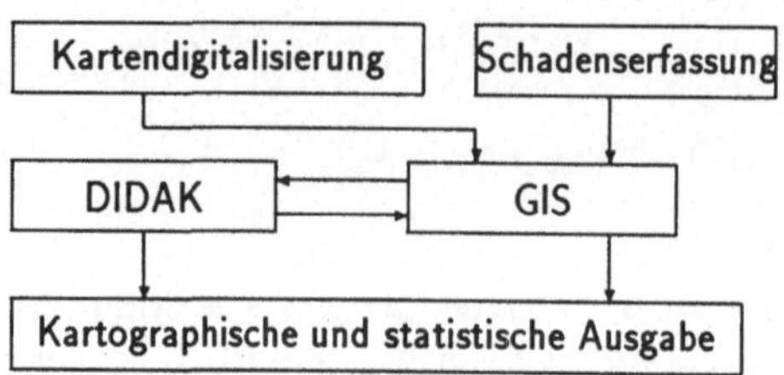

Abb. 2: Die Implementierung des rasterorientierten GIS erfolgte in enger Anbindung an das Bildverarbeitungssystem DIDAK [Wiesel 85] und gestattet auch die Integration von Fernerkundungsdaten.

Die Darstellung der Waldschadensdaten mit Methoden der rasterorientierten, digitalen Kartographie zeigt *Abb. 3*, in der für die geokodierten Stichprobenorte die Schäden kombiniert mit Zusatzinformation dargestellt werden.

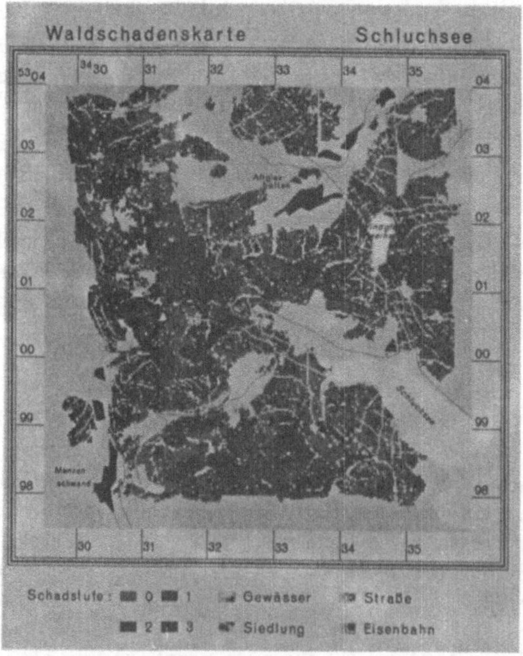

Abb. 3: Digital erzeugte Waldschadenskarte (Gebiet Schluchsee): Kartenrahmen, –inhalt und Beschriftung sind digital auf Rasterbasis erzeugt.

Tab. 2: Waldschadensverteilung

Gebiet	Baumart	Schadstufenanteil (%)				Anzahl
		0	1	2	3	
Schluchsee	gesamt	35.7	31.0	24.9	8.4	36542
	Fichte	34.4	30.3	26.2	9.1	29191
	Tanne	13.8	29.8	40.7	15.6	456
	Buche	45.2	42.5	11.9	0.3	1800
Kälbelescheuer	gesamt	31.8	31.3	28.8	8.2	9136
	Fichte	29.8	25.0	32.0	13.2	3493
	Tanne	19.6	31.5	39.2	9.7	2434
	Buche	41.3	39.4	18.4	0.9	2506

4 Verknüpfung der Waldschadenserhebung mit Zusatzdaten

4.1 Gesamtergebnis

Die Schädigungsgrade der beiden Untersuchungsgebieten Kälbelescheuer und Schluchsee (*Tab. 2*) zeigen deutlich, daß die Tanne in beiden Teilgebieten die höchsten Schädigungen aufweist. Auffallend ist der Unterschied im Gesamtergebnis der gesunden Bäume, die im Teilgebiet Schluchsee einen um vier Prozent höheren Anteil haben. Fichte und Buche schneiden am Schluchsee besser ab, während es bei der Tanne umgekehrt ist.

Verglichen mit anderen Waldschadensinventuren [Zirm 85,Hildebr 87] sind die Schäden bei vorliegender Untersuchung erheblich größer.

4.2 Reliefparameter

Aus einem DGM [Sigle 85] mit einer Maschenweite von 50 m wurden für die einzelnen Rasterpunkte über entsprechende Algorithmen [Bähr 89] Exposition und Hangneigung abgeleitet und Untersuchungen auf Abhängigkeit der Schäden von Höhe, Hangneigung und Exposition durchgeführt.

Die in *Tab. 3* zusammengestellten Werte zeigen an der Kälbelescheuer bis in eine Höhenlage von ca. 1000 m eine Abnahme des Vitalitätszustandes der Bäume mit zunehmender Höhe. Dann erfolgt zunächst eine Verbesserung des Waldzustandes (1050 m), bevor eine weitere Zunahme der Höhe wieder eine Verschlechterung des Schadbildes mit sich bringt.

Interessant verhält sich die Buche; ihr Zustand verschlechtert sich bis in Höhen von etwa 900 m, wohingegen die Verhältnisse darüber annähernd konstant bleiben.

Das wichtigste Ergebnis der Auswertung ist die Existenz einer kritischen Höhe, die ein lokales Schadensmaximum aufweist. Das entspricht den Ergebnissen von [Schöpfer 84a].

Die Auswertung des Schadzustandes im Hinblick auf die Neigung zeigt, daß die untersuchten Baumarten in den Steillagen wesentlich stärker geschädigt sind [Bähr 89]. Betrachtet man die Schadklassen 0 und 1 sowie 2 und 3 zuammen, lassen sich für das Gebiet um den Schluchsee südöstlich exponierte Flächen als Schwerpunkte der Schädigungen erkennen. Unterdurchschnittliche Werte finden sich in nordwestlicher Richtung. Für die Bestände um die Kälbelescheuer gilt bezüglich der südostexponierten Bereiche dasselbe wie am Schluchsee. Die nordwestlichen Oktanten dagegen weisen hier ein sekundäres Maximum auf.

Tab. 3: Höhenabhängigkeit der Waldschäden, Teilgebiet Kälbelescheuer

Höhenschicht	Schadstufenanteil (%)			
	0	1	2	3
600 - 650	45.7	35.5	13.2	2.6
- 700	50.6	31.8	13.8	1.7
- 750	40.5	38.8	18.0	2.7
- 800	33.9	43.0	20.4	2.7
- 850	35.7	37.5	21.9	3.9
- 900	23.6	38.1	31.6	6.7
- 950	20.8	33.3	37.8	8.0
- 1000	33.5	27.9	29.9	8.4
- 1050	35.4	30.8	26.2	7.6
- 1100	32.7	25.7	29.1	12.4
- 1150	26.3	23.9	36.4	13.4
- 1200	16.7	32.2	38.9	12.2

Tab. 4: Schadstufenverteilung über die natürliche Altersklasse (Kälbelescheuer)

Natürliche Altersklasse	Schadstufenanteil (%)				Anzahl	Anteil (%)
	0	1	2	3		
Jungwuchs	46.0	30.6	18.2	5.2	363	4.1
Dickung	53.2	32.3	12.7	1.8	886	10.0
Stangenholz	50.5	33.6	13.4	2.5	1657	18.7
schwaches Baumholz	39.8	32.2	20.7	7.3	1237	13.9
starkes Baumholz	19.1	30.7	39.3	10.9	3374	38.0
Altholz	16.0	29.3	41.2	13.5	1361	15.3

4.3 Bestandseigenschaften

Typische Bestandeseigenschaften, wie natürliche Altersklasse, Kronenschluß, Bestandesaufbau und Mischungsform, wurden bei der Inventur ebenfalls erhoben, durch Digitalisierung erfaßt und in entsprechenden Datenebenen abgelegt.

Den dominanten Einfluß auf das Schadbild übt die *Alterstruktur* aus. Schwaches Baumholz und verstärkt starkes Baumholz und Altholz sind weitaus stärker geschädigt, als jüngere Bestände (*Tab. 4*).

Bestände mit *Kronenschluß* weisen eine erheblich geringere Schädigung auf als die beiden anderen genannten Kronenschlußklassen. Die *Mischung* der Baumarten hat, vor allem bei einzeln eingestreuten Baumarten, eine gewisse Bedeutung. Der Einfluß des *Bestandesaufbaus* scheint ohne Bedeutung für das Ausmaß der Schäden.

4.4 Nachbarschaftsbezogene Auswertungen

Aus der Topographischen Karte 1:25000, Blatt 8114 (Feldberg), wurde Grundrißinformation digitalisiert und in einer Raster–Datenebene eingetragen. Diese Informationen Straßen, Siedlungen, Eisenbahntrassen, Gewässer wurden rechnerisch vergrößert (Abstandstransformierte) und mit weiteren Datenebenen für nachbarschaftsbezogene Auswertungen verknüpft. Beispielhaft sind die Ergebnisse für die Klassen „Bundesstraßen", „Nebenstraßen" und „Eisenbahn" in *Kap. 5* eingetragen; weitere Untersuchungen sind in [Bähr 89] dokumentiert.

Tab. 5: Waldschadensverteilung in der Umgebung von Verkehrswegen

Bezug	max. Abstand (m)	Schadstufenanteil (%)				Anzahl
		0	1	2	3	
Nebenstraßen	25	35.3	32.7	24.9	7.1	481
Bundesstraßen	25	26.9	38.2	26.9	8.0	637
Eisenbahn	50	34.7	32.9	26.9	5.5	577

Tab. 6: Wirkung schadverstärkender Faktoren auf die Verteilung der Schäden

Alters-klassen	Kronen-klassen	Neigung (gon)	Schadstufenanteil (%)			
			0	1	2	3
alle	alle	0 - 100	34.4	30.3	26.2	8.4
alle	alle	> 25	28.8	31.8	27.5	11.9
starkes Baum-holz, Altholz	locker, kein Schluß	> 25	7.4	26.3	43.2	23.0

Entlang von Nebenstraßen ist die Schädigung deutlich geringer als längs der beiden im Gebiet liegenden Bundesstraßen. In der Umgebung der zu großen Teilen nahezu parallel zur B500 verlaufenden (elektrifizierten) Eisenbahn (Abstand 100 - 400 m) ist die Schädigung trotz eines höheren Anteils an den Altersklassen „starkes Baumholz" und „Altholz" geringer als im Bereich der Straßen. Wie sich aus der im Erhebungsjahr durchgeführten Verkehrszählung [DTV 85] ergibt, weisen die Bundesstraßen in diesem Gebiet eine wesentlich höhere Verkehrsbelastung durch PKW–Verkehr (insbesondere an Sonntagen und an Urlaubstagen) und Schwerlastverkehr mit den entsprechenden Emissionen auf als die untergeordneten Straßen, so daß dieses Ergebnis als ein Indiz für verkehrsbedingt verstärkte Schadausprägung bewertet werden kann.

Im näheren Einzugsbereich der *Siedlungen* sind deutlich erhöhte Schäden anzutreffen. Die Nähe von *Gewässern* (mit der damit verbundenen relativ geschützten Tallage) dagegen stellt eine günstige Standortsbedingung dar.

4.5 Kombination schadverstärkender Faktoren

Angesichts der oben zusammengestellten Sachverhalte wurde für die Fichte eine Auszählung der Bäume pro Schadstufe im Hinblick auf schadverstärkende Faktoren gemacht. Die Ergebnisse belegen deutlich, wie stark die Schadverteilung durch ein Zusammenwirken mehrerer Faktoren bestimmt wird.

4.6 Forstwirtschaftsdaten

4.6.1 Datengrundlage und Datenaufbereitung

Die Untersuchung des Zusammenhanges zwischen Waldschäden und Bewirtschaftungsmaßnahmen beruht auf drei Verarbeitungsschritten:

- Einbeziehung von Daten zum Hiebsvollzug,
- Bereitstellung der Bezugsflächen und
- statistischer Aufbereitung der Daten

Aus den Forsteinrichtungswerken wurde für den Zeitraum 1972–1984 der Hiebsvollzug entnommen und digitalisiert.

Die Informationen über den Hiebsvollzug liegen auf Abteilungsebene vor, so daß die unterschiedliche Alterstruktur der einzelnen Abteilungen darin nicht berücksichtigt ist. Wie in *Tab. 4* gezeigt, übt das Bestandesalter einen wesentlichen Einfluß auf den Grad der Waldschäden aus. Außerdem besitzen ältere Bestände im Schnitt einen größeren Holzvorrat als jüngere, wodurch bei älteren Beständen eine größere Entnahme zu erwarten ist. Bevor daher eine Verknüpfung der Daten über den Hiebsvollzug mit den Waldschadensdaten erfolgt, wird versucht, den Einfluß des Bestandesalters auf die entnommene Holzmenge zu über einen Regressionsansatz zu minimieren. Dabei gilt, daß sich die der Abteilung i entnommene, flächennormierte Holzmenge E_i aus verschiedenen Anteilen, den Flächenanteilen $F_{i,j}$ der einzelnen Altersklassen j an der Gesamtfläche der Abteilung, bestimmen läßt:

$$
\begin{aligned}
E_1 &= a_2 F_{1,2} + a_3 F_{1,3} + a_4 F_{1,4} + a_5 F1,5 + a_6 F_{1,6} + K \\
E_2 &= a_2 F_{2,2} + a_3 F_{2,3} + a_4 F_{2,4} + a_5 F_{2,5} + a_6 F_{2,6} + K \\
&\vdots \qquad \vdots
\end{aligned}
\tag{2}
$$

Die Altersklasse 1 (Jungwuchs) bleibt im obigen Ansatz unberücksichtigt, da sie keinen Anteil am Derbholz hat. Die sich bei der Lösung des Gleichungssystems nach der Methode der kleinsten Quadrate ergebenden Koeffizienten a_i sind ein Maß für die mittlere Entnahmemenge pro Einheitsfläche für die verschiedenen Altersklassen.

Die Koeffizienten a_i werden für die folgenden sechs Fälle (im folgenden als Entnahmetypen bezeichnet) bestimmt:

a) Gesamtentnahme (Gesamt),
b) Entnahme wegen Schneebruch (Schnee),
c) Entnahme wegen Sturm (Sturm),
d) Entnahme wegen Dürre, Insekten oder Pilzen (DIP),
e) Entnahme wegen sonstiger zufälliger Nutzung (sonst) und
f) Summe b) - e) = zufällige Nutzung, insgesamt (ZUFI).

Die tatsächlich den Abteilungen entnommenen Holzmengen weichen im einzelnen von den durch die Regression bestimmten Werten ab. Diese Abweichungen (Residuen) werden im Hinblick auf ihren Zusammenhang mit dem Schädigungsgrad der jeweiligen Abteilung untersucht. Hierzu werden die Residuen ihrer Größe nach in Entnahmeklassen gleichen Stichprobenumfangs eingeteilt (siehe *Tab. 7*) und mit dem Datensatz der Waldschäden verknüpft. Um statistische Kenngrößen wie den Korrelationskoeffizienten zu berechnen, werden in einem zweiten Schritt zwanzig Klassen gebildet und mit den Waldschäden verknüpft.

4.6.2 Ergebnisse

Der Zusammenhang zwischen entnommener Holzmenge und Schädigung variiert von Klasse zu Klasse stark. Demzufolge sind die Korrelationskoeffizienten, die bei der Einteilung in zwanzig Klassen ermittelt wurden, klein (< 0.43). Faßt man die Ergebnisse der Auswertung (*Tab. 7*) zusammen, so zeigt sich:

- Der mittlere Gesundheitszustand der Bäume verbessert sich mit wachsender Entnahme. So ist in Abteilungen mit einem unterdurchschnittlichen Holzeinschlag der Anteil an kranken und sehr kranken Individuen um 6.1% höher, als in Abteilungen mit überdurchschnittlicher Holzentnahme (36.9% gegenüber 30.8%).

- Der genannte Unterschied vergrößert sich auf 15.1%, wenn man Abteilungen mit untypischer Altersklassenzusammensetzung nicht berücksichtigt.

- Die Klasse 4 (stark unterdurchschnittliche Entnahme) und die Klasse 3 (unterdurchschnittliche Entnahme) unterscheiden sich bei den Entnahmetypen Sturm, DIP und Sonst signifikant.

- Ein hoher Schädigungsgrad des Waldes ist nicht durch eine große zufällige Nutzung (*Tab. 7*, Spalte ZUFI), sondern durch eine höhere planmäßige Nutzung gekennzeichnet.

Tab. 7: Prozentualer Anteil der Schadstufen gesund, kränkelnd, krank und sehr krank in Abhängigkeit des Holzeinschlags der letzten dreizehn Jahre (vier Klassen) in verschiedenen Entnahmetypen.

Entnahme	Schadstufe	Entnahmetyp					
		Gesamt	Sturm	Schnee	DIP	sonst	ZUFI
stark	0	39.05	33.51	30.86	32.59	41.18	31.43
über-	1	28.54	31.00	32.67	31.57	26.66	31.84
durch-	2	24.81	26.55	27.62	27.71	23.23	27.65
schnittl.	3	7.59	8.94	8.85	8.14	8.93	9.09
	0	41.53	36.46	39.71	34.54	36.51	40.53
über-	1	29.35	29.42	26.41	31.67	32.39	29.30
durch-	2	22.20	25.81	24.49	25.11	23.63	23.52
schnittl.	3	6.93	8.32	9.39	8.68	7.48	6.65
	0	29.73	41.63	35.56	42.81	36.99	37.51
unter-	1	31.84	31.42	29.19	30.75	34.04	27.24
durch-	2	27.31	20.21	25.84	20.36	22.77	24.23
schnittl.	3	11.11	6.75	9.41	6.08	6.21	11.02
stark	0	35.01	31.05	38.45	33.04	32.13	35.87
unter-	1	29.56	27.15	31.70	26.46	26.75	31.00
durch-	2	25.43	28.98	21.87	28.16	28.90	24.08
schnittl.	3	10.00	12.83	7.98	12.34	12.22	9.04

Insgesamt zeigt der Einfluß des Holzeinschlages der letzten 13 Jahre auf das aktuelle Schadbild im Bereich des Schluchsees einen geringen Einfluß. Die wesentlichen Unterschiede des Gesundheitszustandes von Bäumen auf verschiedenen *bewirtschafteten* Standorten müssen daher im Großen und Ganzen durch andere Standortfaktoren erklärt werden.

5 Zusammenfassung, Ausblick

Zum gegenwärtigen Stand der Untersuchung können die Ergebnisse von [Schöpfer 84b] weitgehend bestätigt werden. Betrachtet man die in den Gebieten ermittelten schadverstärkenden Faktoren Höhenabhängigkeit (mit relativem Maximum um 1000 m), Exposition, Hangneigung, Straßen und Siedlungen so weisen diese auf eine wesentliche Beteiligung von Luftschadstoffen hin. Weitere Standortbedingungen, wie z.B. Wasserversorgung, anstehendes Gestein [Saurer 89], Alter und Kronenschluß, sowie energiereiche UV–Strahlung (Bildung von Photooxidantien) und Inversionswetterlagen (mit erhöhter feuchter Schadstoffdeposition) sind als zusätzlich disponierende Faktoren zu bewerten.

Dank

Der Autor dankt der Abteilung Biometrie und Informatik der Forstlichen Forschungs- und Versuchsanstalt Baden-Württemberg für die Erhebung der Inventurdaten sowie dem Landesvermessungsamt Baden-Württemberg für die Bereitstellung des digitalen Geländemodells. Die Untersuchung wurde gefördert durch das *Projekt europäisches Forschungszentrum für Maßnahmen zur Luftreinhaltung (PEF)*, Karlsruhe.

Literatur

[Bähr 89]   Bähr, H.-P., H. Saurer , F.-J. Behr, H. Goßmann (1989): Aufbau eines geographischen Informationssystems zur Ermittlung von Waldschäden und ihrer Veränderung. – Abschlußbericht, KfK-PEF, im Druck

[Behr 88a]   Behr, F.-J. (1988): Datenstrukturen und Verarbeitung Seminar „Geoinformationssysteme i. d. öffent. Verwaltung", Reihe Informatik–Fachberichte, Springerverlag, im Druck

[Behr 88b]   Behr, F.-J., H. Saurer (1988): Entzerrung regelmäßiger Stichprobenraster aus Luftbildern. - Bildmessung und Luftbildwesen 56 (1988), S. 80-86

[Burrough 87]   Burrough, P.A. (1987): *Principles of Geographical Information Systems for land resoures assessment* – Monographs on soil and resources survey No.12, Oxford 1987

[DTV 85]   Verkehrszählung des Landes Baden–Württemberg, durchgeführt im Auftrag des Bundesministers für Verkehr

[Finst 68]   Finsterwalder, R., W. Hofmann: *Photogrammetrie*. Berlin, 1968, 455 S.

[Hildebr 87]   Hildebrandt, G., O. Grundmann, H. Schmidtke, P. Tepassé: Entwicklung und Durchführung einer Pilotinventur für eine permanente europäische Waldschadensinventur. – KfK-PEF 12 (1987), Band 1, S. 45 - 59, Karlsruhe 1987

[Saurer 89]   Saurer H., F.-J. Behr, H.-P. Bähr, H. Goßmann (1989): Der Einfluß von Bewirtschaftungsmaßnahmen und anstehendem Gestein auf Waldschäden im Bereich des Schluchsees. – KfK-PEF 50, Band 1, S. 385-395

[Schöpfer 84a]   Schöpfer, W., J. Hradetzky (1984): Waldschadensinventur Baden-Württemberg 1983 mit Infrarot-Farbluftbildern. - Mitt. d. Forstl. Versuchs- und Forschungsanstalt Baden-Württemberg, Heft 111, 9-34, Freiburg 1984

[Schöpfer 84b]   Schöpfer, W., J. Hradetzky (1984) : Der Indizienbeweis: Luftverschmutzung maßgebliche Ursache der Walderkrankung. – Forstwiss. Centralblatt 103 (1984)

[Sigle 85]   Sigle, M. (1985): Das digitale Höhenmodell für das Land Baden-Württemberg. - Nachrichten aus dem Karten- und Vermessungswesen, Reihe I, Heft 95, Frankfurt a. M. 1985

[Wiesel 85]   Wiesel, J.: Hardware– und Softwareaspekte. in: H.-P. Bähr (ed.): *Digitale Bildverarbeitung*, H. Wichmann Verlag, Karlsruhe, 1985, S. 39-72

[Zirm 85]   Zirm, K. et al. (1985): Erhebung der Vitalität des Waldes in Vorarlberg. Österreichisches Bundesinstitut für Gesundheitswesen, Wien 1985

Bedeutung graphischer Informationssysteme für den Umweltschutz
am Beispiel des raumbezogenen Informationssystems
CATLAS

Bernward Schuka
Nixdorf Computer AG / Geschäftsstelle Umwelttechnik
Mülheimer Str. 214, D-4100 Duisburg 1

Verschiedene Entwicklungen haben dazu geführt, daß dem Einsatz graphischer Informationssysteme im Umweltschutz immer größere Bedeutung beigemessen wird.

Die komplexen Zusammenhänge und Kreisläufe, die das Leben auf der Erde bestimmen, sind in den letzten Jahren durch die interdisziplinäre Zusammenarbeit von z. B.
Biologen, Chemikern und Geowissenschaftlern immer weiter erforscht und damit bekannter geworden. Gleichzeitig, mit dem Wissen über dieses Wirkungsgefüge, wurden aber auch die vielfältigen Eingriffe des Menschen - und deren häufig negativen
Auswirkungen mit langfristigen, teilweise irreversiblen Veränderungen - in die natürlichen Abläufe immer deutlicher. Umweltkatastrophen prägten das Bewußtsein der
Bevölkerung. Der Umweltschutz wurde zu einer festen Größe im gesellschaftlichen
Wertegefüge.

Aus den heute vorliegenden Erfahrungen wissenschaftlicher Forschung und unter
dem Druck der öffentlichen Meinung ergibt sich für die verschiedensten Institutionen
und Stellen ein zwingender Handlungsbedarf: für Politiker, Planer, öffentliche Verwaltungen und Industrie. Einerseits müssen schnelle und fundierte Entscheidungen
getroffen werden, andererseits will die Öffentlichkeit über den aktuellen Zustand
möglichst einfach und verständlich informiert werden.

·Neben diesen Veränderungen, die unser Umweltbewußtsein in den letzten Jahren
erfahren hat, ist aber auch die Entwicklung im Bereich der Datenverarbeitung in diesem Zusammenhang wichtig. Durch immer leistungsfähigere, aber auch vor allem
preisgünstige und universell einsatzbare Computer ist die Akzeptanz für ihren Einsatz - auch in nichttechnischen Bereichen - immer größer geworden. So auch auf
dem Gebiet des Umweltschutzes. Methoden, Verfahren und Werkzeuge wurden entwickelt, die speziell auf ökologische Probleme und Fragestellungen zugeschnitten
sind. Von den unterschiedlichen Anwendern wurden Datenbanken zu den verschiedensten Thematiken eingerichtet, die heute, wiederum unter Ausnutzung modernster
Kommunikationsmöglichkeiten, vielfältig genutzt werden können.

Beide Entwicklungen passen und gehören zusammen. Die Anforderung, komplexe
Zusammenhänge schnell und verständlich aufzubereiten, sodaß sie als Grundlage
für Entscheidungen und Planungen verwendet werden können und gleichzeitig das

Informationsbedürfnis der Öffentlichkeit erfüllen, kann mit den Mitteln der modernen Datenverarbeitung befriedigt werden. Verarbeitung großer Datenmengen, schnelle und einfache Handhabung und vor allem graphische Aufbereitung und Ausgabe sind die wichtigen Kriterien, die den Einsatz der Datenverarbeitung im Umweltschutz vorantreiben.

Die Aufgaben im Umweltschutz zeichnen sich dadurch aus, daß die wechselseitigen Einflüsse und Verknüpfungen verschiedener Disziplinen und Fachrichtungen immer mehr zunehmen: Vermessung, Fernerkundung, Biologie, Medizin, Geologie, Klimatologie, Agrarwissenschaften. Das sind nur einige der Bereiche, die ihren Teil zur Bewältigung der aktuellen Probleme beitragen. Dadurch wird es aber für jeden Einzelnen sowohl immer schwieriger, den persönlichen Wissensstand auf dem neuesten wissenschaftlichen Erkenntnisstand zu bringen, als auch diesen wiederum z.B. im Sinne einer schnellen Entscheidungsfindung oder einer abschließenden Beurteilung als komprimierte Aufbereitung von Daten und Zusammenhängen darzustellen. Die herkömmlichen Methoden manuell geprägter Wissenserarbeitung und -vermittlung genügen diesen Ansprüchen nicht mehr.

Ein Medium, an dessen Nutzung und Möglichkeiten sich Politiker, Verwaltungen und Bürger in den letzten Jahren gewöhnt haben, sind thematische Karten. Als graphische Aufbereitung komplexer Zusammenhänge ermöglichen sie es, sowohl Fachleuten als auch Laien kompetent die wichtigen und wesentlichen Aussagen und Informationen zu komplizierten Sachverhalten zu verdeutlichen.

Raumbezogene Informationssysteme dienen der systematischen Erfassung, Speicherung, Verarbeitung und Darstellung aller die Erdoberfläche und die dort stattfindenden Prozesse kennzeichnenden Daten, die als Grundlage für Recht, Verwaltung, Wirtschaft und als Hilfe für Planung und Entwicklung benötigt werden. Die Anforderungen, die an ein Raumbezogenes Informationssystem gestellt werden, ergeben sich aus dem oben angeführten. Die Einsatzbereiche und Möglichkeiten gehen aber darüber hinaus. Dazu gehören einerseits die klassischen ökologischen und planerischen Fragestellungen wie z.B. die Erstellung von ökologischen Gutachten und Stellungnahmen, die Erstellung von Landschaftsplänen, Biotopkatastern, Waldschadenskarten oder Umweltverträglichkeitsprüfungen. Genausogut können aber auch epidemiologische, sozialmedizinische, demographische und demoskopische Fragestellungen, Unternehmens- und Wirtschaftsplanungen mit Hilfe Raumbezogener Informationssysteme bearbeitet werden. Sie liefern damit eine notwendige Grundlage für Planungen und Entscheidungen im öffentlichen, wissenschaftlichen und privatwirtschaftlichen Bereich.

Raumbezogene Daten sind solche, die durch ihre geographische Orientierung oder durch die Wechselbeziehungen zu anderen Daten geprägt sind. Diese Daten nicht isoliert, sondern in diesem ursprünglichen Zusammenhang zu betrachten, zu verarbeiten und wieder darzustellen, muss Aufgabe eines Raumbezogenen Informationssystems sein.

Als Bearbeitungsgrundlage für die Aufbereitung und Darstellung ökologischer Fragestellungen kann der Anwender heute auf vielfältige Datenquellen zurückgreifen. Neben der Möglichkeit eigene Daten aus Feldbegehungen, Vermessungen, Zählungen
oder Untersuchungsreihen zu verarbeiten, existieren eine Reihe allgemein zugängli-
cher Daten, sowohl in digitaler als auch in analoger Form. Zu nennen sind Umwelt-
und Gefahrstoffdatenbanken, Biotopkataster oder floristische und faunistische Arten-
listen (Sachdaten), Luft- und Satellitenbilder (Rasterdaten) und die von einigen Kommunen und Landesvermessungsämtern gepflegte automatische Liegenschaftskarte
(Vektordaten).

Die Möglichkeit der Nutzung dieser Daten kommt den Ansprüchen bei der Bewältigung ökologischer Frage- und Problemstellungen entgegen: Einbeziehung und Verarbeitung vielfältiger, aus den unterschiedlichsten Fachgebieten und Fachbehörden
stammender Daten, Reduzierung und Minimierung der Datenerfassung und Verfügbarkeit umfassender, aktueller Daten.

Diese Forderungen sind mit dem Raumbezogenen Informationssystem CATLAS
beispielhaft gelöst: Universalität, Datenintegration und Systemoffenheit.

Bisher war die Auswertung digitaler Daten in graphischer Form auf das Erstellen von
Statistiken, Analysen und Trendberechnungen beschränkt. Alleine durch die Verfügbarkeit der Daten wird der Komplexität des Umweltschutzes höchstens in Ansätzen
ent-sprochen. Erst durch die Verknüpfung und Verschneidung der unterschiedlichen
Da-ten in CATLAS - sowohl bei der Analyse als auch bei der graphischen Aufbereitung - wird der Nutzen erreicht, der im Sinne einer Bewertung von Zusammenhängen nötig und möglich ist.

Die wesentlichste Anforderung an Raumbezogene Informationssysteme, die beliebige Verknüpfung und Verschneidung unterschiedlicher Daten, unabhängig vom Datentyp, Datenformat oder Maßstab, ist also mit CATLAS gelöst.

CATLAS stellt Werkzeuge zur Datenerhebung und -übernahme zur Verfügung:
- Digitalisieren von Vektordaten in Form offener und geschlossener Polygone
- Scannen von topographischen und thematischen Karten
- manuelle Datenerfassung in die Datenbank
- automatische Meßwerterfassung
- Importfunktion aus allen gängigen Datenbanksystemen
- Importfunktion der gängigsten Rasterformate
- Importfunktion von Vektordaten z.B. aus dem ALK-GIAP

Diese Daten müssen analysiert, miteinander korreliert und verknüpft werden. CAT-
LAS bietet folgende Möglichkeiten:
- uni- und multivariate Statistiken mit integrierter graphischer Ausgabe
- Methoden der digitalen Bildverarbeitung
    - Filterverfahren
    - Klassifikationsalgorithmen

- geometrische Entzerrung
- Konvertierungsprogramme
- logische Verknüpfung
- Modellrechnungen und Spezialprogramme
  - Ausbreitung von Stoffen in Wasser, Luft und Boden
  - Digitale Geländemodelle
  - Trendflächenberechnung
  - Klimamodelle
  - Lärmausbreitungsmodelle

Die eigentliche Bedeutung eines Raumbezogenen Informationssystemes liegt aber in der Fähigkeit diese unterschiedlichen Daten unter beliebigen thematischen Aspekten zu verknüpfen und in Form thematischer Karten zu visualisieren.

So sollte es z.B. möglich sein, stadtökologische Fragestellungen - wie in der nachfolgenden Form mit CATLAS geschehen - aufzubereiten:
Ausgangspunkt war die Frage nach einem Zusammenhang zwischen der Schwermetallbelastung innerstädtischer Böden und des Verkehrsaufkommens. Als Datengrundlage standen zur Verfügung:
  - eigene Untersuchungen der Schwermetallbelastung, chemische Analysen aus Bodenproben, abgelegt in einer PC-Datenbank
  - Zahlen zum Verkehrsaufkommen aus Erhebungen des Bauamtes, abgelegt in einer UNIX-Datenbank
  - digitalisiertes Straßennetz der Stadt in Vektorform, übernommen aus dem graphischen Rechner des Katasteramtes
  - gescannte und mit CATLAS entzerrte topographische Karte zur räumlichen Orientierung
  - multispektrales Landsat-TM Satellitenbild, klassifiziert mit CATLAS nach Bebauungsdichteklassen zur Differenzierung verschieden verdichteter Gebiete

Die so erstellte Graphik diente der visuellen Darstellung der bereits textlich dargelegten Untersuchungsergebnisse. Da an dieser Stelle eine Reproduktion farbiger Graphiken nicht möglich ist und ein - auf einer Farbgraphik basierendes - Grauwertbild die vielfältigen Aussagen nur unzureichend wiedergäbe, müssen wir leider auf die Darstellung der o.a. Graphik verzichten. Wir sind gerne bereit, auf Anfrage eine Broschüre, in der eben diese Fragestellung beispielhaft aufgeführt ist, zu versenden. Auf der nachfolgenden Seite sind die Zusammenhänge der unterschiedlichen Dateneinflüsse in CATLAS dargestellt.

NIXDORF Umwelttechnik

CATLAS -

Raumbezogenes Informationssystem

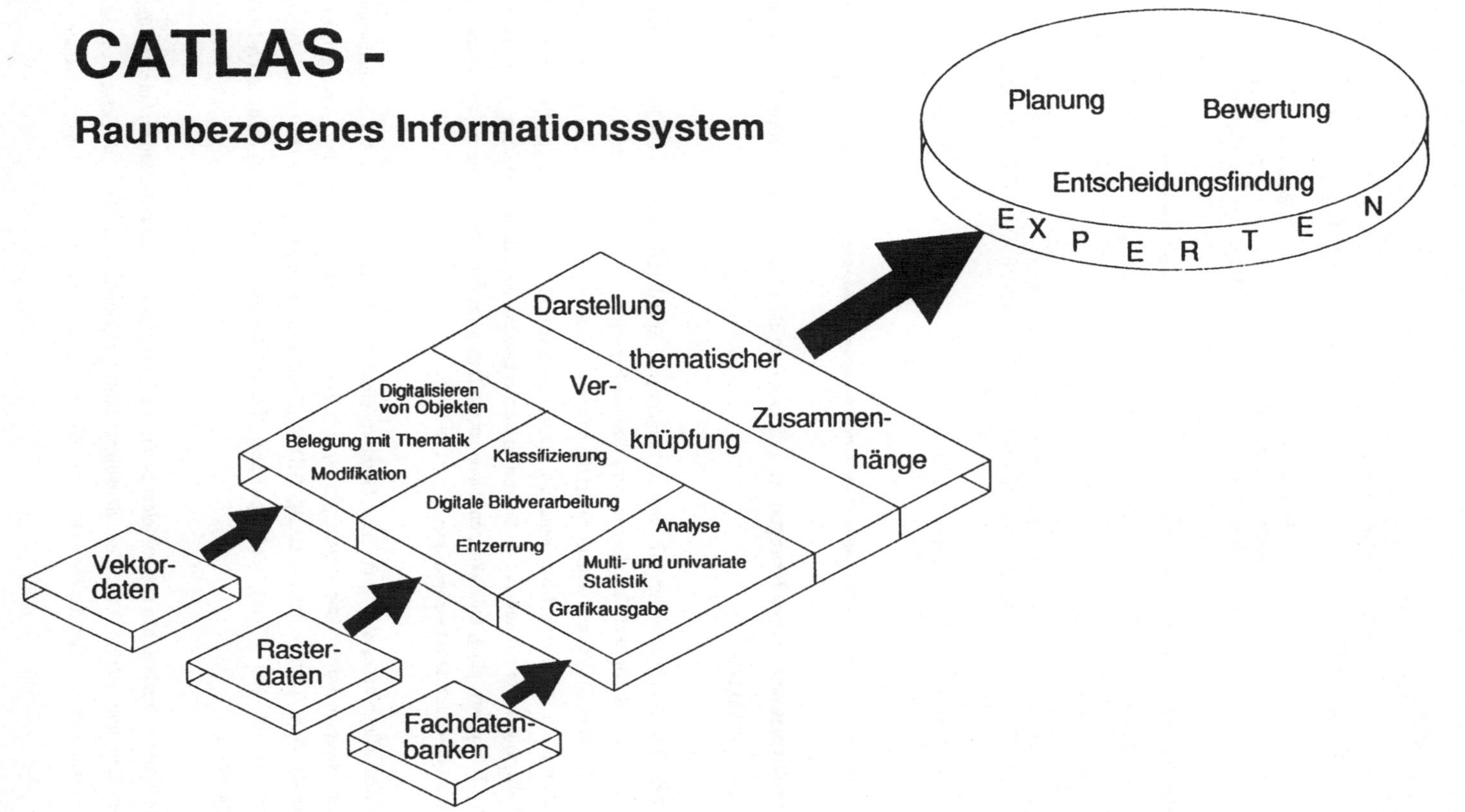

EINSATZ EINES GEFAHRGUT-INFORMATIONSSYSTEMS - BEOBACHTUNGEN UND KONSEQUENZEN FÜR DIE WEITERENTWICKLUNG

F. Belli   H. Bonin
(Universität Paderborn)   (FH Nordostniedersachsen)
INSI - Institut für Systemanalyse und Informatik, Bremerhaven

Zusammenfassung. Das Informationssystem für Umweltchemikalien, Chemieanlagen und Störfälle (kurz IN-FUCHS; Betreiber Umweltbundesamt Berlin) wird von der Berufsfeuerwehr der Stadt Bremerhaven in Form einer Pilotanwendung erprobt. In diesem Kontext wird die Möglichkeit einer Verknüpfung der INFUCHS-Leistungen mit unserem "wissensbasierten" System FIREX ("FIRe avoidance and combat EXpertise", s. z.B. /1/) geprüft. Bei dieser Verknüpfung interessieren uns Gestaltungsfragen einer sinnvollen Arbeitsteilung (primär die DV-technische Schnittstellen-Definition). Es geht um die Verstärkung des FIREX-Fachwissens durch automatischen Rückgriff auf eine Gefahrgutdatenbank.

Die vorliegende Arbeit dokumentiert konkrete INFUCHS-Erfahrungen und skizziert daraus Konsequenzen für die Weiterentwicklung von "zentral gepflegten" Informationssystemen, wenn diese für eine Entscheidungs-unterstützung "vor Ort" nützlich sein sollen.

1. Problemskizze: Anforderungen an ein Gefahrgut-Informationssystem für das Feuerwehr- und Transportwesen

Spektakuläre Unfallmeldungen (z.B. über leckgeschlagene Epichlorhydrin-Fässer am 19.Juli 1989) machen auch den "Mann auf der Straße" auf Chemikalien mit kritischen Transport- und Lagerungseigenschaften aufmerksam. Allen ist inzwischen bewußt, welches Gefahrenpotential solchen Stoffen innewohnt. Gefahrgut sind nicht nur diejenigen Chemikalien (auch Stoffe bzw. Güter genannt), die unmittelbar selbst eine Gefahr für die Umwelt darstellen, sondern auch diejenigen, die mit anderen Stoffen gefährliche chemische Reaktionen eingehen. Anhand der bestehenden Gefahr, z.B. explosiv, giftig, radioaktiv, entflammbar, gefährlich im Falle der Berührung mit Wasser, infektiös etc. sind diese Stoffe Gefahrklassen zugeordnet.

Zur Risikoeingrenzung sind gefährliche Güter voneinander getrennt zu halten. Auf nationaler und internationaler Ebene existieren verbindliche Regelungen für den Transport (incl. Lagerung) von Gefahrgut, z.B. GGVS (Straße national), ADR (Straße international), GGVE (Eisenbahn "national"), RID (Eisenbahn international), ADNR (Schiffahrt auf dem Rhein), GefahrgutVSee, IMDG (Seefahrt internatinal) und IATA-DGR (Lufttransport international).

Diese Vorschriften beziehen sich auf leicht brennbare Flüssigkeiten, radioaktive Stoffe, Sprengstoffe, andere explosive Materialien und starke Gifte. Die vielfältigen Stoff-Interaktionen in den unterschiedlichsten Transport- und Lagersituationen und/oder die Möglichkeit der Folgenschätzung und der Bekämpfungsmaßnahmen im Leckage- oder

Brandfall können nur bedingt anwendungsbezogen auf den jeweiligen "Einsatzfall" definiert werden. Gerade diese konkreten Handlungsempfehlungen sind jedoch vielfach von vitalem Interesse. Gefahrgutexperten, die sich im dichten Regelwerk der gesetzlichen und fachlichen (chemischen) Gegebenheiten auskennen, werden daher für vielfältige Fragestellungen benötigt. Fragen "um das Gefahrgut herum" können wir in folgenden Klassen zusammenfassen (s. auch die FIREX-Beschreibung in /1/):

- Schadensvorbeugung: Befolgung der Vorschriften zur Trennung von gefährlichen Stoffen.

- Optimierung: Bei einer vorgegebenen Transport- bzw. Lagerkapazität und bekannten Gefahrguteigenschaften und -mengen ist ein Stau- bzw. Lagerplan zu erstellen, der den Trennaspekt (zur Schadensvorbeugung) berücksichtigt und eine kostengünstige Lösung bezüglich des Transportes bzw. der Lagerung liefert.

- Schadensbekämpfung: Im Falle eines Unfalls (z.B. Leckage oder Brand) ist die Schadensbegrenzung zu realisieren bzw. mögliche Schäden für die menschliche Gesundheit zu minimieren.

Entscheidungsträger (Katastrophenschutzstäbe, Feuerwehreinsatzleiter, Transportsachbearbeiter etc.), die Maßnahmen z.B. zur Schadensvorbeugung und -bekämpfung oder zur Optimierung der Transport-/Lagerkapazität veranlassen, benötigen eine problemangepaßte Unterstützung. Einem Feuerwehrmann im Einsatz darf das System nicht die Handlungsempfehlung geben "Feuerwehr benachrichtigen" (wie es derzeit INFUCHS tut). Die Entscheidungsunterstützung, die benötigt wird, betrifft ein anwendungs-orientiertes System, das die Reaktionen und Eigenschaften der Chemikalien in Interaktion miteinander und in Bezug auf Vorschriftenwerke transparent macht. Nicht hinreichend ist das "nackte" Potential einer Datenbank, die über tausende von Stoffen Merkmale bereithält. Benötigt werden Informationen im Sinne von Handlungsempfehlungen (Ratschlägen), wobei im Alltag des Entscheiders pro Vorgang nur eine relativ geringe Anzahl von Stoffen betroffen sind. Beispielsweise wurden bei den sämtlichen Gefahrgut-Einsätzen der Berufsfeuerwehr Bremerhaven in den letzten drei Jahren lediglich ca. 70 verschiedene Stoffe gezählt! Anzustreben ist ein System, das "lernen" kann, d.h. entsprechend den Erfahrungen des Benutzers Modifikationen zuläßt und diese Modifikationen als verschiedene Versionen des Wissens unterschiedlich - gemäß den Vorstellungen des Experten - zielgerichtet einsetzt. Eine gute Entscheidungsunterstützung wäre imstande, "Wissen" im Sinne eines Inferenzmechanismus ("Problemlösers") zu handhaben. Darüberhinaus müßte ein solches System "vages Wissen" berücksichtigen und damit eine Entscheidungsfindung auch bei Unsicherheit unterstützen.

Evident ist, daß ein modernes Datenbankmanagementsystem (wie z.B. ADABAS bei INFUCHS), das die Stoffmerkmale mittels einer Dialogkomponente (z.B. eines PL/I-Programmes bei INFUCHS) auswählt und dem Entscheidungsträger am Arbeitsplatz (z.B. in Bremerhaven an einem PC Olivetti M28 mit SDLCII-Adapterkarte, Emulation Transdata 9751-25 und Datex-P10, 2400 Baud) bereitstellt, diese Anforderungen allein nicht erfüllen kann. Software, konzipiert und implementiert mit der Technik für "wissensbasierte" Systeme auf leistungsangepaßten "vor Ort"-Rechnern im Verbund mit einer "zentral gepflegten" Datenbank, die auch für Rechner als Benutzer ausgelegt ist, scheint ein erfolgversprechender Lösungsansatz zu sein.

Für "maschinelle Kunden" an INFUCHS bedarf es dringend einer stärkeren Qualitätsplanung und -kontrolle. Das bisherige INFUCHS-Vorgehen (z.B. Daten "ohne Gewähr" und Masken nach dem Kriterium "geringer Programmieraufwand") ist zu überdenken. Ziel kann nicht sein, 10000 Stoffe mit ca. 100 Merkmalen "politisch wirksam" schnell vorzuweisen - ohne jegliche Qualitätsangaben. Ist z.B. eine Temperaturangabe von 25 Grad Celsius mit einer Fehlerquote von 10% oder eher mit mehr als 25% behaftet? Bei einer Umgebungstemperatur von 29 Grad Celsius kann diese Qualitätsaussage entscheidungsrelevant sein. Woher stammt der Temperaturwert? Ist dies eigene Fachkenntnis oder wurde sie abgeschrieben von X und/oder geprüft von Y? Präsentationserfolge vor "Laien" durch rasch programmierte Bildschirmmasken dürfen die notwendige INFUCHS-Neuausrichtung (oder Wiederausrichtung?) auf Qualität nicht verdrängen. Letztlich geht es um den Zweck und die Existenzberechtigung von einer behördlich geführten Datenbank.

Um heutige Gefahrgutdatenbanken als potentielle INFUCHS-Konkurrenten in Teilgebieten einordnen zu können, haben wir vorab im Abschnitt 2 einige Systeme mit ähnlicher bzw. verwandter Zielrichtung kurz dokumentiert. Die Anforderungen an eine Symbiose einer Gefahrgutdatenbank mit einem fachspezifischen Expertensystem zur Entscheidungsunterstützung erläutern wir im Abschnitt 4 anhand der konzipierten INFUCHS-FIREX-Kombination. Dabei ist INFUCHS, dessen aktuelle Leistungen wir in Abschnitt 3 beschreiben, mehr oder weniger willkürlich gewählt worden. Pragmatische Verfügbarkeits- und Kostengründe sprachen für das mit öffentlichen Mitteln für einen breiten Benutzerkreis, zu dem auch der Hochschulbereich zählt, implementierten INFUCHS.

Abschnitt 5 resümiert unsere Schlußfolgerungen für das Zusammenwirken "Expertensystem-Datenbanksystem" und streift einige weiterführende Aspekte. Da fachspezifische Systeme zur Entscheidungsunterstützung (wie beispielsweise unser FIREX zeigt) zunehmend in der Technik von "wissensbasierten" Systemem konstruiert werden, müssen große Datenbanken eine Schnittstelle für den "Kommunikationspartner Rechner" bereitstellen. Die Schlußfolgerungen sind daher zum Teil übertragbar auf andere Anwendungsgebiete, z.B. auf das Informationssystem JURIS im juristischen Bereich.

2. Überblick Gefahrgut-Informationssysteme

Gefahrgut-Informationssysteme gibt es in großer Zahl. Sie unterscheiden sich voneinander durch die Anwendungsgebiete und -kreise, für die sie erstellt werden. In anderen Worten, man darf nicht erwarten, eine universelle Datenbank zu finden, die für alle Gefahrgutfragen auskunftsfähig ist. Hier zählen wir sechs Systeme alphabetisch auf (vgl. /3/). INFUCHS ist im Abschnitt 3 genauer beschrieben.

<u>BAM-Gefahrgut/Tank.</u> Dieses System gibt Auskunft darüber, ob ein Stoff in einem Tank befördert werden darf, bzw. ob ein Tank für die Beförderung eines Stoffes geeignet ist. Damit dient BAM dem präventiven (Zulassung) und normalen (Überwachung) Betrieb von Tanks. Das System verfügt über eine Datensammlung von 3000 Stoffbezeichnungen mit ca. 5000 Synonymen. Für jeden Stoff sind über 100 Daten vorhanden.

Chemdata. Dieses System wurde von der britischen Atomenergiebehörde UKAEA in Kooperation mit Zivilschutzbehörden für den Einsatz der Feuerwehren und der Polizei entwickelt. Chemdata umfaßt 50000 Stoffe, Synonyme etc. in fünf Sprachen. Über diese Begriffe und über UN-Nummer sind folgende Informationen erhältlich:

- Stoffidentifikation, UN-Klasse, Aggregatzustand, Kernler-Zahl, Erläuterung,
- Selbstschutzmaßnahmen, Feuerschutzmaßnahmen,
- Gefahrenhinweise, Vorsichtsmaßnahmen,
- Ratschläge zur Dekontaminierung,
- Hinweise auf Stellen für Beratung/Hilfe im Schadenfall.

Danger-Data. Dieses System ist als Hilfsmittel für die Feuerwehr konzipiert. Es enthält Informationen über Stoffe der B.5-Liste ADR/GGVS (ca. 900 Produkte) in einem Taschenrechner mit einem Kleindrucker.

EXIS. EXIS ist ein internationales Datenbanksystem in englischer Sprache für die verladende und transportierende Wirtschaft. Es enthält transportrelevante Gesetze und sonstige Bestimmungen wie

- IMDG-Code, Auszüge aus dem Medical First Aid Guide (MFAG), Emergency Schedules (EmS),
- Bestimmungen für den Lufttransport (ICAO TI, IATA DGR),
- Gefahrgutvorschriften im grenzüberschreitenden Straßenverkehr (ADR),
- Gefahrgut-Kontaktstellen,
- Notfallhilfesystem Chemdata.

Ein Teilsystem beinhaltet ca. 3000 Substanzen 45000 Stoffnamen und Synonyme. Hier werden chemische und physikalische Stoffeigenschaften angezeigt. Die Anwendung erfolgt über Menü-Steuerung. Der Anschluß ist über DATEX-P möglich.

FEUDAL-System. FEUDAL bietet Hilfestellung für Notfallmaßnahmen für Feuerwehren, vor Ort im Einsatz. Die Synonymdatei enthält etwa 10000 Stoffnamen und ca. 2000 UN-Nummern. Über diese Stoffe werden Informationen über Gefahrenklasse, Zündpunkt, Flammpunkt, Siedepunkt, Schmelzpunkt, VbF-Klasse, Wasserlöslichkeit, Brand- und Explosionsgefahren, einsatzbezogene Hinweise auf Zersetzungsprodukte, Reaktion mit Wasser etc. gegeben.

Hapag-Lloyd "IgL"-Katalog. "IgL" steht für "Informationen gefährliche Ladung" und ist das Zentral-Kürzel für vier Datenbanken. Igl enthält Daten über ca. 3000 Stoffe. Etwa 125000 Sätze bis zu 600 Bytes sind gespeichert. In 14 Blöcken sind folgende Einträge vorhanden: Bezeichnung, Verpackung, Stauung/Trennung, physikalische und technische Eigenschaften, Gefahren, Notmaßnahmen, Hafenvorschriften, Landvorschriften, Bemerkungen, Zuordnungen zu Referenz-UN-Nummer, Unfälle, Tankcontainer, Verpackungstabellen.

Hommel-CD-ROM. (vgl. auch INFUCHS Abschnitt 3) Hier sind die im Standardwerk "Handbuch der gefährlichen Güter" ("Hommel") Informationen auf CD-ROMs untergebracht.

<u>UMCO-Arbeitsstoffe.</u> Das Datenbanksystem UMCO ("Umwelt Consult") enthält Daten für ca. 2500 Stoffe. Das System besteht aus Gefahrstoffdatei, Auswertungsprogramm für GefStVO und TRAnsport, einem separaten Programm zur individuellen Erstellung von Sicherheitstabellenblättern.

3. INFUCHS: Leistungsskizze und Beobachtungen

Für INFUCHS ("Informationssystem für Umweltchemikalien, Chemianlagen und Störfälle") hat am 1.2.1988 die Haupphase (gemäß Beschluß des Bundesministers für Umwelt) begonnen (vgl. INFUCHS-Haupmenue). INFUCHS besteht nach /2/ aus einem Rahmensystem und mehreren Teilsystemen. Das Rahmensystem koordiniert den Zugang zu den Teilsystemen und übernimmt die Aufgaben Stoffidentifikation, Redundanzprüfung bei der Erweiterung der Datenbank sowie den Datenschutz. Die Teilsysteme haben folgende Arbeitsschwerpunkte:

- Beantwortung der Fragen zur Bewertung der Umweltgefährlichkeit von Stoffen und alten Stoffe im Rahmen des Chemikaliengesetzes
- Beantwortung wasserrelevanter Fragen,
- Unterstützung der Umweltschutzarbeiten im Rahmen der Störfallverordnung zur Behandlung von nichtbeabsichtigter Verbreitung von Chemikalien bei Störungen in Produktionsprozessen, wie z.B. zur Beschreibung der Prozesse, ihrer chemischen und toxikologischen Eigenschaften,
- Schnelle Auskunft bei Unfällen, Störfällen und Katastrophenfällen mit Stoffen (Chemikalien) im 24-Stunden-Betrieb, Behandlung der Fragen zu Waschmitteln.

3.1 INFUCHS: Leistungen

Wichtige Datenkategorien (Datenfelder) sind (vgl. /2/):

- Stoffidentifikation
- Stoffbeschreibung
- Physikalische Eigenschaften
- Stoffzusammensetzung bzw. -reinheit
- Angaben zum Hersteller, Vertreiber etc.
- Angaben zum Herstellungsprozeß
- Angaben zur Entsorgung, Wiederverwertung
- Mengenangaben (Handelsmengen)
- Angaben zur Verwendung
- Vorsichtsmaßnahmen bei der Verwendung
- Einstufung

- Mögliche schädliche Wirkungen für Mensch und Umwelt

- Sofortmaßnahmen im Schadensfall

- Grenzwerte

- Organoleptische Eigenschaften/Zustandsformen

- Hydrolyse und Photochemische Abbaubarkeit

- Konzentration in der Umwelt

- Bioakkumulation

- Ökotoxizität

- Toxizität (akut, subakut, ...)

- Eliminierung bei der Wasseraufbereitung und in der Kläranlage

- Rechtliche Regelungen

Die Gefahrstoff-"Schnellauskunft" (Bezeichnung des INFUCHS-Betreibers) ermöglicht Daten über eine Menüsteuerung im Dialog abzufragen. Verfügbar sind z.Zt. fünf Masken:

1) <u>Einsteigermaske</u>

2) <u>Polizei-Maske</u> (Vorschlag Baden-Württemberg vom 25.08.1987)

3) <u>Feuwehr P-Maske</u> (Provisorische Feuerwehrmaske vom 22.02.1988)

4) <u>Feuerwehr-Maske</u> (Ad-hoc-Arbeitsausschuß-Ergebnis "Feuerwehrangelegenheiten" vom 12.11.1987)

5) <u>Expertenmaske</u> (bietet mehr Suchoptionen als die Feuerwehr-Maske)

Daten eines recherchierten Stoffes (z.B. Oxiran mit UN-Nr. 2023) können im Rechenzentrum des Umweltbundesamtes Berlin oder vor Ort mittels eines Druckkommandos in Form einer Standardliste gedruckt werden.

Gegenwärtig sind im wesentlichen die ca. 1425 Gefahrgut-Datensätze des "Hommel" gespeichert (vgl. IN-FUCHS-Hauptmenue). Das Datenmaterial ist stark textorientiert. Eine konsequente Klassifizierung ("Verschlüsselung") von Ratschlägen und Handlungsempfehlungen liegt nicht vor. Für unseren genannten Gefahrstoff Oxiran wird z.B. unter der Rubrik "VERHALTEN BEI FREIWERDEN UND VERMISCHEN MIT LUFT:" folgender Text präsentiert: "... An besonders heissen Tagen und bei starker Erwaermung der Fluessigkeit bilden sich explosionsfaehige Gemische, die schwerer als Luft sind. ..."

Der Benutzerkreis setzt sich (nach Betreiberangaben) aus Bundes-, Landes- und Kommunalverwaltungen, Hochschulen, Feuerwehren, Rettungsdiensten, Katastrophenschutzstellen, Firmen und Privatpersonen zusammen.

3.2 INFUCHS: Beobachtungen

Die textliche Ausrichtung für einen weiten Benutzerkreis ist die Stärke und gleichzeitig die Schwäche des INFUCHS. Unsere Beobachtungen fassen wir in die folgenden Gruppen zusammen:

A. Nutzbarkeit der Daten. Die in der Datenbank gespeicherten Texte werden durch die fünf Masken nur unterschiedlich zusammengestellt. Aufgrund des hetorogenen Benutzerkreises entspricht der Text in den speziellen Feuerwehrmasken weder der Terminologie noch dem gefordertem Fachniveau der Feuerwehr. Die zum Teil naiven bzw. trivialen Formulierungen für Feuerwehrleute verdecken die enthaltenen entscheidungsrelevanten Information für den Feuerwehrbereich.

B. Qualität der Daten. Entscheidungsrelevante Toleranzangaben bzw. eine Zuordnung zu vorgegebenen Qualitätsklassen fehlen. Ein Entscheidungsträger bezieht zumindest in kritischen Situationen mehrere Fachmeinungen in seine Überlegungen ein. Die Information primär aus einem Fachbuch (hier "Hommel") ist daher nicht ausreichend. Z.B. hätten die Informationen des anerkannten Fachbuches "Kühn-Birett" berücksichtigt werden können.

C. Ergonomie und Akzeptanz. Die Bildschirmmasken und die Bedienerführung entsprechen dem DV-Stand der 70iger Jahre. Eine Anpassung an die heutigen Möglichkeiten (z.B. "Helpwindows", Windows für verschiedene Quellen etc.) ist dringend geboten. Eine dem heutigen Stand angepaßte Benutzeroberfläche würde Akzeptanzbarrieren abzubauen helfen. Man darf jedoch nicht vergessen, daß das wesentliche Akzeptanzproblem (nach Überwindung eines Anfangswiderstandes) in der mangelnden fachspezifischen Ausrichtung des INFUCHS besteht (vgl. Punkte A und B). Sind die selektierten Daten nur begrenzt nützlich (entscheidungsrelevant), dann verhindert der vermutete hohe Einarbeitungsaufwand und der fallbezogene Rechercheaufwand, daß sich die in Betracht kommenden Entscheidungsträger an den PC setzen. INFUCHS erreicht daher bei der Feuerwehr Bremerhaven nur eine Akzeptanz bei DV-Begeisterten.

D. Auskunftsbereitschaft. Mit der skizzierten Konfiguration (vgl. Abschnitt 1) benötigt man ausgehend vom ausgeschalteten PC ca. 90 Sekunden bis zur INFUCHS-Maskenauswahl (incl. "booten" von ca. 30 Sekunden). Wählt man z.B. Maske 5 mit Vollauskunft und gibt als Selektionskriterium die UN-Nummer an, dann erhält man die erste Datenmaske nach ca. 13 Sekunden. Die Anwortzeiten sind stark von der Belastung des INFUCHS-Rechners abhängig (Schwankungsbreite ca. 1:10). Die Forderung 24-Stundenbetrieb an 365 Tagen im Jahr wird bisher nicht erfüllt. In üblichen Bürozeiten ist INFUCHS stets auskunftsbereit.

E. Kosten/Nutzen. Betriebswirtschaftlich sinvoll ist die derzeitige INFUCHS-Konzeption nur für einen gelegentlichen Benutzer, der über einen PC mit Datex-P-Anschluß verfügt und dessen Anschaffungs- und Betriebskosten auf andere Nutzungen verteilen kann ("Multifunktionaler Arbeitsplatz"). Wählt ein Benutzer häufiger INFUCHS an, dann ist zumindest wirtschaftlich notwendig, die Übertragung der Masken zu vermeiden. Diese sind auf dem PC zu speichern und entsprechend einzublenden; insbesondere wenn die Ergonomie dem heutigem Stand angepaßt würde (vgl. Punkt E). Für einen Dauerbenutzer ist die Speicherung der INFUCHS-Daten (in stärker klassifizierter Form) wirtschaftlicher, wobei die "zentral gepflegte" INFUCHS-Datenbank den automatisierten Änderungsdienst per Datenfernübertragung übernimmt. Das INFUCHS-Rechercheprogramm wird dann auf dem "vor Ort"-Rechner des Dauerbenutzers gefahren.

4. Schnittstelle Datenbank-Expertensystem (am Beispiel INFUCHS-FIREX)

INFUCHS unterstellt (wie viele andere Informationssysteme auch) als Kunden einen Benutzer, der anhand von ausgewählten Bildschirmmasken Daten nachfragt. Bei "maschinellen Kunden", d.h. bei einer Rechner-Rechner-Kommunikation, ist die Rollenverteilung zwischen "Datenanbieter" (INFUCHS) und "Datennachfrager" (z.B. FIREX auf "vor Ort"-Rechner) neu zu konzipieren. Der Datennachfrager kann die textliche und darstellungsmäßige Aufbereitung vollziehen, während der Datenanbieter sich auf die Gewährleistung der Datenqualität konzentrieren kann. Je nachdem wer die aktive Rolle übernimmt, teilen wir folgende Betriebsarten ein:

- Einzelfallnachfrage. FIREX sendet Selektionsdaten und empfängt von INFUCHS die entsprechenden Datensätze (aktive Rolle beim Datennachfrager)

- Interessenprofil. FIREX sendet eine Liste von Stoffidentifikationen. INFUCHS vermerkt das Interessenprofil und sendet die entsprechenden Datensätze. Bei geänderten oder neuen Informationen über diese Stoffe sendet INFUCHS von sich aus die Modifikationen an FIREX (aktive Rolle beim Datenanbieter).

- Satellitendatenbank. INFUCHS kennt den Datennachfrager und schickt diesem in angemessenen Zeitabständen eine Kopie der gesamten Datenbank. Die Übertragung kann durch Datenträgeraustausch (Floppy Disk, CD-ROM) oder zu kostengünstigen Datenfernübertragungzeiten vorgenommen werden (aktive Rolle beim Datenanbieter).

Uns interessieren hier nicht die rechtlichen und organisatorischen Probleme, die eine solche Rollenaufteilung aufwirft (Datenbankbetreiber haben gezeigt, daß diese Probleme praxisgerecht lösbar sind.) Wir schlagen für diese Rollenaufteilung eine erweiterte INFUCHS-Datensatzstruktur und fachspezifische INFUCHS-Anwendungssoftware vor.

4.1 Erweiterte Datensatzstruktur

Der INFUCHS-Datensatz besteht aus einem Schlüsselfeld (KEY), Datenfeldern zum Selektieren von Datensätzen (Deskriptorenfeldern) und weiteren Datenfeldern (Nutzdaten). Für die skizzierten neuen Aufgaben ist das Speichern der Datennachfrager pro Datensatz erforderlich. Zusätzlich ist das Datum der letzten Modifikation (zumindest auf Datensatzebene) festzuhalten. Im Sinne der beschriebenen Qualitätsanforderungen sind den einzelnen Datenfeldern weitere Felder für Qualitäts- und Fundstellenangaben zuzuordnen.

Logische INFUCHS-Datensatzstruktur:

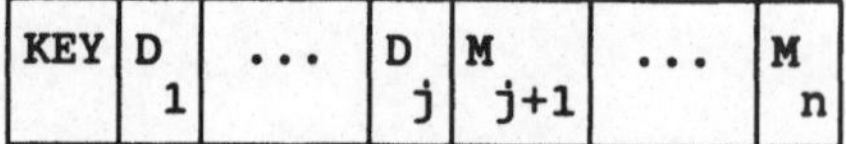

Erweiterte logische Datensatzstruktur:

<u>*Legende:*</u>

KEY	::=	*Identifikation des Datensatzes*
D1 ... Dj	::=	*Deskriptorenfelder zur Selektion*
Mj+1 ... Mn	::=	*Merkmale (weitere Nutzdaten)*
Ni	::=	*Identifikation des Nachfragers*
U	::=	*Letzte Modifikation des Datensatzes*
Q1 ... Qn	::=	*Qualitätsklasse oder Toleranzangaben*
F1 ... Fn	::=	*Fundstelle, Datenerhebung*

Abb. 1. Logische Datensatzstruktur für die "zentral gepflegte" Datenbank

4.2 Fachspezifische Anwendungssoftware

Die konkreten Informationsbedürfnisse von Entscheidungsträgern lassen sich nur sehr begrenzt über fachspezifische Bildschirmmasken auf der Basis allgemeiner Texte realisieren (vgl. Abschnitt 3). Relevante Ratschläge und Handlungsempfehlungen für Entscheidungsträger müssen anwendungsspezifisch ausgerichtet sein. Spezielle Programme für die anwendungsspezifische Datenauswertung und Datenpräsentation sind erforderlich (Renaissance des Dantenbankgrundkonzeptes!). Geht man von den INFUCHS-Masken aus, dann besteht ein akuter Bedarf an einer Polizei-bezogenen und einer Feuerwehr-bezogenen Nutzung der gespeicherten Gefahrgutinformationen.

Die feuerwehrspezifischen Anforderungen hat der Pilotanwender Feuerwehr Bremerhaven in Zusammenarbeit mit dem Institut für Systemanalyse und Informatik bereits in Form von PROLOG- und LISP-Programmen (als Prototypen) definiert.

5. Ausblick

Die Zukunft von Gefahrgut-Informationssystemen führt sicher zur Symbiose von Datenbank und Expertensystem. Dabei hat die Datenbank primär die Datenqualität und das Expertensystem primär die anwendungsspezifische

Entscheidungsunterstützung zu gewährleisten. Datenbankbetreiber (wie das Umweltbundesamt Berlin) sind gefordert, ihre traditionelle Konzeption an eine solche Rollenaufteilung anzupassen. Wahrscheinlich können Informationssysteme (besonders im Schutze öffentlicher Finanzierung) den "maschinellen Kunden" noch eine Zeit "erfolgreich" ignorieren. Die Umstellung von solchen Scheinerfolgen auf Datenqualität erfordert jedoch Zeit. Je eher damit begonnen wird, desto nützlicher wird die Investition in eine "zentral gepflegte" Datenbank werden.

Das Gegenargument, die (Programmier-)Technik für Expertensysteme (XPS) wäre noch nicht hinreichend ausgereift, man könnte daher noch abwarten, greift bei Gefahrgut-Informationssystemen nicht. Hier besteht aufgrund der dichten nationalen und internationalen Vorschriften eine ausgeprägte (Vor-)Formalisierung als tragfähige Ausgangsbasis für die XPS-Architektur (vgl. z.B. /4/). Wie unsere FIREX- Erfahrungen zeigen, ist die XPS-Komponente für die Zusammenarbeit mit INFUCHS realisierbar.

<u>Anmerkung.</u> Wir danken dem Leiter der Berufsfeuerwehr Bremerhaven Herrn Branddirektor Allstein und seinem Stellvertreter Herrn Oberbrandrat Dr. Held für die Unterstützung. Bei den Herren Kahle, Kuller und Sahlman bedanken wir uns für die kritischen Anregungen, die sie als Studenten der Hochschule Bremerhaven während ihres Praktikums in der Feuerwehrzentrale Bremerhaven sammeln konnten.

Literaturhinweise

/1/ Belli, F., Bonin, H., Filipowicz, W., Gerdes, H., Jedrzejowicz, P., "Some Aspects of the Development and Validation of FIREX - A Knowledge-Based System for the Transport of Dangerous Goods and Fire Department Consulting", Proc. 2nd. International Conference on Industrial & Engineering Applications of Artificial Intelligence & Expert Systems, sponsored by ACM/SIGART, IEEE CS, American Association for Artificial Intelligence, National Society of Professional Engineers and The University of Tennessee Space Institute (UTSI) (1989), pp. 680-689

/2/ Umweltbundesamt Berlin, "INFUCHS", Informationspapier (Bearbeiter: Dr. M. Stopp), Berlin (1985)

/3/ Anonym, "Gefahrgut-Datenbanken", Gefährliche Ladung 32/12 (1987), S. 561-565

/4/ Bonin, H. (Hrsg.), Entscheidungsunterstützung in der öffentlichen Verwaltung - Entmythologisierung von Expertensystemen, Heidelberg (R.v.Decker & C.F.Müller), erscheint im Herbst 1989.

Kapitel E

Meßtechnik, Prozeßdatenverarbeitung

Die Echtzeitmeßsysteme TEMES und KFÜ
des Landes Nordrhein-Westfalen

Dierk Heppner
Landesanstalt für Immissionsschutz
Nordrhein-Westfalen, 4300 Essen 1

Die Echtzeitmeßsysteme zur Überwachung der Luftqualität (TEMES) und zur Überwachung von Kernkraftwerken (KFÜ) des Landes NRW werden von der Landesanstalt für Immissionsschutz (LIS) betrieben. Die LIS ist eine Mittelbehörde im Geschäftsbereich des Ministers für Umwelt, Raumordnung und Landwirtschaft (MURL).

Beide Meßsysteme müssen folgende, bei näherer Betrachtung sich widersprechende Anforderungen erfüllen:

- Bei außergewöhnlichen Situationen wie Smogalarm (TEMES) oder Freisetzung von radioaktiven Substanzen (KFÜ) müssen die Meßsysteme möglichst kurzfristig Daten für die Entscheidungsträger liefern. Die Qualität der Daten hat den Anforderungen von Tatsachenentscheidungen zu genügen.

- Die Meßsysteme haben auch die Aufgabe der langfristigen Bilanzierung zu erfüllen, um die Einflüsse von Immissionen auf die Umwelt mit hinreichender Genauigkeit abschätzen zu können.

Obwohl die zeitlichen Anforderungen wie auch die räumlichen Strukturen der Datenaufnahme und Datenbearbeitung sehr unterschiedlich sind, basieren beide Meßsysteme auf den gleichen datentechnischen Grundkonzepten.

1. **Räumliche und zeitliche Struktur von TEMES:**

Die LIS errichtete 1964 kontinuierlich messende Stationen zur Überwachung der Luftqualität. Diese 11 Meßstationen dienten hauptsächlich dem Smogwarndienst und standen an ausgesuchten Orten im Ruhrgebiet. 1972 wurden diese Meßstationen an einen Prozeßrechner angeschlossen. 1977/78 nahm die LIS das erste flächendeckende automatische Luftmeßsystem TEMES (Telemetrisches-Echtzeit-Mehrkomponenten-Erfassungssystem) in Betrieb, das schrittweise bis heute auf 72 Meßstationen ausgebaut wurde. In dem Ballungsgebiet Rhein-Ruhr stehen die Meßstationen ca. 8 km auseinander; hinzu kommen 5 "Randstationen", die zur Erfassung des Ferntransportes von Schadstoffen dienen. Die 3. Generation der Rechnerzentrale in der **LIS** wurde Ende 1986 in Betrieb genommen.

Die Rechnerzentrale besteht aus einem Duplex-Rechner AEG-MODCOMP 7845 (s. Abb. 1). Die Rechnerkonfiguration wird im Abschnitt 3 näher beschrieben. Die Meßstationen werden über Standleitungen (H.f.D.) jede Minute gepollt. Die Übertragungsgeschwindigkeit beträgt 300 Bits/sec. Zur Einsparung von Kosten werden 4 bis 7 Stationen über Knoteneinrichtungen der DBP zusammengefaßt. Der in den Meßstationen eingesetzte Mikroprozessor (GEI-Gesytec-GIPSY) führt die von der Rechnerzentrale übersandten Steuerbefehle (z.B. Ferneichung) an die Meßgeräte aus und sendet die augenblicklichen Meßwerte einschließlich Zustände der Meßgeräte zurück. In der Meßstation finden keine Auswertungen der Meßwerte bzw. der Meßgeräte statt. Dadurch ist der Überblick über den aktuellen Zustand der Meßgeräte jederzeit in der Zentrale gewährleistet. Dies ist bei der Wartung der Meßgeräte und bei kritischen Situationen wie im Falle eines Smogalarms von großer Bedeutung.

TEMES mißt folgende Komponenten:

- Schwefeldioxid (SO2)	- Windrichtung (WRI)
- Stickstoffmonoxid (NO)	- Windgeschwindigkeit (WGE)
- Stickstoffdioxid (NO2)	- Luftdruck (LDRU)
- Kohlenstoffmonoxid (CO)	- Relative Feuchte (RFEU)
- Ozon (O3)	- Niederschlag (NSCH)
- Schwebstaub (SSTR)	- Lufttemperatur (LTEM)
	- Sonnenstrahlung (STRA)

Das Wetteramt Essen nutzt gern die meteorologischen Messungen durch **TEMES**.

Die minütlich erhobene Werte werden zu Halbstundenwerte als Mittel oder Summe verdichtet. Erst die Halbstundenwerte stellen eine Basis für eine Zeitreihe dar, da die Minutenwerte im Vergleich zur Dynamik der Vorgänge in der Luft als Stichproben betrachtet werden müssen. Weitere Verdichtungen der Daten sind 3-Stundenwerte nach Vorgabe der Smogverordnung und Tageswerte zur längerfristigen Beurteilung von Immissionssituationen.

2. Räumliche und zeitliche Struktur der KFÜ:

Auf Grund ihrer Erfahrung bei Echtzeitmeßsystemen wurde die LIS 1983 beauftragt, eine Überwachung von kerntechnischen Anlagen aufzubauen. Im Gegensatz zu anderen Ländern der Bundesrepublik sollte die Überwachung wegen der hohen Bevölkerungsdichte alle Bereiche einer kerntechnischen Anlage umfassen:

- Emission im Fortluftkamin
- Strahlung innerhalb des Reaktors und der Maschinengebäude
- Strahlungsmessung in unmittelbarer Umgebung
- Meteorologische Parameter zur Bestimmung von Immissionen über Ausbreitungsrechnung
- Betriebszustand des Reaktors

Die Messung der Radioaktivität ist die Summation von zufälligen Zerfallsprozessen über einen bestimmten Zeitraum. Die weitgehend elektronischen Messungen sind um so genauer, je länger der Meßzeitraum gewählt wird. Die KFÜ soll sowohl als schnelles Warnsystem als auch als bilanzierendes Meßsystem dienen. Als Kompromiß zwischen schneller Reaktion und hoher Meßgenauigkeit wurden folgende Zeittakte bei der Auswertung der Daten gewählt:

- 10-Minutentakt für die Alarmierung
- Stundentakt für eine kurzfristige Bilanzierung
- Tagestakt für eine langfristige Bilanzierung

Die 10-Minuten- und 60-Minutenauswertung erfolgt selbstständig durch "Kraftwerk-Stationen" im Kernkraftwerk. Die Kraftwerk-Station besteht aus einem Duplex-Rechner AEG-MODCOMP 7845 (s. Abb. 1). Die Kraftwerk-Stationen bestimmen den Zeitablauf in der KFÜ. In NRW werden die Kernkraftwerke Höxter/Würgassen (KWW) und Hamm/ Uentrop (THTR) überwacht. Die Daten aus den Kraftwerken werden zunächst zur Meßnetzzentrale (Duplex AEG-MODCOMP 7875) in der LIS übertragen. Von dort fließen die Daten in die Überwachungszentrale des Ministers für Wirtschaft, Mittelstand und Technologie (MWMT) des Landes NRW. Die Abb. 2 zeigt die Struktur der KFÜ. Die Duplex-L-Verbindungen werden z.Z. durch Standleitungen ersetzt, die bei gleichen Kosten eine höhere Betriebssicherheit bieten. Das verteilte Rechnersystem KFÜ wird durch das Ressource-Sharing-Betriebssystem MAXNET IV unterstützt. Alle Softwarearbeiten einschließlich der Systembetreuung bis zur Betriebssystemgenerierung werden von der Zentrale in der **LIS** ausgeführt. Softwarearbeiten vor Ort sind nicht notwendig.

3.   Aufbau der Duplex-Rechner:

Echtzeitmeßsysteme verlangen eine hohe Verfügbarkeit der Rechner. Gründe für den Ausfall von Rechnern sind (in dieser Folge!) Softwarefehler, Störimpulse, Wartungsarbeiten (Software und Hardware) und Hardwareausfälle. Durch Parallelschaltung von zwei Rechnern können die Ausfälle erheblich verringert werden. Da die hauptsächliche Ursache der Rechnerausfälle durch Softwarefehler verursacht werden, ist ein Hot-Standby durch einen exakt parallel arbeitenden Rechner sinnlos. Besser ist eine lose Kopplung der Rechner, die im normalen Betrieb nur die Daten gespiegelt speichern und zyklisch ihre Betriebszustände austauschen. Nur einer der beiden Rechner (aktiver Rechner) übernimmt die Betriebsführung, während der zweite (passive) Rechner auf den Ausfall bzw. Abschaltung des aktiven Rechners wartet. Bei der Konzeption der Software, insbesondere bei der Datenauswertung, muß dieses Verhalten von Duplex-Rechnern berücksichtigt werden.

Die Abb. 1 ist eine schematische Darstellung der von der LIS verwendeten Duplex-Rechner-Konfiguration. Sie zeigt den Aufbau der **TEMES**-Zentrale in der LIS. Bei den Kraftwerk-Stationen der **KFÜ** ist die Magnetbandstation durch eine von beiden Rechnern parallel ansprechbare Prozeßperipherie zu ersetzen. Ferner besitzen die Kraftwerk-Stationen je Rechner nur ein Plattenlaufwerk.

4.   Konzept der Datenkanäle:

Die Aufbereitung eines Meßwertes von der Aufnahme als Minutenwert (Rohwert) bis hin zur Auswertung als Tageswert erfordert eine Vielzahl an statischen und dynamischen Plausibilitätsprüfungen. Sowohl bei **TEMES** als auch bei der **KFÜ** müssen die augenblicklich gewonnenen Werte bei kritischen Situationen eine für Tatsachenentscheidungen hinreichende Gültigkeit besitzen. Unplausible Werte werden durch einen Fehlerkode markiert, der den Grund des Meßdatenausfalls angibt.

Bei der Abfrage eines Meßgerätes ist zu prüfen, ob das Meßgerät sich im richtigen Betriebszustand befindet (Betriebs-Status) und alle Aggregate des Meßgerätes funktionieren (Fehler-Status). Jedes Meßgerät hat individuelle Eigenschaften, die für jedes Meßgerät einen eigenen Parametersatz zur Datenauswertung erfordern. Die gesamte Umgebung eines Meßwertes vom Rohwert bis zum Tageswert mit den zugehörigen Steuer- und Parametertabellen stellt einen Datenkanal dar (s. Abb. 3).

Durch den Namen (Komponente) des Meßwertes und den Meßort ist der Datenkanaleindeutig gekennzeichnet. Der Aufruf erfolgt über mnemotechnische Kürzel wie DORT, SO2 oder KWW, JOD131. Im Datenkanal-Directory werden alle Datenkanäle mit ihren Zeigern auf Dateien und Tabellen verwaltet. Einträge und Löschungen werden online mit Hilfe des Datenkanal-Editors vorgenommen, der auch umfangreiche Konsistenzprüfungen vornimmt.

Die Parametertabelle enthält Zeiger auf Berechnungs- und Prüfalgorithmen, Umrechnungs- und Eichfaktoren, Grenzwerte und Masken zur Überprüfung der Stati. Die Einträge in der Parametertabelle erfolgen bei manuellen Änderungen über den Parameter-Editor. Hierzu liest der Parameter-Editor aus dem Parameter-Directory über den Mnemokode des Parameters das Format und die Eintragszeiger.

Die stufenweise Verdichtung der Meßdaten auf höhere Zeitbasen hat rekursiven Charakter, da die Auswertealgorithmen nach dem gleichen Schema ablaufen. Auf Grund der konsequenten Tabellenstruktur ist es möglich, ad hoc neue Algorithmen zu definieren. Auch können auf den verschiedenen Zeitbasisebenen mehrere Algorithmen auf einen Meßwert angewandt werden oder mehrere Meßwerte miteinander verknüpft werden. Auf diese Weise entstehen neue (virtuelle) Datenkanäle (s. Abb. 4).

5. Benutzeroberfläche:

In den Rechnerzentralen können bis zu 16 Benutzer gleichzeitig interaktiv arbeiten. Eine externe Dokumentation zur Benutzung des Meßsystems ist nicht notwendig. Der Benutzer kann an jeder Stelle eine Hilfe zur Eingabe anfordern. Datentechnische Kenntnisse sind nicht notwendig.

Die Ein/Ausgaben sind der Denkweise des Benutzers angepaßt. Die wenigen Befehle, die konsequent im System benutzt werden, sind schnell erlernt. Für sich wiederholende Abfragen kann sich der Benutzer parametrisierte Prozeduren erstellen, die die Eingaben wesentlich vereinfachen.

Großer Wert wurde auf eine fachgerechte Darstellung der Daten gelegt. Die Abb. 5 zeigt einen schematischen Schnitt durch ein Kraftwerk mit Angabe der Meßwerte, Grenzwerte und Ort der Meßgeräte. Überschreitungen werden hervorgehoben (Farbe oder Fettschrift). Die Umgebungsmessung am Kraftwerk ist in der Abb. 6 dargestellt. Ferner sind Windrichtung und Windgeschwindigkeit eingetragen.

Die Abb. 7 und 8 sind Flächengrafiken aus **TEMES**. Die Darstellung kann vom einzelnen Smoggebiet (hier Raum Duisburg) bis auf das gesamte **NRW** vergrößert werden. Die Flächengrafiken bieten einen schnellen und sehr informativen Überblick über die Immissionssituation. Die Ausgaben von **TEMES** werden online im Störfallzentrum (Sitzungssaal) des **MURL** über einen Videogroßbildprojektor auf eine Leinwand ausgestrahlt.

6.   **Schlußbemerkung:**

Die datentechnischen Konzepte der oben beschriebenen Echtzeitmeßsysteme sind vom Fachrechenzentrum Immissionsschutz, einer Abteilung in der **LIS**, entworfen und realisiert. Die Meßsysteme haben sich auch bei kritischen Situationen auf Grund ihrer leichten Bedienbarkeit und hohen Verfügbarkeit bewährt. Die flexible Struktur erlaubt eine laufende Anpassung an neue Anforderungen.

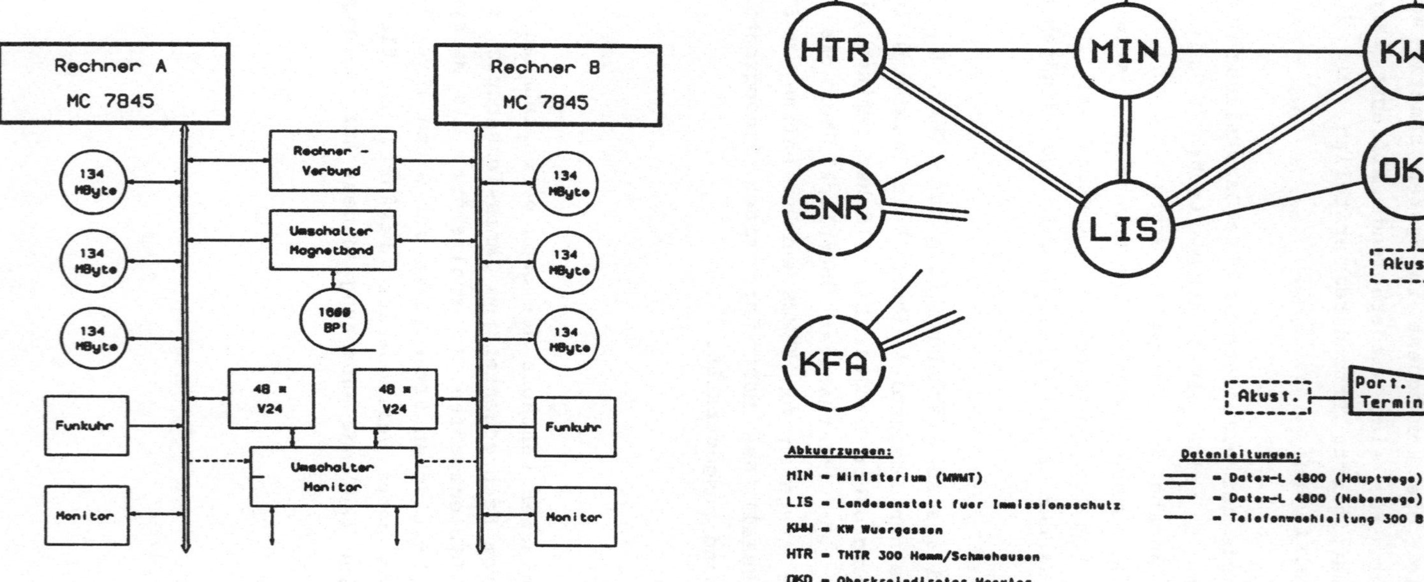

Abb. 1:   Schema der Duplex-Rechner

Abb. 2:   Räumliche Struktur der KFÜ

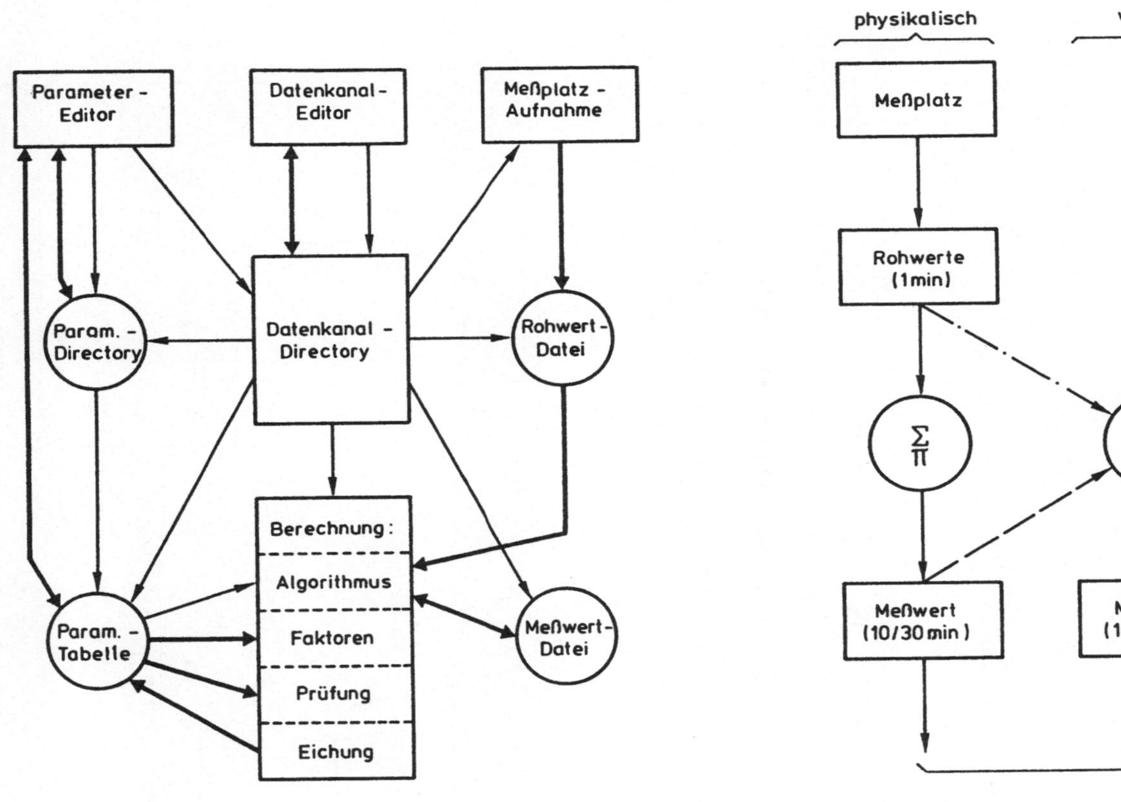

Abb. 3: Umgebung eines Datenkanals

Abb. 4: Verknüpfung von Datenkanälen

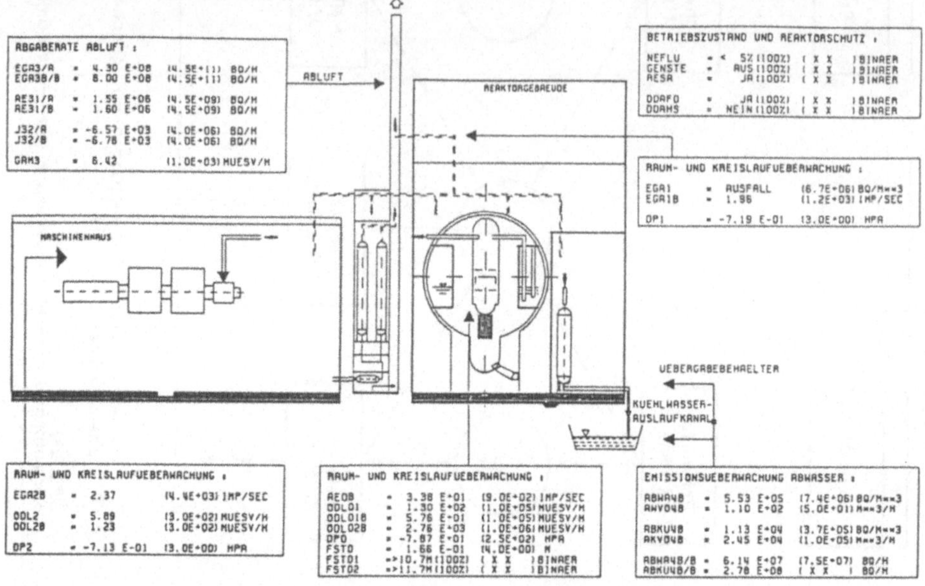

Abb. 5: Schnittbild des **KWW** (**KFÜ**)

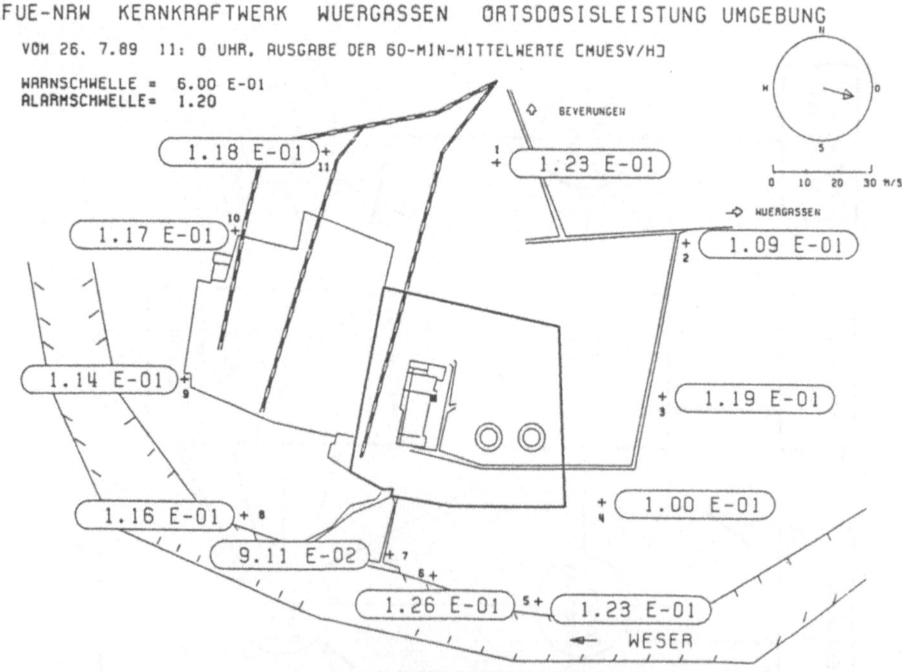

Abb. 6: Umgebungsmessung (**KFÜ**)

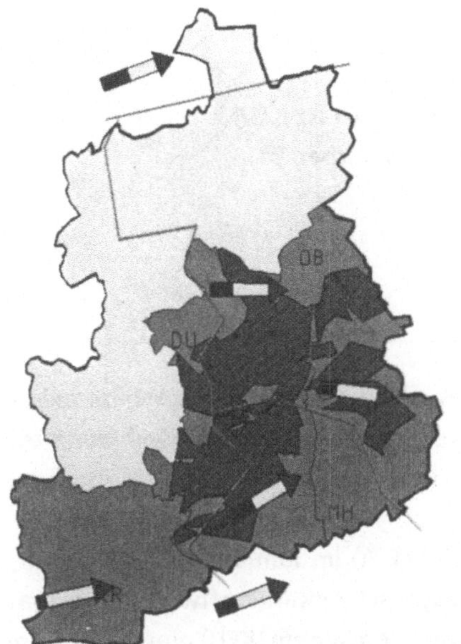

Abb. 7: **Flächengrafik Wind (TEMES)**

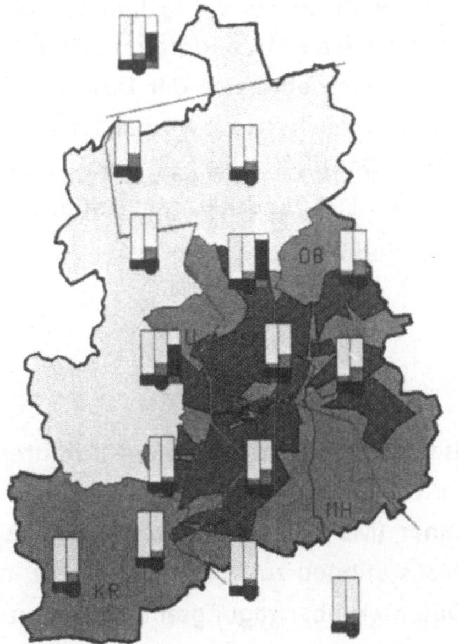

Abb. 8: **Flächengrafik Immission (TEMES)**

Automatische Meßnetze in Bayern

Hans Starke
Bayerisches Landesamt für Umweltschutz (LfU)
Rosenkavalierplatz 3, D-8000 München 81

1. Meßsysteme in Bayern

In Bayern wurde bereits 1972 mit dem Aufbau des ersten automatischen Meßnetzes, dem Lufthygienischen Landesüberwachungssystem Bayern (LÜB), begonnen. Durch den stetigen Ausbau dieses Netzes stehen heute 70 automatische Meßstationen zur Erfassung der lufthygienischen Situation in Bayern zur Verfügung.

Der Störfall im Kernkraftwerk Gundremmingen (Block A) im Januar 1977 war Anlaß, ein automatisches Meßsystem zur Überwachung der bayerischen Kernkraftwerke aufzubauen. Das damals weltweit erste Kernreaktor-Fernüberwachungssystem (KFÜ) ging im September 1978 in Betrieb. Heute sind alle Kernkraftwerke in Bayern (KKI1, KKI2, KKG, KRB) an das System angeschlossen.

Nach dem Ereignis von Tschernobyl, bei dem Bayern das am stärksten betroffene Bundesland war, erhielt das Bayerische Landesamt für Umweltschutz (LfU) den Auftrag, ein Immissionsmeßsystem für Radioaktivität (IfR) zu planen und zu errichten. Zur flächendeckenden und kontinuierlichen Überwachung der Radioaktivität sowie der Frühwarnung bei erhöhter Aktivitätskonzentration in der Luft wird derzeit ein System aufgebaut, das über Bayern verteilt an 30 Stellen die Dosisleistung und an 14 Standorten zusätzlich die Jod- und Aerosolaktivitätskonzentrationen mißt. Die Inbetriebnahme der Dosisleistungsmeßsonden ist abgeschlossen. Die Integration der Aerosolmeßsysteme wird im Herbst 1989, die der Jodmeßgeräte im Frühjahr 1990 beendet sein. Das IfR-Konzept sieht vor, die erforderlichen Meßgeräte weitgehend in die vorhandenen LÜB- und KFÜ-Meßstationen zu integrieren, was auch bis auf wenige Ausnahmen gelungen ist.

2. Aufbau der Meßsysteme

Die Meßsysteme LÜB und KFÜ weisen grundsätzlich die gleichen Systemstrukturen auf. In den Meßstationen (LÜB:70, KFÜ:4) werden die Meßwerte über Datenerfassungssysteme (DES) erfaßt und in einem Meßstationsrechner (MSR) vorverarbeitet und zwischengespeichert. Die Datenübertragung von den Meßstationen zur Meßnetzzentrale im LfU in München erfolgt mit Hilfe entsprechender Datenfernübertragungseinrichtungen im Netz der Deutschen Bundespost. Dabei werden die LÜB-Daten im Fernsprechwählnetz mit 1200

Baud und die KFÜ-Daten im Datex-L-Netz mit 2400 Baud übertragen. Die Übertragungszyklen liegen im Normalfall im LÜB bei 8 Stunden und im KFÜ bei 1 Stunde. Im Alarmbetrieb, der z.B. bei Grenzwertüberschreitungen im KFÜ oder Smogsituationen im LÜB auftritt, verkürzen sich die Abrufzyklen auf 1 Stunde im LÜB bzw. 10 Minuten im KFÜ. In der Meßnetzzentrale werden die Daten aller Stationen gespeichert und stehen dort über menügesteuerte Zugriffsroutinen für Beobachtungen und Auswertungen zur Verfügung.

Abb. 1: Verteilung der KFÜ/LÜB-Meßstationen

3. Maßnahmen zur Verbesserung der Systemverfügbarkeit

Die technischen Detaillösungen in den Meßstationen des LÜB- und KFÜ-Systems weisen unterschiedliche Ausführungen auf. Als Gründe hierfür sind die teilweise unterschiedlichen Anforderungen, die Zeitpunkte der Entwicklungen und die differierenden Meßstationszahlen zu nennen.

Selbstverständlich ist immer der Wunsch nach einer 100%igen Verfügbarkeit vorhanden. Diese Forderung setzt i.d.R. Vorkehrungen voraus, die mit einem hohen Preis erkauft werden müssen. Für die bayerischen Meßnetze ist grundsätzlich festzustellen, daß die Anforderung hinsichtlich der Verfügbarkeit im KFÜ höher sind als im LÜB, wobei das Verhältnis von Leistung und Sicherheit zum Kostenaufwand nicht außer Betracht gelassen werden kann. Unter Beachtung dieser Randbedingungen wurden folgende Maßnahmen zur Erhöhung der Systemverfügbarkeit getroffen:

3.1 LÜB-System

In Ballungs- und Belastungsgebieten befinden sich meistens mehrere Meßstationen, die nur einen geringen Abstand voneinander aufweisen. Beim Ausfall einer Meßstation bzw. einzelner Komponenten davon stehen Daten benachbarter Stationen zur Verfügung, die auch eine Lagebeurteilung für das betroffene Gebiet ermöglichen. Deshalb konnte auf den Einbau redundanter Systemkomponenten in den Meßstationen verzichtet werden. Einige technisch veraltete Systemkomponeten sowie gestiegene Leistungsanforderungen zwangen zum Austausch von DES und MSR. Im Zuge dieser Umrüstung wurden 1987/88 Systemkomponenten nach dem neuesten Stand der Technik eingebaut. Es handelt sich hierbei um betriebsbewährte Geräte, die unter besonderer Berücksichtigung der Betriebssicherheit ausgewählt wurden.

3.2 KFÜ-System

In Kernkraftwerken sind insbesondere bei betrieblichen Störungen die Werte einzelner Meßgrößen, z.B. Edelgas-, Jod- und Aerosolaktivitäten in der Fortluft von großem Interesse. Deshalb sind die Verfügbarkeitsanforderungen im KFÜ für die gesamte Datenübertragungskette vom MSR über die DES bis hin zum Meßgerät sehr hoch. Das KFÜ-System sieht aus diesem Grund folgende redundante Datenpfade vor:

- Zwei Datex-L-Anschlüsse für die Datenübertragung zwischen MSR und Zentralrechner
- Besonders wichtige, zusammengehörige Meßparametergruppen können über zwei getrennte DES erfaßt werden, die wiederum über getrennte Leitungen an den MSR angeschlossen sind. Bei Ausfall eines DES kann mit einem Befehl von der Zentrale aus die Meßdatenerfassung auf das zweite DES umgeschaltet werden.
- Wichtige einzelne Meßsignale werden über redundante Module, die sich in getrennten DES befinden, erfaßt. Die Umschaltung der Meßwerterfassung erfolgt über einen Steuerbefehl von der Zentrale aus.

Durch die beiden letzten Möglichkeiten steht ein gestaffeltes Redundanzkonzept zur Verfügung, das sich entsprechend der Bedeutsamkeit und der Zahl der Meßparameter

anwenden läßt. Im KFÜ werden bedeutsame, räumlich benachbarte Meßgrößen, wie z.B. Emissionen in der Fortluft, über redundant ausgelegte DES erfaßt. Einzelsignale, die keinen direkten Zusammenhang mit anderen Meßgrößen aufweisen, sind über redundante Module angeschlossen (z.B. Dosisleistung im Maschinenhaus, Temperatur Containment).
In den letzten Jahren wurden zunehmend Meßgeräte mit integrierten Rechnerschnittstellen (z.B. V.24) angeboten. Diese Geräte werden ohne Zwischenschaltung eines DES direkt an den MSR angeschlossen, so daß eine mögliche Fehlerquelle im Datenpfad, das DES, ausgeschaltet werden kann.
Während des Betriebes erwies sich der MSR als sehr zuverlässige Systemkomponente. Die angeschlossene Peripherie, hier hauptsächlich ein Floppy-Drive, zeigte insbesondere bei Schaltvorgängen im Stromnetz Fehler mit Rückwirkungen auf den Betrieb der Meßstation. Deshalb wurde 1986 damit begonnen, auch den MSR einschließlich Peripherie doppelt auszulegen. Dieses neue System, in dem die vorhandenen Komponenten teilweise weiterverwendet werden können, besteht aus zwei direkt gekoppelten Rechnern. Die DES sind über einen automatischen Schnittstellenumschalter an die redundaten MSR angeschlossen. Das System arbeitet nach einem Master/Slave-Prinzip, in dem nach Ausfall des Masterrechners der Slaverechner die gesamten Meßstationsaktivitäten automatisch übernimmt. Die Datenhaltung erfolgt synchronisiert auf beiden Rechnern.

3.3 Meßnetzzentrale
Die zunehmenden fachlichen Anforderungen an die KFÜ/LÜB-Systeme erforderten ebenso wie in den Meßstationen auch in der Zentrale eine Neukonzeption der Rechnersysteme (s. Abb. 2).
Da die Meßnetzzentrale das Kernstück der beiden Systeme darstellt, wurde sehr großer Wert auf die Rechnerverfügbarkeit gelegt. Die Wahl fiel deshalb auf ein fehlertolerantes Tandem-Rechnersystem. Als charakteristisches Merkmal ist die redundante Auslegung aller wichtigen Komponenten, wie z.B. Zentraleinheit, Magnetplatten, Asynchroncontroller und Batteriepuffer zu nennen. Komponenten, die für den Onlinebetrieb nicht zwingend notwendig sind (z.B. Magnetband, Schnelldrucker, Plotter), sind nur einfach vorhanden. Eine weitere wichtige Eigenschaft für die Funktionsfähigkeit der Zentrale bei Einzelkomponentenausfällen besitzt die Systemsoftware, die standardmäßig für die Behandlung von Fehlerzuständen ausgelegt ist. Deshalb ist für diese Problemlösung keine spezielle Anwendersoftware, die wiederum mit Fehlern behaftet sein kann, mehr notwendig.

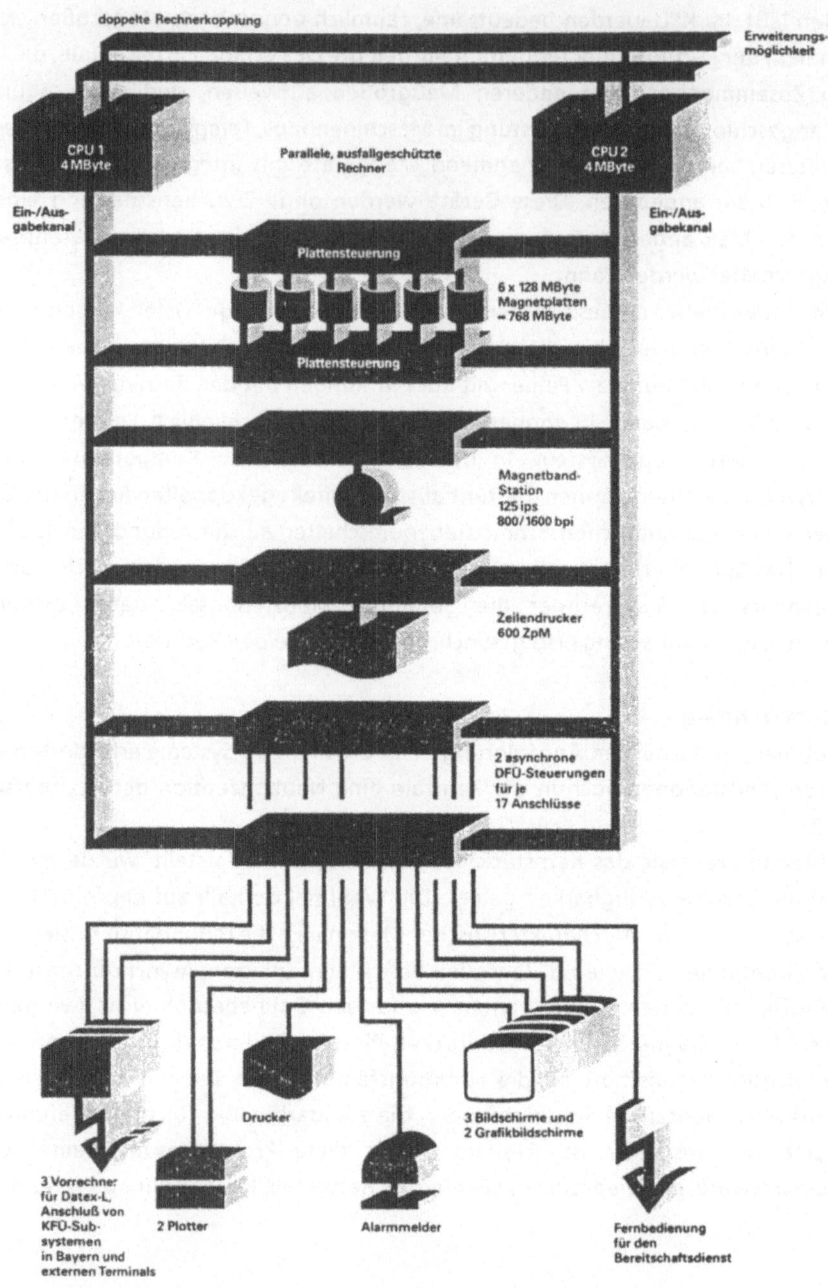

Abb. 2: Konfiguration der KFÜ/LÜB-Meßnetzzentrale

4. Anwenderfreundlichkeit

Der Einsatz der EDV zur Lösung spezieller Aufgaben, wie sie im Bereich des Umweltschutzes immer wieder auftreten, ist heute weit verbreitet. Da in vielen Fällen hierfür keine Standardsoftware verfügbar ist, sind problemspezifische Anwenderprogramme notwendig. Diese führen häufig bei den gestellten Aufgaben zu einer qualitativen Verbesserung der Ergebnisse. Die Bedienung der Programme setzt meistens spezielle Programmkenntnisse voraus, so daß die Nutzung nur einem eingeschränkten Personenkreis möglich ist. Bedienkomfort und Anwenderfreundlichkeit werden nicht selten zu wenig beachtet.

Die Software für die bayerischen Meßnetze wurde für ganz spezielle Aufgaben entwickelt. Dabei wurde auf die einfache Bedienbarkeit besonders großer Wert gelegt. Diese Forderung entstand u.a. aufgrund der Tatsache, daß die Bedienung durch einen großen Personenkreis, der nicht immer über EDV-Kenntnisse verfügt, möglich sein muß. Deshalb wurde die Benutzeroberfläche mit einer selbsterläuternden Menüsteuerung ausgestattet. Beginnend mit einer Einstiegsmaske wird der Anwender systematisch bis zu seinem Ziel geführt. Alle notwendigen Eingaben sind in den Masken beschrieben. Falls ausführlichere Erläuterungen notwendig sind, können diese über Help-Funktionen aufgerufen werden. Die Eingabefelder sind eindeutig gekennzeichnet. Der Aufbau der Masken erlaubt es dem Anwender, nur in die vorgesehenen Felder zu schreiben. Bei Fehleingaben bzw. unterlassenen Maskeneinträgen generiert das System nach Freigabe der Maske in einer Statuszeile einen Klartext mit einem eindeutigen Fehlerhinweis.

Die Bedienfunktionen wurden außerdem in zwei Gruppen gegliedert. Die erste Gruppe (F1-F6) faßt alle Funktionen zusammen, die im ungestörten Meßnetzbetrieb, der den Regelfall darstellt, erforderlich sind. Hierzu zählen z.B. Grafik- und Protokollfunktionen, Systemübersichten und Steuerfunktionen. Die Mitarbeiter sind nach einer kurzen Einweisung in der Lage, diesen Funktionsbereich zu bedienen.

Die zweite Gruppe (F7-F12) enthält Funktionen, die i.d.R. nur von Mitarbeitern mit Meßnetzkenntnissen benutzt werden. Diese Funktionsgruppe ermöglicht spezielle Auswertungen oder erlaubt Systemeingriffe bei Fehlerzuständen. Die Bedienung setzt ebenfalls keine EDV-Kenntnisse voraus.

Die Betreuung des Meßnetzzentralrechners erfordert selbstverständlich auch Fachpersonal mit entsprechenden Systemkenntnissen. Aufgrund der zuvor beschriebenen Konzeption benötigt der Meßnetzbetrieb relativ wenig Mitarbeiter mit speziellen Anlagenkenntnissen, ermöglicht aber trotzdem einem großen Mitarbeiterkreis die Bedienung und Nutzung der Meßnetze. Die EDV wird trotz dieser Spezialanwendung ein echtes Hilfsmittel für viele Mitarbeiter. Der hohe Grad der Anwenderfreundlichkeit erleichterte den Mitarbeitern mit weniger EDV-Erfahrung den Zugang zum System und steigerte insgesamt die Akzeptanz.

```
K F U E  -  B E D I E N F U N K T I O N E N

               Name Kernkraftwerk        :   [         ]

   F-1        Graphikdarstellungen
   F-2        Protokolle
   F-3        Steuerkommandos - Betrieb            :
   F-4        Subsystem - Info                     :
   F-5        Systemzustand anzeigen
   F-6        Alarmmelder ruecksetzen

   F-7        Steuerkommando - Operating           :
   F-8        Ausbreitungsrechnung                 :
   F-9        Anzeigen und Korrigieren             :
   F-10       Parameter fuer die KAR               :
   F-11       Listengenerierung                    :
   F-12       Monitorfunktionen

   F-16       Ende Bedienprogramm - Kfue
```

```
G R A P H I K D A R S T E L L U N G E N
----------------------------------------------

Verlaeufe pro Bildschirm    (1-4) :   [1]
Massstabsoptimierung        (Y/N) :   [N]

Messwertverlaeufe :

F-1        60-min/Direktwerte
F-2        24-Std/Stundenwerte
F-3        7-Tage/Stundenwerte
F-4        31-Tage/Stundenwerte
F-5        365-Tage/Tageswerte

F-6        Profildarstellung

Darstellung der Ergebnisse der KAR

F-7        Isodosendarstellungen
F-8        Belastungskurven

F-15       Ruecksprung in das uebergeordnete Menue
F-16       Dialogende
```

```
Messwerteprotokoll der Stundenwerte vom Subsystems :  [         ]
-------------------------------------------------------------

F-1        alle Messgroessen
F-2        nur Radiologie
F-3        nur Meteorologie
F-4        Emmissionsgroessen
F-5        Dosisleistungen
F-6        Wassermesstellen
F-7        Sonstige
F-8        folgende  :

    [      ]  [      ]  [      ]  [      ]  [      ]

    [      ]  [      ]  [      ]  [      ]  [      ]


Protokollierung  fuer       (Datum) :   [         ]
(fuer 1 Tag)
```

```
60-min Direktwertverlaeufe fuer Subsystem  :  [         ]
-----------------------------------------------------

F-1        alle Messgroessen

F-2        folgende Messgroessen :

    [      ]  [      ]  [      ]  [      ]

Beginn    ab (Datum/Std) :   [          ] [   ]

F-15       ^Ruecksprung in das uebergeordnete Menue
F-16       ^Dialogende^
```

Abb. 3: Beispiele für die Dialogführung

5. Flexibilität und Ausbaufähigkeit

Bei der Auslegung des Systems wurde nicht nur der zum Zeitpunkt der Planungen herrschende Stand berücksichtigt, sondern weitgehend auch Integrationsmöglichkeiten künftiger Entwicklungen vorgesehen. Nachfolgende Beispiele sollen dies verdeutlichen:

- Schnittstellen für verschiedene Signalformen, wie z.B. Ströme, Spannungen, analoge und digitale Größen oder V.24.

- Verarbeitung linearer und logarithmischer Größen.

- Variable Konfigurationsmöglichkeiten in den Meßstationen, z.B. durch Hinzufügen/Wegnahme von Meßgeräten.

- Änderbare System- und Meßparametersätze, wie z.B. Abrufzyklen, Mittelungsintervalle, Grenzwerte, Umrechungsfaktoren.

In den Meßnetzen wird diese Flexibilität durch eine zentrale Parameterverwaltung und einer automatischen Parametrierbarkeit der Meßstationen erreicht. Sämtliche Kenndaten können über einen Dialog in der Meßnetzzentrale modifiziert oder ergänzt werden. Die Änderung dieser Daten erfolgt zentralen-, meßstations- oder meßgrößenspezifisch. Die Meßstationssoftware erstellt aus den übermittelten Parametersätzen automatisch eine Konfigurationsliste, nach welcher der weitere Ablauf gesteuert wird. Eine Aktivierung oder Änderung der Konfigurationsliste erfolgt automatisch nach Aufruf und Übertragung des entsprechenden Steuerkommandos. Auf diese Weise kann der Meßnetzbetrieb zentral überwacht und gesteuert werden. Die Anpassung an geänderte Betriebsbedingungen erfordert keine Systemeingriffe vor Ort (Software/Speichertausch), wie sie beispielsweise bei der Durchführung von befristeten Sondermeßprogrammen, zu Zwecken von Spezialauswertungen oder Testinstallationen auftreten.

Neben der Flexibilität kommt der Ausbaufähigkeit der Meßnetze heute besondere Bedeutung zu. Die ständig wachsenden Leistungsanforderungen, die i.d.R. zum Zeitpunkt der Planung nicht vollständig übersehbar sind, müssen auch nachträglich in den Meßnetzen realisierbar sein. Um aber nicht gleich zu Beginn zum Zweck späterer Leistungsreserven unausgelastete und kostenintensive Systeme anschaffen zu müssen, ist eine leistungsbezogene Ausbaufähigkeit anzustreben. Insbesondere im Behördenbereich ist dies ein wichtiger Aspekt bei der Haushaltsmittelplanung. Dieses Ziel läßt sich nur mit einem Konzept verwirklichen, das durch modulare Hard- und Softwarestrukturen schrittweise ausbaubar ist.

In den KFÜ/LÜB-Meßstationen bieten die modular aufgebauten Datenerfassungssysteme die Gewähr für einen flexiblen Ausbau. Sowohl durch den Einbau zusätzlicher Erfassungssysteme als auch durch Hinzufügen verschiedener Modultypen sind kurzfristig entsprechende Modifikationen durchführbar.

Die Meßnetzzentrale, derzeit bestehend aus einem 2 Prozessor Tandem-NonStop-System, ist neben der Ausfallsicherheit auch durch die einfache und umfangreiche Ausbaufähigkeit gekennzeichnet. Durch die Installation weiterer Rechnermodule wird eine stetige Leistungssteigerung erreicht (max. 16 parallele Zentraleinheiten). Diese Möglichkeit der modularen Hardwareaufrüstung wird auch von der Systemsoftware unterstützt. Außer

einer Neuverteilung der Prozesse im Rechnersystem sind keine weiteren Software-
modifikationen erforderlich. Die Anwendersoftware bleibt dabei unberührt. Damit läßt
sich in kurzer Zeit der Systemaufbau an den Leistungsbedarf anpassen. Das Ausfallsicher-
heitskonzept bleibt dadurch uneingeschränkt erhalten.

6. Zusammenfassung

Die automatischen Meßnetze in Bayern enthalten viele Problemlösungen, die sich
aufgrund von Betriebserfahrungen entwickelten. In vielen Fällen deckt erst der ständige
Umgang mit den Systemen in verschiedenen Situationen Probleme auf, die trotz
sorgfältigster Planungen selten vorhersehbar und erkennbar sind. Gute Konzepte sind
jedoch i.d.R. in der Lage, erkannte Systemschwächen rasch und mit vertretbarem Aufwand
zu korrigieren.
Bei den Meßsystemen KFÜ, IfR und LÜB handelt es sich um Überwachungsinstrumente mit
jeweils unterschiedlichen funktionellen Anforderungen. In allen Systemen wurden die
Bedingungen wie hohe Verfügbarkeit, Anwenderfreundlichkeit sowie Flexibilität und
Ausbaufähigkeit durch die Wahl geeigneter Systemkomponenten weitgehend praxis-
bewährt umgesetzt. Nur die laufende Fortentwicklung der Systeme unter Beachtung der
gewonnenen Betriebserfahrungen und eine rechtzeitige Anpassung an den Stand der
Technik werden auch weiterhin die Effizienz und Akzeptanz garantieren. Die zunehmenden Umweltprobleme und der erhöhte Informationsbedarf der Bevölkerung
stellen sicher auch in der nächsten Zeit weitere Anforderungen an die Meßnetze. Mit den
zuvor beschriebenen Möglichkeiten wird das LfU auch weiterhin in der Lage sein, die
künftige an die Meßnetze gestellten Aufgaben zu erfüllen.

Struktur und Funktionalität des gewässerkundlichen Meßnetzes der Landesanstalt für Umweltschutz Baden-Württemberg

Hans-Jörg Haubner
Fraunhofer-Institut für Informations- und Datenverarbeitung
Fraunhofer Str. 1, 7500 Karlsruhe 1

Jörgen Kohm
Landesanstalt für Umweltschutz Baden-Württemberg
Griesbachstr. 3, 7500 Karlsruhe 21

Abstract

Central supervising and management of wide-area measuring networks are an important part of environment protection. Using the example of hydrological measurements in Baden-Württemberg, structure and basic functions of these types of networks are discussed. A general system model comprising communication, information and basic application services is proposed providing a powerful platform to support a broad range of known and future applications.

Ausgangssituation

Der Einrichtung flächendeckender, fernüberwachter Meßnetze kommt im Umweltüberwachungsbereich eine wachsende Bedeutung zu. Ihr Nutzen wird wesentlich dadurch bedingt, daß Meßdaten unmittelbar und zuverlässig an zentraler Stelle zur Verfügung gestellt werden können und somit eine schnelle gesamthafte Situationsbeurteilung möglich ist. Eine weitere Forderung ist, daß Meßnetze trotz ihrer Größe und weiträumigen Verteilung rationell und transparent betreibbar sind.

Die Vielfalt der Aufgabenstellungen in solchen Meßnetzen erfordert ein hohes Maß an Flexibilität des Gesamtsystems, um heutige und künftige Aufgaben schnell und effizient bewältigen zu können. Systemkonzept und technische Auslegung des gewässerkundlichen Meßnetzes der Landesanstalt für Umweltschutz Baden-Württemberg erfolgten dabei anhand eines Schichtenmodelles. Dieses besteht aus Kommunikationsmodell, Informationsmodell und Applikationsdiensten. Es stellt nach dem Baukastenprinzip Basisfunktionen mit entsprechenden Schnittstellen zur Verfügung.

Damit lassen sich effizient übergeordnete Anwendungen und unterschiedliche Meßnetz-Betriebsarten erzeugen. Beispiele hierfür sind automatische Archivierungsfunktionen, dialogorientierte Auskunftssysteme, Fernbedienung von Meßstationen, Alarmprogramme und Diagnosefunktionen.

Der vorliegende Beitrag beschreibt Architekturprinzip, Funktionalität und technische Auslegung des Systems, sowie erste betriebliche Erfahrungen und weitere Arbeiten.

1. Meßstationen und Meßnetzzentralen

Gewässerkundliche Meßwerte werden einerseits als statistisch aufbereitete Daten für landesplanerische und wasserwirtschaftliche Entscheidungen benutzt. Andererseits werden die Meßdaten zusätzlich zeitnah für die Beurteilung aktuell ablaufender Ereignisse als Grundlage für rasche Entscheidungen in kritischen Situationen, z.B. bei Hochwasser oder Gewässerverunreinigungen, benötigt.

Zu diesem Zweck wird derzeit in Baden-Württemberg ein bestehendes gewässerkundliches Meßnetz umgerüstet. Es wird aus Vor-Ort-Meßstationen (MST) mit digitalen Meßdatenerfassungssystemen (DASA), sowie aus Meßnetzzentralen (MVZ) bei der Landesanstalt für Umweltschutz (LfU) und den 23 Wasserwirtschaftsämtern bestehen. Ein Teil der Meßstationen wird mittels vorgeschalteter Datenfernübertragungseinheiten (DFE) über öffentliche Wählnetze sternförmig an die Meßwertverarbeitungszentralen angeschlossen (Bild 1).

An den Meßstationen werden gewässerkundliche Daten zyklisch oder ereignisabhängig erfaßt, bei Bedarf verarbeitet, und abgespeichert; partiell werden auch Steueraufgaben ausgeführt. Dies erfolgt mittels eines modular ausbaubaren Meßdatenerfassungssystemes.

Derzeit sind ca. 400 Pegelmeßstationen, ca. 25 Gütemeßstationen für oberirdische Fließgewässer, ca. 170 Grundwassermeßstellen und weitere Untersuchungsstationen, zuständig für den Austausch zwischen oberirdischen Gewässern und Grundwasser, mit konventionellen, analog aufzeichnenden Systemen vorhanden.

Durch die on- und offline-Vernetzung der Meßstationen mit den Zentralen werden die vor Ort erfaßten und gespeicherten Daten in den Zentralen zur Überprüfung, Aufbereitung, für weitergehende und übergreifende Meßwertverarbeitungen und zur Archivierung verfügbar gemacht. Darüberhinaus werden auch komplexe Aufgaben zur zentralen Überwachung und Führung der Meßstationen durchgeführt.

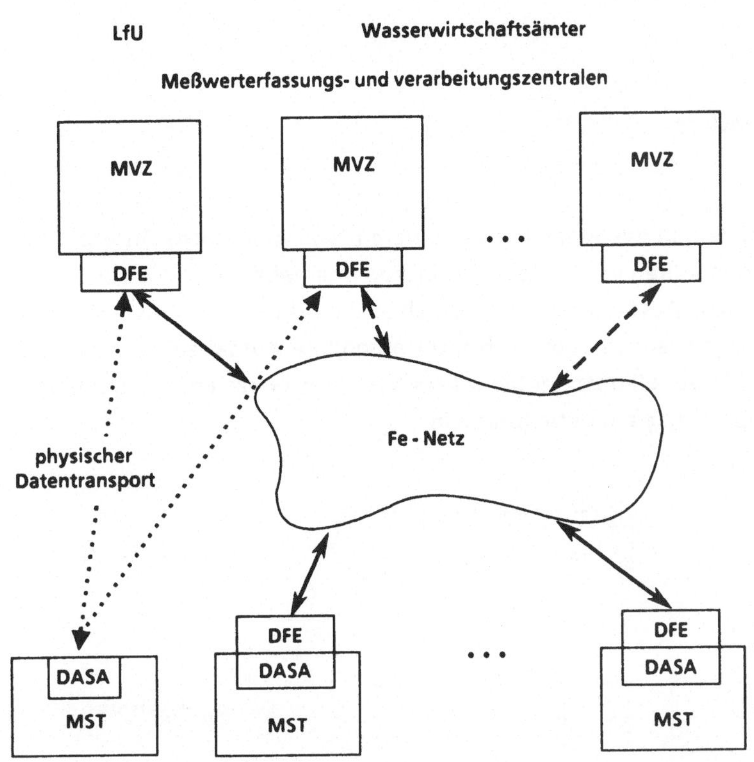

Bild 1: Konfiguration des Meßnetzes

Die Zuständigkeit für die Meßstationen kann auf verschiedene Zentralen aufgeteilt werden. Diese können als Unterzentralen mit eingeschränkten Rechten oder mit vollständigem Aufgabenspektrum ausgestattet sein. Durch änderungsabhängige Aktualisierung wird sichergestellt, daß der aktuelle Meßnetzzustand auf allen Zentralen gegenwärtig ist. Ein Teil der Meßstationen wird anstelle der online-Vernetzung durch Datenträgeraustausch über Speicherkassetten an die Zentralen angeschlossen. Prinzipiell werden hier von den Meßstationen die gleichen Aufgaben wie bei vernetzten Stationen durchgeführt.

Geplant ist weiterhin die Integration der Metznetzzentralen, und damit indirekt des Meßnetzes, in ein übergeordnetes Informationssystem. Das System soll dabei in der Lage sein,
Daten von verschiedenen umweltüberwachenden Meßnetzen (Luft, Boden, Wasser) an
zentraler Stelle schnell verfügbar zu machen.

Konzeption und Realisierung der Meßnetzzentrale erfolgten im Auftrag und in Zusammenarbeit mit der Landesanstalt für Umweltschutz Baden-Württemberg.

2. Lösungsansätze

Bei der Realisierung des Systemkonzepts waren zwei wesentliche Anforderungen zu erfüllen. Zum einen sollten vorhandene Strukturen übernehmbar sowie zukünftige Strukturen
integrierbar sein. Das System sollte dadurch eine Basisfunktionalität zur Verfügung stellen,
mit der generisch auch heute noch nicht absehbare Aufgabenstellungen zu bewältigen
sind. Zum anderen soll trotz der bei vollem Ausbau zu erwartenden Komplexität das System
rationell und transparent betreibbar sein.

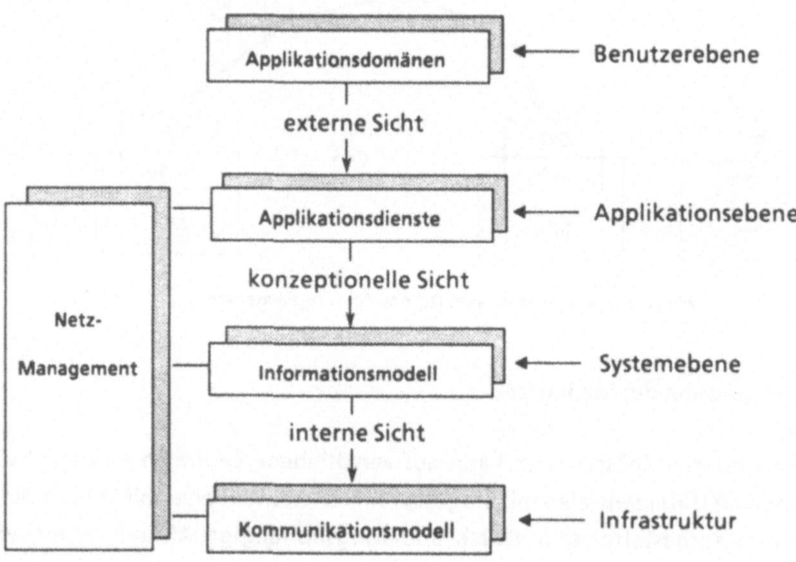

Bild 2 : Architekturmodell

Zu diesem Zweck wurde ein allgemeines Architekturmodell für die Meßnetzzentrale entworfen, das aus drei Schichten sowie einem Netzwerkmanagementsystem besteht (Bild 2).

Dieses stützt sich auf eigene Arbeiten zu vergleichbaren Aufgabenstellungen [1], sowie auf das im Bereich der Informationssysteme und Datenbanken gebräuchliche 3-Schema-Konzept ab [2]. Ein vergleichbares Modell findet auch im Rahmen von ESPRIT als Information Technology Integration Platform für eine gemeinsame europäische Systemarchitektur Verwendung [3]. Ziel solcher Modelle ist letztlich, offene Systeme zu erreichen. Vergleichbare Ansätze werden auch für den Bereich der CIM-Systeme erarbeitet [4].

Die unterste Ebene des Modells beschreibt die technische Infrastruktur der Einzelkomponenten und deren Vernetzung. Im vorliegenden Fall ist diese Ebene durch das Kommunikationsmodell entsprechend dem ISO-Referenz-Modell für offene Systeme definiert [5].

Das Informationsmodell der Systemebene (Bild 3) legt in drei Schichten Ressourcen, Aktionen und Ereignisse, Strukturen und Inhalte (Semantik) sowie Kontrolle und Steuerung der Informationsflüsse konzeptionell fest.

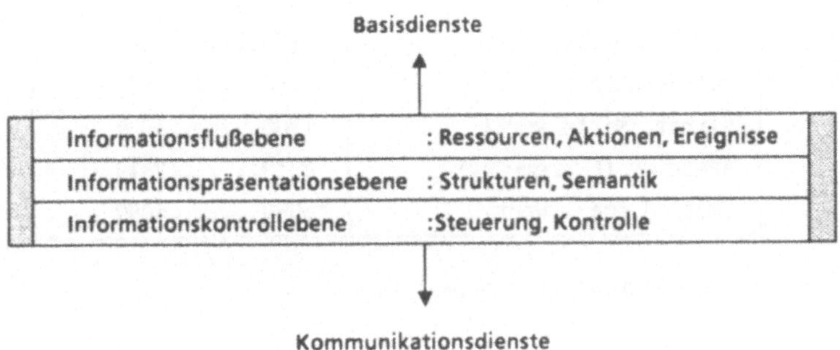

Bild 3 :Informationsmodell

Die dritte Schicht stellt Applikationsdienste mit Basisfunktionalität zur Verfügung, auf der verschiedene Anwendungsbereiche mit Endbenutzern aufsetzen. Applikationsdienste ermöglichen den Zugang zu den Ressourcen der unterlagerten Ebenen. Neben passiven Funktionen sind hier auch aktive Funktionsschnittstellen und Datenschnittstellen vorhanden. Diese Dienste beschreiben das System für die externe Benutzersicht (in abstrahierter Form) unter Verzicht auf interne technische Details. Als Beispiele seien

- aktuelle Meßdatenzugriffe
- Alarmfunktionen
- Meßaufgabensteuerung und
- Archivierungsfunktionen

genannt, die in verschiedenen technischen Ausprägungen zur Verfügung stehen.

In Tabelle 1 sind Beispiele für direkt gemessene Meßdaten und abgeleitete Größen, die über Komponentenkennungen unterschieden werden, dargestellt.

Meßdaten	Kennung
Wasserstand	10......19
Wassertemperatur	20......29
Sauerstoff	30......39
ph-Wert	40......49
Leitfähigkeit	50......59
Trübung	60......69
Redoxpotential	70......79
Chlorid	80......89
Durchfluß	90......99
Windgeschwindigkeit	100......109
Niederschlag	110......119
Globalstrahlung	120......129
Lufttemperatur	130......139
Luftfeuchte	140......149
Nitrat (Mittelwert)	1300......1309
Ammonium (Extremwert)	2310......2319
Chlorid (max. Wert)	6080......6089

Tabelle 1: Beispiele von Meßdaten

Tabelle 2 enthält einige Beispiele zu den verwendeten Berichtstypen.

Berichte	Typ
Systemstörungen	100
Bedienereingriffe	101
Handmeßwerte	102
Notizblockeintragungen	103
Eichwerte	104
Grenzwertüberschreitungen	106
Anrufe Telefonstörmelder	107
Anrufe der Meßnetzzentrale	110

Tabelle 2 : Beispiele von Berichten

Die damit verbundenen Dienste sind sowohl über die Meßnetzzentralen als auch vor-Ort unmittelbar an den Stationen verfügbar.

Die weitere Forderung nach einem geeigneten Instrumentarium zum rationellen und transparenten Betrieb wurde durch integrierte Netzwerkmanagementsysteme unterstützt. Diese erlauben Anpassungen an sich ändernde Konfigurationen sowie eine gezielte Fehlerdiagnose im Störfall durch den Betreiber im Sinne eines Konfigurations- und Fehlermanagements.

Geplant ist diese Architektur durch weitere Funktionen zur Datenbearbeitung wie graphische Darstellung und Auswertemethoden, z.B. statistische Verfahren, und eine komfortable Bedienungsoberfläche zu ergänzen. Hierbei sollen auch Datenbanktechniken zum Einsatz gelangen.

3. Systemauslegung

Die technische Auslegung des Systems orientiert sich leistungsmäßig an den Geräten der Meßstationen, die der Klasse der Mikrorechner [6] zuzurechnen sind. Das Kommunikationsmodell ist weitgehend durch die bei der LfU verwendeten Protokolle vorgegeben. Als Transitsystem wird aus Kostengründen das öffentliche Fernsprechnetz mit Modem MDB 1200-05 verwendet; wahlweise kann das Datex-L-Netz benutzt werden. Die drei untersten Schichten werden mittels eines über V.24/V.28 vorgeschalteten Kommunikationsprozessors DFE erbracht. Als Anwendungsschicht wird ein einfaches, einem Datagramm vergleichbaren Protokoll zum Transfer von Nachrichten (Telegrammen) benutzt.

Die Informationsebene wird weitgehend durch die in den Meßstationen verfügbaren Meßdaten und Berichte sowie den Möglichkeiten der Prozeßsteuerung bestimmt.

Aktionen sind synchrone und asynchrone, zeit- und komponentenselektive Datenabrufe sowie die Überwachung und Führung der Meßstationen über Prozeßsteuerung (Bild 4). Ereignisse werden durch prozeß- bzw. aggregat-bezogene Meldungen und Alarme bestimmt. Kontrolle und Steuerung des Informationsflusses erfolgen gesichert über spezielle Protokollelemente.

Die Schnittstellen der Applikationsebene sind hierarchisch aufgebaut. Diese Schnittstellenhierarchie ermöglicht zum einen die privilegierte Benutzung elementarer Dienste als auch die Generierung höherer Dienste für die allgemeine Benutzung (Bild 5).

Die Applikationsebene stellt als Funktionsschnittstelle zunächst Basisfunktionen zur Verfügung. Diese sind als Programmierschnittstellen für den Anschluß von Anwenderprogrammen und als Bedienschnittstelle für den direkten interaktiven Benutzerdialog vorhanden.

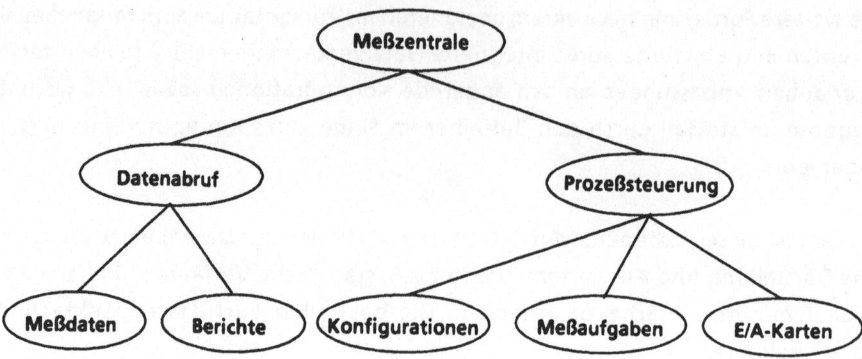

Bild 4: Aktionen der Meßnetzzentralen

Die Basisfunktionen lösen aus und unterstützen die genannten Interaktionen zwischen Zentrale und Meßstationen. Neben passiven Funktionen, deren Aufruf durch die Benutzer erfolgt, sind auch aktive Funktionen vorhanden, die ereignisabhängig bei Alarmen und Aufforderungen zum Datenabruf aktiviert werden.

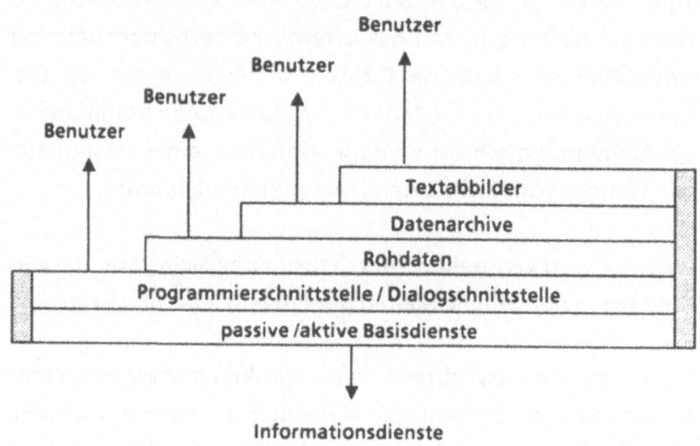

Bild 5 :Applikationsmodell

Neben den Funktionsschnittstellen sind Datenschnittstellen einschließlich einfacher Verarbeitungsfunktionen vorhanden. Diese umfassen drei verschiedene Arten der Datendarstellung. Zum einen sind dies sequentielle binäre Formate, die vor allem einer komprimierten Sicherung der Daten dienen. Als weitere Informationsschnittstelle steht ein Datenarchiv mit den Schlüsseln Stationstyp, Subtyp und Datum zur Verfügung. Von diesen Datenarchiven können Textabbilder erstellt werden, die eine einfach verwertbare Form der Datenausgabe ermöglichen.

Die Datenschnittstellen werden über die Basisfunktionen mit Daten versorgt. Die Versorgung wird über die Betriebsart bestimmt. Diese kann über die Basisfunktionen generisch erzeugt werden. Derzeit praktizierte Verfahren sind zyklische Abrufe im 24h-Takt oder ereignisabhängige Abrufe.

4. Implementierung

Die Meßnetzzentralen sind mit Rechnern vom Typ Micro-VAX II realisiert. Die Meßnetzsoftware stellt ein eigenständiges Softwarepaket unter dem Betriebssystem VMS parallel zur individuellen Daten- und Textverarbeitung dar. Die Software ist mehrbenutzerfähig ausgelegt. Hierzu sind mehrere Datenfernübertragungseinheiten DFE vorgeschaltet, so daß auch mehrere Meßstationen simultan betrieben werden können.

Die Meßnetzsoftware ist in PASCAL implementiert und entsprechend dem Schichtenprinzip strukturiert. Die einzelnen Ebenen werden durch Rechenprozesse repräsentiert, die über ein Mailboxverfahren miteinander kooperieren. Die Synchronisierung erfolgt über die VMS-Mechanismen LOCK und EVENT-Flag.

Die Parametrierung des Systems erfolgt über editierbare Konfigurationsdateien und einfache Dialogkommandos. Systemmeldungen werden in LOG-Files abgelegt. Eine Erweiterung dieser einfachen Möglichkeiten ist vorgesehen, sobald entsprechende Betriebsverfahren vorliegen.

5. Ausblick

Das System befindet sich derzeit in der Erprobungsphase. Bewährt hat sich hierbei das Vorgehen, ein einheitliches Konzept zu entwickeln und in einem ersten Schritt hiervon ein tragfähiges Basissystem im Sinne eines Rapid-Prototyping zu implementieren, um mit diesem schnell ein funktionsfähiges System zur Lösung aktuell anstehender Aufgaben zu erhalten und außerdem betriebliche Erfahrungen zu sammeln. Hierauf aufbauend erfolgt dann in einem zweiten Schritt die gezielte Erweiterung des Systems.

Aufgrund erster Erfahrungen ist vorgesehen, das System auf einen Vorrechner zu verlagern, der ausschließlich die Meßnetzfunktionen wahrnimmt und in den Rechenzentrumsbetrieb einbindbar ist.

Weiter hat sich gezeigt, daß die Akzeptanz eines solchen komplexen Systems weitgehend von dem Systemverhalten in Fehlersituationen bestimmt wird. Hierzu sind Erweiterungen vorgesehen, die im Fehlerfalle über eine detaillierte Fehlersystematik die Ableitung von Handlungsvorschriften wie "Wiederholen", "Abbrechen", "Maßnahme ergreifen" erlauben.

Der weitere Ausbau des Systems umfaßt den Anschluß komfortabler Bedienoberflächen und die Integration von Auswerte- und Darstellungsverfahren sowie die Portierung des Systems mit ggf. eingeschränkten Rechten auf die Unterzentralen und Anbindung an die Hauptzentrale.

Literatur

[1] Haubner, H.-J.: Integration von Netzleitinformationen als Basis eines CIM-Konzeptes für EVU-Netze, Informatik-Fachberichte 167, Springer-Verlag, Berlin 1988, 205-214.

[2] Zehnder, C.A.: Informationssysteme und Datenbanken B.G. Teubner-Verlag, Stuttgart 1987.

[3] ESPRIT: Framework Programme '90-94 ITS, CEC XIIIA4-A5, 3.4.89, Brüssel 1989.

[4] Spur, G., et al.: Integrierte Informationsmodellierung für offene CIM-Architekturen, CIM-Management Heft 2/89, 36ff, R. Oldenbourg Verlag, München 1989.

[5] Görgen, K.; et al.: Grundlagen der Kommunikationstechnologie, Springer-Verlag, Berlin 1985.

[5] Handbuch: DART-Meßdatenerfassungs- und Steuerungssystem, Fa. Microbit Informationssysteme, 6839 Oberhausen 1988.

MESSDATENERFASSUNG UND -VERARBEITUNG IN EINEM FORSCHUNGSPROJEKT
ZUR UNTERSUCHUNG DER WIRKSAMKEIT MEHRSCHICHTIGER DEPONIEABDECKSYSTEME
(MÜLLDEPONIE GEORGSWERDER)

Klaus Berger und Stefan Melchior
Institut für Bodenkunde, Universität Hamburg
Allende-Platz 2, 2000 Hamburg 13

1. Projektziele und Meßprogramm

Im Rahmen der Sanierung der durch Dioxinfunde in ihrem Sickerwasser in
die Schlagzeilen geratenen Mülldeponie Georgswerder in Hamburg werden
eine Reihe von Forschungs- und Entwicklungsvorhaben zur Entwicklung von
Sanierungstechniken und zur Kontrolle der Wirksamkeit der ergriffenen
Sicherungs- und Sanierungsmaßnahmen durchgeführt. Das hier vorgestellte
Projekt befaßt sich mit der vergleichenden Untersuchung des Wasserhaus-
halts mehrschichtiger Deponieabdeckungen (Näheres in MELCHIOR und MIEH-
LICH, 1987 und 1989). **Hauptziele** des Projekts sind:

o die Untersuchung der Wirksamkeit verschiedener Dichtsysteme (Vermei-
   dung der Zusickerung von Niederschlagswasser in den Müllkörper),
o die Erforschung der hydrologischen Teilprozesse in Abdecksystemen,
o der Einsatz numerischer Simulationsmodelle zur Variation und zur
   verallgemeinerbaren Darstellung des Einflusses verschiedener Faktoren (Hangneigung, Schichtaufbau und -mächtigkeit, bodenphysikalische
   Eigenschaften der Materialien, Vegetationsbedeckung und -entwick-
   lung, meteorologische Parameter) und zur Entwicklung einfacher
   Schätzverfahren und Modelle zum Wasserhaushalt von Oberflächendicht-
   systemen,
o die Vorbereitung der Langzeitüberwachung der Funktion von Deck-,
   Drän- und Dichtschichten gegenüber Beanspruchungen wie Austrocknung,
   Erosion, Durchwurzelung und Durchwühlung, Verockerung und Ver-
   schlämmung sowie Setzungen.

Dazu sind in die Deponieabdeckung sechs, hydrologisch jeweils eigen-
ständige Testfelder (je 50 * 10 m^2 groß, je drei mit steiler (20 %) und
flacher (4 %) Hangneigung) integriert worden, die im Endausbau (Sommer
1989) mit knapp 600 Meßgeräten zur Erfassung des Abflusses und boden-
hydrologischer und meteorologischer Parameter bestückt sein werden.

Das **Meßprogramm** umfaßt vier Meßreihen:

Reihe 1: Abfluß-Parameter:

automatische und manuelle Erfassung der Abflüsse aus den einzelnen Schichten der Testfelder und des Oberflächenabflusses.

Reihe 2: bodenhydrologische Parameter:

automatische Erfassung der Wasserspannung und manuelle Erfassung des Wassergehalts in den Testfeldern in verschiedenen Meßtiefen.

Reihe 3: meteorologische Parameter:

automatische Erfassung von Niederschlag, Luftfeuchtigkeit, Strahlungsbilanz, Windgeschwindigkeit und -richtung sowie der Bodentemperatur, manuelle Erfassung des Niederschlags.

Reihe 4: bodenchemische und -physikalische Parameter:

manuelle Erfassung der Abflußinhaltsstoffe sowie bodenphysikalischer und bodenmechanischer Parameter (Poren- und Korngrößenverteilung, Lagerungsdichte, hydraulische Leitfähigkeit, Plastizität u.a.m.).

Die automatische Erfassung erfolgt i.d.R. mit stündlichen Meßraten. Da sich viele der Meßgrößen bei Regen schneller ändern, ist es möglich, die Meßraten einzelner Sensoren durch Wechsel auf eine zweite Meßrate zu verdichten. Die manuelle Erfassung der Meßreihen 1 und 3 wird arbeitstäglich, die der Reihe 2 wöchentlich und die der Reihe 4 z.T. in 6-wöchentlichem Rhythmus, z.T. nach Bedarf in sehr großen Zeitabständen (Jahre) durchgeführt.

2. Meßdatenerfassung

2.1. automatische Erfassung

Die automatische Erfassung erfolgt nach dem **Prinzip der dezentralen Meßdatenerfassung.**

Das Rechnernetz mit der Meßdatenerfassungssoftware und Teile der Peripherie wurde von der Firma Mettenmeier (Paderborn) nach konzeptionellen Vorgaben durch den Co-Autor entwickelt und installiert, einige Teile des DMS (s.u.) stammen vom Autor.

Hardware:

Abb. 1 gibt einen Überblick über die installierte Hardware. Die Erfassung erfolgt über ein Rechnernetz, das aus sechs autarken "elektronischen Feldcomputern" EF80 (hand-held-computer mit Z80 Prozessor und 128

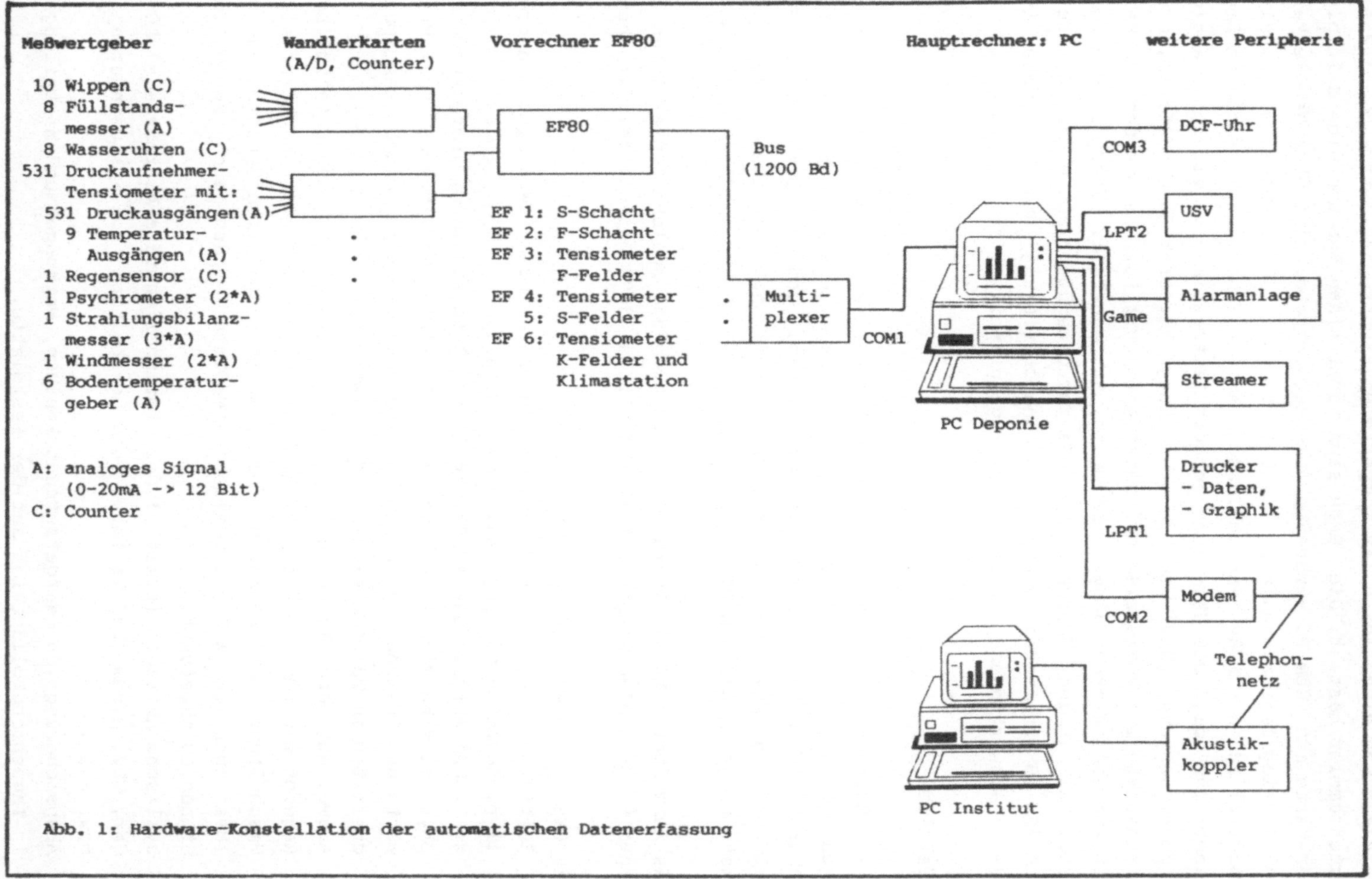

Abb. 1: Hardware-Konstellation der automatischen Datenerfassung

KB RAM) und einem IBM PC/AT kompatiblen Hauptrechner unter DOS 3.2 als Datensammler besteht. Die EF80 sind über einen Bus und eine Multiplexer-Karte mit dem PC verbunden. Die Meßwertgeber sind über Wandlerkarten (Analog/Digitalwandlung (0-20 mA Strom in 12 Bit-Zahl) und Impuls-Counter) an die EF80 angeschlossen. An den Hauptrechner sind ein Empfänger für die DCF-Uhr zur genauen Zeitbestimmung, eine unabhängige Stromversorgung (USV) zur Überbrückung kürzerer Stromausfälle, eine Alarmanlage zur Registrierung unbefugten Zutritts, ein Modem zur Weitergabe von Alarmmeldungen (Einbruch, Stromausfall, Lüftungs- und Pumpenausfall in den Meßschächten) und zur Datenübertragung ins Institut, ein 40 MB Streamerlaufwerk zur Datenarchivierung und ein Drucker für ad-hoc Auswertungen (Datenausgabe, Tagesgraphiken) angeschlossen.

Software:

Die Meßdatenerfassungssoftware besteht aus zwei Teilen: dem eigentlichen Meßdatenerfassungsprogramm auf den EF80 (ADAT, wegen zeitkritischer Aufgaben in Z80 Assembler geschrieben) und dem Dezentralen Meßdatenerfassungssystem (DMS, in Turbo Pascal 5.0 implementiert), dem Masterprogramm auf dem PC.

Das ADAT übernimmt die Abfrage der Sensoren und speichert die Daten in einem 93 KB großen Ringpuffer (Kapazität ca. 3000 Datensätze) zwischen.

Das DMS hat folgende Aufgaben:
o Initialisierung der EF80 mit den Daten zu ihren jeweiligen Sensoren (Typ, Meßraten und physikalische Adresse),
o zyklische Abfrage der EF80 (polling), Datenabholung, Umrechnung in physikalische Einheiten, Abgleich auf Bereichsverletzungen der Meßwerte und Speicherung in von den Meßraten getrennt angebbaren Speicherraten in Tagesdateien auf der Festplatte,
o Auswertung des Regensensors, bei Änderung des Regenstatus (bei Regenende unter Berücksichtigung einer vorgebbaren Nachlaufzeit) Umschaltung der Meßraten für alle EF80 und deren Synchronisation (Messungen mit z.B. stündlicher Meßrate werden auch zur vollen Stunde durchgeführt),
o zyklische Abfrage (polling) der Peripheriegeräte Alarmanlage, DCF-Uhr, USV, Modem und Tastatur und Bearbeitung von Statusänderungen bzw. Anfragen,
o Abspeicherung von aufgetretenen Fehlern, Warnungen und Mitteilungen in Tagesprotokolldateien auf der Festplatte,
o Ausgabe oder graphische Darstellung mit Hardcopy-Möglichkeit von

Tagesdaten für einen oder mehrere Sensoren, Ausgabe von Tagesproto-
kollen und von Systemtabellen (s.u.).

Die Konzeption des DMS erfordert eigentlich Multitasking, da eine Reihe
von Aufgaben permanent im Hintergrund ausgeführt werden sollten, so die
Abfrage des Status der Alarmanlage, das polling der EF80, insbesondere
des Regensensors zur Gewährleistung der rechtzeitigen Meßratenumschal-
tung und Synchronisation bei Änderung des Regenstatus, die Statusabfra-
ge der USV und die Bearbeitung von Anfragen des Modems. Dies erfordert
sowohl ein Multitasking-Betriebssystem als auch eine Programmiersprache, die Konstrukte für parallele Prozesse beinhaltet, so daß diese
Aufgaben stets im Hintergrund laufen und im Vordergrund im DMS gearbeitet (Datensichtung) oder der Rechner außerhalb des DMS (z.B. für die
Bearbeitung manuell erhobener Daten) genutzt werden kann.
Da weder DOS noch Turbo Pascal multitasking-fähig sind, wird sich im
DMS so beholfen, daß das System auf Benutzereingaben und Bereitschafts-
meldungen z.B. vom Drucker jeweils nur eine bestimmte Zeit wartet und
danach wieder in den polling-Zyklus zurückkehrt. Dadurch wird zumindest
eine Blockierung des Systems verhindert.

Softwareschnittstellen des DMS:

Input: Die wichtigste Systemtabelle ist die Sensortabelle, die für
jeden Sensor u.a. Daten zur physikalischen Adresse, zu den beiden Meß-
und Speicherraten (Normalbetrieb und Regen), die Parameter zur Umrechnung der Originaldaten in physikalische Einheiten über eine Geraden-
gleichung und die Grenzen des zulässigen Wertebereichs enthält.
Insbesondere die Umrechnung der Analogsignale der Druckaufnehmersenso-
ren für die 531 Tensiometer erfordern als Vorarbeit eine recht aufwendige Sensoreichung. Für die Eingabe der Eichprotokolle, die Berechnung
der linearen Regression zwischen Druck und Strom, die Zuordnung der
Drucksensoren zu Tensiometern sowie die Ausgabe der Tensiometerparame-
ter wurde ein eigenes Programm geschrieben.

Output: Die für die Weiterverarbeitung wesentliche Schnittstelle der
Datenerfassung sind die Tagesdateien, die als ASCII-Textdateien in
jeder Zeile ein Tupel (Sensoridentifikation, Datum, Uhrzeit, Meßwert)
enthalten. Weitere wichtige Systemdateien sind zum einen eine Tabelle,
in der die Verletzungen der zulässigen Meßbereiche aller Sensoren mit
dem Zeitpunkt ihres Auftretens und ihrer Behebung registriert werden,
zum anderen eine Tabelle, in der alle Änderungen und Neueinführungen
der Umrechnungsparameter in physikalische Einheiten abgespeichert

werden, und schließlich die Tagesprotokolldateien mit der chronologi-
schen Auflistung von Fehlermeldungen, Warnungen und Mitteilungen.

Vorteile der dezentralen Meßdatenerfassung:

Durch den modularen, hierarchischen Aufbau wird die Anlage übersichtli-
cher, leichter erweiterbar und die Wartung einzelner Teilbereiche ist
möglich, ohne daß die gesamte Anlage stillgelegt werden muß. Der Hauptrechner wird durch die Datenerfassung in den Vorrechnern entlastet und
kann auch anderweitig genutzt werden. Durch die verteilte Datenhaltung
und die Zwischenspeicherung in den Vorrechnern wird zum einen die
Datensicherheit erhöht, zum anderen ist ein temporärer Betrieb auch
ohne Hauptrechner z.B. bei dessen Ausfall, Wartung oder anderweitiger
Nutzung möglich.

Anfallende Datenmengen:

Bei der im allgemeinen mit stündlicher Meß- und Speicherrate der Meß-
geräte und Meßratenverdichtung bei Regen arbeitenden automatischen
Datenerfassung fallen pro Jahr über 6 Mio. Datensätze an Rohdaten an.
Hinzu kommen mehr als 40.000 Datensätze der manuellen Erfassung.

2.2. manuelle Datenerfassung

Die Datenerfassung erfolgt aus Gründen der Datensicherheit z.T. auf
manuellem Wege, um die automatisch erfaßten Daten der für die Bilanzie-
rung zentralen Meßgrößen (Abflüsse und Niederschlag) prüfen zu können.
Für einige Parameter (Wassergehaltsmessungen) stehen automatische
Geräte nicht zur Verfügung. Die manuelle Datenerfassung umfaßt folgende
Meßreihen:

o arbeitstägliche Abfluß- und Niederschlagsmessungen. Für die Daten-
  ein- und -ausgabe sowie die Flußberechnung von Meßtermin zu Meßtermin (Plausibilitätskontrolle) wurde ein Programm geschrieben.

o wöchentliche Messungen des Wassergehalts mit Neutronensonden. Für
  die Ein- und -ausgabe der Daten wurde ein Programm geschrieben.

o die Inhaltsstoffe der Wässer der einzelnen Abflußebenen werden
  6-wöchentlich gemessen. Für die Ein- und Ausgabe sowie Kontrollrech-
  nungen wurde ein Programm geschrieben.

o Alle weiteren Parameter werden nur sporadisch gemessen. Für die
  Porengrößen- und Korngrößenverteilung wurden, da es sich um häufiger
  benötigte bodenkundliche Standardverfahren handelt, zwei relativ

umfangreiche Programme zur Verarbeitung der Labordaten als Bestandteile einer in Aufbau befindlichen bodenkundlichen Methodenbank geschrieben (BERGER 1989).

3. Meßdatenverarbeitung

Anwenderanforderungen:

Auswertungen werden z.Zt. in zwei Bereichen gewünscht:

o ein Programm zur Wasserhaushaltsbilanzierung eines vorgebbaren Testfeldes und Bilanzierungszeitraums aus Abfluß-, Niederschlags- und Wassergehaltsdaten. Die Evapotranspiration (ETP) ist als nicht gemessene Restgröße der Wasserhaushaltsgleichung berechenbar, ein Abgleich mit ETP-Abschätzungen nach Standardverfahren (z.B. nach HAUDE) soll möglich sein. Die Ausgabe der Ergebnisse soll über Tabellen und graphische Darstellungen, insbesondere als Zeitreihen z.B. in Form paarweise gestapelter Balkendiagramme erfolgen.

o graphische Darstellungen v.a. in Form von Zeitreihen für einen oder mehrere vorgebbare Parameter und Zeiträume; außerdem katasterähnliche Darstellungen (x,y,z) mit in vorgebbare und nicht notwendig äquidistante Klassen zusammenfaßbaren z-Werten zur Darstellung von Wasserspannungs- und -gehaltswerten in Abhängigkeit von Zeit und Bodentiefe oder von Länge und Bodentiefe (räumliche Verteilungen), sowie als deren Weiterentwicklung Isoplethendiagramme (Contourplots).

Verwendete Software:

Als Datenbanksystem wird, trotz verschiedener gravierender Nachteile, dBASE (bisher in der Version III Plus, z.Zt. erfolgt die Umstellung auf dBASE IV) eingesetzt, u.a., weil es auch von DV-unerfahrenen Personen in den Grundfunktionen schnell erlernt werden kann, und weil dBASE-Funktionsbibliotheken (u.a.) für die Sprache C auf dem Markt erhältlich sind, die eine effiziente Programmierung spezieller Anwendungen erlauben. Hier wird CBASE (V.2.01) von Dr. Huggle & Partner (Freiburg) eingesetzt.
Für die Erstellung von Graphiken wird z.Zt. und eher behelfsweise das Businessgraphikprogramm HARVARD Graphics benutzt. Eine Umstellung auf GraphiC, eine Graphikfunktionsbibliothek für C von Scientific Endeavors Corp., die auch im Sourcecode zur Verfügung steht, ist in Planung.

Im Bereich Statistik werden bisher nur einfache Verfahren (lineare Regression, Medianberechnung) benötigt. Nach Versuchen mit SPSS/PC+ (V.2.0) wurde für die Bearbeitung von Eichprotokollen ein eigenes Programm in C und CBASE geschrieben, das einen einfacheren Datenzugriff auf und -ablage in Datenbank-Dateien ermöglicht und damit das Problem der sonst manuell erforderlichen updates löst.

Datenbankstruktur:

Das wichtigste **Ziel des Datenbankentwurfs** besteht darin, die Tupel der Tagesdateien der automatischen Erfassung nach inhaltlichen Kriterien in Relationen zusammenzufassen und dadurch redundante Daten (Sensoridentifikation, Datum und Uhrzeit) weitestgehend zu eliminieren. Dies legt die Bildung möglichst "breiter" Tabellen (mit den Spalten Datum, Uhrzeit, Sensor_1 .. Sensor_n) nahe. Dem steht jedoch entgegen, daß die Meßwerte der Sensoren mit unterschiedlichen Speicherraten gespeichert werden können, so daß bei breiten Tabellen häufig fehlende Werte auftreten können und somit Speicherplatz verschwendet wird. Es muß daher ein Kompromiß zwischen der Anzahl der Spalten der Tabellen einerseits und der Wahl der Speicherraten, die anderenfalls z.T. höher gesetzt würden (z.B. halbtägig statt stündlich), da für den entsprechenden Sensor keine nennenswerte Änderung zu erwarten ist, andererseits gefunden werden.

Das **data dictionary** umfaßt folgende Relationen:
o Relation der Teildatenbanken (z.Zt. 8 Einträge)
o Relation der Relationen (z.Zt. über 70 Einträge zzgl. der Systemtabellen)
o Relation für die Zuordnung der Relationen zu Teildatenbanken
o Relation aller Sensoren oder Meßwertgeber (571 Einträge der automatischen Erfassung, mehr als 963 der manuellen zzgl. der Zeitinformation)
o Relation der Zuordnung der Sensoren zu Relationen

Konvertierung:

Die Tagesdateien werden über ein in Turbo Pascal geschriebenes Programm in ein der Datenbankstruktur entsprechendes Format konvertiert. Dadurch wird eine Speicherplatzreduzierung von ca. 170 MB Rohdaten pro Jahr auf ca. 25 MB pro Jahr in der Datenbank erreicht, und das trotz der in dBASE ineffizienten Speicherung numerischer Werte.

Vorverarbeitungen:

Für die folgenden Sensorarten sind Vorverarbeitungen erforderlich:

o Tensiometerdaten werden je Meßtiefe als Absicherung vor Ausreißern, zum Schutz vor Datenlücken infolge von Gerätedefekten und zur Erfassung der räumlichen Variabilität der Meßwerte in drei Parallelen erhoben. Diese sollen zur Standardauswertung durch Medianbildung aggregiert werden, so daß eine weitere, deutliche Speicherplatzreduzierung erreicht wird.

o Neutronensondendaten müssen in physikalische Einheiten umgerechnet werden.

o Die sowohl automatisch als auch manuell erhobenen Daten der Abflüsse und des Niederschlags müssen abgeglichen und Meßlücken gefüllt werden.

Simulation:

Für die Modellierung der Wasserflüsse in Abdecksystemen werden v.a. Tensiometer- und Abflußdaten benötigt. Sie dienen zum einen der Kalibrierung des Modells, zum anderen dem Outputvergleich von Modell und Realität.

4. Stand des Projekts und Ausblick

Das Projekt läuft in der 1. Phase bis Ende 1990, eine Verlängerung um mindestens 2 Jahre mit vollem Meßbetrieb, Durchführung der Simulation und Vorbereitung der Langzeitüberwachung wird angestrebt. In der anschließenden Langzeitüberwachung wird ein reduzierter Meßbetrieb v.a. der Abflüsse und meteorologischen Parameter durchgeführt werden. Die Software für Standardauswertungen und die Datenarchivierung müssen dann so weit entwickelt sein, daß sie auch für EDV-unerfahrene Benutzer leicht zu handhaben sind.

Der Schwerpunkt der bisherigen Arbeiten lag bei der Datenerfassung: dem Einbau der Meßgeräte, der im Herbst 1989 abgeschlossen sein wird, dem Ausbau der Datenerfassungssoftware, die seit Ende 1987, vollständig jedoch erst seit Juni 1989, läuft - Verbesserungen des DMS werden bis Ende des Jahres implementiert sein -, der Programme zur Ein- und -ausgabe und Kontrolle der manuell erhobenen Daten, insbesondere von Porung und Körnung, dem Programm zur Drucksensoreichung, der Datenkonvertierung und dem Aufbau des data dictionarys.

Schwerpunkte der zukünftigen Arbeit werden im Bereich der Datenauswertung, der Wasserhaushaltsbilanzierung und Graphik, und in der Integration der bisher als kurzfristige Reaktion auf Benutzeranforderungen mehr bottom-up entstandenen Programme in einem top-down konzipierten und an das Methodenbankkonzept angelehnten System liegen. Darüber hinaus wird mit der numerischen Simulation des Wassertransports begonnen werden.

Literatur:

BERGER, K., 1989: Konzeption und Teilimplementation einer Methodenbank
    für bodenkundliche Anwendungen auf einem PC.
    Diplomarbeit am Fachbereich Informatik der Universität Hamburg (in
    Vorbereitung).

MELCHIOR, S. und G. MIEHLICH, 1987: Untersuchungen zum Wasserhaushalt
    mehrschichtiger Oberflächendichtsysteme auf der Deponie Georgswer-
    der, Hamburg.
    In: Mitteilgn. Dtsch. Bodenkundl. Gesellsch., 55/I, 213-218.

MELCHIOR, S. und G. MIEHLICH, 1989: Field Studies on the Hydrological
    Performance of Multilayered Landfill Caps.
    In: Proceedings of the Third International Conference on New
    Frontiers for Hazardous Waste Management. Pittsburgh, PA, USA (in
    Druck).

Informatikeinsatz im prozeßnahen Bereich an einer Pilotanlage zur schadstoffarmen Müllverbrennung

R. Denzer
Institut für Datenverarbeitung in der Technik
Kernforschungszentrum Karlsruhe
Postfach 3640, 7500 Karlsruhe

Abstract

Bei der Führung technischer Prozesse sind heute verstärkt fortschrittliche Informatikmethoden gefragt. Wissensbasierte Methoden nehmen hierbei einen wichtigen Platz ein. Obwohl diese einige Perspektiven bieten, dringen sie erst zögernd in diesen klassischen Bereich der Elektrotechnik ein. Ein Grund hierfür ist die Forderung nach Echtzeitverhalten. Im Rahmen eines Forschungsprojektes zur schadstoffarmen Müllverbrennung wird eine Komponente zur wissensbasierten Visualisierung und Führung technischer Prozesse entwickelt. Auf diesem Gebiet gibt es einige wenige Ansätze, hingegen noch wenig Methodisches. Der Beitrag stellt das Projekt TAMARA vor, gibt einen kurzen Überblick über KI-Entwicklungen in der Produktionsumgebung und legt schließlich die eigenen Forschungsziele dar.

1. Problemkreis Kommunalmüll

Das Müllproblem ist eines der großen Umweltprobleme, denen sich heute vor allem die Industriestaaten gegenübergestellt sehen. Es wird vor allem dann intensiv diskutiert, wenn Standorte für Deponien oder Verbrennungsanlagen gesucht werden.

In der Bundesrepublik fallen jährlich ca. 30 Millionen to. kommunalen Mülls an. Hiervon werden ca. 25% in Verbrennungsanlagen beseitigt [1]. Damit gehört die Bundesrepublik zu jenen Ländern, die zu einem beträchtlichen Anteil auf diese Art der Müllbeseitigung setzen. Die Praxis der Abfallbeseitigung ist allerdings in verschiedenen Ländern sehr unterschiedlich, wie Tab. 1 zeigt.

Die beiden derzeit hauptsächlich verwendeten Methoden zur Abfallbeseitigung sind die Deponierung und die Verbrennung. Es ist allgemein bekannt, daß die Deponierung von Abfällen ein problematisches Verfahren darstellt. Ein Hauptnachteil liegt darin, daß sehr große Volumen anfallen und die Schadstoffströme schwer kontrollierbar sind. Selbst in Flächenländern wie der USA wird der Raum für Deponien vor allem in der Nähe der Ballungsgebiete zunehmend knapper [2]. Außerdem sind die Deponien von gestern oder heute unter Umständen die Altlasten von morgen. Die Müllverbrennung bot bislang schon die Vorteile einer drastischen Reduktion des Volumens und Gewinnung von Energie. Allerdings war sie in der Vergangenheit ebenso ein ökologisches Problem, z.B. bezüglich der Luftverschmutzung. Unter Verwendung moderner Technologien der Verfahrenstechnik und der Prozeßleittechnik kann sich dies

	Anzahl Verbrennungsanlagen	Proz. Anteil von verbranntem Hausmüll	Verbrannte Gesamtmenge (U.S.tons)	Gesamtmenge Hausmüll (U.S.tons)	Bevölkerung (appr.)	Durchschnittl. Pro-Kopf-Erzeugung von Müll pro Tag
Norwegen	5	ca. 5%	NA	NA	4,0 M	1,7 lbs
Schweden	27	50%	1,95 M	3,9 M	8,4 M	2,5 lbs
Bundesrep	46	34%	9,9 M	29,0 M	62,0 M	2,6 lbs
Schweiz	14	ca. 75%	2,1 M	2,8 M	6,5 M	2,4 lbs
USA	58	2-3%	4,5 M	150,0 M	227,0 M	3,65 lbs

Tab. 1 : Praxis der Müllverbrennung in verschiedenen Ländern ([2], Zahlen aus 1986)

jedoch beträchtlich ändern. In [3] wird hierzu bemerkt: „Während in den großen Mengen kommunaler Abfälle einzelne Schadstoffe ursprünglich diffus und in kleinen Konzentrationen, kaum kontrollierbar, verteilt sind, ist die Verbrennung mit nachgeschalteter Produktbehandlung in der Lage, die Schadstoffe in einer kleinen Menge hochkonzentriert zu fassen und am Austritt in die Umwelt zu hindern". Ziel dieser Verfahren ist es, die Effizienz der Verbrennung zu steigern und die Gasphase von den Schadstoffen zu befreien. Die in der Flüssig- bzw. Feststoffphase vorhandenen Schadstoffe sollen in kontrollierter Weise rezykliert bzw. beseitigt werden. Die Entwicklung und Anwendung solcher Methoden und Verfahren setzt ein tiefes Verständnis der komplexen chemisch-physikalischen und verfahrenstechnischen Zusammenhänge voraus. Zu diesem Zweck betreibt das *Laboratarium für Isotopentechnik (LIT)* des Kernforschungszentrums Karlsruhe seit 1986 die Pilotanlage TAMARA.

2. TAMARA - eine Pilotanlage

TAMARA (Testanlage zur Müllverbrennung, Abgasreinigung, Rückstandsverwertung, Abwasserbehandlung) ist eine halb-technische Pilotanlage, mit deren Hilfe der Verbrennungsprozeß, die Rauchgasreinigung sowie die Beseitigung von Rückständen untersucht und weiterentwickelt werden. Sie besteht in der Hauptsache aus den beiden Komponenten Verbrennungsofen und Rauchgasreinigung (Abb. 1). Die Rauchgasreinigung selbst wird mittels eines Multizyklons und zweier nasser Waschstufen durchgeführt. Rauchgasreinigungsrückstände werden mit dem im LIT entwickelten 3 R-Verfahren [1,3,4] weiterverarbeitet bzw. rezykliert.

Seit 1986 arbeitet das *Institut für Datenverarbeitung in der Technik (IDT)* am Projekt TAMARA mit, wobei die Aufgaben in der leittechnischen Ausrüstung der Anlage und der Entwicklung neuer Komponenten zur Führung des Prozesses liegen. In diesem Zusammenhang wurde 1988 ein konventionelles Prozeßleitsystem (TELEPERM/M, Siemens, mit den Komponenten OS262, AS220 und IS300) installiert. Eine mit diesem Leitsystem gekoppelte VAX soll als Basisrechner für weitergehende F + E-Arbeiten dienen. Forschungsrichtung des Autors ist seit Ende 1988 eine wissensbasierte Komponente zur intelligenten Visualisierung und Führung des Prozesses [5].

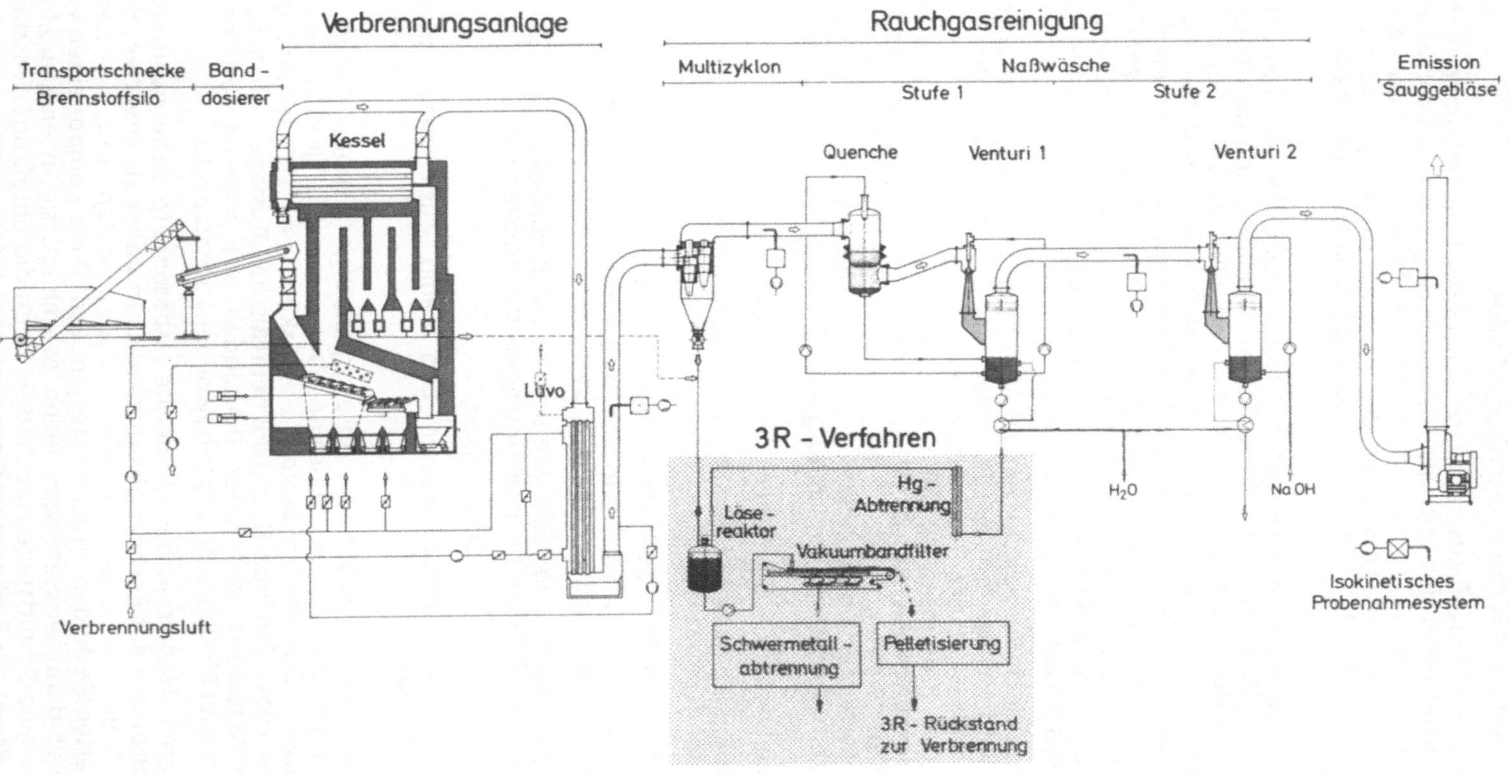

Abb. 1 : Übersicht über die Pilotanlage TAMARA

3. Visualisierung und Führung technischer Prozesse

Konventionelle Prozeßleitsysteme verfügen über Graphikkomponenten, mit denen der Prozeß von der Leitwarte aus überwacht und bedient wird. Diese Graphiksysteme sind allerdings oft in ihrer Funktionalität beschränkt und darüberhinaus für den Entwickler der Prozeßgraphik verschlossen. Es ist insbesondere schwierig, komplexe Zusammenhänge auf diese Systeme abzubilden.

Die Inbetriebnahme des Leitsystems zeigte rasch, daß es wünschenswert wäre, sämtliches Wissen über den Prozeß für die Visualisierung zur Verfügung zu haben, um in bestimmten Prozeßzuständen - vor allem natürlich bei Störfällen - schneller und besser reagieren zu können. Man muß sich dabei vor Augen führen, daß die Operateure Entscheidungen über komplexe Zusammenhänge in begrenzter Zeit treffen sollen und die zeitliche Informationsdichte sehr hoch sein kann. In der Literatur ist es daher unbestritten, daß Komponenten zur Prozeßführung benötigt werden, welche die Bediener bei diesem Entscheidungs-prozeß aktiv unterstützen.

Auf vielen Gebieten werden derzeit Methoden entwickelt und untersucht, die diesem Anspruch gerecht werden sollen, so z.B. in der Prozeßüberwachung und Leittechnik [5-14], der Regelungstechnik [15-18], der Diagnose [19-22], der Prädiktion und Prognose [23], der optimalen Produktionssteuerung und für flexible Fertigungssysteme [24,25] und für die Qualitätskontrolle [23]. Darüberhinaus werden offline-Komponenten für Planung und Entwurf, Simulation, Systemtest und Validierung der Methoden benötigt. Anforderungen an die Laufzeitsysteme sind je nach Aufgabe z.B.

- Echtzeitverhalten, d.h. zeitlich determinierte Antwortzeiten

- Reaktionsfähigkeit auf zeitlich und kausal nicht vorhersehbare Ereignisse, insbesondere auf Störfälle

- Verarbeitung zeitlich gebundener Information

- Unterscheidung zwischen wichtiger und weniger wichtiger Information zu einem bestimmten Zeitpunkt bzw. bei bestimmten Zuständen

- Berücksichtigung der Gültigkeit oder Glaubwürdigkeit von Daten zu bestimmten Zeitpunkten oder unter gewissen Umständen

- erhöhte Kommunikationsfähigkeit

- hohe Sicherheitsanforderungen und damit auch hohe Konsistenz-anforderungen

Es wird oft ein wissensbasierter Ansatz gemacht, da große Mengen nicht-numerischen Wissens auf die Maschine abgebildet und flexibel verarbeitet werden müssen. Das Wissen besteht aus Fakten, wie z.B. technologischen Informationen über den Prozeß, und aus heuristischen Aussagen. Hinzu kommen dynamische Meßwerte und unter Umständen aus anderen Systemen wie Beobachtern oder Modellrechnungen gewonnene Schätzwerte.

Es existieren Ansätze in der KI, welche insbesondere dafür geeignet sind, technische Prozesse auf Rechner abzubilden. Es ist daher zu erwarten, daß die Produktivität bei der Erstellung solcher Komponenten unter Verwendung wissensbasierter Methoden erheblich steigen wird. Diese Komponenten werden allerdings nur dann wirksam sein, wenn es gelingt, sie in eine intelligente Mensch-Maschine-Schnittstelle einzubetten, denn die entgültige Entscheidung trifft in der Regel der Bediener und nur diejenige Information ist wertvoll, die auch in geeigneter Weise beim Operateur ankommt; in geeigneter Weise kann auch bedeuten, daß eine Information nicht zu übermitteln ist, weil sie im derzeitigen Kontext zu unwichtig oder gar lästig ist.

Die Probleme, welche beim prozeßgekoppelten Mensch-Maschine-Dialog auftreten, sind äußerst vielschichtig [5]. So kann es bei Störfällen zu Überlastungen der Operateure kommen, wenn unter Umständen mehrere hundert Alarme in kurzer Zeit auftreten, der sogenannte *cognitive overload* [6]. Auch bei äußerst selten auftretenden Störungen treten Schwierigkeiten auf, da diese im Gegensatz zu gängigen Fehlersituationen weniger im Gedächtnis der Bediener präsent sind. Ein länger zurückliegender Alarm - vor Stunden bereits zur Kenntnis genommen - kann ebenso bei der Beurteilung einer Fehlersituation zunächst übersehen werden. Oft sind die für eine richtige Beurteilung fehlenden Zusammenhänge nicht sehr kompliziert, aber mit der Komplexität des Ganzen wird der Mensch überfordert.

Nun werden aber oft schnelle Entscheidungen benötigt, um Folgestörungen zu vermeiden oder ein Abfahren des Prozesses zu verhindern. Bei diesen schnell und korrekt zu treffenden Entscheidungen muß der Operateur in Zukunft verstärkt mittels oben genannter Methoden unterstützt werden, denn damit können ökologisch und ökonomisch schwerwiegende Folgen abgewendet werden.

Bei dieser Aufgabe spielen Graphikkomponenten eine entscheidende Rolle, da durch sie der Durchsatz an Information auf dem Kanal von der Maschine zum Menschen entscheidend gesteigert werden kann. Allerdings müssen Prozeß-graphiken in Zukunft flexibler und intelligenter reagieren - sie müssen sich z.B. dynamisch an Prozeßzuständen und den damit verbundenen Bedürfnissen der Operateure orientieren. Dadurch wird das Problem erweitert um die Fragestellung, wie man sinnvollerweise zur Laufzeit Information filtert, auswählt und schließlich darstellt.

4. Entwicklung eines Architekturmodells für die intelligente Visualisierung komplexer Informationsmengen

Die zukünftige Leitwarte soll also eine Reihe von Komponenten enthalten, die eine optimale und störungsfreie Fahrweise technischer Prozesse unterstützen. Nun stellt sich die Frage, wie ein Zusammenwirken dieser Komponenten sinnvollerweise realisiert werden kann. Ausgangspunkt für die hier vertretene Meinung sind folgende Thesen

1) *Die Informationsmenge und die Komplexität der Information wird entscheidend zunehmen.*

2) *Es ist nicht anzunehmen, daß ein monolithisches System alle gewünschten Fähigkeiten besitzen wird, zumindest nicht in naher Zukunft.*

These *1)* ist durch die zunehmende Vernetzung der Produktionsumgebungen begründet. Dezentrale Komponenten werden immer intelligenter und besitzen Schnittstellen, zum Teil normierte, zum Teil noch zu normierende. Der Produktionsprozeß der Zukunft wird ein Prozeß sein, in dem eine noch nicht absehbare Menge von Daten zur Verfügung stehen, die heute nur lokal vorhanden sind.

These *2)* stützt sich auf die Tatsache, daß es für die Lösung der unterschiedlichen Aufgaben (Beobachter, optimales Scheduling, Diagnose, Prognose,...) wegen ihrer überaus unterschiedlichen Zielrichtungen äußerst schwierig ist, eine einheitliche Wissensrepräsentation und einheitliche Methoden innerhalb eines Systems zu benutzen. Daher wird davon ausgegangen, daß wir es mit mehreren unterschiedlichen Systemen zu tun haben, welche darüberhinaus auf verschiedenen Rechnern installiert sein können und Informationen aus einem verteilten Produktionsprozeß benutzen müssen.

Alle die von diesen Systemen produzierte Information ist potentiell Gegenstand eines Mensch-Maschine-Dialogs, sei es in der Schaltwarte oder in einem Büro. Bemerkenswert ist auch, daß bestimmte Schlußfolgerungen unter Umständen gar nicht innerhalb eines einzelnen Systems gemacht werden sollen. So kann z.B. aus der Kombination bestimmter prognostizierter Werte mit Meßwerten eine Aussage entstehen, die nur an einer bestimmten Stelle (z.B. der Schaltwarte) von Interesse ist. Es erscheint sinnvoll, die Verknüpfung und Filterung der Aussagen dann auch an dieser Stelle durchzuführen.

Ziel der Entwicklung ist eine Architektur, in der es möglich ist, mit geringem konstruktiven Aufwand das Wissen über einen technischen Prozeß - sofern es für die Visualisierung benötigt wird - auf einen Rechner abzubilden und einen flexiblen, intelligenten Mensch-Maschine-Dialog über komplexen Informations- mengen zu beschreiben. Die Architektur soll ein Mittel bieten, die zunehmende Komplexität des Informationsgefüges in technischen Prozessen auf einer einheitlichen Grundlage beherrschbar zu machen.

Es soll sowohl Information über den Prozeß als auch Bedienung des Prozesses möglich sein. Die Intelligenz der Schnittstelle zeichnet sich z.B. dadurch aus, daß in einem gewissen Kontext die für diesen Kontext wichtigen Informationen angeboten werden. Dabei sollen folgende Randbedingungen eingehalten werden:

- Die Informationsanbieter und Informationsnutzer können separate Systeme - auch verteilt im Netz - sein.

- Jegliche Arten von Informationen und Signalen sollen verarbeitbar sein.

- Zeitliche und kausale Zusammenhänge zwischen Informationen sollen berücksichtigt werden können.

- Die Wichtigkeit und Gültigkeit einer Information soll berücksichtigt werden können.

- Die Graphik ist in die Objektdarstellung integriert.

- Die Architektur ist offen.

Einer solchen Architektur muß eine Kommunikations- und Informations- schicht zugrunde liegen, die einzelne Teilsysteme miteinander verbindet. Diese Teilsysteme fungieren als Schnittstellen zu anderen Komponenten, wissens- basierten oder nicht wissensbasierten, und halten den von diesen Systemen aus verfügbaren Datenpool.

Die Kommunikation innerhalb des Gesamtsystems soll automatisch ablaufen; alleine durch die Definition eines Objektes sollen die Mechanismen des update für dieses Objekt gegeben sein. Dabei muß natürlich berücksichtigt werden, ob eine Information über ein Objekt überhaupt derzeit verfügbar ist.

Ausgehend von einem zu entwickelnden umfangreichen Anforderungsprofil sind folgende Fragen zu beantworten:

1) *Wie werden die Objekte sinnvollerweise dargestellt, bzw. welche Attribute müssen sie mindestens besitzen?*

2) *Welche Methoden müssen mindestens zur Verfügung gestellt werden?*

3) *Welche Rückschlüsse ergeben sich daraus für die Methodik graphisch-interaktiver und wissensbasierter Systeme?*

Ausgehend von obigen Überlegungen wurde folgendes Konzept entwickelt: das Ziel ist ein regelbasiertes System, da sich viele der Aussagen über einen technischen Prozeß in wenn-dann-Form beschreiben lassen, insbesondere auch diejenigen Aussagen, die den jeweiligen Anlagenzustand qualitativ beschreiben. Diese Regeln operieren auf Objekten, welche jeweils einen Teil der Anlage, z.B. ein Aggregat inklusive der Kommunikationsmechanismen (verteilte Systeme !) und der Graphik beschreiben. Insbesondere beinhaltet die Objektbeschreibung alle möglichen graphischen Attribute des Objektes. Es können Klassen von Objekten gebildet werden.

Es werden zwei Klassen von Regeln verwendet: eine Klasse von Regeln ist bestimmten Objektklassen zugeordnet. Diese Regeln bestimmen das Verhalten des einzelnen Objektes. Wird eine Objektinstanz aus einer solchen Objektklasse erzeugt, so übernimmt diese Instanz die ihrer Klasse zugehörigen Regeln als Methoden. Hiermit soll erreicht werden, daß man diese Instanz innerhalb der Graphik an jeder beliebigen Stelle, in jedem window verwenden kann. Gehört zu dieser Objektklasse z.B. ein pop-up-menu, so führt das Objekt diese Eigenschaft mit sich. Dies ist der erste Schritt zu einer flexiblen, dynamischen Graphik.

Die Regeln der zweiten Klasse operieren nicht auf einzelnen sondern auf Mengen von Objekten. Mit diesen Regeln werden logische Zusammenfassungen von Objekten zu Bildern oder anderen rein graphischen Objekten (z.B. eine Liste von Störmeldungen) beschrieben. Diese Regeln werden darüberhinaus dazu verwendet, *Zusammenhänge* zwischen Anlagenkomponenten darzustellen, z.B. Verriegelungen oder die Beschreibung definierter Prozeßzustände („wenn die Temperatur im Feuerraum größer 900°C und der Druck im Kessel..."), welche für die kontextabhängige graphische Darstellung ausgewertet werden - der zweite Schritt zu einer intelligenten Oberfläche.

Folgende Randbedingungen sollen dabei beachtet werden: die graphischen Attribute sollen hochwertige graphische Funktionen eines modernen Window-systems beinhalten. Die Ausführung der Regeln soll prioritätengesteuert erfolgen, um die *Wichtigkeit* bestimmter Informationen zu berücksichtigen. Diese Prioritäten sollen allerdings Eigenschaften der Objekte sein, damit man aus einer Klasse von Objekten solche erzeugen kann, die besonders wichtig im Hinblick auf die Informationsverarbeitung unter bestimmten Umständen sind. Z.B. kann der Ausfall einer bestimmten Pumpe eine Notabschaltung zur Folge haben, eine allen anderen Informationen vorzuziehende Aussage. Es soll darüberhinaus eine Informationsschicht existieren, welche es gestattet Teilsysteme aufzubauen, sprich externe Objekte zu beschreiben.

Es ist vor allem von Interesse, inwieweit die zu entwickelnde Architektur mit heute verfügbaren Methoden realisiert werden kann. Bei der Umsetzung in ein lauffähiges System soll versucht werden, weder spezielle Hardware- noch spezielle Softwareumgebungen zu benutzen.

5. Abschlußbemerkung

Das Müllproblem zeigt anschaulich, von welcher Qualität die im Umweltbereich auftretenden Fragestellungen sind. Wo immer eine Deponie oder eine Verbrennungsanlage errichtet wird, regt sich verständlicherweise Widerstand wegen befürchteter ökologischer Nachteile. Bei der öffentlichen Diskussion über die Abfallbeseitigung werden allerdings immer noch die einzelnen Techniken für sich betrachtet. So werden Fragen gestellt wie „Ist Verbrennung schädlich?" oder „Ist Verbrennung schädlicher oder besser als Deponierung?". Nebenbei wird dann bemerkt, daß Abfallvermeidung die beste Strategie ist. Bei dieser Art Fragestellung wird man mit Sicherheit für jede Technologie einen Grund finden, warum sie nicht umweltverträglich ist.

Umweltschutz erfordert aber darüberhinaus Fragestellungen anderer Qualität. Wir müssen dazu übergehen, die verfügbaren Methoden und Technologien *gemeinsam, in ihrer Gesamtheit* zu beurteilen, um sie - wenn dies möglich ist - in optimaler Weise miteinander zu verbinden. So könnte eine (vom Laien) angedeutete Fragestellung für das Müllproblem lauten: „Vorausgesetzt, wir versuchen, soviel Müll wie möglich zu vermeiden - welche Bestandteile müssen wir dann *insbesondere* dem Müll entziehen und wie können wir den verbleibenden Müll so auf die verschiedenen Verfahren (Recycling, Kompostierung, Müllverbrennung, Deponierung,...) verteilen, daß wir insgesamt größtmögliche Umweltverträglichkeit erreichen?" Im Umweltschutz werden wir uns in Zukunft verstärkt mit so komplexen Fragen wie z.B. der mehrzieligen Optimierung nicht rein-mathematischer Problemstellungen auseinandersetzen müssen. Für solche Probleme gibt es heute wenige Ansätze und sie erfordern eine Kombination unterschiedlichster (analytischer, numerischer, heuristischer,...) Verfahren. Je komplexer diese Fragestellungen werden, desto schwieriger wird es aber auch, der Bevölkerung und den Entscheidungsträgern mögliche Antworten zu übermitteln. Die Informatik als die *Wissenschaft von der Informations-verarbeitung* kann viel dazu beitragen, Ansätze für die Untersuchung und Diskussion solcher Fragestellungen zu entwickeln.

6. Literatur

[1]   A. Merz, H. Vogg, „TAMARA - A KfK Research Tool For Refuse Incineration", International Conference on Incineration of Hazardous/Radioactive Wastes, San Francisco, 1988

[2]   Allen Hershkovitz, „Garbage Burning - Lessons From Europe: Consensus And Controversy In Four European States", INFORM-Report,1986, Library of Congress #86-81301, ISBN 0-918780-34-9

[3]   H. Vogg, „Von der Schadstoffquelle zur Schadstoffsenke - neue Konzepte der Müllverbrennung", Chemie-Ingenieur-Technik 60 (1988), Nr.4, pp. 247-255

[4]   H. Vogg, K. Wiese, A. Christmann, „Das 3R-Verfahren - ein Baustein zur Schadstoffminderung bei der Müllverbrennung", KfK-Nachrichten 4/86, pp. 235-238, Kernforschungszentrum Karlsruhe

[5]   R. Denzer, „Konzept eines wissensbasierten Visualisierungssystems für die Prozeßführung", Primärbericht, Kernforschungszentrum Karlsruhe, 1989

[6]   P. Sachs, „ESCORT - an Expert System for Complex Operations in Real Time", Alvey Workshop on Deep Knowledge, IEE, London, 1985

[7]   R. Khanna, R.L. Moore, „Expert Systems Involving Dynamic Data For Decisions", International Expert System Conference, Oxford, 1986

[8]   K. K. Gidwani, W.S. Dalton, „Innovative Knowledge Engineering For Real-Time Expert Systems", IFAC/IFIP - Symposium, Graz, 1986

[9]   R. L. Moore, R. Khanna, „Artificial intelligence on factory floor: A success story", Advanced Manufacturing Systems Conference, Chicago, 1986

[10]   R. L. Moore et. al., „A Real-Time Expert System For Process Control", The First Conference on Artificial Intelligence Applications, Denver, 1984

[11]   P. Elzer et. al., „Expertensysteme und hochauflösende Grafik zur Unterstützung des Bedienpersonals in der Prozeßleittechnik", Prozeßrechnensysteme 1988, Stuttgart, Informatik-Fachbericht 167, 1988

[12]   E. Hollnagel et al., „User Modelling in the GRADIENT Project", ESPRIT-International Joint Collaboratory AI Special Session at IJCAI-87, Mailand, 1987

[13]   S. G. Tzafestas, Ed., „Knowledge-Based System Diagnosis, Supervision and Control", Plenum Press, New York, 1989

[14]   B. A. Bowen, „Real-Time Expert Systems: A Status Report", AGARD Lecture series 166, 1987

[15]   M. J. Chantler, „Real-Time Aspects of Expert Systems in Process Control", IEE Colloqium on Expert Systems in Process Control, London, 1988

[16]   M. K. Lines-Browning, J. L. Stone, „An Expert System That Performs A Satellite Stationkeeping Maneuver", Telematics and Informatics, No. 4, 1987, pp. 289-300

[17]   IEE Colloqium on „The Use Of Expert Systems In Control Engineering", IEE Digest No. 1987/27, London, 1987

[18]   B. S. Doherty, A. J. Sorin, „Knowledge Based Real-Time Learning Control System", IASTED international Symposium on Applied Informatics, Grindelwald, 1987

[19]   Y. W. Huang et al., „Fault Diagnosis Of Hazardous Waste Incineration Facilities Using Fuzzy Expert Systems", in C. N. Kostem, M. L. Maher,eds., Expert Systems in Civil Engineering", New York, 1986

[20]   M. Kirshnamurthy, H. J. Efstathiou, „An Intelligent Knowledge Based System for Diagnosis Based on Qualitative Reasoning", IEE Colloqium on Expert Systems in Process Control, London, 1988

[21]   A. D'Ambrosio et al., „AI in the Power Plants, PERF-EXS, a PERFormance diagnostics EXpert System", 4. Conference on Artificial Intelligence Applications, San Diego, 1988

[22]   Y. Ishida, „An Application of Qualitative Reasoning to Process Diagnosis: Automatic rule generation by qualitative simulation", 4. Conference on Artificial Intelligence Applications, San Diego, 1988

[23]   R. R. Leitch, R. Kraft, „A Real-Time Knowledge Based System For Product Quality Control", International Conference on Control 88, Oxford, 1988

[24]   M. C. Brown, „The Dynamic Rescheduler: Conquering the Changing Production Environment", 4. Conference on Artificial Intelligence Applications, San Diego, 1988

[25]   M. I. Bu-Halaiga, A. K. Chakravarty, „An object-oriented representation for hierarchical real-time control of flexible manufacturing", International Journal of Production Research, Vol. 26, No.5, 1988

EDV-Unterstützung bei der Indirekteinleiterüberwachung
Dieter Burger
Stollmann GmbH
Fachbereich Umweltinformatik
Hohes Gestade 11, 7440 Nürtingen

1. Einleitung

Bei der Wahrnehmung der gesetzlichen Aufgaben im Bereich des Umweltschutzes müssen immer mehr Kontroll- und Überwachungstätigkeiten durchgeführt werden. Insbesondere auf dem Abwasserpfad fallen bei der Eigenkontroll- und Indirekteinleiterkontrolle eine Vielzahl von Analysedaten mit steigender Tendenz an, die ihre eigentliche Wertstellung erst dann vollständig erreichen, wenn sie nach unterschiedlichen Gesichtspunkten geordnet und ausgewertet werden.

Bei der Durchführung der Kontroll- und Überwachungsaufgaben sollen nicht nur Verbesserungen in der Folgenbeseitigung, sondern auch in der Ursachenbekämpfung angestrebt werden. Hierfür ist die Erfassung und die Bewertung der bei der Abwasser- und Klärschlammbeseitigung anfallenden Daten unerläßlich. Ein solcher Anspruch in diesem vielschichtig vernetzten System von Wirkungen und gegenseitigen Beeinflußungen setzt allerdings neben einer systematischen und exakten Ermittlung der Ausgangsdaten auch umfangreiche und teilweise sehr zeitraubende Auswertungen dieser Daten voraus.

Daß eine aus dem nur statistischen Rahmen hinausgehende Auswertung einer solchen Fülle von Daten sehr schnell die personellen Möglichkeiten zu sprengen vermag, liegt auf der Hand. Nur mit Hilfe der modernen Informationstechnologien können solche Aufgaben im Umweltschutzbereich mit Erfolg bearbeitet werden. Insbesondere mit der Zielsetzung nicht nur die Folgen, sondern auch die Ursachen zu bekämpfen.

Verursacherbezogene Rückkopplung und Betrachtung von Emission und Immission sind nur zwei von vielen Schlagworten, bei deren Umsetzung in die Praxis eine wirksame Unterstützung durch die EDV notwendig ist.

2. Ausgangssituation

Der Umlandverband Frankfurt, mit dem im Jahre 1983 die ersten Gespräche geführt wurden, ist unter anderem für die "überörtliche Abwasserbeseitigung" zuständig. Dabei wird das Ziel verfolgt, eine flächendeckende Anhebung des Standes der Abwasserbeseitigung und damit eine wirksame Verbesserung der Gewässergüte zu erreichen. Zu diesem Zweck wurde ein zentrales Labor eingerichtet und mit folgenden Aufgaben betraut:
- Durchführung der verbandsweiten Indirekteinleiterkontrolle.
- Die monatliche Überprüfung der Kläranlagen im Verbandsgebiet in Anlehnung an die Eigenkontrollverordnung, also im Zu- und Ablauf.
- Monatliche Überprüfung von Klärschlämmen der Verbandskläranlagen entsprechend der Klärschlammaufbringungsverordnung.
- Untersuchung der für die landwirtschaftliche Schlammverwertung vorgesehenen Bodenflächen nach der Klärschlammverordnung.

In 1983 handelte es sich auf der Grundlage der Aufgabenstellung um die Überwachung und Kontrolle von ca. 1600 Gewerbebetrieben und rund 40 Kläranlagen. Allein bei den regelmäßigen Untersuchungen fielen damals über 100.000 Meßdaten mit steigender Tendenz an. Wie eingangs schon erwähnt, erhält die Durchführung dieser Aufgabe ihre eigentliche Effizienz erst dann, wenn diese permanent anfallenden Daten ausgewertet und vor allem bewertet werden können.

Aus diesen Überlegungen ist der Forschungsantrag an den BMFT entstanden, eine komplexe Datenbank für den Abwasser- und Klärschlammpfad aufzubauen und als Instrument zur wirksamen Verbesserung des Gewässerzustandes zu nutzen.

Die Definition, das Design, sowie die Inhalte wurden von Fachleuten aus der Chemie, der Verwaltung und der Informatik gemeinsam erarbeitet. Durch diese Kombination und durch ständige Rückkopplung aus der Praxis ist gewährleistet, daß ein leistungsstarkes Instrument für zuständige Körperschaften, aber auch für Genehmigungs- und Fachbehörden, die mit der Wahrnehmung von gesetzlichen Aufgaben betraut sind, zur Verfügung steht.

3. Konzeptionierung

Die Entwicklung und damit auch die Charakteristik des Systems sind von zwei grundsätzlichen Entscheidungen getragen.

- Der Benutzer der Datenbank darf zu keiner Zeit mit EDV-technischen Begriffen etc. konfrontiert werden, es darf also für den Umgang mit der Software kein EDV-Wissen vorausgesetzt werden.
- Das System muß flexibel sein. Das bedeutet, daß der Datenbankanwender die Möglichkeit besitzen soll, die Aktualisierung, Ergänzung und Erweiterung von gesetzlichen Anforderungen kurzfristig ohne Programmieraufwand durchzuführen.

Durch die konsequente Beachtung dieser Grundsätze ist es gelungen, ein flexibles und dynamisches System zu entwickeln, das in der Lage ist, die Realität zu erfassen. Ein statisches System, das die Erfassung und Beschreibung von Momentsituationen unterstützt, ist schon nach Beendigung der Entwicklungsphase veraltet und unpraktikabel.

Für die Konzeptionierung war es zuerst notwendig, aus der Benutzersicht die Anforderungen an solch ein Datenbanksystem zu formulieren. Grundlage dafür waren die Planungs-, Kontroll- und Überwachungsaufgaben des Abwasserbeseitigungspflichtigen. Damit war die Basis der Datenbank weitestgehend definiert. Die Erfassung und Vernetzung aller relevanten Meß- und Schadstoffdaten vom "Abwasserproduzenten" über die Kanalisation zu den Kläranlagen und letztlich zu den Gewässern, sowie den landwirtschaftlichen Flächen mit ihren Bodenanalysen und den aufgebrachten Klärschlammmengen. Um dies zu gewährleisten, müssen Verwaltungs- und Untersuchungsobjekte, sowie deren Beziehungen untereinander im System hinterlegt werden. Dazu gehören administrative und technische Beschreibungen, wie auch Meßprogramme und Grenzwerte. Das bedeutet, daß aus dem realen Entsorgungssystem ein für die EDV erfassbares, abstrahierbares System entworfen werden mußte. Spätere Anforderungen an die Erfassung sollten möglichst mit einbezogen werden. Die Abbildung dieses komplexen siedlungswasserwirtschaftlichen Systems in der Datenbank war das Hauptproblem der Entwicklung.

Die Kontrolle von einzelnen Objekten bezüglich Grenzwertüberschreitungen oder Frachtaufkommen bei bestimmten Parametern ist wichtig. Es müssen aber auch Untersuchungen, die das Gesamtsystem betreffen, durchgeführt werden können. Das Aufstellen von Schadstoffwegen oder Schadstoffströmen mit ihren entsprechenden Konzentrations- und Frachtprofilen ist notwendig, um die Überwachung, Steuerung und Bewirtschaftung von Anlagen und Gewässern aufeinander abzustimmen und zu optimieren.

Die sich im Laufe der Zeit verändernde Struktur eines Objektes (z.B. Betrieb verändert Produktion) muß genauso problemlos angepasst werden können, wie auch die Aktualisierung von Meßprogrammen und Grenzwerten aufgrund von geänderten Einleitungsbedingungen.

In diese Erfassung, Verarbeitung und Auswertung aller abwassertechnisch relevanten Daten mußten auch die Tätigkeiten in Verwaltung, Außendienst und Labor mit einbezogen werden. Nur ein EDV-System, das alle diese Bereiche integriert, gewährleistet, daß aktuelle Daten permanent erfaßt werden, und ein effektiver Kontroll- und Überwachungsbetrieb erfolgen kann. Dies ist eine notwendige Voraussetzung, wenn aufgrund aktueller Daten schnelle Reaktionen erfolgen sollen.

4. Objekte

Für die Auswahl und Definition von Objekten waren folgende Fragen von Bedeutung:
- Welche Daten sind vorhanden und werden in Zukunft erhoben ?
- Wie sind und werden diese Daten geordnet ?
- Welche Daten werden benötigt für
    - die Durchführung der gesetzlichen Aufgaben
    - die Dokumentation
    - die Auswerteverfahren auf dem Abwasser- und Klärschlammpfad?

Weitere Punkte, die zu beachten waren:
- Aufwand für die permanente Datenpflege
- Anschluß an andere Systeme
- Übertragbarkeit der Anwendung
- Verwendung von Schlüsseln, etc.

Betrachtet man die unterschiedlichen Objekte wie Betriebe, Städte, Kanäle, Kläranlagen, Gewässer oder landwirtschaftliche Flächen, wird deutlich erkennbar, daß sie eigentlich völlig unterschiedliche Informationsstrukturen besitzen. Bei genauerer Analyse kann man jedoch feststellen, daß alle angeführten Objekte Informationsbausteine wie allgemeine Angaben, Meßstellen, Anfallstellen und Behandlungssysteme besitzen. Diese vier Informationseinheiten bilden letztendlich die elementaren Bausteine, mit deren Hilfe es gelingt, die verschiedenen Objekte zu beschreiben. So unterschiedliche Begriffe wie Metzgerei, Fotolabor, Galvanik, Faulturm, Belebungsbecken etc. können unter Hinzunahme von technischen Beschreibungstabellen definiert und beschrieben werden.

Der wichtigste Baustein jedoch ist die Meßstelle. Jedem Objekt können eine oder mehrere Meßstellen zugeordnet sein. Jede Meßstelle wiederum kann nach sehr unterschiedlichen Meßprogrammen untersucht werden. Das freie Zusammenstellen der Meßprogramme ist hierbei wichtig, da sich zum einen die gesetzlichen Vorschriften zur Untersuchung von bestimmten Parametern ändern, und zum anderen muß es möglich sein, problemorientiert für eine bestimmte Meßstelle ein spezielles Untersuchungsprogramm durchzuführen.

Ebenso meßstellenbezogen werden die unterschiedlichsten Grenzwerte und Einleitungsbedingungen hinterlegt. Beispielhaft seien genannt

- die Abwassersatzungen, sowie die betriebs- oder meßstellenbezogenen Abweichungen oder Verschärfungen.

- die abgabe- und wasserrechtlichen Einleitungsbedingungen für Kläranlagen,

- oder die Grenzwerte der Klärschlammverordnung.

Dabei ist auch die Kombination von einem Meßprogramm und mehreren Grenzwerten gefordert. Die Historie bei Grenzwerten und Einleitbedingungen ist für die Speicherung der Meßwerte von Bedeutung. Wird am Tag X der Meßwert Y ermittelt, muß es auch nach 10 Jahren noch feststellbar sein, welcher Grenzwert für welchen Parameter an der betreffenden Meßstelle gültig war.

5. Unterstützung des Kontroll- und Überwachungsbetriebes

Dieser Teilbereich steuert alle Aktivitäten, die in Verwaltung, Außendienst und Labor anfallen. Von der Vorbereitung einer Probennahme bis hin zur endgültigen Speicherung von validierten Meßdaten sorgen einige hundert Programme für ein reibungsloses Ineinandergreifen der verschiedensten Tätigkeiten. Die EDV-Unterstützung orientiert sich dabei an den Arbeitsabläufen und an der Arbeitsteilung des Überwachungsbetriebes. Schwerpunkte wie Einsatz- und Terminplanung, Probenbegleitscheine, Probenannahme, rechnergestützte Analytik, Chemikervalidierung, Sachbearbeitervalidierung, Analysenscheine, Gebührenbescheide, Grenzwertabgleich, bilden den Kern des rechnerunterstützten Kontroll- und Überwachungsbetriebes.

Da im Zentrallabor ein Laborrechner die Analytik unterstützt, war es lediglich konsequent, die anfallenden Analysedaten automatisch in die Datenbank zu übernehmen. Damit entfällt eine nachträgliche Datenerfassung, und die möglichen Übertragungsfehler auf dem Weg Meßwertablesung - Laborprotokoll - Analysenschein, werden weitestgehend ausgeschaltet. Die Analysenscheine, die nach Beendigung der Analyse automatisch erstellt werden, sind nicht nur Auflistungen von Meßergebnissen und evtl. vorhandenen Grenzwertüberschreibungen. Sie beinhalten eine Vielzahl von Auswertungen. Stellvertretend seien hier genannt:
- Schädlichkeits- und Verschmutzungsfaktoren bei Abwasser,
- Düngewertberechnungen bei Klärschlamm,
- oder Ermittlung der Gehaltsklasse bei Bodenuntersuchungen.
Abhängig vom Analysenergebnis, unter Berücksichtigung früherer Analysen, der Branchenzugehörigkeit und der Gefahrenklasse des betreffenden Objektes, schlägt die Software dem Sachbearbeiter einen neuen Untersuchungstermin vor. Hier schließt sich dann der Kreis wieder zur Einsatzplanung, wenn der Sachbearbeiter den Termin bestätigt oder einen davon abweichenden einträgt.

6. Auswertungen

Die bis jetzt beschriebenen Abläufe und Merkmale zeigen den Tages- oder Routinebetrieb auf. Werden solch umfassende Tätigkeiten ohne EDV-Unterstützung durchgeführt, ist die vorhandene Kapazität an Personal nur mit der reinen Abwicklung beschäftigt. Notwendige Auswertungen, Ermittlung von Frachten, Aufstellen von Bilanzen, statistische Auswertungen, graphische Darstellungen, sind nur beschränkt möglich. Allein die Beantwortung der Anfrage eines Gewerbebetriebes, ob ein bestimmter Stoff in einer bestimmten Menge eingeleitet werden darf, zieht mindestens folgende Fragen nach sich:

- wie hoch ist die Gesamtfracht des entsprechenden Parameters in
  dem betreffenden Einzugsgebiet ?
- wie hoch ist die Reinigungsleistung der betroffenen Kläranlage ?
- wie stark ist der entsprechende Vorfluter jetzt schon belastet ?
- können die neuen Einleitungen überhaupt abgebaut werden ?

Eine Hilfestellung zu bieten, bei Fragestellungen dieser oder auch ganz anderer Art, dafür ist die EDV das geeignete Mittel. Es liegen tausende von Meßdaten und sonstigen Größen vor, die mit geeigneten Mitteln recherchiert, zugeordnet, ausgewertet und in ansprechender Form dargestellt werden müssen.
Das Berechnen von spezifischen Größen, oder auch das Verteilen von Belastungen auf z.B. verschiedene Branchen, sind weitere Bausteine, die für eine Gesamtbeurteilung notwendig sind.
Statistische Auswertungen, graphische Darstellungen, sowie die Darstellung von Belastungssituationen oder ähnlichem in der Geographik, sind unerläßliche Hilfsmittel. Dabei muß jedoch darauf geachtet werden, daß die Ergebnisse von Recherchen in der breiten Datenbasis automatisch über Schnittstellen zu den jeweiligen Subsystemen gelangen. Eine Datenbank, ein Graphik/ Statistik-System und ein geographisches System müssen bei dieser Aufgabenstellung als eine Einheit angesehen werden. Bei uwis wurde dieser Weg konsequent beschritten. Die Systeme DEPOPLOT und

ARC-INFO sind über Schnittstellen in den Auswertesystemen jederzeit mit den notwendigen Daten zu versorgen. Dabei ist es auch unerheblich, ob alle drei Systeme auf einem Rechner oder auf mehreren unterschiedlichen Rechnern installiert sind. Die Grafik- und Statistik-Anwendung besitzt dabei folgende Leistungsmerkmale:

Darstellung sehr langer Zeitreihen, Darstellung diskontinuierlicher Meßreihen, Darstellung statistischer Verteilungen, freie Skalierung der Achsen, freie Wahl der Darstellung, Darstellungsmöglichkeiten für Extremwerte, Darstellung von konstanten Werten, X-Achse mit Zeit-, Ort-, oder Parameterbezug, Trend der Monatsmittel, Regression von Wochenmaxima, Dauerlinien, Summenlinien, Intensitätsermittlungen, Doppelsummenanalyse, Korrelations- und Regressionsanalyse in Streuungsdiagrammen, Berechnung und Darstellung von Klassen- und Summenhäufigkeiten, relative Verteilung von drei Parametern in Dreiecksdiagrammen, räumliche Verteilung und zeitliche Entwicklung in Vertikaldiagrammen, usw.

Für die Integration eines geographischen Systemes in eine Datenbankanwendung ist eine Verbindung von gespeicherten Objekten in der Datenbank und digitalisierten Punkten, Flächen oder Linien erste Voraussetzung. Der Anwender darf nur einen Schlüssel kennen. Darüberhinaus erhält er Informationen aus der Datenbank und diese werden automatisch an das geographische System übertragen, das diese Schlüssel wiederum kennt und intern zuordnen kann. Die in uwis vorhandene Schnittstelle zu ARC-INFO zeigt heute folgende Leistungsmerkmale. Neben der kartographischen Darstellung der Objekte können auch spezifische Informationen dazu dargestellt werden. So sollen z.B. Diagramme mit verschiedenen Meßreihen Auskunft über wichtige Parameter im Kläranlagenzu- und Ablauf geben. Daten aus Gewässeruntersuchungen können an den einzelnen Meßstellen gezeigt und auch in Form von Belastungsbändern dargestellt werden.

Kreisdiagramme z.B. sollen die Betriebszugehörigkeit zu verschiedenen Branchen mit ihren prozentualen Anteilen an einer Belastung innerhalb eines Einzugsgebietes darstellen.

Die entsprechenden Zeitreihen, Kreisdiagramme, Schraffuren, sowie die zugehörigen Legenden und Farbcodierungen, werden schon auf dem Datenbankrechner zusammengestellt, und als Zusatzinformation dem geographischen System übergeben.

7. Ausblick

Die Flut der Daten, die heute und in Zukunft auf die zuständigen Fachbehörden, aber auch auf die Industrie zukommt, kann manuell nicht mehr sinnvoll bewältigt werden und mündet daher zwangsläufig in einem gewaltigen Datenfriedhof. Die Gesamtheit aller Daten jedoch, sowie der Einsatz von Informationstechnologien, bilden die Grundlage für eine zukunftsorientierte Umweltschutzplanung. Das Ziel ist, weg von der Folgenbeseitigung hin zur Ursachenbekämpfung. Dies kann nur geschehen, wenn Mittel und Wege zur Verfügung stehen, welche die Verantwortlichen in die Lage versetzen, zu agieren statt zu reagieren.

Kapitel F

Wissensbasierte Systeme

Strukturierungskonzepte in wissensbasierten Beratungssystemen für die Umweltplanung

Annegret Baumewerd-Ahlmann
(mechaTronic GmbH, Dortmund)
Lehrstuhl Informatik VI, Universität Dortmund
Postfach 500 500, 4600 Dortmund 50

Abstract

Umweltplanung als interdisziplinäres Aufgabenfeld im Rahmen des präventiven, gestaltenden Umweltschutzes bedarf der Unterstützung durch adäquate, anwendungsspezifische Werkzeuge auf der Basis aktueller technischer Entwicklungen. Neben Datenbank- und Simulationstechniken spielen wissensbasierte Methoden für die Konzeption von Systemen, die die Planer bei dem Bewertungsprozeß und der Entscheidungsfindung beratend unterstützen, eine bedeutende Rolle.

Aus den spezifischen Kennzeichen des Anwendungsgebiets Umweltplanung resultieren besondere Anforderungen an solche wissensbasierten Systeme. Sie betreffen vor allem Fragen eines angemessenen Wissensrepräsentationsmodells und Erklärungskonzeptes, implizieren aber darüber hinaus eine Modifikation des Problemlösungsprozesses. Dieser Beitrag beleuchtet am Beispiel der Umweltverträglichkeitsprüfung (UVP) wesentliche Aspekte der speziellen Anforderungen und zeigt Ansatzpunkte auf, wie sie bei der Konzeption wissensbasierter Systeme für die Umweltplanung Berücksichtigung finden können. Ein erster Ansatz besteht in der Integration verschiedener Strukturierungsmethoden. Neben der strukturierten Repräsentation der Objekte kann eine Unterteilung der Wissensbasis nach inhaltlichen Kontexten zur besseren Überschaubarkeit und Transparenz des Systems beitragen. Durch die Einbeziehung von Abstraktionshierarchien - als Spezialisierungshierachien auf der Ebene der Objekte sowie als Strukturierung des Problemlösungswissens - in eine nichtmonotone Schlußweise erreicht man darüber hinaus eine Abbildung des planerischen Vorgehens in den Schlußfolgerungsprozeß.

1. Einleitung

Die praktische Bewältigung umweltplanerischer Aufgaben der qualitativen Analyse und Bewertung von Risiken, der Abschätzung von Gefährdungspotentialen oder qualifizierten Entscheidungsvorbereitung erfordert den Einsatz wissensbasierter Methoden. Eine detaillierte Analyse des Anwendungsgebietes macht jedoch deutlich, daß bisherige wissensbasierte Systeme den spezifischen Anforderungen noch nicht in ausreichendem Maße Rechnung tragen. Es stellt sich daher die Frage, welche speziellen Techniken sich für die Entwicklung adäquater Umweltplanungssysteme besonders eignen.

Als informatikspezifische Technik spielt die *Strukturierung* bei der Reduktion von Komplexität, bei der Softwareentwicklung und Qualitätssicherung oder bei der Verdeutlichung von Lösungen und Lösungswegen eine besondere Rolle. In wissensbasierten Umweltplanungssystemen führt die Einführung von Strukturierungskonzepten auf verschiedenen Ebenen zu einer Reduktion des Suchraums und damit zu einer Effizienzsteigerung. Andererseits erlaubt sie eine "realitätsnahe" Modellierung der Strukturen und Vorgehensweisen des Anwendungsgebiets und bildet darüber hinaus die Basis für aussagekräftige, problemangemessene Erklärungen des Lösungsprozesses. Bei komplexen planerischen Fragestellungen steht nämlich weniger die Generierung einer Lösung im Vordergrund (wie z.B. bei klar umgrenzten Problemen der technischen Fehlerdiagnose), sondern es interessieren vielmehr Fragen darüber, welcher Weg zu einer Lösung führte, auf welchen Annahmen sie basiert oder woraus Zwischenresultate resultieren (vgl. /CooAlt84/). Wissensbasierte Systeme hat man in diesem Kontext als *beratende* Systeme zu verstehen, die den PlanerInnen umfassende Informationen liefern und flexible Eingriffsmöglichkeiten gestatten sollten.

Vor dem Hintergrund dieser zentralen Zielsetzung beleuchtet das folgende Kapitel wesentliche Merkmale der Umweltplanung am Beispiel der UVP. Im dritten Kapitel werden verschiedene Möglichkeiten der Behandlung unvollständigen Wissens in Umweltplanungssystemen aufgezeigt. Das vierte Kapitel behandelt zum einen Strukturierungskonzepte zur Repräsentation von Objekten und Objektklassen sowie zur Gliederung der Wissensbasis nach thematischen Kontexten, zum anderen die Einbeziehung eines Abstraktionskonzepts in den nichtmonotonen Schlußfolgerungsprozeß. Die Integration der unterschiedlichen Strukturierungsmethoden ermöglicht eine angemessenere Abbildung planerischen Problemlösungsverhaltens und damit eine bessere Unterstützung der PlanerInnen durch ein wissensbasiertes System.

2. Umweltplanung als Anwendungsgebiet beratender wissensbasierter Systeme

Es erscheint nützlich, unter den Begriff Umweltplanung - im hier betrachteten Kontext der Unterstützung durch wissensbasierte Systeme - solche räumlichen Planungen, Teilschritte von Planungen oder Verfahren (wie etwa Genehmigungs-, Zustimmungsverfahren) zu subsumieren, bei denen Umweltschutzziele im Vordergrund stehen (s. hierzu auch /Alonso89/). Mit dieser pragmatischen Begriffsbestimmung läßt sich ein relativ breites Spektrum planerischer Tätigkeiten erfassen, das hinsichtlich der Problemstellungen und Vorgehensweisen wichtige Gemeinsamkeiten aufweist. Allgemein gliedert sich der Planungsprozeß in folgende vier Hauptschritte (/Wood88/):

1. Formulierung von Zielen und Vorgaben,
2. Überblick über bestehende Bedingungen, Abschätzung der zukünftigen Entwicklung (ohne Planrealisierung), Analyse der durch die Planung zu erwartenden Probleme,
3. Aufstellen des Plans und Evaluierung von Alternativen,
4. Entscheidung, Realisierung und Überwachung.

Für die Unterstützung durch ein wissensbasiertes System erhalten vor allem die Schritte 2 und 3 Relevanz. Kongruent zu dieser allgemeinen Bestimmung verhält sich auch der grobe Ablauf einer UVP (s.Abb.1), die hier als konkretes Beispiel einer Umweltplanungsaufgabe dienen soll. Die Vorgehensweise von Fachexperten bei der UVP läßt sich allgemein wie folgt umreißen: Ausgehend von eher vagen und unvollständigen Informationen über das zu untersuchende Planungsgebiet einerseits sowie über das jeweilige geplante Vorhaben andererseits erfolgt eine erste, vorläufige Einschätzung des ökologischen Risikos sowie eine Beurteilung der potentiellen Umweltauswirkungen des Vorhabens. Stellen sich bei diesem Schritt Konfliktbereiche heraus, so müssen sie in einer detaillierteren Analyse näher untersucht werden. Dabei können die neu hinzukommenden Erkenntnisse eine Revision der vorläufigen Bewertung erforderlich machen. So kann sich aus der Analyse von Bodenproben auf einem ehemaligen

Deponiegelände ergeben, daß die Belastung durch Schwermetalle wesentlich höher (oder auch: geringer) ist, als die vorläufigen Informationen über die Deponie und den Standort vermuten ließen. Aufgrund des begrenzten zeitlichen und finanziellen Rahmens einer UVP werden zusätzliche, exaktere - vielfach nur mit hohem Aufwand erhältliche - Informationen in der Regel jedoch nur dann eingeholt, wenn sie für den Bewertungsprozeß notwendig sind. (Vgl. /HdUVP88/, /DeJong88/) Die Ergebnisse dieser Prüfung fließen ebenso wie daraus entwickelte Vorschläge über Alternativen zur ursprünglichen Planung oder über Ausgleichs- bzw. Ersatzmaßnahmen in die abschließende Entscheidungsvorlage ein.

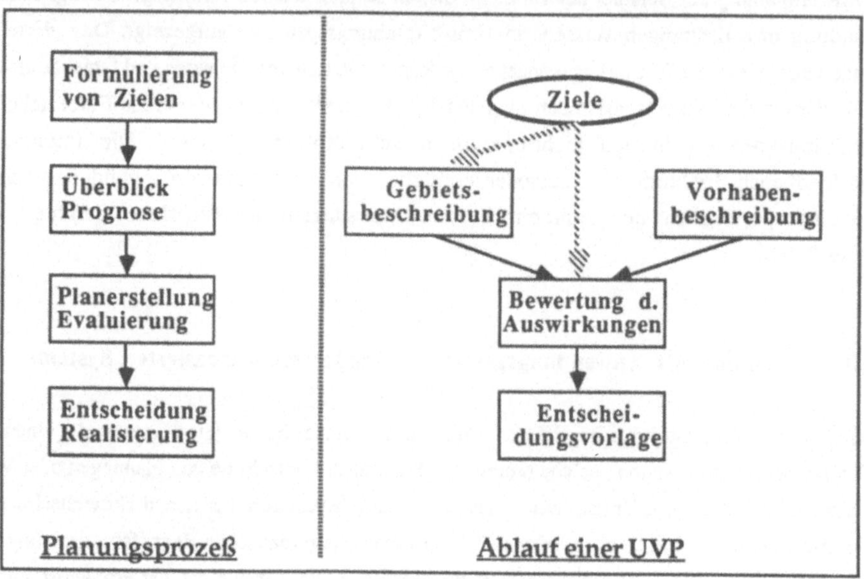

Abb. 1: Allgemeiner Planungsprozeß und Ablaufschema einer UVP

Im Hinblick auf die Abbildung in ein wissensbasiertes System kann man folgende wesentlichen Kennzeichen des Planungsprozesses identifizieren:

- Zurückstellen von Detailinformationen und grobe Abschätzung des Problems auf abstrakter Ebene
- Schließen unter Vorbehalt, hypothetisches Schließen aufgrund von Annahmen
- Schließen auf der Basis unvollständigen Wissens.

Im Gegensatz zu den meisten in der KI-Forschung betrachteten Planungsproblemen (s. /Hertzb89/) kann die Intention beim Einsatz wissensbasierter Systeme für die Umweltplanung nicht darin gesehen werden, aus einer exakt spezifizierten Ausgangssituation heraus automatisch eine konkreten Plan zu generieren (etwa im Sinne einer Abfolge von Aktionen). Ein solches System soll vielmehr im Rahmen des Planungs-verfahrens Hilfestellungen bei der Beurteilung von Planungsvorschlägen und bei der Ermittlung alterna-tiver - "besserer" - Lösungen bieten. Die skizzierten Kennzeichen planerischen Problemlösens zeigen, daß zu diesem Zweck insbesondere der Lösungsweg, d.h. die Wahl von Teilschritten, die erhaltenen Zwischenresultate und ihre Begründung sowie die gefundenen Alternativen deutlich gemacht werden müssen. Da umweltplanerische Entscheidungen in einen gesellschaftlich-politischen Kontext und in ein offenes Verfahren mit unterschiedlichen beteiligten Personen und Institutionen eingebettet sind, ist eine weitgehende Transparenz des Planungsprozesses sowie der zugrundeliegenden Bewertungsmaßstäbe und Zielvorgaben erforderlich. Dies impliziert, daß ein unterstützendes wissensbasiertes System insbesondere eine beratende Funktion zu erfüllen hat und umfassende Erklärungen anbieten muß. Der in heutigen Systemen übliche Trace der angewandten Regeln liefert zwar eine große Anzahl von Informationen. Sie sind jedoch wenig aussagekräftig für die genannten Fragen, weil sie u.a. nicht zwischen wesentlichen und unwesentlichen Aspekten unterscheiden oder strukturelle Zusammenhänge aufzeigen können (vgl. z.B. auch /Yen89/).

Ein wissensbasiertes System für die Umweltplanung sollte über zusätzliches anwendungsspezifisches Wissen verfügen, das es ermöglicht, die für den Schlußfolgerungsprozeß zugrundegelegten ökologischen Zusammenhänge, die gewählte Bewertungsmethodik u.a. genauer darzulegen. Derartiges "tiefes" Wissen über das Anwendungsgebiet selbst geht im allgemeinen über das für Schlußfolgerungen benötigte Fachwissen hinaus. Eine naheliegende, einfache Möglichkeit der Repräsentation bieten Texte, die mit dem Inferenzprozeß gekoppelt werden (vgl. /WicSla89/). Den PlanerInnen sollten zusätzlich flexible Möglichkeiten geschaffen werden, um je nach der Zielsetzung ihrer Fragestellung Erläuterungen auf unterschiedlichem Niveau bzw. Detaillierungsgrad zu erhalten (z.B. einerseits zur Begründung im Rahmen der politischen Abwägung über ein Vorhaben, andererseits als Grundlage der Entscheidung über das weitere Vorgehen innerhalb eines Teilplanungsschrittes). Darüber hinaus kann der Einsatz verschiedener Strukturierungstechniken den Planungsprozeß transparenter und überschaubarer gestalten. Der Zugriff auf das dadurch explizit zur Verfügung stehende Wissen über strukturelle Zusammenhänge ermöglicht gezieltere und aussagekräftigere Erklärungen für die BenutzerInnen.

Ein weiteres Problem resultiert daraus, daß das verfügbare Faktenwissen, d.h. das Wissen über das betroffene Gebiet und über das geplante Vorhaben, vor allem zu Beginn einer UVP vielfach lückenhaft oder ungenau ist. In vielen Fällen ist eine exakte Erhebung auch zu einem späteren Zeitpunkt - u.a. aufgrund mangelnder Ressourcen - nicht durchführbar. Eine wesentliche Forderung an beratende Systeme lautet daher, auf der Basis derartiger vager und unvollständiger Informationen so weit wie möglich sinnvolle Schlußfolgerungen hinsichtlich der zu treffenden Bewertungen und Entscheidungen zu ermöglichen. Für diese Aufgabe erweist sich eine Strukturierung des Wissens durch die Einführung von Abstraktionshierarchien als sinnvolles Hilfsmittel.

3. Behandlung unvollständigen Wissens in Umweltplanungssystemen

Die Analyse des Beispielbereichs UVP zeigt, daß die Unvollständigkeit und teilweise Vagheit des verfügbaren Basiswissens ein der Umweltplanung inhärentes Problem darstellt. Daraus ergibt sich die Frage, inwieweit wissensbasierte Systeme Konzepte bereitstellen können, die es gestatten, auf einer solchen Basis möglichst fundierte Vorschläge und Bewertungen abzuleiten. Eine nähere Betrachtung der Vorgehensweise von Fachexperten verweist auf folgende unterschiedliche Fälle des Schlußfolgerns mit unvollständigem Wissen:

1. Obwohl Daten über einen bestimmten Sachverhalt nicht in der benötigten Form zu ermitteln sind, erlaubt die Verwendung alternativer Informationen oder indirekter Erhebungsmethoden (u.a. Verwendung von "Indikatoren", vgl. /Pietsc83/) dennoch, Aussagen über diesen Sachverhalt herzuleiten. In solchen Fällen läßt sich somit das Problem der Unvollständigkeit bereits durch den Einsatz spezieller Methoden des Anwendungsgebietes beheben. Der Inferenzprozeß bleibt davon unberührt.

> **Beispiel:** Die exakte Messung des Lärmpegels einer Straße wird ersetzt durch die Anwendung eines Berechnungsverfahren (mit Hilfe des Fahrzeugaufkommens u.a.).

2. Zum aktuellen Zeitpunkt sind exakte erhobene Daten zu einem Sachverhalt nicht verfügbar, aber man kann aufgrund früherer Erfahrungen von "Default"-Werten ausgehen (z.B. durchschnittliche Niederschlagsmengen in vergleichbaren Gebieten). Ähnlich wie quantitativ operierende Simulationsmodelle sollten wissensbasierte Systeme für umweltplanerische Aufgaben es gestatten, auf der Grundlage verschiedener - eher qualitativ spezifizierter - Annahmen Beurteilungen hypothetisch herzuleiten, die unterschiedlichen Ergebnisse zu vergleichen und so neue Lösungen zu entdecken.

> **Beispiele:** Vergleich mehrerer Standortvarianten für ein industrielles Bauvorhaben, unterschiedlicher Trassen für Verkehrswege oder verschiedener Techniken zur Emissionsminderung

In diesem Fall sind somit Techniken des "Default-Reasoning" oder des Schlußfolgerns in unterschiedlichen Welten (s. /Ginsbe87/) einzusetzen. Eine Begründung für Lösungsvorschläge, die auf der Basis von Annahmen generiert wurden, muß solche hypothetischen Grundlagen klarstellen, um den BenutzerInnen eine fundierte Abwägung zu ermöglichen.

3. Um die Erhebung detaillierter Daten bei einer UVP so weit wie möglich auf relevante bzw. problematische Untersuchungsbereiche einzugrenzen, versucht man zunächst, auf einer abstrakteren Ebene zu Aussagen zu gelangen. Auf dieser Ebene reichen in der Regel bereits ungenaue Informationen für eine grobe Einschätzung aus. Erst wenn keine Beurteilung mehr möglich ist oder die hergeleiteten Aussagen untermauert werden sollen, werden weitere Informationen eingeholt. Da aus dem neuen Wissen eine Revision der bisherigen Schlußfolgerungen resultieren kann, sind weitergehende nichtmonotone Inferenztechniken - über das Schließen mit Default-Werten hinaus - erforderlich[1].

> **Beispiel:** Zur Beurteilung der Schwermetallbelastung eines ehemaligen Deponiegeländes nimmt man zunächst anhand von Merkmalen der Deponie einen Gesamtbelastungswert an, ohne Messungen für einzelne Stoffe durchzuführen.

---

[1] Eine zusätzliche Differenzierung innerhalb der Abstraktionsebenen läßt sich erzielen, wenn man etwa die Bedeutung der einzelnen Detailinformationen hinsichtlich der sie generalisierenden nächsthöheren Abstraktionsstufe bewertet und mit in den Inferenzprozeß einbezieht (z.B. hohe Wertzuweisung für einzelne, für die Gesamtbelastung "wichtige" Schwermetalle).

Wie die Analyse der verschiedenen Fälle unvollständigen Basiswissens belegt, gewinnt die Einführung von Abstraktionshierarchien und ihre Berücksichtigung in einem nichtmonotonen Inferenzmechanismus besondere Relevanz. Das folgende Kapitel zeigt daher auf, welche Strukturierungskonzepte sich für den Einsatz im Anwendungsgebiet Umweltplanung eignen und zu einem beratenden planungsunterstützenden System integrieren lassen.

4. Strukturierung in wissensbasierten Umweltplanungssystemen

4.1 Objekte und Relationen

Strukturierung in wissensbasierten Systemen betrifft zunächst die Ebene einzelner Objekte bzw. Objektklassen. Die Forderung, Objekte möglichst "realitätsnah", d.h. aus der Sicht des jeweiligen Anwendungsbereiches, zu repräsentieren, impliziert die Entwicklung eines Darstellungskonzeptes für strukturierte, aus Teilobjekten zusammengesetzte Objekte. Dieses Ziel, die "semantische Lücke" zwischen dem abgebildeten Weltausschnitt und der Modellierung zu schließen, bildet auch den Ausgangspunkt der Diskussion um semantische, objektorientierte Datenmodelle in der Datenbankforschung /Dittri86/. Man postuliert hier, daß ein Betrachtungsgegenstand des Anwendungsbereiches nicht auf verschiedene Objekte des Modells verteilt, sondern direkt auf ein Objekt abgebildet wird.[1] In umweltplanerischen Anwendungen wie UVP hat man Objekte typischerweise als Aggregation von Subobjekten zu betrachten. So setzt sich etwa die Darstellung des von einem geplanten Vorhaben betroffenen Gebietes aus den Beschreibungen einzelner Umweltwirkungsbereiche zusammen: Boden, Wasser, Luft, Flora/ Fauna, etc. Die Bodenbeschreibung wiederum besteht aus der (z.T. ebenfalls strukturierten) Kennzeichnung der Bodenarten, der Bodenverfügbarkeit, -verunreinigung u.a.[2]

Ein wesentliches Problem bei der Repräsentation komplex strukturierter Objekte ergibt sich durch die Notwendigkeit, die Einhaltung strukturbezogener, semantischer Konsistenzbedingungen - etwa hinsichtlich abhängiger Subobjekte oder inverser Relationen - sicherzustellen. Framebasierte Repräsentationsformalismen erlauben zwar durch die explizite Definition von Objektklassen als potentielle Slotwerte in kanonischer Weise eine Abbildung von Relationen wie Aggregationsbeziehungen, überlassen jedoch in den meisten Fällen die Konsistenzsicherung der Anwendungsebene (s. auch /Lockem89/, /Twine88/). Erweiterungen des framebasierten Ansatzes wie in /Reimer89/ beziehen solche strukturbezogenen Constraints in das Repräsentationsmodell mit ein.

Framebasierte Wissensrepräsentationsmodelle unterstützen insbesondere die Darstellung und Anwendung von Taxonomien, also von Abstraktionshierarchien im Sinne einer Spezialisierungsbeziehung zwischen

---

[1] Die Einführung von Konstruktoren für komplexe Objekte (wie Mengen-, Listenkonstruktoren, Rekursion) und von Abstraktionskonzepten (Generalisierung, Aggregation, Assoziation) kennzeichnet u.a. diese Entwicklungsrichtung. Vgl. zur Übersicht auch /HulKin87/.

[2] Weitere Beispiele sowie eine genauere Charakterisierung der Objekte einer UVP finden sich in /Baumew88/ und in der (ebenfalls in enger Kooperation mit der Stadt Dortmund entstandenen) Diplomarbeit /Höneko89/.

Objektklassen, die auch im Anwendungsgebiet UVP ein gebräuchliches Hilfsmittel zur Strukturierung des Fachwissens bilden (Beispiele: Klassifikationen für Vorhabenstypen, Nutzungsarten, Schadstoffe). Über die Repräsentation von Spezialisierungsbeziehungen hinaus erlauben solche Modelle (wie in KRL /BobWin77/, KEE /FikKeh85/ u.a.) durch die Integration von Vererbungskonzepten und das damit verbundenen Default-Reasoning die Behandlung unvollständigen Faktenwissens in den Fällen, in denen Annahmen über "übliche" bzw. "typische" Werte getroffen werden können (s.im Kap.3: Fall 2). Ein um Aspekte der Repräsentation von Relationen und Konsistenzsicherung erweitertes framebasiertes Wissensrepräsentationsmodell erscheint somit geeignet, einerseits die "semantische Lücke" gering zu halten, andererseits aber auch - angesichts der vielfältigen semantischen Beziehungen zwischen Objekten der Umweltplanung - zur Generierung verständlicher und überschaubarer Erklärungen über die vom System vorgeschlagenen Problemlösungen beizutragen.

4.2 Strukturierung der Wissensbasis nach Kontexten

Als weiteres Strukturierungskonzept läßt sich die Unterteilung der gesamten Wissensbasis in inhaltlich abgegrenzte Teilmengen für die Offenlegung des Problemlösungsprozesses sinnvoll einsetzen. Dieses bereits in frühen KI-Systemen vorgeschlagene Konzept (vgl. z.B. R1 /MacDer82/, Blackboard-Ansätze /Hayes85/) erweist sich im fachübergreifenden Anwendungsbereich UVP als nützliches Instrument zur Reduktion des Suchraumes und somit zur Effizienzsteigerung bei der Problemlösung. Eine Zuordnung von Teilen der Wissensbasis, d.h. in erster Linie des Problemlösungswissens (z.B. in Form von Regeln), zu speziellen thematischen Kontexten ist zudem direkt aus der Vorgehensweise von Fachexperten ableitbar, die sich bei der Beurteilung eines Vorhabens an den verschiedenen Umweltwirkungsbereichen (Boden, Luft, Wasser, etc.) orientieren. Ein großer Teil des Inferenzprozesses kann dadurch auf einzelne überschaubare Teil-Wissensbasen beschränkt werden. Darüber hinaus erleichtert eine derartige Gliederung bei einer Modifikation der Wissensbasis die Überprüfung solcher anwendungsspezifischer Konsistenzbedingungen, die nur eine (oder wenige) der Teilmengen betreffen. Sie dient somit zugleich einer Verbesserung des Wissensakquisitionsprozesses.

4.3 Abstraktionsstruktur und Inferenzen

Neben der Strukturierung der Objekte und der Aufteilung der Wissensbasis nach Kontexten kommt der Berücksichtigung von Abstraktionsebenen im Problemlösungsprozeß besondere Bedeutung zu, wenn man auf die Entwicklung wissensbasierter Systeme mit beratender Funktion für Umweltplanungsaufgaben abzielt. Während für Objektklassen Abstraktionshierarchien als ein übliches Strukturierungsprinzip zu betrachten sind, wurde für die Repräsentation von Problemlösungswissen (z.B. Regeln) die explizite Darstellung von Abstraktionen bisher selten versucht. Wie die Skizzierung in Kap. 2 zeigt, zeichnet sich die Vorgehensweise von PlanerInnen bei der UVP jedoch gerade dadurch aus, daß man von einer allgemeinen, groben Problemeinordnung und Lösungsklassifizierung auf relativ abstrakter Ebene ausgeht und erst im Verlauf des Planungsprozesses gezielt zu einer detaillierteren Betrachtung übergeht. Um dieses Vorgehen einerseits geeignet zu modellieren, andererseits aber auch durch das wissensbasierte beratende System adäquat zu unterstützen, erscheint es sinnvoll, einen erweiterten Inferenzbegriff zugrundezulegen, der verschiedene Abstraktionsstufen für das Problemlösungswissen einbezieht. Einen derartigen Ansatz stellt /Kalins89/ vor. Mit der Strukturierung der Wissensbasis ist hier nicht die Einführung von Meta-Regeln zur Steuerung des Inferenzprozesses gemeint. Das - umweltplanerische - Problemlösungswissen selbst wird vielmehr unterschiedlichen Niveaus zugeordnet, auf denen jeweils Schlußfolgerungen eigenständig durchgeführt werden. Der erweiterte Inferenzbegriff erlaubt dazu die Einführung eines auf die jeweils aktuelle Ebene bezogenen "Vorbehalts" oder einer expliziten Bedingung, daß für eine sichere Schlußfolgerung Wissen auf einer spezielleren Ebene heranzuziehen ist.

Das Problem der potentiellen Unvollständigkeit der Wissensbasis wird dadurch abgeschwächt, daß zwar durch Unvollständigkeiten auf Ebenen spezielleren Wissens eine Lösung dort nicht gefunden wird, aber bei abstrakterer Problembetrachtung, d.h. auf übergeordnetem Niveau eine Tendenz zu dieser Lösung oder einer sie umfassenden Klasse von Lösungen zu erkennen ist. Werden im Laufe des Inferenzprozesses verschiedene Lösungen generiert, so interessiert aus der Sicht der UVP weniger eine Aufhebung von Inkonsistenzen zugunsten einer ausgezeichneten Lösung (wie etwa bei einem ATMS /DeKlee86/). Weil es in der Regel keine eindeutig beste Entscheidung gibt, ist vielmehr eine Abwägung verschiedener Alternativen mit den jeweils resultierenden Konsequenzen im Hinblick auf eine "akzeptable" Lösung notwendig. Somit hat man Inkonsistenzen nicht als Fehlerfall zu bewerten, sondern als Anstoß dazu, verschiedene Lösungswege (unter Berücksichtigung differierender Annahmen, Rahmenbedigungen, Zielsetzungen) zu analysieren. Nur durch solche vergleichenden Bewertungen ist vielfach überhaupt eine Reduktion der Unsicherheit von Entscheidungen im Rahmen einer UVP zu erreichen (vgl./DeJong88/). Der für ein wissensbasiertes Umweltplanungssystem zugrundezulegende Inferenzbegriff schließt somit die Fähigkeit des "defeasible reasoning", des Schlußfolgerns unter Vorbehalt, des Zurückstellens von auf Ebenen spezielleren Wissens noch zu fällenden Entscheidungen mit ein sowie darüber hinaus eine Erweiterung der Behandlung von Inkonsistenzen. (Die Formalisierung dieses Ansatzes ist ausführlich in /Kalins89/ dargelegt.)

Die voranstehenden Überlegungen zur Strukturierung in wissensbasierten Systemen für die Umweltplanung führen zu einer Gliederung der Wissensbasis in drei Dimensionen (s.Abb. 2):

1. Strukturierung der Objekte (Aggregation)
2. Strukturierung der Wissensbasis nach Kontexten (vertikale Partitionierung)[1]
3. Strukturierung der Wissensbasis in Abstraktionsebenen (horizontale Partitionierung).

---

[1] Der Begriff Partitionierung wird hier vereinfachend verwendet. Die Teil-Wissensbasen müssen nicht notwendig disjunkt sein.

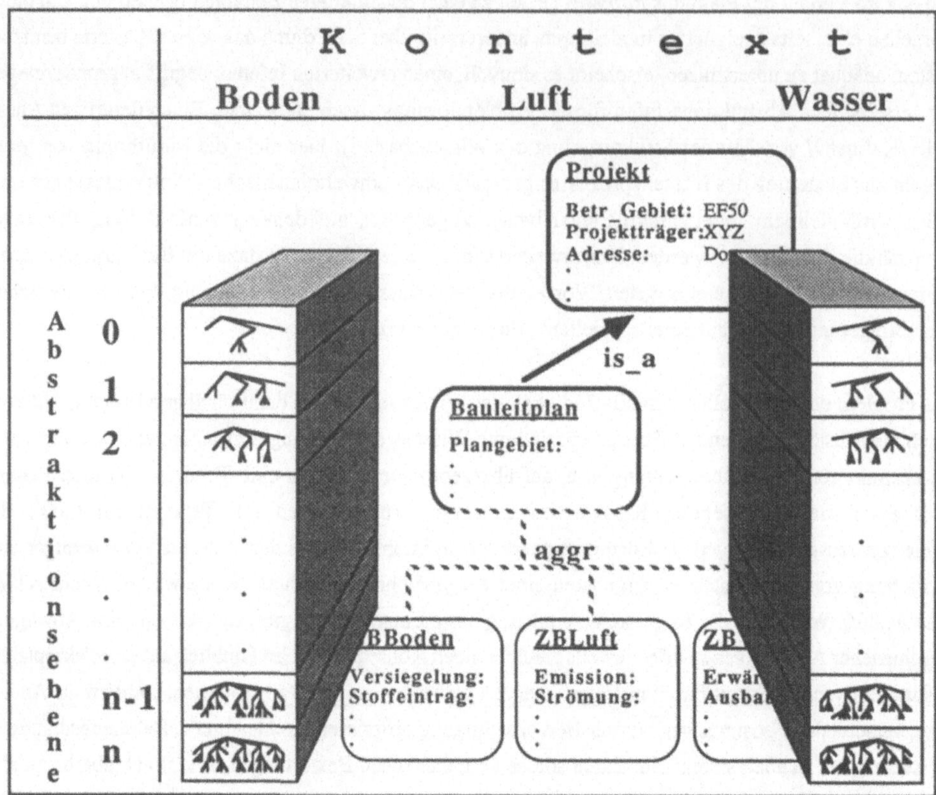

Abb.2: Strukturierungsarten in wissensbasierten Umweltplanungssystemen

Während die Methoden 1 und 2 Fragen der Wissensrepräsentation betreffen, impliziert die dritte Methode eine Modifikation des Folgerungsbegriffs im dargestellten Sinne. Durch Ausnutzung dieser dreifachen Strukturierung für den Inferenzprozeß selbst ebenso wie für die Erklärung der Problemlösung lassen sich wissensbasierte Systeme entwickeln, die eine beratende Funktion für PlanerInnen übernehmen. Eine spezielle Erklärungskomponente, die auf strukturelles Wissen in allen drei Dimensionen zugreift, kann nicht nur den Weg eines Lösungsprozesses nachzeichnen, sondern sie liefert Informationen über

- die bei einem Schritt gewählte Detaillierungsstufe,
- den Übergang zu einer anderen Abstraktionsebene,
- die Revision bereits hergeleiteter Beurteilungen,
- die getroffenen Annahmen,
- den thematischen Kontext oder
- die betrachteten Objekte und deren Beziehungen.

Auf der Basis derartiger fundierter Aussagen lassen sich die vom System gebotenen Vorschläge angemessen beurteilen und Entscheidungen treffen. Die geplante prototypische Implementierung der in diesem Beitrag vorgestellten Konzepte wird eine kritische Evaluierung dieses Ansatzes - insbesondere aus der Perspektive der Anwendung Umweltplanung - ermöglichen.

Literatur

/Alonso89/   Alonso, P.A. Greechie: Environmentalism and Land-Use Planning
PhD Thesis, University of Melbourne, 1985, UMI Dissertation Information Service, Ann Arbor, 1989

/Baumew88/   Baumewerd-Ahlmann, A.: Moderne Datenbanken und wissensbasierte Systeme für die Umweltverträglichkeitsprüfung, in: Valk, R. (Ed.), GI - 18.Jahrestagung: Vernetzte und komplexe Informatik-Systeme, Proceedings,
Hamburg, Okt. 1988, Springer-Verlag, Berlin etc. 1988, Vol. 1, pp. 216-229

/BobWin77/   Bobrow, D.G./ Winograd, T.: An Overview of KRL. A Knowledge Representation Language
Cogn. Science, Vol. 1, No.1, 1977, pp. 3-46

/CooAlt84/   Coombs, M./ Alty, J.: Expert Systems: An Alternative Paradigm
Internat. Journal of Man Machine Studies, Vol. 20, 1984, pp. 21-43

/DeJong88/   De Jongh, P.: Uncertainty in Environmental Impact Assessment, in: Wathern, P. (Ed.) Environmental Impact
Assessment. Theory and Practice Unwin Hyman, London/ Boston/ Sydney/ Wellington, 1988, pp. 62-84

/DeKlee86/   De Kleer, J.: An Assumption-Based TMS, Artificial Intelligence, Vol. 28, 1986, pp. 127-162

/Dittri86/   Dittrich, K.: Object-Oriented Database Systems: The Notion and the Issues
in: Dittrich, K./ Dayal, U. (Eds.), Internat. Workshop on Object-Oriented Database Systems 1986, Proceedings,
Pacific Grove (CA), Sept. 1986, IEEE Computer Society Press, New York, 1987, pp. 2-4

/FikKeh85/   Fikes, R./ Kehler, T.: The Role of Frame-Based Representation in Reasoning
CACM, Vol. 28, No. 9, 1985, pp. 904-920

/Ginsbe87/   Ginsberg, M.L. (Ed.): Readings in Nonmonotonic Reasoning, Morgan Kaufmann, Los Altos (CA), 1987

/Hayes85/   Hayes-Roth, B.: A Blackboard Architecture for Control, Artificial Intelligence, Vol. 26, 1985, pp. 251-321

/HdUVP88/   Storm, P.-Ch./ Bunge, Th. (Ed.): Handbuch der Umweltverträglichkeitsprüfung (HdUVP)
Erich Schmidt Verlag, 1988

/Hertzb89/   Planen. Einführung in die Planerstellungsmethoden der Künstlichen Intelligenz, BI-Verlag, Zürich 1989

/Höneko89/   Hönekopp, A.: Konzeption und Implementierung eines Expertensystemprototyps zur Unterstützung der
kommunalen UVP - am Beispiel der Bauleitplanung, Diplomarbeit, Universität Dortmund, 1989

/HulKin87/   Hull, R./ King, R.: Semantic Database Modelling: Survey, Applications and Research Issues
ACM Computing Surveys, Vol. 19, No.3, Sept. 1987, pp. 201-260

/Kalins89/   Kalinski, J.: Autoepistemic Structures (in Vorbereitung)

/Lockem89/   Lockemann, P.C.: Object-Oriented Information Management
Decision Support Systems, Vol. 5, 1989, pp. 79-102

/MacDer82/   McDermott, J.: R1: A Rule-Based Configurer of Computer Systems
Artificial Intelligence, Vol. 19, 1982, pp. 39-88

/Pietsch83/   Pietsch, J.: Bewertungssystem für Umwelteinflüsse
Deutscher Gemeindeverlag/ Verlag W. Kohlhammer, Köln etc., 1983

/Reimer89/   Reimer, U.: FRM: Ein Frame-Repräsentationsmodell und seine formale Semantik. Zur Integration von
Datenbank- und Wissensbankansätzen, Springer-Verlag, Berlin etc., 1989

/Twine88/   Twine, St.: Representing Facts in KEE's Frame Language
in: Proc. of the IFIP WG 2.6/ WG 8.1 Working Conf. on The Role of Artificial Intelligence in Databases and
Information Systems, Guangzhou, China, July 4-8, 1988, pp. 288-331

/WicSla89/   Wick, M.R./ Slagle, J.R.: An Explanation Facility for Today's Expert Systems
IEEE Expert, Spring 1989, pp. 26-36

/Yen89/   Yen, J.: Gertis: A Dempster-Shafer Approach to Diagnosing Hierarchical Hypotheses
CACM, Vol. 32, No. 5,1989, pp. 573-585

WISSENSBASIERTE ANSÄTZE ZUR UNTERSTÜTZUNG DER MODELLBILDUNG UND SIMULATION IM UMWELTBEREICH

Andreas Häuslein
Fachbereich Informatik, Universität Hamburg
Schlüterstr. 70, 2000 Hamburg 13

Zusammenfassung

Die praktische Durchführung von Simulationsstudien im Umweltbereich wird durch eine Vielzahl von Schwierigkeiten behindert. Während ein Teil dieser Schwierigkeiten durch spezielle Qualifikationsdefizite bei den beteiligten Wissenschaftlern verursacht wird, ist auch die mangelnde Ausdrucksfähigkeit der Simulationsmodelle ein Grund für Behinderungen der Modellbildung und Simulation. Da konventionelle Methoden zur Beseitigung dieser Schwierigkeiten einen wichtigen aber doch nur begrenzten Beitrag leisten können, stellt sich die Frage nach der Leistungsfähigkeit von wissensbasierten Ansätzen. Sowohl aus der theoretischen Perspektive als auch aufgrund der Erfahrungen mit ersten prototypischen Realisierungen haben die wissensbasierten Ansätze für die Unterstützung der Modellbildung und Simulation im Umweltbereich große Bedeutung.

1. Schwierigkeiten der Modellbildung und Simulation im Umweltbereich

Die Untersuchung von Systemen, in denen alle relevanten Komponenten der Umwelt mit ihren Abhängigkeiten und Wirkungsbeziehungen zusammengefaßt sind, spielt im Umweltbereich eine zentrale Rolle. Das methodische Instrumentarium der Modellbildung und Simulation stellt hierfür eine Fülle von Hilfsmitteln bereit. Aus der abstrakt/theoretischen Perspektive hat das Verfahren der Modellbildung und Simulation damit auch im Umweltbereich eine sehr große Bedeutung. Dagegen wird die Anzahl und der Umfang *praktisch* durchgeführter Simulationsstudien der großen theoretischen Bedeutung des Verfahrens nicht gerecht. Die Diskrepanz zwischen theoretischer Bedeutung und praktischer Anwendung wird durch Schwierigkeiten verursacht, die mit dem Einsatz der Modellbildung und Simulation verbunden sind.

Ein zentrales Problem, das die Durchführung von Simulationsstudien im Umweltbereich behindert, ist **der große Aufwand, den das Verfahren der Modellbildung und Simulation mit sich bringt.** Dieser Aufwand, der sich konkret in einem erheblichen Bedarf an Zeit, Geld, Geräten und besonders qualifiziertem Personal äußert, ist in vielen anderen Anwendungsgebieten der Modellbildung und Simulation akzeptabel. Dort kann er als Investition betrachtet werden, die in der Zukunft materielle Vorteile erwarten läßt (z.B. bei der Simulation von Fertigungsvorgängen). Für Institutionen, die sich mit Problemstellungen im Umweltbereich befassen, ist der Aufwand dagegen oft zu hoch, da er vollständig mit den vorhandenen, meist ohnehin knappen Mitteln abgedeckt werden muß.

Dieser Aufwand kann unterschiedliche Ursachen haben, von denen einige im Umweltbereich besonders häufig und ausgeprägt anzutreffen sind. Eine wichtige Ursache ist die **unzureichende Qualifikation der Personen**, die eine Simulationsstudie durchführen wollen. Es handelt sich meist um Wissenschaftler eines speziellen Fachgebietes, denen auf verschiedenen anderen Gebieten die Kenntnisse, die zu einer erfolgversprechenden Durchführung der Modellbildung und Simulation notwendig sind, fehlen. Da sie oft DV-Laien sind, können **schon bei der Benutzung des einzusetzenden DV-Instrumentariums Schwierigkeiten auftreten.** Wesentlich schwerwiegender ist jedoch der häufig anzutreffende **Mangel an Kenntnissen in der Methodik der Modellbildung und Simulation,** da nur bei einer methodisch einwandfreien Durchführung einer Simulationsstudie die Aussagekraft der Ergebnisse gewährleistet ist. Die Beseitigung derartiger Qualifikationsdefizite verursacht einen hohen Aufwand. SHANNON schätzt beispielsweise den Zeitbedarf für eine Ausbildung, die nur die grundlegenden methodischen Kenntnisse aus dem Bereich der Modellbildung und Simulation vermittelt, mit über einem Jahr ab (vgl. [SHANNON et al. 85]).

Ein besonderes Charakteristikum im Umweltbereich ist die **Interdisziplinarität der Problemstellungen.** Meist sind mehrere Fachrichtungen betroffen, so daß ein einzelner Wissenschaftler nicht alle relevanten fachlichen Aspekte gleichermaßen kompetent modellieren kann. Entweder muß er sich die notwendige Kompetenz aneignen oder die Simulationsstudie muß von einem interdisziplinär zusammengesetzten Team von Wissenschaftlern durchgeführt werden. Beides wird aufgrund des hohen Aufwandes nur in Ausnahmefällen möglich sein.

Die bisher genannten Ursachen hängen im wesentlichen mit der Schaffung der personellen Voraussetzungen für die erfolgreiche Durchführung einer Simulationsstudie zusammen. Aber auch die Durchführung selbst ist sehr aufwendig. Bis Ergebnisse im Sinne der zu untersuchenden Fragestellung erzielt werden können, ist ein langwieriger, z.T. iterativer Prozeß mit zahlreichen Phasen zu durchlaufen. Dies nimmt nicht nur viel Zeit in Anspruch, sondern bindet dabei auch noch erhebliche personelle und materielle Resourcen.

Der Aufwand mit seinen unterschiedlichen Ursachen ist jedoch nur eines der Probleme, die die Modellbildung und Simulation im Umweltbereich behindern. Weitere Probleme entstehen durch einige Defizite im methodischen Bereich der Modellbildung und Simulation. Die meisten dieser Probleme lassen sich auf Begrenzungen in der **Ausdrucksfähigkeit von Simulationsmodellen** zurückführen. So ist der Erkenntnisstand der Einzelwissenschaften, die bei Problemstellungen im Umweltbereich betroffen sind, z.T. nicht geeignet, um eine formale, mathematisch/numerisch exakte Beschreibung der Systeme zu erstellen. Da dies aber der methodische Kern der Erstellung von Simulationsmodellen ist, kann das gesamte methodische Instrumentarium in solchen Fällen nicht genutzt werden. Es besteht eine **Diskrepanz zwischen dem Kenntnisstand der betroffenen Fachwissenschaften einerseits und den methodischen Möglichkeiten der Modellbildung und Simulation andererseits.** Viele wissenschaftliche Erkenntnisse können in den Modellen nicht berücksichtigt werden, da sie sich nicht auf angemessene Weise in eine mathematische Formulierung umsetzen lassen. Dies betrifft insbesondere alle qualitativen Aspekte, die gerade in der natürlichen Umwelt eine wichtige Rolle spielen (vgl. [TISCHLER 84]). Auch die Formulierung von Modellen für Systeme mit variabler Struktur, wie sie beispielsweise bei der Untersuchung natürlicher Sukzessionen in Ökosystemen von Bedeutung sind (vgl. [TISCHLER 84]), wird durch das methodische Instrumentarium bisher kaum unterstützt.

Die begrenzte Ausdruckfähigkeit der Simulationsmodelle trägt auch zur **mangelnden Transparenz der Modelle** bei (vgl. [HÄUSLEIN/HILTY 88]). Vieles, was die Gestaltung des Modells beeinflußt, wie beispielsweise die vereinfachenden und hypothetischen Annahmen, ist nur *implizit* im fertigen Modell enthalten. Gerade die Umweltmodelle müssen oftmals zu einem relativ großen Teil auf Hypothesen basieren und aufgrund der Komplexität der zu untersuchenden Systeme viele vereinfachende Annahmen enthalten. Diese impliziten Modellbestandteile sind weder direkt sichtbar, noch können sie auf irgendeine Weise wieder aus dem Modell hergeleitet werden; das Modell ist intransparent. Mit den gebräuchlichen Formalismen zur Modellformulierung besteht prinzipiell keine Möglichkeit, derartige Informationen *explizit* im Modell darzustellen. Die klare Identifizierung der Modellinhalte wird weiter erschwert, weil in den Modellen eine Vermengung von Modellstrukturen und Kontrollstrukturen zu Zwecken der Verarbeitung zu beobachten ist (vgl. [KLAHR/FAUGHT 80]). Durch eine ausführliche, zusätzlich zum Modell zu erstellende Dokumentation können diese Mängel nur zum Teil ausgeglichen werden. Gerade im Umweltbereich sind besonders hohe Anforderungen an die Transparenz der Modelle zu stellen. Da die Ergebnisse, die mit diesen Modellen erzielt werden, von wissenschaftlichem und vielfach auch von öffentlichem Interesse sind, müssen die Modelle diskutierbar und kritisierbar sein. Dies ist bei intransparenten Modellen nicht gegeben.

Die Intransparenz der Modelle ist auch ein Grund für die **mangelnde Wiederverwendbarkeit der Modelle.** Neben inhaltlichen Fragen ist die Voraussetzung für die wiederholte Verwendung eines Modells, daß eine Person, die das Modell nicht erstellt hat, das Modell dennoch mit angemessenem Aufwand verstehen kann. Zur Zeit erscheint es jedoch oft weniger aufwendig, ein neues Modell zu erstellen als ein vorhandenes zu verstehen. Neben dem zusätzlichen Aufwand, der hierdurch entsteht, wird die übliche wissenschaftliche Vorgehensweise, auf Ergebnissen anderer Wissenschaftler aufzubauen, erheblich erschwert.

2. Unterstützung der Modellbildung und Simulation durch konventionelle Informatik-Methoden

In der Vergangenheit ist bereits eine Reihe von Konzepten zur Unterstützung der Modellbildung und Simulation entwickelt worden. Diese Konzepte beruhen auf Informatik-Methoden, die in Abgrenzung zu "wissensbasierten" Methoden hier mit dem Begriff "konventionell" bezeichnet werden. Sie sind meist ganz darauf ausgerichtet, **die Benutzung des DV-Instrumentariums zu erleichtern,** das für die Durchführung der Berechnungen bei Simulationsexperimenten unverzichtbar ist.

Dies gilt beispielsweise für die **Simulationssprachen,** die vor allem die Implementation der Simulationsmodelle auf dem Rechner vereinfachen. Sie stellen für diesen Zweck simulationsspezifische, z.T. sogar anwendungsspezifische Sprachkonstrukte bereit, die eine problemlose Übertragung der konzeptuellen Modelle in ausführbare Computer-Modelle gewährleisten sollen. Auch die Gestaltung **komfortabler, problemorientierter Benutzeroberflächen** unter Einsatz von graphischen Darstellungsmitteln und interaktiven Techniken dient primär dem Ziel einer verbesserten Benutzbarkeit des DV-Instrumentariums.

Die konventionellen Konzepte für **Simulationssysteme** gehen jedoch über diesen Ansatz der Unterstützung hinaus. Sie nutzen den Rechner auch für eine inhaltlich erweiterte Funktionalität. Beispielsweise gestatten sie, alle Arten von Daten, die im Rahmen einer Simulationsstudie anfallen (hierzu sind auch die Modelle selbst zu zählen), komfortabel zu verwalten und zu nutzen. Dies trägt, ebenso wie die Erleichterung der Benutzung des DV-Instrumentariums, insbesondere zur **Reduzierung des Aufwands bei der Durchführung von Simulationsstudien** bei.

Auch wenn die Möglichkeiten einer konventionellen Unterstützung der Modellbildung und Simulation generell bei weitem noch nicht ausgeschöpft sind, gibt es eine Reihe von Problemen, die für eine Lösung durch konventionelle Methoden prinzipiell nicht geeignet erscheinen. Aus der Sicht von KLAHR (vgl. [KLAHR/FAUGHT 80]) sind die folgenden Probleme für konventionelle Simulatoren charakteristisch:

- **Probleme der Verständlichkeit**, z.B. durch versteckte Annahmen und begrenzte Ausdrucksfähigkeit

- **Probleme der Modifizierbarkeit**, Verhaltensregeln im Programmcode versteckt

- **Probleme der Glaubwürdigkeit**, aufgrund von minimaler Erklärungsfähigkeit der Modelle

- **Probleme der Effizienz**, bezogen auf den Gesamtprozeß, der neben den Simulationsläufen die Erstellung der Modelle auf der einen und die Interpretation der Ergebnisse auf der anderen Seite umfaßt.

Unabhängig vom Anwendungsbereich waren diese Probleme der Ausgangspunkt für Überlegungen, die Unterstützung der Modellbildung und Simulation durch Einbeziehung von Methoden der Künstlichen Intelligenz zu verbessern.

3. Wissensbasierte Ansätze zur Unterstützung der Modellbildung und Simulation

3.1 Allgemeine Aspekte

Wissensbasierte Ansätze zur Unterstützung der Modellbildung und Simulation beinhalten im wesentlichen eine Anreicherung der Methoden der Modellbildung und Simulation durch Methoden der Künstlichen Intelligenz. Über die generellen Möglichkeiten und Perspektiven einer Verbindung der beiden Bereiche existieren bereits eine Vielzahl von Veröffentlichungen. Konkretisierungen und Realisierungen bestehen vor allem für die diskrete, ereignisorientierte Simulation. Als Anwendungsgebiet steht dabei der industrielle Bereich im Vordergrund. Für die Anwendung im Umweltbereich gibt es erst einzelne Realisierungsansätze einer derartigen Verbindung. So geht es jetzt darum, die sich bietenden Möglichkeiten umfassend zu sichten und zu bewerten, um die geeigneten Ansätze in die Konzeption eines Modellbildungs- und Simulationssystems für den Umweltbereich einzubeziehen.

Damit alle Möglichkeiten, die für die Anwendung von Methoden der Künstlichen Intelligenz bestehen, erkennbar werden, wird die folgende allgemeine Betrachtungsweise der Modellbildung und Simulation als Ausgangspunkt zugrundegelegt:

Modellbildung und Simulation als Vorgang der Verarbeitung von Wissen

Die Ansätze zur Unterstützung, die sich unter dieser Perspektive abzeichnen, können jeweils einer der beiden folgenden Kategorien zugeordnet werden:

- **Bereitstellung von Wissen**, das dem einzelnen Modellierer bei der Durchführung der Simulationsstudie fehlt, das generell jedoch verfügbar ist.

- **Adäquate Verarbeitung von Wissen**, das der einzelne Modellierer hat und in ein Modell einbringen möchte, um neue Erkenntnisse daraus abzuleiten.

3.2 Bereitstellung von Wissen

Das Teilgebiet der Künstlichen Intelligenz, das sich mit der Bereitstellung von (Experten-) Wissen für andere Nutzer befaßt, ist unter dem Begriff "Expertensystemtechnik" zusammengefaßt. Ein Ansatz, die Unterstützung der Modellbildung und Simulation durch die Anwendung von KI-Methoden zu verbessern, besteht daher in der **Kopplung von Simulationssystemen mit Expertensystemen**. Für die konkrete Gestaltung dieser Kopplung gibt es eine Reihe von Möglichkeiten, die sich durch die Stellung der beiden Systemkonzepte zueinander unterscheiden (vgl. [O'KEEFE 86]).

Es gilt die Frage zu beantworten, welche Probleme bei der Durchführung von Simulationsstudien entstehen, die mit zusätzlichem Wissen vermieden werden können und für den Einsatz eines Expertensystems geeignet erscheinen. Zwei wichtige Voraussetzungen für den Einsatz von Expertensystemen sind die Eingrenzbarkeit der Problemstellung und des relevanten Wissens sowie die Verfügbarkeit von formalisierbarem Expertenwissen für diesen Bereich (vgl. [PUPPE 88] u. [SHANNON et al. 85]). Die folgende Aufzählung enthält potentielle Aufgabenbereiche für Expertensysteme, in denen diese Voraussetzungen als erfüllt gelten können:

- **Unterstützung bei der Benutzung des DV-Instrumentariums**
- **Unterstützung bei der Auswahl der geeigneten Simulationsmethodik /-sprache**
- **Bereitstellung von speziellen Ausschnitten des Realwelt-Wissens**
- **Unterstützung bei der Auswahl von vorhandenen Modellen aus einer Modellbasis**
- **Methodische Anleitung bei der Modellkonstruktion**
- **Unterstützung bei der Gestaltung von Simulationsexperimenten**
- **Durchführung und Steuerung von Simulationsexperimenten**
- **Analyse von Simulationsergebnissen**

Bei diesen Einsatzmöglichkeiten für Expertensysteme handelt es sich in den meisten Fällen um Beratungsaufgaben, nur bei der Durchführung von Simulationsexperimenten und der Analyse der Simulationsergebnisse ist eine (Teil-)Automatisierung mit Hilfe von Expertensystemen denkbar.

Der hier beschriebene Ansatz zur Unterstützung der Modellbildung und Simulation durch Bereitstellung von Wissen beruht im Kern auf der unveränderten Übernahme der konventionellen Methoden der Modellbildung und Simulation. Zusätzlich wird ein wissensbasiertes Instrumentarium bereitgestellt, um die Tätigkeiten, die im Rahmen der konventionellen Methodik anfallen, zu unterstützen. Es besteht eine klare Trennlinie zwischen konventionellen Verfahren der Modellbildung und Simulation und der wissensbasierten Unterstützung dieser Verfahren.

3.3 Adäquate Verarbeitung von Wissen

Derjenige, der ein System untersuchen und zu diesem Zweck ein Modell des Systems erstellen will, muß als Ausgangsbasis für die Modellerstellung bereits über Kenntnisse in bezug auf das System verfügen. Diese Kenntnisse werden im Rahmen einer Simulationsstudie auch als "A-priori-Wissen" bezeichnet. Bei der Erstellung von Modellen handelt es sich im wesentlichen um eine Abbildung des A-priori-Wissens in ein Modell.

Das zentrale Problem ist, daß die derzeit üblichen Simulationsmodelle keine adäquate Repräsentation des A-priori-Wissens erlauben.

Simulationsmodelle und die Art ihrer Repräsentation sind ganz darauf ausgerichtet, daß die Modelle zur Generierung von numerischem Modellverhalten dienen müssen. Ein Modell ist daher nur die Repräsentation eines Algorithmus, der angibt, wie aus einem Zustand des Modells der folgende ermittelt wird. Da der Zustand der Modelle durch numerische Werte beschrieben wird, besteht der Algorithmus meist aus mathematischen Berechnungsvorschriften, bei kontinuierlichen Modellen handelt es sich beispielsweise meist um Differentialgleichungen. Weil die effiziente Durchführung der numerischen Berechnungen zur Verhaltensgenerierung, die als einzige Form der Verarbeitung der Modelle vorgesehen ist, ganz im Vordergrund steht, wird dieser Algorithmus meist ausschließlich in Form eines Programms formuliert und auf einem Rechner implementiert.

Derartige Simulationsmodelle können keine adäquate Repräsentation des A-priori-Wissens ermöglichen. Durch die völlige Ausrichtung der Repräsentationsform auf einen speziellen Verarbeitungsvorgang, wird der für die Modellerstellung verwendbare Ausschnitt des A-priori-Wissens stark eingeschränkt. Alles, was nicht zur Formulierung des numerischen Algorithmus beitragen kann, muß vernachlässigt werden, da es nicht repräsentierbar ist. Hierdurch wird die Abbildung des A-priori-Wissens in ein Simulationsmodell erheblich erschwert oder ganz unmöglich gemacht. Faßt man die Simulationsmodelle als Form der Wissensrepräsentation im Sinne der KI auf, fehlt ihnen die sogenannte epistemologische Adäquatheit (vgl. [SCHEFE 86]).

Ein Lösungsansatz für dieses Problem liegt in der **Erweiterung des Modellbegriffs,** der die Basis der Modellbildung und Simulation bildet. Ganz allgemein kann ein **Modell als Sammlung von Wissen über einen Problembereich** aufgefaßt werden. Zusätzlich ist zu fordern, daß die Auswahl des Wissens, das in ein Modell aufgenommen wird, im Idealfall ausschließlich von der zu untersuchenden Problemstellung und nicht von einer speziellen Repräsentationsform und Verarbeitungsweise bestimmt wird. Diese Sammlung von Wissen kann genutzt werden, um durch unterschiedliche Arten der Verarbeitung weiteres Wissen daraus abzuleiten. Die Generierung von Modellverhalten ist als wichtigster Spezialfall dieses Ableitungsvorganges aufzufassen.

Um dies zu ermöglichen, müssen eine **geeignete Form der Wissensrepräsentation** und **geeignete Techniken zur Ableitung von weiterem Wissen** gefunden werden. Da sowohl das Repräsentationsproblem als auch das Inferenzproblem zentrale Themen der KI sind, besteht hier ein wichtiger Anwendungsbereich für Methoden der Künstlichen Intelligenz zur Unterstützung der Modellbildung und Simulation.

Im folgenden werden die Grundzüge einer für Modelle geeigneten Wissensrepräsentation skizziert. Aufgrund der vielfältigen Informationen, die in einem Modell repräsentiert werden sollen, ist es erforderlich, eine **hybride Wissensrepräsentation** einzusetzen, die mehrere elementare Formen der Wissensrepräsentation verbindet. Als Grundlage kann eine objekt-orientierte Repräsentation der Modellgrößen dienen. Der primäre Vorzug der objektorientierten Repräsentation besteht im Rahmen der Modellbildung und Simulation in der Möglichkeit zur direkten Abbildung von Objekten des Realsystems in Objekte im Modell. Die objektorientierte Repräsentation unterstützt außerdem die Strukturierung des Wissens in einem Modell durch die explizite Zuordnung zu Objekten.

Die Struktur der einzelnen Objekte wird durch eine objektspezifische Wissensbasis und eine Sammlung von Methoden, die auf dieser Wissensbasis arbeiten, gebildet. In der Wissensbasis sind Attribute des Objekts und ihre Wertebelegungen enthalten. Diese Attribute unterteilen sich in solche zur Beschreibung von festen Eigenschaften des Objekts (zu Dokumentationszwecken) und in solche, die den (variablen) Zustand des Objektes beschreiben, wobei der Gesamtzustand des Objektes explizit auch durch mehrere Attribute beschrieben werden kann. Neben den Attributen enthält die Wissensbasis Wissen über die Ermittlung von Folgezuständen aus einem gegebenen Zustand (in Form von Regeln und Berechnungsvorschriften), Wissen über die Bewertung und die Transformation des Zustandes (z.B. Ableitung von qualitativen Zustandsbeschreibungen aus quantitativen Attributwerten) und Wissen über die Beziehungen des Objektes zu anderen Objekten. Bei den Methoden handelt es sich um (Inferenz-)Verfahren, die auf der objektspezifischen Wissensbasis arbeiten und bei Verarbeitungsvorgängen (s.u.) durch das Objekt selbst, durch andere (Modell-)Objekte, durch das Simulationssystem oder durch den Benutzer angestoßen werden.

Ein Modell besteht aus einer Menge derartiger Objekte. Die Modellstruktur ergibt sich durch Referenzen zwischen den Objekten (z.B. durch das Versenden von Nachrichten). Zusätzlich ist eine modellspezifische Wissensbasis vorzusehen, in der objekt-übergreifendes Wissen (z.B. zu Zwecken der Klassifikation der Modelle oder für Strukturänderungen aufgrund bestimmter Modellzustände) festgehalten ist.

Die Verarbeitung dieser Modelle erfolgt in Form von Inferenzen über den Wissensbasen zur Ableitung von neuen Erkenntnissen. Dabei steht zwar die Ableitung von Modellverhalten weiterhin im Vordergrund, es soll jedoch ganz allgemein die Beantwortung von Fragen mit Hilfe des Modells möglich sein (beispielsweise auch die Erklärung von Verhalten und Aussagen über die Modellstruktur, vgl. [ÖREN 88]).

Der skizzierte Repräsentationsformalismus erleichtert durch seine größere Ausdrucksfähigkeit die Abbildung des A-priori-Wissens in ein Modell. Für die Modellnutzung ergibt sich neben einer größeren Vielfalt der Verarbeitungsmöglichkeiten der Vorteil, daß das Modell in jedem Stadium der Erstellung, also auch bereits vor seiner Fertigstellung (bevor ein vollständiger Algorithmus zur Generierung von numerischem Verhalten formuliert ist) genutzt werden kann. Dies unterstützt in besonderer Weise eine inkrementelle Modellerstellung.

4. Wissensbasierte Unterstützung der Modellbildung und Simulation im Umweltbereich

Um den praktischen Einsatz der Modellbildung und Simulation im Umweltbereich wirksam zu fördern, ist es insbesondere notwendig, Lösungansätze für die in Abschnitt 1 beschriebenen Probleme zu erarbeiten. Hier soll die Frage untersucht werden, ob die Einbeziehung der in Abschnitt 3 beschriebenen wissensbasierten Informatik-Methoden dabei einen zusätzlichen Beitrag leisten können, der über die Möglichkeiten von konventionellen Methoden hinausgeht.

Durch eine Weiterentwicklung des Unterstützungsinstrumentariums mit Hilfe von konventionellen Methoden kann eine weitere Erleichterung der Benutzbarkeit des DV-Instrumentariums und die damit verbundene Reduzierung des Aufwandes erzielt werden. Darüberhinaus ist eine Erweiterung der Funktionalität der Unterstützungssysteme möglich (beispielsweise die Definition von komplexen Simulationsexperimenten und deren automatischer Ablauf), die ebenfalls den Aufwand senken kann (vgl. Abschnitt 2).

In Abschnitt 2 wurde jedoch auch auf Probleme hingewiesen, die für den Einsatz konventioneller Methoden nicht geeignet erscheinen. Wenn man die Probleme der Modellbildung und Simulation im Umweltbereich mit den beiden grundlegenden Ansätzen der wissensbasierten Unterstützung in Beziehung setzt, wird deutlich, daß sowohl der Ansatz, den Modellierer durch die Bereitstellung von zusätzlichen Kenntnissen zu unterstützen als auch der Ansatz, eine adäquate Verarbeitung des A-priori-Wissens zu ermöglichen, zu einer wesentlichen Verminderung der Probleme beitragen kann. Bei näherer Betrachtung zeigen sich jedoch Unterschiede in der Leistungsfähigkeit der beiden Kategorien einerseits und in ihren Realisierungsmöglichkeiten andererseits.

Die einzelnen Ansätze, die in die erste der beiden Kategorien fallen, können jeweils nur zur Lösung von relativ begrenzten Einzelproblemen beitragen (vgl. Abschnitt 3.2). Das schränkt einerseits ihre Leistungsfähigkeit in bezug auf die Unterstützung der Modellbildung und Simulation insgesamt ein, andererseits sind diese Ansätze damit für eine Realisierung besonders geeignet, da nur eine relativ kleine, klar zu definierende Schnittstelle zum übrigen (konventionellen) Unterstützungsinstrumentarium besteht.

Das System ECO (Intelligent Front End for Ecological Modelling) (vgl. [USCHOLD et al. 84]) ist ein gutes Beispiel für diesen Ansatz. Das System besteht aus einer Wissensbasis, einem Dialogsystem und einem Programmgenerator. Die Wissensbasis enthält Wissen über Objekte und Prozesse der Ökologie sowie deren mathematische Beschreibung in Form von Funktionen. Das Dialogsystem erlaubt dem Benutzer, System-Dynamics- Modelle unter Verwendung von Begriffen der Ökologie zu spezifizieren. Durch Zugriffe auf die Wissensbasis kann das System einerseits den ökologischen Sinn der Spezifikation überprüfen und entnimmt ihr andererseits geeignete Funktionen zur Berechnung der spezifizierten Prozesse. Der Programmgenerator übernimmt die Umsetzung der Spezifikation in ein FORTRAN-Programm. Ein weiteres Beispiel ist das System SIMEX (vgl. [BECKER et al. 86]). Das System besteht aus einer Expertensystemkomponente, die Simulationsexperimente mit einem konventionellen Simulationsprogramm durch gezielte Variation der Modellparameter steuert. Ziel ist es dabei, das Modell in einen vorgegeben Zustand zu bringen.

Die Ansätze, die auf eine adäquatere Verarbeitung des Wissens abzielen und damit der zweiten Kategorie zuzuordnen sind, haben für die Modellbildung und Simulation im Umweltbereich besonders große Bedeutung. Im Umweltbereich ist das A-priori-Wissen, das als Ausgangsbasis der Modellerstellung zur Verfügung steht, oft qualitativ, lückenhaft, heuristisch und ungenau. Wie in Abschnitt 3.3 dargelegt wurde, kann erst mit einer Erweiterung des Modellbegriffs auch Wissen dieser Art in den Modellen repräsentiert werden. Desweiteren kann die verbesserte Ausdrucksfähigkeit der Modelle genutzt werden, um durch die explizite Repräsentation von bisher nur implizit in den Modellen enthaltenen Information die Transparenz der Modelle zu verbessern. So wird es möglich, auch alle Hypothesen und vereinfachenden Annahmen, wie sie gerade für Modelle im Umweltbereich typisch sind, sichtbar zu machen. Mit einer größeren Transparenz wird eine wesentliche Anforderung an Umweltmodelle realisiert (vgl. Abschnitt 1).

Die Erweiterung des Modellbegriffs führt jedoch zu wesentlichen Veränderungen im gesamten Instrumentarium der Modellbildung und Simulation, da sie den Kern der Modellbildung und Simulation, das Modell, betrifft. Die Definition von klaren Schnittstellen zu den vorhandenen konventionellen Unterstützungsansätzen und deren weiterer Einsatz ist daher nicht ohne weiteres möglich. Das macht vor einer Realisierung umfangreiche konzeptionelle Überlegungen notwendig. Eine prototypische Realisierung in diesem Bereich wird derzeit von der Forschungsgruppe "Umweltsystemanalyse" an der Gesamthochschule Kassel entwickelt. Unter Verwendung des Expertensystemwerkzeuges KEE wurde ein konventionelles Simulationsmodell in eine objekt-orientierte Repräsentation überführt, wobei Methoden zur Zustandsüberführung und Konsistenzüberprüfung in einer Wissensbasis abgelegt wurden (vgl. [BOSSEL et al. 89]).

Die gesteigerte Ausdrucksfähigkeit der Modelle hat auch Vorteile, die über den Rahmen eines einzelnen Modells hinaus von Bedeutung sind. So führt die gewonnene Transparenz zu einer besseren Wiederverwendbarkeit der Modelle, die nicht nur zu einer Reduzierung des Aufwandes von Simulationsstudien beitragen kann, sondern auch die Voraussetzung für den Aufbau einer Modellbasis von Umweltmodellen schafft. Nur wenn Modelle tatsächlich mehrfach, d.h. in mehreren Simulationsstudien verwendet werden können, ist es auch sinnvoll, diese Modelle in einer Modellbasis verfügbar zu machen. Um die Modellbasis effizient nutzen zu können, ist es erforderlich, den Benutzer bei der Modellauswahl zu unterstützen (vgl. [KETTENIS 86]). Da die Modelle in einer erweiterten, flexibel verarbeitbaren Form vorliegen, ist es möglich, bei der Modellauswahl auch die Modellinhalte selbst mit in den Auswahlvorgang einzubeziehen. Damit ist die Möglichkeit einer Verbindung der beiden Ansätze, Wissen bereitzustellen und Wissen adäquat zu verarbeiten, erkennbar geworden.

Wenn ein Modell das Wissen eines Modellierers über einen Problembereich angemessen wiedergibt und in der Modellbasis auch für andere Modellierer zur Verfügung steht, wird mit dem Modell auch das in ihm festgehaltene Wissen bereitgestellt. Dieser Ansatz kann in bezug auf die Interdisziplinarität der Problemstellungen im Umweltbereich besonders hilfreich sein. Wissenschaftler können Modelle aus der Modellbasis nutzen, um Aspekte aus ihnen fremden Fachgebieten in ihre Modelle einzubeziehen, indem sie die entsprechenden Modelle aus der Modellbasis auswählen und als Teilmodell in ihr Modell integrieren. Mit jedem neuen Modell, das in die Modellbasis eingetragen wird, wächst der Bestand an bereitgestelltem Wissen und das Maß an Unterstützung im Simulationssystem. Unter Ausnutzung der Eigenschaften von objekt- orientierten Ansätzen ist eine noch weitergehende Unterstützung möglich. Statt einer Basis von Einzelmodellen kann in einem Unterstützungssystem eine Hierarchie von Modellklassen bereitgestellt werden. Aus diesen Klassen können unter Ausnutzung der Vererbung andere Klassen gebildet oder einzelne Modelle instanziiert werden. Wenn diese Hierarchie problemorientiert aufgebaut ist (beispielsweise entsprechend der Systematik der Biologie), können die Fachwissenschaftler effizient auf das bereitgestellte Wissen zugreifen. Die Modellerstellung besteht dann im wesentlichen aus der Selektion von geeigneten Modellklassen, ihrer Modifikation unter Ausnutzung der Vererbungsmechanismen und ihrer Instantiierung für ein konkretes Modell.

Zusammenfassend kann man festhalten, daß die Nutzung wissensbasierter Ansätze zur Unterstützung der Modellbildung und Simulation im Umweltbereich eine deutliche Verringerung der bestehenden Schwierigkeiten erwarten läßt.

Literatur

Becker, S., Hille, G., Ramlow, M. (1987): Wissensbasierte Simulation eines Ökosystems. In: Jaeschke, A., Page, B. (Hrsg.): Informatikanwendungen im Umweltbereich, KfK-Bericht 4223, S. 245 - 258, Kernforschungzentrum Karlsruhe

Bossel, H. et al. (1989): Zwischenbericht zur Vorstudie: Expertensystemprototyp im Umweltbereich (ESPU). Forschungsgruppe Umweltsystemanalyse, Gesamthochschule Kassel

Häuslein, A., Hilty, L. M. (1988): Zur Transparenz von Simulationsmodellen. In: Valk, R. (Hrsg.): GI - 18. Jahrestagung, Vernetzte und komplexe Informatik-Systme, Proceedings, Springer-Verlag, Berlin

Kettenis, D. L. (1986): Knowledge-based Model Storage and Retrieval: Problems and Possibilities. In: Elzas, M.S. et al. (Eds.): Modelling and Simulation Methodology in the Artificial Intelligence Era, Elsevier Science Publishers, Amsterdam

Klahr, P., Faught, W. W. (1980): Knowledge-based Simulation. In: Proceedings, First Conference, Stanford, AAAI, S. 181 - 183

Ören, T. I. (1988): Bases for Advanced Simulation: Paradigms for the Future. Technical Report TR-88-26, Computer Science Department, University of Ottawa

O'Keefe, R. (1986): Simulation and Expert Systems - A taxonomy and some examples. In: Simulation 46:1, Jan. 1986, S. 10 - 16, Simulation Councils Inc., San Diego

Puppe, F. (1988): Einführung in Expertensysteme. Springer-Verlag, Berlin

Schefe, P. (1986): Künstliche Intelligenz - Überblick und Grundlagen. Reihe Informatik 53, B.I.-Wissenschaftsverlag, Mannheim, 1986

Shannon, R. E.; Mayer, R.; Adelsberger, H. H. (1985): Expert systems and simulation. In: Simulation Vol. 44, No. 6, June 1985, S. 275 - 284, Simulation Councils Inc.

Tischler, W. (1984): Einführung in die Ökologie. Gustav Fischer Verlag, Stuttgart

Uschold, M. et al. (1984): An Intelligent Front End for Ecological Modelling. In: O'Shea (Ed.): ECAI 84, Proceedings of the sixth European Conference on Artificial Intelligence, Pisa September 5-7 1984, S. 761 - 770, Elsevier Science Publishers B.V.,Amsterdam

Anwendung von KI-Techniken zur
Modellierung und Bewertung eines ökologischen Systems

Lin Uhrmacher Gudrun Lorenz
Umweltsystemanalyse
Gesamthochschule Kassel

1. Ansatz

Ausgehend von in Ökologie und Physiologie vorhandenem Wissen und dort verwendeten Modellvorstellungen wurde ein Darstellungs- und Modellierungskonzept für die Simulation und Bewertung von
ökologischen Modellen entwickelt, das den Anforderungen der Fachdisziplinen entgegenkommen soll.
Dies sind insbesondere Forderungen nach Transparenz, Dokumentation und Integration von qualitativen wie quantitativen Zusammenhängen (Loehle 1987). Da das Entstehen und Absterben einzelner
Individuen für die Entwicklung biologischer und ökologischer Systeme charakteristisch ist, bildete die
Modellierbarkeit dieser Phänomene einen weiteren wichtigen Aspekt in dem Entwurf des Modellie-
rungskonzeptes. Ein ökologisches Modell diente hierbei als Ausgangspunkt und Prüfstein. Das Modell
CROWN wurde auf der Basis eines vorliegenden dynamischen Modells (Bossel/Schäfer 1988), in dem
das Wachstum eines Baumbestandes modelliert ist, entwickelt und um interpretative und bewertende
Aussagen, die auf der Grundlage von Waldschadenshypothesen (Ulrich et.al. 1984) formuliert wurden,
erweitert.
Zur Repräsentation dieses Wissens bewährte sich ein objektorientiertes Modellierungskonzept, in das
modellbasierte Regeln (Koton 1985) integriert wurden. Das Modellierungskonzept wurde in der Exper-
tensystemshell KEE (Intellicorp 1987) implementiert, so daß vorhandene Konzepte der verwendeten
Shell, z.B. die objektorientierte Repräsentation, das Regelsystem und das Assumption Based Truth
Maintenance System von KEE, genutzt werden konnten.

2. Die Modellstruktur von CROWN

Das Modell CROWN umfaßt sowohl Informationen, die der Simulation von physiologischen Prozessen
dienen, als auch Informationen, die eine Bewertung und Interpretation des Modellzustandes unterstützen und integriert sie in einem Modellkonzept. In der Modellstruktur von CROWN sind folgende
Merkmale besonders zu betonen :
- die Zerlegung des Modells nach funktionalen oder morphologischen Gesichtspunkten in Modellkomponenten, die als Objekte repräsentiert sind.
- die Nutzung der Vererbungsmechanismen der objektorientierten Repräsentation für die
  Formulierung und Kategorisierung der Komponenten von CROWN in Hierarchien.
- die Definition der Kommunikationsstruktur zwischen den Modellkomponenten.

2.1 Gliederung von CROWN in Modellkomponenten

Das Modell CROWN besteht aus den Modellkomponenten *Canopy* (Krone), *Leaflayer* (Blattschicht),
Stem (Stamm), *Root* (Feinwurzel), *Tree* (Baum), *Environment* (Umgebung) und *Soil* (Boden). Abgesehen von *Tree*, *Soil* und *Environment* repräsentiert jede von ihnen einen Teil des Baumes mit seinen
charakteristischen Eigenschaften und Funktionen. *Environment* beinhaltet die Umwelteinflüsse, die auf
den Baum einwirken, soweit sie nicht vom Boden ausgehen und damit in *Soil* erfaßt sind. *Tree* faßt
diejenigen Funktionen und Eigenschaften zusammen, die den Gesamtbaum betreffen. Zusätzlich sind
Aussagen, die den Zustand der Komponente interpretieren und bewerten, und die Bewertungscharak-

teristika in den Modellkomponenten lokalisiert.

2.2 Hierarchien in CROWN

Die Modellkomponenten sind in CROWN als Objekte repräsentiert und unter Ausnutzung des Klassenkonzeptes des Objektorientierten Ansatzes (Baumeister et al. 1987) in Hierarchien organisiert, so daß die Kategorisierung des Wissens in Hierarchien (Lakoff 1986) neben der schon angesprochenen Aufteilung des Modells in funktional zusammenhängende Teile, den Wissensbereich weiter strukturieren. Auf oberster Ebene der Hierarchien befinden sich die allgemein für Bäume charakteristischen Eigenschaften. Jede Modellkomponente repräsentiert eine Klasse. Eine Klasse vererbt die Informationen an untergeordnete Klassen, so daß die Modellkomponenten auf der nächstniedrigeren Hierarchiestufe für eine bestimmte Baumart, in unserem Beispiel Fichte, näher spezifiziert werden können. Um einzelne Baumindividuen zu repräsentieren, werden Instanzen der Modellkomponenten erzeugt. Die Taxonomie in der Namensgebung der Modellkomponenten verdeutlicht die Hierarchien.

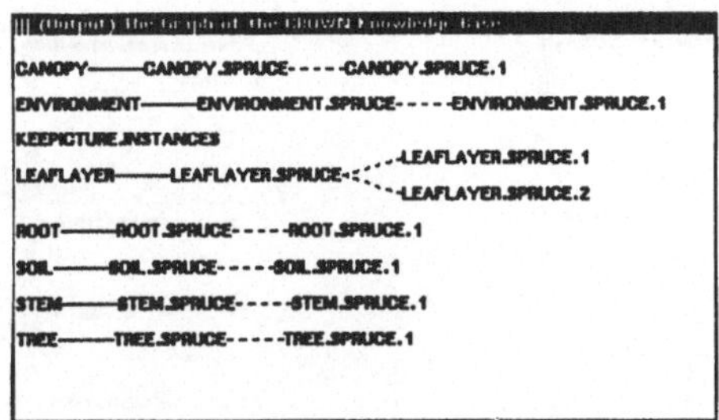

Abb. 1: Hierarchien der Modellkomponenten

2.3 Kommunikation zwischen Modellkomponenten

Neben den durch diese Hierarchien definierten Beziehungen zwischen den Modellkomponenten, die zur Strukturierung und Konkretisierung des Modells dienen, spielt der Informationsfluß zwischen den Modellkomponenten eine entscheidende Rolle. Diese im weiteren als Kopplung bezeichnete Beziehung (Rozenblit et al. 1986) repräsentiert die inhaltliche Abhängigkeit zwischen den Modellkomponenten und verdeutlicht den Kommunikationsfluß im Modell. Über die Kopplungszusammenhänge entstehen in CROWN Ebenen, die die schrittweise Konkretisierung von einer eher allgemeinen Baumbeschreibung auf oberster Ebene bis hin zur Betrachtung eines speziellen Baumes wiederspiegeln.

3. Modellkomponenten in CROWN

Jede Modellkomponente ist charakterisiert durch eine Menge von Attributen, die in CROWN unterschiedlichen Attributtypen zugeordnet werden. Je nach Funktion sind folgende Attribute zu unterscheiden:
- deskriptive Attribute
- operationale Attribute
- Kopplungsattribute

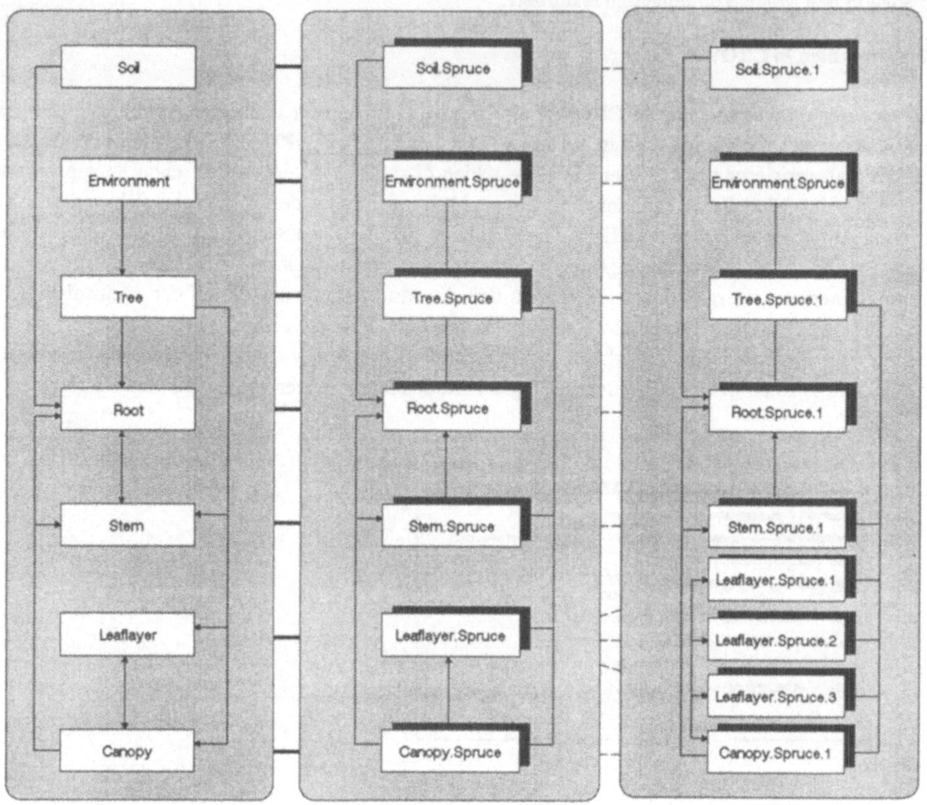

Abb. 2: Ebenen in CROWN

Jedes Attribut wird durch eine Menge von Eigenschaften, im weiteren als Facetten bezeichnet, beschrieben und von einer Modellkomponente an Modellkomponenten niedrigeren Niveaus in der Hierarchie vererbt.

3.1 Attribute der Modellkomponenten

Deskriptive Attribute bestimmen, ähnlich wie Variablen oder Parameter in Simulationsmodellen, den Zustand des Modells. Sie können metrisch, ordinal oder nominal skaliert sein. Deskriptive Attribute werden, falls sie während der Auswertung besetzt werden, als endogen, oder, falls sie vom Benutzer vorgegeben werden, als exogen bezeichnet.

Die operationalen Attribute, Regeln ebenso wie Prozeduren, sind in diejenige Modellkomponente eingebunden, deren deskriptive Attribute sie beeinflussen. Die Prozeduren enthalten die in CROWN zur Simulation der physiologischen Prozesse notwendigen Gleichungen.
Regeln werden als Bestandteil des Modells betrachtet und in CROWN genutzt, um
- Aussagen, die den Zustand des modellierten Baums bewerten und interpretieren, zu formulieren.
- physiologische Prozesse des Baumes qualitativ zu modellieren.
- Konsistenzbedingungen zu definieren.
Regeln als Bestandteil einer Modellkomponente zu repräsentieren, bot sich aus unterschiedlichen

Gründen an. Die als Regeln formulierten Aussagen, die den modellierten Baum bzgl. potentieller Schäden beurteilen, sind wie auch die Konsistenzbedingungen modellbasiert und können als solche nicht unabhängig vom Modell betrachtet werden. Die Konsistenzbedingungen beschreiben Restriktionen oder Plausibilitätsannahmen, z.B. bzgl. der jahreszeitlichen Rhythmik des Baumes: "Die Wachstumsphase folgt nicht direkt auf die Ruhephase, wie auch die Wachstumsphase nicht in die Ruhephase übergeht.". Die Möglichkeit innerhalb eines Modellierungskonzeptes qualitative und quantitative Beziehungen zu berücksichtigen, unterstützt den inkrementellen Modellentwurf, indem ausgehend von qualitativen Beschreibungen das quantitative Modell entwickelt werden kann. Die Nutzung des Regelsystems in KEE ermöglichte es, die als Regeln formulierten Beziehungen bzgl. unterschiedlicher Fragestellungen, z.B. in Form einer Vorwärts- und/oder Rückwärtsverkettung (Intellicorp 1987), zu untersuchen, bevor eine ausdifferenziertere quantitative Berechnung erfolgte. So wurden die Stoffflüsse des Baumes in CROWN zunächst qualitativ in Regeln formuliert und erst nach Modellexperimenten mit diesen qualitativen Beziehungen in Prozeduren umgesetzt. Die Modellierung der Stoffflüsse geschah jedoch unter der Einschränkung, daß für die Regeln in CROWN bisher ein geeignetes Zeitkonzept fehlt und so dynamische Prozesse nur begrenzt modellierbar sind.

Kopplungsattribute sind Attribute, die die Kopplungsstellen zwischen den Modellkomponenten definieren. Sie enthalten als Werte den Verweis auf die Modellkomponente, von der Information benötigt wird. Die Kommunikationspartner einer Modellkomponente können sich während der Auswertung ändern. Diese Attribute bilden den Ausgangspunkt für die Kommunikation zwischen den Modellkomponenten und regulieren den Informationsfluß im Kopplungsgefüge.

```
▮▮▮ The LEAF.SHEDDING.RATE Slot of the CANOPY.SPRUCE.1 Unit
Own slot: LEAF.SHEDDING.RATE from CANOPY.SPRUCE.1
   Inheritance: OVERRIDE.VALUES
   ValueClass: NUMBER
   Default Value: 0
   Comment: "species specific monthly leaf shedding rate"
   Kind.Of.Slot: ENDOGEN
   Measuring.Unit: "[gC/month]"
   Quanrel.Fun: MET.LEAF.SHEDDING.RATE
   Step.Of.Calculation: 730
   Time.Of.Characteristic: 8030
   Time.Of.Demand: 8030
   Values: 3.4404993

Own slot: LEAF.TURNOVER.RATE from CANOPY.SPRUCE.1
   Inheritance: OVERRIDE.VALUES
   ValueClass: NUMBER
   Default Value: 0
   Comment: "species specific monthly leaf turnover rate"
   Kind.Of.Slot: EXOGEN
   Measuring.Unit: "[1/month]"
   Source: "nach Ellenberg et al. 86"
   Validity.Context: "Evergreen tree species with continuous leaf replacement"
   Values: 0.0119

Member slot: MET.LEAF.SHEDDING.RATE from CANOPY
   Inheritance: METHOD
   ValueClass: METHOD
   Default Value: UNKNOWN
   Comment: "monthly calculation of leaf shedding rate"
   Hypothesis: UNKNOWN
   Input.List: (LEAF.MASS THISUNIT),
               (LEAF.TURNOVER.RATE THISUNIT)
   Kind.Of.Slot: QUANREL.FUN
   Output.List: (LEAF.SHEDDING.RATE THISUNIT)
   Validity.Context: "continuous leaf replacement"
   Values: (LAMBDA (THISUNIT TIME)
                  "Input: Leaf.Mass Leaf.Turnover.Rate
            Output: Leaf.Shedding.Rate"
                  (LET ((LEAF.MASS (GET.VALUE.AT.TIME THISUNIT 'LEAF.MASS (- TIME 1)))
                        (LEAF.TOV (GET.VALUE.AT.TIME THISUNIT 'LEAF.TURNOVER.RATE TIME)))
                     (PUT.VALUE.AT.TIME THISUNIT 'LEAF.SHEDDING.RATE (* LEAF.MASS LEAF.TOV) TIME)))
```

Abb. 3: Ausschnitt aus der Modellkomponente *Canopy.Spruce.1*

3.2 Facetten der Attribute

Die Facetten der Attribute unterstützen zum einen die Dokumentation des ökologischen Modells und bilden zum anderen die Basis für weitere Konsistenzprüfungen, z.B. auf Grund von Angaben über zulässige Wertebereiche, Versuchsbedingungen, Gültigkeitsbereiche und Quellenangaben (Müller 1986). Je nach Attributtyp existieren unterschiedliche Facetten. Endogene Attribute besitzen z.B. über Facetten, die der Dokumentation und Konsistenzprüfung dienen, hinaus Facetten, die auf die für die Besetzung des Attributwertes zuständigen Prozeduren verweisen und die Zeit der Berechnung und die Gültigkeitsdauer des Attributwertes angeben. Als Pendant verfügen die operationalen Attribute über die Information zwischen welchen deskriptiven Attributen sie eine Beziehung formulieren.

3.3 Vererbung von Attributen

Durch die Vererbung werden innerhalb der Hierarchien die Informationen von einer Hierarchiestufe zur nächstniedrigeren gereicht. Ein Attribut einer Modellkomponente wird an die nachfolgende vererbt, indem sämtliche Facetten und Facettenwerte einschließlich des Attributwertes, falls keine lokalen Angaben existieren, übergeben werden. Während die deskriptiven Attribute lokale Werte erhalten und das Spezifische der Modellkomponente gegenüber der übergeordneten Modellkomponente zum Ausdruck bringen, werden die operationalen Attribute in CROWN unverändert vererbt. Die Bindung an eine Modellkomponente wird bei den Regeln ebenso wie bei den Prozeduren erst in der Auswertung hergestellt.

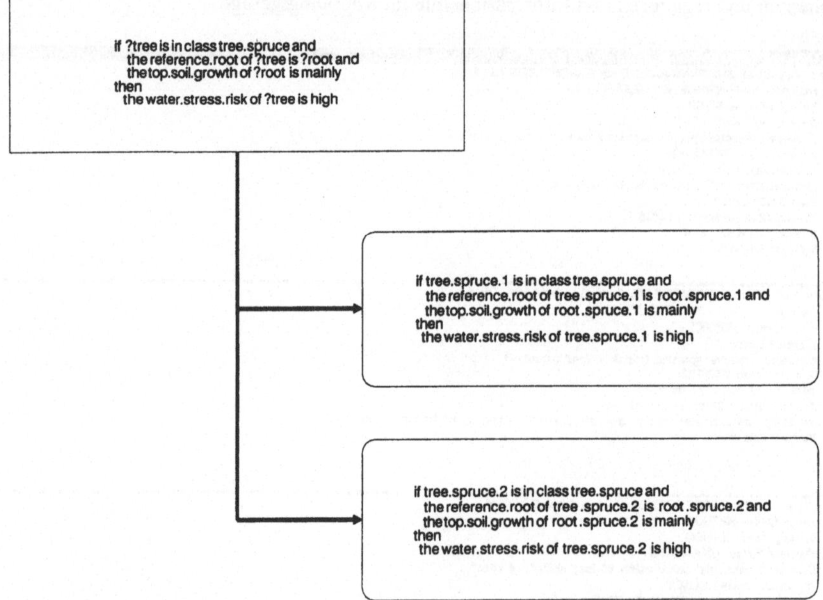

Abb. 4: Bindung einer Regel an eine Modellkomponente

4. Auswertung von CROWN

Die Auswertung von CROWN besteht aus dem Simulationslauf und einer modellbasierten Bewertung. Die Bewertung des Modellzustandes erfolgt nicht im Anschluß an den Simulationslauf, sondern während des Laufes durch das Auftreten bestimmter Modellkonstellationen. Simulation und Bewertung sind so nicht vollständig getrennt, sondern greifen ineinander über.
Das Simulationssystem von CROWN agiert ausgehend von einer bestimmten Fragestellung, z.B.

"welchen Wert hat der Assimilatspeicher zum Zeitpunkt X?", und wertet alle für diese Fragestellung notwendigen Informationen aus. Die Beschränkung in der Auswertung auf Notwendiges, nur bei Bedarf, erlaubt es, funktional stark zusammenhängenden Modellteile getrennt zu analysieren. Dies wurde in CROWN genutzt, um die physiologischen Prozesse der modellierten Fichte, z.B. Photosynthese und Respiration, separat auszutesten. Die für diese "Lazy Evaluation" notwendige Information ist dezentral in den Modellkomponenten vorhanden, so daß keine zentrale Einheit die Synchronisation überwacht. Jedes endogene Attribut verfügt über den Zeitpunkt seiner letzten Berechnung sowie über die Zeitspanne seiner Gültigkeit. Durch die Nachfrage nach einem endogenen deskriptiven Attribut zu einem Zeitpunkt wird, falls der geforderte Wert noch nicht vorliegt, die dem Attribut zugeordnete Prozedur über das Senden einer Nachricht aktiviert. In der Berechnung des Attributwertes werden gegebenenfalls andere Attribute nachgefragt, die zugehörigen Prozeduren aktiviert und so über die Nachfrage nach Attributen der Informationsfluß im Modell reguliert.

Die Dezentralität des Auswertungssystems wurde im Kontext der Anwendung als wichtig erachtet, um die Erweiterung eines ökologischen Modells um einzelne Kompartimente zu erleichtern, indem einzelne Modellkomponenten getrennt erstellt und über die Nachfrage von anderen Komponenten aus in die Auswertung mit einbezogen und aktiviert werden können.

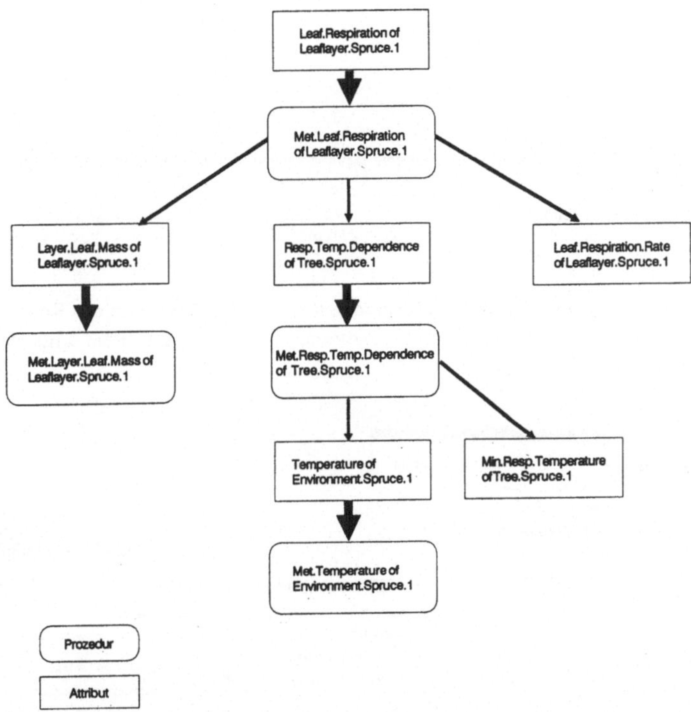

Abb. 5: Auswertung Lazy Evaluation

Die Interpretationsregeln, die den Zustand des Modells interpretieren und bewerten, werden durch eine bestimmte Wertekonstellation in CROWN aktiviert. Ein Dämon beobachtet das Modell und löst bei einer vorgegebenen Wertekonstellation im Modell eine Vorwärtsverkettung der Interpretationsregeln aus. Die Ergebnisse der Vorwärtsverkettung fließen entweder in den weiteren Auswertungsprozeß ein, z.B. über die Änderung der Feinwurzelumsatzrate, oder beschreiben den Zustand des Modells, z.B. bzgl. des Wasserstreßrisikos und Nährstoffmangels. Zum gleichen Zeitpunkt werden die Konsistenzbedingungen unter Nutzung eines Assumption Based Truth Maintenance System (DeKleer 1986) abgeglichen und fehlerhafte Entwicklungen angezeigt.

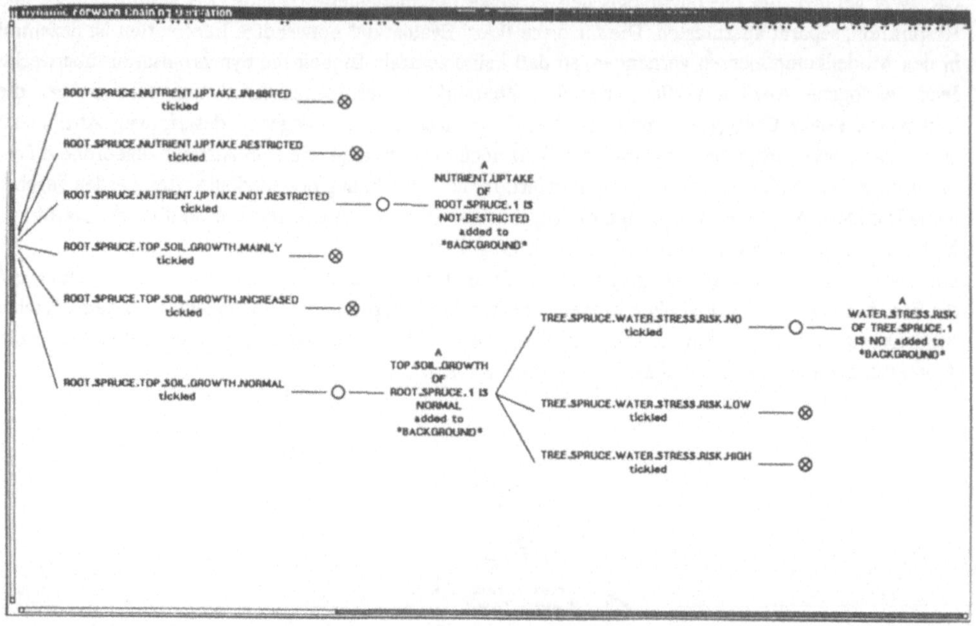

Abb. 6: Regelauswertung in CROWN

Die Modularität im Entwurf der einzelnen Modellkomponenten und die Flexibilität des Konzeptes zeigt sich besonders deutlich in der Modellierung von Strukturänderungen - so z.B. dem Entstehen neuer Blattschichten während einer Auswertung.

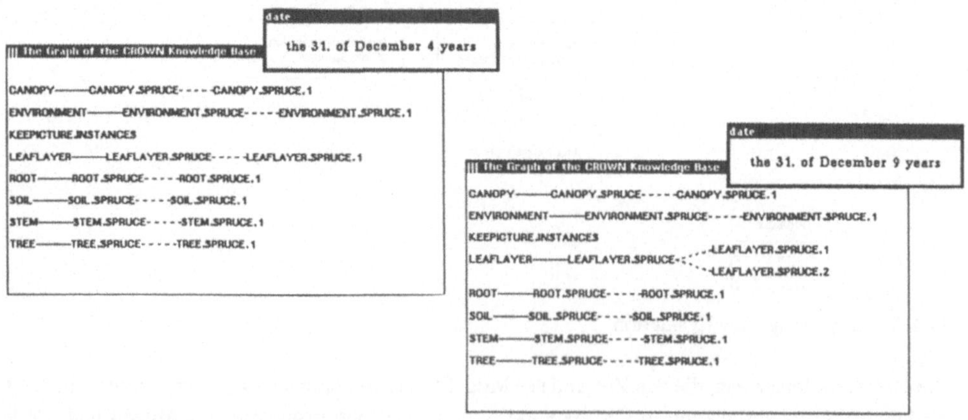

Abb. 7: Strukturveränderung von CROWN

Die neu entstandene Instanz der Modellkomponente *Leaflayer.Spruce, Leaflayer.Spruce.2* (Abb. 7), erbt von der ihr übergeordneten Klasse die deskriptiven und operationalen Attribute.

Jede Modellkomponente verfügt über eine Initialisierungsprozedur, die ebenfalls vererbt wird. Diese Initialisierung besteht u.a. aus der Besetzung von Startwerten, charakteristischen exogenen Attributen und der Einbindung in das Kopplungsgefüge des Modells. Durch das Senden einer Nachricht unter Angabe des Adressaten, des Absenders und des Zeitpunktes wird die Initialisierungsprozedur der Modellkomponente aktiv. Die Entwicklung einer neuen Blattschicht der Fichte ist in dem Modellkonzept durch die Instanziierung von *Leaflayer.Spruce* und durch die Aktivierung der Initialisierungsprozedur der Instanz modelliert.

Die Zunahme der Gesamtblattmasse in *Canopy.Spruce.1* über einen bestimmten Wert hinaus führt dazu, daß *Canopy.Spruce.1* die Generierung der "eigenen Blattschicht" initiiert.

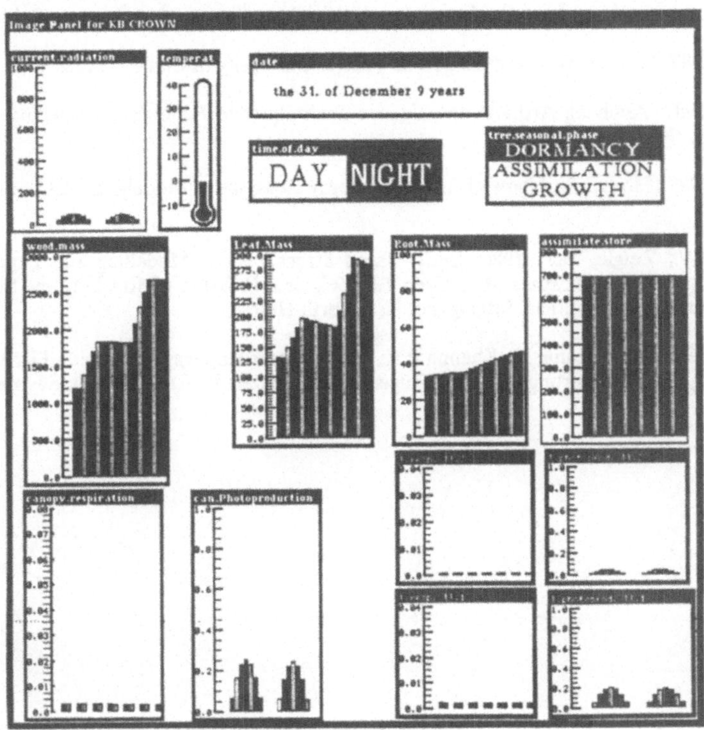

Abb. 8: Ergebnis eines Auswertungslaufes von CROWN

5. Schluß

Die Modularität und Flexibilität des Modellierungskonzeptes unterstützten die sukzessive Entwicklung des Modells CROWN, indem während der Modellentwicklung die Modellkomponenten weitgehend unabhängig von einander konzipiert und funktional abhängige Modellteile isoliert getestet wurden. Die Lokalität der Information erleichterte die Erhaltung der Konsistenz und förderte Transparenz und Dokumentation bei dem Unterfangen aus verschiedenen Quellen ein Gesamtmodell zu entwickeln. Während dieser Entwicklung von CROWN wurde deutlich, daß der Erkenntnisgewinn in der Modellbildung oft mehr im Modelldesign als in den berechneten Modellergebnissen liegt und ein Modellentwurf in diesem objektorientierten Modellierungskonzept viel zum Verständnis des betrachteten ökologischen Systems beitragen kann.

Literatur

Baumeister H., Ganzinger H., Heeg G., Rüger M., 1987: Smalltalk-80. In: Informationstechnik 4.

Bossel H., Schäfer H., 1988: Generic Simulation Model of Forest Growth, Carbon and Nitrogen Dynamics, submitted to Ecol. Modelling May 1988.

DeKleer J., 1986: An Assumption Based Truth Maintenace System. In: Artificial Intelligence 28.

Intellicorp, 1987: KEE Software Development System User's Manual - KEE Version 3.1, Mountain View California.

Koton P. A., 1985: Empirical and Modelbased Reasoning in Expert Systems. In: Proceedings of the Ninth International Joint Conference on Artificial Intelligence, Los Angeles California.

Lakoff G., 1987: Women, Fire and dangerous Things. University of Chicago Press.

Loehle C., 1987: Applying Artificial Intelligence Techniques to Ecological Modelling. In: Ecol. Modelling, 38.

Müller N., 1987 (Hrsg.): Problems of Interdisciplinary Ecosystems Modelling, MAB - Mitteilungen 25.

Rozenblit J.W., Zeigler B.P., 1986: Entity-Based Structures for Modelling and Experimental Frame Construction. In: Elzas M.S., Ören T.I., Zeigler B.P. (Hrsg.): Modelling and Simulation Methodology in the Artificial Intelligence Era. North Holland.

Ulrich B., Meiwes K.J., König N., Khanna P.K., 1984: Untersuchungsverfahren und Kriterien zur Bewertung der Versauerung und ihrer Folgen in Waldböden. In: Der Forst- und Holzwirt 11.

Möglichkeiten der Kontrolle und Analyse von Umweltdaten durch Kopplung von Datenbank- und Expertensystemen

M. Tischendorf
IKE Universität Stuttgart, Pfaffenwaldring 31
7000 Stuttgart-80

Einleitung

Relationale Datenbanksysteme stoßen beim Einsatz im Umweltbereich, wo neben Fakten und Regeln auch komplexe Objekte wie Bestimmungen und Vorschriften verarbeitet werden müssen, schnell an ihre Grenzen. Für eine geeignete Beschreibung der Meß- und Rechendaten sind allgemeine Datenobjekte erforderlich, die als abstrakte Datentypen (ADT) realisiert werden können. Außerdem reicht es nicht aus, die für Entscheidungen wesentliche Information ausschließlich über einfache Retrieval- oder Query-Techniken auf der sprachlichen Ebene von SQL abzufragen, hier sind vielmehr sehr komplexe deduktive Analyseverfahren notwendig, wie sie durch die Expertensystemtechnologie entwickelt werden. Expertensysteme ihrerseits ermöglichen zwar leistungsfähige prototypische Lösungen, ohne den Anschluß an ein Datenbanksystem bleiben diese aber Insellösungen.

In dieser Arbeit werden Wege untersucht, wie die Methoden der Datenbanksysteme mit denen der Expertensysteme gekoppelt werden können. Hierbei wird besonders die zeitkritische Beurteilung der Meßwerte behandelt, wie sie etwa im Rahmen integrierter Meß- und Informationssysteme (IMIS) /1/ von Bedeutung sind.

Die Forderung der Überprüfung der Daten in Echtzeit verlangt, daß

- für die Daten problemorientierte Modelle und geeignete Strukturierungen, sowie schnelle Zugriffspfade existieren

- für die Überprüfung flexible, deduktive Methoden einsetzbar sind.

Als Anforderungen an ein System zur Plausibilitätskontrolle innerhalb integrierter Systeme lassen sich daraus folgende Punkte ableiten:

- effiziente Zugriffe auf die Meßdaten

- Bereitstellung von Daten für Simulationen und Prognosen

- schnelles Erkennen von Anomalien von Meßwerten durch das System

- korrekte Identifikation von Störungen

- schnelle und optimale Reaktion auf Ereignisse

Solch ein gekoppeltes System erfordert die beiden Komponenten:

- ein intelligentes Datenbankzugriffsmodul, das Anfragen auch an verschiedene Datenbanken umsetzen kann und schnellen, sicheren Zugriff garantiert

- eine Deduktions- und Programmierumgebung, mit der komplexe Anwenderlösungen auf hoher abstrakter Ebene beschrieben werden können.

Die in diesem Beitrag diskutierten Ansätze einer Kopplung zwischen Datenbank und Expertensystem sind /2/,/3/:

a) der homogene Ansatz,
   bei dem ein zum Beispiel auf Prologbasis aufgebautes Expertensystem um Fähigkeiten der effizienten Datenverwaltung erweitert wird.

b) der heterogene Ansatz,
   bei dem das Expertensystem und das Datenbanksystem getrennte Komponenten darstellen, die über Aufrufe miteinander kommunizieren.

c) der integrierte Ansatz,
   der eine Erweiterung der Datenbankfunktionen um Möglichkeiten zur regelbasierten Verarbeitung vorsieht.

Als Anwendung stellen wir uns ein integriertes Meß- und Informationssystem (IMIS) vor. Eigenschaften solcher Systeme orientieren sich an dem in /1/ beschriebenen System zur Überwachung der Radioaktivität. Es sei aber ausdrücklich darauf hingewiesen, daß Überlegungen dieser Arbeit noch nicht Bestandteil des dort beschriebenen Systems sind. Die Abkürzung IMIS steht im Kontext dieser Arbeit für Systeme, in denen Meßdaten, Simulationsdaten und allgemeine Informationen in Form von Stammdaten und Verarbeitungsregeln integriert werden sollen.

Bewertung der Ansätze

Homogener Ansatz

Der homogene Ansatz integriert Datenmanipulationsfunktionen und deduktive Funktionen innerhalb eines einzigen Systems. Er verwendet in der Regel das gleiche Programmiersystem um die deduktiven Aspekte und die Fakten darzustellen. Hierbei werden zwei Methoden unterschieden, je nachdem, wie stark Datenbanktechnologien in die deduktive Umgebung einbezogen werden.

Das einfachste System, die *elementare deduktive Datenbank* arbeitet mit einer Technik, bei der das gesamte deklarative Wissen direkt in den Formalismen aufgebaut ist, die von dem Expertensystem unterstützt werden. Diese Strategie stellt die Daten für das Expertensystem im Hauptspeicher bereit, was die Entwicklung von Zugriffsroutinen vereinfacht, aber offensichtlich eine erhebliche Einschränkung in der Größe der Wissensbank darstellt.

Die Einschränkung auf den Hauptspeicher wird bei der zweiten Methode, den *erweiterten deduktiven Datenbanken* umgangen, indem Hintergrundspeicherverwaltung und Indizierung implementiert werden. Dadurch entstehen aber Systeme mit großem Bedarf an Programmieraufwand und beachtlicher Codelänge, da alle Funktionen eines

Standard-DBMS implementiert werden, zusätzlich zu den Inferenzmöglichkeiten der deduktiven Umgebung.

Heterogener Ansatz

Hier werden das Expertensystem und das Datenbanksystem als getrennte Systeme behandelt, die über eine Schnittstelle kommunizieren. Der Entwurf einer solchen Schnittstelle kann auf zwei Arten geschehen. Diese werden als *feste Kopplung* und *lose Kopplung* bezeichnet.

Feste Kopplung eines Expertensystems mit einem externen DBMS

Die einfachste Form der Anbindung geschieht dadurch, daß vom Expertensystem aus Transaktionsaufrufe an das Datenbanksystem abgesetzt werden (Transaktionskopplung) /4/. Während der Bearbeitung der Transaktion wartet das Expertensystem auf die Rückgabe des Ergebnisses: ein durch die sequentielle Arbeitsweise bedingter Ablauf, der in extremen, aber nicht seltenen Fällen zu Zeitproblemen führen kann.

Das Expertensystem greift zu unterschiedlichen Zeiten auf die Datenbank zu. Dies erfordert Kommunikationsmöglichkeiten zwischen dem ES und der DB, wie dynamische Anfragegenerierung und Übertragung an das DBMS in der einen Richtung, und Empfang sowie Übersetzung von Antworten in die interne Wissensdarstellung in der anderen Richtung. Die einfachste Nutzung dieser Kommunikation ist die Weiterleitung aller ES-Querys an das DBMS.

Ein solcher Ansatz stößt aber auf die folgenden Probleme:

<u>Anzahl der Datenbankaufrufe:</u> Da ein Expertensystem durch die tupel-orientierte Strategie wie beispielsweise bei Prolog für jeden Aufruf eines Faktes genau ein Tupel liefert, sind viele Datenbankaufrufe für jedes Ziel erforderlich. Wird nun die Kopplung auf der Ebene der Anfragesprache hergestellt, so führen viele Datenbankaufrufe zu nicht akzeptablen Antwortzeiten.

<u>Komplexität der Aufrufe:</u> Die Möglichkeiten der Anfragesprache auf der Datenbankseite werden nicht ausgenutzt. Die Datenbank leistet die Realisierung komplexer Aufrufe (Join, Projektion), da das Expertensystem aber die Aufrufe tupelorientiert absetzt, arbeitet die Datenbank in einem für sie nicht optimalen Bereich. Auch die Forderung nach Rekursion innerhalb der Datenbank kann somit keine Verbesserung bewirken, solange die Aufrufstrategie vom Expertensystem an die Datenbank beibehalten wird.

Lose Kopplung eines Expertensystems mit einem externen DBMS

Um dem angesprochenen Zeitproblem zu begegnen, ist es denkbar, den für die Anwendung relevanten Teil einer Datenbank zu duplizieren und dem Expertensystem zur Verfügung zu stellen (Downloadkopplung) /4/. Die schnellste Lösung mit schon vorhandenen Datenbanken umzugehen ist, dem verwendeten Expertensystem die benötigten Daten als Ausschnitt zur Verfügung zu stellen. Dieser Teil der Datenbank kann dann als interne Datenbank innerhalb des Expertensystems abgelegt werden.

Nachteile dieser Ausschnittkopien sind, daß nicht immer der aktuelle Stand bereitgestellt sein muß, wobei zusätzlich Redundanz auftreten kann.

Zur Realisierung haben folgende Punkte Bedeutung /5/:

1. Eine Verbindung zu einem DBMS mit Lade/Entladefunktionen.

2. automatisierte Erstellung einer Expertensystemdatenbank aus der extrahierten Datenbank .

3. Einen 'intelligenten Mechanismus', der schon im Voraus weiß, welche Teile der gesamten Datenbank benötigt werden.

Diese *lose Kopplung* ist nicht geeignet, solange nicht im Voraus bekannt ist, welcher Ausschnitt der Datenbank verwendet werden wird. Das ist vor allem für die Realisierung des 3. Punktes von oben von Bedeutung, der mit Sicherheit bei der Realisierung der problematischste ist. Läßt er sich nicht automatisieren, so erfordert das ein Eingreifen des Benutzers. Darüberhinaus ist eine solche Kopplung nicht zu verwenden, wenn während der Laufzeit unterschiedliche Teile der Datenbank benötigt werden. Ungelöst ist bei dieser Variante auch das Problem, die Integrität und Aktualität der Daten sicherzustellen. Da beim Download die separate lokale Datenbank keine Veränderungen an die zentrale Datenbank unmittelbar und kontrolliert weitergibt, veralten die Inhalte. Weiterhin kann es zu langen Wartezeiten beim Datentransfer und zu Speicherplatzproblemen kommen, wenn zu große Teile einer Datenbank dupliziert werden müssen.

Systementwurf für IMIS

Unter den derzeit realisierbaren Kopplungen bietet der heterogene Ansatz die besten Voraussetzungen, ein System mit den oben gestellten Forderungen zu realisieren. Die Transaktionskopplung eignet sich jedoch deshalb nicht für IMIS, weil das Expertensystem bei einer Anfrage an die Datenbankkomponente auf die Antwort warten muß, was bei der zeitkritischen Überprüfung der Meßwerte nicht akzeptabel ist. Dieses Zeitproblem tritt bei der Downloadkopplung nicht in demselben Umfang auf, hier ergibt sich durch die Kopie aber die Problematik der Aktualität der Datenbank. Da aber bei den Plausibilitätsprüfungen nur lesend auf zusätzliche Daten zugegriffen wird, kommen in der Regel keine Änderungen der Vergleichsdaten vor.

Im Anschluß wird ein Entwurf einer Downloadkopplung skizziert (siehe Abbildung 1).

Die einzelnen Komponenten und ihre Funktionen sind:

- **verteiltes objektorientiertes Datenbanksystem:**

  der Aufbau der Datensätze und die Verschiedenartigkeit der Anforderungen an die Daten erfordert die Möglichkeit, objektorientierte Datentypen definieren zu können. Bei einem verteilten System können die echtzeitkritischen Anwendungen von den anderen Anwendungen wie grafische Darstellung, Reportsystem, Statistik getrennt werden.

- **Zugriffsmodul:**

  der intelligente Zugriffsmodul setzt Anfragen an verschiedene verteilte Datenbanken um. Er muß verschiedene Kommunikationsprotokolle verfolgen können,

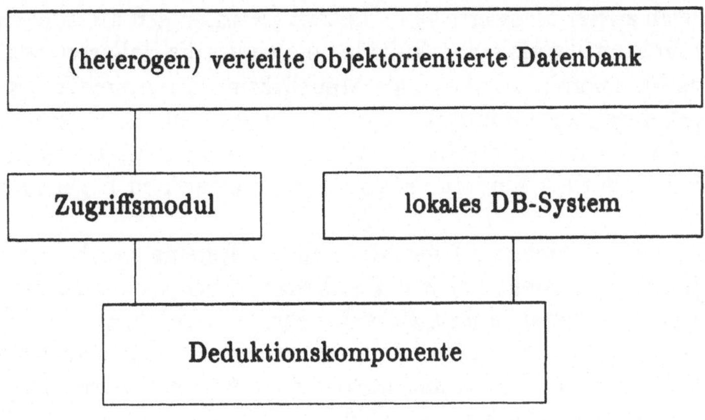

Abbildung 1:Systemaufbau

DB-Schemata extrahieren und interpretieren können, unterschiedliche systemspezifische Dialekte der Anfragesprache beherrschen, sowie Ergebnisse und Daten zwischen den benötigten Formaten konvertieren.

- **Deduktionskomponente:**

die Deduktions- und Programmierumgebung dient zur Beschreibung von komplexen Anwenderlösungen auf einer sehr hohen abstrakten Ebene. Bei IMIS wird hierbei regelbasierte logische Programmierung angewendet.

- **lokales DB-System:**

das lokale DB-System enthält die bei der Downloadkopplung erforderliche Kopie der benötigten Daten aus der Datenbank. Operationen der Expertensystemkomponente finden nur auf diese Daten statt.

Datenbankentwurf für IMIS

Durch die Verwandtschaft der Logikprogrammierung und des relationalen Datenmodells wurde das relationale Modell als Datenmodell für die Datenbank gewählt. Hierbei zeigen sich jedoch schnell Einschränkungen, die die Forderung nach objektorientierten Ansätzen rechtfertigen.

Die Plausibilitätsprüfung erfordert die Modellierung und Überwachung zeitlicher und räumlicher Zusammenhänge. Bei Änderungen von Objekten im traditionellen Relationenmodell wird der alte Wert in dem betreffenden Tupel bisher jedoch überschrieben. So muß die zeitbehaftete Darstellung (Zeitreihe eines Meßwertes) bisher über benutzerdefinierte Attribute simuliert werden, deren Wert von der Anwendung dann als Zeitpunkt interpretiert wird.

Auch beim Vergleich zweier Meßwerte kann die Zeit zwischen den Messungen eine Rolle spielen. So ist es für schnell zerfallende Nuklide notwendig, die Halbwertszeit zu berücksichtigen. Da das herkömmliche relationale Modell keine Zeitsemantik besitzt, wurde diese Schwierigkeit durch die Einführung einer Meßstellen-Nuklid-Nummer umgangen, wobei zusätzlich die Forderung besteht, daß vom Anwender keine Löschoperationen vorgenommen werden dürfen, sondern lediglich Änderungen und Ergänzungen gestattet sind.

Auch die Nachbarschaftsbeziehungen der Meßstellen untereinander können nur durch zusätzliche Relationen dargestellt werden. Das bedeutet bei der Überprüfung von einzelnen Meßwerten jedoch Datenbankzugriff auf mehrere Relationen.

Die Meß-, Prognose- und Rechendaten haben außerdem so unterschiedliche Struktur, daß selbst das um lange Felder, Text und mehrwertige Atrribute erweiterte relationale Datenmodell keine geeignete Darstellung zuläßt.

Zur Festlegung der Qualifikationsdaten sind weitere Relationen notwendig. So müssen Informationen über jahreszeitliche Änderungen der Grundpegel in der Datenbank gehalten werden, Nachbarmeßstellen definiert sein und Wetterdaten zur Verfügung stehen.

Regelsystem

Die im Regelsystem definierten Regeln werden zur Plausibilitätskontrolle von Meßwerten verwendet. Aus den in der Datenbank gespeicherten Relationen werden durch das Regelsystem andere Relationen erzeugt. Diese werden als Prädikate für weitere Regelsätze bereitgehalten. Dies ist ein großer Vorteil eines deduktiven Systems, das zusätzlich zu den in der Datenbank abgelegten Fakten durch einen Inferenzprozeß weitere Fakten bilden kann. Die dadurch gewinnbare Information ist der rein relationaler Retrievals überlegen.

Die Überprüfung der Meßdaten wird nach folgenden Kriterien vorgenommen:

1.1 Überprüfung aufgrund lokaler Abhängigkeiten, das heißt, daß benachbarte Meßstellen für das gleiche Nuklid in der Regel 'nicht so sehr' voneinanderabweichende Meßwerte liefern.

1.2 Überprüfung mit Hilfe von Zeitreihen, das heißt, es werden Meßwerte desselben Probenahmeortes über die Zeit betrachtet. Auch hier wird eine Messung als plausibel angesehen, wenn der Wert 'nicht wesentlich' von zuvor gemessenen Werten derselben Probenahmestelle abweicht.

1.3 Vergleich mit anderen Nukliden, der dann sinnvoll sein kann, wenn bei den beiden ersten Verfahren Überschreitungen von zulässigen Intervallen festgestellt wurden.

1.4 Vergleich mit anderen Umweltmedien, wobei Meßwerte desselben Nuklids (möglichst derselben Probestelle und an demselben Probenahmedatum) für verschiedene Umweltmedien gegenüber gestellt werden.

Durch die Struktur der Vorschriften und die Formulierung der Bestimmungen bedingt wurde zur Wissensrepräsentation die Darstellung in Regelform gewählt. Die Vorgehensweise der Experten bei der Erarbeitung der Kriterien bestätigt diese Methode. Regeln

haben zusätzlich noch die Möglichkeit, daß sie mit erwünschten 'Unsicherheiten' behaftet sein können. So haben die in diesem Zusammenhang formulierten Regeln zwei Attribute, die zur Auswahl der zur Überprüfung von Meßwerten betroffenen Regelsätze und zur Plausibilität beitragen.
Der Grad der Plausibilität wird durch die Ausprägung angegeben.
Die Häufigkeit des Auftretens eines Ereignisses wird durch die Wahrscheinlichkeit angegeben.

Die Wissensbasis enthält zu den oberen Punkten zwei Arten von Regeln:

>Regeln, die direkt auf die Plausibilität eines Meßwertes Einfluß haben,

>Regeln, die Informationen bereitstellen, die von den Hauptregeln benötigt werden.

Für die Plausibilitätsprüfung wurden die unten angegebenen Regeln formuliert.

Regelsatz Nullpegel: überprüft den zu kontrollierenden Meßwert auf Abweichung unter den Mindestpegel.

Regelsatz Höchstwert: kontrolliert die Abweichung vom bisher gemessenen Höchstwert.

Regelsatz Nachfolger: vergleicht den neuen Meßwert mit dem letzten an dieser Stelle gemessenen Wert.

Regelsatz Trend: Hier wird unter Berücksichtigung der letzten 6 Meßwerte eine Aussage über die Plausibilität der letzten Messung getroffen.

Regelsatz Nachbarort: verwendet die Meßwerte desselben Nuklids an den Nachbarorten als Vergleichskriterien.

Regelsatz Vergleichsnuklid: an gleicher Meßstelle aufgenommene Werte von anderen Nukliden werden zur Kontrolle verwendet.

Regelsatz Plausibel: verknüpft die Teilplausibilitäten, die die oben aufgeführten Regelsätze verwenden.

Regelsatz Zeitraum: dieser Regelsatz ist für eine Realisierung vorgesehen, bei der die Datenbank nicht über eine Zeitsemantik verfügt. Er bestimmt die Anzahl der Tage zwischen zwei Daten, was für die Halbwertszeit benötigt wird.

Regelsatz Jahreszeit: da die Jahreszeit Einfluß auf den Grundpegel der Radioaktivität hat, bestimmt dieser Regelsatz für jedes Meßdatum die betreffende Jahreszeit.
Die Jahreszeit gilt als Selektionskriterium für Vergleichsmeßwerte.

Regelsatz Intervall: bestimmt für jeden Meßwert das Erwartungsintervall aufgrund der letzten Meßwerte.

Regelsatz Schranke: hier werden die Größen für Alarm und Vorwarnung überprüft.

Kopplungssätze: es gibt verschiedene Regelsätze, die die oben beschriebenen Sätze zusammenfassen um eine Ergebnisplausibilität zu erhalten.

Die Regelsätze liegen in der lokalen Datenbank, in die auch die Daten der zusätzlich benötigten Relationen kopiert werden. Bei Teilanwendungen kann diese Wissensbasis im Hauptspeicher gehalten werden, sodaß es ausreicht, die Regelsätze sequentiell zu durchsuchen. Werden die Zeitanforderungen zu groß oder muß vom Hauptspeicher auf Hintergrundspeicher gewechselt werden, so bieten sich die Zugriffsroutinen des Datenbanksystems auch für die Wissensbasis an.

Zusammenfassung

Integrierte Meß- und Informationssysteme erfordern die gemeinsame Verarbeitung von Fakten und Regeln. Von den in /2/ vorgeschlagenen Ansätzen für mögliche Schnittstellen zwischen Expertensystemen und Datenbanksystemen läßt sich der homogene Ansatz nicht verwenden, da er erfordert, daß sowohl Regeln als auch alle Meßdaten im Hauptspeicher gehalten werden müssen. Der heterogene Ansatz, bei dem Expertensystem und Datenbanksystem separate Komponenten sind, die über explizite Dienstaufrufe miteinander kommunizieren, bietet gegenwärtig die größten Möglichkeiten.

Anhand konkreter Regeln haben wir aber gezeigt, daß eine Kopplung auf der Basis des reinen relationalen Datenmodells wichtige Forderungen nicht erfüllen kann. (mehrwertige Attribute, Objektorientierung, Rekursion).

Führt man leistungsfähigere Datenmodelle ein, so bleibt der Downloadansatz wegen der Tupelorientierung und den Entscheidungsproblemen, welcher Teil der Datenbank kopiert werden soll, trotzdem unzureichend.

Will man diese Mängel beheben, so führt das wie schon in /2/ angedeutet, auf integrierte Ansätze. Jetzt werden Systeme benötigt, die objektorientierte Datenverwaltung ebenso ermöglichen wie die Definition von Beziehungen zwischen Objekten, Zeitabhängigkeiten und auch die Möglichkeit bieten, semantikbezogene Operationen auf die Datenobjekte zu definieren. Erste Versuche, solche Systeme zu konzipieren, findet man bei den Expertendatenbanksystemen, die das relationale Schema mit Repräsentationsformalismen in einer Wissensbasis verschmelzen. Mit allgemein verfügbaren Systemen dieser Art ist aber wohl erst Mitte der 90er Jahre zu rechnen.

Literatur

/1/ Schmidt, F. et al.: Verarbeitung von Umweltdaten unter Real-Time-Bedingungen - Konzept und prototypische Realisierung
4. Symposium 'Informatik im Umweltschutz', Karlsruhe, November 1989

/2/ Reuter, A.: Kopplung von Datenbank- und Expertensystemen
Informationstechnik it,29.Jahrgang, Heft 3/1987,Seite 164ff

/3/ Tischendorf, M.: Untersuchung verschiedener Strategien zur wissensbasierten Auswahl von Daten. Diplomarbeit, Universität Stuttgart

/4/ Bechtolsheim, M.: Die informationstechnische Integration von Expertensystemen: Stand der Technik, Probleme und Lösungsansätze
in: Aus der wissenschaftlichen Arbeit, Vorabdruck der Aufsätze aus dem Jahresbericht 1988, Seite 67-79

/5/ Vassiliou, Y.; Cliffort, J.: Access to Specific Declarative Knowledge by Expert Systems: The Impact of Logic Programming
Desision Support Systems Vol 1 No 1, North-Holland 1985

XUMA - Ein Assistent für die Beurteilung von Altlasten

R. Weidemann, W. Geiger
Kernforschungszentrum Karlsruhe
Institut für Datenverarbeitung in der Technik (IDT)
Postfach 3640
7500 Karlsruhe 1

1. Einleitung

Altlasten sind die Folge einer ungeordneten Abfallbeseitigung und des nachlässigen Umgangs mit toxischen Stoffen. Man spricht von Altlasten, wenn der begründete Verdacht besteht, daß von Altablagerungen häuslichen, industriellen und gewerblichen Abfalls oder von Flächen ehemaliger Industrie- und Gewerbebetriebe, auf denen gefährliche Stoffe abgelagert wurden oder mit solchen umgegangen wurde (Altstandorte), eine Gefahr für die menschliche Gesundheit oder die Umwelt ausgeht. Die Zahl solcher Standorte in Deutschland wird auf etwa 50 000 geschätzt. Man rechnet mit Sanierungskosten für die dringendsten Fälle von 15 bis 50 Milliarden DM. Um die mit der Untersuchung und Beurteilung von Altlasten befaßten Fachleute zu unterstützen, wird vom Institut für Datenverarbeitung in der Technik des Kernforschungszentrums Karlsruhe und vom Institut für Altlastensanierung der Landesanstalt für Umweltschutz Baden-Württemberg (LfU) in einem gemeinsamen Vorhaben[1] das Expertensystem Umweltgefährlichkeit von Altlasten (XUMA) entwickelt. Der vorliegende Beitrag beschreibt die Funktionen des Systems und die Erfahrungen bei der Systementwicklung. Das Hauptaugenmerk liegt dabei auf den Teilen des Systems, die charakteristisch für ein Expertensystem sind.

2. Funktionsumfang des Systems

XUMA arbeitet fallorientiert, d.h. die betrachteten Objekte sind bestimmte, von den Wasserwirtschaftsbehörden Baden-Württembergs bearbeitete Altlasten-Fälle, wie z.B. ein bestimmtes ehemaliges Gaswerk oder ein Dioxin-verseuchtes Werksgelände. Ausgehend von den in /1/ genannten Anforderungen wurde ein System realisiert, das über die folgenden Hauptfunktionen verfügt:

-   Erstellen eines Analysenplans

---

[1] Das Vorhaben wird unter der Nummer PD 87053 durch das Projekt Wasser-Abfall-Boden des Landes Baden-Württemberg gefördert.

- Erfassen von Analysen
- Beurteilung
- Bewertung
- Wissensakquisition

Die erstgenannte Funktion unterstützt den Benutzer bei der Zusammenstellung eines fall-spezifischen Analysenplans für den schadstoffbelasteten Standort. Zur Ermittlung der von einer Altlast ausgehenden Gefährdung ist eine chemisch-analytische Erkundung des Standorts erforderlich. Da aus Zeit- und Kostengründen eine Untersuchung aller möglichen Parameter in einem dichten Raster nicht möglich ist, versucht man vorab konkrete Hinweise auf mögliche Inhaltsstoffe der Altlast zu erhalten und daraus einen geeigneten Analysenplan abzuleiten. Ein Analysenplan besteht dabei aus jeweils einer Liste von zu untersuchenden Analysenparametern für verschiedene Probearten (Luft, Boden etc.). XUMA kann Analysenpläne über branchen- und stoffspezifische Hinweise erstellen. Dazu enthält das System jeweils ein Objektnetz für Branchenkonzepte (Branchen, Anlagenteile, Produktions-verfahren) sowie für Stoffe (Produkte, Produktionsrückstände) und Analysenparameter /2/.

Mit der zweiten Funktion werden z.Zt. Probenahme- und Analysenprotokolle über eine Formularschnittstelle erfaßt. Später ist eine Übernahme der benötigten Daten aus dem im Aufbau befindlichen DV-System der Wasserwirtschaftsverwaltung Baden-Württembergs vorgesehen.

Die Kernfunktionen von XUMA sind die Beurteilung und die Bewertung. Hierbei wird unter der Beurteilung eine Stellungnahme in Art eines Gutachtens verstanden, während es bei der Bewertung primär um die Bestimmung eines Zahlenwertes für die Umweltgefährlichkeit zur Prioritätensetzung bei der Untersuchung und Sanierung von Standorten geht.

In der Beurteilung werden auf der Basis der Analysenergebnisse Aussagen zur Einschätzung der Umweltgefährlichkeit der Altlast, Hinweise zum weiteren Untersuchungsbedarf sowie andere Aussagen (z.B. Hinweise auf Inkonsistenzen in den Analysendaten, Statistiken) abgeleitet. Zur Durchführung dieser Aufgabe sind in dem System Wissen über Grenzwert-tabellen und Regeln zur Beurteilung von Altlasten gespeichert. Es werden ca. 40 Grenz- und Vergleichswerttabellen mit Werten zu etwa 100 Analysenparametern verwendet. Zu diesen Tabellen, wie z.B. der Trinkwasserverordnung (TVO), sind Regeln angegeben, inwieweit die Tabellen zur Beurteilung von Altlasten herangezogen werden können, welche qualitativen Aussagen aufgrund des Vergleichs von Meßwerten mit diesen Tabellen abgeleitet werden können und wie beurteilt werden soll, wenn der Vergleich mit verschiedenen Tabellen unterschiedliche Aussagen liefert. Unter den Beurteilungsregeln gibt es Regeln, die Aussagen aus den Werten einzelner Analysenparameter und aus Kombinationen von Analysenparametern ableiten, sowie Regeln, welche diese Aussagen zur Gesamtbeurteilung der Analyse zusammenfassen. Weiter gibt es Regeln, welche die Beurteilungen der Analysen zur Beurteilung der Probe und des gesamten Falls komprimieren. In Tab. 1 sind beispielhaft einige einfache Regeln wiedergegeben.

Regeln zu Grenzwerttabellen:

Wenn   ein Parameter einer Boden-Untersuchung zu beurteilen ist,
dann   gelten die Prioritäten Ackerböden-Tabelle > Tongestein-Standards > ...

Wenn   ein Meßwert x mit der Niederländischen Boden-Tabelle verglichen wird
       und für den B- und C-Wert des Parameters gilt: B-Wert < x $\leq$ C-Wert,
dann   liegt der Meßwert in Qualitätsklasse III.

Regel zur Bewertung eines einzelnen Analysenparameters:

Wenn   Boden- oder Abfallproben untersucht werden
       und deren Farbe ist blau, blaugrün oder grün,
dann   besteht der Verdacht auf Cyanid.

Regel zur Zusammenfassung auf Probenebene:

Wenn   mehrere Analysen zu einer Probe vorliegen und das Eluat in Qualitäts-
       klasse V oder VI eingestuft wurde,
dann   bestimmt das Eluat allein die Beurteilung der Probe.

Regel zur Zusammenfassung auf Fallebene:

Wenn   bei mehreren Proben 'Cyanid, gesamt' oder 'Kohlenwasserstoffe (IR)'
       hoch oder sehr hoch ist,
dann   sollte das Grundwasser analysiert werden.

Tab. 1: Einige Beispiele für Beurteilungsregeln

Der Benutzer kann wählen, ob er die Beurteilung einer Analyse, die zusammenfassende Beurteilung einer Probe oder die zusammenfassende Beurteilung eines Falls ausgegeben haben will. Der Benutzer kann sich auch Statistiken über die Beurteilungen der Parameter, Analysen und Proben ausgeben lassen. Außerdem kann er der Beurteilung einen Analysenplan zugrunde legen; das System prüft dann, wie häufig die vorgesehenen Analysenparameter tatsächlich untersucht wurden bzw. welche Analysenparameter des Analysenplans noch nicht untersucht wurden.

Bei der Bewertung wird entsprechend dem für Baden-Württemberg entwickelten Bewertungsverfahren /3/ vorgegangen. Zunächst wird die *'Stoffgefährlichkeit in Vergleichslage'* abgeschätzt, d.h. es wird angenommen, eine bestimmte Menge des zu bewertenden Boden- oder Abfallstoffes (12 500 m3) wäre unter festgelegten hypothetischen Lagebedingungen (Hausmülldeponie) deponiert und es wird die Gefährlichkeit des Bodens oder des Abfallstoffes bezogen auf diese Vergleichslage bewertet. Danach werden die tatsächlichen Lagebedingungen der Altlast und die Abfallmenge in die Bewertung der Umweltgefährlichkeit einbezogen. Es wird ein Zahlenwert für das 'maßgebliche Risiko' ermittelt, der zur Prioritätensetzung bei der Untersuchung und Sanierung der Altlasten herangezogen werden kann. Für die Beurteilung und Bewertung wurde eine Erklärungskomponente entwickelt. Diese Komponente wird ebenso wie die Wissensakquisitions-Komponente im nächsten Kapitel ausführlich beschrieben.

XUMA wird auf LISP-Maschinen des Typs Explorer II von Texas Instruments implementiert. Das System ist zur Hälfte in ART, einer hybriden Expertensystem-Entwicklungsumgebung der Firma Inference, und zur Hälfte direkt in Common Lisp, der Basis-Sprache der Maschine, geschrieben. An das Expertensystem ist eine relationale Datenbank (RTMS von Texas Instruments) gekoppelt, in welche die Massendaten (Analysenergebnisse, Stoffbeschreibungen etc.) ausgelagert sind.

3. Besondere Expertensystem-Funktionen

Eine charakteristische Eigenschaft von Expertensystemen ist, daß das Anwendungswissen (Fakten, Objekte, Regeln) von der Ablaufsteuerung des Programms getrennt und in einer (im Idealfall) für den DV-Laien verständlichen Weise implementiert wird. Damit unterscheidet sich ein Expertensystem von einem konventionellen Programm, in dem Anwendungswissen und Kontrollstruktur untrennbar verknüpft sind. Eine Separierung zumindest der Daten vom eigentlichen Programm erfolgt in datenbank-gestützten Informationssystemen. Bei Informationssystemen und mehr noch bei Expertensystemen sind die von einer Funktion gelieferten Ergebnisse daher nicht im voraus durch den Programmcode bestimmt, sondern abhängig vom aktuellen Zustand der Daten- bzw. der Wissensbasis. Eine Folge davon ist, daß geeignete Hilfsmittel zur Verfügung stehen müssen, die den aktuellen Zustand des Systems berücksichtigen, um die Ergebnisse nachvollziehen und verifizieren zu können. Bei einem Expertensystem verwendet man dazu eine Erklärungskomponente, die im allgemeinen folgende Aufgaben hat /5/:

- die Plausibilitätskontrolle der Lösung und Transparenz für den Laien,
- die Nachvollziehbarkeit und Darstellung wichtiger Prinzipien,
- den Nachweis der Korrektheit und
- die Rückführung des Ergebnisses auf zugrundeliegendes Wissen.

Andererseits ist auch die Manipulation der Daten bei Informationssystemen bzw. des Wissens bei Expertensystemen keine triviale Angelegenheit, da hier Aspekte wie Konsistenz, Syntax, Datensicherheit etc. zu berücksichtigen sind. Manipulationen durch den DV-unkundigen Anwender erfolgen daher über spezielle Schnittstellen, bei Expertensystemen über eine

Wissensakquisitions-Komponente. Im folgenden werden die speziellen Lösungen des XUMA-Systems zur Erklärung /4/ und Wissensakquisition /6/ diskutiert.

3.1 Erklärungskomponente

Ein Großteil der Expertensysteme gehört zu den Diagnose-Systemen, die im allgemeinen mit rückwärtsverketteten Regeln arbeiten und während des Ablaufs mehrmals Informationen vom Benutzer anfordern. Durch diese Interaktion hat der Benutzer die Möglichkeit, immer dann Fragen an das System zu stellen, wenn dieses neue Informationen benötigt (why - warum wird dies gefragt; how - wie wurde das Ergebnis hergeleitet). XUMA kann man in die Klasse der Interpretations-Expertensysteme einordnen. Hier werden mithilfe von vorwärts-verketteten Regeln aus Daten, die der Benutzer im voraus zur Verfügung gestellt hat (Analysenergebnisse), die möglichen Aussagen abgeleitet, ohne dazwischen anzuhalten. Der Benutzer hat dadurch keine Möglichkeit, den Ablauf einer einmal angestoßenen Funktion zu beeinflussen oder zusätzliche Zwischeninformationen zu erhalten. Er kann sich nur nach Ablauf eines Schlußfolgerungsprozesses Informationen zu den abgeleiteten Aussagen ausgeben lassen.

Nach der Beurteilung eines Falls, einer Probe oder einer Analyse werden dem Benutzer die Aussagen maus-sensitiv ausgegeben. Durch Anklicken einer Aussage wird die Erklärungs-komponente aufgerufen. Da XUMA für DV-Laien konzipiert ist, muß die Dialogschnittstelle der Erklärungskomponente dieselben hohen Anforderungen bezüglich Benutzerfreundlich-keit und Bedienkomfort erfüllen wie alle anderen Funktionen. Hierzu gehören Hilfstexte zu jedem Fenster, eine fehlertolerante Eingabeschnittstelle und eine Bedienung soweit möglich mithilfe maus-sensitiver Menüs, also ohne Tastatureingaben. Die einzelnen Menüs werden in zwei Fenstern ausgegeben, wobei das untere Fenster zur Ausgabe der Erklärungen und das obere Fenster zur Ausgabe der Auswahlmenüs dient.

Die wichtigsten Funktionen der Erklärungskomponente sind die lokale und die globale Rechtfertigung. Wählt der Benutzer die globale Rechtfertigung, so wird ihm der gesamte Ableitungsbaum (wobei für den Benutzer nicht relevante Informationen weggelassen wurden) in einer pseudografischen Form dargestellt (Abb. 1). Bei dieser Darstellungsform werden die Regeln und Prämissen der Ableitungstiefe entsprechend eingerückt. Diese Ausgabeform wurde gewählt, um dem Benutzer in einer kompakten und übersichtlichen Form die Informationen zur Verfügung zu stellen, die für ihn von Interesse sind. Bei einer grafischen Darstellung des Ableitungsbaumes mit Knoten und Kanten wäre es nicht möglich gewesen, die einzelnen Bewertungsaussagen in einer ähnlich übersichtlichen Form und mit derselben Informationsdichte auszugeben.

Die lokale Erklärung geht nur eine Stufe im Ableitungsbaum zurück. Im Unterschied zur globalen Erklärung, bei der nur die Regelnamen und Prämissen angezeigt werden, sind bei der lokalen Erklärung noch weitere Texte eingefügt (Abb. 2). Dabei handelt es sich zum

```
                    GLOBALE RECHTFERTIGUNG


Das Proben-Gesamtergebnis liegt im Intervall QK-V bis QK-VI.
   G3-PROBE-GES1
      Die Analyse wird eingestuft in das Intervall QK-V bis QK-VI.
         G2-ANA-GESAMT-2
            'Phenol, gesamt' wird eingestuft in Qualitaetsklasse V -
            ..Hohes Gefaehrdungspotential (NDL-GW).
               G1W-NDL-GW-5
                  Die Analyse ANA-201E ergab: Phenol, gesamt = 0.900
                  ..mg/l mit Methode 41
                  Der Grenzwert von Phenol, gesamt in der NDL-GW
                  ..betraegt .500e-01 mg/l, in Spalte C.
                     Diese Aussage gehoert zur statischen
                     ..Wissensbasis.
                  Fuer Eluat aus Boden-Proben werden betrachtet:
                  ..NDL-GW TVO EG-TW WHO
            'Cyanid, gesamt' wird eingestuft in das Intervall QK-IV
            ..bis QK-VI (TVO).
               G1W-TVO-4
                  Die Analyse ANA-201E ergab: Cyanid, gesamt = 0.750
                  ..mg/l mit Methode 41
                  Der Grenzwert von Cyanid, gesamt in der TVO
                  ..betraegt .500e-01 mg/l, in Spalte GW.
                     Diese Aussage gehoert zur statischen
                     ..Wissensbasis.
                  Fuer Eluat aus Boden-Proben werden betrachtet:
                  ..NDL-GW TVO EG-TW WHO
      Bei dem Untersuchungsobjekt ANA-201E handelt es sich um
      ..Eluat.
```

Abb. 1: Globale Rechtfertigung einer Aussage

einen um Standardtexte zur besseren Lesbarkeit, zum anderen um den Regeltext in natürlicher Sprache. Diese Regeltexte repäsentieren die Regeln in der Form, wie sie der Fachexperte beim Arbeiten mit der Wissensakquisitions-Komponente definiert hat oder wie sie durch den Systementwickler zusätzlich zu den Regeln in ART-Syntax angegeben wurden. Aussagen und Regelnamen in den Erklärungen sind maus-sensitiv und können wiederum erklärt werden; die Erklärungskomponente arbeitet rekursiv.

Weitere Funktionen der Komponente erlauben es dem Benutzer, sich Regelkommentare anzeigen zu lassen oder die Benutzerklasse zu ändern. Die Komponente ist so konzipiert, daß prinzipiell beliebig viele Benutzerklassen definiert werden können. Die aktuelle Version des Systems kennt jedoch nur die beiden Klassen der Fachexperten und der Systementwickler. Benutzerklassen spiegeln sowohl die unterschiedliche fachliche Kompetenz als auch die spezifischen Interessen der Benutzer wieder. Dies wirkt sich in XUMA dahingehend aus, daß die Informationen für verschiedene Benutzerklassen auch unterschiedlich detailliert sind. So werden z.B. Fakten und Regeln, die nur zur Ablaufsteuerung dienen, vor den Fachexperten verborgen. Zur Realisierung dieses Konzepts werden allen Regeln und Relationen (Fakt-Mustern) Relevanzwerte zugeordnet. Die Erklärungskomponente ist leicht erweiterbar. Wissen, das über die Wissensakquisitions-Komponente in XUMA eingebracht wird, kann sofort von der Erklärungskomponente verwendet werden. Werden neue Relationen

LOKALE RECHTFERTIGUNG

```
Das zu erklaerende Faktum lautet:

Das Proben-Gesamtergebnis liegt im Intervall QK-V bis QK-VI.

und wurde hergeleitet

 durch die Regel: G3-PROBE-GES1

   Wenn mehrere Analysen zu einer Probe vorliegen und das Eluat in
   ..Qualitaetsklasse V oder VI eingestuft wurde,
   ..dann bestimmt das Eluat allein die Beurteilung der Probe.

 mit den erfuellten Praemissen:

   Bei dem Untersuchungsobjekt ANA-201E handelt es sich um Eluat.
   Die Analyse wird eingestuft in das Intervall QK-V bis QK-VI.
```

Abb. 2: Lokale Rechtfertigung einer Aussage

definiert, was nur der Systementwickler kann, muß zusätzlich für jede Relation der Relevanzwert und eine Lisp-Funktion definiert werden. Diese Funktion setzt das Fakt-Muster aus der internen ART-Darstellung in sein natürlichsprachliches Äquivalent um. Die Erklärungskomponente ist ebenso wie das XUMA-Gesamtsystem etwa zu gleichen Teilen in ART und Common Lisp geschrieben.

3.2 Wissensakquisitions-Komponente

Die Wissensakquisitions-Komponente dient dazu, das XUMA-System an einen geänderten Wissensstand im Altlasten-Bereich anzupassen und die Kompetenz z.B. auf weitere Branchen auszudehnen. Dazu werden folgende Funktionen benötigt:

- Bearbeiten, d.h. Erfassen, Ändern und Löschen, von Stoffen und Analysenparametern
- Bearbeiten von Branchen-Konzepten
- Bearbeiten von Grenzwert-Tabellen
- Bearbeiten von Beurteilungs- und Bewertungsregeln.

Das Bearbeiten von Objekten und der mit diesen Objekten aufgespannten Netze erfolgt über entsprechende Formulare. Die anspruchsvollste Aufgabe ist das Bearbeiten von Regeln, auf das im folgenden näher eingegangen werden soll.

Die Regeln von XUMA sind in ART geschrieben. Zwischen dem Ideal einer dem Fachexperten verständlichen Wissensrepräsentation und der realen ART-Syntax klafft eine ziemlich breite Lücke. Die Ausdrucksmächtigkeit der Sprache bedingt, daß ART-Regeln ohne Programmier-kenntnisse nicht ohne weiteres zu verstehen oder gar zu schreiben sind. Die Wissensakquisitions-Komponente muß daher eine höhere Sprachebene zur Verfügung stellen. Im einzelnen bestehen folgende Anforderungen an diese XUMA-Komponente, soweit es die Manipulation von Regeln betrifft:

- Einfache Benutzung der Schnittstelle (i.w. maus-sensitive Menüs)
- Darstellung des Wissens weitgehend natürlichsprachlich
- Unterstützung der Konsistenz der Wissensbasis
- Testmöglichkeit des eingegebenen Wissens, Rücksetzfunktion
- Aufsetzen auf der gegebenen Wissensbasis
- Verbergen der Kontroll- und Ablaufinformationen

Diese Anforderungen wurden in eine System-Komponente umgesetzt, die auf einem 4-stufigen Ablaufmodell, bestehend aus Auswahl, Eingabe, Test und Bestätigung basiert. Die vom Fachexperten bearbeitbaren Regeln sind in einer Heterarchie von Gruppen und Untergruppen eingebettet, d.h. eine bestimmte Regel kann zu einer oder gleichzeitig zu mehreren (Unter-) Gruppen gehören. Die Gruppen werden durch aussagefähige Begriffe zur Strukturierung der Wissensbasis gebildet. Die dritte Regel in Tabelle 1 gehört z.B. gleichzeitig zur Gruppe der Boden- und der Farbregeln. Wählt der Benutzer in den entsprechenden Menüs Oberbegriffe aus, so wird er nach typischerweise 2 bis 4 Zwischen-schritten eine bestimmte vorhandene Regel identifizieren oder sich durch Auswahl einer entsprechenden Menü-Zeile das Gerüst für eine neue Regel erzeugen lassen, das dann noch zu vervollständigen ist. Verschiedene Auswahlpfade können zu derselben Regel führen. Die Änderung oder Neudefinition einer Regel hat u.U. die automatische Erzeugung einer neuen Gruppe zur Folge.

Zur Bearbeitung einer Regel wird die ausgewählte Regel oder das Gerüst einer neuen Regel (Abb. 3) als maus-sensitives Menü natürlichsprachlicher Aussagen dargestellt. Für jede Aussageart existiert eine bestimmte Methode, um den Benutzer bei der Formulierung einer gültigen und möglichst konsistenten Aussage zu unterstützen. Soll eine Regel z.B. eine Prämisse enthalten, welche auf die Farbe der Probe Bezug nimmt, so erhält der Benutzer nach Auswahl des entsprechenden Musters in dem Regelgerüst die Liste der in XUMA definierten und damit interpretierbaren Farben. Nach Auswahl einer oder mehrerer Farben wird die natürlichsprachliche Aussage in die Regel eingefügt (Abb. 4).

Das Testen der geänderten Wissensbasis erfolgt, indem z.B. bereits bearbeitete Fälle noch einmal beurteilt bzw. bewertet und die Ergebnisse verglichen werden. Systemgeführte Tests sind bisher nicht vorgesehen. Um nach einer Reihe von Änderungen und Erweiterungen einen definierten neuen Zustand der Wissensbasis herzustellen, werden die durchgeführten Eingaben protokolliert und in einem Menü aufbereitet. Hier können neue oder geänderte Regeln für gültig bzw. ungültig erklärt und einzelne Eingaben genauer inspiziert werden.

Die Wissensakquisitions-Komponente ist in objekt-orientierter Programmierung mit dem auf Common Lisp aufbauenden Flavor-System des TI-Explorer implementiert.

```
Name der Regel  : G2-FARBE1

Wenn
Untersuchungsobjekt ist    <noch nicht spezifiziert>
und
Farbe, qualitativ  ist  <bitte angeben>

dann gilt :
Verdacht auf Cyanid (Grund: < bitte angeben >)   (definitiv)



< E N D E     oder    O P T I O N E N >
```

Abb. 3: Gerüst einer neuen Regel

```
Name der Regel  : G2-FARBE1

Wenn
Untersuchungsobjekt ist   BODEN oder ABFALL
und
Farbe, qualitativ  ist  blaugruen oder gruen oder blau

dann gilt :
Verdacht auf Cyanid (Grund: Farbe)  (definitiv)



< E N D E     oder    O P T I O N E N >
```

Abb. 4: Vervollständigte Regel

4. Erfahrungen

Ein erster, auf Kohleveredelungsbetriebe (Gaswerke, Kokereien) beschränkter Prototyp von
XUMA wurde im Herbst 1988 zum ersten Mal für mehrere Wochen in der LfU eingesetzt.
Dabei zeigte sich, daß der grundlegende Ansatz, die mit der Beurteilung von Altlasten
befaßten Sachbearbeiter mit einem wissensbasierten System zu unterstützen, richtig ist. Die
überwiegend sehr positive Resonanz seitens der LfU und des Umweltministeriums von

Baden-Württemberg bestätigte den dringenden Bedarf nach einem solchen System. Doch es sind auch noch einige grundsätzliche Probleme zu lösen:

- Es gibt keinen allgemein anerkannten "Stand der Technik" bzgl. der Beurteilung und Bewertung, d.h. die Vorgehensweise ist oft subjektiv geprägt.

- Die Domäne ist sehr breit (-> hoher Realisierungsaufwand), aber mit der Beschränkung auf Teilaspekte ist kein Routineeinsatz des Systems zu erreichen.

- Die Anwendung ist sehr datenintensiv (Analysenergebnisse, Stoffe, Analysenparameter). Dies führt zu Effizienzproblemen, da die Entwicklungs-Werkzeuge nicht für große Datenmengen ausgelegt sind.

- Die sich ergebenden hohen Leistungsanforderungen an Hard- und Software kollidieren mit dem Wunsch, die Rechenleistung mit der bestehenden DV-Ausstattung auf den Tisch des Sachbearbeiters zu bringen.

Die Erfahrungen der ersten Testphase, die nach Beschaffung einer eigenen Ablaufumgebung durch die LfU in 1989 in einen kontinuierlichen Entwicklungs-Test-Zyklus übergehen soll, wurden in einem Lastenheft für das weitere Vorgehen niedergeschrieben. Die Umsetzung dieser Anforderungen wurde Anfang 1989 begonnen und wird sich über mehrere Jahre erstrecken.

5. Literatur

/1/ Weidemann, R.; Geiger, W.; Eitel, W.: Entwurf eines Expertensystems zur Beurteilung von Abfallstoffen. 2. Symposium Informatikanwendungen im Umweltbereich, 9./10. Nov. 87, Karlsruhe. Informatik-Fachberichte 170, Springer-Verlag, Berlin, S.116-126 (1988).

/2/ Geiger, W.; Weidemann, R.; Eitel, W.: Konzepte des Expertensystems XUMA für Altlasten. Erscheint in KfK-Nachrichten 1989.

/3/ Ministerium für Umwelt, Baden-Württemberg: Altlasten-Handbuch, Teil I und II. Wasserwirtschaftsverwaltung, Heft 18 und 19 (1987).

/4/ Huber, K.-P.: Erklärungskomponente für das Expertensystem XUMA unter Berücksichtigung verschiedener Benutzerklassen. Kernforschungszentrum Karlsruhe, KfK-4478 (1988).

/5/ Puppe, F.: Einführung in Expertensysteme, Springer-Verlag, Berlin (1988).

/6/ Clausen, U.: Eine interaktive Wissenserwerbskomponente für ein wissensbasiertes Altlastensystem. Kernforschungszentrum Karlsruhe, KfK-4600 (1989).

ANFORDERUNGEN AN EIN WISSENSBASIERTES SYSTEM ZUR BEWERTUNG VON GEFÄHRDUNGSPOTENTIALEN.

Gudrun Osterkamp,   Brigitte Richter,   Wolfdietrich Skala
Freie Universität Berlin, Institut f. Geologie
Mathematische Geologie
Malteserstr. 74 - 100, D - 1000 Berlin 46

Werden Schadstoffe von einer Altablagerung an die Umwelt abgegeben, belasten sie das Grundwasser, das Oberflächenwasser, den Boden und die Luft. Nach GOLWER (1986) sind die ökologischen Auswirkungen der Schadstoffausbreitung in das Grundwasser besonders gefährlich. In der Bundesrepublik Deutschland gewinnt man etwa 63% des Trinkwassers aus dem Grundwasser (VIERHUFF 1987).

Zur Umweltvorsorge und -überwachung gibt es jedoch keine einheitliche und verbindliche Vorsorge (UVF 1987), auch fehlen allgemein akzeptierte oder gar festgelegte Regeln für eine Vorgehensweise (APPEL 1987). Der Bedarf an einschlägigen Bewertungsverfahren ist jedoch allgemein anerkannt: So wurde in den vergangenen Jahren von verschiedenen Länderbehörden und Verbänden damit begonnen, Richtlinien zur Beurteilung von Altablagerungen zu entwickeln. Die inzwischen veröffentlichten Bewertungsverfahren unterscheiden sich jedoch hinsichtlich der Methodik als auch in den jeweiligen Bewertungskriterien, so daß die Ergebnisse nicht ohne weiteres vergleichbar sind.

Das hier vorgestellte Wissensbasiertes System ALTRISK wurde entwickelt, um Fachleute bei der Beurteilung der Gefährdung durch Altablagerungen zu unterstützen. Damit soll ein Bewertungsverfahren vorgestellt werden, das mögliche Risiken für das Grundwasser erkennen hilft und eine erste Beurteilung gefahrenverdächtiger Standorte (Altablagerungen) erlaubt. Der dabei eingeschlagene Weg der quantitativen Risikobewertung gestattet den Vergleich verschiedener Verdachtsflächen - etwa hinsichtlich der Prioritätensetzung für Sanierungsmaßnahmen oder der Standortwahl.

2. Die Bewertung von Altablagerungen

WHYTE & BURTON 1980 definieren Risiko als "a means of hazard or danger with adverse probabilistic consequences for man or for his environment" . In Anlehnung an diesen Begriff im 'Risk Assessment' verstehen wir unter der Beurteilung des Gefährdungspotentials aus Altablagerungen die quantitative Bewertung des Gefahrenrisikos für den Menschen bzw. für Schutzgüter des Menschen. Im Einzelfall liegt eine Gefahr dann vor, wenn eine gegebene Sachlage den Eintritt eines Schadens mit hinreichender Wahrscheinlichkeit erwarten läßt (DARMSTÄDT 1983, zitiert in HERRMANN 1988). In diesem Sinne ist die Feststellung und Beurteilung von Gefährdungspotentialen für bestehende Nutzungssituationen eine Grundvoraussetzung der Entscheidungsfindung bei der Bewältigung der Altlastenproblematik. Eine quantitative Risikobewertung erlaubt Diagnose (Aussagen über gegenwärtige Risiken) und Prognose (Aussagen über zukünftige Risiken).

Für die Vielzahl an vorgeschlagenen Lösungswegen von Bewertungsverfahren, Handlungsanweisungen etc. ist die Komplexität der Problematik verantwortlich:

- Die Maßstäbe zur Bemessung des Risikos sind abhängig vom Stand der gültigen Ansichten und Erkenntnissen in Gesellschaft und Wissenschaft zum Zeitpunkt der Bewertung, Bewertung hat daher immer einen moralischen Aspekt.

- Die Beurteilung von Altablagerungen erfordert die Einbeziehung von Erkenntnissen (Wissen) aus den verschiedensten Disziplinen (Medizin, Biologie, Chemie, Geologie, Rechtswissenschaft usw.), selbst wenn nur der Belastungspfad Grundwasser untersucht wird.

- Die Einschätzung von Gefahren ist meist mit Unschärfen behaftet. Wahrscheinlichkeitstheoretische Methoden sollten zum Einsatz kommen.

- Die Bewertung gegenwärtiger bzw. zukünftiger Risiken stützt sich auf empirisch und theoretisch-deduktiv aufgewiesene Zusammenhänge unterschiedlichster Faktoren. Die hierbei zu berücksichtigenden Bewertungsgegenstände zeigen teilweise sehr komplizierte Strukturen und Wechselwirkungen.

- Der Bewertungsprozeß verläuft sequentiell: Er gliedert sich in Planungsstufen, wobei auf jeder dieser Stufen Untersuchungs-, Bewertungs- und Entscheidungsprozesse durchlaufen werden müssen.

Als besonderes Problem bei der Altablagerungsbewertung erweist sich - tragend in fast allen oben genannten Aspekten - die Frage nach der Art und Herkunft und somit der Zuverlässigkeit der zu bewertenden Daten.

3. Eine Problemlösungsstrategie

Probleme, zu deren Lösung das komplex strukturierte und umfangreiche Wissen von hochqualifizierten Experten benötigt wird, bilden typische Anwendungsgebiete für Methoden der Künstlichen Intelligenz (KI).

Im Unterschied zu herkömmlichen Computerprogrammen versuchen Wissensbasierte Systeme die kognitiven Prozesse der Erkenntnisgewinnung zu simulieren (BUNDI 1986). Als Muster dient dabei das menschliche Problemlösungsverhalten (BUCHANAN & SHORTLIFF 1984 und HARMON & KING 1986). In unserem Fall heißt das konkret: Wie benutzt ein Experte sein explizites und implizites Wissen, d.h. wie verknüpft er dieses Wissen und welcher Art ist dieses Wissen (Erfahrungswissen, Daten, Erkenntnisse der einschlägigen Fachdisziplinen).

3.1 Ermittlung bewertungsrelevanter Risiken

Die inhaltlichen Bestimmungen, unserer Untersuchung sind Expositionsverhalten von Deponien, Toxizität der abgelagerten Stoffe und Nutzungssituation.
Zunächst waren folgende Fragen zu klären:

> Auf welche Sachverhalte (= Kriterien) stützt sich
> eine Risikoeinschätzung?
> Wie wird sie vorgenommen?
> Welche Informationen und Daten werden benötigt?

Im Sinne von WHYTE & BURTON 1980., HAIMES 1987, MANN 1988 läßt sich das gegebene Problem folgendermaßen untergliedern:
1. Identifizierung von Risiken, aus denen sich das Gesamtrisiko zusammensetzt,
2. Einschätzung bzw. Quantifizierung von Risikopotentialen,
3. Bewertung

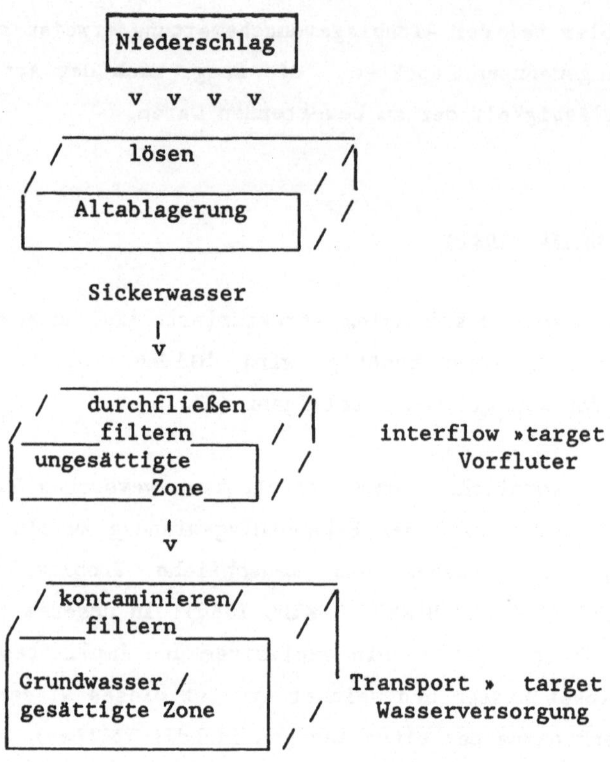

Abb. 1: Prozesse und Effekte im Untergrund einer Altablagerung

Aus einer schematischen Darstellung (Abb. 1) nach WHYTE & BURTON (1980) wird deutlich, daß nicht die Daten und Informationen von primärer Bedeutung sind; es sind die ablaufenden Vorgänge, die interessieren. Prozesse, wie das Durchsickern der ungesättigten Zone können als Einzelrisiken aufgefaßt werden. Art und Intensität dieser Prozesse bestimmen die jeweilige Höhe des betrachteten Risikos: Ein Risiko für das Grundwasser liegt dann vor, wenn unterschiedliche Prozesse gleichzeitig oder in Folge auftreten, so daß mit einer gewissen Wahrscheinlichkeit eine Beeinträchtigung der Grundwasserqualität eintritt.

Bei der Erstellung der Wissensbasis war es also zunächst wichtig, alle risikorelevanten Prozesse festhalten. Dabei wurde gleichzeitig festgelegt, welche Effekte zusätzlich in Betracht gezogen werden müssen. Das Ergebnis dieser Arbeit ist ein Katalog relevanter dynamischer Bewertungskriterien.

Zur Quantifizierung von Risiken werden im 'Risk Assessment' üblicherweise Methoden der Wahrscheinlichkeitstheorie eingesetzt. Für eine objektive Bestimmung von Wahrscheinlichkeitsfunktionen liegen zur Zeit jedoch nicht genügend Untersuchungen bzw. entsprechendes Belegmaterial vor. Selbst an die Bildung empirischer Wahrscheinlichkeitsfunktionen (HAX 1974) anhand gut untersuchter Altablagerungen ist kaum zu denken, da die benötigten Informationen meist begrenzt, unpräzise und auch unvollständig sind. Überdies sind die Mechanismen, die den Schadstofftransport beeinflussen, noch nicht hinreichend erforscht (APPEL et al. 1987).

Zum Grad der Verläßlichkeit von Prognosen über das Eintreten von Ereignissen existieren jedoch Vorstellungen, die nach HAX (1974) zur Bildung subjektiver Wahrscheinlichkeiten herangezogen werden können. Auf die Erstellung theoretischer Wahrscheinlichkeitsfunktionen wird in unserer Arbeit dennoch bewußt verzichtet. Ihre Verwendung würde eine Genauigkeit der Aussagen vortäuschen, die derzeit noch nicht erreicht werden kann.

3.2 Informationsniveaus und Aussagesicherheit

Um weitestmögliche Objektivität des Bewertungsvorganges zu erreichen, wurden die Anzahl und die Inhalte der eingehenden Risiken genau festgelegt. So ist gewährleistet, daß eine Altablagerung, zu der kaum Information vorliegen, nicht von vornherein als ungefährlich eingeschätzt werden kann.

Die Verläßlichkeit einer Bewertung hängt naturgemäß in hohem Maße von der Art und Herkunft der zugrunde gelegten Daten ab. Zu Beginn einer Altablagerungsbewertung liegen meist nur sehr allgemeine Informationen vor. In diesem Stadium lassen sich zwar schon erste, jedoch wenig exakte Abschätzungen zu potentiellen Risiken machen. Entsprechend dem Untersuchungsniveau kann die Verläßlichkeit der Bewertung verbessert werden, eine Mindestanzahl an Daten bzw. Informationen muß allerdings vorhanden sein. Die von uns gewählten Bewertungskriterien gehen entsprechend ihrer Relevanz für den Risikowert mit unterschiedlichem Gewicht in die Bewertung ein. Unzureichende Information bezüglich eines Bewertungskriteriums hat demgemäß unterschiedliche Folgen:

- Betrifft die fehlende Information ein Bewertungskriterium von großer Bedeutung, muß der Bewertungsprozeß abgebrochen werden.

- In einigen Fällen ist es möglich, Erfahrungswerte als sogenannten Default-Wert hilfweise einzusetzen: Klimadaten sind häufig allgemein verfügbar - etwa Niederschlagsdaten, die in einer größeren Region über längere Zeiträume gemessen wurden. Solche Werte können als Eingangsdaten in der Bewertung berücksichtigt werden. Ihre Vertrauenswürdigkeit ist geringer als von Daten, die aus der unmittelbaren Nähe der Verdachtsfläche stammen.

Die von uns betrachteten Prozesse beschreiben vor allem den Transport bzw. die Verlagerung möglicher Emittenten auf dem Weg zum Grundwasser. Um den Schadstofftransport im Grundwasser beschreiben und damit einer Beurteilung zugänglich machen zu können muß eine Reihe von Voraussetzungen erfüllt sein. Hierzu gehört in erster Linie eine exakte Beschreibung der geologisch-hydrogeologischen Verhältnisse im Bereich der Verdachtsfläche und deren Umfeld.

Erfahrungen haben gezeigt, daß dieses Problem durchaus nicht trivial ist. Untersuchungen an Berliner Altablagerungen ergaben, daß eine ausschließlich auf chemischer Analyse basierende Beurteilung des Grundwassers zu schwerwiegenden Fehlern führen kann (OSTERKAMP & SKALA 1987). Zwar spielen chemisch-physikalische und auch biologische Größen beim Schadstoffverhalten eine bedeutende Rolle, doch dürfen Verdünnungseffekte, Fließgeschwindigkeit des Grundwassers und bereits im Anstrom vorhandene Belastungen nicht vernachlässigt werden.

Eine abschließende Beurteilung der Grundwasserqualität kann daher erst dann erfolgen, wenn bereits eine hinreichende Anzahl von Beprobungsstellen im An- und Abstrom untersucht worden ist. Die chemische Analyse sollte durch eine hydrogeologische Auswertung ergänzt werden, um Aussagen zu hydrodynamischen Parametern - etwa Abstandsgeschwindigkeiten - mit Auswertungen hydrochemischer Daten - etwa Bestimmung der Background-Werte des Grundwassers und der Grundbelastung im Anstrom der Verdachtsfläche - zu verbinden.

Aus diesen Überlegungen wird deutlich, daß eine Beurteilung des Gefährdungspotentials von Altablagerungen nach Maßgabe der Anzahl und Art der benutzten
Informationen bzw. Daten auf unterschiedlichen Stufen durchgeführt werden
kann. Grundsätzlich sollte es daher möglich sein, den Bewertungsprozeß der
jeweiligen Untersuchungsstufe anzupassen.

4.0 Prognosebildung und Risikobewertung

Die Gegenstände unserer Beurteilung sind das Endergebnis von Prognosen: Das
Auftreten bestimmter Ereignisse ist direkt mit einer Gefährdung von Schutzgütern - in unserem Falle des Grundwassers - verbunden. Daher sind Prognosen zu
bestimmten Sachverhalten in Risikowerte umsetzbar.

Die Durchlässigkeit des Gesteins und die Länge der Sickerstrecke in der ungesättigten Zone bestimmen die direkte Passage von Schadstoffen zum Grundwas-
serleiter. Geht man hierbei von idealen Tracern aus, können Aussagen über den
zeitlichen Ablauf des Transportes gemacht werden. Ein großes Risiko besteht
dann, wenn mit einem sehr schnellen Transport zu rechnen ist. Ein Risiko für
das Grundwasser ist gering, wenn die Verlagerung von Schadstoffen kaum wahrscheinlich ist.

In die Beurteilung der Sickerstrecke geht neben dem Flurabstand und der Depo-
nietiefe die Inhomogenität des Untergrundes ein. Diese wiederum wird bestimmt
durch die Anzahl der vorhandenen Schichten und deren jeweilige Zusammensetzung. Die Durchlässigkeit des Gesteins ergibt sich in Lockergesteinsgebieten
aus der mittleren Zusammensetzung der Sedimente. In Festgesteinsgebieten ist
eine Beurteilung sehr viel schwieriger, da neben der Gesteinsdurchlässigkeit
vor allem die schwer zu ermittelnde Trennfugendurchlässigkeit eine wesentliche Rolle spielt.

Hier wird deutlich, daß sich die Prognose und damit der abgeleitete Risikowert auf zahlreiche Faktoren oder Kriterien stützt. Die relevante Aussage ergibt sich aus der Verknüpfung der einzelnen Faktorwerte in Form logischer
Wenn-Dann- Beziehungen.

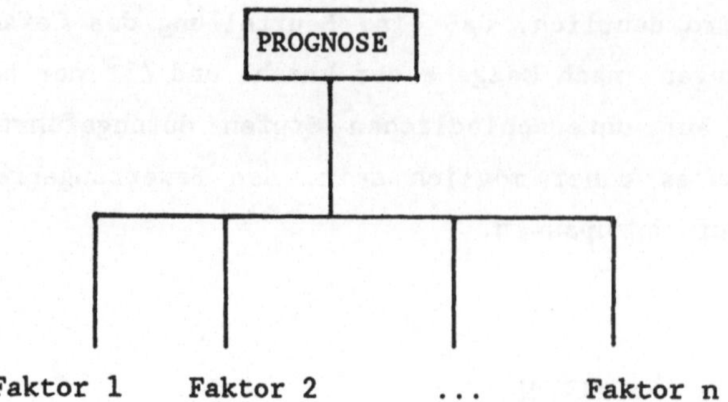

Abb. 2: Schema Baumstruktur

Die Kombination solcher Beziehungen führt zu einer hierarchischen Baumstruktur. Abb.2 zeigt einen "Baustein" aus solch einer Struktur, bestehend aus Wurzel und Endknoten. Die Wurzel des Baumes repräsentiert eine Prognose bzw. einen Teilschritt hierzu. Die Endknoten bilden die entsprechenden Faktoren oder Kriterien. Die Realisierung dieser Wissensstruktur entspricht einem Frame-basierten Ansatz.

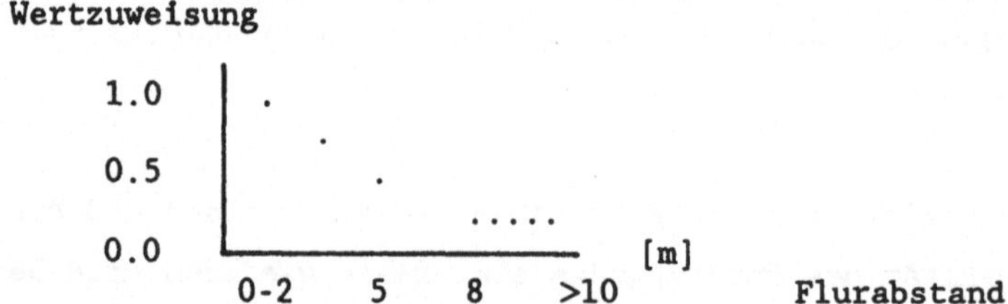

Abb. 3: Schema zur Verdeutlichung der Kriterien-Bewertung

Jedes Bewertungkriterium muß, um verarbeitet werden zu können, selbst einer Beurteilung unterzogen werden. Diese Beurteilung richtet sich nach der zu erstellenden Prognose. Jede Messung oder auch jede Information, sei sie qualitativer oder quantitativer Art, wird entsprechend ihrem Anteil an der Prognose in Bewertungswerte zwischen 0 und 1 umgewandelt. Hierzu wird ein Ranking-System benutzt, das die Informationen über die Verdachtsfläche in bezug auf den betrachteten Risikowert in Klassen einteilt. Je stärker das Ranking differenziert werden kann, d.h. je kleiner die Klassenbreite für die eingehenden Werte ist, desto genauer können die erstellten Prognosenergebnisse auf den Risikowerten abgebildet werden. Als wichtiger Aspekt bei der Prognosebildung zeigte sich, daß die in einen Risikowert eingehenden Faktoren disjunkt sein müssen damit kein 'Übergewicht' bestimmter Eingangsgrößen entsteht.

Ein Kriterium ist immer nur für ein bestimmtes Risiko definiert. Wenn eine Information zur Erstellung mehrerer Risikowerte benötigt wird, werden entsprechend dem jeweiligen Kriterium ggf. unterschiedliche Bewertungen vergeben.

Kriterien oder Faktoren repräsentieren nicht ausschließlich Originaldaten, sie können auch aus Ergebnissen von Auswertungen abgeleitet sein.

Die zur Berechnung eines Risikowertes benötigten Kriterien haben unterschiedliche Bedeutungen für die Prognosen. Diese werden mit Hilfe von Gewichten ausgedrückt. Die Gewichtung ist unabhängig von der betrachteten Verdachtsfläche und daher fest in die Wissensbasis des Systems eingebaut.

Die Verknüpfung der Kriterien zur Erstellung der Risikowerte wird über folgende Berechnungsvorschriften erreicht: Das gewichtete Mittel der Faktorbewertungen, der größte oder kleinste der gewichteten Faktorbewertungen werden bestimmt. Zusätzlich werden kriteriale Bedingungen benutzt, um Ausnahmefälle und Besonderheiten abbilden zu können. Auch die Berechnungsvorschriften sind Bestandteil der Wissensbasis. Sie können als Wenn-Dann-Verknüpfungen verstanden werden und erfüllen damit das Prinzip einer hierarchischen Baumstruktur.

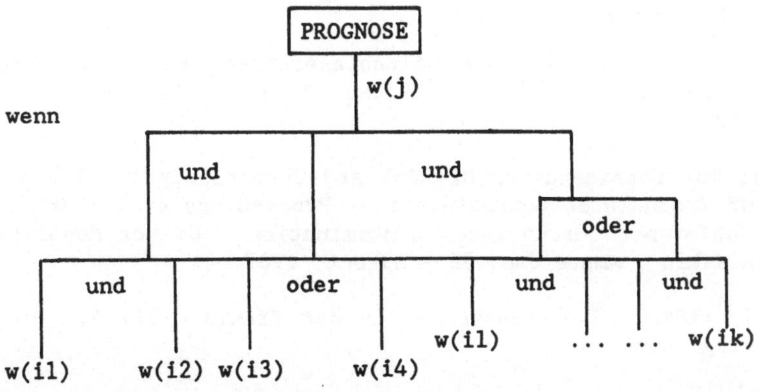

Abb. 4: Baumförmige Verknüpfungen, interpretierbar als Vorwärtsverkettung

Ihr können Beurteilungen zu einzelnen Prognosen entnommen werden. Auf den höheren Ebenen des Baumes tragen die betreffenden Bewertungen (als Faktorbewertungen) zur Beurteilung des Gesamtrisikos bei.

Trotz der Vielzahl möglicher Kriterien, die im Einzelfall auftreten können, ist die Bestimmung eines Risikowertes eindeutig, da mit der soeben beschriebenen Kontrollstruktur der Wissensbasis ein deterministischer Ansatz verfolgt wird. Sie arbeitet nach dem Prinzip der Vorwärtsverkettung. Eine solche Vorgehensweise empfiehlt sich immer dann, wenn eine Vielzahl von Möglichkeiten mit entsprechender Kombinatorik in den Verknüpfungen vorliegt (HARMON & KING 1986).

LITERATUR:

Appel, D., Haas, D., Horchler, D., Van Straaten, L. (1987): Grundsätze für die Bewertung von Verdachtsflächen.- BDG , Bonn

Buchanan, B.G., Shortliff, E.H. (1984): Rule Based Expert Systems. The Mycin Experiments of the Stanford Heuristic Programming. Prospect.- 748 S.; Addison Widley Pub. Comp., Sydney

Bundy, A. (1986): Praktische Einführung in die künstliche Intelligenz.- 296 S.; IWT- Verlag , München

Engelhardt von, W., Zimmermann, J. (1982): Theorie der Geowissenschaft.- 368 S.; Schöningh, Paderborn, München

Franzius, V., R. Stegemann und K. Wolf (1982): Handbuch der Altlastensanierung. - Lose Blatt-Sammlung. R. v. Deckers Verlag, G. Schenk, Heidelberg

Golwer, A. (1986): Auswirkungen von Altablagerungen auf die Grundwasserbeschaffenheit.- DVWK Schriften 78; 115 - 128, Verlag Paul Parey, Berlin

Haimes, Y.Y. (1987): The Consideration Of Risk And Uncertainty In: The Management Of Groundwater Contamination.- Proceedings of the International Conference 'Groundwater Contamination : Use of Modells in Decision Making, Amsterdam, 26 - 29 Oct. 1987

Harmon, P., King, D. (1986): Expertensysteme in der Praxis.- 314 S.; Oldenburg Verlag, München

Hax, H. (1974): Entscheidungsmodelle in der Unternehmung, Einführung in Operations Research.- 221 S.; rororo Studium 63, Hamburg

Herrmann,N. (1988): Die öffentliche Verantwortlichkeit für Sanierungsmaßnahmen. In Franzius, Stegemann, Wolf (1988): Handbuch der Altlastensanierung.- Lose Blatt Sammlung; R.v. Deckers Verlag, G. schenk, Heidelberg

Kahn, G., Nowlan, S., Mc Dermott, J. (1985): Strategies for Knowledge Aquisition.- TEEE Transaction of Pattern Analysis and Machine Intelligence, Vol. PAMI - 7 No. 5; 511 - 5322

Länderarbeitsgemeinschaft Abfall (LAGA) (1982): Gefahrdungsabschätzung und Sanierungsmöglichkeiten bei Altablagerungen. - Informationsschrift

Mann, C.J. (1988): Methods of Probability Assessment of Geological Hazards.- Mathem. Geology Vol. 20 No. 5; 589 - 601, New York

Osterkamp, G., Skala, W. (1987): Hydrochemische Veränderung eines Grundwassers durch Altablagerungen.- Z.dt. geol. Ges. 138,; 287 - 297, Hannover

Retti, J. et al. (1986): Artificial Intelligence. Eine Einführung. Leitfaden zur angewandten Informatik, 228 S., Teubner Verlag, Stuttgart

Umlandverband Frankfurt (1987): Bericht über den Stand der Erfassung kontaminierter Standorte im Gebiet des Umlandverbandes Frankfurt und Ansätze zur Lösung der Altlastenproblematik. - Altablagerungsbericht 20 S., Frankfurt

Vierhuff, H. (1987): Die Situation der Grundwasserbeschaffenheit in der Bundesrepublik Deutschland.- 25 - 37, IWS Schriftenreihe Band 3: 1. Boden-/ Grundwasser Forum Berlin, Erich Schmidt Verlag, Berlin

Whyte, A.V., Burton, I, (1980): Environmental Risk Assessment.- 157 S., Scope 15, John Whiley & Sons, Chichester, New York

Das Altlasten-Experten-System
(früher ALEXSYS)

Helmut Franzen, Technische Fachhochschule Berlin/DEGAS
Wolfgang Schramm, IBM Deutschland GmbH, Stuttgart

1. HINTERGRUND

Bedingt durch spektakuläre Schadensfälle in den letzten Jahren, hat die Problematik der Altlasten einen zunehmend höheren
Stellenwert in der Öffentlichkeit, Politik und Wirtschaft
erlangt. Unter Altlasten werden in diesem Zusammenhang ehemalige Mülldeponien und ehemalige, z. T. noch genutzte Indu-
striestandorte verstanden.

In der Bundesrepublik Deutschland sind nach neuesten Erhebungen 48377 Verdachtsflächen amtlich erfaßt, die sich in 40514
Altablagerungen und 7863 Altstandorte aufteilen, wobei gerade
im Bereich der Altstandorte die Erhebungen bisher nicht abgeschlossen wurden.

Das Problem der Altlasten ist naturgemäß von internationalen
Dimensionen, so geht man in Frankreich von 35.000, in Italien
von 30.000 und in Spanien von 25.000 kontaminierten Standorten
aus (2), um nur die westeuropäischen Länder mit den derzeit
größten Zahlen zu nennen.

Über die Anzahl der sanierungsbedürftigen Altlasten gehen die
Schätzungen ebenso auseinander wie über die zur Sanierung
benötigten Finanzmittel. Kostenschätzungen bewegen sich im
Bereich zwischen ca. 17 bis 40 Milliarden für die Bundesrepublik Deutschland. Die Erfahrungen an einigen Sanierungsobjek-
ten haben gezeigt, daß der tatsächliche Finanzbedarf in der
Regel an oder über der Obergrenze der Schätzungen lag.

Die absolute Höhe der benötigten Finanzmittel ist in diesem
Zusammenhang auch nicht entscheidend, wichtig ist, daß ein
auch volkswirtschaftlich relevanter Geldbetrag erforderlich
ist, wobei ein gut Teil der Lasten von öffentlichen Haushalten
zu tragen sein wird.

Thematisch läßt sich die Altlastenproblematik sicherlich nicht
von einer Wissenschaftsdisziplin bewältigen, vielmehr ist eine
intensive interdisziplinäre Zusammenarbeit notwendig. Dazu
kann die Informationsverarbeitung einen wesentlichen Beitrag
leisten, da moderne Werkzeuge zur Verfügung stehen, die es
ermöglichen, Expertenwissen verschiedenster Fachrichtungen in
Expertensystemen zu integrieren, so daß Experten und "Laien"
damit arbeiten können.

Das Projekt zur Entwicklung des Expertensystems wurde gemeinsam von der Deutschen Gesellschaft für Anlagensicherheit DEGAS
und der IBM Deutschland getragen. Die fachlichen Inhalte
lieferte das Institut Wassergefährdende Stoffe an der TU
Berlin.

2. EINSATZ EINES EXPERTENSYSTEMS

Die Gründe für den Einsatz eines Expertensystems können vielschichtig sein. Einer der Hauptgründe dürfte die erhoffte Vervielfältigung von Expertenwissen sein, das in der Regel knapp und teuer ist, und oft dort nicht zur Verfügung steht, wo es gerade benötigt wird. Einmal erarbeitetes und in ein Expertensystem eingebrachtes Wissen kann von den Experten aktualisiert, beliebig oft vervielfältigt und somit unbegrenzt genutzt werden.

Eine andere, gerade Expertensystemen eigene Qualität liegt in der Möglichkeit auch sogenanntes "unsicheres" Wissen zu verarbeiten und verfügbar zu machen. Dies ist gerade in Wissensgebieten von Interesse, in denen beispielweise noch heuristisches, wenig mathematisch formalisiertes, Expertenwissen existiert, dennoch aber die Notwendigkeit der Verfügbarkeit dieses Wissens sehr groß ist. Expertensysteme unterstützen indirekt den Wissensaustausch unter den Experten und leisten dabei, quasi als Nebeneffekt, eine Formalisierung und Objektivierung des bearbeiteten Wissensgebietes.

Alle obengenannte Gründe treffen auf das Gebiet der Altlastensanierung zu. Die Entdeckung, Bewertung und Sanierung von Altlasten stellen gesamtgesellschaftlich ein enormes Problem dar, da

a) zur Zeit nur wenige Experten auf diesem Gebiet das notwendige, insbesondere auch das interdisziplinäre, Fachwissen haben.

b) das Fachgebiet nur ansatzweise eine formalisierte Wissenschaft ist. Beispielsweise kann heute verläßlich nur die Wirkung einzelner Stoffe bewertet werden, dagegen ist die zusammenhängende Wirkung von stofflichen Kombinationen bisher kaum oder garnicht erforscht.

c) aus heutiger Sicht die Sanierung aller erkannten Altlasten weder personell noch finanziell möglich ist. Eine objektive Bewertung der Dringlichkeit der anstehenden Sanierungen auf der Grundlage möglichst aktuellen Expertenwissens ist deshalb besonders wichtig.

d) wegen der Zusammenhänge zwischen den verschiedenen Wissensgebieten nur ein von Fachexperten aller betroffenen Fachgebiete getragenes Vorgehen erfolgreich sein kann.

Auch aus der Sicht der Informatik stellt die Entwicklung eines Expertensystems eine Herausforderung dar. Hierfür lassen sich mehrere Gründe anführen:

a) Die Entwicklung eines Expertensystems ist nicht mit den gängigen Methoden der Programmiertechnik zu leisten. Die in den letzten Jahren mühevoll erforschten Techniken zur systematischen Entwicklung großer Programmsysteme (Software-Engineering) lassen sich nicht ohne weiteres auf die Entwicklung von Expertensystemen übertragen. Während große (konventionelle) Programmsysteme mit möglichst präzisen Vorgaben (Anforderungen) entwickelt werden, ist bei Expertensysteme der Prozeß der Entwicklung weitaus weniger planbar. Nur selten kann eine genaue Aussage über den notwendigen Aufwand zur Aufbereitung des in den verschiedensten Formen vorliegenden Wissens gemacht werden. Typisch ist vielmehr die Situation, daß das Wissen nur teilweise in formalisierter oder schriftlicher Form vorliegt und schrittweise mit dem Experten erarbeitet werden muß. Der dazu notwendige Aufwand und die erforderliche Dauer sind dabei oft nur zu erahnen.

b) Im Gegensatz zu konventionell erstellten Programmsystemen ist der entwickelte Prototyp die Grundlage für die Entwicklung des eigentlichen Expertensystems. Konventionelle Programmentwicklung nutzen diesen Schritt lediglich um einen ersten Eindruck der Arbeitsweise des noch zu entwickelnden Systems vermitteln.

c) Die Informatik kann nur gemeinsam mit dem in der Fachdisziplin vorhandenen Wissen die Entwicklung eines Expertensystems tragen. Die Regeln und die Wissensdarstellung werden je nach Projektstruktur selbst von den Wissensingenieuren erarbeitet und in das Expertensystem eingegeben. Lediglich grundsätzliche Strukturen wie die Einbettung des Wissens in die Systemunmgebung, der oft notwendige Anschluß an Datenbanken und der Aufbau der Wissensverarbeitungssteuerung (Inferenzmaschine) sind Aufgaben, die leichter von Informatikexperten geleistet werden können.

Aus dieser Akzeptanz der Rolle der Wissensingenieure ergibt sich fast zwangsläufig die Notwendigkeit einer passenden Entwicklungsumgebung, die es dieser Zielgruppe leichter macht, ihr Wissen in ein Expertensystem einzubetten. Die Lösung hierfür liegt in den sogenannten Entwicklungsschalen (SHELLS), die sowohl das Umsetzen des Fachwissens in Regelwissen ohne detaillierte Informatikkenntnisse unterstützen, als auch von der Handhabung eine erheblichen Bedienungskomfort bieten können.

Die verwendete SHELL ist das ESE-System (Expert System Environment) der IBM, das auch den beteiligten Wissensingenieuren anspruchsvolle Anwendungen wie z.B. die Einbettung von Datenbanken oder die Einbeziehung von Grafik ermöglichte, ohne dabei die Kenntnisse eines Informatik-Experten vorauszusetzen.

3. DAS BEWERTUNGSMODELL

In der Bundesrepublik Deutschland sind einige Bewertungsmodelle für Altlasten bzw. entsprechende Verdachtsflächen erarbeitet worden. Die dem Altlasten-Experten-System zugrunde liegenden Modellvorstellungen wurden am Institut für wassergefährdende Stoffe an der TU Berlin (IWS) entwickelt.

Als Basisvorstellung geht man von einer medialen Komponente (Belastungspfade Grundwasser, Oberflächenwasser, Luft und Boden) und einer beschreibenden Komponente (Charakteristik Stoff, Standort, Nutzung) aus. Die beiden Komponenten spannen eine Matrix auf, die es ermöglicht, die Gesamtproblematik Altlasten sehr gut zu beschreiben.

Im Folgenden wird, falls nichts anderes vermerkt, ausschließlich auf den Belastungspfad Grundwasser eingegangen.

Die Bewertung beruht, vereinfacht ausgedrückt, darauf, daß für bestimmte Sachverhalte Punkte vergeben werden, und zwar gleichgewichtig je 100 für die Stoff-, Standort- und Nutzungscharakteristik. Die maximal erreichbare Punktzahl beträgt also 300 Punkte für den Belastangspfad Grundwasser. Dabei wurde auf eine Zuordnung in bestimmte Gefährdungspotentialklassen bei bestimmten Punktewerten verzichtet. Wichtig ist die graduelle Abstufung des Gefährdungspotentials verschiedener Verdachtsflächen, also die Vergabe von Prioritäten innerhalb einer Reihe.

Die geologischen, hydrogeologischen und andere Gegebenheiten am Standort können dazu führen, daß der Eintritt von Wasser in einen Altlastkörper möglich ist (Standortcharakteristik), das Wasser wäscht ggf. Giftstoffe aus, die ins Grundwasser gelangen und dort nachgewiesen werden können (Stoffcharakteristik), bedingt durch die vielfältige Nutzung des Grundwassers wiederum besteht die Möglichkeit von Gefährdungen durch den Eintritt von Giftstoffen in Nahrungsketten. Auf diese Weise erklärt sich die Unterteilung in die Charakteristika Stoff, Standort und Nutzung, am Beispiel Grundwasser erläutert.

Die vergleichende Bewertung liefert letztlich eine Prioritätenliste über das von verschiedenen Verdachtsflächen ausgehende Gefährdungspotential auf einer Punkteskala von 0 - 300. Je höher die Punktezahl ist, um so höher ist auch das Gefährdungspotential.

Die Zusammenfassung der Einzelergebnisse aus Stoff/Standort/Nutzung erfolgt in der Funktion "Gesamtbewertung", die später auch eine zusammenfassende Gesamtbewertung der medialen Belastungspfade bieten wird.

Nachdem in der vergleichenden Bewertung geklärt wurde, von welchen Altlasten das höchste Gefährdungspotential ausgeht, müssen im Rahmen einer Einzelfallbewertung vertiefende Untersuchungen und die Bewertung verschiedener Einzelfaktoren durchgeführt werden. Daraus ergeben sich Sanierungsvorschläge, die auf den jeweiligen Einzelfall zugeschnitten vorgeschlagen werden. Dafür ist eine Kosten-/Nutzenabschätzung vorgesehen.

Letztlich mündet das System darin, daß sämtliche Ergebnisse sehr detailliert oder als Übersichten in Text- und/oder Graphikform ausgegeben werden können. Die Ausgabe kann am Bildschirm, elektronisch und/oder als Ausdruck erfolgen. Es bieten sich also vielfältige Möglichkeiten, die Resultate in Dossiers, Gutachten oder Berichte einzuarbeiten.

Der Prototyp des Expertensystems hat zum Ziel die Begleitung und Unterstützung aller Phasen der Altlastensanierung. Im Einzelnen sind dies

- die Entdeckung und Erfassung von Verdachtsflächen,
- die Bewertung des vorliegenden Informationsniveaus,
- die vergleichende Bewertung von Verdachtsflächen.

Geplant sind ferner Systemteile, die eine Begleitung von Sanierungsmaßnahmen (z.B. eine Kostenabschätzung, eine Einschätzung der im Einzelfall in Frage kommenden Sanierungsmaßnahmen usw.).

Der Prototyp realisiert bereits wesentliche Teile des angestrebten Gesamtsystems. Aus dem verwendeten Modell ergab sich eine natürliche Aufteilung aller Phasen des Expertensystems in

- Grundwasser,
- Oberflächenwasser,
- Boden,
- Luft.

Die meisten wissenschaftlichen Erkenntnisse liegen zur Zeit im Grundwasserbereich vor. Dieses Wissen war durch Unterstützung des IWS am leichtesten zugänglich und eignete sich deshalb besonders gut zur Realisierung des Prototypen.

Als Lösungsstruktur ergab sich eine Phasenaufteilung in einer erste Phase der Erfassung, in eine zweite Phase der Bewertung und eine dritte Phase der Aufbereitung aller Ergebnisse.

Weitere, noch nicht realisierte Systemteile, werden die Ermittlung von Verdachtsflächen sowie die Verfolgung und Begleitung von Sanierungsmaßnahmen unterstützen.

Der verwendete Lösungsansatz basiert entsprechend dem verwendeten Modell auf einer getrennten Bewertung von Verdachtsflächen nach

- der stofflichen Charakteristik,
- der Standortcharakteristik und
- der Art der Nutzung.

Die stoffliche Charakteristik ergibt sich aus der Größe der Verdachtsfläche und aus den freigesetzten, d.h. gemessenen Stoffen.

Die Standortcharakteristik bezieht die Verschmutzungsempfindlichkeit und die Fließbedingungen des Grundwassers mit ein.

Die Deponiegröße bzw. das Deponievolumen wird berücksichtigt, um Unsicherheiten bei der Datenerhebung über eine Grundinformation zu erfassen. Dabei wird davon ausgegangen, daß eine große Deponie ein größeres Gefährdungspotential besitzt als eine kleinere Deponie.

Meßwerte über die Kontamination des Grundwassers ermöglichen einen Einblick in die zeitliche Entwicklung und die räumliche Ausbreitung einer Grundwaserbelastung.

Die Probenahme muß dazu den Anstrom und den Abstrom des Grundwassers erfassen.

Als Mindestinformation sind dabei die Meßwerte von mindestens einer Meßstelle im Anstrom und mindestens zwei Meßstellen im Abstrom erforderlich. Die Unterscheidung der Meßstellen in solche, die im An- und Abstrom liegen, wird beim vorliegenden Modell ersetzt durch die Ermittlung des Minimal- und Maximalwertes der Meßwerte. Dabei wird davon ausgegangen, daß die Minimalwerte stets im Anstrom und die Maximalwerte stets im Abstrom liegen. Die Fälle, in denen bspw. durch Adsorptionsvorgänge umgekehrte Verhältnisse vorliegen, werden vernachlässigt.

Die Bewertung der Meßwerte erfolgt nach drei Gesichtpunkten:

- Bewertung der Stoffkonzentration
- Bewertung der Bandbreite des Stoffes
- Bewertung der Toxizität des Stoffes

Um der unterschiedlichen toxikologischen Wirkung Rechnung zu werden, werden die Meßwerte in zwei Gruppen unterteilt. Diese Unterteilung erfolgt gemäß der Zuordnung der EG-Richtlinie über die Qualität von Wasser für den menschlichen Gebrauch, die eine Zuordnung in unerwünschte (aber nicht toxische) und toxische Stoffe vornimmt.

Stoffe, für die keine Grenzwerte nach TVO oder EG existieren, werden nur nach ihrer Bandbreite und ihrer Zugehörigkeit zu den Meßwert-Gruppen bewertet.

Liegen für Stoffwerte einer Meßwert-Gruppe keine Einzelmessungen vor, so werden entsprechende Summenparameter dieser Meßwert-Gruppe 1 zur Bewertung herangezogen und wie Meßwerte der (toxischen) Meßwert-Gruppe behandelt. Dies betrifft insbesondere AOX als Summenparameter für Halogen-Kohlenwasserstoffverbindungen, wenn für diese keine Einzelmessungen vorliegen.

Eine weitere Ausnahme bildet die Bewertung des pH-Wertes. Sowohl in der EG-Richtlinie als auch in der Trinkwasserverordnung werden für diesen Wert ein oberer und ein unterer Grenzwert angegeben.

Die dritte, in das Bewertungsmodell einbezogene Charakteristik, ist die Nutzungsart. Sie ergibt sich aus den unterschiedlichen Schutzgütern in Verbindung mit deren Entfernung (zonenweise) zur jeweils untersuchten Verdachtsfläche.

Alle Bewertungen führen zu einer Punktbewertung, die die Grundlage für eine vergleichende Bewertung aller vorliegenden Verdachtsflächen liefert. Die Bewertungen und Ergebnisse bilden darüber hinaus die fachliche Basis für eine politische Bewertung der Dringlichkeit bzw. der Einleitung von Sanierungsmaßnahmen.

3.1 DIE DATENERHEBUNG

Dieser Teil des Expertensystems hat die Funktion die Daten, die von den Benutzern in einer interaktiven Form eingegeben werden, zu überprüfen und eine Konsistenzanalyse durchzuführen. Erst danach werden die überprüften Daten der dem Expertensystem angeschlossenen Datenbank übertragen.

Bei der Datenerfassung werden alle verfügbaren Informationen gesammelt und in der Datenbank abgelegt.

Nicht alle zur Verfügung stehenden Informationen werden einer Bewertung zugeführt. Sie ergänzen aber ingesamt das Bild der Verdachtsfläche.

Auf Wunsch können diese Informationen aus der Datenbank abgerufen werden bzw. zu einem Dossier zusammengefaßt. Für die Erfassung dieser Daten werden sogenannten Checklisten angewendet, die über das Expertensystem eingegeben werden können.

Die erfassten Daten können in drei Gruppen aufgeteilt werden in

- Sich aus der Aktenlage ergebende Informationen über die Altlast (Verwaltungsangaben, Begehungsinformationen usw.),
- Angaben von den Meßstellen, in ggf. Wasserbohrlöcher und
- Meßdaten, den sogenannten Wasserprobenanalysen aus verschiedenen Messungszeitpunkten.

In Erwartung weiterer Modellansätze werden schon jetzt weitergehende Informationen gesammelt, die zum jetzigen Zeitpunkt noch nicht in die Bewertung mit eingehen.

3.2 DAS INFORMATIONSNIVEAU

Wesentliche Voraussetzung für eine Bewertung einer gegebenen Verdachtsfläche ist die Bewertung des Informationsniveaus. Nur wenn ausreichende Informationen vorliegen, kann eine fachlich fundierte Bewertung erfolgen. Bei nicht ausreichenden Informationen müssen zusätzliche Daten erhoben werden, bis ein ausreichendes Informationsniveau erreicht ist.

Im vorliegenden Prototyp ist die Bewertung des Informationsniveaus noch nicht als eigener Systemteil realisiert. Die Bewertung des Standortes und der Nutzung führt zur Zeit lediglich eine Vorabprüfung und bricht bei nicht erreichtem Informationsniveau die Bewertung ab.

3.3 DIE BEWERTUNG EINER VERDACHTSFLÄCHE

Die Bewertung einer Verdachtsfläche bzw. einer Altlast setzt sich aus den 3 Teilbewertungen der Stoff-, Standort- und Nutzungscharakteristik zusammen.

Gemeinsam ist allen Bewertungen eine Punktezuordnung, die in allen nachfolgenden Darstellungen den Punkteanteil der stofflichen Belastung, der Nutzung und des Standortes erkennen läßt. Die Gesamtbewertung ergibt sich hiernach aus der Addition der 3 Teilergebnisse, wobei nochmals darauf hingewiesen sei, daß die 3 Teilbereiche gleichgewichtig behandelt werden. Da der gesetzte Rahmen dieser Arbeit keine detaillierte darstellung aller Bewertungen zuläßt, wird lediglich auf die stoffliche Bewertung etwas ausführlicher eingegangen. Detaillierte Modellbeschreibungen, einschließlich der Punktemodelle, werden als Fachpublikationen erscheinen.

a) Stoffbewertung

Die Stoffbewertung erfolgt nach einem Modell, das zur Zeit 58 stoffliche Parameter enthält. Für alle Parameter können Messreihen in der vom Expertensystem verwalteten Datenbank abgelegt werden. Sofern EG-Richtwerte bzw. Richtwerte der TVO (Trinkwasserverordnung) existieren, sind diese direkt verfügbar.

In Verbindung mit in der Datenbank abgelegten Messwerten und den existierenden EG- oder TVO-Richtwerten wird für alle Stoffe eine Bewertung und damit Punktvergabe vorgenommen. Je nach Toxizität, eingeschätzter Belastung und Überschreitung von Richtwerten werden die Parameter unterschiedlich gewichtet.

Im Expertensystem können alle Bewertungsvorgänge in allen Einzelheiten an entsprechenden Bildschirmen nachvollzogen werden. Für einen schnellen Überblick werden die Ergebnisse zusammenfassend dargestellt.

Das Endergebnis der stofflichen Bewertung ist eine Punktzahl, die als stofflicher Bewertungsbestandteil in die Gesamtbewertung der Verdachtsfläche eingeht.

Die Bewertung des Bereiches Stoffe erfolgt auf der Grundlage von Informationen über die Deponiegröße und aufgrund von Messungen am Standort und seiner Umgebung. Angaben über abgelagerte Abfallarten gehen nicht in die Bewertung ein, da sie keine eindeutigen Hinweise darüber geben, welche Stoffe tatsächlich ins Grundwasser freigesetzt wurden oder werden.

b) <u>Standortbewertung</u>

Die im Expertensystem verwirklichte Standortbewertung bezüglich der Grundwassercharakteristik einer Altablagerung bzw.
eines Altstandortes wird folgendermaßen durchgeführt.

Im ersten Schritt der Bewertung werden Datenbank-Einträge der
relevanten Parameter abgefragt. Wenn Informationen vorhanden
sind, werden diesen Punkte-Werte zugeordnet.

Die Parameter weisen natürlich Abhängigkeiten voneinander auf,
die bei der Datenerhebung berücksichtig sind. Qualitative
Attribute von Parametern werden zwar benutzt, stets im System
aber auch erläutert.

Der Bewertung liegt folgende wissenschaftliche Modellvorstel-
lung zugrunde, in der drei übergeordnete Parameter herangezogen werden

- Grundwasserneubildung
- Stoffeintrag
- Stoffausbreitung

Maximal sind also für die Standort-Charakteristik Grundwasser
100 Punkte möglich. Die Punktezahl ist damit direkt mit denen
aus den anderen Belastungspfaden vergleichbar.

Das dargelegte wissenschaftliche Bewertungsmodell stellt den
Stand von Juni 1989 dar. Es werden Weiterentwicklungen erfolgen, die umfassendere Zuordnungen erlauben.

c) <u>Nutzungsbewertung</u>

Für die Bewertung der Nutzung einer Deponie/Altablagerung
werden verschiedene Parameter herangezogen, die in erster
Linie die grundwasserrelevante Nutzung der Oberfläche am
Standort und in der näheren Umgebung (bis ca. 1000 m) sowie
Grundwasserentnahmen in diesen Bereichen betreffen. Dabei
wird noch unterschieden zwischen Wasserentnahmen zur Beregnung
(im Rahmen einer genehmigten Eigenwasserversorgung) und zur
Trinkwassergewinnung.

Die verschiedenen Parameter werden nach einem Punktesystem,
das vom IWS entwickelt wurde, bewertet, so daß sich als Ergebnis der Nutzungsbewertung ein Punktwert ergibt, der zwischen 0
und 100 liegt und einen Teil der Gesamtbewertung bildet.

d) <u>Gesamtbewertung</u>

Zur übersichtlichen Darstellung der Bewertungsergebnisse wurde
die Funktion Gesamtbewertung implementiert. In dieser Funktion
werden lediglich die in der angeschlossenen Datenbank abgespeicherten Ergebnis der Einzelbewertungen für eine Verdachtsfläche/
Altlast abgerufen und in einem Ausgabebildschirm als numerische
Werte dargestellt bzw. in grafischer Form aufbereitet dargestellt.
Auf Wunsch des Anwenders können alle im Expertensystem erarbeiteten Ergebnisse aufgezeichnet, detailliert dargestellt
oder auch weiterverarbeitet werden, z.B. in Form von Dossiers
oder Texten, die dann in Studien und Berichten weiterverarbeitet werden.

4. ERFAHRUNGEN

Der fachliche Hintergrund der Wissensingenieure bildete die
eigentliche Grundlage für die Erarbeitung des Wissens und die
notwendige Umsetzung in eine logische, regelrechte Form. Gerade
das Erkennen, Bewerten und Sanieren von Altlasten kann als ein
Wissensgebiet angesehen werden, in dem die wissenschaftliche
Behandlung des Themas in Anfängen steckt. Hinzu kommt, daß dieses
Wissensgebiet auf verschiedenen Fachgebieten wie beispielsweise
der Chemie, der Geologie, dem Bergbau usw. aufbaut, also stark
interdisziplinär ist.

Es war deshalb unerläßlich ein Team von Ingenieuren und Fachexperten als Entwicklungsteam zusammenzustellen.

Das Projektteam setzte sich zusammen aus Fachexperten der DEGAS
(Chemiker, Ingenieure) mit sehr unterschiedlichen EDV-Kenntnis-
sen, die in Zusammenarbeit mit Informatikern und IBM-Experten ihr
Wissen in das Expertensystem einbrachten. Insgesamt bestand das
Projektteam aus 8 Personen, die ca. 200 Mann-Tage zur Entwicklung
des Prototypen benötigten.

Neben der Erreichung technischer Ziele stand ebenso die Machbar-
keit sowie die Beherrschbarkeit der Technik der Entwicklung von
Expertensystemen im Vordergrund ('Know How to do it').

Das Pilotprojekt bot einen hervorragenden Rahmen einerseits ein
repräsentatives Teilgebiet der Altlastensanierung in "Expertensy-
stem-Wissen" umzuformen und andererseits mit der Entwicklungs-
technik der Expertensysteme vertraut zu werden. Pilotprojekte als
Expertensystem-Lernprojekte zu nutzen ist mittlerweile eine
allgemein akzeptierte Vorgehensweise und kann aufgrund der eigenen Erfahrungen als sehr gute Einstiegsform empfohlen werden.

5. AUSBLICK

Die Erfahrungen bei der Entwicklung des Expertnsystem-Prototypen haben gezeigt, daß es sehr wohl möglich ist, Problematiken wie die der Altlasten DV-gestützt zu bearbeiten. Daraus resultierend wird das System weiterentwickelt, und zwar zunächst für die vergleichende Bewertung der Belastungspfade Luft, Oberflächenwasser und Boden mit entsprechenden zusammenfassenden Komponenten.

Die sich daran anschließende Perspektive ist die Weiterentwicklung des Gesamtsystems hinsichtlich der Einzelfallbewertung und daraus resultierend Vorschläge für Sanierungsmaßnahmen, die gegebenenfalls mit entsprechenden Kostenschätzungen ergänzt werden.

Das System wurde und wird unter der IBM-Expertensystem-Schale Expert-System Environment entwickelt. Es ist somit auf der Hard- und Software einsetzbar, die ESE als Mindestanforderung hat. Das sind Maschinen der /370 Architektur mit den Betriebssystemen VM oder MVS (Stand Juli '89).

E X pertensystem für den G rund- W asser- S chutz im ländlichen Raum

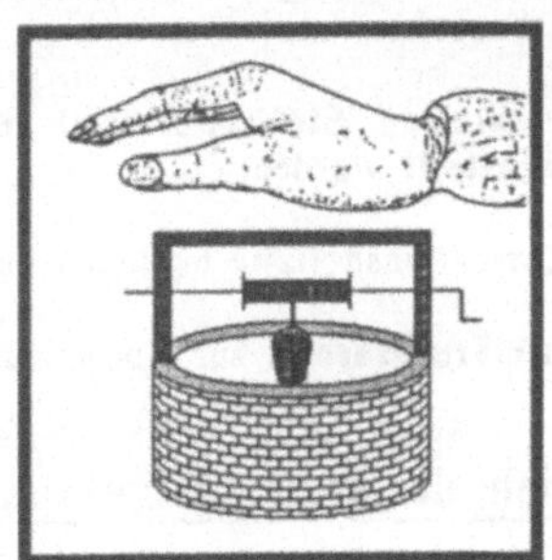

Michael Collet
Institut für Umweltinformatik

0. Abstract

XGWS wird am Institut für Umweltinformatik (IUI), Saarbrücken, im Auftrage des Ministers für Umwelt der Regierung des Saarlandes (MfU) vertreten durch das Landesamt für Umweltschutz (LfU) entwickelt. Das Ziel der derzeitigen Phase ist die Vorbereitung der Pilotierung eines **Expertensystems für den Grundwasserschutz im ländlichen Raum**. Das Wissen des Expertensystems setzt sich zusammen aus:

- **Rechtswissen** (derzeit gültige wasserspezifische Rechtsvorschriften)

- **technischem Wissen** (Schriften über die Regeln und den Stand der Technik)

- **Erfahrungswissen** der Experten (MfU/LfU, Landwirtschaftskammer, Biol. Bundesanstalt Braunschweig)

Dem Anwender stellt XGWS eine **benutzerfreundliche**, halbgraphische Oberfläche zur Verfügung, die vollständig in diesem Projekt entwickelt wird. Die Realisierung der ersten Phase erfolgt unter dem Betriebssystem UNIX in der Programmiersprache Prolog bzw. mit Hilfe von in Prolog, C und ORACLE geschriebenen eigenen Werkzeugen.

Das in XGWS erfaßte Expertenwissen stammt überwiegend von Ernst-Dietrich **UNRUH** (LFU).

Die Diaolog- und Erklärungskomponente wurde im wesentlichen realisiert von Volker **BAUS**. Die Eingabe- und Datenbankkomponente wurde realisiert von Bärbel **MÜLLER**. Beide haben außerdem zu zahlreichen Ideen und Lösungsvorschlägen beigetragen. Der Verfasser dankt seinen Mitarbeiter ganz herzlich.

1. Das XGWS-Projekt

In der Bundesrepublik Deutschland wird mehr als 70% des Trinkwasserbedarfs aus Grundwasser gedeckt, im Saarland sogar 100%. Die Förderung erfolgt überwiegend in **ländlichen Gebieten**. Die Kompetenz der in diesen Gebieten zuständigen Behörden ist daher für die Sicherung der Grundwassergüte ein entscheidender Parameter. **Informationsdefizite** bestehen hinsichtlich der Interpretation der Rechtsgrundlagen, mehr noch hinsichtlich des ökologischen Fachwissens. XGWS soll allen Verantwortlichen das benötigte Wissen verfügbar machen. Außer den **Behörden** können auch die potentiellen **Verursacher** oder Berater dieses Expertensystem anwenden. XGWS ist daher ein wichtiges, bisher noch fehlendes Werkzeug des vorbeugenden Grundwasserschutzes.

1.1 Problematik

- Grundwasservorkommen werden besonders durch **Agrochemikalien** gefährdet.

- Die **Versauerung des oberflächennahen Grundwassers** wirkt sich heute zum Teil bis zum Endverbraucher aus.

- Übersteigen Stoffkonzentrationen gegebene **Grenzwerte**, so muß die Trinkwasserförderung eingestellt werden.

- Informationsdefizite bestehen hinsichtlich der Interpretation der **Rechtsgrundlagen**.

- **Aufklärungsarbeit** zur Vorbeugung von Stoffeinträgen ist bei den Emittenten notwendig.

2. Ziele der ersten Projektphase von XGWS

XGWS soll den Anwender beraten über:

- **Vorschriften** und **Empfehlungen** in Wasserschutz- und wasserhöffigen Gebieten

- die **Ausbringungserlaubnis** der 30 im Saarland häufigst verwendeten PSM

- das **umweltgerechte Betreiben** von landwirtschaftlichen Anlagen

- den **sachgerechten Umgang** mit Pflanzenschutzmitteln und Düngemitteln

3. Adressatenkreis

Als Adressaten von XGWS sind Mitarbeiter folgender Institutionen vorgesehen:

- Oberste Wasserbehörde

- Untere Wasserbehörde

- Bauernverband

- Landwirtschaftsschule

- landwirtschaftliche Beratungsstellen

- Gesundheitsämter

- Vertreiber von Pflanzenschutzmitteln (Raiffeisenkassen, Agrarhandel, usw.)

- Wasserversorgungsunternehmen

4. Expertise

Zur Erfassung des Erfahrungswissens über die Probleme im Grundwasserschutz wurden mehrere Sachexperten befragt. Diese Sachexperten stammen aus unterschiedlichen Institutionen.

4.1 Landesamt für Umweltschutz

Die Vertreter des Landesamts für Umweltschutz (LfU) des Saarlandes brachten ihr Fachwissen von der wasserwirtschaftlichen Seite ein:

- Sie **kontrollieren** während des ganzen Projekts die Struktur des Wissens auf ihre Richtigkeit und sind im wesentlichen für die Inhalte der **Wissensbasis verantwortlich.**

- Sie **formulierten** die Erwartung des späteren Anwenders.

- Sie **beschafften** bzw. empfahlen bereits existierende Literatur.

- Sie **beschrieben** ihre Arbeitsvorgänge, die XGWS übernehmen soll.

- Sie **überprüften und kritisierten** mit dem Rapid-Prototyping-Verfahren entwickelte Softwarelösungen.

- Sie wiesen auf evtl. **Akzeptanzschwierigkeiten** des späteren Anwenders hin.

- Sie grenzten die Gesamtdomaine in **Teilgebiete** ein.

4.2 Ministerium für Umweltschutz

Die Vertreter des Umweltministeriums (MfU) der Regierung des Saarlandes waren

- für die **Gesamtkoordination** verantwortlich und

- bei der **Schnittstellendefinition zu dem OWAV-Projekt** (Ökologische Wasserversorgung Saar) wesentlich beteiligt.

4.3 Landwirtschaftskammer

Die Vertreter der Landwirtschaftskammer (LWK)

- brachten ihr **Fachwissen über Pflanzenschutz- und Düngemittel** mit ein,

- beschafften **grundwasserrelevante Stoffdaten** und

- berichteten aus ihren **alltäglichen Erfahrungen** in ihrem Umgang mit Pflanzenschutz- und Düngemitteln

4.4 Biologische Bundesanstalt

Bei einem Besuch der Biologischen Bundesanstalt für Land- und Forstwirtschaft (BBA) in Braunschweig wurde diskutiert, wie die **Gefährdungsabschätzung von Pflanzenbehandlungsmitteln** in XGWS eingebracht werden kann.

5. Struktur von XGWS

Expertensysteme werden heute eingesetzt in:

- Prozeßüberwachung/- steuerung

- Diagnose, Schätzung, Bewertung

- Planung, Situationsanalyse

- Beratung, Schulung

Hauptziel von XGWS ist es, den Wissenstransfer über den Grundwasserschutz von den Umweltbehörden in den ländlichen Raum zu verbessern. XGWS gehört in die Gruppe **Beratung**. Diese Zuordnung hat wichtige Auswirkungen auf:

- die Dialogkomponente

- die Erklärungskomponente

- den Aufbau der Wissensbasis

5.1 Dialogkomponente

Mittels der Dialogkomponente gibt der Benutzer **menügeführt** die erforderlichen Informationen ein. Der Dialog in XGWS erfolgt weitgehend in natürlicher Sprache. Dies wird erreicht, indem bereits existierende Texte zu Ausgaben zusammengebaut werden.

Die direkte **natürlichsprachliche Eingabe** erweist sich als **problematisch**. Zwar wäre sie erwünscht, um dem Benutzer die Beantwortung mehrerer Fragen bei der Problemeingrenzung zu ersparen, weist aber auch Nachteile auf, die ihre Realisation in XGWS verhinderten:

- Der Benutzer wird durch Fingerübungen **frustriert**.

- Die Bedienungsgeschwindigkeit **sinkt**.

- Durch die Formulierung des Problems in natürlicher Sprache durch den Bediener besteht die Möglichkeit, daß die Behandlung wichtiger **Teilfragen vergessen** wird zu formulieren, die dem Bediener bei einer Problemeingrenzung durch Menüs eher deutlich würden.

- Eine natürlichsprachliche Komponente hätte einen **begrenzten Wortschatz** an Wörtern bzw. Synonymen zur Verfügung. Ebenso würden auch nur bestimmte Frageformen und Satzkonstellationen von dem System bearbeitet werden.

- Der Benutzer muß durch Probieren herausfinden, wieweit das System die natürliche Sprache versteht, bei geringer Benutzungsfrequenz ein **iterativer Prozeß**.

5.1.1 Bestandteile der Dialogkomponente

Für alle nachfolgend erläuterten Module der Dialogkomponente gibt es einige **gemeinsame Funktionen**, mit denen der Benutzer den weiteren Dialog mit dem System beeinflußen kann. Grundsätzlich gilt, daß der Benutzer nur in Dialogfenstern mit dem System kommunizieren kann. Während das System schlußfolgert ist keine Kommunikation möglich.

eine Stufe zurück:
Durch Drücken der DEL-Taste kann der Benutzer zum letzten Dialogfenster zurückspringen. Dabei werden alle Schlußfolgerungen, die zwischen dem jetzigen und dem letzten Dialogfenster abgeleitet wurden, zurückgesetzt. Wurde im letzten Dialogfenster eine Eingabe getätigt, wird diese angezeigt. Die Eingabe kann modifiziert werden und bzw. oder durch die Datenfreigabetaste bestätigt werden. Durch wiederholtes Drücken der DEL-Taste kann maximal bis zum Startmenü zurückgesprungen werden.

zurück zum Startmenü:
Durch Drücken der START-Taste kann der Benutzer jederzeit zum Startmenü zurückspringen. Dabei werden alle Schlußfolgerungen, die gemacht wurden, zurückgesetzt. Wählt der Benutzer die gleiche Option noch einmal aus, die mit der START-Taste verlassen wurde, so sind im nächsten Dialogfenster die zuletzt gegebenen Antworten voreingestellt. Dies gilt auch für die oben beschriebene Funktion *eine Stufe zurück*.

drucken:
Durch Drücken der PRINT-Taste wird das momentan aktive Fenster auf dem Drucker ausgegeben. Dabei wird nicht nur der momentan angezeigte Fensterinhalt ausgegeben, sondern auch der nicht angezeigte.

Systemhilfe:
Der Benutzer kann sich jederzeit Zusatzinformationen zur aktuellen Dialogkomponente anzeigen lassen. Die Bedienung der gesamten Dialogkomponente ist selbsterklärend. D.h. durch Drücken der MODE-Taste wird dem Benutzer erklärt, wie das System im momentanen Zustand beeinflußt werden kann.

5.1.2 Startmenü

Das Startmenü ist als Pop-Up-Menü realisiert, auf das hier im einzelnen nicht näher eingegangen werden soll.

5.1.3 Fragefenster

Die Benutzerproblemerfassung erfolgt im wesentlichen durch Fragefenster. Die Fenster gliedern sich in einen Frageteil, in dem die eigentlichen Fragetexte dargestellt werden, und in einen Auswahlteil, der mögliche Optionen anbietet. Die Anzahl der auswählbaren Optionen ist variabel, sie kann aber auch genau festgelegt werden. Desweiteren können mehr Optionen angeboten werden als auf einen Bildschirm passen. Diese Form der Eingabe bietet zweierlei Vorteile:

- Dem Knowledge-Ingenieur erleichtert es die Implementierung, da er auf aufwendige Plausibilitätschecks und Fehlerbehandlungsroutinen verzichten kann.

- Dem Anwender erspart das Fragefenster unnötige Fehlerquellen bei der Eingabe, die die Konsultation durch Fehlermeldungen und Eingabewiederholungen verzögern.

5.1.4 Eingabefenster

Maskengesteuert wird vom Benutzer eine oder mehrere Eingaben angefordert. Das Eingabefenster ist als Ergänzung des Fragefensters zu sehen und findet überall dort Einsatz, wo:

- die vorgegebenen Auswahlantworten zu umfangreich sind,

- Auswahlantworten unmöglich sind (z.B. Password-Eingabe, DB-Zugriffe).

5.1.5 Ausgabefenster

Die Ausgabefenster dienen dazu, dem Benutzer Informationen in natürlicher Sprache anzubieten. Die Länge des Textes ist nicht von der Bildschirmgröße abhängig. Die Texte können mittels der Pfeiltasten durchblättert werden. Eine Marke am Fensterrand zeigt die relative Textposition an, d.h. sie zeigt die Position des aktuellen Textausschnitts im Gesamttext an.

5.2 Erklärungskomponente

Bei der Entwicklung von XGWS wurde, anders als erwartet, die Erfahrung gemacht, daß eine Erklärung, warum eine bestimmte Schlußfolgerung gemacht wurde, nicht so wichtig ist als eine:

- Erklärung, der im Ergebnistext erwähnten **Begriffe**,

- eine **Quellenangabe** der gemachten Aussagen und

- die **direkte Verfügbarmachung von Verweisen**.

Deshalb wurde eine Form der Erklärung entwickelt, die speziell auf Beratungssysteme zugeschnitten ist. Die Lösungsvorschläge die XGWS macht, basieren im wesentlichen auf rechtlichen Grundlagen und technischen Richtlinien. Die Paragraphen und Definitionen werden kontextsensitiv in die Textausgabe mit eingebunden. D.h. zu unterstrichenen Wortgruppen sind weitere Texte hinterlegt, die der Benutzer direkt abrufen kann. Diese Texte sind wiederum gleich aufbereitet und können ebenfalls weiterverfolgt werden.

H G W S

System — Start — Texte

Untersagt sind:

- Intensivbeweidung, Viehsammlungen, Pferche.

Weitergehende Verbote:

Weitergehende Verbote oder Beschränkungen nach der Verordnung des Ministers des Innern über das Lagern wassergefährdender Flüssigkeiten (Lagerverordnung - VLwF) vom 18.07.1968 (Amtsblatt S. 567), zuletzt geändert durch das Gesetz über die Funktionalreform vom 05. Dezember 1973 (Amtsblatt 1974, S. 33) bleiben unberührt. Gleiches gilt für weitergehende Verbote, Beschränkungen nach den §§ 19 a bis k WHG, der §§ 36 Abs. 3, 38, 83 Abs. 2 und Abs. 3 SWG und der nach diesen Bestimmungen erlassenen Anordnungen.

Bild 1: Bildschirmcopy eines XGWS Ausgabefensters

Der Benutzer kann zu dem oben dargestellten Ausgabefenster jederzeit sich:

- die Definitionen von *Intensivbeweidung* und *Pferche* bzw.
- die unterstrichenen Rechtsvorschriften ansehen.

Außerdem kann er zu jeder Textausgabe eine **Quellenangabe** anfordern. Bei juristischen Texten besteht die Quellenangabe aus:

- dem kompletten Namen der Rechtsvorschrift,
- dem Datum der Erstfassung,
- dem Datum der letzten Neufassung,
- dem dargestellten Pargraphen, Absatz, ...

Bei Definitionen besteht die **Quellenangabe** aus:

- dem Namen der zitierten Institution,
- dem Datum der Definition.

Für die weitere Phase ist vorgesehen, eine **Akquisitionskomponente** zu entwickeln, mit der die Experten direkt Definitionen eingeben können. Diese Definition wird dann in allen Texten, in der dieser String vorkommt, verfügbar sein. Probleme, die dabei auftreten:

- sind die Synonyme, für die die Definition ebenfalls gilt, und
- die unterschiedlichen gramatikalischen Darstellungen wie Numerus und Kasus.

Das Synonym-Problem wird zur Zeit durch Verweise gelöst. Für das gramatikalische Problem müßten Strategien entwickelt werden, die aber keine vollständige Lösung des Problems darstellen, weil die deutsche Sprache aus einer Menge von Ausnahmen besteht. Weiterhin muß beachtet werden, daß für jede Strategie die Anwendung zeitintensiver wird.

Insgesamt gesehen eignet sich diese Variante der Erklärungskomponente für alle Expertensystemanwendungen, in denen Fachbegriffe und Texte mit rechtlichem Charakter ausgegeben werden.

5.3 Konsultationsverlauf

Bei Expertensystemen, die sich z.B. mit einer Gefährdungsabschätzung oder einer Prozeßüberwachung beschäftigen, gibt es eine feste Anzahl von Daten, die bewertet werden. Diese Werte können über Datenbanken bzw. über Maskeneingabe vom Benutzer eingegeben werden.

Bei XGWS steht nicht im voraus fest, was der Benutzer von dem System erfragen möchte. Es steht also nicht das Ziel der Konsultation bei Beginn fest. Der Anwender hat 2 grundsätzliche Möglichkeiten mit dem Expertensystem in Dialog zu treten und zwar durch Bestätigen der Option:

- **Benutzerproblem eingrenzen** oder

- **Schnellstart.**

Der Unterschied dieser beiden Optionen besteht in den Möglichkeiten, die der Benutzer hat, um den weiteren **Dialog zu beeinflußen**. Bei der ersten Option stellt das System dem Benutzer Fragen, die er beantworten muß. Auf diese Weise wird das Benutzerproblem langsam erfaßt.
Bei der zweiten Option wird dem Benutzer eine Reihe von Stichwörtern zur Auswahl vorgegeben. Zu den ausgewählten Stichwörtern stellt das System dem Benutzer Fragen. Damit kann eine Konsultation sinnvoller betrieben werden, wenn der Benutzer bereits problemspezifische Informationen besitzt. Das System nimmt diese Informationen auf und beginnt mit ihnen die weitere Problemeingrenzung. Auf diese Weise kann für den systemkundigen Benutzer die langwierige **Beantwortung vieler Fragen umgangen** werden.

5.4 Direkte Textausgabe

Routinierte Benutzer von XGWS kennen das Wissen des Systems. Sie möchten oft nicht eine komplette Expertensystemsitzung sondern eine Definition oder eine Rechtsvorschrift nachsehen. Für diesen Fall gibt es im Startmenü den Optionspunkt *Texte*. Damit hat der Benutzer direkten Zugriff auf alle **Definitionen, technische Richtlinien** und **Rechtsvorschriften.**

5.5 Aufbau der Wissensbasis

Die Wissensbasis kann in drei wesentliche Bereiche eingeteilt werden:

- **Regelblöcke, die der Systemeingrenzung dienen:**

  Die Regelblöcke der Problemeingrenzung werden vorwärtsverkettet abgearbeitet. Ihre Aufgabe ist es, das Benutzerproblem zu erfassen und in einer Taxonomie zu beschreiben. Werden bei der Evaluierung der Regeln Benutzereingaben gemacht, ist es möglich:

  - Option(en) auszuwählen,

  - zu der letzten Benutzereingabe oder

  - ins Startmenü zurückzuspringen.

- **Regeln die der Ergebnisfindung dienen:**

  Die Regeln leiten vorwärtsverkettet, durch die vom Benutzer eingegebenen Informationen Ergebnisse her, ohne während des Ablaufprozesses anzuhalten. Der Benutzer hat keine Möglichkeit, den Ablauf des Systems zu beeinflussen oder zusätzliche Informationen zu erhalten. Kann keine Regel mehr feuern, werden die hergeleiteten Ergebnisse in einem Formatierer aufbereitet und an den Benutzer ausgegeben.

- Textelemente:

XGWS verfügt über eine große Menge von Textelementen. Diese ASCII-Texte in die Prolog-Datenbasis zu laden, hat mehrere Nachteile:

- Der Hauptspeicher wird **unnötig mit Daten angefüllt.**

- Das Starten des Expertensystems wird **verzögert.**

- Durch die größere Datenbasis steht weniger Speicherplatz für Rekursionen zur Verfügung, damit wird die Schlußfolgerungsfähigkeit der **Inferenzmaschine eingeschränkt.**

- Der Größe des Expertensystems wäre von vornherein Grenzen gesetzt. Ab einer bestimmten Textmenge wäre kein ordnungsgemäßer Betrieb des Systems mehr möglich und das Akquirieren von Text und Regeln **müßte eingestellt** werden.

Aus diesen Gründen wurden die **Texte auf Platte ausgelagert.** In Prolog werden die Texte durch Schlüsselwörter angesprochen. Über einen Hash-Algorithmus wird der Offset der Textadresse ermittelt und ist damit dem System verfügbar.

5.5 Stoffdatenbank

In einer ersten Stufe von XGWS wurde ermittelt, ob und unter welchen Bedingungen ein bestimmtes Pflanzenschutzmittel (PSM) in einem bestimmten Gebiet angewendet werden darf. Die in einer ORACLE-Datenbank gespeicherten Pflanzenschutzmittel wurden durch eine **ABC-Analyse** ermittelt. Zunächst wurden die 30 im Saarland häufigst eingesetzten PSM erfaßt.

6. Perspektiven

- Portieren von XGWS auf Rechner **kostengünstiger Hardware** z.B. Atari ST4. In der jetzigen Phase wird XGWS als Teilprojekt von OWAV (Ökologische Wasserversorgung Saar) entwickelt und ist deshalb hardwaregebunden (MX500/MX2 SIEMENS).

- Akquirieren aller **technischen Richtlinien und Rechtsvorschriften.** (z.Z sind Teile von WHG, SWG, Wasserschutzgebietsverordnungen, DVGW W101, DVGW W104, und ATV A116 bearbeitet)

- Ausweitung des Systems auf den Umgang mit **umweltgefährdenden Stoffen**

- Abschätzung des **Grundwassergefährdungspotentials** aufgrund des PSM-Eintrags auf landwirtschaftlich genutzten Flächen unter Berücksichtigung des lokalen Bodenzustands

- Vorschläge für **biologische Pflanzenschutzmaßnahmen**

- Entwicklung einer **Akquisitions- und Pflegekomponenten** für den Experten

7. Werkzeuge

XGWS wurde auf dem MX2/MX500 (SIEMENS) im Betriebssystem UNIX/SINIX entwickelt. Als Programmiersprachen dienten C und SIEMENS-PROLOG. Die Stoffdatenbank wurde auf ORACLE implementiert.

8. Methodischer Ansatz bei XGWS

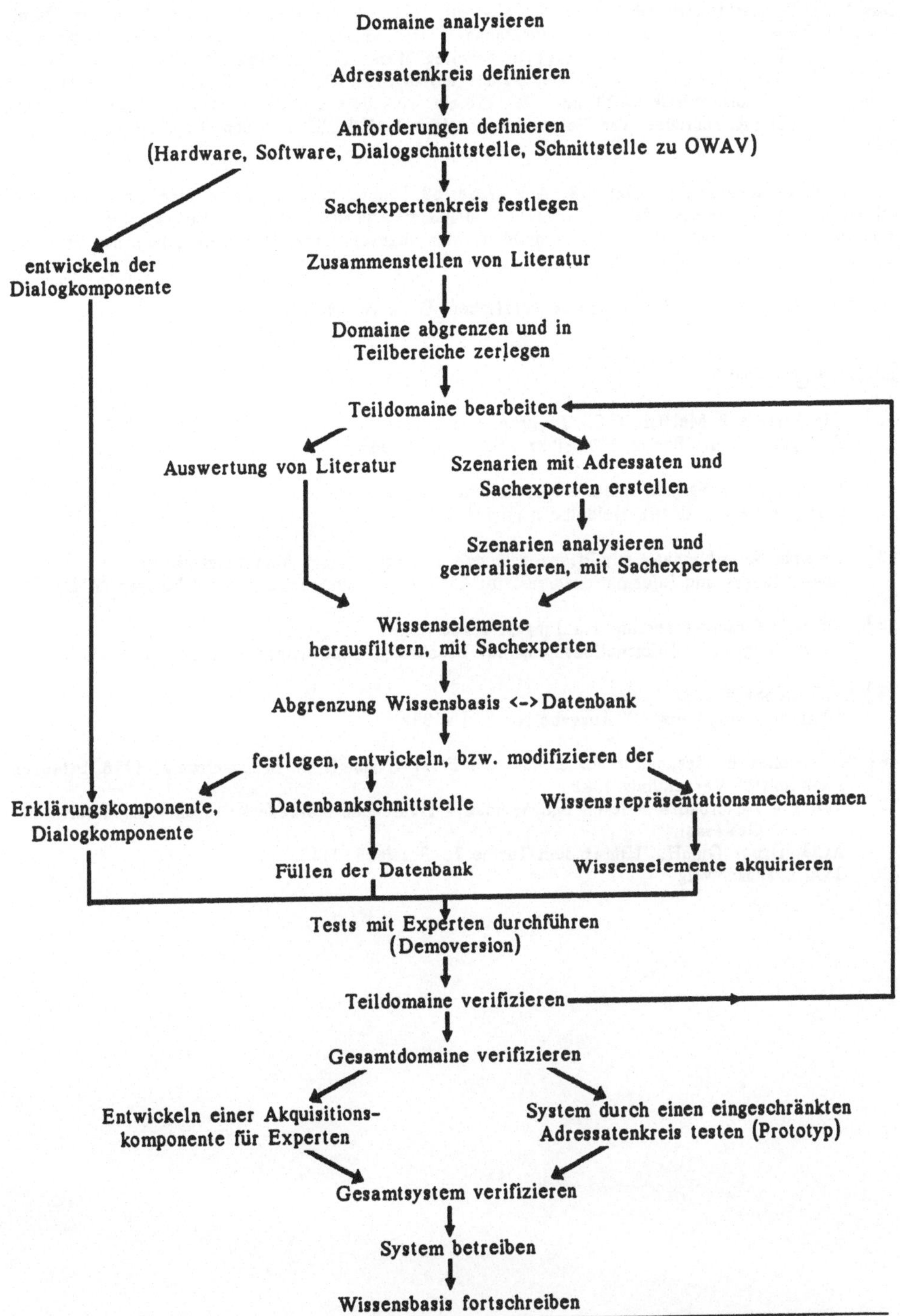

Bild2: Methodischer Ansatz

9. Organisatorischer Rahmen

Das XGWS-Projekt wird am Institut für Umweltinformatik, Saarbrücken, im Auftrage des Ministers für Umwelt der Regierung des Saarlandes (MfU) vertreten durch das Landesamt für Umweltschutz (LfU) entwickelt. Als Experte arbeiten Horst BITTELMEYER, Hans-Georg FAUL-STICH, Dr. Hans-Henning von HORN, Rainer SCHMEER, Dr. Otto SCHMIDT, Ernst-Dietrich UNRUH, Dr. Georg WECKBART mit. Das Projekt wird betreut von Dr. Helmut GROH und Dr. Rainer GÜTTLER, realisiert von Volker BAUS, Bärbel MÜLLER und dem Verfasser dieses Artikels.

Die Arbeiten begannen im Okt. 88. Am 27.Apr.89 konnte vertragsgemäß eine Erstfassung der Öffentlichkeit im Beisein der Auftraggeber vorgestellt werden. Die Arbeiten an der Demoversion sind bis auf einige Teile des Abschlußberichtes abgeschlossen. Die erste Phase des Projektes endet vertragsgmäß im Okt. 89.

Der Verfasser ist allen Beteiligten zu herzlichem Dank verpflichtet.

Literaturangaben

[1] Clocksin, W.F Mellish, C.S., 'Programming in Prolog',
     Springer-Verlag, Berlin, Heidelberg, New York, 1983

[2] P.Schnupp,C.T.Nguyen Huu,"Expertensystem-Praktikum",
     Springer Verlag Berlin Heidelberg (1987)

[3] Vorsicht beim Umgang mit Pflanzenschutz- und Schädlingsbekämpfungsmitteln
     Auswertungs- und Informationsdienst für Ernährung, Landwirtschaft und Forsten (AID) e.V.

[4] Nitrat in Grundwasser und Nahrungspflanzen
     Auswertungs- und Informationsdienst für Ernährung, Landwirtschaft und Forsten (AID) e.V.

[5] GEO WISSEN, 1988
     "Wasser Leben Umwelt" Ausgabe Nr. 2, 11/1988

[6] Biologisches Bundesanstalt für Land- und Forstwirtschaft in Braunschweig, 1988 Pflanzen-
     schutzmittel-Verzeichnis 1988
     Teil 1 - Ackerbau - Wiesen und Weiden - Hopfenbau - Sonderkulturen - Nichtkulturen -
          Gewässer
     ACO Druck GmbH, Hinter dem Turme 7, Postfach 1143,
     3300 Braunschweig

Kompetenzinformation als Strukturierungskonzept für integrierte Umweltinformationssysteme

S.Isenmann, T.Kämpke, G.Lutzeier
Forschungsinstitut für anwendungsorientierte
Wissensverarbeitung (FAW) an derUniversität
Ulm, Helmholtzstr. 16, 7900 Ulm

M.Jarke
Lehrstuhl für Dialogorientierte
Systeme, Universität Passau,
Innstr. 25, 8390 Passau

Kurzfassung: Es wird ein Konzept zur beschleunigten Integration heterogener Komponenten eines Umweltinformationssystems am Beispiel der Wasserwirtschaftsverwaltung in Baden-Württemberg skizziert. Grundidee ist es, eine erweitere Wissensbasis über umweltrelevante Kompetenzen zu schaffen, die einerseits schnell ein Minimum an Zugriffsinformation auf vorhandene Kompetenz auf breiter Basis bereitstellt, andererseits einer schrittweisen tiefen Integration von Fachsystemen nicht im Wege steht.

1. Das Problem

Wie in anderen Anwendungsbereichen auch, gewinnt die Informatik zunehmend Bedeutung im Umweltbereich. Zahlreiche Spezialsysteme sind themenspezifisch entwickelt und häufig auch wieder ad acta gelegt worden. Es existieren auch sorgsam ausgearbeitete Konzepte für den schrittweisen Aufbau landes-, bundes- oder gar europaweiter Umweltinformationssysteme [JP 87]; ihre Gesamtentwicklungsdauer liegt allerdings im Jahrzehntebereich. Dies ist angesichts der Schwierigkeit, diesen Bereich tief zu verstehen und sinnvolle Lösungskonzepte mit vertretbarem Aufwand zu realisieren, vermutlich nicht zu vermeiden. Welchen (bescheidenen) Beitrag kann die Informatik in der Zwischenzeit leisten?

Unseres Erachtens muß die Antwort in einer opportunistischen Ausnutzung der sich zum jeweiligen Zeitpunkt anbietenden Informationsquellen liegen (dies schließt nicht aus, daß der Entwicklung dieser Informationsquellen ein strategischer Plan zugrundeliegt).

Da eine vollinformierte zentrale Instanz fehlt (sachlich wohl unmöglich und vermutlich politisch nicht wünschenswert ist), sind Umweltentscheidungen und ihr Vollzug insbesondere auf die Kooperation beteiligter Handlungsträger angewiesen. Beteiligt sind hier politische Entscheidungsträger und Fachbehörden, Forschungs- und

Datensammlungsinstitutionen, Verursacher und Betroffene von Umweltproblemen, sowie zunehmend auch "technische Agenten" wie etwa spezielle entscheidungsunterstützende Analysesysteme. Kooperation setzt die Möglichkeit einer gezielten, themenbezogenen Kommunikation unter Hinzuziehung verfügbarer Informatiksysteme voraus, ebenso Möglichkeiten zur Integration von Einzelbeiträgen, Koordinationskonzepten und Verhandlungsmethoden; letztere sind besonders wichtig, da erfolgreiche Kooperation auch im Umweltbereich erfahrungsgemäß nur unter weitgehend freiwilliger Mitarbiet aller Beteiligten denkbar ist - zu viele neue Probleme treten auf, die nicht durch formale Regeln, sondern nur durch Verhandlungen im konkreten Einzelfall abgedeckt werden können.

2. Ein kooperationsorientiertes Lösungskonzept

Aus diesen Überlegungen leitet sich der Ansatz eines Umweltinformations- und Kommunikationsnetzes ab, in dem die Informatik Technik und konzeptionelle Modelle bereitstellt, mittels derer institutionell Betroffene Probleme äußern bzw. identifizieren, Sachbearbeiter sich austauschen, und alle Beteiligten gemäß ihren Zugriffsrechten und Fähigkeiten auf existierende Umweltdaten zugreifen und Auswertungsmethoden aktivieren können. Von anderen Konzepten für integrierte Umweltinformationssysteme unterscheidet sich dieses durch seinen prinzipiell verteilten und partizipativen Ansatz, der mit eher technischen Bewältigungen der Umweltproblematik kontrastiert.

Es liegt in der Natur der Sache, daß sein Endausbau eine umfangreiche technische Infrastruktur voraussetzt, die teuer und nur langsam zu realisieren ist. Diese Infrastruktur wird in Ländern wie Baden-Württemberg in den nächsten Jahren (auch außerhalb des Umweltbereichs) bereitgestellt werden. Ganz im Sinne der "opportunistischen" Vorgehensweise war daher ein wichtiges Ziel, eine Strategie zu entwickeln, die einerseits relativ schnell unmittelbar nützliche Beiträge leistet und die Gesamtidee demonstriert, andererseits aber bis zur Endausbaustufe erweiterbar ist.

Ein solcher Schritt ist der prototypartige Aufbau eines Informationssystems, welches Information über Daten, Methoden und Kompetenz integriert. Aus Sicht der genannten Gesamtkonzeption kann ein Teil eines solchen Systems als "Telefonbuch" und Informationsbroker verstanden werden, das dem einzelnen Beteiligten im Umweltschutz den Zugang zu anderswo vorhandenen Informationen oder Kompetenzen erschließt, seien diese schon maschinell verfügbar oder nur über persönliche Gespräche mit dem Kompetenzträger. In der ersten Phase wird ein solches Informationssystem für politische Entscheidungsträger und Fachreferenten in Umweltbehörden konzipiert. Um die Gesamtidee zu demonstrieren, muß der Prototyp sowohl insgesamt erhebliche Anwendungsbreite abdecken, als auch die Einbettbarkeit existierender oder neuer Spezialsysteme zeigen.

3. Methodische Aspekte

Entscheidungsträger im Umweltbereich sind einer wachsenden Flut an Informationen ausgesetzt. Hiervon ausgehend, liegt der Gedanke nach einer Systemunterstützung zum Erhalt bzw. Gewinn eines Überblicks über diese Informationen nahe. Insbesondere aus der Sicht der Verwaltung gehören zu den Quellen solcher Information:

- zuständige Personen in verschiedenen Behörden
- Universitätsinstitute mit ihren laufenden und abgeschlossenen Forschungs-
  vorhaben
- Ingenieurbüros
- Datenbanken im Umweltbereich, wie z.B. die Arbeitsdatei der Wasser-
  wirtschaftsämter in Baden-Württemberg
- Auswertungsverfahren, insbesondere Modelle.

Eine solche quellenübergreifende Informationsbasis ist - über alle Teilbereiche der Umwelt - zu umfangreich, um eine volle Systemrealisierung zu erlauben. Daher wird in einer ersten Phase eine Konzentration auf einen Teilbereich notwendig. Als dieser Teilbereich wurde die Wasserwirtschaft gewählt. Dies, weil dieser Bereich von großer Aktualität ist und - über Grund-, Trink- und Oberflächenwasser - Aussstrahlung auf zahlreiche andere Umweltbereiche besitzt.

Nutzer eines solchen Systems können Entscheidungsträger oder Fachreferenten sein. Für die Bearbeitung planerischer Umwelt-Aufgaben kann beispielsweise der Hinweis auf den Ort und die Zugriffsmöglichkeit vorhandener Daten wichtig sein. Nicht nur Information selber, sondern auch Information über Information ist in dem vielschichtigen Bereich Umwelt von Bedeutung. Intuitiv ist die Art von Information, die ein solches System primär zur Verfügung stellen kann, im Sinne von "Breite" und erst sekundär im Sinne von "Tiefe" zu verstehen, insbesondere in solchen Fällen, in denen das System auf Quellen der ersten drei Bereiche zurückgreift.

Für ausgesuchte Anwendungen kommt neben dem Zugriff auf zuständige Stellen auch ein Zugriff auf Fachsysteme, also auf Programmodule, welche auf Daten unmittelbar zugreifen und diese auswerten, in Betracht. Solche Systeme, wie etwa statistische Auswertungssysteme oder Risikokatasterungen setzen allerdings methodisch abgesichertes Vorgehen voraus.

In Abbildung 1 ist der prinzipielle Zusammenhang zwischen "breit" und "tief" angelegter Information dargestellt.

	Atmosphäre	Hydrosphäre Grundwasser, Oberflächenwasser	Boden, Landschaft, Wald, Biotope,...	Technosphäre
Routinesituation				
Planungssituation				

Konzentration auf:

	Flußbau	Landwirtschaftl. Wasserbau	Abwasser-beseitigung	Wasserversor-gung	Schiffahrt	Wasserkraft-nutzung
Wasser-wirtschaft				Grund-wasser-schutz		
Kompetenz Daten Modelle						

"Breite"

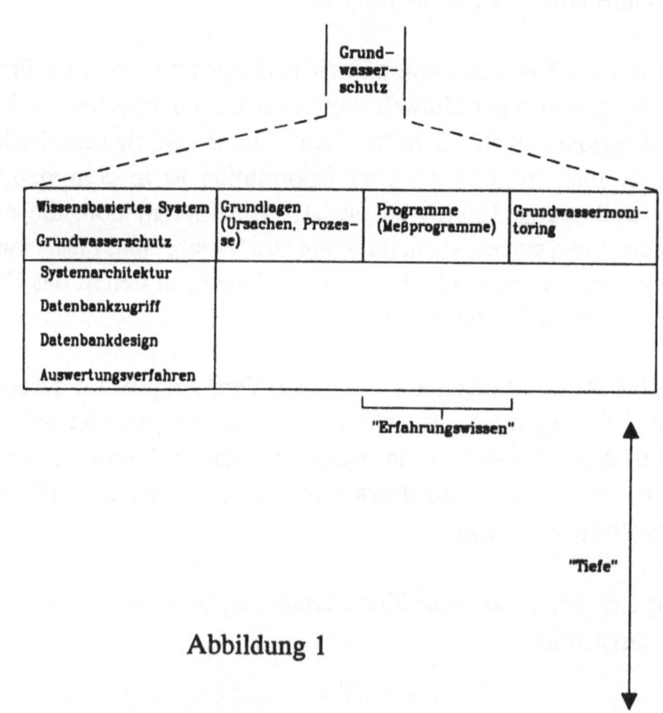

Abbildung 1

4. Anforderungen an die Kompetenzkomponente

Ein zentraler Aspekt eines Kompetenzinformationssystems ist ein Verweissystem auf Informationsquellen. Aufgrund erster Erhebungen können die relevanten Informations- oder Wissensquellen folgendermaßen eingeteilt werden:

- Wissen über Zuständigkeiten
- Faktenwissen (Daten)
- Metawissen (Wissen über Informationsquellen)
- Erfahrungswissen.

Die Wichtigkeit sowie die Häufigkeit des relevanten Typs von Wissen ist dabei für verschiedene Referate unterschiedlich. Beispielsweise scheint der Zugriff auf Daten in den Bereichen Abfall und Flußbau einen größeren Raum einzunehmen als im Bereich Wasserversorgung, in dem Wissen über Zuständigkeiten dominiert.

Die Ablage von Wissen über Zuständigkeit sowie von Faktenwissen scheint weniger problematisch zu sein als die Modellierung von Metawissen und Erfahrungswissen. Wissen über Zuständigkeiten und Faktenwissen liegt meist in einer formal faßbaren Form vor und ist relativ statisch.

Eine Komponente, die die beiden ersten Bereiche abdeckt, sollte der für alle Teilnehmer gleichermaßen zu nutzende Kern eines Kompetenzinformationssystem sein. Diese Komponente enthält beispielsweise Verweise auf fachliche Kompetenz (Universitäts- institute, Ingenieurbüros usw.), Verweise auf Gesetze und Vorschriften, sowie validierte Daten aus dem Umweltbereich.

Schwieriger ist die Modellierung von Metawissen und Erfahrungswissen. Dies deshalb, weil das Wissen nicht in einer formalisierten Form vorliegt, weil diese Art von Wissen keinen Allgemeinheitscharakter hat, sondern für verschiedene Personen sehr unter- schiedlich ist, und weil es einer starken Dynamik unterliegt.

Zum Punkt Metawissen soll hier ein Beispiel gegeben werden: In einer Umwelt- verwaltung gibt es Umläufe von Berichten. Jeder Referent blättert diese Berichte durch, macht sich dazu Notizen und gibt die Umläufe dann weiter. Einige Monate später taucht im Zusammenhang mit einer zu bearbeitenden Anfrage eine Fragestellung auf, die mittels eines dieser Berichte schnell und effizient beantwortet werden könnte. Im Idealfall erinnert sich der Referent an den entsprechenden Bericht und weiß noch zusätzlich, welcher Bericht es genau war.

In der Praxis sieht es meist so aus, daß sich der Referent zwar vage erinnern kann, in Ermangelung der nötigen bibliographischen Information des Schriftstücks aber nicht mehr habhaft wird. Eine Katalogisierung nach ausschließlich fest vorgegebenen Stichwörtern hilft hier nur begrenzt weiter, da jeder Referent eine individuelle Sichtweise des Schriftstücks hat, wobei beispielsweise von Belang sein kann, ob viele Abbildungen vorhanden sind, oder wann das Schriftstück im Rahmen des Umlaufs eingesehen worden ist.

Die Anforderungen an ein Kompetenzinformationssystem sind in diesem (individuellen) Bereich ähnlich denen an ein lernfähiges "Information-Retrieval-System". Information wird über einen Thesaurus, also über ein Verzeichnis von Begriffen und Beziehungen zwischen Begriffen, zugänglich gemacht. Ein solcher Thesaurus muß lernfähig sein, wobei beispielsweise Analysen von Benutzerdialogen zur Erweiterung des Thesaurus herangezogen werden könnten, siehe [JGü]. Im Unterschied zu Anwendungen des Information-Retieval bei Literaturdokumentationssystemen ist der hier auftretende Typ von Information aber wesentlich inhomogener.

Das zu erstellende System sollte hier eine entscheidende Unterstützung bieten, indem der Benutzer die Möglichkeit erhält, ein Schriftstück nach vom ihm selbst vorgegebenen Kriterien zu charakterisieren. Dabei ist unbedingt zu fordern, daß er durch den Aufwand bei der "Fütterung" des Systems nur wenig zusätzlich belastet wird.

5. Integrierte Einzelsysteme

Neben Verweisen auf Informationsquellen soll auch an ausgesuchten Stellen in die "Tiefe" gegangen werden. Es sollen dedizierte Einzelsysteme zur Beantwortung ausgesuchter Fragen aufgerufen werden können. Durch die Möglichkeit zum Einhängen solcher Einzelsysteme unterscheidet sich das hier vorgeschlagene Informationssystem von reinen Datenbank- oder Dokumentationssystemen.

In einer ersten Phase ist an die Entwicklung von Einzelsystemen im Bereich Grundwasserschutz gedacht. Hier liegt eine multidisziplinäre Aufgabe vor, bei der u.a. geologisches, hydraulisches, hydrologisches, chemisches, biologisches und anlagentechnisches Fachwissen zusammangebracht werden müssen.

Auf der strategischen Ebene sind Maßnahmen zu planen (z.B. Umsetzung der gesetzlichen Bestimmungen in Verwaltungsrichtlinien), die auf den unteren Verwaltungsebenen vollzogen werden. Dazu wird Information über den Gütezusteand des Schutzguts Grundwasser und die wesentlichen Belastungsquellen benötigt, ebenso gezielte Information zur Beurteilung der Wirksamkeit bereits eingesetzter Instrumente.

Eine wesentliche Informationsquelle stellt die Kenntnis der Vollzugsbehörden über lokale potentielle Kontaminationsquellen dar. Ein System zur katastermäßigen Erfassung solcher Risikoinformationen in einheitlicher Methodik und mit der Möglichkeit einer Auswertung auch unter übergeordneten Gesichtspunkten dient der Vollzugsverbesserung ebenso wie der strategischen Planungsebene.

Eine weitere wichtige Datenbasis wird durch Monitoringsysteme gewonnen, die landesweit im Aufbau sind. Bei der Planung von Meßnetzen und Meßprogrammen könnten wissensbasierte Systeme zur Unterstützung des Fachpersonals eingesetzt werden. Ferner werden Prozeduren für die Datenauswertung benötigt. Durch die Integration solcher Teilkomponenten in ein zusammenhängendes System kann die Umsetzung der gewonnen Beobachtungen, sowie der Kenntnisse über die Risiken beschleunigt für die künftige Meßnetzgestaltung nutzbar gemacht werden.

Insgesamt sollen diese Einzelsysteme zunächst einen sinnvollen Zweck als Einzelsysteme erfüllen. Darüberhinaus soll an ihnen aber auch demonstriert werden, wie sie über die Kompetenzkomponente zugänglich gemacht werden können.

6. Realisierungsaspekte und Ausblick

Aus der Sicht der Informatik ist das skizzierte Kompetenzinformationssystem eine interessante Herausforderung. Es liegen kaum Erfahrungen mit Systemen vor, die Ideen aus den verschiedenen betroffenen Bereichen beinhalten. Hinsichtlich der konzeptuellen Modellierung [BMS84], die die formale Grundlage des Kompetenzinformationssystems bildet, sind insbesondere folgende drei Aspekte von zentraler Bedeutung:

1. Einfache Darstellung des Gegenstands von Kompetenz.
2. Die zeitliche Entwicklung von Informationsquellen ("Daten sind nur für 1985-87 erhoben, für weitere Jahre nach Methode X extrapoliert").
3. Der räumliche Bezug von Kompetenz.

Der Datenbankaspekt eines Kompetenzinformationssystems berührt vor allem die Integration räumlicher und verteilter Datenbestände [MOTR87]. Als zukünftiges Lösungskonzept wurden hierzu objektorientierte Datenbanken [BANC88] vorgeschlagen; sie erlauben

- den Aufbau komplex strukturierter Objekte mit beliebigen Typkonstruktoren
- die Anbindung medien- und anwendungsspezifischer Methoden zur Präsentation und Auswertung direkt an die Datenstrukturen
- die Kommunikation zwischen Objekten über Nachrichtenkonzepte

- die Vererbung allgemeiner Lösungsideen auf spezielle Teilprobleme

haben aber derzeit noch erhebliche Probleme in der Definition ihrer Semantik und stellen keine formalen Mittel bereit, etwa unterschiedliche Problemsichten zu integrieren (z.B. Synthese thematischer Karten).

Vom Bereich der Bürokommunikationssysteme sind insbesondere neuere Techniken der Modellierung von Konversationstypen zum Zwecke der Koordination von Interesse [WF86]. Man kann damit etwa Berichtspflichten oder die Arbeitsorganisation von Umweltprojekten formalisieren, und dann zur automatischen Terminüberwachung einsetzen. Damit sind schließlich auch die Management-Aspekte eines solchen integrierten Informations- und Kommunikationssystems angesprochen, die aber an dieser Stelle nicht weiter vertieft werden sollen (vgl. [JARK86]).

Abbildung 2 stellt eine mögliche Systemarchitektur unter Betonung des Datenbankaspekts vor.

Im Projekt ZEUS (ZEntrales Umweltkompetenz System) wird am FAW Ulm ein Kompetenzinformationssystem - Prototyp für den Bereich der Wasser-wirtschaft des Landes Baden-Württemberg konzipiert. Zur genauen Ermittlung der Anwenderbelange findet eine enge Kooperation mit dem baden-württembergischen Umweltministerium und der Landesanstalt für Umweltschutz (Karlsruhe) statt.

Literatur:
[BANC88]   Bancilhon, F. (1988). Object-oriented databases. Proc. ACM Symp. Principles of datbase Systems, Portland, OR.
[BMS84]   Brodie, M.L., Mylopoulos, J., Schmidt, J.W., Hrsg. (1984). On conceptual Modelling. New York: Springer-Verlag.
[JARK86]   Jarke, M., Hrsg.(1986). Managers, Micros, and Mainfraimes: Interatimg Systems for End Users. Chichester, UK: John Wilcy.
[JGü]   Jüttner, G., Güntzer, U. (1988). Methoden der Künstlichen Intelligenz für Information Retrieval. München: Saur.
[JP87]   Jaeschke, A., Page, B., Hrg. (1987). Informatikanwendungen im Umweltbereich. Heidelberg: Springer-Verlag.
[MOTR87]   Motro, A. (1987). Superviews: integration of multiple databases. IEEE Trans. Software Engeneering 13,7.
[WF86]   Winograd, T., Flores, F. (1986). Understanding Computers and Cognition: A New Foundation for Design. Norwood, NJ: Ablex.

Server, für die
dieser Server Client ist
Sachbearbeiter
Benutzer-Schnittstelle
Server-
Datenbank
spezielle
Objekt-
bank
spezielles
Objektsystem
Katalog-
DB
Daten-
konvertierung
semantisches
Kompetenz-
modell
Anfrage-
konvertierung
standardisierte
Container für
Antwortlisten und
Methoden
verteilte Anfragen
in Standardsprache
(z.B. SQL-RDA)
Antwort-
integration
semantisches
Kompetenz-
modell
Auswertungs-
planung
lokale
Sichten-
DB
Katalog-
DB
Client-
System
Benutzer-Schnittstelle
Clients, für die
dieser Client Server ist
Entscheidungsträger

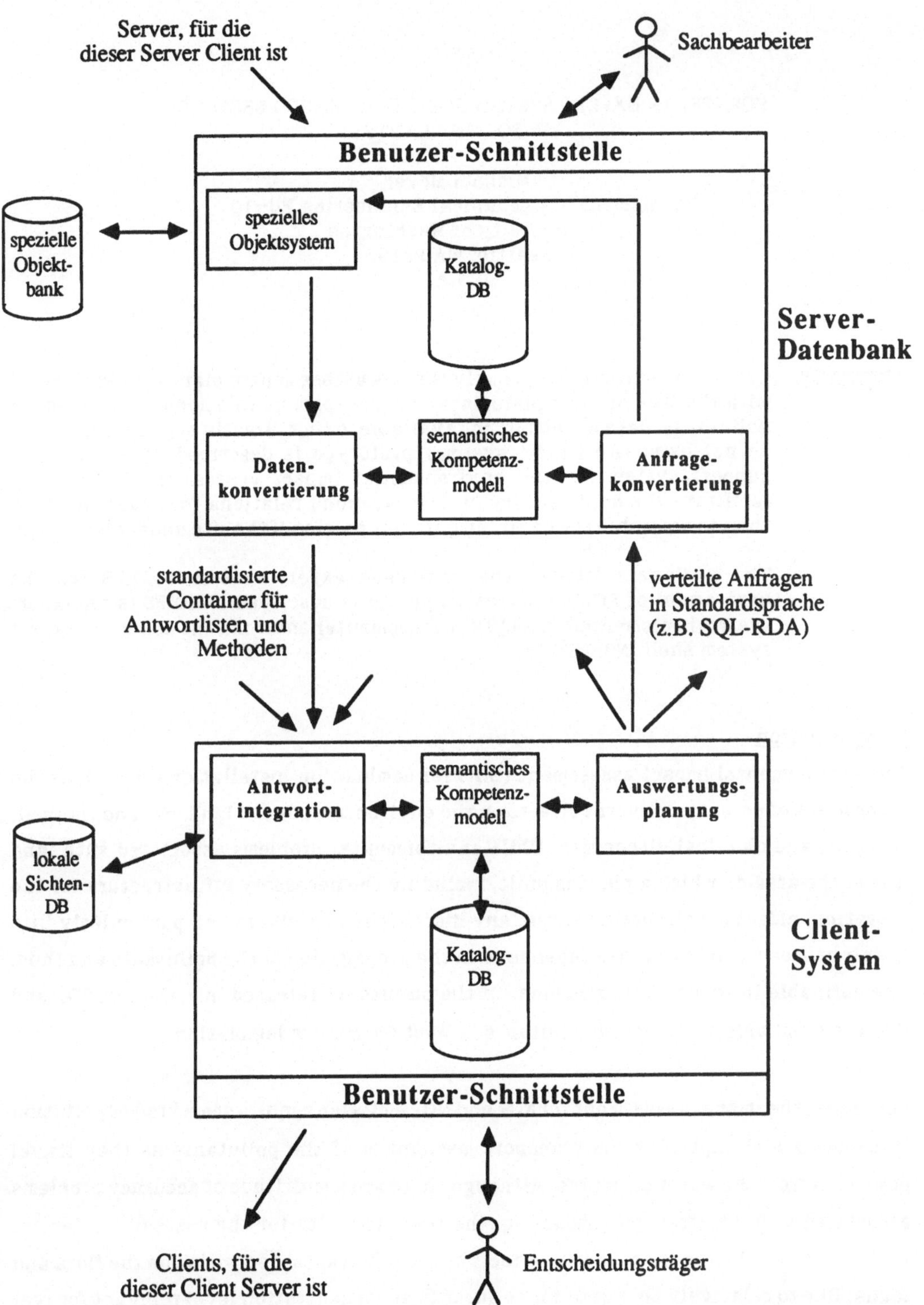

Abbildung 2

SO2XPS, AN EXPERT SYSTEM FOR THE DAMAGE ASSESSMENT
OF SO₂ ON PLANTS

Michael Meyer
Department of Mechanical Engineering FU-10,
University of Washington
Seattle, WA 98195
U.S.A.

ABSTRACT: Often-encountered problems in the risk assessment of plants are associated with the lack of incomplete data of dose-respond relations to selected air pollutants. Data are either not available, or not directly applicable, or they do not exist. An expert systems prototype is described as a decision-support system for the environmental impact assessment in order to facilitate the applicability of dose-respond relations for cases in which they do not match the environmental properties of the site under discussion.

The implementation of the rule-base expert system SO2XPS for the assessment of SO_2 emissions on plants is described. SO2XPS is an expert system implemented in an IBM microcomputer environment using the expert system shell INSIGHT 2+.

1. Introduction

The environmental impact assessment (EIA) for combustion installations comprises the assessment of potential adverse effects on the environment due to land loss and thermal, acoustic, and chemical discharges. While environmental problems associated with land loss of the area on which a plant is built, including the necessary infrastructure for the operation, affect a well-defined area, any discharges into rivers and particularly into the air causes impacts that are dependent on the propagation of the pollutants and thus, less definable in its spacial extension. Of the pollutants released into the air, SO_2 and NO_x are most widely regulated pollutants in West Germany's legislation.

Generally, the impact assessment for SO_2 and NO_x emission require some kind of pollution transport model capturing the transport mechanism of the pollutants as they travel downwind from the emission source. Although there are a multitude of accuracy problems associated with the transport modeling, the real difficulty for the assessing scientist begins when analyzing the potential effects of the pollutants' deposition on the flora and fauna. Due to relatively poor data for pollutants at concentration level relevant for real world conditions, the scientist is usually left to make judgments of how to apply test data that are usually obtained for high doses levels. These judgments are based on experiences acquired over a long period. Another problem often encountered is when there are no test data available for a specific plant on which the scientist can base his/her assessment. The lack of data sometimes leaves the assessing scientist no possibility to perform any quantitative assessments. The best assessment that can be performed in this situation is merely a qualitative statement on the likely effects of the pollutants under investigation. Usually there is more than one expert involved in finding the most justifiable assessment.

Expert systems could offer useful decision-making support for the impact assessment. The experience of several experts could be accumulated in the system and made available a broader circle of users.

2. State-of-the-Art of Expert System Techniques for EIA

Within the last three years Artificial Intelligence, and particularly expert system techniques, have gained more importance for environmental planning tasks. Universities and research centers are presently involved with expert systems developments for assisting the environmental impact assessment with very detailed focus on various highly-specified problem domains, usually centered around questions dealing with waste management tasks. Prime question addressed in most projects is the identification of repositories for contaminated solid waste and toxic waste handling and management. A variety of research activities in this area can be found /1//2//3//4//5/.

A variety of conceptual approaches to expert system planning environments were in the literature /8//9/. However, due to the complexity and lack of data, very little has been implemented. Most implementation is focussed on very specific and rather well-defined tasks. A legal advisor /6//7/, for instance gives the user legal support in finding the appropriate paragraphs and corresponding provisions for combustion installations. An expert system for drought management embeds operation research methods, database management and expert system techniques. However, the decision tree here is rather limited, only to decisions dealing with questions like under what circumstances will which water lines supply how much drinking water for a regional water supply system/12/.

3. The Approach

The proposed expert system concept attempts to capture the reasoning process of an expert whose task it is to assess likely damage on plants associated with the immission of SO_2. Ordinarily, biologists performing such an assessment identify a variety of plants of which they believe are sensitive to the pollutants. For those plants, they would try to find data for dose-respond relations, generally in written literature. If the scientist does find some data for the plants and pollutant under investigation, he/she still has to test the ecological boundary condition for which the data are valid, against those prevailing on site in the real world. Most often the scientist finds some differences between the two conditions. The scientist then must make a judgement whether or not these data deviate too far from real world conditions. If they do, the expert is then left – and not infrequently – with the only option of making a judgement on the transferability of potential effects. But even if these data are assessed to be of value for the analysis, most often additional adjustments to the real conditions are required. Generally, this adjustment is carried out qualitatively. This leaves the scientist three choices of judging the potential damages: 1) greater, 2) less than, or 3) the same as that indicated in the test results.

If, however, no dose-respond data for a particular plant is available the scientist once more is left with limited options. Either he/she compares data of ecologically similarly behaving plants or he/she gives up at this point.

This particular problem-solving domain with lacking data must be taken into consideration when designing an expert system. From the logical steps described above, an expert system would require an extensive database with dose-respond relations for SO_2 on plants. The expert knowledge would consist of the expert judgement on the transferability of test data found in the database to the real world situation. It would require input from the user on the abiotic and atmospheric conditions on site (i.e. air humidity, temperature, light intensity, soil moisture, nutrients content of the soil) in order to check them against those for which the dose-respond relation is valid. The input must be standardized by asking the user to furnish the following information:

- o doses
- o soil nutrition and moisture
- o ambient humidity
- o temperature
- o light intensity (shade or sunshine)
- o exposition duration

These conditions should then be compared to those in the stored dose-respond relation. In the likely event of a discrepancy between the two conditions, the rule-based expert system should then assess the transferability.

The proposed expert system consists of a data management system storing all dose-respond relations and the plants cluster for ecologically similarly behaving plants. Database system should be augmented with a database language to conduct user-defined data queries. The knowledge base of the expert system would entail the expert knowledge of plant-physiological processes as they are related to the damage risk assessment. For example, a higher temperature than that indicated in the dose-respond is likely to cause damage that may be greater or less than that described in the database.

4. SO2XPS: Expert System Prototype

4.1 The Structure

SO2XPS is a microcomputer-based expert system. It runs on a IBM PC, AT computer. This microcomputer environment was chosen because of the following reasons:

      1) low-cost expert system shells

      2) easy transferability to agencies that will use the system.

The expert system prototype consists of three components: The data base including the data base management system, the knowledge base with the inference engine, and the interfacing Pascal procedures. Figure 1 illustrates the configuration.

The database contains dose-respond relations of various plants for a variety of different environmental conditions. It is embedded in the dBase III+ database management system for supplying easy maintenance. The dBase III+ environment was used for updating as well as for querying the database in a stand-alone mode.

The knowledge base was implemented in the INSIGHT 2+ expert system shell environment. The linkage feature to dBase III+ database was one of the decisive factors for choosing this expert system shell. Furthermore, INSIGHT 2+ interfaces with regular TURBO PASCAL procedure which appeared to be attractive for small statistical computations. However, it should be mentioned that INSIGHT 2+ does not allow to take full advantage of all the feature of the PASCAL language. The data type definition features were limited to all types except for the RECORD type. This may appear to be an handicap, however, we didn't encounter any great need for creating this data type. This handicap can be bypassed by transferring the data via a separate dBase III+ database, which naturally slows down the execution.

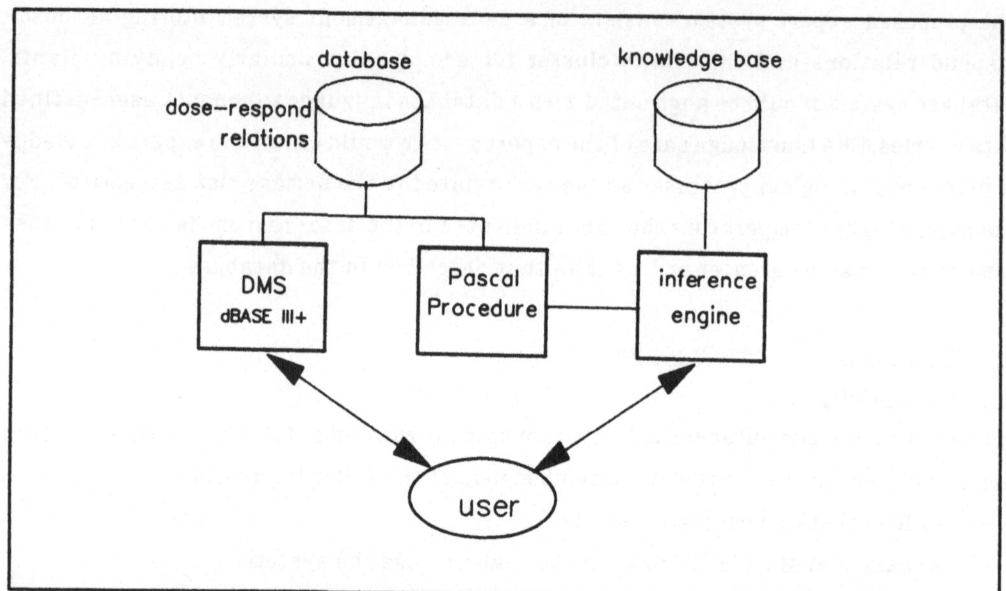

Figure 1: Configuration of SO2XPS

The reasoning part of SO$_2$ XPS entails rule-based knowledge for assessing the disagreement between the environmental conditions for which the dose-respond relation is valid and those found on site in reality. The reasoning will furnish an assessment as to whether the disagreement will be of significance to the damage expected. It will also give an assessment whether the likely degree of damage can be expected to be less or greater than given in the dose-respond relation.

<u>4.2 The Dose-Respond Relation Database SO2DAM</u>

The structure of the database is shown is Table 1. The database contains a full set of data pertaining to dose-respond relations. The data were collected from various sources /10//11/. A record represents one relation. The dose-respond relation is subdivided into the 3 groups: the name, all environmentally relevant conditions of the test, and a damage description. The set of damages is aggregated into a damage degree value ranging from 1 through 5. The values represent the severity of the damage as it relates to the general vitality of the plant. The range is broken down in 5 steps of severity:

     1 ..... slight

     2 ..... minor

     3 ..... serious

     4 ..... very serious

     5 ..... severe

This degree of damage severity for each the dose-respond relation was determined by biologists.

Table I: Dose-Respond Relations

e of plant	age [days]	conc. [ppm]	duration [h]	temp [°C]	water cond.	photo period	light int.	peroxid. activity	prod.	photo synth.	breath.	enzym activ.	degree damage
	-	0.18	48	20	normal	12h/12h	3000	damaged	-	reduced	increas	-	2
	-	0.59	48	20	normal	12h/12h	3000	damaged	-	increas	increas	-	3
	-	0.74	48	20	normal	12h/12h	3000	damaged	-	increas	increas	-	5
aua cupressiforne	-	0.95	48	-	normal	natrl.	natrl.	-	-	-	-	reduced	1
aua cupressiforne	-	1.71	48	-	normal	natrl.	natrl.	-	-	-	-	-	3
aua cupressiforne	-	2.09	48	-	normal	natrl.	natrl.	-	-	-	-	-	5
aua cupressiforne	-	0.57	336	-	normal	natrl.	natrl.	-	-	-	-	-	5
aua undulatua	-	2.09	48	-	normal	natrl.	natrl.	-	-	-	-	-	1
aua undulatua	-	0.57	336	-	normal	natrl.	natrl.	-	-	-	-	-	1
cea abies	1825	0.7	3600	-	-	natrl.	high	-	-	60%	-	-	4
tiua aestivua	40	1	2h/480	-	-	-	-	-	-	-	-	-	1
tiua aestivua	60	1	2h/960	-	-	-	-	-	80%	-	-	-	1
tiua aestivua	80	1	2h/1440	-	-	-	-	-	80%	-	-	-	1
tiua aestivua	100	1	2h/1920	-	-	-	-	-	80%	-	-	-	1
tiua aestivua	120	1	2h/2400	-	-	-	-	-	65%	-	-	-	3
aus banksiane	180	0.17	168	17	-	-	-	reduc.	-	-	-	-	1
aus banksiane	180	0.34	168	17	-	-	-	reduc.	-	-	-	-	1
aus banksiane	180	0.51	168	17	-	-	-	reduc.	-	-	-	-	3
aus banksiane	-	0.2	24	25	air 60%	-	20000	-	-	-	-	-	2
aus banksiane	-	0.37	1	25	air 60%	-	20000	-	-	-	-	-	5
cula papyrifera	180	0.17	168	17	-	-	-	reduc.	-	-	-	-	2
cula papyrifera	180	0.34	72	17	-	-	-	-	-	-	-	-	3
an	21	0.1	144	-	-	-	-	-	-	-	-	-	0
aa	21	0.1	384	-	-	-	-	-	-	-	-	-	2
an	21	0.1	504	-	-	-	-	-	-	-	-	-	4

4.3 Knowledge Representation

SO2XPS is a rule based expert system. Rules represent relationships among facts. There are three hypotheses postulated. By means of backward-chaining, hypotheses are tested. The hypotheses are mutually exclusive. There can be only one hypothesis confirmed, while the others are proven to be false. The three hypothesis are:

1) exact dose-relation

2) <u>increased</u> degree of damage relative to the dose-respond relation

3) <u>decreased</u> degree of damage relative to the dose-respond relation

The topology of rules are displayed in Figure 2. The first condition to be tested is whether or not any statement can be derived from a given relation. This conclusion is

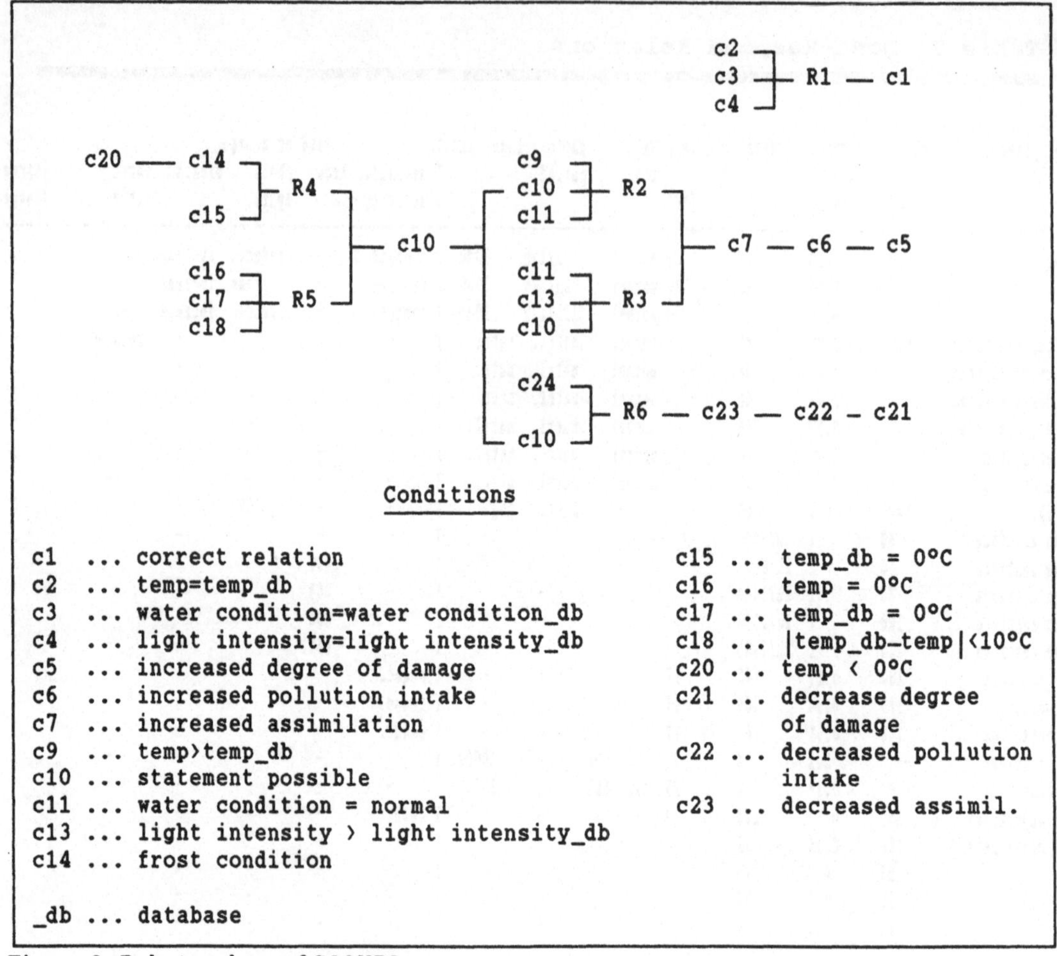

Figure 2: Rule topology of SO2XPS

named STATEMENT POSSIBLE. Underlying reasoning is if the dose-respond relation as stored in the database is valid for non-freezing conditions, which in most case they are, and the real conditions ask for freezing conditions then no statement can be derived. Consequently, the conclusion STATEMENT POSSIBLE would not apply.

Next, those conditions are tested that determine the expected change of the plant assimilation from that under the test conditions. If the INCREASED ASSIMILATION is confirmed it then can be concluded that the pollution intake will be increased and hence, the degree of likely damage will be elevated as well.

5. Future Refinements

The prototype of expert system demonstrated an approach of expert reasoning for risk assessment. In order to prove its utility in every-days use, more profound rules about the plant-physiological processes and their effect on the pollutant sensitivity must be carried out. Furthermore, the aggregation into one lumped value of degree of damage decreases the level of detail on the damage. As more meta-rules are implemented, it is conceivable to define conclusion based on a more detailed level of the damage assessment.

6. Acknowledgement

I would like to thank Prof. U. Kull (Institute of Biology, University of Stuttgart) for the many discussions that I had with him in conducting this project. Prof. Kull was particularly helpful in gathering data for the SO2DAM data base.

7. References

/1/   C.,S. Shih; H. Bernard: An Expert System for Hazardous Waste Site Cleanup. in: Hazardous Material Control, Jan./Feb. 1988, p. 19 - 52.

/2/   U.S. Environmental Protection Agency: Information on Developing Expert Systems for EPA's Hazardous Waste Program. Internal Report, Nov. 1988.

/3/   H. Groh, R. Güttler: Entsorgung: Das XSAL Projekt. ENERGIE, Jahrgang 40, Nr. 9, Sept. 1988

/4/   University of Pennsylvania: Design Specifications-Description of Toxic Waste Advisor (TWA) Expert System, internal report 1986.

/5/   J. S. Paquette, L. Woodson, D. A. Bissex: In Proceedings, Superfund '86. Hazardous Material Control Research Institute 1986, pp. 208-212.

/6/   M. Hälker, F. Bubeck, V. Stahl: Möglichkeiten der Bearbeitung von Umweltschutzvorschriften mit Hilfe der Expertensystemtechnik; Informatik-Fachberichte 127, GI-16.Jahrestagung.

/7/   M. Hälker: Bearbeitung von Umweltschutzvorschriften mit Hilfe der EDV. internal report, SIEMENS AG, 1988.

/8/   A. Schwabl, J. Pietsch: Ein Expertensystem für die Durchführung einer Umweltverträglichkeitsprüfung. in: Informatikanwendungen im Umweltbereich. 2. Kolloquium der Instituts für Datenverarbeitung in der Technik des Kernforschungszentrums Karlsruhe. Nov. 1987. Springer Informatik-Fachberichte 170, 1988, pp 127-138.

/9/   J. Fiksel, F. Hayes-Roth: Knowledge System for Planning Support. DARPA Planning Workshop, Austin, Texas, Dec. 10, 1987.

/10/ Guderian R.: Untersuchung über quantitative Beziehungen zwischen dem Schwefelgehalt von Pflanzen und dem Schwefeldioxidgehalt in der Luft. Z. Pflanzenkrankheit Pflanzenschutz 77, 1970,pp 200-220.

/11/ Oshima R.J.: The impact of sufphur dioxide on vegetation: A sulphur dioxide-ozone responds model. Calif. Air Res. Board final report. ARB Agreement A6-162-30, 1978.

/12/ R. Palmer, R. Tull: Expert system for Drought Management Planning. Journal of Computing in Civil Engineering, Vol 1, No 4, Oct. 1987.

EIN EXPERTENSYSTEM ZUR KONFIGURIERUNG
UND AUSLEGUNG VON ANLAGEN ZUR VER-
BRENNUNG VON SONDERBRENNSTOFFEN

M. Jochem, K.D. Rennert
L. & C. Steinmüller GmbH, Gummersbach

<u>Gliederung</u>

1. Einleitung
2. Anlagen zur Verbrennung von Sonderbrennstoffen
3. Projektdefinition
4. Implementierung
    4.1 Wissensakquisition
    4.2 Wissensbasierte Module
    4.3 Konventionelle Module
5. Ausblick

1. Einleitung

Die L. & C. Steinmüller GmbH (LCS), Gummersbach, erstellt energie-
und umwelttechnische Anlagen. Zum Lieferprogramm gehören Kraftwerks-
feuerungen und -kessel, Rauchgasreinigungsanlagen, Anlagen zur Verbrennung von Sonderbrennstoffen (z.B. Ablaugen, Hausmüll oder Klärschlamm) sowie allgemeine verfahrenstechnische Apparate.

Wegen ihrer Größe, Komplexität und den spezifischen Kundenanforde-
rungen ist jede erstellte Anlage in der Regel ein Unikat. Verfahrenstechnische Berechnungen, Auslegungsrechnungen sowie Kon-
struktion müssen jedesmal neu durchlaufen werden.

Durch Rückfragen des Sachbearbeiters an den zuständigen Experten
entstehen Verzögerungen. Häufig vorkommende Änderungen der Spezi-
fikationen von Seiten des Kunden erfordern eine erneute Berechnung und Kalkulation.

Um den Aufwand zu verringern, wird schon seit längerem der Weg
einer rechnergestützten Angebotserstellung beschritten. Es
stellte sich heraus, daß konventionelle, prozedural aufgebaute
Programme dabei generell einige Nachteile aufweisen:

1. Die Abänderung bestehender sowie die Einbindung neuer
   Algorithmen - eine oft auftretende Notwendigkeit, wenn
   nach dem Stand der Technik gearbeitet werden soll - gestaltet
   sich in der Regel schwerfällig.

2. Die Lösung von nicht prozeduralen Problemen wie Konfiguration,
   Verfahrensauswahl etc. ist mit herkömmlicher Programmierung
   wegen der mit jedem zusätzlichen Parameter quadratisch wachsenden Rechnerzeiten der linearen Optimierung oft nicht möglich.

3. Konventionelle Programme kennen in der Regel nur "ja" oder
   "nein". Ein in der Praxis oft genug vorkommendes "vielleicht"
   oder "keine Angabe" akzeptieren sie nicht.

Von den Expertensystemen bzw. den Algorithmen der Künstlichen
Intelligenz allgemein verspricht man sich zur Zeit eine Ver-
meidung solcher Nachteile.

Steinmüller hat sich deshalb entschlossen, zur Auslegung eines
spezifischen Anlagentyps erstmalig nicht nur konventionelle,
prozedurale Programmiertechniken zu verwenden, sondern auch die
Methoden der Künstlichen Intelligenz zu nutzen.

Ausgewählt wurde dafür ein Anlagentyp, dessen Konfigurierung relativ komplex ist, dessen Marktvolumen in der vergangenen Zeit
aber nicht beherrschend war, so daß bisher keine Anstrengungen
unternommen worden waren, die Angebotserstellung rechnerunter-
stützt durchzuführen. Es handelt sich um Anlagen zur Verbrennung
von Abwässern und Abgasen aus der Zellstoffindustrie und der
chemischen Industrie, im Sprachgebrauch "Laugenbrennkammern" genannt.

2. Anlagen zur Verbrennung von Sonderbrennstoffen

Je nach Zusammensetzung und Mengenstrom des zu verbrennenden Ab-
wassers/Abgases werden verschiedene Verfahren eingesetzt (Abb. 1).
Die Berechnungswege sind teilweise identisch, teilweise vom Verfahren abhängig.

Der sorgfältigen Auslegung der Anlage kommt vom Standpunkt der
Umweltfreundlichkeit eine große Bedeutung zu. Nur durch optimale
Prozeßführung läßt sich eine schadstoffarme Verbrennung bei größt-
möglicher Rückgewinnung wiederverwertbarer Substanzen gewährleisten.

Um bereits in der Projektierungsphase eine optimale spätere Ausführung zu gewährleisten, sollten die durchgeführten Berechnungen
konsistent und möglichst exakt sein sowie alle einzuhaltenden
Vorschriften und Maßgaben berücksichtigen.

3.   Projektdefinition

Die Aufgabe des zur Zeit bei Steinmüller und einem externen Soft-
ware-Spezialisten, der Brainware GmbH, Berlin, bearbeiteten Systems,
ist die Erstellung eines Angebotes anhand der Kundenanfrage.
Diese Aufgabenstellung wird in mehreren Schritten bearbeitet
(Abb. 2).

Zunächst findet eine vollständige und fehlerfreie Erfassung der
Kundenanfrage statt.
Die Menueführung des Systems soll dies zusammen mit Plausibilitäts-
und Konsistenzchecks gewährleisten. Der nächste Schritt ist die Auswahl des geeigneten Verfahrens bzw. der geeigneten Komponenten.
Dies ist der erste Schritt, der mit Mitteln der Künstlichen Intelligenz, also durch Abarbeitung einer auf Erfahrungswerten aufgebauten Wissensbasis ausgeführt wird. Die anschließende Konfiguration
ist ein typischen Optimierungsproblem. Innerhalb eines gesteckten
Rahmens und anhand vorgegebener Kriterien gilt es beispielsweise,
die optimale Aufteilung und Vormischung mehrerer Abwässer zu ermitteln oder die Anzahl und Anordnung der benötigten Brenner fest-
zulegen. Für die Lösung dieses Problems wird ein spezieller Algorithmus verwendet, der im nächsten Kapitel näher beschrieben wird.
Die Auswahl des benötigten Zubehörs des Angebotes aus Textfrag-
menten und Daten wird von weiteren wissensbasierten Modulen übernommen.

Für reine Berechnungsaufgaben werden per Dateischnittstelle ange-
koppelte, konventionelle nummerische Rechenprogramme angestoßen.

Diverse Datenbankschnittstellen ermöglichen den Zugriff auf Kunden-
dateien, Stoffwerttabellen und andere statische Informationen.

Der hybride Aufbau des Systems aus flexiblen, gut wartbaren
Wissensbasen einerseits und verhältnismäßig starren, aber nume-
risch anspruchsvollen Programmen andererseits stellte sich im
Laufe der Projektdefinition als unbedingt notwendig heraus.

4.   Implementierung

Die Erstellung des Systems läßt sich grob in drei Schritte auf-
gliedern: Die Offenlegung des bei den zuständigen Experten vorhandenen Wissens mit den Methoden der "Knowledge Acquisition",
die Umsetzung des Erfahrungswissens in wissensbasierte Module
sowie die Umsetzung des Wissens um Berechnungsgänge in numerische
Programme.

4.1 Wissenakquisition

Die Erfassung des Expertenwissens gestaltete sich problematischer
als angenommen. Abgesehen von organisatorischen Gründen war dafür
ein im KI-Bereich wohlbekanntes Phänomen verantwortlich, das sogenannte "Feigenbaum-Bottleneck" (Abb. 3).

Dabei handelt es sich um die unbestrittene Tatsache, daß es ge-
meinhin einfacher ist, auf eine spezifische Problemsituation aus
der Erfahrung heraus richtig zu reagieren ("Human Show-How" in
Abb. 3b), als rein akademisch die der Entscheidung zugrundeliegenden Regeln zu formulieren ("Human Say-How" in Abb. 3a).

Das moderne Knowledge Engineering versucht dieses Problem durch Um-
gehung des "Human Say-How" zu lösen. Dazu werden vom Experten lediglich beispielhafte Lösungen verlangt, die dann mit Hilfe von Induk-
tionsalgorithmen ("Rule induction in Abb. 3b) auf die Ihnen zugrundeliegenden Regeln untersucht werden.
Es stellte sich im Verlauf der Anwendung jedoch heraus, daß einige
Problemstellungen für die induktiven Softwarewerkzeuge noch zu
komplex waren, so daß die Experten aufgefordert waren, explizite
Regeln zu formulieren.

Die zweite Schwierigkeit bei der Wissenserhebung bestand darin,
voneinander abweichende Meinungen verschiedener Experten miteinander in Einklang zu bringen, wobei dies auf der anderen Seite
die Leistungsfähigkeit steigerte.

4.2 Wissensbasierte Module

Die erhobenen Regeln wurden größtenteils in ein Expertensystem-
Shell implementiert, in C-Code umgesetzt und anschließend zu
lauffähigen Modulen copiliert.

Für die zu lösenden Konfigurationsprobleme erwies sich diese
Methodik jedoch nicht als mächtig genug. Die Modulgrößen sowie
die Rechenzeiten erreichten problematische Größen. Es wurde daher
alternativ versucht, diese Aufgaben mit Hilfe "genetischer Algorithmen" zu lösen. Dabei werden zufällig erzeugte, im allgemeinen
schlechte Lösungen durch auf der Evolutionstheorie aufbauende
Algorithmen verbessert, bis eine akzeptable Lösung ereicht ist.
Ähnlich wie beim menschlichen Experten sind die aus identischen
Startparametern entwickelten Lösungen nicht bei jedem Lauf unbedingt gleich, sie sind jedoch in der Regel gleich gut. Diese
Art der Lösung erwies sich für die Konfigurationsprobleme als so
effizient, daß sie beibehalten wurde.

4.3 Konventionelle Module

Die konventionellen Berechnungswege wurden modularisiert und in
FORTRAN-Code implementiert. Dabei wurde auf eine zweite Verwendungs-
möglichkeit als isolierte Berechnungsprogramme geachtet.

Die Kommunikation mit den wissensbasierten Modulen erfolgt über
eine definierte Datenschnittstelle. In einer späteren Ausbauphase
ist vorgesehen, über ein lokales Netzwerk weitere, in der Firma
vorhandene Berechnungsprogramme zu nutzen.

5. Ausblick

Der erste Prototyp des Systems steht zur Zeit in der Anwender-
erprobung. Es ist geplant, ihn zunächst parallel bei der Angebots-
bearbeitung einzusetzen und ständig Verbesserungen vorzunehmen.

Naturumlauf-Dampferzeuger	
Dampfmenge	14,6 kg/s (52,5 t/h)
Dampftemperatur	270 °C
zul. Betriebsüberdruck	25 bar
Brennstoffe: Ablaugen und Rückstände, Zusatzbrennstoffe	
Rückgewinnung einer Sodalösung	

Naturumlauf-Dampferzeuger	
Dampfmenge	44,44 kg/s (160 t/h)
Temperatur	525 °C
zul. Betriebsüberdruck	126 bar
Brennstoffe: Sulfitlauge, Steinkohlenstaub, Heizöl, Torf	

Naturumlauf-Dampferzeuger	
Dampfmenge	11,56 kg/s (41,6 t/h)
Temperatur	470 °C
zul. Betriebsüberdruck	68 bar
Brennstoff: Sulfatlauge	

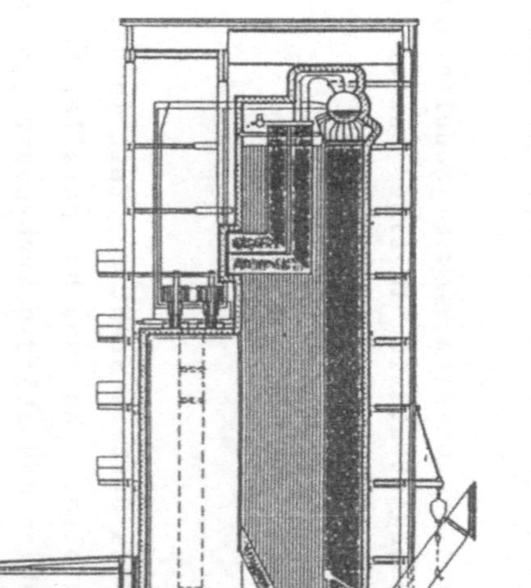

Abbildung 1a   Abbildung 1b   Abbildung 1c

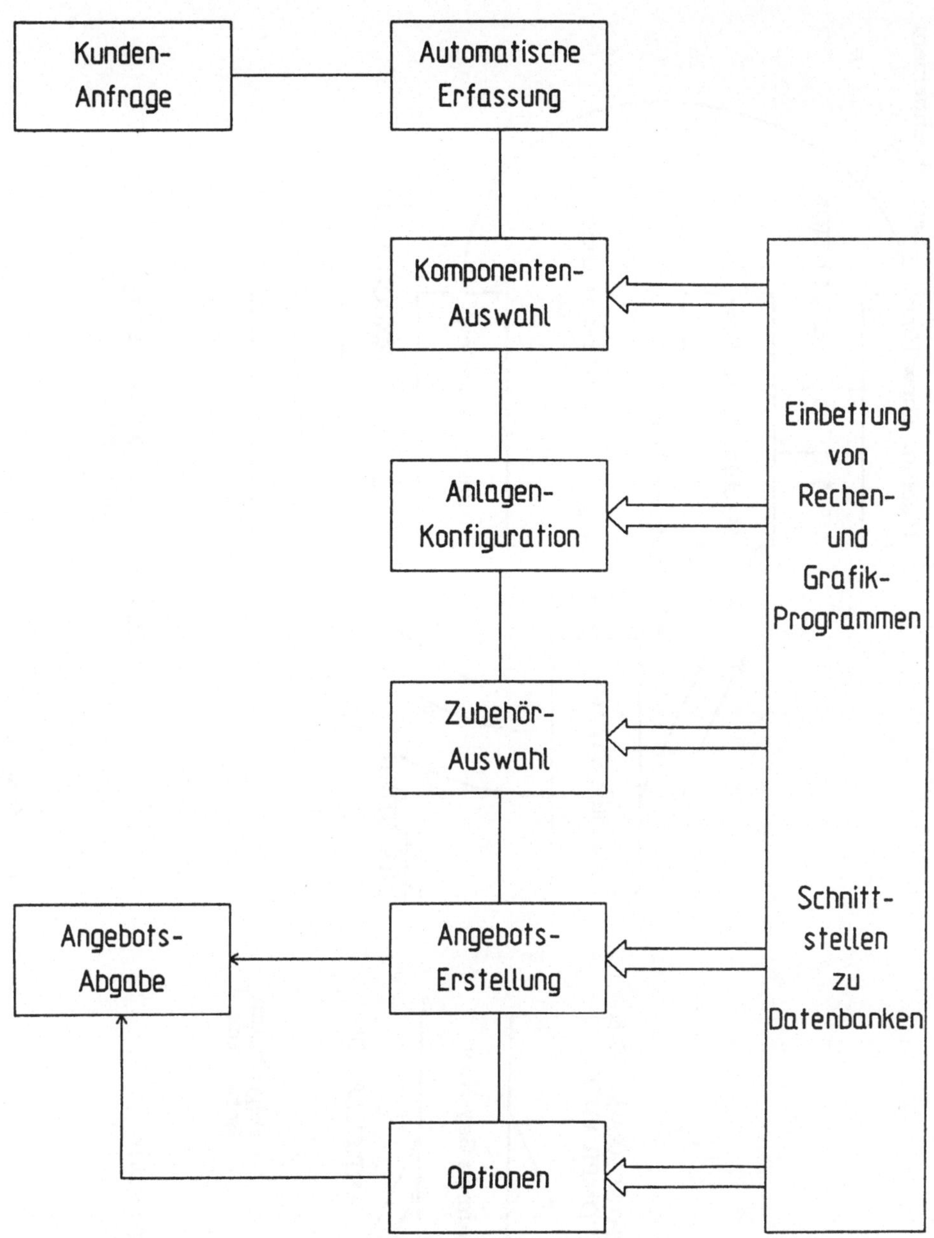

Abb.2: Projektdefinition

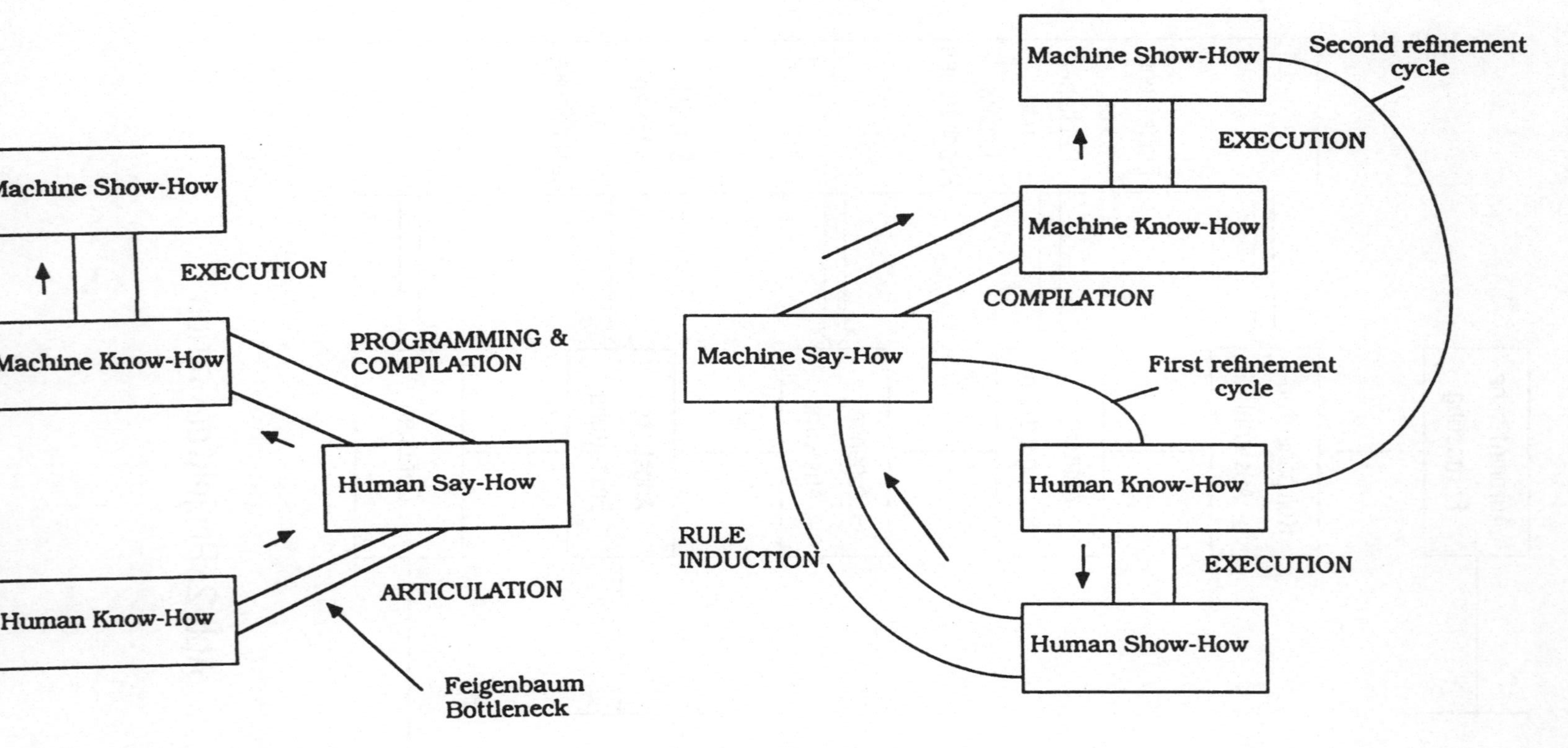

Ablauf Knowledge Engineering:
altes Konzept

Abbildung 3a

Ablauf Knowledge Engineering:
neues Konzept

Abbildung 3b